U0172688

美国城市规划

当代原理和实践

[美] 加里·哈克　尤金·L.伯奇　保罗·H.赛德威　米切尔·J.西尔弗　编著

全国市长研修学院　组织编译

中国城市出版社

著作权合同登记图字：01—2018—3195 号

图书在版编目 (CIP) 数据

美国城市规划：当代原理和实践 /（美）加里·哈
克等编著；全国市长研修学院组织编译 . —北京：中
国城市出版社，2018.4
书名原文：Local Planning Contemporary
Principles and Practice
中国市长培训教材
ISBN 978-7-5074-3138-4

Ⅰ . ①美… Ⅱ . ①加… ②全… Ⅲ . ①城市规划—美
国—干部培训—教材 Ⅳ . ①TU984.712

中国版本图书馆 CIP 数据核字（2018）第 060228 号

责任编辑：陈夕涛　徐昌强
责任校对：王　瑞

中国市长培训教材 ⑮

美国城市规划
当代原理和实践

[美] 加里·哈克　尤金·L.伯奇　保罗·H.赛德威　米切尔·J.西尔弗　编著
全国市长研修学院　组织编译

＊

中国城市出版社出版、发行（北京海淀三里河路 9 号）

各地新华书店、建筑书店经销
逸品书装设计制版
北京中科印刷有限公司印刷

＊

开本：787×1092 毫米　1/16　印张：37½　字数：728 千字
2020 年 1 月第一版　2020 年 1 月第一次印刷
定价：**128.00** 元
ISBN 978-7-5074-3138-4
（904086）

版权所有　翻印必究
如有印装质量问题，可寄本社退换
（邮政编码 100037）

中译本序

过去近20年，每当走到一个城市，一定会被兴致勃勃的市长或规划局长带到城市规划馆，看一场振奋人心的大片：雄壮的史诗般的音乐响起，在声光电的效果渲染之下，一个洪亮的、不容置疑的男中音描绘着未来的城市图景，"一轴、两带，三环、多中心"的发展格局在宽广的大银幕上浮现；"东拓、南进、西联、北延"的宏伟场景在玻璃地板下的实体沙盘模型上展开。这种似乎已经模式化的"中国式规划"在大江南北繁荣了近40年之久，一路"龙头"引领中国改革开放以来迅猛的城市发展，一切似乎永不停歇，一切似乎都不可阻挡……

然而，2018年初，这一场景似乎戛然而止了。随着国务院行政机构的调整，城市规划部门被划出主管城市建设的部委，规划与建设部门剥离，"规划"被重新定义，规划行业面临重新洗牌。在经历了一场城市开疆拓土的盛宴之后，规划——规划师、规划行业和规划主管部门，都来到了一个十字路口：城市规划将何去何从？而恰在此时，《美国城市规划：当代原理与实践》一书翻译出版！真可谓雪中送炭。这本关于美国当代区域、城镇和社区规划的全景式的读本，对中国的规划学科和知识体系的构建，规划师的再教育和职业定位，规划部门的职能界定和规范，以及规划行业的重塑，都具有非常重要的参考价值。

本书的原名是"Local Planning: Contemporary Principles and Practice"，确切地说是"地方规划"——是指针对某级政府管理范围内的区域的综合规划，包括州、县、市、社区和邻里的土地利用、生态与环境保护和修复、交通管理、经济发展、社会治理、文化建设、项目实施，等等。与中国语境中的"城市规划"所涵盖的内容不完全相同。但由于美国基上可以认为是一个城市化的国家，所以把Local Planning翻译成"城市规划"还是比较贴切的。

本书由国际权威学者，也是中国规划学界的老朋友和中国问题的热心人Gary Hack

做主编，作者包括近百位有不同规模的城市与区域规划实践经验的资深专业人士，内容全面涵盖了作为一个当地政府所要考虑的几乎所有关于该地方的未来的问题，是一本全方位的教材，回答了为什么要做规划，为谁而规划，当代规划需要关注什么问题，谁来做规划，怎么做规划，规划什么，如何实施和管理规划等八个内容。

当然，本书本身是关于美国的地方规划的权威教材式著作。中美在区域和城镇治理方面有许多客观存在的背景差异，如政治体制不同，土地所有制不同，居民的受教育水平不同，人口的族裔问题不同，等等。但另一方面，中美的城市和各级地方政府所面临的许多问题是相同的，如全球气候变化、生态环境的保护与修复、城市交通、地方经济的活力和可持续发展、文化特色保护与营造、公平与和谐社会的营建、公共场所的规划设计、创新能力的培育、旧城改造及传统街区保护、高雅化与特色保护的矛盾等等。实际上，"地方"概念本身意味着个性与差异，尊重地方个性和差异进行各自的规划和管理，恰恰是规划的要义。所以，本书所提供的丰富多彩的美国"地方"规划管理的经验和智慧，正是中国各级政府规划和管理人员需要学习和借鉴的。更何况当今美国面对的问题，也可能是明天中国城市需要处理的问题，正如昨天美国所苦苦应对的环境和交通问题，今天却正在困扰着中国的城市。因为社会总是要发展的，未雨绸缪总比临阵磨枪更加明智。

所以，对处在十字路口的中国规划界和地方管理者来说，《美国城市规划　当代原理和实践》是一部在最合适的时间、用最合适方式和最合适的内容，来为中国规划的未来指引了一条出路。故将此书推荐给中国读者，并之为序。

俞孔坚

美国人文与科学院院士

北京大学教授

土人设计首席设计师

2019年5月27日

编者信息

加里·哈克（Gary Hack），美国注册规划师协会（AICP）会员，美国宾夕法尼亚大学城市设计学院教授，1996—2008年任该校设计学院院长，还曾担任美国麻省理工学院城市研究与规划系主任，并教授城市设计课程。同时，哈克教授在城市规划设计方面有着超过40年的实践经验，曾任坎特伯雷市Carr Lynch Hack and Sandell公司负责人、加拿大住房与城市发展办事处研究与发展部经理、费城城市规划委员会主席以及全世界各国政府和多家公司的顾问。除此之外，他还发表过多篇文章，并与他人合著过三本有关场地规划及城市设计的书籍。作为建筑与规划专业人士，哈克教授拥有麻省理工学院城市和地区规划专业博士学位以及达尔豪斯大学荣誉法学博士学位。

尤金·L.伯奇（Eugénie L. Birch），美国注册规划师协会（AICP）会员，英国皇家城市规划协会（FAICP, RTPI（hon）），Lawrence C. Nussdorf 城市研究中心教授；宾夕法尼亚大学设计学院城市与地区规划研究生小组主席；宾夕法尼亚州城市研究协会（Penn IUR）联合主任；宾夕法尼亚大学出版社《21世纪城市》系列丛书编者之一。其最新著作有：《灾难后的城区重建：卡崔娜飓风带来的教训》（2006）；《发展更绿色的城市》（2008）（与苏珊·瓦赫特Susan Wachter合著）；《城市与地区规划读本》（2009）。同时，伯奇教授在《美国规划协会》《规划教育与研究》《城市历史》《规划历史》《规划杂志》等期刊上发表过多篇文章。除此之外，伯奇教授还担任以下职务：高等规划学校协会主席；美国城市与地区规划历史学会主席；《美国规划协会》期刊编辑；规划评审委员会主席；纽约城市规划委员会委员；世贸中心设计师评选委员。

保罗·H.赛德威（Paul H. Sedway），注册规划师（FAICP），哈佛大学法学学士，加州大学伯克利分校城市规划学硕士，从事城市规划顾问工作五十年，并在加州大学伯克利分校环境设计学院担任过20年的兼职讲师。赛德威先生曾担任美国规划师协会副主席，之后当选美国规划协会（APA）国家理事会成员。他还在1999年当选美国认证规划师协会首批资深学院会员，并荣获"国家突出服务奖"，被APA加利福尼亚分会授予"年度规划师"称号。

米切尔·J.西尔弗（Mitchell J. Silver），美国注册规划师协会（AICP）会员，北卡罗来纳州罗利市城市规划总监，是一位拥有23年规划经验的一流规划师，其对当代规划事业的贡献在美国国内得到一致认可。2005年，西尔弗先生来到罗利市就职，在此之前，他曾担任过纽约市政策与规划总监、纽约某规划公司负责人、新泽西州城镇规划总监和华盛顿特区规划副总监。他还是美国规划协会（APA）董事，并担任APA纽约分区的协会主席。西尔弗先生还曾在亨特学院、布鲁克林学院以及普瑞特艺术学院任教研究生规划课程，并于2009年开始在北卡罗来纳州立大学讲授规划课程。西尔弗先生拥有普瑞特艺术学院建筑学学士学位及亨特学院城市规划专业硕士学位，并获得美国认证规划师协会认证，是新泽西州职业规划师。

序

1941年，拉迪斯拉斯·濑越（Ladislas Segoe）和他的同仁们首次出版了《地方规划管理》一书，开启了ICMA在规划领域编著书籍的先河。第一版《地方规划》的出版正是建立在这样一个长期的传统之上的。随后，由知名学者和从业人员编纂的三版"绿皮书"系列也紧随其后逐一问世，这些书中的大部分都以"地方政府规划实践"为主题。"绿皮书"系列的规模和影响都在扩大，其中还加入了其他类似出版物，包括《地方规划管理》和《州与地区规划实践》，也是由ICMA出版。

在"绿皮书"出版的这些年里，市政、县镇、地区和许多州政府的规划都走向了制度化。数以千计的特殊权力机构和雇佣规划师的公私合作发展实体建立起来。越来越多的非营利性组织和私营公司正在为塑造城镇做出规划方面的努力。咨询公司、法律公司、建筑与景观设计公司、工程公司、环保社团、土地信托公司及其他为建筑及自然环境提供服务的组织中都能看到规划师的身影。这些变化证明了一种规划理念的成功，即预见、理性和想象能帮助我们改善居住环境下的生活质量。认为只有地方政府才对当地规划负责的观点再也不适宜了。

以《地方规划》为题的新系列丛书反映了规划师所面对的环境变化，也反映了他们所经历的知识和信息大爆炸。旧版的"绿皮书"系列力图总结综合规划、城市设计、交通规划、住房规划、经济发展和其他切实的规划工作领域中的重要技术。现如今，因为这些领域已经各自拥有了长足的发展，有关这些主题的教材比比皆是。用一个简短的章节概括提炼出这些已知的知识可能是一件冒失之举。所以，我们试图换一种角度，通过提供词汇表、核心概念、曾经尝试过的例子和方法、几十年来规划师努力获得的经验教训来表达应该如何理解这些主题。我们还概述了未来几十年内规划师将要面对的挑战，这需要新的理念和对策。

从本质上说，规划是一项应用性极强的活动。虽然不乏理论，但是真正有用的理论却是那些能够在日常工作中帮助指导规划师改善城市条件的理论。本书以"使用理论"为重点（"使用理论"是唐纳德·舍恩（Donald Schon）提出的一种说法，用以与"信奉理论"相区别）。为了实现这一点，我们汇聚了大批作者来完成本书各个章节的写作，这些人中包括大学教师、规划从业者、行业客户、规划观察员和很多相关业界人士。我们尽力通过保持作者原意来解释他们是如何思考以及如何解决所面对的规划问题的。因此，这本书是用来在需要的时候查阅参考，而并非从头到尾来阅读。此外，对于正在准备AICP考试和想加入规划委员会的人来说，这也是一本有用的初级读本。如果本书的不同章节中出现相互矛盾的内容，则反映出行业领域内真实存在的差异以及不同的规划师们是如何设计构造他们的工作的。

在编辑各种篇章的过程中，我们为政治在规划各层面和各领域所扮演的重要角色而感到震撼。对于这一点，规划师们在面对日常挑战时，总是无法全面理解，就像谚语中所描述的那样，这是一头"黑屋子里的大象"——是个显而易见的问题，却常常被忽略。在学校接受的教育使很多规划师认为他们所从事的工作是超越政治的，然而真正有效的规划师却懂得他们的工作绝不能脱离政治。公众参与也许可以帮助我们意识到这一点并促进更好的规划；此外，作为政治运动所需要的一个重要部分，公众参与还能够确保规划得以通过和实施。如何理解政治环境以及如何应对工作中出现的道德难题常常决定了规划师的效力和工作任期。

本书包含八章，大致上覆盖了从环境到实际应用的各种内容。前三章，即"规划的价值""地方规划的背景"与"当代规划关注的问题"描述了规划行业所处的历史、政治、法律及社区环境，提出了规划师在未来十年中需要应对的挑战。随后三章的重点是制定和实施规划，包括"谁来规划""制定规划"和"推动规划实施"。有一部分作者坚持认为，如果无法决定如何实施规划，就不可能制定出有效的规划，而另一部分作者却认为，若没有已制定好的规划，规划实施的技巧就谈不上真正有效。我们打破陈规，在本书中保留了这两种迥异的观点，以让作者的见解更清晰。第七章详细讲解了"城市系统的规划"，最后一章"规划管理"以规划的组织与道德维度为重点。很多作者在本书中分享了他们对地方规划的看法，本书的每一章都由他们所撰写的不同小节组成。

本书的四位编辑是尤金·L.伯奇（Eugénie L. Birch）、保罗·H.赛德维（Paul H. Sedway）、米切尔·J.西尔弗（Mitchell J. Silver）和我，另外有近百名作者受邀将他们的观点精炼为简短的语言并将其引入书中，这本书是我们通力合作、共同编辑的成果。另外，艾米·蒙哥马利（Amy Montgomery），一位优秀的项目经理，一直维系着本书整体工作的正常运行和编辑工作的正常进展，如果没有她，就不会有今天的一切。我们对她表示永恒的感激。同时，克里斯·威特（Chris Witt）也曾协助艾米寻找和整理此书中的实例，在这里一并致谢。ICMA的克里斯汀·乌尔里奇（Christine Ulrich）对本书的成书过程进行了全程监控，并帮助我们专注于编著这本书的目的，尤其需要感谢的是，她鼓励我们打破了形式与内容的传统。ICMA的编辑桑德拉·F.赤则斯（Sandra F. Chizinsky）和简·C.卡诺尔（Jane C. Cotnoir）将许多持有不同观点的小章节编辑的精妙无比，令人称道，我们也要向她们表示感激！

本书还得到了ICMA和宾夕法尼亚大学格罗瑟研究基金的资助。此外，ESRI允许我们重印第199页上的地图，我们也要向他们致以谢意！

加里·哈克（Gary Hack）

高级编辑

前　言

　　1941年，国际城市管理协会（ICMA）出版了第一本有关规划的书籍。那时的人们肯定无法想象，现如今的规划师会在一个怎样的环境中工作。城市扩张、交通拥堵、工业废墟、郊区膨胀、水供给缩减、日益严格的环境监管以及几乎使万物笼罩在阴影下的全球变暖所带来的无形威胁——这些都是新一代规划师必须面临的问题，且其中一些问题无前车之鉴。然而，新一代规划师可以运用地理信息系统、互联网、三维模型软件、复杂创新的财政合作体制等，这些强大的工具亦是50年前的人们所不知道的。

　　但是，在各类问题和规划资源领域的新发展的背后，一些价值观依旧不变：公共健康、经济活力、愿景式领导、社会公平、地方意识等，这些都必须增强"可持续性"。也许，在流行词典中，"可持续性"是一个相对较新的词语，而对于规划师来说，"可持续性"是从一开始便要树立的标语。本书从历史先例中跳出来，探索当规划师面对新问题和开拓新机会时，长期存在的价值观和原则与正在发展或还未发展的创新理念之间的关系。

　　我们希望通过广泛收集意见向人们展示城市规划所遇挑战的幅度、解决方案的多样性以及那些能够成功引领社区建设走进充满不确定性的未来的既往经验教训。

　　ICMA和APA非常乐意为新一代规划师打开地方规划的新视角。

　　ICMA和APA向本书编者致谢，他们长期认真致力于规划本书内容及整合众多作者文字的工作。本书主编是宾夕法尼亚大学设计学院院长加里·哈克（Gary Hack）先生，宾夕法尼亚大学设计学院城市与地区规划系主任尤金·L.伯奇（Eugénie L. Birch）、赛德维咨询公司创始人保罗·H.赛德维（Paul H. Sedway）、罗利市规划总监米切尔·J.西尔弗（Mitchell J. Silver）等人也为本书贡献了大量宝贵的时间、帮助与智慧。同时我们也感谢那些热烈回应我们邀请的作者们。此外，还需向那些在幕后为我们提供指导和支持的规划学教授以及规划领域的从业者致以特别鸣谢，这些顾问包括：

Karen Alschuler，柏金与威尔公司负责人

Uri Avin，PB场地营造公司副总裁

Fernando Costa，沃斯堡市助理市政官

Susan Handy，加利福尼亚大学戴维斯分校教授

Lewis D. Hopkins，伊利诺伊大学香槟分校教授

Dowell Myers，南加利福尼亚大学教授

Arthur C. Nelson，犹他大学都市研究中心首席教授及主任

Ayse Pamuk，旧金山州立大学副教授

Peter J. Park，丹佛市社区规划与发展部经理

Rolf Pendall，康奈尔大学副教授

Steve Preston，加利福尼亚州圣盖博市副市政官

Ethan Seltzer，波特兰州立大学图兰城市研究与规划学院教授及院长

David C. Soule，西北大学城市及地区政策研究中心副主任

Bruce Stiftel，佛罗里达州立大学教授

Lawrence E. Susskind，麻省理工学院教授

最后，我们对宾夕法尼亚大学设计学院格罗瑟研究基金向我们提供的慷慨的资金支持表示深深的谢意！

Bob O' Neill　　　Paul Farmer
ICMA执行理事　　APA执行理事

目录

第三章　当代规划关注的问题　　　　　　　　　>>> 125

目录

目录

第五章　制定规划　　　　　　　　　　　　　　　>>> 269

第六章　推动规划实施　　　　　　　　　　　>>> 337

目录

目录

第一章

规划的价值

研究主题

从小镇到大都市

尤金·L.伯奇（Eugénie L. Birch）

　　城市规划职业出现于19世纪后期，为的是系统地应对城市面临的问题与挑战。到了20世纪30年代中期，规划实践者们已经界定了该专业的基本领域：对城市增长及发展进行管理。接下来的每一个十年，他们都在为了这个目标而不断完善各种工具和技术方法。

　　城市规划会受到社会、经济、政治、环境、法律及审美思潮的影响。比如说，20世纪早期，规划人员还在为如何解决城市过度拥堵问题而头疼；一百年后，他们又发现自己正在与都市扩张的无序蔓延做斗争。在20世纪20年代，规划人员通过区划法规在混乱的城市里建立起秩序，将有毒害的工业区与新兴的居住区隔离开来；可是到了20世纪90年代，规划人员又试图搞活邻里和老城区，于是修订了区划法规，又重新允许土地混合使用。所以，规划人员既是他们所处时代的产物，也是他们所处环境的改造者。

　　与其他许多行业的从业者一样，城市规划人员的专业知识来源分为实践与研究两个部分。随着规划人员的实践经验不断增长，他们在这个领域的工作也会循环不断地带来更广阔的理论和更深厚的技能。规划人员的世界观分为六个方面，这也是该职业不同于其他职业的地方。他们致力于：

- 提升人居环境（或者用今天的说法来说，建设健康的社区）
- 帮助社区展望一个理想的未来
- 识别和满足多样化的需求
- 应用多学科研究方法
- 促进和参与包容性决策制定过程
- 将规划与统一行动相关联

城市规划人员力求将上述目标应用于邻里、小镇、城市以及区域。

　　规划是随着该学科的形成而产生的。简单来说，美国规划的形成可以划分为以下四个时期：

　　第一时期，从殖民期到19世纪下半期。为应对城市工业化，城市规划在这一时期出现。

第二时期，从19世纪后期到20世纪20年代。规划从业人员为该领域奠定了基础：确定了基本要点；形成了最初的理论、方法和成果；并成立了早期专业规划组织。

第三时期，从20世纪30年代经济危机到第二次世界大战后的大规模城市化。在这一时期，规划涉及的领域变得更为广阔，开始围绕再开发，通过交通和制度促进发展，解决社会问题。

第四时期，从20世纪70年代到现在。在这一时期，规划人员确立了该领域的基本价值观念，巩固了专业技能，并专注于应对大都市带来的挑战（图1–1）。

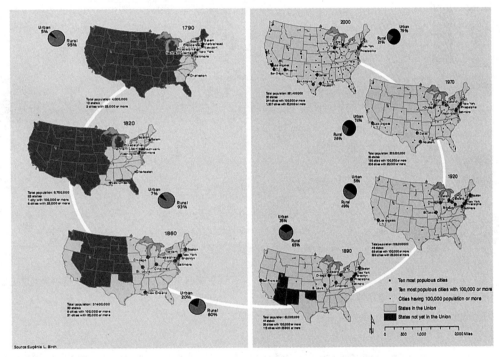

图1–1　这个系列的地图展示了1790年到2000年期间美国城市的发展

从殖民小镇到工业城市

当大批欧洲人源源不断地来到北美大陆定居的最初两个世纪里，规划人员首先着力于建造城镇，而后才考虑为发展和工业创造空间。规划人员通常是以测量师或工程师的身份出现的（正式作为一种职业名称的"城市规划师"直到20世纪才出现），他们选址布局城镇、细分土地用途、设计必要的基础设施（通常包括水井、下水道以及公共空间）。这些早期工作形成了许多城市模式，并为后来的城市规划者们所继承。

民族习俗、宗教、社会契约、商业需求以及流传下来的城市规划传统决定了早期美国定居点的选址和形状。例如，许多城市规划都参照了欧洲先例：印度群岛法律[1]、西班牙定居点模式的管理条例决定了佛罗里达的圣·奥斯汀以及西部和西南部的一些城市的形态。英国土地所有制管理以及"公共用地"概念形成了波士顿、纽黑文以及费城的规划设计（图1–2）。但是，英国的做法并没有规定严格的总体规划：有些英殖民城镇的特点是整齐的网格状街道和公园，这种模式源自很早以前。而另一些城镇则依据地理和地形地貌特征，把港口与内陆相连，把公共开放空间安排在城市的边缘。[2]

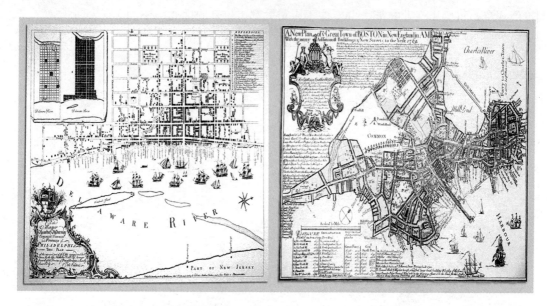

图1–2 费城和波士顿，二者都是英国殖民城市，总平面图却有着极大的差异：一个是横平竖直方方正正的形态（左），而右图则是遵循自然的有机组合（右）

资料来源：由纽约州伊萨卡公司提供的历史上的城市规划

美国独立后，东部沿海城市开始繁荣起来。而新开发的西部地区最主要的挑战则是快速、系统化的土地开发。受1785年出台的《土地法》和1787年的《西北条例》的影响，匹兹堡以西的城市实行公共土地测量系统（Public Land Survey System，PLSS）（图1–3）。[3] PLSS将土地划分为6英里乘6英里的镇区（township），然后又进一步细分为1平方英里（640英亩）的单元。芝加哥、克利夫兰、丹佛和西雅图的规划清楚表明，地产就是通过1英里的方格来划分和测量的。联邦政府通过向开发商出售土地来扩充美国财政部的资金储备，赠送土地给基础设施供应商来促进西部地区的居民点开发，同时还支持全国范围的运河和铁路体系建设。[4]

1790年，国会准许建设新首都华盛顿地区，并雇用了3个人来设计，这就是法国

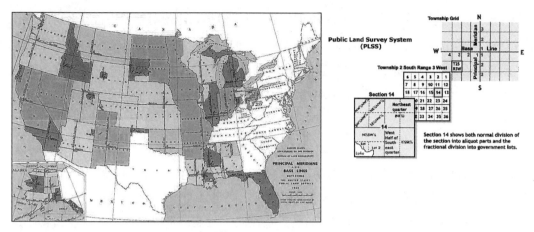

图1-3 根据1787年颁布的《西北条例》，联邦政府建立了公共土地划分系统，这是一种细分公有土地的方法。PLSS被应用于匹兹堡市（左图）以西的土地，把地块分为1平方英里的单元（右图）

资料来源：美国国家地图集和美国内政部土地管理局

军事工程师皮埃尔-查尔斯·朗方（Pierre-Charles L'Enfant）、测量师安德鲁·艾利考特（Andrew Ellicott）和本杰明·班克（Benjamin Banneker）。他们的构想是将国会大厦及总统府建在高处，俯瞰前面空旷开阔的林荫大道。他们设计了一组呈对角线的、露天广场式的林荫道，并在周围规划了网格状的街道，最后形成了一份独特的混合欧美风格的规划（图1-4）。

图1-4 华盛顿的规划，将国会和白宫布置在高处以示突出，旁边是空旷开阔的林荫大道。设计者在呈对角线的林荫大道上规划了方格网街道，打造了这一混合欧美风格的设计

资料来源：美国国会图书馆

在华盛顿建设的同时，几个发展迅速的东部沿海城市也纷纷开始进行建设用地的有序分割，从而减轻市场交易的压力。例如，按照1811年纽约市规划，纽约市将所有位于运河街以北的地产都划分成容易区分的宽度为200英尺、长度各异的街区。波士顿则随着城市向南端和湾区发展，规划成方格网状街道模式。

地方规划的基础

19世纪后期，美国城镇网络基本形成，从东海岸延伸到西海岸，通过河流、运河、驿道、乡间小路以及铁路联结在一起。正是在同一时期，美国完成了从商业和农业为主的经济向工业化超级大国的转变。

伴随着美国农村人口和国外人口快速涌入城市，运输业和建筑业的技术创新让城市成为各种机会的中心。根据美国人口普查统计数据，到1890年，全国6 200万人口中有35%居住在城里，他们是新经济的驱动者。城市里不仅有工厂、住房、铁路、码头和仓库，而且还有集中分布的金融、营销和通信设施。然而，城市爆炸性增长，如芝加哥人口在30年内增加了10倍，产生了大量贫民窟，这些贫民窟饱受以下困扰：糟糕的卫生条件、拥挤的街道、狭窄的公共空间以及附近工厂产生的工业污染。地方政府缺乏准备，难以应对快速增长的人口需求。而且，许多政府成为腐败的受害者，服务与特许经营权被政治大亨用来换取选票或收取贿赂。

美国城市的变革

面对受到危害的城市环境，无数城市团体发起了改良运动，推进新的法律以及特殊项目来解决城市问题。其中，最有效的举措是睦邻中心（settlement houses）：睦邻中心位于全国条件最差的贫民窟，提供教育和广泛的社会服务。睦邻中心也成为社会运动的发源地，一些作家创作的小说、实地研究对立法改革造成的影响，也推动了这项运动。

随后出现了对泛滥的城市问题的专业回应，包括工程、建筑、景观设计、法律、健康、教育和社会工作在内的7个专业得到创立或发展，这些领域的专业人士通过在城市的实际工作发展了专业技能，并成为权威。

在制度领域，改革家们精心制定了区划法规和公共健康、住房及建筑法规。全国人口数量最多的纽约市在这些方面处于领导地

为应对有害健康的城市卫生环境，大量城市团体发起了改良运动，推进新的法律以及特殊项目来医治城市病。

位。纽约通过了一些具有里程碑意义的法规，其中包括1901年的《廉租住房法》，确立了住房最低标准。此外，还包括1916年的《区划法规》，对土地用途和开发密度进行了限定。纽约同时也率先开展了一些特殊项目：1859年，建造了全国第一个景观公园——中央公园；自19世纪50年代以来，基于基金会和有限分红公司的支持，创建了示范廉租房和土地分区；建设了大量城市基础设施，包括自1904年开始修建的多条地铁线路以及1842年和1907年到1917年期间建造的大容量的供水系统，还在成立于1893年的纽约市艺术协会和成立于1898年的纽约城市艺术委员会的支持下进行了城市美化工程。

其他快速发展地区也贡献了一些想法，给城市规划的步骤和内容带来了深刻影响。例如，在1919年，为了应对波士顿地区的环境问题，马萨诸塞州成立了大都市地区委员会，这可能是美国首个这种类型的机构。委员会合并了包括37个城市和镇的区域范围内的污水处理、自来水以及开放空间的管理责任。所有活动的核心是由弗雷德里克·劳·奥姆斯特德（Frederick Law Olmsted）设计，并于1878年至1896年修建了1 000英亩的翡翠项链公园系统，奥姆斯特德在美国公园、景观大道、居住小区设计领域卓有成绩。他通过将排水、开放空间和土地利用集成设计为一个完整的系统，为城市改良创立了一个强有力的准则（图1–5）。

在中西部地区也出现了对城市规划具有重要意义的创新。芝加哥率先采用了一些新的建筑方法，包括1833年开始使用的轻型骨架，这使得建造大量低成本的独立住宅成为可能；其他还有1890年开始使用的钢结构骨架，使得摩天大楼数量激增，并成为20世纪城市的代表建筑。芝加哥也是1893年世界哥伦布博览会举办地，该博览会场馆也是由

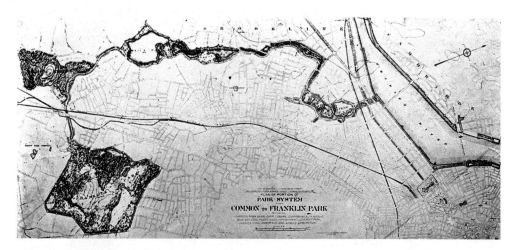

图1–5 弗雷德里克·劳·奥姆斯特德（Frederick Law Olmsted）设计了波士顿的翡翠项链公园系统，为大都市区提供排水系统和开放空间

资料来源：哈佛大学设计学院Frances Loeb图书馆

奥姆斯特德（Olmsted）规划设计的，建筑工程则由丹尼尔·伯纳姆（Daniel Burnham）监理。它被称为"白色城市"，也是不断发展的城市美化运动的缩影。这项运动的拥护者们认为，城市的秩序是由以下三大要素构成的：一是市民中心，通常包括市政厅、邮局、公共图书馆、州议会大厦、火车站、剧院或音乐厅等正式规划的设施；二是开放空间（由景观大道和城市林荫路连接的公园）；三是循环系统（街道、轨道）。值得注意的是，城市美化运动不仅倡导使用这些方法来美化城市，而且同时还要改革城市。

然而，对城市规划发展影响最为深远的成果来自底特律，而且这个成果的创造者并不是规划师，而是企业家。1908年，福特推出了价格合理的T型车，引发了一场消费潮流，并且深刻变革了美国土地的使用模式与发展趋势。对于早期城市规划人员来说，主要关注点变成了市区密度的管理、机动车车流以及边远郊区扩张。

专业规划组织的兴起

在因城市快速发展而导致的变革中，活动家们成立了一些专注于城市改良问题的全国性组织，包括全国市政联盟（National Municipal League，1894年成立）、美国地方政府改造学会（American Society of Municipal Improvements，1894年成立）、全国城市改良运动联合会（National League for Civic Improvement，1900年成立）以及美国公园和户外艺术协会（American Park and Outdoor Art Association，1897年成立）。[5]这些组织的一些成员参加了1909年在华盛顿召开的首届全国城市规划大会（National Conference on City Planning，NCCP）。该会议是由纽约城市人口拥堵委员会的几位领导人发起的。此次大会卓有成效，因此在接下来的25年里，每年都会召开一次，探讨城市规划实践问题。

全国城市规划大会（NCCP）广泛寻找示范性做法。在欧洲，大会成员学习了解了德国的区划法，以及英国在公共住房、贫民窟清理、城市分散化方面的试验。英国提出的新方案中最引人注目的是花园城市，这是由艾比尼泽·霍华德（Ebenezer Howard）(《明天的花园城市》的作者）提出来的，并于1903年首先在莱奇沃思（Letchworth）实施。花园城市方法呼吁应在伦敦和其他一些英国工业化城市的外围建设一些规模适度的卫星城。每个花园城市在其周边都有一片属于自己的未开发用地——"绿化带"，并通过铁路与中心城市相连。田园城市概念引发了许多美国人的幻想。[6]全国城市规划大会还回顾了由巴黎、维也纳所提供的集中化发展城市的范例。在19世纪，这两个城市都完成了重大再开发项目，实现了街道、自来水、污水处理和开放空间系统现代化，增加了文化设施、高密度居住及商业建筑、卫生食品分配中心。

全国城市规划大会还与美国城市规划的发展保持同步：华盛顿（1901年）、克利夫兰（1903年）、旧金山（1905年）的城市美化创意项目，堪萨斯城（1893年—1920年）逐渐发展的公园系统。成员们还庆祝了全国首次城市总体规划的诞生——1909年出版的《芝加哥规划》。该规划由世界哥伦布博览会主建筑师丹尼尔·伯纳姆（Daniel Burnham）主持编制，由城市商业俱乐部赞助，这个俱乐部是一个商界精英组织。该规划涉及流通系统（区域和当地的高速公路和街道）、开放空间（由绿色景观大道将区域公园和城市公园连成一个系统）、市区开发（市民中心和文化设施）。[7] 在这一规划的基础上，芝加哥成立了规划委员会，发行了1912年制定的瓦克（Wacker's）的芝加哥规划指南，作为解释规划的一个典范（图1-6），并推进了规划的实施。[8]

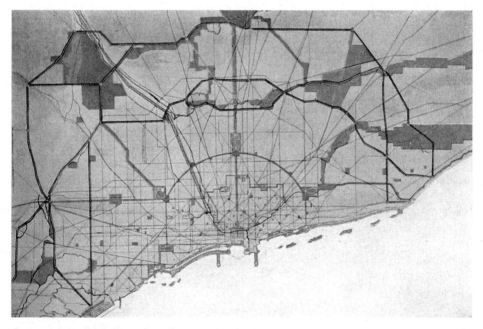

图1-6 1909芝加哥规划，全美第一个综合规划，融合了区域性开放空间和交通系统，服务于新的集中布置的城市中心区

资料来源：芝加哥商业俱乐部

虽然统一在各种项目的共同利益下，全国城市规划大会的成员们对规划持有各种不同意见。概括来讲，整个组织分为两个阵营：一个专注于规划人员的社会职能和作用；一个专注于形成邻里、城市、区域的物质、社会、经济力量。二者的区别被后来的观察家们描述为"规划理论"和"理论规划"。没有什么人能比充满激情的本杰明·马什（Benjamin Marsh）和从容不迫的小弗雷德里克·劳·奥姆斯特德（Frederick Law Olmsted

Jr.）更能生动地表现全国城市规划大会存在的这两种分歧了。本杰明·马什（Benjamin Marsh）是纽约人口拥堵委员会的执行秘书长，他提倡将规划作为改善社会福祉的途径。而慎重的小弗雷德里克·劳·奥姆斯特德（Frederick Law Olmsted Jr.）是伟大的园林规划师奥姆斯特德的儿子，他认为规划能够指导物质实体增长和发展，理由是这种方法是最有可能被公众接受的。最终，奥姆斯特德（Olmsted）及其追随者在最初的城市规划运动中占了上风。他们的判断最终被证实是正确的，因为尽管他们的提议很尖锐，但却符合政府对土地使用进行管理的需要以及资本投资合理化的要求，并适应了机动化的要求。

随着时间的推移，全国城市规划大会（NCCP）广泛吸纳了各类人员入会，包括对此感兴趣的市民和专业人士（如景观规划师、建筑师、工程师和律师）。还聘请了执行主任，召开年会，在1915—1918年期间赞助了杂志《城市规划》，出版会刊。1917年，全国城市规划大会内部的一个小团体形成了一个二级组织——美国城市规划公会（ACPI），它是美国注册规划师公会（AICP）的前身。美国城市规划公会的目标是建立城市规划职业：严格的入会要求确保了只有符合资格的规划从业人员才能加入。（值得注意的是，与其他专业组织不同，美国城市规划公会并不要求持有州政府发放的职业认证。）为广泛传播最佳实践做法，美国城市规划公会发行了一份杂志——《城市规划季刊》（后来变成了《美国规划协会期刊》）。该组织的会员还为18卷本的《哈佛城市规划研究集》投稿，这套丛书在1918年至1973年间陆续出版，为该领域的专业知识库奠定了基础。最后，为了正式传播规划相关的专业知识，美国城市规划公会在多所大学开设了相关课程。哈佛大学和伊利诺伊大学香槟分校最早开设了城市规划课程，到1929年，哈佛大学率先设立了城市规划学士学位，此后麻省理工学院（1932年开设）和其他大学也开办了城市规划本科教育。[9]

到1930年，除4个州以外，所有州都授权市规划委员会执行以下三项明确的功能：制定综合规划；管理区划法规的实施；编制资本预算。

最为重要的是，全国城市规划大会的会员和美国城市规划公会的会员以及他们的联盟成功地说服了国家和地方政府，使城市规划成为城市政府的日常工作的一部分。到1930年，除4个州以外，所有州都授权市规划委员会执行以下三项明确的功能：制定综合规划；管理区划法规的实施；编制资本预算。到了这一时期，实践者们也同意了综合规划的这种形式和内容：综合规划以专家对人口、经济、物质条件的分析为基础，体现着对未来土地利用、交通及开放空间的一个长远愿景。

在20世纪最初的30年里，先后有100多个这样的规划出台；其中最具示范作用的是

1925年制定的俄亥俄州辛辛那提市的官方城市规划。

规划的进展

1927年，时任全国城市规划大会主席的约翰·诺伦（John Nolen）在年会致辞中对这一领域中的进步表示了祝贺。[10]他提到，全国已有近400个市政府成立了规划委员会，500多个城市采用了区划法规，并且已经建立了35个标准郊区和城市扩展区。他将规划的发展归因于以下几个因素：美国联邦商务部普及了区划法规和城市规划的规范；1926年，美国最高法院在尤克利德村（Euclid）控诉安布勒（Ambler）房地产有限公司案件的审理结果（272 U.S. 365 [1926]）支持了区划法规；此外，在这个实质上已经城市化的国家（1.06亿美国人口中超过半数住在城市里）要求做规划的呼声日益高涨。

到了20世纪20年代末，规划从业人员已经为城市规划打下了坚实的基础。他们制定了实际开发的规范，确立了总体规划的组成要素，传播了一种观点，即规划人员是中立的，为客户和公众提供技术上的建议。在把标准编成法典的同时，他们还主张对土地用途进行分类，促进实施以自动化为导向的交通方案（在城市内进行层级式布置，在郊区建设封闭式的高速公路），并提倡把城市高密度地区拆分成若干个大型街区。在总体规划发展过程中，他们遵循一个标准的五步"规划过程"（后来被称之为"理性决策模型"）：

1. 对现状进行详细调查；

2. 阐明目标；

3. 确认问题；

4. 评估和选择来解决问题的方法；

5. 实施规划。

城市规划的进步发生在经济繁荣发展时期。根据美国人口普查局资料，40%的美国家庭拥有了电话和收音机；1905年到1920年，登记机动车拥有量上升到了2 700万辆。联邦、州、地方政府纷纷投资建设街道、高速公路、林荫大道、桥梁和下水道，在城市和郊区开发土地兴建住宅。规划人员为此而欢呼，把这些变革视为疏解城市拥堵的办法。在规划交通发展和监管郊区扩张的过程中，他们自身的专业知识和技能也得到了快速发展。

在这个大背景下，该领域不断涌现新理念，并且很快就能付诸实践。例如，区域规划协会1929年发布的《纽约及其周边地区的区域规划》中提出了一个交通模型：从中心商务区到外面的交通要呈辐条式的放射状，而高速公路则应设计成环绕市中心的圆环状（图1-7）。这一众所周知的模式后来在美国高速公路建设中十分普遍。在新泽西的雷德朋（Radburn，New Jersey）1929年的规划中，由设计师和作家组成的非正式团体——美国区域规划协会（Regional Planning Assocaition of America，RPAA）就在进入汽车时代的美国运用了英国花园城市的原则。美国区域规划协会率先实践了邻里单元（即住宅环绕着小学，以促使形成可步行往返、便于社交的社区）和层级式交通网络（为不同类型的交通提供各自专用的街道）的组合（图1-8）。在接下来的半个世纪里，多个具有很大影响的开发项目都采用了这些理念，如1935年俄亥俄州的格林希尔斯（Greenhills，Ohio），1936年威斯康星州的绿谷（Greendale，Wisconsin），1937年马里兰州的绿带（Greenbelt，Maryland），1940年到1960年期间的英国新城镇（the British New Towns），1964年弗吉尼亚州的雷斯顿（Reston，Virginia）；1937年马里兰州的哥伦比亚（Columbia，Maryland）。如今"适于步行的城市场所"规划就是他们这种理念的延续。

到20世纪20年代末，规划职业进入了平衡发展阶段：规划从业人员知道要做什么，也知道如何去做，而他们提出的方案也都在大多数城市中得到了实践。但是，大萧条

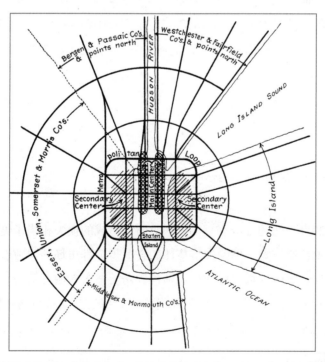

图1-7　区域规划协会于1929年发布了《纽约及其周边地区的区域规划》，该规划设想的交通系统聚焦于城市中心，形状类似"辐条"与"车轮"。后来，交通规划人员将这种形式用于全国高速公路系统
资料来源：纽约区域规划协会

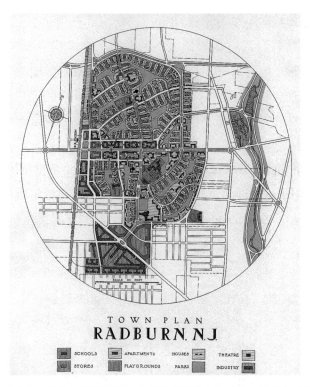

图1-8　跨越大西洋的交流给位于新泽西的雷德朋的规划带来了灵感。规划人员希望能在美国打造一个英国风格的花园城市

资料来源：纽约区域规划协会

以及后来的第二次世界大战释放出来的变革力量不仅重塑了美国人的生活，而且迫使城市规划人员适应新情况和新挑战。

罗斯福新政及以后的城市规划

1929年10月29日，纽约证券交易所大崩盘时，造成的损失相当于美国在第一次世界大战中的全部开支，这暴露了美国经济整体的衰退。证券市场的惨败引发了一场持续到第二次世界大战的大萧条。资本枯竭、企业倒闭、失业人数飙升，1933年的失业率高达25%。[11] 本应承担公共福利的城市却无法满足失业者的需求。私人慈善机构同样不堪重负。随着情况进一步恶化，美国市长联盟和其他组织（如地方级和国家级慈善机构、市政府和教堂）向联邦政府和州政府寻求帮助。赫伯特·胡佛（Herbert Hoover）总统对此束手无策；而他的继任者富兰克林·德拉诺·罗斯福（Franklin Delano Roosevelt）则实行新政，即复兴计划，采用四管齐下的方法来稳定经济：

- 建设公共工程（如体育场、教育机构、剧院、政府办公楼和机场），许多工程都集中在城市，建设公共住房和试验性的新城，如马里兰州的绿带（Greenbelt，Maryland）、威斯康星州的绿谷（Greendale，Wisconsin）、俄亥俄州的格林希尔斯（Greenhills，Ohio）；
- 支持私人住房市场（通过屋主贷款公司（Homeowners Loan Corporation）和联邦房屋管理局（Federal Housing Administration，FHA）的抵押保险）；
- 修正区域之间的不平等，保护自然资源（通过类似田纳西河流域管理局和国家资源计划委员会等实体）；
- 在大量特殊项目中雇佣工人（主要是男人），如民间资源保护队（Civilian Conservation Corps）和公共事业振兴署（Works Progress Administration）等项目。

罗斯福新政在建立了现代福利国家基础的同时，也为城市规划者提供了大量机会：他们为联邦房屋管理局撰写操作手册，设计公共住房和新城镇（图1-9），盘点自然资源清单并编写本州自然资源保护规划，为机场、学校和其他公共工程建设选址（并创作公共艺术来进行装饰），记录贫民窟及其他饱受打击地区的状况。

罗斯福新政也改变了规划的常规做法，从社会科学和城市设计中获得新理论，并加入规划师的技能列表。当芝加哥大学社会学家路易斯·沃斯（Louis Wirth）断言高密度的城市环境导致人际关系疏远时，规划人员制订了降低城市密度的计划。[12]当路易斯·沃斯（Louis Wirth）的同事欧内斯特·伯吉斯（Ernest Burgess）建议说典型的城市用地模型应该是一系列环绕着市中心的同心圆时，规划人员就把这一理念纳入规划思考中。当经济学家霍默·霍伊特（Homer Hoyt）证实主流用地形式是由市中心向外呈放射状的扇形时[13]，规划人员迅速做出了修正。规划人员还思考并采纳意见相左的建筑理念，如勒·柯布西耶（Le Corbusier）主张的大街区理念和弗兰克·劳埃德·赖特（Frank Lloyd Wright）主张的每座房子都应该单独建在一块土地上。勒·柯布西耶（Le Corbusier）的理念表现在公共住房上，而赖特（Wright）的理念则用在郊区的用地分区制上。

规划人员通过在商业杂志上发表文章来广泛传播他们的理念，包括《美国城市》《图解调查》《财富》。他们还利用了当时最流行的媒体形式——电影院，1939年赞助拍摄了一部精彩的电影《城市》，该片在纽约世界博览会上播放，观众如潮，并且广受好评。

在这个时期，专业组织也在逐步发展。20世纪30年代初，公共管理机构支持者形成了美国规划官员协会（American Society of Planning Officials，ASPO），支持那些希望能加强其规划部门能力的地方政府。1934年，为了提供一个市民相关问题的讨论平台，全国城市规划大会和美国城市协会成立了美国市政和规划协会，后来在1971年到1988年

图1-9　罗斯福新政公共住房的目标在于提供一个安全、卫生而且足够大的环境，以隔绝周围的有害环境，图中为纽约市皇后大桥住宅区

资料来源：哈佛大学设计学院Frances Loeb图书馆

期间变成了国家城市联盟（National Urban Coalition）。1938年，美国城市规划公会更名为美国规划师学会，并从全国城市规划大会中独立出来，以便专注于规划职业的发展。

到1941年，城市规划已经得到充足广泛的普及，有必要编纂单独的综合手册，也就是由国际城市管理协会（ICMA）出版的《地方规划管理》。[14] 该书是最佳实践的汇编，强化了规划人员作为中立的技术专家的职责，并反复强调了综合规划、区划和资本预算的重要性。在接下来的几年里，另外两本著作对《地方规划管理》的信息范围作了补充和完善，即1957年出版的F.斯图尔特·蔡平（F. Stuart Chapin）的《城市用地规划》和1964年出版的T. J.肯特（T. J. Kent）的《城市总体规划》（*The Urban General Plan*）。[15]

当《地方规划管理》出版时，人口普查局的数据显示，全国1.32亿人口中有48%居住在城市地区，不过主要集中在东部和中西部[16]；全国人口最多的10个城市中，只有洛杉矶不在这个地域范围内。统计数据还显示，在3 500万个美国家庭中，只有44%拥有自己的住房[17]，令人吃惊的是，45%的住宅还没有自来水管道。1941年，美国加入第二

次世界大战，这给美国城市轮廓带来了巨大变化。大量人口和财政资源涌向这个国家
的新兴地区。黑人和其他农村居民离开南方，来到工业城市中的军工企业工作，或者
迁移到西部和西南部的军事基地（特别是空军和海军基地）。

和平时期，美国工业又开始生产消费用品，特别是汽车；1 000万从战场返回家乡
的士兵娶妻生子，形成了历史上的生育高峰期；资本市场将压抑的储蓄转化成了低成
本、联邦担保的抵押贷款。于是，当全国的中产阶级家庭都在购买汽车，并在偏远地
区购房时，新的土地开发模式就出现了。整个20世纪40年代到50年代，为了满足这种
增长的需求，因建造莱维敦（Levittown）而出名的威廉·莱维特（William Levitt）等大型
建筑商迅速建造了大批价格低廉的独立住宅。美国人口普查局的报告显示，这一时期
建造的房子中有60%位于郊区。1950年出现年度房屋建造高峰值，达到了190万套。然
而，很快郊区就面临着各种发展问题的压力，从缺乏规划的开发量激增，到对学校、供
水、污水处理和街道等公共服务的强烈需求。

战后联邦政府的一些政策提案也对大都市的发展产生了重要影响：1949年的住房和
贫民窟清理行动启动了一场雄心勃勃、时间跨度长达20年的城市复兴计划；1956年《联
邦资助高速公路法案》确立了全国州际高速公路系统（图1–10）；20世纪70年代开始陆续
出台的一系列环境法增强了对清洁空气和水的要求。为管理这些新项目，国会成立了
两个新的内阁级别的专门机构：1965成立了住房和城市发展部（HUD），1966年成立了
交通部。1970年，联邦政府还建立了美国环境保护署（EPA），这个独立机构负责人类
健康和环境保护工作。

这些项目都卓有成效。到20世纪60年代中期，联邦政府在777个城市的复兴项目上
共投入资金10亿美元；拉动私人投资70亿美元。[18]到20世纪70年代，全国共建成3万多英
里的州际高速公路，房地产企业在刚刚开发的郊区建成2 800多万套新住宅。尽管美国
人口普查局在1980年的报告中将2.3亿美国人中的69%归入城市居民，但是住在郊区的
人数超过城市人口（38%：31%）。[19]

随着住宅转向郊区，零售业也随之迁到了郊区。早在1924年，美国城市规划公会
的创始成员J.C.尼科尔（J.C.Nichols）就在堪萨斯建立了乡村俱乐部广场。这是美国第一
批购物中心之一，但是这一概念直到20世纪50年代到60年代才开始取得成功。规划师
维克托·格鲁恩（Victor Gruen）设计了一个典型的封闭式、带空调的购物中心——明尼
苏达州伊代纳的南谷（Southdale in Edina, Minnesota）购物中心，并在全国各地广为复
制。到1972年，全国1.3万个郊区购物中心导致市中心的零售业几近枯竭。[20]为了与郊区
竞争，重振市中心区，许多城市中心建了步行街商场和停车库。今天仍能在许多城市

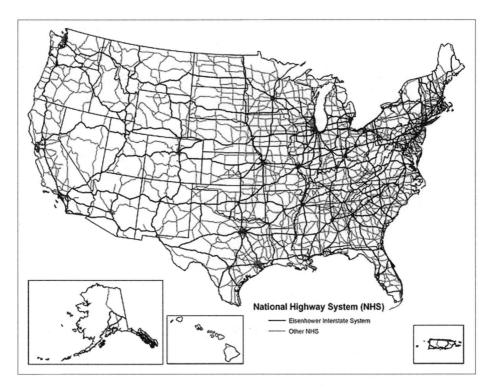

图1-10 从1956年开始,在《联邦资助高速公路法案》及其后续行动的支持下,美国建设了4.1万英里长的高速公路,连接全国各地

资料来源:美国交通部联邦公路管理局

看到其痕迹,如明尼苏达州明尼阿波里斯市(Minneapolis, Minnesota)和康涅狄格州的新伦敦市(New London, Connecticut)。

在向城市再开发提供资金的同时,联邦政府1954年修订了《住房法》,要求社区规划和开发控制要有"可行的工作程序",包括综合规划、区划法规、住房条例执法、再开发需求的全面调查、"最大可行性的市民参与",最后一项要求奠定了今天的倡导性规划,市民参与和环境正义运动的基础。[21]《住房法》确立了"701"计划,联邦政府为尽可能推进"可行的工作程序"提供了支持。[22] "701"计划允许各地地方政府聘请了数千名规划人员,并在长达25年多的时间里为规划提供了稳定的资金支持。资金由各州、联邦灾区、地方政府联盟(councils of government)、大都市区和美国印第安保留地提供。在1954年到1980年期间,"701"计划分配的资金达10亿多美元(按照2001年的美元市值计算),编制了2万多个总体规划和相关报告,资金最高值集中在20世纪70年代,每年资助高达3亿美元。[23] "701"计划还将

> 很快郊区就面临着各种发展问题的压力,从缺乏规划的开发量激增,到对学校、供水、污水处理和街道等公共服务的强烈需求。

5%的预算指定用于研究，支持许多前沿研究，包括具有里程碑意义的1974年出版的《城市无序蔓延的代价》和1978年出版的《财政影响力指南》。[24]

20世纪60年代，综合规划得到了更多支持和研究，这得益于1956年的《联邦政府资助高速公路法案》，该法案要求3C规划。3C即持续的（continuous）、综合的（comprehensive）、协作的（collaborative）规划。20世纪70年代中期，该法案的修改草案指定了一个新实体——大都市规划团体（metropolitan planning organization）作为责任部门，负责全国300个大都市区域需要的规划工作。交通资金也用于支持在底特律、芝加哥、纽约和费城地区开展的大型交通模型研究。

这些围绕城市复兴和交通的战后计划对规划领域产生了巨大影响。首先，规划从业人员数量激增，特别是公共部门的雇员，形成了现代以公共规划人员为主的就业分布。其次，城市更新和交通的联邦计划工作经验极大地改变了规划人员的理论和实践。

现代规划

现代规划的起源可以追溯到20世纪50年代中期，这一时期传统规划受到了来自各方面的挑战。规划从业人员马丁·迈耶森（Martin Meyerson）对该领域对物质实体规划的强调、对综合规划的信念、确定公共利益的能力提出了质疑；政治学家查尔斯·林德布洛姆（Charles Lindblom）和艾伦·阿特舒勒（Alan Altshuler）否定了理性决策模型；律师保罗·大卫杜夫（Paul Davidoff）坚持认为规划人员不应当仅仅是中立的技术人员，而应当是未被充分代表群体的支持者。[25]在1961年出版的畅销书《美国大城市的死与生》一书中，记者简·雅各布斯（Jane Jacobs）猛烈抨击了整个规划领域，还特别谴责了当时的城市复兴做法，主张应当由市民而不是专业人士来规划城市和邻里。[26]雅各布斯关于充满活力、适于社交又安全的城市设想方案包括小街区、高密度和混合用地。同时，社会学家赫伯特·甘斯（Herbert Gans）1962年出版的《都市乡下人》（*Urban Villagers*）一书描绘了波士顿的小意大利城邻里生活中丰富的社交关系，由此劝诫规划人员：在评价贫民窟和脏乱差地区时，要超越物质条件，观察当地的社交网络。[27]20世纪60年代，这些批评言论、发生在底特律、纽瓦克和其他城市里的暴动、市民权益运动、总统林登·约翰逊（Lyndon B. Johnson）以城市为重点的伟大社会计划（Great Society Program），都加速了规划行业的变革。

规划人员还提升了他们在住房、社区与经济发展方面的专业水平。他们制定了邻里、市中心、全城范围的复兴（renewal）规划以补充综合规划。交通规划也有了发展，特别是在罗伯特·米切尔（Robert Mitchell）和切斯特·拉普金（Chester Rapkin）于1954年所做的前沿研究《城市交通：用地的作用》之后，该研究追踪了20世纪50年代用地与大规模高速公路计划之间的关系。[28] 出现了一些新方法，包括通过系统方法来解决问题，被广泛采纳的用模型来解释和预测大都市的增长。城市设计人员专注于打造更有人性、更难忘的、更有经济价值和更安全的场所。那些提出用新方法来改善物质环境的书包括：凯文·林奇（Kevin Lynch）1960年出版的《城市意象》（图1-11）、奥斯卡·纽曼（Oscar Newman）1972年出版的《防御空间：通过城市设计预防犯罪》、乔纳森·巴奈特（Jonathan Barnett）1974年出版的《作为公共政策的城市设计》以及威廉·H.怀特（William H. Whyte）1980年出版的《城市小空间里的社会生活》。[29]

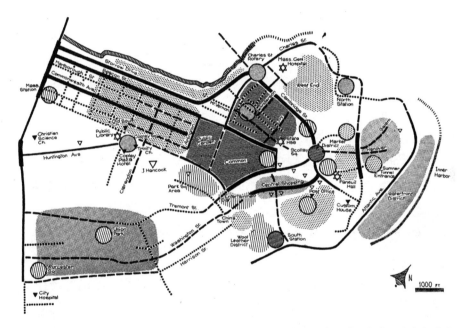

图1-11　凯文·林奇（Kevin Lynch）帮助城市规划人员将城市的组成要素可视化，包括标志物、区域、节点、边界和道路

资料来源：凯文·林奇（Kevin Lynch）的《城市意象》（麻省理工学院出版社，1960年出版）

在雷切尔·卡森（Rachel Carson）的著作《寂静的春天》的激励下，以及后来社会底层草根的倡议下，尤其是从1970年开始每年都会举国庆祝地球日的活动[30]，环境保护论也加入到了城市规划的词汇表中。基于对机动车交通、工业污染和郊区扩张带来的负面影响的深刻认识，联邦政府通过了立法史上里程碑式的法规，确立了国内第一套环境标准，并且首次强制地方政府执行。这些法律包括1970年颁布的《清洁空气法》、1972年颁布的《清洁水法》、1974年颁布的《安全饮用水法》和1980年颁布的《综合环境反应、赔偿和责任法》。1969年的《国家环境政策法案》（NEPA）要求公开和减轻联邦政府行动对环境的影响，为此国会也建立了一个程序，以确保在没有充分考虑到湿地、沿海岸线区域、濒危物种时，不得进行这样的行动。[31] 一些州在《国家环境政策法案》的基础上制定了州条例，应用于不同规模的州级项目和地方项目。正如前面所述，1970年国会成立了美国环境保护署来监督环境法执行情况。在20世纪70年代初期，一些地方政府和州政府率先制定了严格的法律来控制郊区增长，如加利福尼亚州的帕塔鲁马（Petaluma，California）和新泽西州的拉马波（Ramapo，New Jersey）以及俄勒冈（Oregon）。

这些法律为环境规划实践提供了框架。规划人员借助麦克·哈格（Ian Mc Harg）1969年出版的《设计遵从自然》（*Design with Nature*）和其他指导性文本[32]，对传统发展提出了质疑。他们编制对环境有积极影响的规划，开展环境影响研究和棕地修复项目，并形成了广泛地开发管理技巧。

城市规划人员还参与历史保护工作，修复重要历史性街区，并促进该地区经济发展。20世纪60年代，费城的纽黑文（New Haven，Philadelphia）和普罗维登斯（Providence）开创性使用了城市复兴基金来保护殖民时期的建筑和街区（图1-12）。20世纪70年代，国家历史建筑保护信托（the National Trust for Historic Preservation）启动了广受欢迎的"主街计划"，通过制定保护规划来重振老城。

最重要的是市民参与已成为规划编制过程中的重要组成部分。这也是关注交流、表述和权力的规划理论所关心的一个主要方面。政治学家雪莉·阿恩斯坦（Sherry Arnstein）1969年在文章《市民参与的阶梯》中描述了从公众会议到授权之间的几个步骤，表现了这一时期思考的主要特点。[33]

在20世纪70年代中期，国会通过了1975年房屋抵押公开法和1977年社区再投资法，立法初衷是通过监测按揭贷款活动消除种族和性别歧视。1986年，作为大规模联邦税制改革的一部分，国会向私人参与建设可负担住房的商业活动提供奖励措施。其中一项奖励措施是低收入住房税收优惠证，该措施产生的结果是，到2000年税收优惠低收入住房已经和公共住房一样多了。在20世纪90年代，住房和城市发展部实施了几个项目，最主要的是HOPE VI项目，试图将陷入困境的公共住房项目改造成混合收入社区。[34]

20世纪70年代，联邦与地方的关系发生了重大改变：从尼克松总统上台执政开始，联邦立法大幅度修改了城市政策，1973年削减城市复兴和公共住房项目资金，1974年取代了城市街区的程序化拨款（block grant）。1993年，比尔·克林顿总统开始实行授权区（empowerment zones）制度，通过对授权区内的商业提供减税优惠，来刺激那些陷入困

图1-12　规划师埃德蒙·培根（Edmund Bacon）设想修复费城的社会山（Society Hill）地区（左图），如今已成为精品社区（右图）

资料来源：美国国会图书馆美国历史建筑调查的印刷及摄影部门，尤金·L.伯奇

境的社区的就业增长。

20世纪80年代，地方规划蓬勃发展。州和地方政府都开始进行发展管理，超过一半的州都采用了一些措施来控制建成区扩张。设计师形成新的城市规划理论并就此展开辩论，这场城市设计运动促进了传统的、可步行的、混合用地的社区的建设。新城市主义方法现在已被房地产开发商广为接受。20世纪90年代后期，那些曾由于商业和零售功能丧失而大幅衰败的市中心，开始了再改造，并成功地吸引了居住、娱乐、文化活动的发展。

1990年到2005年间，国会通过了一系列交通法案，如1991年的《综合运输能力法案》（ISTEA）、2001年的《21世纪交通运输公平法》（TEA-21）、2005年的《安全灵活高效的交通法案——留给用户的遗产》（SAFETEA-LU），这些都影响着大都市规划。这些法案不仅拓宽了交通运输资金的使用范围，而且将规划领域拓宽，包括使用方便性、节约能源以及移动性。这项立法产生的结果就是，包括克利夫兰（Cleveland）、凤凰城（Phoenix）和圣地亚哥（San Diego）在内的一大批城市，扩展或新建了公共运输系统，进行了以公交运输为导向的开发。

到2006年，人口普查局数据显示，美国人口已经超过3亿，自1970年以来增长了48%，79%的人口居住在城市地区。统计数据揭示了三个巨大变化，这些变化重塑了

1970年以来的美国城市形态:

● 美国人口区域分布的主要变化:全国25个人口最多的城市中,西部和南部人口分别增长了43%和53%;而北部和中西部则分别下降了7%和14%。[35]

● 1970年到2000年之间,移民人口的增长,以及种族和宗教多样性的增长:根据美国人口普查结果,1970年白人人口比例为87%,而2005年这一比例下降到75%(非西班牙裔白人为66%)。与此同时,境外出生人口比例从4%上升到12%。[36]

● 土地占用比例与人口增长比例不对应:以得克萨斯州的奥斯丁(Austin, Texas)为例,在1970年到2000年的30年中,其土地使用面积增长了249%(从72平方英里到252平方英里),圣安东尼奥(San Antonio)也增长了122%(从184平方英里到408平方英里),这些数字都比当地人口增长率要高得多:奥斯丁的人口增长率是161%,而圣安东尼奥则是75%。这种用地增长比例和人口增长比例的不一致源于两个主要因素:一是家庭增长比例超过了人口增长比例;二是每个住宅单元的平均占地面积也在增长(从1970年的1 376平方英尺上升到2000年的2 057平方英尺)。

20世纪的头十年里,规划领域已变成兼容并蓄的"大帐篷",既包括从城市开发到环境保护和保存的特别利益,也有为应对全球气候变化而制定的规划。城市规划从19世纪萌芽至今已走过了漫长的路程,然而其核心思想始终未变:综合思考、着眼于长期、拓展决策的公共参与、追求改善生活品质。在其历史发展过程中,城市规划已成为广为接受的必需品,而非奢侈品。

注 释

1. 存放于迈阿密大学建筑学院,arc.miami.edu/Law%20of%20Indies.html(2008年2月20日)。

2. 约翰·威廉·瑞普斯(John William Reps),《美国都市的形成》(*The Making of Urban America*)(新泽西州普林斯顿:普林斯顿大学出版社,1965年版)。

3. 见美国国家地图集,公共土地测量系统,nationalatlas.gov/ articles/boundaries/a_plss.html#two,(2008年2月20日)。

4. 运河和铁路都不是国家所有的系统,它们是由当地的私人投资者利用销售土地的盈利投资兴建的。买卖土地的出现,是因为交通提高了土地的价值。

5. 1904年,全国城市改良运动联合会以及美国公园和户外艺术协会联合成立了美国城市协会。

6. 艾比尼泽·霍华德(Ebenezer Howard),《明日:一条通向真正改革的和平道路》(*Tomorrow a Peaceful Path to Real Reform*)(伦敦:Sonneschein,1898年版;伦敦:罗德里奇出版社,2003年再版);艾比尼泽·霍华德(Ebenezer Howard),《明天的花园城市》(*Garden Cities of Tomorrow*)(伦敦:Sonneschein,1902年版;剑桥:麻省理工学院出版社,1965年再版)。

7. 乔恩·A. 彼得森（Jon A. Peterson），《美国城市规划的诞生，1840–1917》（*The Birth of City Planning in the United States，1840–1917*）（马里兰州巴尔的摩：约翰霍普金斯大学出版社，2003 年版）。

8. 沃尔特·D. 穆迪（Walter D. Moody），《瓦克的芝加哥规划手册》（*Wacker's Manual of the Plan of Chicago*），(芝加哥：H. C. Sherman，1912 年版，encyclopedia.chicagohistory.org/pages/10418 .html(2008 年 2 月 20 日）。

9. 唐纳德·A. 克鲁克伯格（Donald A. Krueckeberg），《规划者日记的故事，1915-1980》（*The Story of the Planner's Journal，1915-1980*），《美国规划协会会刊》（*Journal of the American Planning Association*）46（1980 年 1 月期）：5-21 页；尤金·伯奇，《推进规划艺术和科学：规划者和他们的组织，1909-1980》（*Advancing the Art and Science of Planning：Planners and their Organizations，1909–1980*），《美国规划协会会刊》（*Journal of the American Planning Association*）46（1980 年 1 月期），22-49 页。

10. 约翰·诺伦（John Nolen），《美国城市规划二十年进展》（*Twenty Years of City Planning Progress in the United States*），见《乡镇、城市和区域规划问题：第十九次全国城市规划会议论文和探讨合集》（宾夕法尼亚州费城，William F. Fell，1931 年版），1-44 页。

11. 罗伯特·万吉森（Robert VanGiezen）和阿尔伯特·E. 斯文克（Albert E. Schwenk），《从一战前到大萧条时期的薪酬》，见《薪酬和工作条件》（2001 年秋季刊），20 页，bls.gov/opub/cwc/archive/fall2001art3.pdf（2008 年 2 月 20 日）。

12. 路易斯·沃斯（Louis Wirth），《城市化作为一种生活方式》，《美国社会学杂志》（*American Journal of Sociology*）44（1938 年 7 月），1-24 页。

13. 欧内斯特·伯吉斯（Ernest Burgess），《城市的发展》，见《城市》（*The City*），罗伯特·E. 帕克（Robert E. Park）、欧内斯特·伯吉斯（Ernest Burgess）和罗德里克·D. 麦肯基（Roderick D. McKenzie）主编，(芝加哥：芝加哥大学出版社，1925 年版）；霍默·霍伊特（Homer Hoyt），《芝加哥土地利用一百年》(芝加哥：芝加哥大学出版社，1933 年版）。

14. 拉迪斯拉斯·赛格（Ladislas Segoe），《地方规划管理》（芝加哥：国际城市管理协会 [ICMA]，1941 年版）。国际城市管理协会此后每隔十年都会发布一本修订版，被称为"绿皮书"。

15. F. 斯图尔特·蔡平（F. Stuart Chapin），《城市用地规划》（*Urban Land Use Planning*）（纽约：哈珀出版社，1957 年版）；T. J. 肯特（T. J. Kent），《城市总体规划》（*The Urban General Plan*），(旧金山：Chandler Publishing，1964 年版）。

16. 弗兰克·霍布斯(Frank Hobbs)和妮可·斯杜普斯(Nicole Stoops)，《20 世纪的人口趋势》（*Demographic Trends in the 20th Century*）（华盛顿：美国人口普查局，美国商务部，2002 年 11 月），11 页，33 页，census.gov/ prod/ 2002pubs/censr-4.pdf（2008 年 4 月 16 日）。

17. 出处同上，124 页，125 页。

18. 斯科特·科恩（Scott Cohen），《费城西部的城市复兴：20 世纪 40 年代中期到 20 世纪 70 年代中期，费城大学的规划、扩张和社区职责回顾》（*Urban Renewal in West Philadelphia：An Examination of the University of Pennsylvania's Planning，Expansion，and Community Role from the Mid-1940s to the Mid-1970s*）（论文，费城大学，1998 年 4 月），43 页，archives.upenn.edu/histy/ features/upwphil/cohen_s_thesis.pdf（2008 年 4 月 16 日）数据为 1964 年的美元票面价值。

19. 弗兰克·霍布斯（Frank Hobbs）和妮可·斯杜普斯（Nicole Stoops），《20世纪的人口趋势》（*Demographic Trends in the 20th Century*），11页，33页。

20. 《购物中心简史》，国际购物中心协会，2006年，icsc.org。

21. 见威廉·彼得曼（William Peterman），《社区规划和以社区为基础的开发：草根行动的潜力和局限》（*Neighborhood Planning and Community-Based Development : The Potential and Limits of Grassroots Action*）（加利福尼亚州千橡市，Sage，2000年版），39页。

22. "701"代表要求将地方规划作为联邦复兴基金的一个条件的法律的条款总数。这些条款被通过之后，规划者和其他官员开始把这些文件称为"701计划"。这个词等同于综合、整体或总体规划。

23. 詹姆斯·霍本（James Hoban），《我在美国住房与城市发展部的30年》（*My 30 Years at HUD*, ），《规划杂志》，2001年8月，planning.org。

24. 房地产调查公司，《蔓延的代价：城市边缘的替代住宅开发模式的环境和经济代价》（*The Costs of Sprawl : Environmental and Economic Costs of Alternative Residential Development Patterns at the Urban Fringe*）（华盛顿：美国政府印刷部，1974年版）；罗伯特·W.柏谢尔（Robert W. Burchell）和大卫·利斯托金（David Listokin），《财政影响手册》（*Fiscal Impact Handbook*）（新泽西州新不伦瑞克：罗格斯大学城市政策研究中心，1978年版）。

25. 马丁·梅尔森（Martin Meyerson），《搭建通往综合规划的中层规划桥梁》（*Building the Middle-Range Planning Bridge to Comprehensive Planning*），《美国规划协会会刊》（*Journal of the American Institute of Planners*）22，第2期（1956年），58–64页，在《规划理论读本》（*A Reader in Planning Theory*）中再版，安德烈亚斯·法卢迪（Andreas Faludi）主编，（纽约：牛津出版社，1973年版），127–138页；查尔斯·林德布卢姆（Charles Lindblom），《渐进决策科学》（*The Science of 'Muddling Through'*），《公共行政评论》（*Public Administration Review*）19（1959年春季），79–88页，在安德烈亚斯·法卢迪（Andreas Faludi）的《规划理论读本》中再版，151–168页；艾伦·阿特舒勒（Alan Altshuler），《综合性规划的目标》（*The Goals of Comprehensive Planning*），《美国规划协会会刊》（*Journal of the American Institute of Planners*）31，第3期（1965年版），186–197页，在安德烈亚斯·法卢迪的《规划理论读本》中再版，193–209页；Paul Davidoff，《规划中的倡导与多元主义》（*Advocacy and Pluralism in Planning*），《美国规划协会会刊》（*Journal of the American Institute of Planners*）31，第4期（1965年版）331–338页，在安德烈亚斯·法卢迪的《规划理论读本》中再版，277–296页。

26. 简·雅各布斯（Jane Jacobs），《美国大城市的死与生》（*The Death and Life of Great American Cities*）（纽约：兰登书屋，1961年版）。

27. 赫伯特·J.甘斯 Herbert J. Gans，《城市村民：意大利裔美国人生活的分组和分类》（*Urban Villagers : Group and Class in the Life of Italian-Americans*）（纽约州格伦科：Free Press of Glencoe，1962年版）。

28. 罗伯特·米切尔（Robert Mitchell）和切斯特·拉普金（Chester Rapkin），《城市交通：用地的作用》（*Urban Traffic : A Function of Land Use*）（纽约：哥伦比亚大学出版社，1954年版）。

29. 凯文·林奇（Kevin Lynch），《城市意象》（*Image of the City*）（马萨诸塞州剑桥：麻省理工学院出版社，1960年版）；奥斯卡·纽曼（Oscar Newman）《防御空间：通过城市设计预防犯罪》（*Defensible Space : Crime Prevention through Urban Design*）（纽约：麦克米伦出版公司，1972年版）；乔纳

森·巴奈特（Jonathan Barnett）《作为公共政策的城市设计》（*Urban Design as Public Policy*),（纽约：建筑实录出版社,1974 年版);威廉·H. 怀特（William H. Whyte）《城市小空间里的社会生活》（*Social Life of Small Urban Spaces*)（华盛顿：保护基金会，1980 年版)。

30. 雷切尔·卡森（Rachel Carson),《寂静的春天》（*Silent Spring*)（波士顿：霍顿米福林集团,1962 年版)。

31.《国家环境政策法案》以及后续的国家环境影响公开法律也要求大规模开发项目对经济、社会和其他方面的影响。

32. 麦克·哈格（Ian McHarg),《设计遵从自然》（*Design with Nature*)（纽约 Garden City：自然历史出版社，1969 年版);房地产调查公司,《蔓延的代价》（*The Costs of Sprawl*)。

33. 雪莉·阿恩斯坦（Sherry Arnstein),《市民参与的阶梯》（*A Ladder of Citizen Participation*),《美国规划协会会刊》（*Journal of the American Planning Association*) 35（1969 年 7 月期),216–224 页。

34. 尤金·伯奇（Eugénie Birch),《希望的信号：21 世纪美国城市的振兴》（*Hopeful Signs：U.S. Urban Revitalization in the Twenty-first Century*),收录于《土地政策及其成果》（*Land Policies and Their Outcomes*),Gregory K. Ingram 和康宇雄主编,（马萨诸塞州剑桥：林肯土地政策研究院,2007 年版),286–326 页。

35. 尤金·伯奇（Eugénie Birch),《希望的信号：21 世纪美国城市的振兴》（*Hopeful Signs：U.S. Urban Revitalization in the Twenty-first Century*),290 页。

36. 美国人口普查局,《美国统计摘要：1972》（*Statistical Abstract of the United States：1972*)（华盛顿：美国商务部,1972 年版),表 89;美国人口普查局,《美国统计摘要：2008》（*Statistical Abstract of the United States：1972*)（华盛顿：美国商务部,2007 年版)。

为什么要规划社区

弗雷德里克·C.柯立昂（Frederick C. Collignon）

对于大都市社区来说，没有任何时候比现在更令人兴奋和富有挑战性了。2006年美国人口达到了3亿人，预计到2050年之前将超过4亿人。[1] 在大多数大都市地区，土地被消耗的速度大于人口增长的速度。在北部和中西部的城市地区正在失去人口和就业的同时，地理（和在某些情况下的监管）限制发展较少的西部和南部地区正在获得居民。人们选择生活和工作的地方正在发生巨大的变化：郊区和远郊区获得越来越多居民和工作的同时，中心区变得更加具有吸引力。

美国人口结构也在发生变化。截至2006年，美国拥有3 750万移民，占美国总人口的12.5%，比20世纪20年代以来任何时候都要多。[2] 在许多不同类型的家庭中，美国人活得更久。通常来说，我们受教育程度更高，但收入差距正在加大。这些和其他社会、经济和人口的变化都极大地影响了我们占有土地的数量；我们保持开放空间的能力；我们旅行的次数和方式；我们对基础设施、住房和广泛的公共设施——从公园、学校到图书馆、社区中心和老年设施——的需求。

每天都有新闻头条突出城市问题：城市无计划扩张，拥挤，经济适用房短缺，基础设施衰减，邻避冲突，环境风险以及更多。这些情况迫切需要社区去思考他们的未来：去做规划。社区必须为未来的成长和发展规划，在基本建设项目、管理分区和细分规则的投资方面做划分，并且为支付改进措施做预算。

虽然大多数社区通过广泛的公民参与来制订他们的计划，但是你的邻居、同事或朋友很少可能确切地知道当地的规划是什么。当他们试图改建、参加附近项目的公开会议，或者为社区改善的债权问题投票时，他们可能已经违反了一个分区条例。但是，他们可能没有广泛地了解关于规划如何涉及他们的生活或者为什么社区要规划。

有一个简单的答案：社区规划以便对未来做出明智的选择，即创造和维护人们想要居住、工作和开展业务的地方。具体而言，社区规划是为了：

● 预测突发事件，如上级政府政策的转变；准备应对潜在的冲击，例如自然或技术灾难；并利用机会，如高科技公司涌入。

● 在保护当前建筑和自然环境有价值方面的同时，促进增长。

● 协调实现商定目标所需的长期投资和行动。

● 协调土地使用管制、交通、公用事业等政府职能与服务。

● 平衡和整合公共和私营部门的活动。

● 解决社区内不同区域之间和相邻社区之间的冲突。

● 确保地方政策与州、地区和联邦实体的政策一致。

● 公平分配增长的利益和负担，保护资源最少的人的利益。

● 评估先前的计划工作，识别错误或弱点，并根据需要改变方向。

● 记录关于社区未来的集体协议，概述实现这些集体协议的策略，并提出实施这些策略所需的个人和政府行动。

鉴于这些任务的复杂性，很明显，一个精心策划的社区不是源于全然不同，不相关的努力，而是源于许多个人和组织久而久之的集体和协调行动。每一个精心策划的地方都有一个核心规划师：这个人通过与民选官员、政府机构、企业、公民团体、社区协会和非营利组织合作，帮助形成和推进社区愿望。这些规划师可能在公共、私营或非营利部门工作。他们可能是当地政府或咨询公司雇用的专业规划师，被任命为规划委员会的公民；或为特殊利益集团工作的倡导者。无论他们的背景或隶属关系如何，这些规划师都了解增长、发展和设计，他们知道如何参与有关规划问题的严肃讨论。他们有技能利于解决冲突，并协助集体决策，这是一个精心策划社区的基础。

值得注意的是，规划不仅仅使整个社区受益：它也有益于个人和实体。事实上，正是由于规划源于个人利益，居民、企业和非营利组织才选择积极参与规划。对于居民来说，各种社区功能的重要性将随年龄、收入、教育、职业和文化背景而有所不同。居民的需求和期望也会随着时间而转变，例如，关注肥胖正在加强对步行街的需求；人口老龄化和较高的残疾患病率正在增加更便

> 一个精心策划的社区不是源于全然不同，不相关的努力，而是源于许多个人和组织久而久之的集体和协调行动。

利街道和建筑的需求；而手机的使用则需要新的通信基础设施。尽管如此，大多数公民都想要：

- 充足和可负担得起的住房，有足够的选择，以满足广泛的偏好。
- 一个良好的交通系统，为前往工作地方、学校和其他目的地提供方便。
- 良好的学校以确保社区的持续竞争力，终身学习的机会。
- 在可接受的质量和成本水平上的公共服务。
- 一个健康良好的环境，即远离犯罪、清洁和良好的维护，并做好充分准备应对自然和技术灾害。
- 保护地产价格，对于大部分家庭来说，这是财富的最大组成部分。
- 良好的建筑、城市设计和自然设施。
- 丰富多彩的文化、零售、体育和娱乐机会。
- 机构和服务以满足人口中最脆弱成员的需求。
- 一个健康的商业氛围，将吸引和维持经济增长。

在某些情况下，偏好的差异可能引发冲突。例如，一个社区可能存在分歧，在是否要开发一个废弃的工业码头遗址作为一个社区娱乐设施，或作为一个高档住宅和零售中心。同样地，社区的一些阶层可能支持廉价零售的发展，作为一种创造就业机会和增加营业税收入的一种手段，而另一些阶层则可能认为，这样的项目将导致无序增长，并威胁到社区的传统特征。规划提供了一种解决这种冲突的方法，并帮助社区专注于更大的目标。

企业有其他规划问题。企业是高度多样化的：一些企业为本地市场创造产品和服务，其他企业在全国或全球范围内竞争。虽然每种业务都有其特殊需求，但企业通常

希望有一个有利的商业环境：

- 便宜、安全、方便地进入可行的市场。

- 良好的货运和方便消费者的交通（虽然技术正在改变交通需求的性质）。

- 获得具有适当技能的劳动力。

- 有机会成为"商业集群"的一部分——相关业务的地理集中，包括供应商、金融和会计服务以及其他专业设施和服务，将促进业务扩展和效率。

- 负担得起的租金、税收、费用和监管要求。

- 可靠的公共服务。

- 对员工和顾客有吸引力的环境。

非营利部门的雇主——文化和宗教机构；提供服务或发挥宣传作用的非营利组织；教育机构；医疗设施；地方、州和联邦机构；公共机构，如港口和机场当局，公用事业区和交通主管部门——也希望有良好的交通通道，技术熟练的劳动力，安全和有吸引力的环境，良好的公共服务和可预见的未来，以确保他们在建筑物和不动产的长期投资。虽然这些实体中的一些不受适用于私营部门的相关规定的约束，但是将其纳入规划工作是非常必要的。随着居民和企业越来越自由，机构越来越有可能作为一个社区的锚。

总之，规划赋予组成一个社区的个人、各种公共实体、私人和非营利机构重要的利益。规划帮助社区维持他们成为想要的地方的愿望。

注　释

1. 美国人口普查局，"按种族和西班牙裔原产地计算的美国人口：2000 年至 2050 年"，表 1a，census. gov/ipc/www/usinterimproj/natprojtab01a.pdf（2008 年 4 月 13 日访问）。

2. 美国人口普查局，2006 年美国社区调查：数据概要摘要，factfinder.census.gov/ home/saff/main.html?_ lang=en（2008 年 4 月 12 日访问）；移民政策研究所，MPI 的数据中心，"外国出生人口的大小和 外国出生人口占总人口的比例，美国：1850 至 2006，"migrationinformation.org/ datahub/charts/final. fb.shtml（2008 年 4 月 12 日访问）。

作为领导者的规划师

亚历山大·加文（Alexander Garvin）

规划师是一门不断变化的职业。规划师工作成果的好与坏，应该由其工作本身对人们生活产生影响的质量和深度来判断。

许多伟大的规划师并非科班出身，许多受过专业训练的规划人员对其周边环境却少有影响。二者间的区别往往在于神秘的领导力素质。为了更好地理解领导力在规划中所扮演的角色，参考历史案例是很有益的，看看规划人员是如何促进变革的。

规划的政治和经济背景

美国规划是建立在两个可操作因素上的：一个是多元化的、代议制民主；一个是井然有序的自由市场经济。从实践方面看，这意味着通过选举产生的美国官员在做决策时很大程度上是基于他们认为选民会支持的选项。与美国经济制度相一致，为应对私人市场需求，大多数房产建筑都是在私有产业上进行，并由市民个人或组织租用。开发商试图预测市民需求，在市民可能会喜欢居住、工作或购物的地方建造房子。当他们成功时，就能获取利润，作为所付出的财务风险的回报。

当然，这是某种意义上理想化的美国城镇建设方式，也有例外情况，包括温和的（经济刺激）和不温和的（腐败）。但是大体来说，美国的政治和经济制度设计得比世界上任何一个国家都更多地对个人选择做出回应。而且，这两个制度都刻意保持着高度独立性。在政治层面，权力划分为国家、州和地区政府，并分属行政、立法和司法部门。在经济领域，政府鼓励竞争，防止垄断，起诉那些允许任何实体获得过多控制权的企业联盟。不管是在政治还是经济系统中，各种各样的支持者都可能对阵争辩。如此精心限定冲突，为的是可以审查任何参与者的权力。当然，政府也会干预执法，协调、规范以及为公众利益设立项目。

19世纪伟大的巴黎规划师奥斯曼（Haussmann）男爵能成功推行实施规划，仅仅是因为他得到了皇帝拿破仑三世的支持，以及对设计的协助。然而，即使有皇帝的支持，奥斯曼（Haussmann）每进展一步仍要面对激烈的反对，最后还是被迫辞职。在美国，这样的规划方式是不可能发生的。经常被描绘成一个独裁政治掮客的罗伯特·摩西（Robert Moses）能够完成纽约改造工程，靠的并不仅仅是权力，而是妥协、政治洞察力、智慧、机会主义以及十足的精力。即便如此，他完成的只是他最初计划的一小部分。

芝加哥伯纳姆（Burnham）规划的实施

为更好地理解美国城市规划，首先要把规划和制订计划区分开。太多的规划人员相信规划的最终结果就是一份固定的计划。但是，规划是流动的、动态的过程：城市总是以难以预计的方式不断地在变化，因此，规划必须持续不断地对新的现实做出反应。最好的规划能预见到这些新的现实，并且以既有益于公众，同时又能最有效地利用资源的方式来应对这些变化。如果仔细考虑的话，即便是著名的城市规划实际上更多的也是过程，而不是实现一个固定的目标。以丹尼尔·伯纳姆（Daniel Burnham）的1909芝加哥规划为例，该规划最初打算作为包含全市所有角落的规划。然而，伯纳姆（Burnham）提出的大多数建议——宏大的中轴线林荫道和市民中心，在一开始就因为不切实际被抛弃了。尽管规划中建议的许多项目最终还是实施了，改造了城市，并带动了数十亿的私人投资，但是，实现这些变革花费了数年的宣传和政治上的努力。换句话说，规划的许多方面只有被证明具有政治和经济上的可行性时，才会被通过。正如伯纳姆（Burnham）本人所说："在执行规划的特定部分时，更广阔的知识面、更长久的实践经验或是当地条件的一个改变可能会带来更好的解决方案。"[1]

> 规划是流动的、动态的过程：城市总是以难以预计的方式不断地在变化，因此，规划必须持续不断地对新的现实做出反应。

伯纳姆（Burnham）建议在密歇根大街处建一座跨越芝加哥河的桥，并加宽松树街，后来这条街改名为北密歇根大街，从还变成了一条宽阔的林荫大道。这个建议展示了规划过程是如此复杂，涉及的人员如此众多。伯纳姆并不是第一个提出修桥的人，从19世纪80年代早期开始，芝加哥人就不断提出过类似的建议。1896年，伯纳姆（Burnham）提出在芝加哥河下面修一个隧道，连接密歇根大街和松树街。1905年，市议会的一个委员会投票决定是否建桥来实现同一目的。这两个计划都未通过。

1906年，商人俱乐部（一个商业协会，1907年合并成为商业俱乐部）资助丹尼尔·伯纳姆（Daniel Burnham）和爱德华·本内特（Edward Bennett），让他们为芝加哥编制一份城市规划。伯纳姆（Burnham）那时已成为一名芝加哥政治和商会的会员，会龄超过20

年。他在1893年的世界哥伦布博览会的规划设计，以及随后为克利夫兰、旧金山、马尼拉做的规划，为他在规划领域赢得了很高的声望。伯纳姆的公司花了3年时间编制芝加哥规划，其中包括修建密歇根桥及拓宽北密歇根大街的提议。为了实现这一规划，芝加哥成立了由商人查尔斯·瓦克（Charles Wacker）领导的城市规划委员会，出版手册，赞助展示会，四处游说为规划寻求支持。

公布的规划受到了松树街两侧业主们的反对，因为他们不想自家建筑因道路拓宽而受到影响。同时，芝加哥的商界和政界精英为芝加哥大街提议发起了政治声援。1913年，芝加哥市议会授权征用松树街沿街物业，并且通过发行债券来同时满足征用物业的开销和修建新的大桥和林荫大道的资金需求。1916年，芝加哥市开始征用物业，并在接下来的两年内跟那些愤怒的业主们打了多场官司，他们中的大多数是想多要些赔偿金。直到1918年，芝加哥市才完成了物业收购，开始拆除和建设工程。到1920年，大桥和林荫大道顺利完工。

还没等大桥完工，芝加哥市就开始重建北密歇根大街。这项工程主要得益于芝加哥1923年区划法规。该法规允许沿街建筑物的沿街墙面高度可达264英尺；允许不在街边的塔楼建得更高些。在20世纪20年代，区划法规与被压抑的需求相结合，造就了建筑业的盛大繁荣。结果，北密歇根大街从一条挤满仓库和小商店的狭窄通道，变成了壮丽大道，沿途皆是办公大楼、百货商场、高档酒店和高端商店。建筑热潮持续了数十年。今天，北密歇根大街已成为芝加哥高档商店、住宅和商业聚集地（图1-13）。

图1-13　到21世纪初，北密歇根大街已成为这个城市的高档零售区和办公区

因此，花了将近四十年时间（从19世纪80年代到20世纪20年代）的规划、宣传、选举、法庭诉讼、政治手段和施工，最终才把一座桥和一条林荫道从概念变成现实。在改造大街，并为了新的用途而兴建新的大楼上，开发商、贷款人、建筑师和建筑商花费了更长的时间。最终呈现的结果与伯纳姆最初的水彩规划图几乎没有一点相似之处。尽管伯纳姆在这一过程中扮演了重要角色，他的规划也是整个过程中的重要文件，但是还有数千人参与了这一改造的规划和实施，包括银行家、政治家、地产投机商、法官、律师、开发商、市民组织、建筑师和选民。

组建公共团体

芝加哥规划过程之长，涉及人数之多，反映了政治流程的特点。需要花费时间来组建一个团体，这个团体要支持这个想法、为改造计划筹备并游说、促进政府意愿去面对被拆物业业主和其他反对建新桥的利益相关者，为改造计划筹措资金征税发债并赢得支持。各种各样的利益团体都对这一过程做出了贡献，最终达成共识，通过了一份能够满足所有参与者在功能、自然、政治、金融和审美要求的规划方案。对于建一座桥、拓宽一条路来说，40年时间很长，但是，到这一过程的最后，数千个单位和个人都表达了各自的意见，每一项法律要求已得到满足。最终结果完美地满足了芝加哥的需要，并改造了这个城市。

所有参与者可大致分为三类：一是个体利益者（如物业业主和地产开发商）；二是政府官员（如支持该项目的市长和镇长）；三是为公众利益而游说的私人机构（如商业俱乐部）。然而，不能说每个参与其中的人都是规划师，这个规划只不过是数千人共同完成的作品。伯纳姆（Burnham）的规划对这一结果的产生真的是必不可少。

作为思想集成者的规划师

让伯纳姆（Burnham）显得独特而与众不同的是他的能力，即超越利益竞争和单一功能来整合各种不同利益、功能及影响，并由此创建了一个令人信服的和变革性的愿景。成功的规划师都是集成者：他们知道如何处理不同需要，满足不同利益，构建综合设想，想象项目出现溢出效应会如何，并改造周围地区或整个城市。

集成的设想并不总是一次就能成功的。1666年大火后，建筑师克里斯托弗·雷恩（Christopher Wren）制作了一个伦敦重建规划，但是从未得到机会实施。1956年，建筑师维克托·格伦（Victor Gruen），20世纪最有影响的规划师之一、现代封闭式购物中心的发明者，为得克萨斯州沃思堡市（Fort Worth, Texas）编制了一个规划——《一个更伟大的沃思堡（Fort Worth）的明天》（图1–14）。除了环路围绕中心商务区这一理念，该规划的其他内容并没有得到实施。

图1–14　在1956年为沃思堡市（Fort Worth）编制的规划中，维克托·格伦（Victor Gruen）提出了步行环境、地下管网设施、多层车库，都可通往环绕市中心的环状高速公路

资料来源：维克托·格伦（Victor Gruen）《一个更伟大的沃思堡（Fort Worth）的明天》，1956年出版

19世纪最伟大的规划师、可能是美国迄今为止最伟大的规划师弗雷德里克·劳·奥姆斯特德（Frederick Law Olmsted），是最典型的具有整合意识的思想者。他设计了曼哈顿中央公园、波士顿的翡翠项链，规划了伊利诺伊州（Illinois）郊区的河滨（Riverside）、马里兰州（Maryland）郊区的南方小溪（Sudbrook），撰写了关于优胜美地国家公园（Yosemite）和尼亚加拉（Niagara）瀑布的报告，发表了数百份演讲、文章和公园建议书，他对重塑美国景观所做的贡献比任何人都多。他设计的公园重组了城市运作的方式，吸引了新的开发区，并通过林荫道将城市其余地方连接起来。他规划的郊区创建了一种新的文明生活模式（图1–15）。简而言之，奥姆斯特德（Olmsted）将城市、郊区和自然环境视为一个整体，而他的设计反映了这种远见的完整性和复杂性。

20世纪庞大的政府官僚体制日益强化，这就要求公共管理者要具有集成思维的能力。才华过人的罗伯特·摩西（Robert Moses）曾经说过："我们的口号应该是：我们发现城市成了一个石头和钢铁组成的荒野，人口密集，拥堵不通，于是我们将它打开，让光和空气进来，带来公园里的青草和运动场上的欢笑，开辟宽阔的车辐式林荫路和快速公路，将城市和乡村连为一体。"这一信条引导摩西（Moses）数十年的工作。他同时身兼

图1-15　弗雷德里克·劳·奥姆斯特德（Frederick Law Olmsted）设计的伊利诺伊州（Illinois）郊区的河滨，创建了绿树成荫的公共领域，成为郊区设计的范例

资料来源：亚历山大·加文（Alexander Garvin）

多个政府职位，设计了绕公园或被公园隔开的高速路和林荫路；拆除贫民窟，建设能通风、有日照的新住宅项目；在市内修建多处运动场和公园；建造林肯中心和纽约首个真正的会议中心。事实上，他以一种令人难以置信的风格重建了纽约。与此同时，他也体现了政府官僚体制所有的缺陷和风险：缺少政治责任、漠视地方需要、在反对者面前太死板。尽管摩西（Moses）认为规划这个词令人厌恶，但是集愿景、务实、企业家精神和能力于一身使他成为一个最高水平的规划师（图1-16）。

　　追逐利润的开发商也可以将整合的远见卓识带入其工作中。在马里兰州哥伦比亚（Columbia，Maryland）新城规划中，开发商詹姆斯·劳斯（James Rouse）组建了一个由专家组成的咨询团队，来帮助他创建一个理想的环境。这些专家分别是教育学、社会学、政府管理、健康、心理学、家庭生活、规划等众多领域里的领军人物。针对劳斯（Rouse）认为"散落在景观"中"结构不清、杂乱无序、没有美感、不合理"的看法[2]，专家们精心设计了一个方案，将哥伦比亚划分成一个个小型社区，每个社区都有各自的基础设施。几个邻近的社区支持一个带有商店、教堂的村子，反过来，村子也为拥有办公空间和购物中心的市中心提供支持。所有这些的设置背景是大片公园、青翠树林的景观和深受喜爱的公共空间（图1-17）。哥伦比亚（Columbia）在其规划的整体性上做到了最好：完全实现了理想中的郊区生活愿景。然而不幸的是，劳斯（Rouse）在这个项目上严重赔本了：贷款人取消了劳斯（Rouse）公司的抵押赎回权，此后劳斯（Rouse）公司不得不损失几百万美元。

　　城市的一个新发展是公共与私人合作的兴起，这种实体把政府权力和私人行业的创

图1-16 布鲁克林（Brooklyn）的海滨园路是典型的罗伯特·摩西（Robert Moses）式规划方案的实践，即把修路、造桥、建公用场地的财力整合起来，以换取更高的生活质量

资料来源：亚历山大·加文（Alexander Garvin）

图1-17 詹姆斯·劳斯（James Rouse）证明，在哥伦比亚，即使没有政府的协助，私人开发商也能做出整合规划的典范

资料来源：亚历山大·加文（Alexander Garvin）

业技能联系在一起，由此避开一些约束。这样的合作机会使新生代城市企业家随之兴起，他们在创建商业改造地区（BID）方面特别有经验。在费城中心城市地区的执行主任保罗·列维（Paul Levy）这样的天才领导人手里，一个商业改造区（BID）就变成了能够改造市中心的规划工具。2006年，中心城市商业改造地区获得了1 400多万美元的预算，用于该地区的卫生、安全和营销。但是，商业改造地区同时也与费城警察局在新法执法实践中进行了合作；帮助建立了社区法庭，来迅速处理破坏生活品质的犯罪行为；为无家可归者创造就业机会；源源不断地发布关于市中心区住房、零售业、写字楼市场的市场研究；为增强老城竞争力而游说和争取政策和项目。这些工作的结果就是让中心城市地区发生了翻天覆地的变化：这里变得干净、安全、更宜人、更有活力。保罗·列维（Paul Levy）和商业改造区的其他天才领导人，如纽约布莱恩公园修复公司和第34大街合伙人丹尼尔·比德尔曼（Daniel Biederman），已经证明了一点：一个天才经理人能够全面了解区域内的问题和机遇，并将它们整合成可以改变城市的一种设想。

专业规划师

专业规划是在20世纪最初的几十年里诞生的，是从协调城市无序增长、创建能够引导未来发展的愿景的需求中产生的，例如，为了保证基础设施能支撑新涌入城市的人口。1914年，纽瓦克规划委员会聘请哈兰·巴塞洛缪（Harland Bartholome）为秘书官和工程师，这使他成为全美国第一位全职政府规划雇员。哈兰·巴塞洛缪（Harland Bartholome）后来成为圣路易斯（St. Louis）的首席规划师，他的公司（Harland Bartholomew and Associates）成为国内最活跃、最有影响的规划公司之一。

巴塞洛缪（Bartholome）以工程师的背景加入规划工作，以工程师的角度来研究规划问题。在人口、经济、交通、增长趋势等众多统计数据的协助下，巴塞洛缪（Bartholome）和他的同事展开了详尽的研究，并形成了一些设想，来确定一个城市将会如何发展，以及如何改变基础设施和制度来实现城市发展。

巴塞洛缪（Bartholome）自称使用的是"科学"方法，而其他人则用"效率城市"来形容他的工作。可与此简单化地形成对比的就是伯纳姆（Burnham）及其同事的城市美化运动。但是不管叫什么名，目的都是为了提供城市增长所需的理性、协调的规划。

巴塞洛缪（Bartholome）在执行他自己所提出的建议时尤其高效，因为他认识到，规划不仅要设想出来，更要付诸实践。每当他的公司承接城市或城镇规划任务时，公司就会派员工在那个地方整整生活三年。公司员工与当地政府机构、市民咨询委员会紧密合作，一起探讨提议，帮助获取政治支持。最终的建议书还包括费用金额和项目融资战略。巴塞洛缪（Bartholome）的雇员做的规划项目都很成功，以至于当他们完成一项规划时，他们曾为之工作过的地区经常从巴塞洛缪（Bartholome）这里把他们挖走。

受到巴塞洛缪（Bartholome）工作表现的影响，尤其归功于他的努力，职业规划师成为被地方政府景观设计部门接受的一个职位，并一直延续至今。每个大城市都有规划部门，受规划主任的领导。有些案例中，规划部门为那些有远见、有综合意识的领导者提供了展示平台。

埃德蒙·培根（Edmund Bacon）在1949年到1970年担任费城规划委员会的执行主任，他把职业规划师角色提升到了更高的水平。他学的是建筑专业，最初是一名住房顾问，后来他加入了费城青年改革者（被称为积极的反对派）这一团体，他们决心要废除腐败的共和机器，把费城带入一个新的时代。培根（Bacon）是费城本地人，后来他说："在1940年或是1941年，我曾经发誓要尽我所能让费城变得更加美好"。[3]

埃德蒙·培根（Edmund Bacon）的第一个规划任务是协助组织"1947更美好的费城展览会"。场地由金贝尔（Gimbel）百货公司赞助提供，展览会使用了三维立体模型，配有文字说明，展现了费城美好未来的愿景。模型显示了费城的现状，同时翻转过来显示的又是城市每个板块将来的样子。从1949年到1970年，培根（Bacon）领导了美国最复杂的规划过程，完成了非常明显的变革，包括拆除百老街（Broad Street）车站和铁路高架桥（railroad viaduct）（当地人称之为中国墙），并代之以佩恩中心（Penn Center）的商店和办公楼来取而代之（图1-18），通过建设东市场综合购物区（Market East shopping complex）

图1-18　埃德蒙·培根（Edmund Bacon）努力的成果就是，这个"中国墙"被拆除，代之以佩恩中心（Penn Center），这给市场街建设带来了大规模的私人投资

资料来源：亚历山大·加文（Alexander Garvin）

来扩展购物区，还有也许这是他最突出的一项成就，复兴社会山（Society Hill），使它成为费城最受欢迎的社区。

作为有经验的多面手的规划师

在"更美好的费城展览会"宣传册中，埃德蒙·培根（Edmund Bacon）写到，这次展览会的目的是"让空想的未来世界和当地保守的政治家们嘲笑的公众获得信心"。[4]这个主张是对现代规划师的最好描述，无论他们是否来自规划专业，规划师的职责都是寻求公众利益。规划师必须平衡公众利益和私人利益，整体目标与当地诉求。他们还必须引进可行的项目，向社会证明他们的价值，并确保这些项目得以完成。

也许更重要的是，规划师还必须是企业家。他们的目标必须是创造和形成一场变革。这意味着要寻找换一种方式来做事的机会，注意社会和市场的变化，发挥首创精神，创建一个新的未来，而不是被现实推着走。

在过去的一个世纪中，社会各方面都已变得更加复杂。每一个知识领域都呈跳跃式发展，与此同时，我们的研究方法也在提高，技术也在进步，并且系统地积累了大量新数据和新知识。因此，现代社会拥有众多才华横溢、见多识广的专业人士。仅仅在规划领域就包括建筑、市政工程、交通、公共安全、公共健康、财政、法律等众多方面的专家。

然而，专业化带来的一个不良后果就是查找问题和制定决策的方法变得碎片化。以一条普通的城市街道为例子。车行道和人行道的设计、选址、建设，这些都是由交通部门来决定，他们关注的重点是保持交通顺畅。排水沟是由负责污水处理的机构来控制。水管是由水务部门安装的。消防部门希望确保他们的消防车能够通行。警察局关心的是公共安全。卫生部门想确保垃圾能得到收集和运送。公交集运管理部门需要地方来停放公共汽车。在大城市，可能还有地铁。这个清单甚至还没有提到沿街的私人物业，而这关系到房东、零售商、租客以及其他人员。

> 社会在规划以及其他领域需要的，不是更多的专家，而是有经验的多面手。

社会在规划以及其他领域需要的，不是更多的专家，而是有经验的多面手。规划师必须能够抓住多个观点和理解世界的方法，并将之整合在一起。这并不意味着在每一个领域都成为专家，而且那也是不可能的。但是，它也确实要求规划师有能力理解各个领域的基本问题以及相互之间的关系。规划师必须有能力与建筑师、银行家、工程师、公务员、政治家和市民沟通。他们必须熟悉财务、市场分析、政治、设计等更多的内容。他们必须能够推测出什么是可行的、什么是不可行的。他们必须是个有效沟通者，写得清楚、说明白作用、能够用图片传达理念。最后，规划师必须是外交家，能够让意见相左的不同团体达成让步和妥协。

拥有以上所有这些技能的规划师必须能够创建一个能捕捉公众想象力的令人信服的愿景。这正是伯纳姆（Burnham）说出以下话时想表达的：

不做小规划，规划太小不足以使人奋起，因此难以实现。做宏伟的大规划在希望和工作上的目标要高，记住一点，一个崇高的、合理的规划，一旦记录下了就永远不会死掉，即使当我们都离开这个世界后，它依然会存在，并且持续不断地坚持自我。[5]

培根（Bacon），表达了同样的意思，但略有区别："规划创作要宏伟，要强大到让人们忘记还有其他替代方案。"[6]伯纳姆（Burnham）、培根（Bacon）和奥姆斯特德（Olmsted）都意识到了宏伟规划的力量。巴塞洛缪（Bartholome）虽然实力不俗，却从未做到过这一点。这就是规划师最伟大的武器。

注　释

1. 丹尼尔·伯纳姆（Daniel Burnham）和爱德华·本内特（Edward Bennett），《芝加哥规划》（*Plan of Chicago*）（芝加哥：芝加哥商业俱乐部，1909 年版），2，encyclopedia.chicagohistory.org/pages/10417.html（2008 年 3 月 24 日）。

2. 詹姆斯·劳斯（James Rouse）在国会的一个委员会面前陈述他对 1966 年住房法第二章的新社区部分的支持，节选自墨顿·霍佩费尔德（Morton Hoppenfeld）的《哥伦比亚进程：新城镇的潜力》（*The Columbia Process：The Potential for New Towns*）（英国 Letchworth Hertford-shire：Garden City Press Limited，1971 年版），第 3 页。

3. 埃德蒙·培根（Edmund Bacon），受作者采访时所说，1998 年 8 月 20 日。

4. 埃德蒙·培根（Edmund Bacon），受作者电话采访时所说，2001 年 10 月 5 日。

5. 尽管这句话并没有确定的来源，在威利斯·波克（Wilis Polk）1918 年寄给爱德华·本内特（Edward Bennett）的圣诞卡中，引用了这句据说是丹尼尔·伯纳姆（Daniel Burnham）1907 年说过的话，而且一直以来都认为这句话出自伯纳姆。

6. 埃德蒙·培根（Edmund Bacon），受作者采访时所说，1998 年 11 月 22 日。

规 划 授 权

帕特丽夏·E.萨尔金（Patricia E. Salkin）

规划可能是美国地方政府最重要的一项功能。居民们依靠地方政府官员的规划来确保其住所和社区的可持续发展。正如在纽约州的法令中写到的一样："对本州及其社区近期和长远保护、改善、增长和发展造成影响的重大决定和行动，都由当地政府执行。"[1]这一职责要求制定和协调各种不同类型的规划，包括并不限于综合土地利用规划、总体规划、资本改善规划、应急规划和交通规划。

地方规划授权来自于联邦、州、地方政府和区域等各个级别。尽管本文关注的是政府制定综合土地利用规划的权威，也就是政府的核心规划功能，但是，大多数其他规划则是由各个不同级别的政府授权，有时还是要求来完成的。不幸的是，这些规划不总是与总体规划协调一致。例如，尽管州和联邦政府要求为解决飓风、洪水、地震和森林火灾等灾害问题制定规划，这些规划的效力通常取决于它们是否与当地的土地利用规划和分区规划一致。[2]美国地方政府规划的最大弱点也许就是缺乏强制性的政府间、部门间的规划协调。

《标准城市规划授权法》

地方政府影响当地增长和发展的权力始于20世纪20年代，当时各州都已批准授予规划立法权。大多数州都是在《标准城市规划授权法》（SCPEA）的指导下进行的，该法规是1928年由美国商务部颁布的。具体内容由规划界的著名领袖起草，包括辛辛那提市（Cincinnati）区划法规律师阿尔佛雷德·贝特曼（Alfred Bettman）和纽约市区划法规的起草者爱德华·M.巴塞特（Edward M. Bassett）。《标准城市规划授权法》包含六大主题：

——规划委员会的组织和权力，该组织承担着筹备和批准总体规划的任务[3]；

——总体规划的内容；

——由政府主管部门批准街区总体规划；

——由规划委员会批准所有公共改良措施；

——限制私下对土地地块细分；

——成立区域规划委员会，编制区域规划。[4]

根据《标准城市规划授权法》提出的标准，主导地方规划的不是选举出来的官员，而是指定的官员，因为后者会从无党无派的视角更好地评估规划议题。[5]《标准城市规划授权法》至今仍保持着很强的影响力，现在许多州级规划授权法仍然以这个标准为基础。[6]

州政府批准规划

根据美国规划协会公布的资料，目前有10个州规定地方规划为非强制性的；25个州规定地方规划为有条件下的强制性的（例如，只有当地方政府选择成立规划委员会时，才要求制定规划）；15个州是强制性规划。[7]

总体规划的内容以及涉及问题的详细程度都存在极大差异。有些州的法典对此并不做指导或强制要求，有些州则规定得更详细一些。例如，纽约州法律建议在城市总体规划中应包括多种因素；加利福尼亚州法律要求每个市政当局都要编制一个总体规划，并且至少要包括以下内容：土地利用、交通、住房、资源保护、开放空间、噪声防治和安全。[8]俄勒冈州等少数几个州要求地方土地利用规划要与州规划及政策保持一致。[9]

总体规划的法律意义

《标准城市规划授权法》最大的影响是认可了规划的非强制性，而不是强制性。[10]反过来，这种认为规划是非强制性的理念又带来了一个有争议的观点：有人认为规划或综合规划的审批并不是批准区划法规的必要的先决条件，而大多数州法院都认为规划是区划法规批准的先决条件。[11]虽然如此，分区和其他土地使用的控制实践一般都与总体规划保持一致。因此，规划是一系列法定行动的基础，这些行动都是为了实现规划范围内提出的目标。

包括亚利桑那（Arizona）、加利福尼亚（California）、特拉华（Delaware）、佛罗里达（Florida）、肯塔基（Kentucky）、新泽西（New Jersey）和俄勒冈（Oregon）在内的一些州，强制要求区划法规和总体规划之间必须一致。[12]正是因为规划具有法律意义，许多州典和判例法都明确提出，批准和修订总体规划是一项立法职能，而不是一项行政职能。现代法院倾向于要么把总体规划看作是一个重要因素，要么把它看作土地使用管理的指导原则。[13]因为总体规划是土地利用控制的核心，所以，至关重要的是，地方政府要执行自身权力来编好总体规划，保证其他当地规划和区域规划能够体现总体规划的目标和原则，并将规划的管辖范围与相邻地方政府之间的关系纳入总体规划的考虑之中。

国家在规划法改革上的努力

这些年来，许多团体一直在推进标准规划法案的更新，以便解决当前的问题。20世纪70年代，美国法律学会制定了《标准土地开发法规》，但是该法规未能产生实际影响，因为大多数州的官员、规划人员以及相关专业人士的头脑早已被这一时期的新环境法规和条例占满了。[14] 令人遗憾的是，他们没能看到土地利用法和环境法之间的联系，也许是因为这些法律领域是在不同的时期出现，用于解决表面上看起来并不相关的问题的。[15]

2002年，美国规划协会开始着手修改《标准城市规划授权法》，以便适应现代需要，并发布了两卷本的《精明增长立法指南：规划和改变管理的法规范例》。这是历时7年的研究成果，设计目的包括以下几个方面：

——使开发审批过程具有确定性和效率；

——通过"胡萝卜"加"大棒"组合来促进规划；

——保证那些会受到规划决策影响的市民有机会尽早参与到规划过程中来；

——处理就业、住房、财政状况、交通、环境、社会公平相互之间的关系；

——向政府提供一系列规划工具来应对增长和变化；

——将开发时序、开发区位及开发强度与规划的或现有的基础设施建立联系；

——帮助地方政府监测规划系统的执行绩效。[16]

该指南推荐了州授权法表现当地总体规划要素的三级方法：有些应该是强制性的；其他的应该是可以自愿退出选择的强制性的；还有一些应是非强制性的（见下方专栏中每个类别的要素清单）。该指南也要求那些准备做规划的地方政府把问题、机会和需要放在更大的区域范围内来考虑。[17]

在法规范例中论及的当地总体规划要素的处理方法

Mandatory 强制性的

Issues and opportunities 问题及机会

Land use 土地利用

Transportation 交通

Community facilities 社区设施

Housing 住房

Program implementation 项目实施

Mandatory with opt-out alternative可以自愿退出选择的强制性的

Economic development 经济发展

Critical and sensitive areas 关键和敏感地区

Natural hazards 自然灾害

Optional 非强制的

Agriculture, forest, and scenic 农业、森林和观光

Preservation 资源保护

Human services 公共事业

Community design 社区设计

Historic preservation 历史保护

Sub-plans 辅助规划

资料来源：Stuart Meck, ed.,《精明增长立法指南：规划和改变管理的法规范例》，芝加哥：美国规划协会，2002年，7-61

区域规划

当地方政府越来越清楚地意识到地方土地利用决议所造成的影响不受政治边界约束时，他们就开始在土地利用规划方面开展自发的政府间合作。大多数州会广泛授权准许地方政府与邻里社区进行合作，这些合作的成果之一就是联合完成的总体规划。越来越常见的现象就是，在地方总体规划中，市政当局承认它是作为更大区域的一部分而存在的，而地方土地利用决策也会反映这种观点。

自20世纪初，由公共授权的区域规划机构就已经存在了，而在过去的几十年里，这些规划机构更是数量激增。联邦和州已通过有限授权，委托区域规划机构为保护自

然资源或重要环境资源，或审查特定的地方政府和州行动进行规划（例如大都市规划组织是联邦政府认可的交通规划审查机构），以此促进区域规划机构的发展（例如塔霍湖（Tahoe）区域规划所、阿迪朗达克（Adirondack）国家公园机构和新泽西松林地（New Jersey Pinelands）委员会）。此外，根据法规或其他授权成立的区域规划机构，在跨辖区的片区也能提供对发展趋势和资源的超出所在地区的看法。依据建立这些区域规划单位的法规不同，它们可能有也可能没有权力制定具有法律约束力的所在辖区土地利用规划。

授权而不是限制

大多数情况下，总体规划的编制受限于当地官员的创造能力和他们的政治意愿。联邦与州为规划授权和授权立法，能够为规划提供指导准则、规划大纲，有时还有资金方面的激励。然而，最终还是必须由社区自己来决定如何发展、如何保留，使社区变成他们希望的样子。

注　释

1. 见《纽约市法律》272-a，dos.state .ny.us/lgss/townlaw.html#272a（2008 年 4 月 21 日）。

2. 帕特丽夏·萨尔金（Patricia Salkin），《有效的灾害缓解有赖于协调良好的当地土地使用规划和分区》（*Effective Disaster Mitigation Depends upon Well-Coordinated Local Land Use Planning and Zoning*），《不动产法律杂志》（*Real Estate Law Journal*）34，（2005 年夏季），108 页。

3. 需要注意一点，在有些语境中（取决于文件的形成时间），"综合规划""总体规划"和"整体规划"这几个词可以互换。

4. 美国商务部，《标准城市规划授权法》（*A Standard City PlanningEnabling Act*）（华盛顿：美国政府印刷部，1928），planning.org/growingsmart/pdf/ CPEnablingAct1928.pdf（2008 年 4 月 20 日）；另可参考露丝·内克（Ruth Knack）、斯图尔特·米克（Stuart Meck）和伊斯雷尔·斯多曼（Israel Stollman）的《20 世纪 20 年代标准分区和规划背后的真实故事》，《土地使用法律和分区文摘》（*Land Use Law & Zoning Digest*）48（1996 年 2 月），4，planning.org/ growingsmart/enablingacts.htm（2008 年 4 月 20 日）。

5. 斯图尔特·米克（Stuart Meck）主编，《智慧型发展立法指南：变动的规划和管理模范法典》（*Growing Smart Legislative Guidebook：Model Statutes for Planning and the Management of Change*）（芝加哥：美国规划协会，2002 年版），7-11 页。

6. 罗德尼·L. 柯布（Rodney L. Cobb），《为了现代法规：关于本地土地使用规划的州法律调查》（*Toward Modern Statutes：A Survey of State Laws on Local Land-Use Planning*），摘自《现代化州规划法规：智

慧型发展工作论文集》（*Modernizing State Planning Statutes : The Growing Smart Working Papers*）第2辑，（芝加哥：美国规划协会，2002 年版），21 页。

7. 出处同上，23 页。

8. 见《纽约市法律》272-a，以及《加利福尼亚州政府法规》65300，等等；也可参考 Daniel J. Curtin 和 Cecily Talbert Curtin 主编的《加利福尼亚州土地使用和规划法》（*California Land Use and Planning Law*），27（加利福尼亚州普利茅斯：Solano Press，2007 年版）第 2 章。

9. 《俄勒冈州修订法规》（*Oregon Revised Statutes*）197.250。要了解关于俄勒冈州土地使用规划和控制的制度，参考 Edward J. Sullivan 的《俄勒冈州开辟新道路》（*Oregon Blazes a Trail*），摘自《国家和地区综合规划：实施发展管理的新方法》（*State & Regional Comprehensive Planning : Implementing New Methods for Growth Management*），彼得·A. 布斯鲍姆（Peter A. Buchsbaum）和拉里·J. 史密斯（Larry J. Smith）主编（芝加哥：美国律师协会，1993 年版）。

10. 丹尼尔·R. 曼德尔科（Daniel R. Mandelker），《土地使用法》（*Land Use Law*），第 5 版（律商联讯，2003 年）。

11. 斯图尔特·米克（Stuart Meck），《立法要求分区和土地使用管理与独立采用的本地综合规划保持一致：模范法典》（*The Legislative Requirement That Zoning and Land Use Controls Be Consistent with an Independently Adopted Local Comprehensive Plan : A Model Statute*），《华盛顿大学法律与政策学报》（*Washington University Journal of Law & Policy*）3，2000 年，295 页，305 页。

12. 丹尼尔·R. 曼德尔科（Daniel R. Mandelker），《土地使用法》（*Land Use Law*），3.16。

13. 爱德华·J. 苏利文（Edward J. Sullivan），《综合规划的角色演变》（*The Evolving Role of the Comprehensive Plan*），《城市律师》（*Urban Lawyer*），32，（2000 年），813 页，以及 Edward J. Sullivan，《综合规划的角色演变》（*The Evolving Role of the Comprehensive Plan*），《城市律师》（*Urban Lawyer*），36，（2004 年），541 页。

14. 美国律师协会，《土地开发模范法典：全文加注释》（*American Law Institute, A Model Land Development Code : Complete Text and Commentary*），（宾夕法尼亚州费城：美国律师协会，1976 年）。

15. 参考帕特丽夏·萨尔金（Patricia Salkin），《新一代规划和分区授权法案即将出现：2002 智慧型发展立法指南是所有土地使用从业人员的必读书》（*The Next Generation of Planning and Zoning Enabling Acts Is on the Horizon : 2002 Growing Smart Legislative Guidebook Is a Must Read for Land Use Practitioners*），《不动产法律杂志》（*Real Estate Law Journal*），30（2002 年），353 页。

16. 斯图尔特·米克（Stuart Meck），《智慧型发展立法指南》（*Growing Smart Legislative Guidebook*）。

17. 出处同上，7-62 页。

产权、规划和公共利益

杰罗尔德·S.凯登（Jerold S. Kayden）

1981年，美国最高法院法官威廉·J.布伦南（William J. Brennan）提出反对意见说："如果警察必须要懂宪法，那么为什么规划者不需要呢？"[1]布伦南提出的这个反问给规划者们提出了警告，使他们意识到了解宪法中关于财产权、财产规划和公共利益的规定的必要性。不过，规定宪法基本原则的条文用词宏大、意义模糊，通常需要进一步的解读，这也是大多数基础性法律文本的通病。宪法中有关财产的规定少之又少，只有《宪法修正案》第五条中提及"私有财产"这个词条，其中规定"未经合理补偿，不得将私人财产征为公用"。[2]去掉"私有"这个修饰语的"财产"一词出现过两次，分别是在《宪法修正案》第五条和第十四条，其中规定政府"非经法律程序，不得剥夺任何人的生命、自由或财产"。[3]美国最高法院通过一系列不太能自定义的司法确定了"私有财产"和"财产"的含义。

自20世纪以来，美国最高法院共在38份司法判决中解释了宪法中的财产权、财产规划和公共利益，但均未对私有财产做出明晰的定义。州习惯法、成文法和权威学者的法律著作中有对"私有财产"的明确定义，即公民拥有财产所有权，这种权利好比是一捆木棍，分别代表着使用和转让财产的权利与禁止他人使用、转让该财产的权利。[4]

尽管威廉·布莱克斯通爵士（Sir William Blackstone）强调所有者对财产的"唯一的、独裁般的占有"[5]，财产权并未被视作绝对的、无限的权利。几个世纪以来，普通法体系中的法官们形成并使用的关于妨害行为的规定限制了财产所有者对这捆木棍的使用范围。[6]

产权和政府管制的相互作用

财产的真正定义产生于财产和政府管理间的相互作用。在美国作为一个现代管理型国家发展和完善的过程中，这种相互作用应运而生。20世纪的头十年里，美国工业化发展迅速，土地利用却面临诸多问题，不过科学的城市规划方法能够使这些问题迎刃而解。由于土地利用的系统立法取代了妨害法的个案分析，最高法院成为判定政府干预程度是否有悖于宪法精神的仲裁机构。通过在宪法持久原则的基础上试行分区制等新方法，最高法院形成了允许对财产权实施干预的立场，特别是对土地利用能够得到优化的情况下。

最高法院在1915年对哈达切克起诉塞巴斯蒂安案（Hadacheck v. Sebastian）提出的审判意见是其在土地问题上所持立场的经典诠释。[7]哈达切克在洛杉矶经营一家砖厂，因违反当地条例被捕入狱。哈达切克称他的8英亩土地若是用来造砖，价值80万美元，若是用于私人住宅或其他用途（他说这块土地除了造砖别无他用），其价值为6万美元。洛杉矶警察局长塞巴斯蒂安并未对哈达切克提出的这种财产贬值说提出异议，但他否认了对哈达切克实施的法令会"完全剥夺哈达切克的财产使用权和所有权"。[8]通过以下用词笼统、却依然让与宪法相关的土地利用法律专家们紧张不已的话语，最高法院认可了政府的所谓警察权力，政府即拥有了保护社会健康、安全、道德和福利的权力：

我们需要记住这是政府最重要的权力，同时也是最没有限制的权力。

当该权力实施于个人时，似乎有些严厉，但是若无滥用权力情况发生，该权力存在的必要性优于对其限制的必要性。社会法制需要进步，个人利益若是成了进步路上的阻碍，就必须服从集体利益。

哈达切克诉讼案的合理结论似乎是，如果土地所有者存在抵抗，城市就无法形成或扩张。即便城市得以扩张，也只能在土地所有者拥有土地的外围地区。[9]

最高法院于20世纪20年代做出了8份司法判决，联合起来支持政府对私有财产限制的新举措，同时划定了极端剥夺的界限。其中对宾夕法尼亚煤炭公司诉马洪案（Pennsylvania Coal Co. v. Mahon）[10]与尤克利德村诉安布勒房地产公司案（Village of Euclid v. Ambler Realty Co.）[11]的判决尤其引人注目。在马洪案中，奥利弗·温德尔·霍姆斯法官（Justice Oliver Wendell Holmes）有一句名言："如果政府管得太宽，是对公民财产权的剥夺。"[12]这个案例涉及一个国家法令，即《科勒法》（Kohler Act），该法令禁止煤炭公司进行会导致地上房屋下陷的地下采矿，即使煤炭公司当时明确持有地下开采权也不行，因为地上使用权在房屋所有者手中。《科勒法》使煤矿开采"在商业角度上无法进行"，因此最高法院得出结论，该法令"几乎相当于非法占用并侵犯"了公民开采煤矿的财产权。[13]在这个极端案例中，最高法院发现即使是认识到平衡的本质，对财产权的侵犯还是违背了宪法精神：

在一定程度上，如果财产价值不为普通法中的每个类似变化付出代价，就不能减少价值损失，政府也不能正常运转。我们一直清楚，有些价值存在一个隐含的范围，并且必须服从于警察权力。但是非常明显，这个隐含的范围也应该有其限度，否则相关法律条款就会失去效力。需要考虑的是价值减损的程度，在大多数案例中，当价值减损到一定程度时，需要做出补偿，使法律得以维持。[14]

路易斯·布兰代斯法官（Justice Louis Brandeis）在其反对意见中提出，宾夕法尼亚煤炭公司诉讼案本身可视作对哈达切克支持政府管理的一种破坏。但是纵观20世纪20年代其他法官的观点，他们认为该案件是对财产利益的完全损害，是在呼吁对哈达切克容易膨胀的宣言设置一个外延限制。

4年之后，针对尤克利德村诉讼安布勒房地产公司案，最高法院宣布综合分区制符合宪法精神。安布勒房地产公司在俄亥俄州尤克利德村拥有68英亩土地，该公司想把这片土地用于发展工业，预计每英亩产值为1万美元；若是照尤克利德村的分区制度规定，用于建造居民区，每英亩获利不到2 500美元。在这个案例中，尤克利德村的处境就像是哈达切克诉塞巴斯蒂安案中的哈达切克，而且情况更严重：

建筑分区制法律属于现代法律，大约在25年前制定。在最近几年之前，城市生活相对比较简单，但是由于人口大规模增长和集聚，问题不断出现，这就不断要求对城市社区私有土地的使用和占有进行额外的限制。用于当前情况的法规条例在智慧性、必要性和正当性方面明显都保持了一致性，若在一个世纪前，甚至半个世纪前，这样的法规都会被视作武断专制而遭到反对。在当今时代的复杂条件下，政府法规的存在如与交通法规的存在合理性类似，在汽车和快速铁路系统出现之前，交通法规的存在也会被视作是武断且不合理。宪法条文的含义不变，但是其应用的范围要随着变化的新环境扩大或缩小。因为这个世界是不断变化的，相反的情况是行不通的。虽然宪法原则、法令、条例的实际应用，而不是含义，需根据新形势随机应变，但是完全不符合宪法精神的应用必然会遭到摒弃。[15]

回顾尤克利德案的实质，该判决要求独门独户的住宅区不得出现商业建筑、工业建筑和公寓楼（这一点引起了很大争议）。最高法院支持尤克利德村的规划，"若法令被判定为违背宪法精神，需要证明法令的条款是武断的、不合理的，并且对公众健康、安全、道德和社会福利没有好处，但是该规划用充分、强有力的辩论回应了所有质疑声"。[16]最高法院没有坚持那些无法驳斥的论据来支持行政执法措施，而是指出，若是立法的正当性"存在争议"，应遵照立法机关的意见。

分区制体现了进步年代里人们对用科学方法解决社会问题的追求，来自商业界和专业组织的支持逐渐进入大众视野。至少对于该范畴内的管理热情，最高法院支持用实用的方法解决问题，仅在极端案例中持反对意见。有一个怀疑论的说法是，当时的法官并不认为土地利用管理对私有财产造成了威胁，反而认为土地利用管理为私有财产增值提供了可能。[17]例如，尤克利德案的判决可以解读为对安布勒附近房屋所有者财产权的保护与支持，因为这些房屋所有者成功地说服了当地政府，禁止工业和多户公寓进入该社区。最高法院对依附式公寓隐晦的厌恶在今天看来表现得很明显，因此这种解读是有说服力的。[18]

土地利用法中的重要案例表 表2-1

案例（Case）	判决（Holding）
韦尔奇诉斯韦奇（Welch v. Swasey），214 U.S. 91（1909）	支持高度限制
墨菲诉加利福尼亚（Murphy v. California），225 U.S. 623（1912）	支持禁止台球厅
雷曼诉小石城（Reinman v. Little Rock），237 U.S. 171（1915）	支持取缔马房
哈达切克诉塞巴斯蒂安（Hadacheck v. Sebastian），239 U.S. 394（1915）	支持取缔砖厂建设
库萨克公司诉芝加哥市（Cusack Co. v. City of Chicago），242 U.S. 526（1917）	支持广告牌条例
皮尔斯石油公司诉霍普市（Pierce Oil Corp. v. City of Hope），248 U.S. 498（1919）	支持禁止在居民区300英尺内贮存石油的条例
波利诉北卡罗来纳州（Perley v. State of North Carolina），249 U.S. 510（1919）	支持禁止移动或燃烧废弃木材的请求
华尔诉美联煤炭公司（Wall v. Midland Carbon Co.），254 U.S. 300（1920）	支持取缔煤炭生产
布洛克诉赫希（Block v. Hirsh），256 U.S. 135（1921）	支持租赁限制
宾夕法尼亚煤炭公司诉马洪（Pennsylvania Coal Co. v. Mahon），260 U.S. 393（1922）	否决地下采矿禁令
尤克利德村诉安布勒房地产公司（Village of Euclid v. Ambler Realty Co.），272 U.S. 365（1926）	支持综合分区
赞恩诉公共工程理事会（Zahn v. Board of Public Works），274 U.S. 325（1927）	支持居民区分区限制
格力博诉福克斯（Gorieb v. Fox），274 U.S. 603（1927）	支持建筑后移规定
米勒诉舍尼（Miller v. Schoene），276 U.S. 272（1928）	支持砍倒树木以拯救其他树木的决定
尼克托诉剑桥城（Nectow v. City of Cambridge），277 U.S. 183（1928）	驳回分区条款的请求
伯曼诉帕克（Berman v. Parker），348 U.S. 26（1954）	支持实施土地征用权
戈德布拉特诉亨普斯特德镇（Goldblatt v. Town of Hempstead），369 U.S. 590（1962）	支持砂金矿管理条例

续表

案例（Case）	判决（Holding）
宾州中央运输公司诉纽约市（Penn Central Transportation Co. New York City），438 U.S. 104（1978）	支持历史性建筑保护条例
凯瑟安泰诉美国（Kaiser Aetna v. United States），444 U.S. 164（1979）	驳回疏浚池塘的大众通行权
阿金斯诉蒂伯龙市（Agins v. City of Tiburon），447 U.S. 255（1980）	支持限制人口密度的区划法规
圣地亚哥煤电公司诉圣地亚哥市（San Diego Gas & Electric Co. v. City of San Diego），450 U.S. 621（1981）	布伦南法官（Justice Brennan）提出异议，若发生管制征收，应予以补偿
洛雷托诉曼哈顿提词器有线电视公司（Loretto v. Teleprompter Manhattan CATV Corp.），458 U.S. 419（1982）	判决把授予永久占有权的规定视作自动征收
威廉姆森县区域规划委员会诉汉密尔顿银行（Williamson County Regional Planning Comm'n v. Hamilton Bank），473 U.S. 172（1985）	判决土地所有者在起诉前必须向政府寻求核准开发的最终决议，并且如果可行，必须向国家寻求可行的补偿措施
麦克唐纳、萨默、弗拉特诉优洛县（MacDonald, Sommer & Frates v. County of Yolo），447 U.S. 340（1986）	判决土地所有者在起诉前必须向政府寻求核准开发的最终决议
吉斯通烟煤协会诉狄班尼迪提斯（Keystone Bituminous Coal Ass'n v. DeBenedictis），480 U.S. 470（1987）	支持对煤矿开采进行限制
福音派路德教会诉洛杉矶县（First English Evangelical Lutheran Church v. County of Los Angeles），482 U.S. 304（1987）	判决对管制征收时期必须给予补偿
诺兰诉加利福尼亚海岸委员会（Nollan v. California Coastal Commission），483 U.S. 825（1987）	判决若开发条件与其目标没有必要联系时执行征收
彭内尔诉圣何塞市（Pennell v. City of San Jose），485 U.S. 1（1988）	支持租赁控制规定
布里索特诉美国政府州际商务委员会（Preseault v. ICC），494 U.S. 1（1990）	判决土地所有者对联邦将铁路改作步行道法令的质疑为时尚早
绮诉埃斯孔迪多市（Yee v. City of Escondido），503 U.S. 519（1992）	判决移动房屋租赁控制条例不影响实际征收
卢卡斯诉南卡罗莱纳海岸委员会（Lucas v. South Carolina Coastal Council），505 U.S. 1003（1992）	判决对经济用途的否认构成了征收
多兰诉泰戈尔市（Dolan v. City of Tigard），512 U.S. 374（1994）	判决政府对开发提案的干预程度和开发的影响力之间需要有大致比例关系
苏特姆诉太浩区域规划委员会（Suitum v. Tahoe Regional Planning Agency），520 U.S. 725（1997）	判决所有者的征收控诉是适宜的
蒙特利市诉德尔蒙特杜内斯有限公司（City of Monterey v. Del Monte Dunes, Ltd.），526 U.S. 687（1999）	支持陪审团对政府拒绝授予开发许可与其合法目的有关的征收判断
帕拉索罗诉罗德岛（Palazzolo v. Rhode Island），533 U.S. 606（2001）	判决所有者获得财产时存在的规定并不排除后续的征收要求

续表

案例（Case）	判决（Holding）
太浩—塞拉利昂保护委员会诉太浩区域规划协会（Tahoe-Sierra Preservation Council v. Tahoe Regional Planning Agency），535 U.S. 302（2002）	支持延期偿付
林格尔诉雪佛龙美国公司（Lingle v. Chevron U.S.A. Inc.），544 U.S. 528（2005）	将合理关系分析限制在物理入侵情况下
凯络诉新伦敦市（Kelo v. City of New London），545 U.S. 469（2005）	支持政府为促进经济发展而实行土地征用权

重返辩论

几十年之后，最高法院才开始重新积极参与考虑财产权、财产规划和政府管制的问题。1978年，社会上存在着对经济增长的矛盾情绪让最高法院重拾对财产权的兴趣。这种矛盾情绪的存在有三点原因：环保主义思想、对经济发展副作用的不满和对世界迅速变化的担忧。20世纪60年代末，环保运动达到高潮，全国人民加入到整治大气、水源和保护濒危物种的热潮中，促使联邦、州和地方纷纷立法管理生态脆弱土地的使用。到了20世纪70年代，在50年代时可以作为绝佳建房用地的小块沼泽地变成了需要保护的湿地。[19]

迅速发展的郊区首当其冲地感受到了经济发展的副作用。交通拥堵加剧，教室人满为患，开放空间减少，因此控制发展成为必须，有时每年开发的房屋数量也有严格限制，批准建筑工程时要考虑到有无配套基础设施。[20, 21]自征收土地税和开发影响费以来，建设基础设施的费用转移到了新的开发项目，而不是现有的建筑。[22]

变化本身就会带来不稳定。历史建筑曾被视为城市发展改造的对象，或者拆迁后可以带来更大收益的机会，如今这些建筑却被视为社会经济资产。历史遗迹保护法规定，若非得到当地指定部门的批准，土地所有者不得改建或拆除历史性地标和历史街区。

由环境保护法、经济增长控制和历史遗迹保护法组成的扩大的管理制度对私人财产权造成了新压力。地方还是同样一块地方，只是概念改变了，由"沼泽地"变成"湿地"，而土地所有者的开发机会却大大减少了。土地所有者若是准备开发房屋，需承担有关交通、水源和污水处理费用，或者转移到下一个买主身上。若一个建筑被评为历史性地标，这个建筑的所有者仍旧拥有其所有权，但是不再享有改造和拆除该建筑来获取更大收益的权利。

人们的态度从支持发展到对发展喜忧参半，这并不令人惊讶。政府因而加强管理控制，这遭到了因经济原因、政治原因或学术原因而支持扩大财产权的个人和团体的反对。自20世纪80年代初开始，私有财产保护成为政治、经济、法制发展共同关注的关键问题。

同时举着"合理利用"大旗的特殊利益群体也出现了。[23]《华尔街日报》为合法权利遭到侵犯的财产所有者发声。法学学者为壮大的产权运动提供了更深的理论支持和保护。[24]私人律师和保守的法律组织寻找诉讼的机会，意为扩大宪法第五修正案公正补偿条款对私有财产的保护。[25]

从1978年开始，社会上出现了对经济增长的矛盾情绪，随后最高法院重拾对财产权的兴趣。

最高法院的目光重新放到财产权领域，1978年到2005年间提出了21条司法判决，这显然展示了最高法院对财产权的强烈兴趣，但是并未形成典范式的声明和宣言。自1987年开始，一系列案例的判决结果都倾向于财产所有者。[26]尽管如此，法官们不仅放弃了多个扩大财产权范围的机会，并且还承认政府有权对私有财产实行大幅度限制。谨慎的个案分析代替了原先一刀切的原则。财产权支持者受挫后转而向联邦立法机构寻求支持，但最高法院并没有给他们想要的答复。[27]

个案分析方法的黄金准则是威廉·布伦南法官于1978年审理的征收管理诉讼大案：宾州中央运输公司起诉纽约市（Penn Central Transportation Company v. New York City）。[28]在该案例中，纽约市地标保护委员会授予纽约中央汽车站地标性地位，该汽车站建于1913年，是一个艺术杰作。宾州中央运输公司拥有汽车站的所有权，意欲在汽车站上加造一座高层建筑，或是拆掉汽车站再建造高层建筑，却被委员会否决。若能建成，该运输公司每年可通过出租获利数百万美元。

陪审团的投票结果是6：3，纽约市处于有利地位。最高法院采用了宾夕法尼亚煤炭公司案中的基本立场——政府管理可能会越界，并进行了详细说明。布伦纳法官说，法官会考虑到政府行为的性质和管理对经济产生的影响（尤其是对所有者的投资预期的影响）。最高法院没有对需要考量的具体因素提供通用型指导方法。在这个具体案例中，由于该车站的所有者已经通过这个车站的所有权本身得到了合理的利润，并且可以将汽车站上方不可使用的开发权通过车站附近的建筑物来实现，最高法院否认政府存在管制征收行为。

宾州中央运输公司案对私有财产的概念带来了什么改变呢？简短的回答是，几乎没有。该司法意见概括了20世纪初引介的核心宪法结论：为了扩大公共利益，政府可以大幅度限制私有财产权。与20世纪20年代的那些案例一致的是，宾州中央运输公司把其私有财产中最有延展性的获利可能当成了商业价值，尤其是这种价值是投机性的，而不是具有坚实的基础。对于最高法院来说，保护历史建筑和街区等新兴的公共目标和20世纪20年代兴起的分区制目标都不是那样麻烦了。

那么20世纪80年代和90年代提高财产权地位的著名案例呢？例如，在1992年卢卡斯诉南卡罗来纳州海岸委员会（Lucas v. South Carolina Coastal Council）一案中[29]，最高法院宣布，若是政府管制使得所有者丧失利用财产生产、使用和获利的所有权利，即令其财产价值减损100%，那么该所有者很有可能遭受政府监管征收的损失。但是现实生活中，有多少人能遇到价值减损100%的情况呢？而且，即使出现了如此惨痛的结果，最高法院的态度仍是模棱两可：若一州现行的产权法和妨害法的背景原则本来就阻止所有者违背新法的规定，那么上述背景原则会保证新法符合宪法精神。根据之前的事实记录，最高法院无法判决上诉人大卫·卢卡斯（David Lucas）遭受管制征收，卢卡斯需要通过随后的司法程序寻求解释。

最高法院在5年前诺兰诉加利福尼亚海岸委员会案（Nollan v. California Coastal Commission）[30]的判决中认为，对国家合法利益无实质性贡献的政府管制是一种管制征收，最高法院建议对地方规划行为加强司法审查。在该案例中，海岸委员会批准在加利福尼亚海岸建造一座新房子，前提条件是房屋主人同意公众可以在房屋附近的海滩上行走。司法建议的脚注上注明"实质性前进"，其含义比"合理前进"或"适度前进"程度要深，这个词组给最高法院的宪法宣言蒙上了阴影，暗示着政府的土地使用法规要接受加强的司法审查。此前，最高法院对政府歧视少数群体或违反基本宪法权的情况保留司法审查权。若最高法院使用加强司法审查权，将会扰乱自尤克利德案时代保护土地使用法规正当性的传统假设。

但是诺兰案的判决结果并未对后世产生深远影响。在1994年的多兰诉泰戈尔市（Dolan v. City of Tigard）一案中[31]，最高法院判决，若是五金店所有者同意向公众提供通往河滩的道路和自行车道与人行道，他们就可以执行五金店的扩张请求。最高法院似乎限制将诺兰案的结论用于"（所有者）把部分产权转让给市政府的请求"的类似案例。[32] 11年后，在林格尔诉雪佛龙美国公司（Lingle v. Chevron U.S.A. Inc.）一案中[33]，最高法院明确限制使用诺兰/多兰案的结论，授权政府部门对私有财产进行管制。

就连所谓的补偿法案也无法为私有财产创造有利环境。在福音派路德教会诉洛杉

自1987年开始，一系列案例的判决结果都倾向于财产所有者。尽管如此，法官们不仅放弃了多个扩大财产权范围的机会，并且还承认政府有权对私有财产实行大幅度限制。

矶县（First English Evangelical Lutheran Church v. County of Los Angeles）一案中[34]，最高法院宣布，若是政府管制带来了征收影响，所有者有权要求对政府违背宪法进行管制期间导致的财产损失要求补偿。最高法院对此已准备良久，四次涉及该话题，其中包括布伦南法官在圣地亚哥煤电公司诉圣地亚哥市（San Diego Gas &Electric Co. v. City of San Diego）一案中提出的强烈异议。[35]虽然这种补偿要求的确会对政府监管机构起到震慑作用，但是证明征收事实以及争取补偿的高标准要求应该能让地方规划的支持者保持信心。[36]

21世纪的两个案例表明最高法院依然对地方规划敬而远之，即使地方规划严重干涉了个人产权的行使。太浩—塞拉利昂保护委员会诉太浩区域规划协会（Tahoe-Sierra Preservation Council v. Tahoe Regional Planning Agency）一案中[37]，最高法院判决，考虑到相关先例，暂时否认土地所有者对土地具有的全部经济使用权的延期偿付32个月并不属于管制征收。诚然，最高法院的裁决让使用延期偿付手段来达到某些目的的地方政府感到满意，该案的亮点在于最高法院所持的立场。约翰·保罗·史蒂文斯法官（Justice John Paul Stevens）给支持土地利用规划投了最权威的一票，他写出了多数派的意见："土地利用规划者经常使用延期偿付"，并赞扬延期偿付是"延期偿付是规划部门的一致意见"，是"成功发展的重要工具"。[38]规划过程需要时间和努力，在规划的同时保持发展是对产权所有者的合理性征收手段。史蒂文斯写道，土地使用法规是"普遍存在的"，经常"用有形的方式影响产权价值"，并且如果自动实行管制征收，将会成为"只有少数政府有能力提供的一种奢侈"。[39]简而言之，太浩—塞拉利昂案对那些认为最高法院判决只偏向一方的人们是一个强烈的警醒。

凯络诉新伦敦市（Kelo v. City of New London）[40]一案是对私有产权强加规划的又一例证。最高法院的司法判决结果颇具争议，以5:4微弱优势胜出。这次又是史蒂文斯法官执笔司法意见，他赞扬了为发展经济所做的全面、详尽的规划的好处，也就是为政府使用土地征收权提供了正当性。该司法意见遭到强烈抗议，政府打着所谓优化土地利用的幌子，在违背其所有者意愿的情况下，征收独户住宅土地，公众无法接受这种做法。尽管如此，多数人发现政府管制征收推进了公众使用权，这正是公平补偿法案中所要求的。

未来的法律体系

如果说过去的案例仅是一个开场，那么最高法院在近100年间对产权、规划和公共利益提出的司法意见展示了一种进步性的、而非革命性的模式。自我管理的、非司法的政治力量和个人力量间的相互作用占据优先地位，最高法院仅在极端案例中保持话语权。财产所有者享有产权，同时政府规划者为了保护公众利益而对产权设置了限制。财产所有者普遍接受了土地权是受限制的土地权这一现代观点，加之政府管理者意识到打宪法的擦边球并不能带来政治上或司法上的长远利益，因此需要最高法院调停的情况大幅减少。

　　未来的环境、经济、社会和技术挑战将给私有财产和公共需求的关系带来巨大压力。我们将面临的问题是，这种压力是否会导致在法庭之外无法找到满意的解决方法，迫使最高法院在定义私有财产的性质和范围方便承担更重要的责任。纵观20世纪和21世纪初的判例，最高法院发挥的作用将不会有太大变化。政治力量极有可能最先来定义私有财产的性质和范围，而不是与私营市场力量同心协力的法院。

注　释

1. 圣地亚哥煤电公司诉圣地亚哥市（San Diego Gas & Electric Co. v. City of San Diego），450 U.S. 621，661 n.26（1981 年），布伦南法官（Justice Brennan）持反对意见。
2. 美国宪法第五修正案。
3. 美国宪法第十四修正案。
4. 几个世纪以来，法律学者把私有产权定义为物质实体（威廉·布莱克斯通爵士（Sir William Blackstone）提出）或是可分开的法律关系（W.N. 霍菲尔德（W. N. Hohfeld）提出），但是近年来这些观点遭到批判。例如，见迈克尔·A. 海勒（Michael A. Heller）《三种私有财产》（*Three Faces of Private Property*），《俄勒冈州法律评论》，79，no. 2（2000 年），417 页，429–431 页，law.uoregon.edu/org/olr/archives/79/79olr417.pdf（2008 年 4 月 21 日）。
5. 威廉·布莱克斯通（William Blackstone），《释义卷》（Commentaries）。
6. 斯卡利亚法官（Justice Antonin Scalia）在 1992 年卢卡斯诉加利福尼亚海岸委员会（Lucasv. South Carolina Coastal Council）一案的司法意见中把妨害法当作是基础产权法的一部分。
7. 哈达切克诉塞巴斯蒂安案（Hadacheck v. Sebastian），239 U.S. 394（1915）。
8. 同上，408。
9. 同上，410。
10. 宾夕法尼亚煤矿诉马洪案（Pennsylvania Coal Co. v. Mahon），260 U.S. 393（1922 年）。
11. 尤克利德村诉安布勒房地产公司案（Village of Euclid v. Ambler Realty Co），272 U.S. 365（1926 年）。
12. 宾夕法尼亚煤矿（Pennsylvania Coal），415。
13. 同上，414。
14. 同上，413。
15. 尤克利德村（Village of Euclid），386-387。

16. 同上，395。

17. 见查尔斯·M. 哈尔（Charles M. Haar）、迈克尔·艾伦·伍尔夫（Michael Allan Wolf），《尤克利德村胜诉：进步性司法的胜利》（*Euclid Lives：The Survival of Progressive Jurisprudence*），哈佛法律评论，115，第 8 号（2002）：2158，2182–2184。

18. 最高法院说明，"特别指出公寓式住宅，是因为其严重阻碍了独立式住宅的发展，有时候会破坏整个地区的私人住宅布局。在这样的地区，公寓式住宅寄居在独立式住宅旁，以便利用该地区居住特色带来的开放空间和有利环境。"见尤克利德村（*Village of Euclid*），365 页。

19. 见杰罗尔德·S. 凯登（Jerold S. Kayden），《美国国家土地利用规划：时机未到》（*National Land-Use Planning in America：Something Whose Time Has Never Come*），华盛顿大学政治与政策期刊（*Washington University Journal of Law & Policy*）3（2000），445，461，探讨了洁净空气和水源。

20. 建筑业协会诉佩塔卢马市（Construction Industry Assoc. v. City of Petaluma），522F.2d 897（9th Cir. 1975）执照吊销 424 U.S. 934（1976）。

21. 戈尔登诉拉曼规划委员会（Golden v. Planning Board of Ramapo），30 N.Y.2d 359，334 N.Y.S.2d 138，285 N.E.2d 291，驳回上诉，409 U.S. 1003（1972）。

22. 见艾伦·阿特舒勒（Alan Altshuler）、何塞·戈麦斯—伊瓦涅斯（José Gómez-Ibá?ez），《收入管理：土地利用征收的政治经济》（*Regulation for Revenue：The Political Economy of Land Use Exactions*）（华盛顿：布鲁金斯学会出版社，1993 年版），16–46 页。

23. 见约翰·埃切维里亚（John Echeverria）、雷蒙德·布斯·伊比（Raymond Booth Eby）编著《让人们来评判：明智利用和私有财产权运动》（*Let the People Judge：Wise Use and the Private Property Rights Movement*）（华盛顿：岛屿出版社，1995 年版）。

24. 见理查德·A. 爱普斯坦（Richard A. Epstein），《征收：私有财产和国家土地征用权》（*Takings：Private Property and the Power of Eminent Domain*）（剑桥：哈佛大学出版社，1985 年版）。

25. 加利福尼亚律师迈克尔·博杰（Michael Berger）曾代理福音派路德教会案（First English），布里索特案（Preseault）和太浩—塞拉利昂案（Tahoe-Sierra），他是最高法院私有产权案的首席诉讼律师；位于加利福尼亚州的太平洋法律基金会是许多管制征收案例的主要顾问或法庭之友顾问。

26. 福音派路德教会诉洛杉矶县（First English Evangelical Lutheran Church v. County of Los Angeles），482 U.S. 304（1987）；诺兰诉加利福尼亚海岸委员会（Nollan v. California Coastal Commission），483 U.S. 825（1987）；卢卡斯诉南卡罗莱纳海岸委员会（Lucas v.South Carolina Coastal Council），505 U.S. 1003（1992）；多兰诉泰戈尔市（Dolan v. City of Tigard），512 U.S. 374（1994）；苏特姆诉太浩区域规划委员会（Suitum v. Tahoe Regional Planning Agency），520 U.S. 725（1997）；蒙特利市诉德尔蒙特杜内斯有限公司（City of Monterey v. Del Monte Dunes，Ltd.），526 U.S. 687（1999）；帕拉索罗诉罗德岛（Palazzolo v. Rhode Island），533 U.S. 606（2001）。

27. 见杰罗尔德·S. 凯登（Jerold S. Kayden），《寻找夸克：宪法征收、产权和政府管理》（*Hunting for Quarks：Constitutional Takings，Property Rights，and Government Regulation*），华盛顿大学城市与近代法期刊 50（1996 年）：125 页，138–139 页。

28. 宾州中央运输公司诉纽约市（Penn Central Transportation Co. v. New York City），438 U.S. 104（1978

年）。

29. 卢卡斯诉南加利福尼亚海岸协会（Lucas v. South Carolina Coastal Council），505 U.S. 1003（1992 年）。

30. 诺兰诉加利福尼亚海岸委员会（Nollan v. California Coastal Commission），483 U.S. 825（1987 年）。

31. 多兰诉泰戈尔市（Dolan v. City of Tigard），512 U.S. 374（1994 年）。

32. 同上，385 页。

33. 林格尔诉雪佛龙美国公司（Lingle v. Chevron U.S.A. Inc.），544 U.S. 528（2005 页）。

34. 圣地亚哥煤电公司诉圣地亚哥市（San Diego Gas & Electric Co. v. City of San Diego），450 U.S. 621，636（1981 年），布伦南法官提出反对意见。

35. 福音派路德教会诉洛杉矶县（First English Evangelical Lutheran Church v. County of Los Angeles），482 U.S. 304（1987 年）。

36. 见丹尼尔·波拉克（Daniel Pollak），《美国最高法院第五修正案征用决议改变了加利福尼亚州的土地利用规划了吗？》（*Have the U.S. Supreme Court's* 5th *Amendment Takings Decisions Changed Land Use Planning in California?*）CRB-00-004（萨克拉门托：加州研究局，2000 年 3 月），讨论了对地方官员调查所得的结论。

37. 太浩—塞拉利昂保护协会诉太浩区域规划协会（Tahoe-Sierra Preservation Council v. Tahoe Regional Planning Agency），535 U.S. 302（2002 年）。

38. 同上，337-338 页。

39. 同上，324 页。

40. 凯络诉新伦敦市（Kelo v. City of New London），545 U.S. 469（2005 年）。

市场经济中的郊区规划

彼得·D. 萨林斯（Peter D. Salins）

一直以来，政府与市场对于城市的发展负有共同的责任。自从最早有城市记录的时间至20世纪上半叶，历届政府参与设计并建设了城市的基础设施，市场（即：私人房地产权益，包括企业家、建筑师和开发商）设计并建造了商业用房和住宅用房结构。虽然私人开发经常受到的政府约束和引导很少（在建筑高度、高层缩进和密度等特点上），但相对来说其行动是不受政府干预的。

然而自19世纪60年代以来，这一持久的合理分工格局已经被两个加速化的趋势所颠覆：规划的日益专业化和自治郊区的崛起，前者将公共规划转化成了以监管为主的事业。

纵观大部分历史，政府运用手中的权力和资源，把城市打造为公共行政、商业和艺术中心。政府为城市地区提供了重要的维持生命的元素——设计并出资修路，建造供水、排水以及交通系统。此外，大部分城市中心的土地一直发挥着机构功能：政府设施、博物馆、图书馆、公园、大学以及敬拜场所等。一直到近年来，都很少有私人实体出资或愿意出资大规模建设能够维持一个大都市运营的基础设施。在大部分重要城市中，此项工作是通过精心构思的规划来完成的，因此城市规划是很有必要的。

政府监管的作用日益突出，私人规划的决策作用随之被削弱，这虽然也对城市核心区产生了消极影响，对郊区的损害却是最大的。

直到现代，世界上所有知名大城市，以及那些不太知名的大城市的规划都要归功于国王、王子、教皇、总统、总理和事业型公职人员的努力。尽管城市规划的历史如同城市本身一样由来已久，但是规划作为一门分离的行业（不同于建筑、工程、公共管理）还是相当新的。美国公共规划的职业化始于20世纪20年代。现如今规划机构已基本遍布美国所有城市，这些机构的许多员工都按照国家公认的规划组织所采纳的指导原则接受过教育。

随着公共规划机构日益制度化，规划师的职业判断取代了众多开发商和消费者的个人裁断，他们有时也会绕开第五修正案清晰而又简洁的禁令线的边界——"如果不给予公平赔偿，私有财产就不得充作公用"。然而，经过一个世纪的诉讼，规划基本上已经通过宪法审查。包括最高法院在内的美国各级司法机构已逐步扩大了政府规划权力的范围，尽管程度有限，但还是有显著增加。与此同时，法院保护了日益深入的发展规范、种类繁多的房屋和其他发展补贴，更具争议的是，法院还保护了政府出于公用之外的其他目的而征用私有财产的权利。

伴随着管辖权和宪法权利的扩大，公共规划机构在行使监管职能方面越来越大胆。在城市核心区，规划者已经将监管与扩展或升级本地基础设施的宏伟蓝图相结合——建设交通系统，重建海滨地区，发展市区生活设施。在郊区，规划机构一般都没有计划甚至建议对社区的基础设施进行投资，事实上开发监管几乎已成为规划者的唯一职能。

城市和郊区的不同规划之路

尽管美国城市的历史相对不长，但其主要城市都有长远规划的珍贵传统。例如，由托马斯·霍姆斯（Thomas Holmes）和威廉·佩恩（William Penn）起草的费城1682计划的烙印在今天依然清晰可见。1733年由詹姆斯·奥格尔索普（James Oglethorpe）构想的萨凡纳的计划不仅得到了完整的实施，而且让萨凡纳成为最受欢迎的城市之一。1791年由皮埃尔–查尔斯·朗方（Pierre-Charles L'Enfant）创建的华盛顿规划已经成功经受了50年来的办公楼、住房以及制度繁荣发展的考验。纽约的城市规划则是更为平淡无奇的（但高功能）格栅式风格，它于1807年由市政官员制定，并助纽约成了全国领先的商业中心。

然而富有远见的城市规划最具影响力的作品是在国家的心脏地带。丹尼尔·伯纳姆（Daniel Burnham）负责筹备的1893年芝加哥世界哥伦比亚博览会，以及他制定的1909芝加哥规划催生了城市美化运动，还促进了全国范围内的中心城市的规划。像19世纪晚期和20世纪早期的大多数城市规划一样，城市美化规划方案是对私人投资的补充，而非否决。在美国城市美化运动的影响下，宏伟的公园、壮观的林荫大道、富丽堂皇的公共博物馆、图书馆以及政府大楼如雨后春笋般涌现，这在全国范围内所有大都市的房地产行业引发了创业与发展的热潮。

规划塑造着城市，然而郊区的变化却在很大程度上由政治手段形成。艾比尼泽·霍华德（Ebenezer Howard）1902年发表的《明天的花园城市》引入了一个理想主义的花园城市规划范式[1]，虽然表面上在1929年规划的新泽西的雷德朋（Radburn，New Jersey）等模范社区，更近一些的1964年弗吉尼亚州的雷斯顿（Reston，Virginia）等项目中已经实现了这一范式，但是依据霍德华（Howard）的建议来规划和建造的美国郊区的名单甚至不足一页。此外，几乎所有的模范社区都是由私人部门而非政府规划开发。

最早的郊区只是城市的外围社区，或者说是在城市边缘涌现的新社区。如果一个郊区恰好位于某一城市的市政范围之内，该郊区只会被纳入市政组织结构，被动接受主要的规划蓝图的安排。在边界线之外的郊区几乎一直都在寻求或者接受被中心大都市吞并的机会。[2]

只要这种郊区还是城市的组成部分，他们就会从城市的规划方案中受益，具体来说就是市政道路、污水处理、交通系统、公园以及教育设施的不断扩展。但是在20世纪20年代后期，许多东部、南部还有中西部的新郊区说服州议会，防止郊区被城市吞并，并允许这些郊区作为独立的自治区。因为这些羽翼未丰的城市板块中最受欢迎的国家授权的权利，就是让他们自行管控土地使用与开发的权利，随之大量出现的自治地区是造成现代美国规划实践出现的主要因素。

在第二次世界大战后的几十年里，越来越多的城市居民逃到郊区，城市和郊区的规

郊区区民盼望着相关规划的出台，这一规划既可以保护吸引他们逃离城市的田园环境，又可以阻止大部分低收入和少数民族家庭跟风。

划之路从根本上分化开来。当涌向郊区的现象已达到潮汐的规模时，城市和郊区的规划实践方向也相应地发生了改变。一方面，在城市，政治、公民、商业和专业等领域的领导人将有效的规划视为阻止管辖区域内人口和经济流失的主要手段之一；另一方面，郊区区民盼望着相关规划的出台，这一规划既可以保护吸引他们逃离城市的田园环境，又可以阻止大部分低收入和少数民族家庭跟风。

当代城市规划

虽然现在美国主要城市规划者在利用监管权力上毫不迟疑，他们还肩负着一项永久的承诺，那就是通过公共投资塑造城市形式。正如简·雅各布斯（Jane Jacobs）的知名言论中所指出的那样[3]，尽管追逐联邦住房供给和社区发展补贴经常弊大于利，尽管曾使用过国家征用权为市场规避的私人开发项目承保，但在美国大多数较大的城市中，规划者都很关注合理的战略目标。扩张和重新设计道路、公园、图书馆、教育和娱乐设施、交通系统、供水和排水系统的目的是为了强化城市的功能，同时振兴城市经济，实现重要的审美目标。

尽管在20世纪50年代和60年代那些最糟糕的城市再开发规划中，规划者可能犯下了严重的错误，但他们已经从错误中吸取了教训，尽当前的最大努力，重振垂死的城市社区，创造了充满活力的新商业中心。例如，俄勒冈州的波特兰（Portland，Oregon）在20世纪70年代末将其沿江高速公路搬迁，利用各种土地利用和基础设施项目，创建了一个介于新区威拉米特河（Willamette River）和具有历史意义的市中心之间的充满活力的商业与住宅街区，也就是河岸区（River Place）。芝加哥继续实践着伯纳姆（Burnham）关于市区河流和湖畔的愿景，同时也投资在环外兴建充满生机的新住宅和商业中心。在"9·11"发生之后，纽约正在启动全面重建曼哈顿下城的计划。在费城，宾夕法尼亚大学周围破旧危险的老社区将通过城市项目补充的机构投资加以改造。

当前郊区规划

许多美国郊区的规划并不是从全面的或者战略性的眼光出发，只是略微致力于创建实际的计划，很少尝试实现宏伟的公共目标。与之相反，在保护公众健康和福利的幌子下，郊区规划者已经成为经济学家口中的"寻租"行为的同谋。当个人、组织或公司试图通过操纵经济环境，而非通过直接投资获益时，便会出现"寻租行为"。例如，如果一个利益团体说服政府部门批准通过某项规章制度，从而给予该团体某种独特的经济利益时，它就是在从事寻租行为，该政府部门则成了共犯。

在大部分大城市居民现在所居住的郊区小型自治区里，规划权被房主用来保护他们的财务特权和生活方式；被公共官员用来生成有利的征税基础；被开发人员用来排除竞争——所有这一切都是以牺牲更大范围的市区福利为代价。在富裕的郊区，规划设计也暗暗却有意地排除了低收入者和少数民族家庭。的确，在许多郊区自治区，保护允许寻租的监管权力的欲望几乎不加掩饰地表现为规划，这就催生了合并的决定。然而，由于每个自治区只控制整个郊区部分的一小块，单个郊区只是断断续续地完成了各自的目标要求，而整合起来就会造成地区环境的功能失调和吸引力的下降。更加讽刺的是，随着城市人口和发展趋势的成熟，对于富裕家庭和领先商业来说，规划较好的中心城市要比相对规划不善的郊区来说具有更大的吸引力。

1926年，最高法院关于尤克利德村诉（Village of Euclid）安布勒房地产业有限公司（Ambler Realty Co）的裁决（272 U.S.[1926]），极大地促进了现代郊区规划的发展，这证实了分区是实现以下几项目标的一种手段：

● 分离明显不兼容的土地利用部分（"在居民区不得出现厌恶型行业、工业以及可能滋生事端的建筑物"）。

● 减少人口的过度密集（"将过度拥挤的不良影响降到最低限度"）。

● 促进建筑最低限度的一致性（"将建筑物的高度控制在合理范围内，明确说明建筑材料的性质"）。

● 让光和空气进入被高建筑物遮挡的街区。[4]

然而，近几十年来，曾经的合理分区标准已经演变成排除不必要的家庭或企业的工具，表现出的统一性也在减弱。土地使用的区分已经造成了独栋房屋的大规模扩展，这些房屋有时候还会被沿主干道分布的商场一分为二。多户住房已基本被清除。减少"过度拥挤的消极影响"的含义已经变成了设定场地面积的最低标准。例如，在长岛（Long Island），随着市政要求的最低标准已经从四分之一英亩上升到了半英亩、一英亩、两英亩甚至五英亩，莱维敦（Levittown）的那些八分之一英亩的房产已经变成了古怪的人工遗迹。"控制建筑物的高度"被用来证明一些死板的设计标准的正确性，按照这些标准建造的新房往往超出了实际需要的使用面积和能够支付的成本。

让当前分区的过度实践问题变得更严重的还有越来越严格的细分规则，它要求私人开发商设计并建造大部分的新郊区基础设施，至少要修建道路，但一般来说还有排水、供水、防洪排涝，甚至还有电力和电话系统。可能还会要求开发商空出土地用于公园、学校和其他公共设施，这些设施占据的区域通常要比亟待细分的区域还要大很多。地方规划董事会还为每个基础设施元素和细分区域的总体布局建立了严格的标准。

尽管细分准则的要求显然是合理的，大部分管辖权的实施产生了两个极其不良的后果。第一，由于所有的细分并未考虑周围环境，结果是整个郊区相邻细分区域的不连贯。第二，开发商被要求承担建设当地的基础设施的整个重担，这使得房价变得越来越不堪重负。

情况并非一直如此。直到第二次世界大战后不久，所有市政基础设施的设计和费用都是由政府机关来承担的，而且通常与当地的综合计划相一致。建造基础设施的花费通过借贷筹得，债务是通过未来房地产税收收入来偿还的。虽然在旧制度下的基础设施规划的质量千差万别，但这种方法可以确保城市区域达到某种程度上的视觉和功能的一致性（尤其是在与地方学校、公园和其他公共服务的规划挂钩时），而且一定会增加房价的可负担性。在当代郊区，当地公民极不情愿增加债务和房产税，这样就无法在多数地方建造公共基础设施，这就导致了现有居民实际上会设置新人准入价格，通常这个价格水平会高于他们当时加入的价格。

一个新的规划范式

在20世纪80年代，现代郊区规划的功能失调开始引发一场强烈的抵制，参与者主要是生活条件富裕而又有环保意识的居民，开明的开发商，以及最重要的是建筑师和规划者。1991年，一群建筑师和规划者在黄石公园的阿瓦尼酒店（Ahwahnee Hotel）召开会议，提出十五项"社区原则"——即阿瓦尼原则，用非常具体的术语对主流的郊区规划范式提出了挑战。这些原则已被纳入许多国家和地方的规划政策，为以下几个方面的目标提供支持：

- 高质量的社区设计，反映在建筑结构质量、街景和公共空间。
- 更高的密度，这样许多社区设施就可以设置在步行距离内。
- 平衡的交通选择，提供汽车、公共汽车以及步行多种选择方式。
- 住房选择多元化，提供多种居住类型与价格备选方案。
- 提高能源效率，通过出行和空间条件的最小化来实现。
- 土地保护，通过限制开发面积和保留关键的自然要素来实现。
- 增加零售、教育、娱乐、休闲、医疗和社会服务设施。

● 睦邻友好与公众参与。

阿瓦尼原则并不具备革命性，它们只是引用了一个旧范式，该范式曾经一度引导了大多数美国小城镇和早期郊区的发展，并且当时兴建的大部分城镇和郊区都已经消失了。虽然这些原则很有吸引力，创造者将开发付诸实践的策略、依靠私营企业家来完成建造的策略，最多能够在美国大都市地区建成极其少数的新城市规划者的飞地，大部分是位于郊区环内的高档社区。

改革郊区计划的更好办法应该是仔细查看第二次世界大战之前的郊区社区的优良品质，它们都是在现代郊区计划准则实施之前建造的。将"监管前"的郊区，例如长岛的梅里克（Merrick, Long Island）、伊利诺伊州的橡树公园（Oak Park, Illinois）、俄亥俄州的榭珂高地（Shaker Heights, Ohio）、马里兰州的塔科马公园（Takoma Park, Maryland），与"监管后"的周边郊区进行比较，这代表了一个在可替代规划框架下的有益的"自然实验"。老社区在建筑上更有活力，为居民提供多种交通和住房选项；消耗相对较少的能源或土地；拥有广泛的商业服务、休闲、娱乐、医疗设施，为邻里互动和公民参与提供了更多的机会。相比之下，"监管后"的社区在建筑风格上单调无味，即使是短途购物或者社交出行也需要使用汽车；商店、吃饭的地方分布在绵延数英里丑陋不便的"街道小镇"沿途；极其浪费汽车资源和空间条件，并且占用了大量土地。

如果我们希望能够重现监管前郊区的优点，就需要恢复那些促进它们发展和形成的政策。首先，在公共部门规划和投资方面，较老的美国郊区的发展"成本并不低"。如果要借鉴它们的经验，就要求更多而非更少地横贯郊区的规划。理想情况下，县或地区机构应该带头，规划主要应该集中在郊区的基础设施上，也就是道路、交通、供水、排水、固体废物和通用系统。这些系统必须满足城市或者多城市层面设计，主要通过公共借款获得资金支持，并通过随之而来的新发展带动的日益增加的不动产税收收入来偿还。

然后应该抛弃大部分与当前细分监管相关的监管机构。跟过去一样，应该通过一份"官方地图"，确立必要的基础设施的位置和形式。新市政或多元市政规划还应该解决学校的位置和建设（现在很多社区都把这项预算转给开发商来承担）、公园和其他政府设施和服务等问题。

最后，随着地方政府对全社区的规划和基础设施的控制力度加大，他们也应该效仿监管前的郊区，在位置设计和结构限制方

规划者应该返回到一个聚焦于健康和安全的更加狭义的层面，将大部分建筑物的大小、类型和位置的决定权留给房地产市场的动态变化。

面显著地减少分区限制。规划者应该返回到一个聚焦于健康和安全的更加狭义的层面，将大部分建筑物的大小、类型和位置的决定权留给房地产市场的动态变化。建筑物的大小应该合理，分区应该允许公寓房子、花园公寓、联排别墅和独立住宅巧妙地结合起来。

住宅之间应当允许商店和服务的合理分布，这种安排会比现代缺乏吸引力的狭长状商场要高明很多。应小心注意市政基础设施的设计质量，例如，它应该包括：精心组合的建筑物高度、绿树成荫的街道和林荫大道建设、富有吸引力的人行道路和街道设施。在公共街道和停车场的设计中，汽车也要妥善地考虑在内。但是只要有可能，新的郊区布局就应该促进公共交通（很有可能是公共汽车）、自行车和步行的使用。

平衡规划和市场

未来的城市和郊区社区如何在政府主导的规划和私人市场之间找到适当的平衡点呢？简而言之，当前政府和私人发展的责任需要进行准确逆转，恢复历史范例。政府实体——市政或者多元市政应该准备综合规划，建设主要的公共基础设施，以一百年前丹尼尔·伯纳姆（Daniel Burnham）所敦促的那样广泛和有远见的思维方式进行思考，私人开发商则应该根据租户或者购买者的偏好来自由设计社区住宅和商业建筑物，并进行选址。为了促进健康、安全和建筑结构的适度一致性，或者偶尔为实现有益于公众的开发项目而使用土地征用权时，并不妨碍建筑物和选址设计的监管。总的来说，美国的大城市都能实现二者的平衡。美国郊区是亟待重新划分职责的地方。

注　释

1. 埃比尼泽·霍华德（Ebenezer Howard），《明天的花园城市》（伦敦：Sonneschein，1902 年版；再版，麻省理工学院出版社，1965 年版）。

2. 美国最大规模的市政吞并是 1898 年的纽约市合并，纽约地域扩大了 300 平方英里，人口增加了二百万人。

3. 简·雅各布斯（Jane Jacobs），《美国大城市的死与生》（*The Death and Life of Great American Cities*）（纽约：兰登书屋，1961 年版）。

4. 尤克利德村诉安不勒物业有限公司（Village of Euclid v. Ambler Realty Co.,），272 U.S.388（1926 年）。

从城市复兴到再生

凯伦·B.阿尔舒勒（Karen B. Alschuler）

1949年的《住宅法》规定，规划者在城市建设中作为积极的参与者。一套新的强大的方法让公共开发机构得以参与规划老城区的收购、清除和改建，并最终将这些方法应用于市场、工业和体制的复兴。城市复兴的那些大胆又富有争议的行为让人们逐渐意识到，在太多实例中，健康社区被刻板、不受欢迎、千篇一律、用途单一的街区取代，或者完全被非住宅项目取代。随着公共发展战略的演变，规划者在扩大参与、适应当地需求、邀请有见识的开发伙伴参与等方面发挥了关键作用。如今的重点是改造再生：创造健康、多样化、方便、可持续的社区。

跟其他所有创造性的尝试一样，在规划中，最激动人心的发现、协作和进步都出现在专业学科的交叉点。在公共发展领域，25年的公私合作经历产生了一些重要的经验教训，建立了丰富的经验实体，创造并改善了方法和工具，打造了一批在城市改造中具备整合公共与私有资源的信心、睿智、自信的领导者们。

从公共规划城市复兴到公私合营再开发

简·雅各布斯（Jane Jacobs）1961年的经典之作《美国大城市的死与生》影响了几代规划人，他们是这样理解"城市复兴"这个词的：它意味着计划不周、规模过大或反城市化的方案，它们会把以前各具特色、配置合理的社区变得千篇一律、毫无特色。[1]今天，大部分城市都不会再重现那些以整体拆除为特点的知名或不知名的城市复兴规划，社会工程暗含的那些政治议程或理念也不可能卷土重来。不过，城市复兴背后的原始动机已然回归，那就是为了实现公共目标而进行大胆改造。

由于城市复兴造成的损害变得清晰以后，公共开发主动性有所下降，更多的团体被邀请加入进来。成立了商业区开发机构，社区发展公司，公共发展机构，港口部门和交通管理部门等专门的机构来制定开发方案，而规划者则退回到城市规划行政主管部门或地区机构中，以旁观者的角度对规划进行审查。

20世纪60年代，公众参与成为一门艺术，往往难以辨别谁才是主管。关注点大多在"振兴"，一个比"城市复兴"更为"友好"的称呼，相比之下，振兴的干预更有限，包括修建市区商场、美化街道、保留特色区域、温和地改善街区设计等。每个项目都要面临细致入微的审查，包括公开听证会、向地方当局提交材料以及提交环境影响报告书。

为了避免重复过去的失败，城市选择公私合营的方式来发展城市，以便分担机遇和风险。

20世纪70年代，城市复兴演变为再开发，因为它允许私有土地拥有者、开发商以及城区商业利益参与其中，而被认为取得成功的机会更大。这是因为私营合作伙伴带来了城市机构长期缺失的企业家精神，而且，他们有一些资金可以投向大型公共改善项目。市长们在他们的城市中重新找回自豪感，并在使用不足的土地上大举开发。为了避免重复过去的失败，城市选择公私合营的方式来发展城市，以便分担机遇和风险。在早期公私合营项目中，私人一方可能获取了超出比例的利益，但同时他们也完成了不少项目，重新利用了许多闲置土地。虽然在开始阶段，敏锐的谈判者几乎都站在私人参与者这边，但历经十余年发展后，规划者、律师和经济学家开始站在公共合作方这一边。

在旧金山，私人发展商被邀请协助芳草地花园（Yerba Buena Gardens）的再开发工作，不过跟许多重建计划一样，经过好几轮交易决策才最终找到了合适的合作伙伴（图1–19）。在波士顿市区的南端重建区，私人投资者和开发商被邀请完成一个长期搁置的项目，其中包括一系列精心设计的行动，例如适应性地重新使用历史元素。

在大中型城市，特别是在东部和中西部地区，特殊用途的商业组织，如市中心开发公司和商业改进区已被证明是城市创新的利器。这样的实体能够起到确定纲领和催化剂的作用，提高公共服务水平，并整合各行业的人才，共同建立有效和平等的伙伴关系。

地方政府与交通主管部门已经进行了广泛的合作，其中很多部门控制城区及市郊的主要交通线。最近，公共机构越来越多地与医疗或教育机构展开合作，这些通常拥有关键土地，并对互惠型开发很感兴趣。美国各地关闭的基地也成了公私合作规划和开发的关注重心。

在决定是否要寻求公共和私营部门的发展机遇时，政府官员和政策分析家应该问下面这些问题：

● 当项目准备就绪后，是启动过程、实施过程的维护工作，还是维持管理和操作质量阶段的需要合作？

● 各方的优势和资源是什么？是土地，还是聚集土地的能力？公共基础设施？私人专业知识？还是在没有任何资源的情况下有能力得到第一笔资金？

图1-19 荣获奖项的芳草地花园（Yerba Buena Gardens）占据旧金山市区的两个街区，包括几个花园、一个瀑布、几个公共艺术设施、旧金山芳草地艺术中心（Yerba Buena Center for the Arts）、溜冰场、保龄球馆和几个餐厅

资料来源：Steve Proehl

- 谁是合适的合作伙伴？

- 谁牵头负责？

- 如何建立合作关系？

- 当地政府可以控制风险吗？

- 当地政府是否有政治意愿和专业能力来促成合作？达成的协议是否包括吸纳公积金，接受公众监督以及分享未来的收益？

概念性规划可以由公共机构起草，但必须有足够的灵活性，以适应私方利益。民众认可是至关重要的，而创意设计往往需要抓住公众的想象力。近年来的设计竞赛极大地提高了市民的期望，这已经影响到公私合作伙伴之间的谈判。

再生：下一个挑战

公共开发已经进入了一个包含巨大机遇和实验的阶段。对城市再生的国际关注表明，公私合作可能要建立在以下几个方面：

● 增加新的合作伙伴：城市结构转型和郊区增大密度的新方法可能来自对老城区和建筑的改造。起关键作用的将是大型机构，如医院和大学；具有总体规划的老旧社区的开发商；闲置土地的公立机构等。截至目前，五六个大型开发企业已经在公私合作领域占有优势，但是还迫切需要一个能够发掘老城区潜力的新的开发合作伙伴。对所在区域的可持续发展的关注也将带来新的参与者和投资者。

● 扩大重点：经验表明，越来越多的合作伙伴关系将不仅仅限于特定房地产项目，而是会涵盖基本的公共服务及这些服务所依赖的环境。比如说，新的合作关系可能会注重多样性、公园和其他的公共空间、学校及交通等。

● 社区参与：新的公私合作开发包括规划阶段社区的积极广泛参与，社区参与承担风险，以及社区直接参与利益谈判阶段。

无论是公方还是私方，规划者在每一个新的发展项目的长期成功过程中都发挥着举足轻重的作用。精明的策划者会带头创建愿景，并确保它建立在社区全面长远的需求之上。他或她将建立一个包括城市再生所需的各路专家的团队，并且关注其他管辖区域的最佳实践经验。城市在复兴、再开发和再生中不断变化，唯一不变的是持续不断地需要富有想象力和专业技术的专业人员来确立框架结构。

注　释

1. 简·雅各布斯（Jane Jacobs），《美国大城市的死与生》（纽约：兰登书屋，1961 年版）。

再谈美国例外论

比什·桑亚尔（Bish Sanyal）

在讨论美国规划者应当了解全球变化的哪些方面之前，回顾过去他们对待美国之外的其他国家和地区的态度十分具有参考价值。快速回顾显示出三个独特的阶段。第一阶段为1850年到1910年之间，该阶段为向内看阶段：规划者认为他们面临的问题是美国独有的，要解决这些问题需要制定专门适合美国管理系统的解决方案。[1] 考虑到美国早期城市规划是许多欧洲城市规划的缩影，这种态度实在令人困惑。例如，法国学院派风格（French Beaux Arts）的传统催生了美丽城市运动；英国花园城市运动同样具有深远影响力。华盛顿的规划显示出意大利的影响；分区制度在某种程度上基于德国模型。[2] 然而，"规划对话"[3] 强调了美国背景的特殊之处：地方具有控制权的联邦制和去中心化的统治；一个没有封建历史的民主国家；拥有与欧洲多数国家相反的不受国家管控的市场经济；由积极独立的公民参与到无数市政项目中形成的政策。

尽管美国过去一直通过奴隶贸易和大规模移民同外界保持联系，但美国人却因自己同世界其他地方不同而骄傲，并且一直忙于按照自己独有的方式进行国家和城市建设。20世纪初，在小弗雷德里克·劳·奥姆斯特德（Frederick Law Olmsted Jr.）对改革家本杰明·马什（Benjamin Marsh）有关移民房屋建设提议的回应中就体现了这种美国式规划的骄傲。奥姆斯特德（Olmsted）认为美国规划者并不倾向于模仿欧洲传统的"社会主义房屋"；美国城市也不愿意采用严格的土地使用管制，因为管制会违背美国公民使用私人财产追求繁荣和幸福的自由权利。[4]

然而，第一次世界大战让美国规划者得以开阔眼界。第二次世界大战结束后，1944年至1966年期间，美国和世界各国迎来了规划领域的黄金时期，规划的中心急剧转向外部。[5] 马歇尔计划（Marshall Plan）奠定了欧洲和日本重建的基础；美国在世界银行（World Bank）等新的全球性机构的设计中发挥主导作用；埃莉诺·罗斯福（Eleanor Roosevelt）在联合国通过《世界人权宣言》的过程中发挥了关键作用；美国在新独立的殖民国家提供规划援助，这些行为均创造了一种对其他国家的新的意识。当时占主导地位的观念是美国承担着这样一个任务：在面临共产主义和资本主义不断加剧的两极化选择的世界中传播民主和资本主义的优越性。第二次世界大战之后时期的美国经济惊人的增长速度使它成了世界其他国家的一个榜样，规划者也把握机会，对外输出规划思想和技术诀窍，并没有担忧全球互联可能存在的陷阱。[6]

1967年阿拉伯—以色列战争（Arab-Israeli War）结束后，紧接着油价大幅度上升，这标志着美国规划者开始进入审视世界的第三个阶段。当时国内社会处于混乱阶段。美国士兵正从越南返回国内，当时已经证明美国不可能打赢越战。美国正在经历一种完全不同于以往的经济波动形式，经济学家不得不发明了一个新词汇来描述这种经济形式：滞涨，也就是说通胀加剧的同时，失业率也在上升，这些现象过去是反相关的。[7]20世纪70年代初的"水门丑闻"进一步打击了20世纪50年代的外向乐观主义。

另外三个因素进一步加剧了美国的抑郁情绪。第一，20世纪70年代中期，起初采

> 尽管美国过去一直通过奴隶贸易和大规模移民同外界保持联系，但美国人却因自己同世界其他地方不同而骄傲，并且一直忙于按照自己独有的方式进行国家和城市建设。

用民主管理制度的很多新独立殖民国家被独裁政权接管，由此削弱了美国对外政策的一个关键性设想：资本主义要和民主携手并进。[8]第二，让美国工人阶级沮丧的是，许多制造业企业开始关闭他们在美国的运营部门，并迁往发展中国家，而这些发展中国家大部分处于军事统治之下。[9]第三，与美国经济急剧下滑形成鲜明对比的是，一个30多年前在一场极具破坏性的战争中成为美国手下败将的国家——日本显示出蓬勃的经济发展势头。[10]与此同时，冷战势头未减。1977年，苏联入侵阿富汗。此外，此前的盟友伊朗变成了一个对美国有敌意的神权政治国家，这标志着地缘政治的改变，而这种变化的影响至今还没有完全弄清楚。

为了消除美国对本国和世界其他地区不断加剧的悲观主义情绪，罗纳尔多·里根总统（Ronald Reagan）做出了"美国的清晨"（"morning in America"）的新承诺，这是一个能够让美国恢复其"山巅上的光辉之城"的角色，并为世界上其他国家树立榜样的机会。从这个角度来看，美国不是要向内看，成为孤立主义者，而是恰恰相反。美国将会引领全球一体化市场在思想、科技创新、资本和货物加速流动方面的扩张。在寻求全球市场的复兴之路上，美国并不孤单。英国和出乎大家意料的共产主义中国（在曾经追随毛泽东的邓小平的领导下）均加入到美国的行动中，以创造经济增长的新势头。

> 美国将会引领全球一体化市场在思想、科技创新和资本和货物加速流动方面的扩张。

在这个新方案中，政府有义务进行城市、地区和国家的规划，但是占据主导地位的主题是解除管制、公私合作及企业家规划，也就是争取私人投资的规划。苏联的共产主义失败和1988年的东欧剧变进一步促进了这些想法的合法化。1989年，政治经济学家法兰西斯·福山（Francis Fukuyama）对"历史终结"进行了描述，得意扬扬地预测全世界最终将会成为一个市场。这个市场由各个国家进行民主管理，但美国是领导者，同时美国将会继续孕育科技进步和经济增长。[11]

不过，到了20世纪90年代初，美国规划者内部出现了两个截然不同的阵营。"新自由主义者"（Neoliberals）为市场的扩张而欢呼雀跃，并将20世纪70年代美国和世界经济的衰退归罪为过早地进行管制规划；同时，他们提倡全球经济的进一步扩张和一体化，并指出这样的变化能够给发展中国家和富裕国家的贫困地区带来的好处。[12]反对方则认为，进一步全球化会加剧20世纪70年代美国去工业化第一波浪潮后出现的社会经济不平等问题。经济全球化的反对者用繁荣的伦敦、纽约、东京等"全球化都市"不断增加的社会不平等来支持他们的观点。此外，他们还认为，自由资本和新型通讯科技削弱了政府的规划能力，因此加剧了城市、地区甚至是包括美国在内的国家应对不可预测的全球经济波动的脆弱性。[13]1999年的西雅图暴乱中断了世界贸易组织每年一度的会议，此次事件证实了反全球化不是边缘行动，而是一种动态的力量，这种力量对冷战结束时获胜的全球资本主义进行了新的审视。

最近，环境主义者开始关注全球工业扩张的成本，以及全世界齐心协力阻止环境恶化的效益。协助起草《京都议定书》的环境管制倡导者遭到了提倡科技解决方案人士的反对。科技倡导者主要来自美国，他们使用历史性证据来说明科技，而非政府管制，如何能够持续重新定义常被视为现存资源局限性的因素。[14]

现在怎么办？

关于全球变化，美国规划者应当了解什么？第一，制定公共政策的规划者必须明白，全球化是多种因素影响的结果，比如金融、贸易、生产、移民和文化符号等。[15]每个影响因素都有不同的特征和影响。例如，尽管都是全球化的组成部分，资本流动与国际移民的影响却并不相同。此外，影响全球化的诸多因素之间的互联越来越紧密，也越来越复杂，这使得通过制定政策来调控结果的难度越来越大。[16]

第二，规划者应意识到全球互联既有利亦有弊。[17]从积极方面来看，国际贸易可以带来巨大的经济收益，推动科学知识和技术信息的传播，加深对文化标准多样化的理解。从不利影响的角度来看，对于那些没有能力应对市场波动和无法预见变化的人来说，全球化加剧了他们的不确定性和脆弱性。

第三，规划者应当知道全球一体化不可避免，全球一体化也不是用来创造"一个平的世界"。[18]全球互联不是由"自然"进化机制产生的，而是在可能受到规划等社会介入影响的社会构建过程产生的。因此，在资本流动性增加的情况下，国家政府和国际机构，如国际货币基金组织、世界贸易组织和国际劳动组织，仍旧是主要的参与者。[19]正如一些人预测的那样，全球互联并没有削弱政府规划的自主权，也没有带来全球范围内规划风格的同质化。[20]在全球互联背景下坚持异质的方法进行规划，这只是受到了不同国家间文化差异的部分影响；也是不同背景下，包括规划者在内的不同利益群体的政治力量的变化带来的结果。[21]

对美国规划者的含义

这些趋势对美国规划者的具体含义是什么？第一，不同于早期，美国规划者现在需要承认在大多数情况下，由全球互联引起的问题不能单方面，甚至不能通过双方来解决。多边机构，如那些第二次世界大战后美国协助建立的机构，需要建立并实施一套新的规则来传播有关全球化的损失和益处的信息。[22] 美国现在不应因害怕失去国家主权而放弃多边主义。尽管许多现存的国际机构已经变得过于官僚化，需要激烈的变革，美国必须继续在此类机构中发挥作用，这样才能继续对改革施加影响。[23]

第二，美国的规划传统，即基于地方控制，但不信任联邦政府的中心指导，在变化的环境下应当进行修正。面临来自实行国家计划经济的中国和超国家联盟计划经济的欧洲经济联盟的竞争，美国选择依赖完全去中心化的规划系统，在该系统中，无数地方政府竞相吸引私人投资，这是否算是好的商业策略？这并不意味着美国必须像其他国家一样实行中心化规划。然而，当前环境需要对所谓的"本地问题"提出质疑；联邦政府在此类问题上的指导应当得不仅考虑到美国传统，还要考虑到全球竞争。对大都市规划的需求和对联邦政府在能源政策和医疗保健政策中发挥积极作用的需求不断增长，这两方面最终都会影响美国的竞争力。

> 当前环境需要对所谓的"本地问题"提出质疑，联邦政府在此类问题上的指导应当不仅考虑到美国传统，还要考虑到全球竞争。

有些人会说，全球变化对当地土地使用规划者的意义并没有对那些在国际机构工作的规划者的意义那么重要。[24] 然而，事实上，当地规划者最能够清晰地体会到全球互联带来的影响。移民涌入、工业岗位流失、小气候变化、房价波动及交通费用不断增长，这些都是全球互联在本地的体现。加上对目前反恐安全问题的担忧，美国规划者为何必须改变他们对自身角色的看法，不再强调他们的国家如何不同于其他国家，或优于其他国家，原因是显而易见的。是时候认识到同其他国家的规划者合作，共同解决面临的问题的必要性了。

共同解决问题需要互相信任。建立这种信任是一个巨大的挑战，尤其是在"9•11"事件之后和中东武装冲突的背景下。在这样的困难时期，一些规划者很可能宁愿向内看，重拾美国早期规划的可预测的感觉。其他人可能更喜欢"坚持到底"，继续同他们认为会威胁美国生活方式的外部力量做斗争。对我来说，这两种选择都已经行不通了。当前的世界同第一次世界大战结束后、第二次世界大战结束后，甚至是冷战结束后的世界都大不相同。为了保证行之有效，规划者需要了解美国当前同世界其他国家和地区互相连接的多重复杂方式，摒弃我们与他们对抗的残留心态，并开始培育一个新的视角，将"公众利益"视为超越国界的公众。[25]

注 释

1. 埃里克·方纳（Eric Foner），《谁拥有历史？在变化的世界中重新思考过去》（*Who Owns History? Rethinking the Past in a Changing World*）（纽约：希尔和王出版社，2002 年版）。

2. 安东尼·萨克利夫（Anthony Sutcliffe），《关于规划的城市：德国、英国、美国和法国，1780–1914》（*Towards the Planned City：Germany，Britain，the United States and France，1780–1914*）（纽约：圣马丁出版社，1981 年版）。

3. 规划对话（planning conversations）一词由城市历史学家 Robert Fishman 首次使用，用以描述专业社区的焦点问题。参考 Robert Fishman 主编的《美国规划传统：文化和政策》（*The American Planning Tradition：Culture and Policy*）（华盛顿：伍德罗威威尔逊中心出版社（Woodrow Wilson Center Press），2000 年版）。

4. 乔恩·A. 彼得森（Jon A. Peterson），《美国城市规划的诞生，1840–1917》（*The Birth of City Planning in the United States，1840–1917*）（马里兰州巴尔的摩：约翰霍普金斯大学出版社，2003 年版），227–245 页。

5. 彼得·霍尔（Peter Hall），《明天的城市：20 世纪城市规划和设计历史》（*Cities of Tomorrow：An Intellectual History of Urban Planning and Design in the* 20th *Century*）（英国牛津：布莱克威尔出版公司，1988 年版），324 页。

6. 大卫·M. 肯尼迪（David M. Kennedy），《想象的美国：无限的前景和风险》，见《世界政治中的反美国主义》（*Anti-Americanisms in World Politics*），彼得·卡赞斯坦（Peter J. Katzenstein）和罗伯特·基欧汉（Robert O. Keohane）主编，（纽约伊萨卡：康奈尔大学出版社，2007 年版），39–54 页。

7. 杰拉尔德·K. 赫莱纳（Gerald K. Helleiner），《国际经济无序》（*International Economic Disorder*）（多伦多：多伦多大学出版社，1981 年版），1–21 页。

8. 罗伯特·A. 帕肯汉姆（Robert A. Packenham），《自由的美国和第三世界国家：对外援助与社会科学的政治发展思路》（*Liberal America and the Third World：Political Development Ideas in Foreign Aid and Social Science*）（新泽西州普林斯顿：普林斯顿大学出版社，1973 年版）。

9. 班尼特·哈里森（Bennett Harrison）和巴里·布卢斯通（Barry Bluestone），《美国的去工业化：工厂关闭，社区弃用和基础产业拆解》（*Deindustrialization of America：Plant Closings，Community Abandonment，and the Dismantling of Basic Industry*）（纽约：基础读物出版社，1982 年版）。

10. 卡尔梅斯·詹森（Chalmers A. Johnson），《日本：谁在统治？发展中国家的崛起》（*Japan：Who Governs? The Rise of the Developmental State*）（纽约：诺顿出版社，1995 年版）。

11. 法兰西斯·福山（Francis Fukuyama），《历史的终结？》，《国家利益》（*The National Interest*）（1989 年夏季刊）：3–18 页，wesjones.com/eoh.htm（2008 年 2 月 8 日）。

12. 格雷格·葛兰汀（Greg Grandin），《新自由需要做什么？》，《国家》（*The Nation*），2003 年 3 月 10 日，25–29 页。

13. 约瑟夫·E. 斯蒂格利茨（Joseph E. Stiglitz），《全球化的不满》，见《全球化读者》（*The Globalization Reader*），Frank J. Lechner 和约翰·勃利（John Boli）主编，（马萨诸塞州马尔登：布莱克威尔出版社，2000 年版），200–207 页。

14. 罗伯特·索洛（Robert Solow），《可持续发展最有效的步骤》（*An Almost Practical Step towards Sustainability*）（华盛顿：未来资源，1997 年版）。

15. 乌尔里希·贝克（Ulrich Beck），《全球化是什么？》（*What Is Globalization?*）（英国剑桥：政体出版社；马萨诸塞州马尔登：布莱克威尔出版社，2000 年版）。

16. 苏珊娜·伯杰（Suzanne Berger），《我们如何竞争：当今世界经济中哪些公司可以脱颖而出》（*How We Compete : What Companies around the World Are Doing to Make It in Today's Global Economy*）（纽约：Currency Doubleday，2006）。

17. 阿玛蒂亚·森（Amartya Sen），《如何评价全球化》，《美国前景》（*The American Prospect*）13（2002 年 1 月），1–14 页。

18. 托马斯·弗里德曼（Thomas Friedman）在《世界是平的：21 世纪简史》（*The World Is Flat : A Brief History of the Twenty-first Century*）一书中指出，全球化对全球收入分配有杠杆作用（纽约：法勒，斯特劳斯和吉鲁科斯出版社，2006 年版）。对弗里德曼的批评参见约翰·格雷（John Gray）的《世界是圆的》，《纽约书评》（*New York Review of Books*），2005 年 8 月 11 日。

19. 科菲·安南（Kofi Annan），《国家在全球化中的角色》，见《全球化读者》（*The Globalization Reader*），Frank J. Lechner 和约翰·勃利（John Boli）主编（英国牛津：布莱克威尔出版社，2004 年版），240–243 页；Richard Jolly，Louis Emmerji 和托马斯·G. 韦斯（Thomas G. Weiss），《联合国理念的力量：前 60 年的经验教训》（*The Power of UN Ideas : Lessons from the First 60 Years*）（纽约：联合国，2005 年版）。

20. 杰夫瑞·G. 威廉姆森（Jeffrey G. Williamson），《全球化，融合和历史》，《经济史杂志》（*Journal of Economic History*）56（1996 年 6 月）191–196 页；克里斯托夫·鲍利特（Christopher Pollitt），《工作还是信仰的正当性？评估新型公共管理》，评估第 1 辑，第 2 期（1995 年）：133–154 页。

21. 比西瓦普利亚·桑亚尔（Bishwapriya Sanyal），《混合规划文化：寻找全球文化共同点》（*Hybrid Planning Cultures : The Search for the Global Cultural Commons*），见《对比规划文化》（*Comparative Planning Cultures*）（纽约：劳特利奇出版社，2005 年版），3–28 页。

22. 威尔·亨特（Will Hunt），《独立宣言：为什么美国应该融入世界？》（*A Declaration of Independence : Why America Should Join the World*）（纽约：诺德出版社，2003 年版）。

23. 莫滕·博厄斯（Morten Boas）和德斯蒙德·麦克尼尔（Desmond McNeill），《全球机构和发展：塑造世界？》（*Global Institutions and Development : Framing the World?*）（伦敦和纽约：劳特利奇出版社，2004 年版）。

24. 该观点最尖锐的表达出自克劳斯·昆兹曼（Klaus Kunzmann）对德国问题的评价，并于 2002 年在爱德华·布莱克利（Edward Blakely）在美国规划协会的主题演讲中提及。见克劳斯·R. 昆兹曼（Klaus R. Kunzmann），《全球化世界中的规划教育》，《欧洲规划研究》（*European Planning Studies*）7，第 5（1999 年）：549–555 页。

25. 彼得·辛格（Peter Singer），《一个世界：全球化的伦理》（*One World : The Ethics of Globalization*）（康涅狄格州纽黑文：耶鲁大学出版社，2002 年版）。

第二章

地方规划的背景

研究主题

一个地方的物质外观和内在灵魂 / 米歇尔·J.西尔弗（Mitchell J. Silver）
好的规划是基于对社区外在和内在的特征的理解。

为两个"主人"服务：地方规划的法律背景 / 安娜·K.施瓦布（Anna K. Schwab）、大卫·J.布劳尔
（David J. Brower）
州授权编制的地方规划。

规划编制和社区背景 / 大卫·R.高兹乔克（David R. Godschalk）
魅力型规划师抓住地方政治活动展现出的机会。

环境和环境主义 / 劳伦斯·萨斯坎德（Lawrence Susskind）
社区恢复能力成为规划目标。

促进地方经济发展 / 罗伯特·H.埃德尔斯坦（Robert H. Edelstein）
动态经济下的规划常需承担风险。

房地产和地方规划背景 / 林恩·B.萨加里恩（Lynne B. Sagalyn）
房地产，地产价值和政府政策相互依存，构成了地方规划的背景。

规划的社会背景 / 道尔·迈尔斯（Dowell Myers）
公共规划的参与者有相互竞争和不断变化的需求。

大都市区的未来 / 罗伯特·D.亚罗（Robert D. Yaro）
经济、环境和通勤问题需要区域规划，但是区域规划的定义依然模糊不清。

一个地方的物质外观和内在灵魂

米歇尔·J.西尔弗（Mitchell J. Silver）

　　人，无论生死，皆有独特的遗传基因。城市、集镇、乡村和村庄同样也是如此。地方性规划是关于一个地方的独特性的规划：不仅是它的物质外观，更是它的社会结构和文化认同——它的内在灵魂。

　　我并不是第一位将城市比作有机体的人。规划师和社会学家通常将公园比作城市之肺，街道和公共交通比作循环系统，市中心比作心脏。凯特·阿什彻（Kate Ascher）的《城市解剖学》（*Anatomy of a city*）生动地阐述了纽约市的基础设施和交通系统是如何运转的。[1]我们对建成的环境感知明确，并能探知埋于地下为何物，但是我们对城市的精神和灵魂又了解多少呢？

　　2007年1月，北卡罗来纳州三角区的地方性报纸《新闻与观察家》（*News & Observer*）的记者马特·埃勒斯（Matt Ehlers），发表文章质疑罗利市（Raleigh）是否有灵魂。[2]这篇文章引发了全城热议，编辑部收到了大量信笺，并且这一现象持续了数月。在卡特里娜飓风的余波中，新闻工作者和规划师们都在探讨如何拯救新奥尔良的"灵魂"。[3]

> 地方规划就是体现一个地方的独特性：不仅是它的物质外观，更是它的社会结构和文化认同——它的内在灵魂。

　　在我的职业生涯中，我一直都很重视提升快速评估一个地方外在形态和内在个性的能力。作为一名规划顾问，这项技能令我受益颇多，尤其是当我必须在一夜之间确立直观印象，并提供专业建议的时候。我必须快速评估一个地方的物质特征，倾听多方利益主体的诉求，诊断问题所在，提出解决方案。

　　我越来越认定，每个地方都同时具有有形的外在结构和无形的内在个性。所以，当我的同事们致力于通过改变其自然特征的物质规划和理性规划来复兴某个地方时，我采取了不同的做法：我一部分是医生，一部分是侦探，一部分又是传教士。

作为医生的规划师

像许多初涉行业的年轻规划师一样，我也曾经努力去明确规划师的定义以及作为一个规划师应该承担的职责范围。1993年，我在纽约亨特学院（Hunter College）研究生规划工作室担任组长。我们小组受委托为哈莱姆（Harlem，美国纽约市曼哈顿岛东北部的黑人居住区）制定规划。当我漫步在伦诺克斯大道（Lenox Avenue），凝视着望不见边际的、满是荒废建筑的街区，我突然意识到了哈莱姆的灵魂：这是一个空洞却等待复兴的灵魂。这是我职业生涯中第一次，开始将城市视作有生命的地方——有着看得见的外观和看不见的灵魂。以这个想法为灵感，才有了后来的"人人都有发言权：哈莱姆中心社区规划"，该规划于1994年被美国规划师协会（AICP）评选为年度最佳学生规划。[4]规划综合了哈莱姆的自然、精神和文化的特征，创造了一个综合改造蓝图。这个规划连同我接下来几年里制定的类似规划，对20世纪90年代后期哈莱姆的复兴做出了显著贡献。

因此，在33岁这个还未成熟的年纪，我就认识到如果每个地方都是可解剖分析的，那么规划师可以被看作是医生。不管何时有人问我做什么工作，我都会自豪地声明我是一位城市医生。令人惊讶的是，这个比喻总是能让人们立即理解我的角色。

据说，医生在进入监察室的瞬间就对自己的病人状况有了预判。有天赋的规划师也有和内科医生一样的直觉。规划师虽然身经百战，但是他们不仅仅只依赖初始印象，而是通过仔细查阅数据，深入现场确认或反证可疑之处，从而检验自己的直觉。

作为侦探的规划师

那么最重要的是什么呢？为了阐明地方规划的背景，我想讲述一下我如何发现一个地方兼具的外在形态和内在个性。我将以最近一段时间担任北卡罗来纳州罗利市（Raleigh）规划主管的经历来举例说明。

罗利市的周边地方，我知之甚少，它的文化对我来说也是陌生的。作为一个新来者和被期望能够指导城市发展方向的人，我知道我的首要任务是找出地方规划背景的基本点。我给自己3个月时间来获取这些信息。经过前3个月的诊断后，我又花费了3个月时间检验和确认我的观察结论。

我的最初判断是，作为一个南部郊区城市，罗利市的盛名来自热情好客、森林和林荫道。虽然罗利市是一个中等规模的城市（2006年人口大约为35.6万，面积比匹兹堡、圣路易斯、辛辛那提和坦帕市稍大）[5]，但是它的市中心面积较小，因此这个市中心并不被视为一个经济引擎，而是被视为拓展充满活力的中央商务区的挑战和障碍。同时，我还发现了人们对规划领导权的期望，对管理增长的期望，以及推动罗利市跨越到21世纪的期望。然而，我感到要改变可能会很困难：很多罗利市民似乎更希望让该市维持原状，继续做一个吸引人的绿色天堂。

区域背景和历史

我首先查看了这个城市的区域背景。罗利市在区域中扮演什么角色？它的经济基础是什么？它在过去50年的人口发展趋势如何，以及未来的人口预测是怎么样的？

随后我思考了罗利市的历史。作为州首府，在1792年成立之初，罗利市被设计成方格网状分布，其中含有五个绿色广场。但如今仅有两个广场还是公园，罗利市中心是全市范围内唯一保持棋盘式格局的区域。老城区的街道有时会以奇怪的角度相交，因此在驾驶时需注意导航，因为街道名称可能会频繁变换。

虽然罗利市有200多年的历史，但它还是一个相对较"新"的城市：在前面的150年里，它受到传统的束缚，没有太大变化。这个城市的发展集中在两个时间段：1950—1960年期间，科研三角园区（Research Triangle Park）的创建将该区域转型为研发科创的就业吸引点；20世纪80年代至今，知名高等学府、低犯罪率、优秀的教育体系、温和的气候和低生活成本促使罗利市成为全国增长最快的城市之一。

罗利市的物质外观

一个地方的物质外观描绘起来相对简单。我会寻找任何类型的模式，而地图就是最好的工具。土地利用图就不错，如果是随着时间发展制作的一系列上地利用变化图就更好了。即使是粗略地扫一眼土地利用图，也能看出这个城市规划得怎么样，它的循环模式是什么，市中心和就业区域在哪里。细看道路变化和开发模式将会提供更多线索。举例来说，在一些城市中，市中心附近的低密度居住区可能是历史资源，这些区域要么已经得到修复改善，要么很快就会得到修复改善。我会花费无数个小时游览城市，并观察细节：教堂的教派、学校的类型、住宅区的布局、物业的维护、居民的旅行、购物和游玩模式等。

那么我在罗利市发现了什么？我看到起伏的丘陵、美丽的湖泊、河流和小溪。许多条主干道两旁都有茂盛的绿树和景观缓冲带。实际上，这里到处都有树（一位来访的景观建筑师将罗利市的发展模式称为"农村城市化"）。[6] 在茂密的树林之间，由于可视地标物缺失，街道名称又不断变化，迷路对于新来者来说是必然要面对的事实。而当地人参加活动时很少告诉你具体地址，而是会告诉你在爱德餐厅、帕姆餐馆或者马克西姆中心见面。这个城市有很多称谓，如首府城市、橡树市、公园城市。很多参观者都说它和附近的卡里市（Cary）更像度假胜地，而不是城市。

在具有200年历史的市中心，我很少看到历史建筑（19世纪60年代开始，那些历史建筑逐渐被拆除，为了给停车场和现代建筑腾出空间）。我几乎看不到工业区。更令人诧异的是，在21世纪这个中等规模的城市中，竟然还有几条铁路穿过市中心。或贫或富的独栋住房，离30层的市中心高楼大厦只有一步之遥。穿越市中心的主干道显得过宽，而人行道则显得过窄。而且正如上文提到的，相对于总面积128平方英里、居民近40万人的城市来说，市中心区显得太小了。

这个城市的大多数地方人口密度都很低。在城市外围边界内有两个郊区：第一圈层的郊区就在市中心的110座大楼外围，但还处于依随棋盘式街道开发的"带"内（环绕在老城区外面）；第一圈层的外面是新的郊区带，并且伴有连通不畅的街道和死胡同。现有的住宅大部分都是1980年之后兴建的。

城市开发法规限制砍伐森林，同时需要控制雨水径流和保护城市淡水供应。然而另一方面，由于没有山坡保护法规，在丘陵地区经常会出现新的梯状平台，平台间设有两层楼高的挡土墙来阻止水土流失。

罗利市的内在灵魂

为了深入了解罗利市的价值，我仔细查阅了相关的分区法规和政策文件，比如总体规划。我不仅对文件中涵盖的内容感兴趣，更对没有涵盖的内容感兴趣。例如，在分区规划中，我寻找构成分区条例基本组成部分之外的那些要素：是否存在特区、保护区或包容性分区条款？是否考虑城市风貌，例如多元化标准或其他设计指导原则？如果他们是全市私有房主协会，市民是否想要介入规划的各个方面？标准是强制性的还是自愿的？接下来，我研究了总体规划：这些问题的要素是什么以及如何运用？对这些问题的答案为我们提供了简单了解政治、文化和传统如何塑造这个城市的机会。

在仔细研究这方面的文献以及之间的关联性后，我发现了什么呢？罗利市的结构就表现在它自身展现的样子：中心城区从街区到区域等各种规模的中心形成了层次结构，并且通过绿廊连接起来。罗利市的建筑虽然没有独特的个性，但是多亏有了绵延数英里的绿道、公园和林荫大道，最初的设计愿景——保持罗利市森林天堂的地位——才能至今依然完好无损。罗利市仍然不负公园城市和橡树城市的盛名。保持城市外观绝对是优先考虑的，这些都写入了总体规划、设计准则、场址规划审查、保护区和植树条例中（图2-1）。

图2-1　罗利市中心的复兴正在进行，这将会改变2010年以来形成的城市轮廓。城市的物质形态常常揭示了关于城市的社会、经济和文化基础的微妙线索，从更广泛的意义上说，也就是城市的"灵魂"

资料来源：罗利市

多亏有了绵延数英里的绿道、公园和林荫大道，最初设计的愿景——保持罗利市森林天堂的地位——才能至今依然完整无损。

当地文化必须得到尊重，我们要寻求妥协而不是对抗，只要有可能，规划师应该避免说"不"。"自发的"往往要比"强制的"更受欢迎，在提出规划和政策的建议时了解这一点是颇有帮助的。恰当的行为规范是值得赞赏的。

信仰是地方文化的重要组成部分。所有市议会会议都是以祈祷开始的，不仅仅是基督教的祈祷，还包括其他信仰的祈祷。

作为传教士的规划师

我在上文所描述的见解只是我前6个月的工作中所发现的一小部分。我还将继续学习。在解读一个地方时，更具挑战性的问题之一是解读它的"灵魂"，也就是造就一个地方独特性的那些看不见的特征。就像传教士渴望引导他人的重生一样，花时间去理解是什么让一个城市运转，为什么地方传统会进化，或者某些街坊固定模式是如何形成的？这些对一个地方的改变具有至关重要的作用。每一个地方都有不一样的"灵魂"，花费时间去发现它到底是什么，就会让你热切地投身于实现一个地方的永恒繁荣。

结　　论

作为规划师，我尝试运用医生、侦探和传教士的技能，每天在我绘制的罗利市"肉体"与"灵魂"图中加入一些细节。作为一个拥有大城市便利设施的21世纪中等规模城市，罗利市正在崭露头角。它最明确的物质外观特征是它的自然环境：它是绿色天堂、公园城市。但罗利市也拥有一个内在的灵魂，虽然不像纽约或者新奥尔良那样将城市的内在灵魂表现得那么明显，但是罗利市的内在灵魂通过它的文化、市民的魅力和优越的生活质量而大放异彩。

大至区域，小至村庄，每个地方都有相似的结构和系统以满足人们的日常生活需求。弄明白这些结构和系统的相互关系以及与日常生活的关系，是规划的根本问题；在面对全球、经济、技术的变革中，这些关系也是我们适应和维持生存环境的基础。反之亦然：地方规划师必须理解规划面临的全球和区域影响的大环境。基于直觉、检验、思考的组合，形成对一个地区的理解，这是一个希望能指导该地区发展的规划师的基本素养。

注　释

1. 凯特·阿什彻（Kate Ascher），《城市解剖学》（*Anatomy of a city*）（纽约：企鹅出版社，2005 年版）。

2. 马特·埃勒斯（Matt Ehlers），《灵魂在哪里？》（*Where's the Soul?*），《新闻与观察家》（*News & Observer*），2007 年 1 月 30 日。

3. 见杰伊·托尔森（Jay Tolson），《拯救城市的灵魂》（*Saving the City's Soul*），《美国新闻与世界报道》（*U.S. News & World Report*），2006 年 2 月 9 日，usnews.com/usnews/news/articles/060227/27soul.htm（2008 年 3 月 11 日）。

4. 米歇尔·西尔弗（Mitchell Silver）等人，《人人都有发言权：哈莱姆中心社区规划》（*Lift Every Voice：A Community Plan for Central Harlem*）（纽约：亨特学院研究生规划工作室，1993 年春季）。

5. 美国人口普查局，美国社区普查，2006 年，factfinder，census.gov/home/en/official_estimates.html（2008 年 4 月 12 日）。

6. 美国景观建筑协会理事（FASLA）马克·约翰逊（Mark Johnson）在北卡罗来纳州罗利市召开的可持续发展会议上的大会发言，2007 年 3 月 24 日，ncsudesign.org/content/index.cfm/fuseaction/calendar/mode/1/eventtype/ALL/month/3/day/1/year/2007（2008 年 5 月 6 日）。

为两个"主人"服务：地方规划的法律背景

安娜·K.施瓦布（Anna K. Schwab）、大卫·J.布劳尔（David J. Brower）

地方规划师为社区服务，而他们的工作要在定义明确的法律文本规定范围内进行，这些法律受两个"主人"支配：州政府和地方政府。

州政府：地方政府权力的来源

根据长期以来的法律原则，美国地方政府没有内在的权力，仅可以按照州政府授予的权力行事。没有明确的州政府授权，地方政府就不能进行规范商业、指挥交通、征税或者规划社区的增长发展等事务。州政府是地方政府的"主人"这个概念，建立起了包括规划在内的大多数地方政府行事的法律背景。

地方政府和州政府之间的等级关系是建立在美国宪法第十修正案之上的，此修正案划分了国家和州政府之间的权力关系，却根本未提及地方政府："本宪法所未授予美利坚合众国或未禁止各州行使之权力，均由各州或人民保留之。"在第十修正案中，州是主权单位；只有某些列举的权力，包括洲际贸易、国防和外交事务是国家保留的。地方政府是"州政府的创造物"[1]：它们的存在本身就要依靠州政府章程的许可或者一些其他形式的州政府官方认可，而且它们仅作为州政府的代理行使权力。

联邦政府的角色

除了照顾到州政府和地方政府的需求外，规划师也必须要注意联邦宪法条款为地方政府行为设置的参数，尤其是第五修正案的征用条款，即没有合理补偿的情况下，私有财产不得作为公共用途使用，以及第五和第十四修正案的正当程序条款，即未经正当法律程序，任何人都不应当被剥夺财产。国会策划的各种项目也影响着地方规划实践：实例包括宗教土地利用和人口制度法令，禁止歧视宗教集会或机构的区划法规或其他土地利用法律的联邦法令，以及用来支持地方贫困或服务功能短缺社区的开发

工作的社区发展整体补助金（Community Development Block Grant，CDBG）计划。

有些州的地方政府必须准备一份计划，以便获得资格参与某些州级项目。这也适用于某些联邦项目。例如，作为地方参与的条件，CDBG计划（由美国住房和城市发展部管理），1972年的清洁水法案（由美国环境保护署管理），和2000年的减灾法案（由联邦应急管理署管理）都需要准备符合项目指南的地方规划。

狄龙规则（Dillon's Rule）

19世纪的法学家约翰·F.狄龙（John F. Dillon）法官对地方政府与州政府之间的关系做出了最精确的表述。狄龙法官于1872年发表了他具有影响力的法律专著《自治城市法人》（*Treatise on the Law of Municipal Corporations*），他将地方政府可以执行的权力分为：州立法机构明确授予给它的权力；必要的、相对含蓄或附带授予的明文规定的权力；政府部门完成目标任务所必需的权力。[2] 这样，根据后来被称为狄龙规则的规定，任何没有明确授予地方政府的权力是默认为不予承认的。

狄龙规则的创立反映了当时存在对地方政府腐败和管理不善的广泛关注，也显示出州立法机构强烈的司法信念。虽然与狄龙同时代的法官托马斯·古利（Thomas Cooley）声称地方自治是固有的权力[3]，但狄龙规则自发布以来基本原封不动地继续流传。同时，虽然该规则一直被严格地解释，但它并不妨碍地方政府采取变通或创新的方法来处理当代的问题。

地方自治（Home Rule）

最初是逐个地授予地方政府执行的权力，也就是通过州政府生效的法令授予非常具体的权力。然而，在20世纪初的几十年里，政治的钟摆开始向地方自治摆动。[4] 由于担忧州政府干预地方事务[5]，许多州通过了地方自治法规，允许地方政府拥有更大的独立性和权力。今天，绝大多数州都有地方自治条款，授予地方政府相当宽泛的权力：在这些条款下，地方政府被允许批准条例，缔结契约，收购或处置财产，雇用或开除员工，以及执行其他各种没有明确立法授权的职责。有些州将地方自治的定义包含在宪法里，并定义了可能采取的立法形式。在其他州，地方自治的范围通过法令简单的定义。

地方自治可以让地方政府更灵活地管理区域内的增长和发展。然而，没有地方政府是完全独立于州政府的，即使是在对地方自治给予最大自由限度的州。所有的州政府保留了一定权力用于处理实质性的地方问题，特别是那些他们认为应该由国家统一处理的问题。[6]因此，虽然地方自治授予地方更大的活动范围，但地方政府所有权力源自于州政府的基本原则依然保持稳定。

治安权

州政府授予地方政府的最基本的权力之一是一般治安权，这是政府统治权的一种固有属性。[7]治安权授予的权力，在有些情况下也是义务，是要保护公众健康、安全、道德和公共福利。而且，治安权给予地方政府主动出击的权力，无须等待问题显现。因此，治安权授予地方政府的权利允许它编制规划：举例说，一个地方政府可以建立建筑规范、安全标准、卫生要求以及设置土地利用限制条件，因为这些方面有损害社区福利的潜在可能。[8]

规划权

许多州通过授权法案授予规划权，效仿《标准州分区法规授权法案1924》和《标准城市规划授权法案1928》，这两个法案均由美国商务部颁布（参考第一章"规划授权"）。虽然很多州政府此后采用的法规包含不同的地方规划方法，但许多州的授权法规仍然与典范法案具有很强的相似性。

领导州政府的增长管理计划

除了要求地方政府要追随州政府的目标，一些州政府对地方政府土地利用决策实行更直接的监督。这6个州政府通常被认为是增长管理的领导者：佛罗里达州、马里兰州、新泽西州、俄勒冈州、佛蒙特州和华盛顿州。

● 佛罗里达州要求以州长为首席规划官的州政府编制和维护综合规划，并强制要求区域委员会编制统一的区域政策规划；州社区事务部确保地方政府采纳综合规划，并支持与这些规划相一致的法规。佛罗里达州在增长管理方面有两个重要创新：并发性需求，确保在新的发展影响产生之前，基础设施和服务就已经到位，并绘制州级重点关注的区域图，这些区域的开发必须经过州政府机构的审查和批准。

● 马里兰州要求各市和郡采用符合州政府政策的综合规划，包括旨在促进集中开发的理性发展政策，阻止在环境敏感地区的开发，节约资源并精简法规。州政府监督的重点是司法管辖区之间的协调，确保规划和法规之间的一致性，并将州政府和联邦

政府的资金投入到与州政府和地方规划相一致的项目。

● 新泽西州的增长管理体系要求建立一个州政府的发展和重建规划，并要求地方规划与该规划相一致。该州的规划过程基于"交叉验收"，鼓励各级政府对包括州政府规划在内的任何其他规划提出修改建议。

● 俄勒冈州管理的土地利用规划体系基于全州的规划目标和详细的监管准则。城市增长边界、农业和资源地的保护是该系统的显著特征。各地必须采用并维护符合州政府目标的综合规划。州政府机构在承认其与州政府目标相一致的基础上才会批准地方规划，并定期审查规划，提供技术援助和拨款。

● 佛蒙特州要求地方土地利用法规以州政府政策为基础，并由州政府机构审查。州政府最近重新调整其增长管理法规，引导新的增长进入州政府认可的增长中心，在那里发展必须坚持理性增长的原则。增长中心会获得州政府经费优先支持，并被授权使用税收增量融资。

● 在华盛顿州的增长管理计划里，大小或增长率超过特定水平的地方，和位于城市化的郡范围之内的地方必须制定与其他地方规划协调的地方综合规划，必须采用与规划一致的法规，必须解决基本设施的选址和开放空间廊道的保护。城市增长边界保护自然资源地和关键的环境区域。各地被授权使用并发需求和发展权转移来实现他们的规划。

资料来源：Paul Sedway

与《标准城市规划授权法案1928》相符的是规划变成了可选项，一些州不要求规划，然而其他的州不只是授权，而是要求地方政府进行规划。也有一些州只针对选定区域强制要求规划。比如，《北卡莱罗纳州沿海地区管理法案》要求规划，大部分是基于环境保护目标，但仅限于位于该州沿海地带的20个郡。华盛顿州增长管理法案巧妙地在地方控制与规划连续性需求之间找到了平衡：29个郡（占华盛顿州人口的95%）要满足法案的全套规划要求，包括综合规划和开发法规的准备。其余人口较少的10个郡仅要求进行关键区域和自然资源地的规划。

当开始规划时，多数州政府基本都将自己看成委托者。许多州政府要求完全回避参与开发决策，让地方政府与市场力量来完成调整土地利用的任务。结果美国的土地利用规划已经成为地方政府的责任。不幸的是，地方政府的决策经常受自身利益的驱动而损坏了更大区域的利益。[9]

作为规划师的第二个主人，地方政府会发布指导原则，规划师必须遵从它来制定和实施地方政策。地方主人最直接地影响着社区增长管理的特征，决定着要使用哪些工具执行当地土地利用政策。

注　释

1. 塔科马市诉塔科马市纳税人，357 U.S. 320（1958 年），质疑地方政府是否只是州政府的创造物。如欲进一步了解该问题，参考拉塞尔·W. 马克多斯（Russell W. Maddox）和 Robert F. Fuquay，《州政府与地方政府》（ State and Local Government ）第 4 版（纽约：D. Van Nostrand，1981 年版），289-290 页。

2. 这些权力本身并不是固有的，而是某个特定权力授权中固有的。举个例子，建造秋千的权力是在修建公园的权力中固有的。

3. 小大卫·J. 麦卡锡（David J. McCarthy Jr.）和劳丽·雷诺兹（Laurie Reynolds），《地方政府法规简述》第 4 版（明尼苏达州圣保罗：2003 版）。

4. 出处同上。

5. 拉塞尔·马克多斯和 Robert F. Fuquay，《州政府与地方政府》289 页。

6. 关于狄龙规则（Dillon's Rule）、地方自治和增长管理的探讨，参考小杰西·理查森、梅根·齐默尔曼·高夫和 Robert Puentes，地方自治是答案吗？狄龙规则对发展管理的影响说明（华盛顿：布鲁金斯学会，2003 年 1 月），brookings.edu/reports/2003/01metropolitanpolicy_.richardson.aspx（2008 年 5 月 6 日）。

7. 在这个语境中的治安权指的并不是授予公共安全人员的权力，而是指的更大范围内的保持秩序和安宁的政府职责。

8. 迈克尔·格罗斯曼、艾伦·科普西和凯瑟琳·雪莱，《警告备忘录：避免违背宪法的征收私人财产行为》（奥林匹亚：华盛顿州检察长办公室，2006 年 12 月），atg.wa.gov/takingsmemo.aspx（2008 年 5 月 6 日）。

9. 罗伯特·弗莱利克，《从蔓延到理性发展：成功的法律、规划和环境体系》（芝加哥：美国律师协会，1999 年）。

规划编制和社区背景

大卫·R. 高兹乔克（David R. Godschalk）

在对社区背景进行回应的同时，地方规划还必须满足政府的需求：从历史到地理、到各种组织和机构，各种影响因素错综复杂、不断变化，塑造了社区的生命形态。社区是动态的实体，兴盛和衰落，解决老问题，应对新问题，领导更替，需求变化，议程改变。为了更有效率，规划编制必须与时俱进。

通常情况下，社区的改变是缓慢的，但是当主要的甲方出现或离开，增长率突然上升或下降，环境质量显著改善或恶化，都可能标志着巨大改变即将到来。规划支持系统在分析土地利用、经济活动和环境质量等因素变化的过程中，让规划师可以就迫在眉睫的问题向社区提出建议。[1]最好的规划，以及那些最有可能实施的规划，将会吸引社区领导的注意力，并能帮助他们应对背景的变化。

政治与规划编制

在监测背景的过程中，规划师扮演着诊断者和方案的议程制定者的双重角色。虽然这些角色在传统的规划学课程里没有涉及，但高效的规划师们能在工作中迅速地学会这些技能。然而，当我们认为地方规划应该是非政治性的，从而试图平衡这些角色时，就出现了一个矛盾：专业规划实践的准则强调规划编制的客观性和无政治意义，然而实际上，政治又是许多著名规划的基础背景。因为规划和地方政治是紧密交织的，将其作为同一难题的组成部分去讨论是非常有意义的。

规划领域包含很多由社区背景大师完成的非凡的成功案例。1964年，费城规划委员会执行主任埃德蒙·培根（Edmund Bacon）成了《时代周刊》的封面人物，因为他大胆地与市长约瑟夫·克拉克（Joseph Clark）共同提出了费城衰退中心的再发展计划，从此一举成名。[2]罗伯特·摩西（Robert Moses）是一位出色的公务员，他借助自己对纽约市的规划、政治和发展的敏锐领悟力，越过繁文缛节建设了从桥梁、高速公路到游泳池、公园等大量的公共项目。[3]丹尼尔·伯纳姆（Daniel Burnham），著名的芝加哥规划的设计者，通过与芝加哥商业界的联盟，成功举办了1893年的芝加哥世界哥伦布博览会，这让芝加哥一跃成为能和巴黎、纽约媲美的世界知名大城市。[4]在每一个历史范例里，都有一个富有魅力的规划师抓住了机会，并利用政治为其规划铺平道路。大多数地方规划的制定背景并没有这么引人注目，但它们面对着同样的问题：认识到威胁，并充分利用机会。

两种规划方法：综合规划和战略规划

地方规划有许多类型，包括综合规划、交通规划、住房规划、经济发展规划和灾后重建规划。这里重点关注两种不同的规划方法：(1)传统的综合性规划，这样的规划要按照周期来准备，并定期更新；(2)战略性规划，这类规划是专门准备来应对特殊的情况。有时两种类型的规划会结合使用。例如，某个特殊情况可能促使一个传统的综合规划编制进入准备阶段。

传统的综合规划

传统综合规划的目标是要满足未来20年内对土地、住房、交通和公共设施的需求；这些需求的预期程度基于长期的人口和经济预测。综合规划通常每隔5-7年修订一次，来应对规划执行过程中产生的变化，并推进下一个20年的规划。[5]

很多州出台了理性增长的法律，如在佛罗里达州，地方政府需要去准备、定期更新并正式采用包含特定要素的综合规划。[6] 在另一些州，由地方政府自行选择是否准备编制综合规划：州法律允许但不要求必须编制规划。[7] 但是，不管规划是强制性的还是非强制性的，规划师必须对背景保持敏感度，包括行政程序，以确保规划切实可行。

战略规划

战略规划必须对传统规划编制计划内未预期到的紧急情况做出响应。在卡特里娜飓风横扫墨西哥湾沿岸各州后制定的重建规划就是一个例子。[8] 其他例子还包括：

● 因一座城市承接国际事务而编制的规划。例如，在1992年奥运会开始前，西班牙巴塞罗那的改建规划。

● 因大规模再开发而编制的规划。例如，将科罗拉多州丹佛市（Denver）的斯泰普尔顿机场（Stapleton Airport）改造成一个新型多功能社区。

● 因重大的地方经济繁荣而编制的规划。例如，20世纪90年代到21世纪初，佛罗里达州东南部的奥兰多市（Orlando）发展非常迅速，因此就可以为这个新的城市社区编制规划（图2-2）。[9]

战略规划通常需要新的规划编制和实施方法或新的组织安排和发展，例如，地区、州或联邦各个机构的通力合作，这可以让地方政府获得必要的财政资源和政治力量来解决新问题。由于战略规划对社区的高度关注和独特影响，因此需要对利益相关者与其相关方的需求和期望高度敏感，并且需要非常高的利益方参与度。

三个规划编制实例

这部分的三个实例表现了背景是如何影响规划编制的。前两个实例描述了战略规划的编制过程；第三个实例描述了传统规划的编制过程。

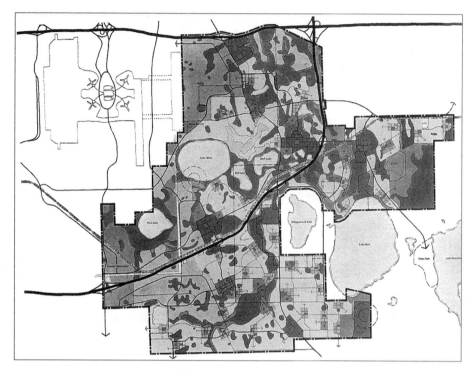

图2-2 奥兰多东南部规划是一个战略性的创举，是一个基于自然和循环网络，指导开发19 000英亩的土地、可容纳超过80 000多人居住的可持续土地利用模式

资料来源：经华盛顿艾兰德出版社允许再版

俄亥俄州扬斯敦市（Youngstown）

在2000年之前，俄亥俄州扬斯敦市一度是繁荣的钢铁工业中心，现在已经成为衰败城市的象征。在过去的几十年里，这个锈带城市（Rust Belt city）失去了50 000个就业岗位，人口从116 000人下降到82 000人。

该市最近的综合规划编制于1951年，在1974年更新过一次。为了应对城市衰落，激发沮丧和无动于衷的市民的积极性，市政府和扬斯敦州立大学（Youngstown State University）联合相关力量，编制新的规划。他们的目标是基于扬斯敦的现状创建一个共同愿景。市长和大学校长都十分支持这个新的提议，并聘请了规划编制和城市设计咨询企业——城市战略公司（Urban Strategies）来指导规划进程。

为了揭露潜在问题和创建共同愿景，城市战略公司建议设置一个特殊的社区咨询程序，从讨论组和社区领导班子开始，然后扩大到一般公众。地方政治人物支持该程序，部分原因是他们认为这是一个发掘具备领导能力的市民的机会，这些人能够协助推进共同愿景。

逐渐扩大参与范围使得咨询顾问有机会把握住社区脉搏。首先，他们会见了民选官员；其次，他们与代表一定范围内社区利益的居民代表进行了一对一的面谈；最后，他们举办了领导研讨会。最终，领导团体数量达到了250个，包括许多城市里最有影响力的市民，他们最后也都成了愿景的拥护者。2002年，有1 200到1 400人参加了一个公开会议，支持新愿景，呼吁将扬斯敦市在原有小规模的基础上改造成为典型的中等规模城市。

2003年，在地方议会正式接受了基本原则后，规划编制正式启动。同样借助了社区的力量，这次是邻里层面的社区参与进来。志愿者们进行邻里评估工作，并在全市各邻里中心召开会议。2005年，大约1 300名居民出席了《2010年综合规划》的汇报会议，该规划大获好评并得到市议会批准通过。过去几年里，扬斯敦市规划程序的落实到位，归功于直面城市的新背景并通过构建政治共识来解决问题。

华盛顿州西雅图

不像扬斯敦市那样，西雅图市不仅面临着过度增长，还必须遵守州政府的规划条例。1994年，应州1990增长管理条例的需求，这个城市采纳了"奔向可持续发展的西雅图"的综合规划。[10]此规划将城市内密度不同和用地混合的"城中村"作为设计对象，同时通过城市增长边界来控制发展和保护乡村地区。但是，当这个打算将西雅图的中心变成一个密集网络的城市空间的规划公布后，市民们非常反对。规划者在这个共绘愿景的过程中未能让市民充分参与，因此引发了邻里权利运动，民众要求重新得到土地使用和密度控制的权利。该市的回应是同意建立一个协作邻里规划项目。该项目包含三个基本要点：成立一个直接向市长报告的邻里规划办公室；分发邻里"规划工具箱"——包括地理信息系统（GIS）的地图和规划数据；为该邻里规划拨款470万美元。[11]

邻里规划办公室的首要任务是在几十年来对抗城市以及彼此互相对抗的邻里组织之间建立信任。通过包含所有相关群体的民主程序，邻里规划办公室来协助制定了邻里愿景。该城市审查了每个邻里规划，以确保与整体城市规划协调。城市和居民之间的合作关系促成了邻里规划，并实现了全市综合规划的目标。

邻里规划催生出了数百个新的公共项目，其数量多到如果执行的话足以产生潜在的财政危机。1998年，通过邻里选举当选的新市长十分支持这些计划，将城市的邻里规划实施基金从每年150万美元提高到450万美元。同时市长还提出了发行债券进行投票表决，打算通过债券来募集大约470万美元，用于图书馆、社区中心、公园和开放空间的建设，所有的措施都通过了投票。

大约20 000名至30 000名市民参与了规划过程。在这个过程中，西雅图的战略性投资赋予市民权利，使他们成为一股新生的政治力量。反过来，市民投票支持将他们的税收资金投资于实现社区愿景上，同时将支持邻里规划的候选人推举为城市议员。最初的综合规划引发的争议和不信任最终通过广泛民主参与的协作规划得到了解决。

倡导者的角色

当地的"倡导者"常常充当政府规划师和社区之间沟通桥梁的角色。倡导者可能是单独的个体，比如说，民选官员、商界领袖、规划委员会的领导，或是有组织的支持者的骨干。倡导者非常有价值，因为他们能够推进一个更激进的主张，并且比政府规划师有更好的调解作用，因为人们认为规划师会任由政治斗争继续。

倡导者也可以是顾问，因为他没有政治包袱也没有任何企图。除了提供一个更新的视角之外，顾问通常比当地政府雇员说话更坦率。

佛罗里达州李郡（Lee County）

面对爆炸式增长、脆弱的自然环境、州规划审批的要求，佛罗里达州的李郡遵循着比较传统的规划程序。[12] 按照《佛罗里达州增长管理法案》（*Florida Growth Management Act*），每个郡必须每7年审查一次综合规划，作为审查的一部分，它必须对市民、民选官员和佛罗里达州社区事务部（Florida Department of Community Affairs，DCA）提出的问题给予回应。2004年李郡规划的审查报告提出了交通、城市低密度化、地下水保护、开发管理、新城市主义和理性增长的问题，这些问题按照区域性、县域性、当地的（比如郡以下）或是已经被社区事务部提出的来进行分类。

过去李郡尝试控制增长，却产生了激烈的争论，包括开发商和环保组织带来的极具争议性的法庭诉讼。社区事务部声称，1989年的李郡规划没有阻止城市扩张，没有提供具体的未来土地利用图，没有规划足够的公共服务设施，也没有遵从其他州的各种标准。解决方法是要求李郡采用1990年的修订规划。然而，因环境保护不利和征收私人产权，更多的法律诉讼随之而来。[13] 从那时起，李郡不仅找到了更有效的增长管理工具，而且意识到了要让公众更有效地参与规划。近期的规划程序已增加了公众参与，从而减少了矛盾。

李郡的大部分城区预计将在2020年建成。李郡规划旨在平衡增长管理、自然资源保护、经济基础多元化和公共设施投资。规划师并不只是在全郡范围内简单地应用这些原则，而是在保持每个社区当地特色的基础上，与郡内22个规划社区的参与者共同制定了土地使用政策。因此，规划师通过先解决首要问题，进而在全面综合规划提案上达成了共识。

规划实践指南

从这些例子中可以学到什么？扬斯敦案例强调地方领导人的能力，通过基于共识的规划程序以获得众多拥护者，从而实现衰败城市的复兴。西雅图的经验强调了新规划推进太快的风险，需要通过社区层面的协作过程来重建共识。李郡的经验表明了定期和系统性的综合规划方式有助于增进理解，减少社会冲突。

规划指导建议方法如下：

研究背景：系统地分析当地政治现状和发展形势。

识别问题：突出显示能够影响增长和发展进程的问题。

咨询和开发领导者：定期与社区负责人沟通；尝试理解他们的关注点，并让他们参与规划。

不要过度超前于社区：当开始新的或不熟悉的规划过程时，要有耐心。

在规划过程中建立信任：通过共享信息保持开放和透明，将规划视为一个全社区的学习机会。

规划与决策相结合：确保地方规划与公众预算决策和基本建设改进工程的时机保持一致。

形成公众参与的愿景：让整个社区的利益相关者参与进来，建立共识。

鼓励规划倡导者：促进规划倡导者——那些愿意并能够阐明全社区长远发展目标的人——的成长。

结合当地背景的规划可能非常具有挑战性，但是永远不会乏味。社区是不断变化的，规划师位于一个独特的位置，需要对未来机遇的理解与当前社区发展节奏进行匹配。规划师在促进地区愿景和进程制定中起着积极又重要的作用。

注　释

1. 关于在决策支持和愿景创建中应用规划支持系统的探讨，参考《建设规划支持系统概要》，《都市土地使用规划》第5版，菲利普·伯克、David Godschalk 和爱德华·凯撒主编（剑桥：伊利诺伊州大学出版社，2006年版），85-286页。

2. 参考网址 time.com/time/magazine/ article/0，9171r876419-5，00.html（2008年5月6日）。

3. 见希拉里·巴伦和肯尼思·杰克逊主编，《罗伯特·摩西和现代都市：纽约的转变》（纽约：诺顿出版社，2007 年版）。若想了解对摩西更为批判的观点，参考罗伯特·卡罗，《权力掮客：罗伯特·摩西和纽约的衰败》（纽约：克诺夫书局，1974 年版）。

4. 如欲了解关于芝加哥世界博览会面临的挑战的有趣探讨，参见艾瑞克·拉森，《白城魔鬼》（*The Devil in the White City*）（纽约：兰登书屋古典书局，2004 年版）。

5. 修订综合规划是一项极其耗费金钱和人力的活动。5 年到 7 年的修订周期实现了频繁更新的需求与频繁返工的成本之间的平衡。

6. David R. Godschalk，《全国各州的理性发展努力》，《大众政府》66（2000 年秋季），12-20 页。

7. 美国规划协会（APA），《理性发展规划：美国 2002 年发展状况》（华盛顿：美国规划协会，2002 年 2 月），planning.org/growingsmart/states2002.htm（2008 年 5 月 6 日）。

8. 见尤金·伯奇和苏珊·华赫特主编，《灾难后城市的重建：卡特里娜飓风的教训》（费城：宾夕法尼亚大学出版社，2006 年版）。

9. 见《奥兰多东南部规划》，网址 cityoflando.net/planning/cityplanning/ProjectSEPlan.htm（2008 年 5 月 6 日）。

10. 见《西雅图市，成为可持续发展的西雅图》（华盛顿州西雅图：设计建筑和土地使用部，2005 年 12 月），seattle.gov/DPD/ Planning/Seattle_s_Comprehensive_Plan/ComprehensivePlan/default.asp（2008 年 5 月 6 日）。

11. Carmen Siranni，《协作民主设计的邻里规划：西雅图案例》，《美国规划协会会刊》73，第 4 期（2007 年 12 月），373-387 页。

12. 李郡规划及其开发，参见网址 lee-county.com/dcd/ComprehensivePlanning/ planningmain.htm（2008 年 5 月 6 日）。

13. 见 David R. Godschalk，《协商政府之间的开发冲突：基于实践的指导原则》，《美国规划协会会刊》58，第 3 期（1992 年夏季），368-378 页。

环境和环境主义

劳伦斯·萨斯坎德（Lawrence Susskind）

自 20 世纪 70 年代以来，环境问题在美国受到越来越多的关注。这种关注在很大程度上来自三个方面：（1）教育的努力，象征性的呼吁，众多非政府组织进行的游说；（2）企业通过吸引有环保意识的消费者来扩大市场份额的努力；（3）关于环境对公共卫生和人类生存造成威胁的学术研究激增。

对自然资源管理不善的代价

关于使用自然资源的决策，以及旨在保护人们的健康和安全的监管或支出决策，很少按人口或地域均匀地分配成本和收益。虽然精确（或不具争议性的）地计算这些成本和收益很困难，但是无法有效管理自然资源会造成损害是毫无疑问的，特别是当这些损害主要集中在某些特殊地点或发生在弱势人群身上时。事实上，环境规划领域的出现，很大程度上反映出由于自然资源管理不善和发展压力带来的极大代价。最近，生态经济学家已经开始计算"自然服务"效益：这些计算给基本生态功能赋予货币价值，比如湿地的净化功能。这应该会更容易做出有效资源分配决策。

个人和集体的环境责任

只要鼓励人们改变自身行为，就能解决许多环境问题：调低恒温器温度；少开车；尽可能地重复使用或回收；利用人们的购买力需求引导更多生态可持续的生产、运输和废弃物处理。但许多资源利用和废弃物管理的决策无法通过个人力量来实现，必须通过集体来应对。例如，如果一个社区需要一座污水处理厂，无论一个人有多么积极，他也不能一手包办建设和运营它。与之相反，污水处理厂应作为公共物品来建设。集体行动通常需要实行强制性标准，采用强大的激励手段，或者两者皆有。在某种程度上，这是为了应对"搭便车"现象，这种现象假设每个人都会追求他或她的个人利益，即使这是不顾环境影响的鲁莽决定，因为每个人都以为他或她的个人行为不突出，不会被人注意到。

仅仅鼓励消费者和企业在可持续发展理念指引下行事是不够的：在邻里、市、州、联邦和国际层面上的集体行动对于发展可持续资源管理的实践至关重要。然而，集体追求环境保护和可持续发展的最好方法往往不清晰。鉴于这种不确定性，短期内的明智做法可能是将每个环境政策决策都当作一个实验：也就是说，如果什么都不做的风险令人担忧，同时因为涉及系统的复杂性，采取行动的成本和收益又很难估计，这时我们应该在认定的正确方向上采取小的尝试。如果我们致力于监测每个活动及其产生的结果，并且假设需要持续不断的调整，即使我们不知道我们到底要去哪里，也可以朝着正确的方向前进。这种方法被称为适应性环境管理（图2–3）。

资料来源：密苏里州自行车联合会，布伦特·休 资料来源：《管理杂志》，扎克·巴顿（Zach Patton）
（Brent Hugh）

资料来源：渡边浩美（Hiromi Watanabe），摄影师；艾米略·安巴兹（Emilio Ambasz）

图2-3 社区采用各种策略来进行适应性环境管理，包括主要大道旁边的自行车道（密苏里州堪萨斯城，（Kansas City, Missouri）），交通走廊旁边的高密度住宅开发（北卡罗来纳州夏洛特，（Charlotte, North Carolina））和绿色建筑（日本福冈（Fukuoka, Japan））

地方环境规划

政府主导的环境保护和市场驱动的环境保护之间是有区别的。在政府主导的模式下，政府机构设定具体的资源管理和公共卫生目标，明确提出实现目标将使用的方法（包括可接受技术的选择），以及授权报告计划和测试程序。该方法意味着政府机构将分配确保实施所需的资金和人员。在以市场为导向的方法中，不是政府机构，而是消费者和投资者决定是否、如何及何时来投资环境保护。

然而，在实践中这两种方式都没得选。公众期待政府制定和实施标准来保护健康和安全，同时，创造越来越有效的方法以满足这些标准的关键是私营企业家的聪明才智。市场运行需要环境保护标准和公平执法来提供可预见和公平竞争的环境。致力于绿色技术创新的"先行者"需要政府补贴，也就是激励来支持他们为创业做出的努力。简而言之，监管和市场机制之间的平衡是同时确保公平和效率的必要条件。因此，政府必须制定环境保护目标，同时发挥市场的力量，刺激研发投资，为创新提供激励，并确保所有的信息共享。

基于价值的方法

许多关于自然资源利用、必要的有毒设施选址、发展模式和形式的冲突都源于价值观的不同。例如，一些公众人士对自然资源秉持功利主义观点：他们认为为了促进经济增长需要，这些资源理应得到利用。其他人则主张一种环境管理的道德准则，认为应该节约资源以确保后代的可用性。与之相似，虽然社区内有人宁愿冒环境风险进行发展，同时也有其他人主张采取预防措施将环境风险降至最低。最后，一些地方选区将保护个人财产权置于首位，然而其他人则愿意牺牲那些权利（不管有没有适当补偿）来实现整个社区的目标。市政府需要找到方法来协调这些冲突的观点，以赢得对环境政策或资源管理决策毫无偏见的政治支持。

制定协作环境决策

在纯咨询式协作流程和那些确保真正共同决策的流程之间依然存在尖锐分歧。打算独立作出所有最终决定的机构将参与权限制在傀儡咨询团体的层面，这与邀请自我认同的利益相关者参与，从而达成共识的协作流程是完全不同的。

环境规划工具

规划师们必须熟悉日益增长的环境工具。表2-1提供了在地方环境规划中经常使用的部分技术，本节对其中影响评估、可持续性分析和联合实地调查三项进行讨论。

自从实施1969年国家环境政策法规和数十个州颁布相关环保审查程序以来，影响评估已经成为环境规划的一部分。其他法规也有类似要求，但更局限于决策前的评估。

环境规划工具   表2-2

	工具及其目的		
工具如何使用	建模：当前的形势如何？相关系统如何运作？	预测：会发生什么？	决策分析：我们应该怎么做？
代理机构独立使用	案例研究，成本—收益分析，系统动力学模型	场景搭建，德尔菲练习，风险评估，可持续性（生态脚印）分析	专家头脑风暴
与利益相关者协作	多主体交互模型	联合进行实地调查，影响评估	专题研讨，政策对话，建立共识

无论评估需要的来源是什么，规划师需要能够预测多种类型的影响，以便衡量大小、权衡分量，并且融合各种影响，提出适当的缓解策略；并与想要参与调查的众多利益相关者互动，并基于他们的调研结果协助做出决定。

迫使联邦（以及许多州）机构去考虑更为丰富的一系列项目和政策备选，以及更为广泛的缓解策略。参与并更有效地缓解不利环境的影响，这些更高的公众期望同样已经波及地方政府层面。另外，尽管已经准备了数万份影响评价，其精准度几乎没有改善；也没有出现在决策时选择对环境损害最小的行动方案的承诺。大部分的预测依赖非常简单的、根据并不充分的模型。公众持续要求基于深入研究人类和生态系统的相互作用，进行更可靠的评估，但是经过数百次诉讼后，还是没有符合精确技术标准的清晰授权。

生态足迹[1]分析提供了评估远期承载能力和处理平均消费水平之上的政策影响的可能性。

环保主义和可持续性

21世纪开始标志着公共政策具有深远意义的转变，从关注环境保护转变为可持续发展。如果发展提案、基础设施投资或公共政策会破坏重要生态系统的长期可持续发展，仅仅将它们的负面环境影响降到最低已经不能满足要求。我们再也不能持那些狭隘观点，将我们的关注点仅限于项目区域，只思考当下，只在意短期收益。相反，资源利用和废弃物管理的决策必须考虑对整个生态系统的影响，生态系统之间的跨界影响（例如：努力保护一种资源的方法无意中破坏了对另一种资源的保护），以及我们的行为对子孙后代的影响。

这一转变的核心是恢复能力理念。当我们规划人类居住和尝试管理自然资源时，我们的目标应该是提高生态潜力，建立能有效应对人为及自然意外（包括灾害）的系统。

联合实地调查（JFF）是在决策前将有竞争利益的团体聚拢起来提出问题、参与联合建模、协同数据评估。第一步称为冲突评估，规划师与潜在利益相关者广泛交谈，从而形成一个可信专家和非专家列表，他们将参与环境规划的每一步流程，并观察最受关注的问题。接下来，专家、利益相关者和政府机构工作人员共同框定问题，设计数据采集流程，检查初步结果，探寻这些研究结果的政策含义，并评估结果对关键分析假设和数据差的轻微变化的敏感程度。联合实地调查与更传统的方法形成鲜明对比，传统方法由技术专家确定需要什么分析，实施分析，并将结果提交给决策者。在今天更具有参与性的环境下，所有规划师都应该具备进行联合实地调查工作的技能。

新型合作伙伴关系

政府间的安排方式将抛弃分层或"夹心饼"的模式，也就是联邦机构有一套职责，州政府是另一套，地方政府又是另一套。同样，公共和私人、政府和社会之间的界限依然模糊不清。历史任务和责任重新分配将形成新的合作伙伴关系。

例如，政府间层次结构在理论上来讲可能很清晰，但实际上更接近"大理石蛋糕"，而不是多层蛋糕。在很大程度上，联邦机构依靠州政府执行国家计划，或采取比联邦法律要求更高的法规，反过来，州政府常让渡责任，由地方政府做出关于资源分配的关键决策。

"问题分水岭"的边界由政治和法律权威来决定，这一传统方法正在让位于超越地缘政治界限的临时的谈判协议。长期存在的政府实体和它们的边界将不会随时间很快消失，但这并不意味着环境规划师不能召集机构行动者和其他利益相关者，制定出环境管理权力分享的特别安排。这样的安排可以采取多种形式，包括政府间协议和合作备忘录。

事实上，只要他们共同协作，哪级政府或哪个社会阶层处于领导地位或处理特定任务都无关紧要。麻省理工学院的一个学者团队将其称为公共企业家网络模型。有效的伙伴关系需要包括：

● 开拓者。发现机遇、主动把握并做出承诺，促进行动。

● 公共风险投资家，公务人员。理解并接受风险，并能将必要的财政、社会和人力资本集聚起来，以满足项目驱动的需求。

● 监督人。提供通过形成正式和非正式关系，促进创新蓬勃兴起的环境。

● 调停者。围绕目标建立共识，并促进可能会终止新项目的冲突的解决。

- 共同利益的管理者。维护负责行为的高标准，并组织不同群体支持商定的行动。

在环境规划领域，只要每个角色都有效地运作，环境规划目标就可以实现。

没有正确答案，只有知情同意

环境规划师必须适应与他人（专家、非专家、价值冲突的参与者以及任务冲突的机构和组织）共同准备规划、政策和程序。这些努力可能耗时且令人沮丧，但是无论多么博学或自信的单一机构或政策制定者企图单方面采取行动，都会导致政治上对立，法律上的挑战和陷于僵局。虽然在冲突中交流可能很困难，但是取得成功的唯一途径就是促进面对面的交流。

正如本文已经明确指明的，解决多方问题是环境规划的核心。职业规划师必须平衡科学与政治，调和冲突的价值观，帮助各种利益相关者，充分考虑常常变化的角色和关系，倡导可持续发展。

注 释

1. 马西斯·瓦克纳格尔（Mathis Wackernagel）和威廉·里斯（William Rees），《我们的生态足迹：减少人类对地球的影响》（*Our Ecological Footprint : Reducing Human Impact on the Earth*）（加拿大英属哥伦比亚省加布欧拉岛：加拿大新社会出版社，1995 年 7 月版）。

促进地方经济发展

罗伯特·H.埃德尔斯坦（Robert H. Edelstein）

规划师常常需要识别能够影响一个社区的经济力量，并确定这些力量如何与规划政策相互作用。本文主要讨论经济基础分析，这是一个用于评估地方经济运作的有力工具。使用得当的话，经济基础分析可以为规划师生成很有价值的信息。但是该技术也有缺陷，下面也将一并概述。

要想了解当地的空间和设施市场，就要先将较大的都市圈作为一个经济运行单元进行评估。经济基础分析对这一评估至关重要。理想的宏观市场分析能够生成地方经济的基本信息，并识别经济挑战，对当地刺激经济发展的方式进行备案。可以用它来评估地区为实现持续、有序增长做出的决策。一个完备的市场研究包括以下方面：

- 包括土地利用和建成空间的详细清单。
- 评估经济增长的政治局势（包括对增长的抵制程度）。
- 评估经济发展的潜力。
- 提出实现潜力需要的激励建议。
- 识别需要克服的限制因素。

经济基础分析的基本原理

经济基础研究的目的是为确定未来经济增长的潜力提供事实依据。通过识别都市地区就业和收入的来源及水平，经济基础分析使得评估地区经济稳定水平及找准风险因素成为可能。不幸的是，许多经济基础研究仅仅是当前趋势的推论，这样的研究对地方规划师来说是值得怀疑的或借鉴价值有限。

经济基础分析对"基本"和"非基本"的活动做出了区分：基本活动是指那些用于出口到城市以外的商品或服务的生产活动；非基本活动产生于出口收入在当地经济内部的循环支出消费（见批注栏）。从理论上讲，基本（出口）活动为非基本（本地）活动提供了基础，没有出口收入，社区居民和企业就没有必要的资源进行本地消费。经济基础分析产生了一个"倍增器"，来获取能够产生出口收入的额外经济活动。

经济基础分析的第一步是划定市场区域，将经济活动按照行业顺序，分成基本和非基本两类。基础产业的增长预测成为地方经济整体增长预测的基础。不过，这种预测的有效性取决于分析师构建乘数和比率的技能及判断力。

市场分析师进行大都市区域的经济基础分析时，需要采访雇主，估计未来的雇员数量，估计未来的业务收入，并考虑一些额外因素，包括过去的趋势，未来的行业变化，以及当地企业将来能够获得潜在市场份额的可能性。分析师还需要考虑过去的乘数是否仍然有效，过去的就业人口、土地使用、建成空间的比例是否真实有效。每一个比率都有可能引入错误。总之，经济基础分析需要具备对主观和客观趋势的敏锐洞察力，研究的质量和可用性在很大程度上取决于任务执行者的技能和专业知识。

尽管批评人士对所使用技术的有效性提出了合理的质疑，但经济基础分析往往是短期运行甚至是长期预测的最佳工具。

经济活动分类的限制性

出于经济基础分析的目的，辨别经济活动形态最简单的方法就是把每个行业按出口（基本）或本地（非基本）来分类。举个例子，如果将钢铁工业假定为出口行业，所有钢铁生产部门的雇佣人员将被算为出口工人。如果餐饮业假定为当地服务产品，所有餐饮从业人员将被算为本地工人。这个方法的缺点是：有些钢铁可能是本地消费的，有些餐饮服务可能是区域外的访客消费的。尽管有局限，基础研究通常能够为当地经济发展趋势提供精确的预测。

经济基础研究的局限性

经济基础研究（以及投入产出研究，请看批注栏描述）在地方规划中的适用性和可用性受到五方面不利因素限制，其中有两个技术难题：第一，收入和就业乘数通常被假设为不变，而不考虑地理区域的大小或产业发展的强度；第二，本地工资假设为恒定，且不考虑区域面积的大小。经济基础研究还依赖可能会产生误导的两个假设：一个城市发展的唯一途径是增加出口，以及增加就业人数的唯一途径是增加劳动力需求。最后，经济基础研究意味着一个社区的命运很大程度上掌握在需要出口商品的"外人"手中。

不变的乘数

第一个误差的来源是关于经济基础乘数是常数的假设可能不准确，特别是当一个区域大幅增长，形成一定的地方经济规模的时候。当地经济的增长规模可能足够大，足以在产品出口之前产生大量内部消费，造成出口行业的乘数增长。例如，如果本地计算机产业发展到一定程度，能够支撑起自己的芯片制造商，当地计算机公司在进口商品的投入将会更少，而更多地投入本地生产的产品。因此，计算机出口增加将带动地方总收入的大幅增长。

第二个误差的来源是当地经济行业关系的变化。再次以计算机行业为例，如果当地的工资增长，计算机行业将会使用进口资本设备来代替劳动力（这种交换被称为要素替代）。因为用于进口资本设备的资金将会减少部分原来用于当地消费的出口收入，所以增加计算机产品的出口水平给当地总体经济活动带来的增长量可能要少于不变的经济基础乘数表明的增长量。

不变的工资

经济基础研究假设当地工资是固定的。虽然这种假设在地理范围较小以及经济活动变化较小的情况下可能是真实的，但从长远来看（甚至在短期内，如果经济活动发生大的变化），供给和需求的变化会引起工资的变化。

投入产出研究

投入产出研究有时用于替代经济基础研究，它会生成当地经济活动中企业和家庭之间交易的完整计算。这种方法与经济基础研究相比，具有两个优势：第一，投入产出不是假设每个行业都有相同的乘数，而是分析推导出每个出口行业的乘数。第二，投入产出研究直接测算出口的规模，而不是像大多数基础研究那样间接计算。不过，由于投入产出研究是比较重大的任务，需要详细的贸易流和产业投入信息，这在地方规划项目上一般都不可行。

假设出口是经济增长的唯一来源

经济基础方法假定一个社区只能通过增加出口来获得增长，目前已经知道这个假设是不正确的。地方经济增长可能是进口减少（比如说，地方投入替代）、劳动生产率提高、区域内贸易增加带来的。

举例来说，考虑到我们已知最大的经济单元——全球经济，虽然没有出口到其他世界的机会，但是它也在增长。经济增长有两个原因：首先，技术进步提高了人均产出以及人均实际收入。其次，信息、生产和运输技术的革新增加了各经济体之间的贸易。贸易增长会带来实际收入增加，因为它允许每个地区专门生产具有比较优势的商品。同样的现象发生在地方层面：提高劳动生产率会增加都市区范围内的贸易，人均收入增加，在不增加出口的情况下，提高了地方经济的增长率。

关注需求

因为它们基于这样的假设，即在当地劳动力需求增加的时候，就会出现增长，所以经济基础研究集中于劳动力市场的需求方面。但是，劳动力供给增加可能也改变就业的平衡，并引领经济增长。

为了增加就业，社区可以专注于需求：削减营业税，完善产业基础设施，或加强当地的教育系统；同时也可以专注于供给：削减财产税，完善居住基础设施，提高生活环境质量，比如安全性和娱乐机会。

依赖外来者

经济基础研究通常会建议：社区为了增长，必须增加区域外部的需求。但正如前面提到的，一个地方的经济命运不一定掌握在外人手中。还有很多其他方法来提升经济，比如进口替代，其中包括制造和购买更多的当地产品。

外部性

经济理论假设，每个人在市场经济中都能预见到个体行为的好处，并承担相应的代价，而且价格会进行调整，以确保资源的有效配置。然而在实践中，消费和生产的成本有时大部分是由社会承担的。例如，工厂可能向河中倾倒有毒废物，影响了下游居民，但在市场体系里，没有主体为这些居民的生活质量下降做出补偿，或者说工厂老板并没有对自己的行为带来的后果"付费"。对下游居民的影响被称为工厂行为的"外部性"。

在任何规划过程中，测算个体行为的社会效益或成本都是一项重要任务，即使这些收益和成本超出当地的界限。规划师和决策者需要找到方法以确保个体行为的负面外部性被考虑在内。经济基础研究可以提供一些原材料，来辅助当地的规划师估算某项行动的经济效益，但规划师不应忽视潜在的负面外部性。

跟私营部门的行为一样，政府的政策或决定可能会产生意料不到的后果，让经济基础研究的结果变得无效。例如，如果一个社区为了增加工资而创造更好的就业机会时，大量潜在就业者可能会迁移到该地区，从而压低工资。同样地，当为了改善交通拥堵而修建一条道路时，以前一直难以到达的部分城镇现在方便去了，不仅会促进城市的进一步发展，而且还会成为交通拥堵的新来源。因此，新的道路可能会带来更多道路的需求，形成响应和反响应的连续循环。意想不到的后果往往难以校准，但规划师需要预测每一个决策的二级影响和三级影响。

考虑经济风险

任何经济分析都必须考虑到那些超出分析师控制的因素。以下几类风险对做好政策、规划和项目费用可能有较大影响：

● 宏观风险。宏观风险来源于超出当地控制的经济因素。经济周期造成的变化，例如意外出现区域经济衰退，可能会造成计划的政府收入萎缩，使得很多项目失去财政支持。

● 全球化。如果本地就业基础容易受到离岸外包的影响（例如，业务转移到国外），社区的经济福利可能会面临风险。

● 金融风险。金融风险的主要来源是利率的剧烈变化或资本的可用性。例如，当美联储改变利率，或中国投资美国债券市场的比例改变时，地方政府使用的债券和其他金融安排都会受到影响。虽然金融风险总是无法预见，避免浮动利率融资方式可以减轻影响。

● 监管和法律风险。法律和相关法规的变化能够显著改变经济环境。加州13号提案和其他地区类似的税收和支出限制的影响就是实例。

● 区位风险。长期的公共（和公私合营）项目绑定在一个特定的区位，这样政府就容易受到与改变当地人口、通勤模式以及其他因素偏好相关的风险影响。经济基础研究需要审慎考虑区位的风险。

环境风险。不断变化的环境标准是一个活动的目标。虽然一些环境风险可能是已知的，当科技进步揭示出新的污染形式时，今天还被认为符合发展的环保要求的地方，到了明天可能就是禁区。

明智地分析经济基础

经济基础研究仍然是地方规划至关重要的工具，提供了了解当地经济的窗口，有助于勾绘出政策提案对未来当地经济的影响。有能力的经济分析师和考虑周到的规划师如果知道经济基础研究的局限性，并且使用得当的话，就可以用它来提供决策依据，并消除决策者面临的许多不确定性。

房地产和地方规划背景

林恩·B.萨加里恩（Lynne B. Sagalyn）

房地产和地方政府在许多层面上是相互依存的。房地产总价值一直以来都是地方经济福利的信号，表明政府的财政状况能够提供一般服务，以及经济增长所需的公共基础设施水平。反过来，政府服务的质量、公共领域的吸引力、对居民和企业的征税决定了一个社区作为居住和工作场所的吸引力。当然，本地服务、服务设施及税收水平也影响了土地价格和房地产价值。在政策领域，地方官员经常依赖房地产的机制，包括公私合作项目、财产属性的补贴、土地使用优惠，来实现市区及其周边地区的复兴、经济发展、保障性住房、环境可持续性和社会公平等计划。

但是，房地产和地方政府有着千丝万缕的联系，还有另一个原因。当涉及地方经济，地方政府不仅仅依靠房地产，它同时可以调节土地使用、拥有房地产，并有权行使征用权。所有这些法律权力对当地房地产市场的影响，已超越当地政府作为征税者和公共产品与服务提供者的角色。

在不同时间及出于不同目的，规划师会试图驾驭或刺激房地产市场中供给和需求的力量。要想达到目的，他们需要全面理解房地产是通过哪些途径来影响地方决策背景的。本文通过解析房地产市场的四大角色——地方经济的晴雨表，创收的财政基础，公共资本投资的工具，以及一种规划理想的政策工具——为理解房地产的影响搭建了框架。

地方经济的晴雨表

房地产是地方经济的物质体现。如果一定要选择一个方法来衡量经济福利，居民、政策分析师、规划师和政治家可能都会选择社区的房地产价值。房屋和公寓为社区居民提供庇护；零售设施满足消费需求；生产、销售和仓储设施，写字楼，酒店和旅馆提供其就业基础，并决定了其生产能力。学校、公园、游泳池、运动场、社区中心、文化活动中心、娱乐设施和其他公共领域的要素，进一步区分了城市、郊区、乡镇或邻里的特征。建成的环境通过累积来发展：建立并提炼一个地方的物质特征，需要历经几十年渐进式的公共、私人投资和经济增长，包括衰退、重建和保护的周期循环。

当地的房地产市场，不管是由增长带动或是被危机拖累，都影响着发展议程以及地方规划的背景。强大的市场触发了发展和振兴，以及管理增长引发的规划工作，以提供符合当地传统和文化的服务完善的社区环境。在许多社区，管理增长意味着将保护纳入到全区域或项目具体的规划范围。从定义上来说，疲软的市场要求规划师专注于为经济复苏设计物质刺激机制，并消除新的私人投资障碍。项目可能需要通过激励机制和公共私人投资慢慢变成

> 建立并提炼一个地方的物质特征，需要历经几十年渐进式的公共、私人投资和经济增长，包括衰退、重建和保护的周期循环。

现实。在极度老旧的社区，规划师可能不得不面对多样化的房屋情况，包括被遗弃的住宅或商业物业，楼与楼的物质状况天差地别的街区，以及被空荡、满是碎石瓦砾的土地破坏的街区。

无论我们的目标是管理增长、刺激振兴、提供多收入阶层混合居住式社区或是修复物质环境条件，规划都不可避免地受到房地产周期不规则的上下起伏的影响。上升周期创造了利用房地产市场带来多种公共利益的机会；但是上升周期不一定总是如此，下降周期也一样可以提供重要的规划机遇，成为大规模规划工作和经济高效的基础设施投资的开始。[1]

房地产作为地方经济晴雨表角色的另一面是公众出于保护财产价值的需求，这使得规划的议程非常透明，也经常引起纷争。很多行动，包括改变土地用途的规定，地标性建筑物和历史街区的命名，交通的改善，区域重建计划，经济适用房用地储备，公共设施选址（从受欢迎的社区公园，到不受欢迎的垃圾填埋场），都可能引发对土地、房屋和商业物业价值受上述情况产生的影响的强烈关注。

收益产生的财政基础

房地产税长期作为地方政府的财政基础，占财政收入的比例超过四分之三。从历史角度来看，当地政府，尤其是其专有用途的对应物，如学区、休闲娱乐区、公共事业区和商业改进区（BID）——主要通过两个渠道来开发房地产：（1）基于行政规定，按市场价值评估的一般从价征收财产税；（2）从明确的收益区域中产生，并基于可认定的房地产属性（如正面长度、建筑面积、在区域内的精确位置、房地产用途、财产税款项，或它们的组合）而做出的公共改善财产特别评估。

为了给优先事项如经济适用房、开放空间保护、基础设施等提供资金，同时增加普通国债，州、县、市通过不动产税和影响费及对房地产转让的调节来增加额外收入。[2]比如说，纽约州要求各郡征收房贷登记税来支持公共交通投资和运营成本。在房产升值时期，产权交易税为政府提供了相应的专项收入，用于资助当地的重点规划事项。然而，正因为它们与房地产市场直接挂钩，这些收入在本质上是不稳定的，并可能依随房地产市场的衰落而大幅下降。

对全国所有城市来说，房地产的财政中心性在房地产和规划之间创建了许多联系。房地产的重要性不仅在于其是城市主要收入的单一来源，而且在于其作为从中央到地方规划中优先事项资金来源的广泛灵活性。[3]

公共资本投资的金融工具

公共资本投资和房地产之间的关系对前瞻性规划至关重要。[4]要想使地方经济充分发挥其潜力，并创建一个居民和企业共同重视的物质和社会环境，高品质的公共服务和公共基础设施是必不可少的。基础设施投资通常需要多元经济利益支持，因为它发挥着以下功能：私人生产力的投入，经济发展的催化剂，建设工作岗位的来源，以及消费服务的来源。

地方政府提供了警察、消防局、法院、监狱、医院、学校、图书馆、公园、当地的道路、公共交通、自来水和污水处理厂以及越来越多的其他公共服务，如通讯服务。因此，地方政府与房地产进行经济联姻来筹资，以满足资金需求。房地产的价值给公共投资项目的长期借款做了保险。地方政府可以利用现有物业估值去为这些资金需求发行建设债券，并且在租税增额融资（TIF）的安排下，他们可以利用房地产价值的预期增长投资于那些为当地能够带来美好未来的建筑环境。在这两种情况下，融资的方式与公共投资带来的服务的长期循环相匹配，对当前和未来的居民均是有利的。

地方政府可以通过自掏腰包的方法直接融资，但在当前，基础设施和经济发展越来越多地通过联邦政府授权，联邦补助变得最小化，按需付费的方法对资本融资项目来说一般是不切实际的。债券融资仍是务实且优先的策略。然而，在许多州的法规和投票倡议中限制、覆盖或者压低财产税的使用，明显反映了选民对财产税负担的高度敏感。加州13号提案和其他州通过的类似的税收和支出限制，已经制约了希望促成环境建设投资的地方官员。

纳税人的抵制和州政府与联邦政府援助的减少结合在一起，迫使当地政府以自筹资金（将通过融资的项目来偿还）和预算外解决（不要求选民投票）作为融资策略。这两个条件均能通过在全国各地得到广泛使用的租税增额融资得到满足。截至2006年，除哥伦比亚特区和亚利桑那州以外的所有州都已经颁布租税增额融资授权法。因为它针对新的房地产开发所产生的专项税收收入，租税增额融资大大增加了地方规划中房地产开发的财政作用。

在这个以自筹资金为融资策略的时代，规划师负责确定重建项目、租税增额融资区及环境清理区域等规划区域的规模、范围和地理界限，他们对财政现实十分敏感。绘制区域边界来覆盖接近完工或准备开工建设的房地产开发项目，可以极大地促进税收增量收入流，提升投资者对债券发行可行性的信心。与离建成的商业区或社区活动较远、难以接近，或有重大环境问题的贫困社区相比，周边服务设施已经到位，或附近商业活动已成气候的特定区域，如滨水区或中央商务区，更可能得到债券投资者的青睐。总之，新的更为复杂的以市场为基础的公共资本投资融资形式具有内在的偏见，它形成了地方规划工作的背景。

实现规划理想的政策工具

在20世纪80年代中期，地方政府重新发现了过剩的公共财产、废弃的土地和建筑物以及根据联邦城市更新计划清理出来但至今仍未开发的土地的价值。随着对新政策战略的创造性尝试，市政官员开始介入新项目，计划收回这些房地产的金融价值。这些项目承诺的回报，比经济增长、新公共服务交付使用或新基础设施建成所带来的典型房产增值收益要多出很多倍。这些经验在20世纪90年代开辟了新的行动领域，政府官员借鉴私有企业运用的现代资产管理方法，学会了管理他们的房地产权，从而更好地服务于公共目标。[5]公共房地产管理的概念已经进入规划师的领域。[6]

通过利用房地产作为资金来源，地方官员与私营公司开始进行复杂的商业交易：合作投资于公私合营项目，积极管理因生源不足而不再投入使用的学校安置项目，并抛售因未缴税而取消赎回权的没收房产。借势商业地产的繁荣浪潮，地方政府成为公共开发商，希望能借此减轻持续的财政压力，并实施其规划目标。与开发权挂钩的土地租赁安排、风险分担安排及交换条件使得地方政府可以按公有房地产价值进行交易，并通过新的私人开发项目创造长期收益来源。然后可以利用这些收益为开放空间的改善和其他便利设施的建设提供资金，以及实现其他公共福利，包括保障性住房、文化娱乐设施以及基于行动的扶持就业项目。政府以业主身份对土地市场实施的干预重塑了地方规划的背景。

主动的公共发展与标新立异一样有风险。当地方政府调控房地产开发来维护公共利益或追求财政目标，当他们征收私人财产税来支持公共服务，或当他们给予补贴以促进经济增长，并防止商业外流时，公共领域和私人领域之间的界线是明晰的，如果不明确的话，由此产生的风险将是政治性的，而不是金融性的。然而，当公共机构按市场价值交易适合开发的公有土地时，他们扮演的是承担金融风险的企业家角色。在公共发展的模式里，实现规划目标包括了风险分摊的计算。

借势商业地产的繁荣浪潮，地方政府成为公共开发商，希望能借此减轻持续的财政压力并实施其规划理想。

注 释

1. 示例见马克·魏斯（Marc A. Weiss），《状态周期》，《商业经济史》20，系列 2（1991 年版），127-135 页，h-net.org/~business//bhcweb/ publications/ BEHprint/v020/p0127-p0135.pdf（2008 年 4 月 25 日）。

2. 艾伦·A. 阿特舒勒（Alan A. Altshuler）、何塞·戈麦斯 - 伊瓦涅斯（Jose A. Gomez-lbanez）和阿诺德·M. 豪伊特（Arnold M. Howitt），《收入管理：土地利用征收的政治经济》，（华盛顿：布鲁金斯学会出版社，马萨诸塞州：林肯土地政策研究院，1993 年版）。

3. 如欲了解最近的调查研究，参考纽约市独立预算办公室《对比美国大城市的州与地方税务》，《财务概要》（2007 年 2 月），ibo.nyc.ny.us（2008 年 4 月 25 日）。

4. 如欲了解入门读物，参考兰多·科内（Randall Crane），《给规划者的公共财政介绍》（研究报告，林肯土地政策研究院，马萨诸塞州剑桥，2006 年）。

5. 例如奥尔加·卡佳诺娃（Olga Kaganova）、瑞图·纳雅 - 斯托纳（Ritu Nayyar-Stoner）和乔治·皮特森（George Peterson），《城市房地产资产管理：私有企业实践应用》，土地和房地产提案，背景系列 12（华盛顿：世界银行，2000 年），siteresources.worldbank.org/ INTURBANDEVELOPMENT/ Resources/3363871169585750379/background12.pdf（2008 年 4 月 25 日）。

6. 见罗伯特·西蒙斯（Robert A. Simons），《公共房地产管理和规划者的角色》，《美国规划协会会刊》60，第 3 期（1994 年），333-343 页；尼尔·罗伯茨（Neal Roberts）和拉尔夫·巴西莱（Ralph Basile），《公共房地产资产管理》（华盛顿，全国城市联盟，1990 年）。

规划的社会背景

道尔·迈尔斯（Dowell Myers）

地方规划是为了人的利益而实施的，但不同人有不同的行为、需求和看法。不存在有代表性的"普通百姓"可以扮作客户去做规划。成功的规划要调和每个地区的社会差异和社会变革的快速步伐。因此，很关键的一点就是理解地方规划中人、自然、经济及政治层面上的互动关系。

为什么社会因素对规划很重要

规划师被期望应该了解当地的人口和需求。虽然规划师常将注意力集中在土地利用上，但居住在土地上、占地建房并消费房产的主体是人。房屋需求是由正在形成的家庭数量和生命周期的进程所决定的。同样，进入劳动力市场或退休的人员数量决定着对商业办公空间的需求。反过来，一个社区可以支撑的商业空间数量依赖于每个生命周期阶段的人口数量和人均可支配收入。正如人口是住房和商业土地利用的关键一样，人口对服务来说也至关重要：一个地方的人口数量和类型影响着对公园、图书馆、道路、交通、医疗诊所和学校的需求。低收入居民往往更依赖公共服务，但也有很多服务是所有居民共同使用的。最终不能被遗忘的是选民、纳税人、志愿者和活动家等有特点或看法的人，是他们引导着公众决策。

美国社区调查

美国社区调查（ACS）会发布按人口群体和地理区域分类的社会、住房以及经济特征数据。与每十年进行一次的人口普查不同，美国社区调查是一年到头持续不断地对约300万个地方进行调查。

每年，美国社区调查会发布人口超过65 000的地理区域的年度评估；对于较小的地理区域，其中包括人口普查区和块组（即形成人口普查区子集的块组），美国社区调

查会累积超过3年或5年时间间隔的样本（取决于区域的大小），然后生成这段时期的平均值。[1]由于数据是从样本中提取的，所有结果中都包含了误差估计和置信区间。

1.每年的数据都可以从美国人口普查局的网站获取，网址为census.gov/acs/www/Products/。如欲了解这个丰富的数据源的更多详细信息，参考美国人口普查局的《2006数据用户手册：美国社区调查》（2006 Data Users Handbook：The American Community Survey），census.gov/acs/www/Downloads/Handbook 2006.pdf（2008年3月4日）。

日益多样化

随着人口的极度多样性和急速的变革，不能牢牢把握各种社会因素的土地利用和服务规划是极其危险的：种族和民族、出生地和居住时长、年龄和生命周期状况、性别和收入。现在很多已知的社区人口变化情况来自于美国社区调查，即美国人口普查局的年度报告，其中包括很多以前只能每十年获得一次的相同信息（见批注栏）。

种族和民族

2006年时，非西班牙裔白种人构成了美国总人口的66.2%，并与其他群体越来越多地共享空间[1]：在20个最大的郡里的15个，以及在全部300多个郡里，非西班牙裔白种人占总人口的比例不到50%。[2]主要少数族裔聚居在芝加哥、达拉斯、底特律、休斯敦、洛杉矶、迈阿密、纽约、圣安东尼奥和旧金山的都市郡，并每年都会增长。

从全国范围来看，黑人或非裔美国人的人口比例（12.2%）现在已经被西班牙裔或拉美裔（14.8%）超过了。亚裔和太平洋岛国人口占总数的4.5%，而美洲印第安人或美洲原住民占0.7%。剩余的1.7%归属于其他种族或两种及更多种族的结合。[3]

出生地和在美国的居住时长

移民是推动种族和族裔变化的因素之一，但是它给美国社区带来了文化多样性，因此具有特别重要的意义。在1980年至2006年期间，出生地在外国的美国人口比例翻倍，从6.2%上升到12.5%；而在2006年，外国出生的居民占17个州总人口的10%以上。[4]居住时间的长短造成了移民之间的差别：长期定居的移民更容易被同化，并且比新来者在经济方面更加成功。[5]

性别

人口数量上大约男女各半，然而性别比例在一些特定类型的社区非常不同，如军事基地或某些教育机构。当然，老人聚居的地方通常女性多于男性。

自20世纪70年代以来，随着女性开始平等地参与就业、使用交通工具和拥有房屋所有权，男女之间的需求差异已大大缩小。尽管如此，女性在抚养子女和参与公民活动中继续发挥着比男性更大的作用。近几十年来，随着女性获得城市规划的高级领导职务，从前规划方案以男性为主导的特色已经变得不明显。

年龄和生命周期状态

年龄是社会层面所有其他问题的根源。不同的年龄段形成了不同的需求和行为；对儿童、少年、青年、成年人和老人来说，他们的需求和行为是有很大不同的。此外，由于大量的社区居民在生命周期的特定阶段进行迁居，对学校、再就业培训或老年公寓的服务需求可能会有显著改变。

对当今绝大多数社区影响最大的变革是婴儿潮一代的老龄化，也就是出生在1946年至1964年之间的7 800万人口。[6] 在2010年至2020年期间，经过几十年的稳定，老年人（65岁及以上）与劳动力人口（25–64岁）的比例将增长30%；到2030年，该比例将增加67%，每100个劳动年龄的成年人中老年人的人数将会从25个增长到41个。[7] 这一突然的年龄转变恐怕会影响社区，扰乱住房市场，压低房屋价值及财产税的征收，并逐渐减缓劳动力和经济增长。[8]

收入

跟中产阶级和富人一样，穷人常被视为一个社会范畴。这些分类的定义并不总是很明确，同时它们往往不考虑财富或收入的需求。在美国社区调查报告中，低于联邦政府规定贫困线（2006年的标准是20 444美元，一个家庭包括两个大人和两个小孩）的本地家庭比例和低于贫困线150%或200%的比例是一样的。另一种常见的定义是由美国住房和城市发展部（HUD）发布的：低收入家庭是指其收入不到大都市区中等家庭收入的80%。不同于国家规定的标准贫困线，美国住房和城市发展部的定义随地域目标的变化而不同，因为它考虑到了当地的住房成本，这部分体现在高成本地区的高收入趋势。例如，在2006年，孟菲斯的低收入线是44 000美元，但旧金山是74 300美元。[9]

时间因素

不同于住宅、商业建筑或道路、公园，一个区域的居住人口是瞬息万变的。这种人口不断地流入和流出创造了大量的、快速的社会变革潜力。

2006年，有4 970万美国人变换了居住地。[10]大多数迁居在本地范围内，只有3.3%的全国人口跨州迁居；6.8%是跨郡（州内或两州之间），11.5%改变了居住城市（州、郡内或州、郡之间），以及16.8%改变了居住单位。根据住房成交结果，地方规划师不得不处理超出平均状态下的全州或全国变动量三到四倍的人口流量问题。一般来说，管辖权越小，人们越有可能随着更换住房和工作而跨界迁移。与之相反，较大地方更可能在其边界里容纳这些迁移，因此就显示不出其下属区域正在发生的流动程度。

与社会变化相联系的条件和过程

随着人口流动产生的社会变革，规划师可能会发现自己面临一些相关但又不同的过程或条件，所有这些都需要具体的规划策略来应对：

群飞通常用来指某个特定团体按一定速率离开的加速度。例如，白种人可能会离开一个街区以避免该街区的民族或种族构成的变化，或一个家庭可能因为学校不好而离开一个社区。规划师对此的回应可能是召开社区论坛，让居民表达他们的担忧。

当潜在的移民远离特定区域时，逃避发生了。即使离开的速度没有加快，逃避也会对当地居民产生同样的作用：某些群体的离开。为应对逃避，规划师可能会提高当地的吸引力，并积极吸纳缺失的那部分人口。

当按老标准兴建、价值下降的旧房子相继转移到低收入居民手中时，过滤发生了。规划师可以通过复兴和实施法规来减缓衰退；与此同时，为了给中低收入居民提供保障性住房，他们可能会鼓励过滤（只要住房继续满足最低标准）。

与此相反，将老房子转让给高收入居民的过程是绅士化。这通常发生在地理位置优越的社区，过去住的是中产阶级和中上层阶级家庭。规划师可以通过改善街道景观和提供更好服务的方法来鼓励振兴；也可以采取应对措施来缓解绅士化压力，比如扩大新住房建设，对当前面临失去家园危险的居民实行保护制度。有的居住地区仅对生命周期中的有限几个阶段的家庭有吸引力，被称为生命周期的垫脚石。这类地区提供的住房特别适合特定群体：单身年轻人、新家庭、带小孩的家庭、空巢或老年家庭。为了在这类地区吸引和留住更广泛的居民，规划师的注意力可能会集中在提供多样化的住房机会和服务。

相比之下，老龄化通常发生在几十年来保持着同样居民的地区，并逐渐从一个以儿童为主的区域转变为一个退休社区。规划师应对的方法可能是适当地调整服务，或者鼓励为老住户开发可替代的住房，从而激发年轻家庭的流入。

人与地方的联系

居民流动性是长期规划中最具挑战性之一。当规划实施超过20年时，在规划开始时居住在该社区的市民超过一半已经搬走，并且将由规划创建时还不存在的新来者取代（规划师可以使用美国社区调查的数据估算指定地区的成交量）。

虽然每年都有相当多居民离开社区，并被其他人替代，但每个社区都有一个居住了几十年的居民群体。例如，根据2006年美国社区调查，23.3％的家庭自从1990年以来就居住在相同的住宅单位。[11]按此定义，长期居住在同一地方这种情况在业主中（31.6％）比租房者（6.3％）更普遍。因此，规划师在评估未来一段时期的人口稳定性时，应该考虑到社区里业主和租房者的相对混合情况。不过，美国社区调查的数据无疑低估了长期社区居民的数量，因为有很多人在同一社区有多个居所。不过，他们认为按照粗略估计，平均而言，至少有一半的业主和四分之三的租户在一个社区居住的时间不会超过16年。在规划实施20年之后，那些留下来就地养老的居民的需求将是非常不同的。

规划师需要设计能体现未来人口变化轨迹的规划。当今居民的公众参与可能不是满足未来居民需求的唯一有用的指导。在社会和人口快速变化的背景下，地方规划师担负着特殊的责任，去帮助那些期望未来几十年都住在这个社区的居民清晰地表达他们的需求。

规划师和不断变化的社会构成

社会变革在政治上和道德上都是敏感的事情。规划师绝对无权操纵社会变革的路径以迎合自己的喜好。然而，当地居民和他们选出的代表往往会通过助长或限制特定变革，从而表现出强烈的社会偏好，他们还会试图争取让规划师做出有利于其自身目标的决策。因为是社区数据的主要来源和解释者，并承担着规划社区变革的责任，所以规划师往往占据了社区里讨论社会变革的中心位置。

规划师负责什么呢？他们的首要职责是通过可公开接触的形式提供正在进行的变化的信息。社区讨论很容易陷入对未来的夸大和推断中，而规划师的专业分析可以帮助提供观点及抵制无知妄言。一个有用的方法是将地方变革放到地区、州或国家变革的背景下。其次是在更广阔的变化背景下关注社区的特定变化，包括常住居民老龄化及其子女迁居到其他社区或州。与老居民风格不同的新居民可能会被视为文化威胁，但两个群体之间的对话可以帮助常住居民理解新来者在当地经济中扮演的宝贵角色，如填补店面或住宅市场的空缺。还有另一种方法，是在之前的那些定居于此的多批新来者的背景下，帮助当前居民理解当下不断涌入的新居民。

在对社区进行变革教育的同时，对于规划师来说，最重要的是要尊重常住居民里的老前辈。如果规划师忽视常住居民的历史和贡献，公平对待新来者的主张可能遭到反对和抵制。避免这样的反对的原因有很多，其中一条重要原因是常住居民占据了绝大多数选票，而且还是社区的主要纳税人和经济投资者。不管怎样，这些居民觉得自己有权利保护现状。然而，给予尊重和提供有关变革的完整动态信息，就给一些常住居民提供了接纳新成员融入社区的机会。

规划师应对社会变革的总体任务是帮助居民理解它，并将其放在过去的变革和未来可能的变革背景下。规划师还可以帮助居民建立一个多元化社区的愿景，并协助他们在变革过程中发现无法识别的机遇。容纳多样性可以丰富所有居民的日常生活，并让社区具有更广泛的吸引力。

注 释

1. 数据来自 2006 年美国社区调查结果表 C03002。所有种族群体的比例中未计算西班牙裔，该群体单独计算。

2. 美国人口普查局，《现在有超过 300 个郡主要居民为少数族裔》新闻发布稿 CB07-113（2007 年 8 月 9 日），census.gov/Press-Release/www/releases/archives/ population/010482.html（2008 年 3 月 4 日）；表 CB07-113 中表 2，census.gov/ Press-Release/www/2007/cb07-113table2.pdf（2008 年 3 月 4 日）。

3. 2006 年美国社区调查结果表 C03002。

4. 2006 年美国社区调查结果表 C05005。

5. 尤其是参考道尔·麦尔斯（Dowell Myers）在《移民浪潮：打造美国未来的新社会契约》（纽约：拉塞尔·塞奇基金会出版公司，2007 年版）第 7 章中总结的英语熟练程度、贫穷和房屋拥有情况。

6. 约翰·哈格，《有多少人是婴儿潮一代？》，美国人口资料局（2002 年 12 月），prb.org/Articles/2002/JustHowMany BabyBoomers AreThere.aspx（2008 年 5 月 6 日）。

7. 出处同上。

8. 道尔·麦尔斯（Dowell Myers）和 SungHo Ryu，《婴儿潮一代老龄化和房地产泡沫：预测并缓解艰难的转折》，《美国规划协会会刊》74，第 1 期（2008 年），17-33 页。

9. 见美国住房和城市发展部用户《大都市统计区域和非大都市郡县家庭收入位数分布 1999 年统计及

2006 年预估》，huduser.org/datasets/il/il06/Medians_2006.pdf（2008 年 3 月 4 日）。

10. 2006 年美国社区调查结果表 C07204。

11. 2006 年美国社区调查结果表 B25038。

大都市区的未来

罗伯特·D. 亚罗（Robert D. Yaro）

当前大都市区拥有80%的美国人口，占国家经济总量的比例更高。[1]它们是美国国民经济竞争力的中心，也是美国经济联系全球经济的纽带。作为美国经济和社会的主阵地，数以千万计的移民在大都市地区集聚并参与美国的经济和社会生活。预计到2050年，这些地方将新增1.2亿的居民。[2]

虽然一些大都市区规模正在持续增长，甚至有的是爆炸式增长，但在一些地区，特别是东北部地区、中西部地区、平原州和墨西哥湾沿岸的部分地区，其人口和经济却在持续衰退。要想成功管控受全球化、人口和社会变革驱动的转型，增长和衰退地区都需要更有效的大都市区规划。

减少温室气体排放和应对已经出现气候变化的需求已经成为改善都市区规划的新的颇有说服力的理由。当前，美国大多数的碳排放来自大都市地区，其中三分之一来自交通领域。[3]美国宾夕法尼亚大学研究人员认为，如果任由低密度、汽车依赖型的发展趋势继续下去，未来40年城市化占用的土地将超过前4个世纪的总量，那样就再也不可能降低能源进口和减少温室气体排放。[4]反之，如果新一轮的大都市区发展能建立集约型、高能效的布局模式和交通体系，从而解决气候和能源问题，那么这种举措将对美国实现全球气候目标起到重要作用。

美国的大都市地区处于全球市场的竞争中。在英国、法国、日本、加拿大和其他国家已经建立了高效的、整合的区域性政府机构，用以管理城市增长、在地区范围内提供基础设施和其他服务，但美国尚有许多大都市区规划仍是片段式、低效能的。因此，伦敦、巴黎、东京、多伦多以及其他国际性城市在全球市场颇具竞争优势。

大都市区里的社区通过区域层级的交通网络、供水、公园系统、住房、就业市场等指标维持生计、保持生活质量和经济活力。但由于缺乏连贯一致的区域规划，无序蔓延、去中心化的城市增长模式加剧了交通拥堵和环境问题，增加了税收和市政服务之间的不平衡，加剧了种族分化和社会分层。都市区中通勤区（包含所有工人上班起始点的地区）、房地产市场和交通系统在市、县（郡）、州等不同范围边界不断扩散蔓延，进一步增加了区域机构面临的挑战的复杂性。

除了极少数的例外，城市规划机构因缺乏政治影响力、地域能力和权限，往往难以对区域无序蔓延所产生的复杂问题进行有效管控。而区域规划组织的政策决策和资源分配手段往往局限于代表地方利益，而非区域整体利益。

巴黎法兰西岛地区的城市规划及发展研究所

1960年，政府提议成立巴黎法兰西岛地区的城市规划与发展研究所（IAURIF, or Institut d'Aménagement et d'Urbanisme de la Région d'Ile de France），目的是确定巴黎地区的总体规划。目前该研究所有两个目标：（1）提出总体和各专项的区域规划和发展政策，并设计政策实施工具；（2）运营一个由跨学科专家支持的区域发展研究中心。

该研究所基于一个综合性的规划理念，专注于地区的环境和可持续发展领域、人口研究、经济和交通调查与规划。它提供了一个区域规划相关信息的网站，并通过区域地理信息系统建立了一个现状调研和规划（如自然资源、城市贫民区、教育及土地利用法规等）的信息库，并制订了解决地区问题和跟踪总体规划实施情况的战略计划。

资料来源：巴黎法兰西岛地区的城市规划和发展研究所iaurif.org/en/index.htm（2008年5月6日）。

区域规划的近期历史

第二次世界大战结束后，美国经历了数十年分散化、汽车依赖型的都市和乡村发展阶段。在此期间，全国城市人口翻了一番，城市用地面积翻了4倍：从1 500万亩到6 000万亩。[5] 同时，为了管理增长，区域规划机构和民间部门倡导组织了更有效的区域规划，并取得了不同程度的成就。

不幸的是，交通投资是一个例外。自20世纪中叶后，联邦政府并未在区域规划领域提供实质性的领导权。每个美国大都市区都有一个城市规划组织，负责制订短期和长期的运输计划，以此来获取联邦交通基金。但是，美国交通部（DOT）只要求城市规划组织制订年度的和五年的交通投资战略计划。除了确保这些策略与美国1970年版《清洁空气法》保持一致以外，城市规划组织不需要考虑交通投资与其他任何方面问题的一致性，如土地利用规划及相关法规。因此，交通和重要的公共政策问题之间的关系，如经济发展、经济适用房、社会公平等，是留给城市规划组织自行处理的，而实际上，这些关系在多数情况下都被忽略。最近美国交通部才坚持要求交通规划要通过执行度良好的公众咨询过程来产生。事实上，这将成为美国大都市在21世纪初所面临问题的协调解决方法。通过注重交通与土地使用的联系的参与流程，可以解决如郊区化、绅士化以及工业就业人数减少等问题。

土地利用控制中的"潜移默化的革命"

20世纪70年代到80年代初期，佛罗里达州（Florida）、俄勒冈州（Oregon）和佛蒙特州（Vermont）等一些州采取了强硬的规划设计来控制用地扩张，这场活动被称为"土地利用控制中的宁静革命"。[6] 在此期间，几个大都市区新建或强化了区域委员会，其中包括明尼苏达州的双城大都会委员会和俄勒冈州的波特兰市区（全国唯一的民选大都市区政府）。同时，中西部和南部一些城市地区出现了城市郡县合并或规划机构整合的现象，以便促进更有效的区域规划和服务输出，包括夏洛特、印第安纳波利斯、杰克逊维尔、路易斯维尔、迈阿密戴德县。最终，在拥有特殊自然资源或风景名胜的农村地区建立了多个监管委员会来管理增长，包括纽约的阿迪朗达克公园、马萨诸塞州的玛莎葡萄园、新泽西州松林地、加利福尼亚的太浩湖和圣莫尼卡山脉。20世纪80年代末90年代初，在科德角、长岛中央的松林区、爱达荷州的索图斯岭以及华盛顿和俄勒冈的哥伦比亚峡谷分别成立了第二代监管委员会。

第二次"潜移默化的革命"

在20世纪90年代中期，开始出现新一代区域规划，并形成第二次"潜移默化的革命"。经过半个多世纪的无序蔓延、汽车依赖型郊区发展，给20世纪70年代到80年代和90年代的区域规划工作带来了真正的希望，美国的城市和农村地区可以开始重新向着更加紧凑、连续的城市形态发展。这种转变是由以下几种趋势带来的：

● 加强1991年颁布的《联邦联运地面运输效率法案》（ISTAEA）及后继法规中对区域规划的要求。这些要求孕育了新一代兼顾交通运输和土地利用改良后的区域规划。现代规划摒弃了以往孤立地分别处理交通和土地利用的做法，而今则是将二者更直接地联系起来，追求整体效果。

● "区域远景规划运动"始于1995年的《波特兰地铁2040规划》，美国有30多个地区积极参与。[7] 几种新的区域远景规划措施包括基于情景规划的新技术、地理信息系统、可视化软件以及类似投票平板电脑的电子会议设备，这些措施让成千上万的公民得以参与创建更得人心的区域规划。

- 随着新城市主义、理性增长和可持续社区运动的出现和发展，关于完善区域规划，从而创造更加集约化、公共交通和步行导向的发展模式的必要性得到进一步的关注。

- 在一些地区的民间团体的带领下，新一轮的区域规划进入准备阶段，其中包括两个机构：纽约区域规划协会（RPA）和芝加哥商业俱乐部。

很多地方的公众支持区域提案，从历史保护地区如盐湖城和亚特兰大，到更发达的地区如双子城和得克萨斯州的奥斯汀。

许多新的区域规划或发展策略需要新建或拓展区域铁路网：33个美国大都市区现在拥有区域铁路系统，还有一些其他系统已被列入计划或正在建设。[8] 例如，从新泽西北部延伸到哈得逊河谷再到西南康涅狄格州的纽约地区，在区域规划协会的1996年第三份区域规划中，大都市运输署（MTA）已经承诺用30亿美元扩建当时全国最大的该区域交通系统。通过由大都市运输署和新泽西运输公司等其他区域机构运营的、连接到纽约的通勤铁路网络，纽约市以及与该铁路网络相连的其他区域中心都获得了充分发展。

很多地区在成功施行区域规划方案之后跟进大规模交通投资及新的区域增长管理计划。这其中丹佛的经验颇具代表性。丹佛区域市政府（"Dr COG"）于1997年制订了"2020城市展望"计划，后经两次更新修编将时间延伸至2035年。[9] 这个计划为创建"海拔一英里协议"（区域内各市政府之间形成的区域增长管理系统的自愿协议）奠定了基础，并成功带来了一项民意征询措施，通过选民投票批准了用于建设区域性铁路网络的基础设施投资。[10]

气候变化和区域规划

尽管取得了一些进展，大多数美国区域规划机构仍无权遏制区域扩张，且缺乏这方面的公众支持。但是，全球变暖可能为更有效的区域规划和发展管理提供新的动力。联邦政府对气候变化尚未采取相应措施，随着公众对全球变暖的日益关注，国家和地区正在努力尝试新措施以控制温室气体的排放，包括多州实施的碳"管制与交易"计划。[11]

要有针对性地减少温室气体的排放，必须采取强有力的措施来减少区域扩张和汽车使用，这需要更有效的新的区域规划。[12] 如前所述，仅交通运输产生的温室气体就占了总排放量的近三分之一[13]；此外，低密度发展增加了建筑物取暖和降温的成本，这成为二氧化碳的另一个主要来源。[14]

在2007年发生的两个事件对未来有所预示，表明要用更强大和更有效的区域规划去解决气候变化带来的日益加剧的困扰。在一个具有里程碑意义的决定中，美国最高法院认为，美国环境保护机构必须将二氧化碳作为"空气污染物类"，并用控制其他有毒空气污染物的方式对其进行控制。[15]在国家的另一端，为减少温室气体的产生，加利福尼亚州首席检察官杰里·布朗（Jerry Brown）起诉圣伯纳迪诺县（San Bernardino County）关于应对气候影响的新的综合计划，并威胁声称将起诉任何不遵循为执行32号议会法案而设计的新区域规划的郡县，该法案是以减排温室气体为目标的国家行动计划。[16]首席检察官布朗的行动有望进一步促进区域行动战略——"蓝图"远景计划在加利福尼亚大都市区的实施。蓝图计划在海湾地区、洛杉矶和圣迭戈也都获得了强有力的社区参与，已经重塑了交通系统和城乡发展中心相关的区域发展模式。[17]

新一代强化的区域规划不仅在加利福尼亚州，更能在全国协助遏制无序蔓延的汽车使用，促进交通运输和公共交通导向的发展，并减少温室气体排放。如今各州首席检察官和环境保护部门已有一定的法律基础去保障这些规划的有效持续实施。

区域回归

区域问题不容忽视。大都市区——既不是城市也不是州——是全球化经济中颇有竞争力的单元。确保这些区域正常运转的大规模系统是区域等级的，必须结合其相应的规模尺度进行规划和管理。尽管区域和区域系统很重要，但美国的大多数政府活动仍局限在联邦、州或地方水平，很难进行跨市、州界线的区域系统规划与管理。

区域规划问题亦不容忽视。在区域规划、交通运输、发展管理等领域的一些颇有前景的模范案例已经改变了许多大都市区。

但与单个的成功案例不同，完善全国体系范围的区域规划和管理还需要联邦政府新的领导能力。在缺乏有效的区域规划的地区，联邦政府可以借鉴的策略为保留一小部分用于环境、交通及其他区域建设目标的自由支配资金。在《荒原中的城市》(*Cities in the Wilderness*)一书中，前内政部长布鲁斯·巴比特（Bruce Babbitt）建议使用他称之为"制约性"（conditionality）的方法，确保符合一系列国家政策的目标。[18]气候变化可能会为联邦政府承担新的更富指导性的角色提供动力，但其带来的好处将不只是对解决气候变化问题有所帮助，此创举将使美国的大都市区更加宜居、更有竞争力。

区域主义的未来

如果我们需要考虑用最佳的方法去管理一块与美国领土大小相当的领土，假设人口大约3亿（2050年达到4.2亿），拥有先进的通信和交通基础设施，我们会选择我们现有的治理系统吗？当然，我们还会希望得到本地政府的响应，但这一目标在不同的框架内是否能更有效地实现？我们是否会决定将国家按地区，或者市和州来划分，并参与世界经济的竞争呢？

虽然现在还没有类似的讨论，但是为了应对全球变暖，情况可能会有所不同。如果关于气温升高和海平面上升的预测是正确的，人们将如何调整自己的生活去应对呢？气候变化是否会导致美国境内的大规模迁移？在美国北部或者是中部呢？美国政府的哪些部门将做好充分的准备来应对这些变化？当然国家和国际社会将会做大部分决定，但是我们对各州、各区、各市和特殊地区的预期如何变化呢？我们需要建立全新的机构，还是可以对现有机构进行调整合并？答案当然可能会不一样，因为由于气候变化所产生的影响也是因地而异（图2—4）。

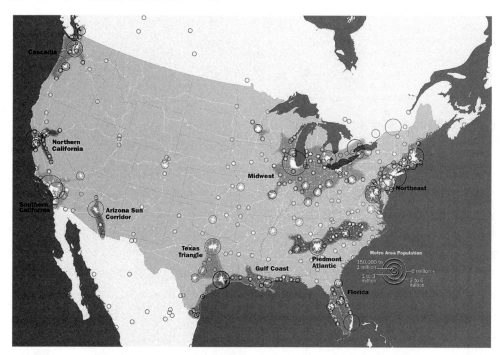

图2—4　2050年巨型区域的出现将带来更多城市增长，并可能要求新的执政联盟和角色来解决机动需求、碳排放、蔓延和环境保护问题，此外在不断恶化的气候变化和海平面上升的时代采取大量缓解行动

资料来源：罗伯特·亚罗（Robert Yaro）

全球气候变化已经推进了关于预防、缓解和适应等问题的讨论，我们应该如何设置优先级呢？用于缓解的资金应该花费在哪里呢？随着海平面上升，我们将保护哪些地区，留下哪些地区自生自灭？随着温度上升改变我们的农业结构，我们的食物会从哪里来？我们将如何调整我们的供水系统？

美国联邦制度确保了政府之间的紧张关系，这种紧张关系一定会被气候变化放大。全球变暖可能会促使我们重新考虑对区域的定义，并创造出利于本地区的新方法。

资料来源：约瑟夫·伯德沃兹（Joseph Bodovitz），旧金山海湾保护和发展委员会首任行政主管

大都市区远景规划

二十多个大都市地区已经在实施"区域远景规划"流程，数千名公民以及利益相关者参与了制订受到广泛支持的区域规划的编制工作。

区域远景采用了三项新技术：地理信息系统、计算机可视化和复杂的公民参与过程，来开展涉及许多当地管理部门的场景式的计划。项目已经在波特兰、盐湖城、洛杉矶、芝加哥、丹佛和其他的大都市地区成功开展。

所有这些区域性成果都采用了土地利用和交通规划，这些能够促进替代高速公路的其他发展。它们通常会促进新的城市和郊区中心附近的公共交通的开发，因为规划部门希望这些地区能够得到发展。

注 释

1. 布鲁金斯学会，美国繁荣发展计划蓝图，《我的大都市是什么》，brookings.edu/projects/ blueprint/ mymetro.aspx（2008 年 5 月 5 日）。

2. 美国繁荣发展计划蓝图，《美国繁荣之路中出现的挑战》，收入《大都市之国：大都市区如何助力美国的繁荣发展》（华盛顿：布鲁金斯研究所大都会政策项目，2007 年版），10-21 页，brookings.edu/ projects/blueprint/~/media/Files/Projects/blueprint/ blueprint%20docs/MetroNation2bp.pdf（2008 年 5 月 5 日）。

3. 大卫·格林和安德烈亚斯·沙费尔，《执行摘要》，收于《减少美国交通产生的温室气体排放》，（弗吉尼亚州阿灵顿市：皮尤全球气候变化中心，2003 年 5 月版），pewclimate.org/ global-warming-in-depth/all_reports/reduce_ghg_ from_transportation/ustransp_execsumm.cfm（2008 年 5 月 5 日）。

4. 罗伯特·D. 雅罗和阿曼多·卡伯内尔，《为了美国空间发展的视角：关于联邦政府在大都市发展中的

角色的政策圆桌会议》，（马萨诸塞州剑桥：林肯土地政策研究院和区域规划协会，2004 年 9 月）America2050.org/pdf/ADSPfinalsm.pdf（2008 年 5 月 6 日）。

5. 鲁本·卢博夫斯基等，《美国土地的主要用途》，2002，《经济信息报告 14》，（华盛顿：美国农业部经济研究局，2006 年 5 月），30 页，ers.usda.gov/publications/EIB14/eib14.pdf（2008 年 5 月 6 日）。

6. 弗雷德·波斯曼和大卫·凯利斯，《土地利用控制中的宁静革命》（华盛顿：美国政府印刷部，1971 年版）。

7.《波特兰市区及 2040 年规划》，ti.org/2040.html（2008 年 5 月 6 日）。

8.《北美轻轨地图》，lightrail.com/maps/ maps.htm（2008 年 5 月 6 日）。

9. 丹佛地区政府协会，《大都市愿景 2035 年规划》（2005 年 1 月 19 日），drcog.org/ index.cfm?page= MetroVision（2008 年 6 月 30 日）。

10.《海拔一英里协议》，drcog.org/documents/MHC%20 signature%20page%208.5%20x%2011.pdf（2008 年 5 月 6 日）。

11. "总量管制与排放交易"（cap-and-trade）项目为每个特定的污染源集团设置了排放限额，这些限额低于各公司现在的排放量，而且近年来越发严格。允许的排放量被分成单项许可，分别代表一个经济价值。这些许可被授予公用事业和各个行业，并且可以为了保持获得盈利而进行买卖。见杰森·马瑟斯和米歇尔·马尼恩，《总量管制与排放交易》，《催化剂》4，第 1 期（2005 年春季）ucsusa.org/publications/ catalyst/page.jsp?itemID=27226959（2008 年 5 月 6 日）。

12. 里德·尤因（Reid Ewing）等，《执行摘要》，收于《降温：关于都市发展和气候变化的证据》华盛顿：城市土地学会，2008 年。

13. 史蒂夫·温克尔曼，《将绿色交通法案与气候政策联系起来》（华盛顿：洁净空气政策中心，2007 年）ccap.org/transportation/documents/ LinkingGreen-TEAandClimatePolicyMarch2007.pdf（2008 年 5 月 6 日）。

14. 里德·尤因等，《执行摘要》。

15. 马萨诸塞州诉环境保护局，127 S.Ct. 1438（2007 年），supremecourtus.gov/opinions/ 06pdf/05-1120.pdf（2008 年 5 月 6 日）。

16.《32 号议会法案：全球变暖解决方案》，leginfo.ca.gov/pub/05-06/bill/asm/ab_0001-0050/ ab_32_bill_20060927_chaptered.pdf（2008 年 5 月 6 日）。

17. 区域规划协会，希尔兹堡巨型区域研讨会（华盛顿：林肯土地政策研究院，2007 年），rpa.org/pdf/ temp/ America%202050%20Website/Healdsburg_Full_ Report_2007.pdf（2008 年 5 月 6 日）。

18. 布鲁斯·巴比特，《荒原中的城市：美国土地利用的新愿景》（华盛顿：艾兰德出版社，2005 年版）。

第三章

当代规划关注的问题

二十一世纪的规划

加里·哈克（Gary Hack）

在向公众展示棘手的选择之前，规划师会首先预测即将发生的问题。正如前文所述，20世纪前期，规划师在国内快速发展的工业城市中遇到的问题是过度拥挤、发展不协调、基础设施不足。第二次世界大战之后，规划师主要关注的是郊区增长和老城、中心城区更新等规划议题。而到了现代，当我们展望未来时，规划师能够预计到他们必须解决可能迫使社区发生改变的五方面问题：人口结构变化及人口迁移，地方经济的变化趋势，全球气候变化与昂贵的能源消耗相关联的挑战，在日益增长的全球化中维持地区独特性的努力，确保发展的公平性效应的需求。

到2050年，美国将增加1亿新居民，其中大部分将居住在10个新兴的大城市区域，这些区域将由一系列经济和社会相互依存的城镇定居点组成。人口的增长很大程度上将源自于移民，即具有各种不同技能的新产业工人及其家庭。这一增长将有助于大城市区域传统核心城市的复兴，而移民群体的不断壮大也能给较老的郊区注入新的活力，但是人口涌入也将继续促使现有城市边界向外扩展。如何规划控制这种空间扩张将会决定未来居民的流动能力和生活质量。在未来的几十年中，有必要对交通和基础设施进行大规模的投资，以确保城市区域的高效运行。

其他方面的人口结构变化会为社区创造新的机会。2011年，第一代婴儿潮出生的人到了退休年龄，然而这一群体中的很多人决定继续工作，至少是能够兼职工作，而互联网技术为其对居住地的选择带来了更多的可能性。退休群体迁移至中心城区的浪潮将会持续加速，但众多独具特色的小型社区，以及拥有休闲设施的地区也会成为老年人的理想居住地。那些积极寻找文化和休闲机会的老人则更乐于住在大学周边地区。由于退休人员寿命的延长以及保持活力的内在渴望，优良的保健设施会成为另一个吸引点。

尽管这种变化带来了许多新机会，许多地区也面临着挑战。相当大比例的城市居民依然被排斥在经济体系之外。即使城市地区一直承诺要改善教育，但是太多的青少年离开学校之后，由于未能获得较高的劳动技能和人际交往能力，在劳动力市场上并没有竞争能力。贫困依然集中在城市的众多区域，而且由于低收入人群居住在理想宜居区域之外的区域，较老郊区和农村社区中需要公共服务和援助的人数将不断增加。各种规模的社区都需要努力改善教育，提供保障性住房，并改善邻里条件。

地方经济的变迁

虽然众多制造业企业继续留在美国，但是大多数企业只保留了在美国境内的最后组装的生产线，大部分生产过程实际上在海外完成。海外竞争使制造业工资保持较低水平，低工资的组装生产线雇用了大量移民。而移民数量的增加也是服务业不断发展的关键因素。

大多数社区需要继续转向以服务为基础的经济和全球化的高附加值工业，如产品设计、文化生产和研究。到目前为止，巨大的国内市场让美国社区在国际竞争中保持着自信的态度。与此同时，国际主要城市实质上也都有着清晰明确的全球市场竞争战略。

美国的每个城市和地区都需要提高其全球竞争力，大多数情况下可以通过利用区域资源来实现，如地理位置、基础设施、高等教育机构、文化设施和创新产业集群等。就业机会将日益流向拥有熟练劳动力的区域，而良好的中学教育和社区大学对于提供熟练劳动力是必不可少的。社区应当留下本地大学的毕业生，并通过为小型和先锋企业的发展和扩张提供场地和开发支持来吸引其他地区的劳动力。地方税制需要调整结构，以便奖励成长型企业，而不是给企业发展制造障碍。

美国经济的变化也对地方规划产生了影响。及时存货系统、日益增长的互联网商务和不断完善的物流系统将对区域内配送地区产生新的需求，同时也将导致许多本地商业的衰落。由于物流经济的发展，区域性交通流大规模地转向卡车运输，致使很多高速公路的车流量接近饱和。随着商业国际化的推进，海港和空港将成为全球物流的关键。在地方层面，随着不断增长的运输频次要求，需要有新的道路管理方式和发展标准。

保护和提高生活质量

来自于全球的挑战在很大程度上也会导致保持和提高生活质量议题的形成。全球能源短缺和全球气候变暖将迫使社区制定规划，以维护稳定及减少碳排放。沿海和河岸地区面临的风险将会增加，不断增加的极端天气迫使所有社区要增强灾后恢复能力。社区要强化地方特色使其更具吸引力才能吸引游客和高水平的熟练工人。生活质量、灾难预防和经济进步将会日益密不可分。

减少能源消费

能源成本的持续增长要求社区评估所有影响居民出行需求的方式，并确定他们的标准是提高还是降低了能源使用效率。公共政策能够显著影响建筑和交通系统的能源需求。很多社区已经开始逐步提高建筑能效标准，这通常是作为促进绿色发展计划的组成部分。这类改进计划不仅能够节约资金，而且是展示公众意愿严肃性的好方法。不过，最大的节能方法可能来自减少交通出行需求，以及在当前必须开车出行的地方引入公共交通工具。

有预测表明，为了达到碳排放的零增长，美国人每年需要减少一半的私家车出行里程，同时还要把车辆平均耗油量降低一半。[1]除了这些，还要实施其他改变和节约措施，主要包括增加风力发电、大幅度减少建筑能耗、改进发电厂的效率、采用碳捕获设施等。

仅仅改变土地利用方式就能够减少一半的交通出行量。交通属于派生需求，如果可以选择的话，大多数人都不愿意把时间花在开车或其他形式的出行方式上面。区域的发展决定着交通模式：例如，工作区、商业区和居住区的巧妙融合能够减少社区交通出行的总量。适宜步行的居住区和安全的自行车道也能减少机动车的使用。为了吸引工人在以服务为基础的新型经济中就业，地方政府需要为居住—工作区的开发提供便利。允许增加密度对于为城市居民提供更多的设施和机会来说是一个较好的策略，尤其是当开发活动位于交通线路附近时。温哥华和不列颠哥伦比亚省都采用了这种名为生态密度的策略。

> 最大的节能方法可能来自减少交通出行需求，以及在居民当前必须开车出行的地方引入公共交通工具。

为了减少能源消耗，关键要鼓励使用公共交通。可以通过以交通为导向的开发来大幅度增加公共交通使用量。要成功实现这一目标，需要根据出行目的来选择正确的交通方式，并合理定价。未来有可能出现各种各样新的交通方式，从重新引入有轨电车到高速城际火车都可能出现。能效高的个人交通方式将成为新的选择，包括只使用较小面积的道路和停车空间的微型小汽车，以及共享租车系统。费城的轿车共乘计划十分成功，该计划由非营利组织运作，已经成功减少了公路上三分之一的汽车。社区交通规划需要从传统的用修路来缓解交通拥堵的方式转变为注重采用新技术、财政激励、土地利用政策和监管的方式。

应对气候变化

减少能源使用是一项重要的长期目标，但在不远的将来，社区还需要应对气候变化带来的影响。每年的气温和降水量、风暴的严重程度都有可能增加。每个社区都需要制订处理洪水、飓风、龙卷风、森林大火、山体滑坡等极端灾害的计划。应急规划必须成为土地利用规划的支柱之一。

有些地方可能会经受更长的雨季，同时另一些地方可能经受更久的干旱。大多数地方的平均气温将会上升。大城市中心区夏季的气温会比周围郊区高5℃。地方可以通过植树造林和控制径流来维持湿度水平和调节温度。绿色廊道可以调节气候，吸收二氧化碳，同时发挥重要的生态和休闲功能。对于干旱气候地区来说，树荫特别重要。应对气候变化也需要在公共空间改变使用的材料，例如用草皮替换硬化地面，使用可渗透的路面（减少地面径流），使用浅色材料替代沥青，种植本地植物而不是外来物种。

保护社区特色

当今时代，美国的企业、特许经营商和生产商都在强调相容性。社区会保护与历史有关的事物，从而凸显当地特色。鲜明的地方特色既是吸引企业和居民的重要因素，也是增强市民自豪感的重要因素。因此，保护历史建筑就成为促进可持续发展的重要策略。即使缺乏历史建筑，也可以通过以下措施来增强社区特色：创造充足的公共空间、尊重地形和自然风貌、开发有利于社会融合的新型居住区和商业区。

确保公平性发展

对市中心作为理想的居住和游憩场所功能的重新发掘掩盖了其他内城居民区的痛苦，其中许多就在中心区的高楼大厦附近。那里的居民生活在深度贫困中，住房不合标准，交易资源匮乏，公共设施缺乏维修，本地工作机会很少，居民难以享受到基本的商品和服务。

随着市中心及其邻近居民区因生活便利而更有吸引力，住房的售价和租金都上涨了，低收入居民常常被迫迁出，有时迁往较老的郊区寻找能够买得起的房子。这些地区的公共交通条件较差，导致工人不论是在内城还是在外围分散的就业区位都难以找到工作。

规划师引导居民区开发已经有几十年了，但最近技术上的进步使居民区转型的规模得以扩大。一系列政策和相关项目加快了住房改造和再开发进程，包括：低收入住房税收抵扣（tax credit，指可以直接抵免税金，中文叫"抵税额"——译者注），新市场税收抵扣，包容性住房规定，雇主资助的工人住房计划，联邦和州政府鼓励不同收入阶层的混合居住计划，地方税收减免等。城市政府加强了对废弃土地组合的干预，为私人开发商不同收入阶层社区混合居住的建设项目扫除了障碍。磁石学校（提供专门职业训练开设新课的公立中学——译者注）、特许学校、私立学校、被高等教育机构收购的学校等提供了无法进入公立学校之外的多种选择。贷款者越来越清楚地认识到了低收入社区的购买力，因此在服务水平低下的地区增加了商业设施。

大学和医院（"eds and meds"）等锚机构往往是社区最大的私营雇主。很多这类机构在周边居民区升级改造中发挥着领导作用。它们影响着对住房和服务的需求，将其购买力扩展到邻近地区，并将其安保队伍覆盖毗邻的居民区。教育和医疗机构建设新的社区学校、购物中心、娱乐综合体、宾馆和私人出租房屋，以满足雇员、学生和客户的需要，同时改善附近低收入居民的就业机会和生活质量。宗教机构、社区发展组织和其他非营利组织的转型规模也越来越大。

这些举措给城市最贫困区域的地区规划和边远地区的脱贫提供了新的框架。只要能构建私营开发商、机构和公共部门之间的联盟，并且采取保证最弱势居民受益的包容性规划，就可能会弥补过去忽视该类地区发展所带来的问题。

图3-1　昔日的纺织厂成为今天的市政、商业和居住中心。重新利用这些老建筑把Lowell跟历史相联系，同时还为未来提供有价值的服务

资料来源：吉姆·希金斯（Jim Higgins）

公共投资的合理化

地方规划一个世纪前是作为综合规划的守护者出现的，现在已经发生了很大的变化。虽然规划仍然重要，并且需要几个州进行授权，但是处于发展过程之中的复杂大都市地区并不可能完成总体综合规划。规划需要更具战略性和创新性、识别机会和风险、分析未来可能的愿景、协助探索实现愿景的创造性方法。规划也应更具灵活性和弹性，在引导公共舆论的同时响应居民的愿望。

例如，地方规划师有责任保证公共资本支出的有效性和协调性。过去，这一点已经涉及市政府、县政府和公共机构等资本预算的准备及管理。但是，随着公共设施的私营化范围越来越大，加上公私合作被用来发挥更多的重要功能，新的挑战产生了：如何确保政府资产和债券能力的有效使用，风险和回报公平分担，以及设施建设和运营协议的透明度和成本的节约。

地方政府拥有土地、道路和基础设施；通过发行债券努力促进开发，他们可能还拥有一定范围内的商业企业的金融股份。大多数公共资产没有得到充分利用。例如，一方面由于人口流失较多，很多内城地区公园、消防站、学校等的数量超出实际需求；另一方面可能缺乏很多必需的设施，包括私营的商业设施和儿童保健、养老计划中心等公共设施。整合公共设施而产生的土地和资源可能会有助于经济衰退地区的复兴。在区域层面，公交线路和高速公路可以为车站和换乘点提供新的开发机会。波士顿等部分城市已经收回并重新开发了原来利用程度不高的立交匝道地块。高速公路和其他公共不动产上方的空间权可以用作开放空间或进行更集约化的开发。在有些城市，出让公有土地或设施的空间权或开发权可以帮助筹集需要的投资基金，芝加哥市中心的公共图书馆就是以这种方式获得资金的。在很多情况下，把公共设施作为私营开发项目的一部分租赁过来，或者在总包的基础上购买，要比通过公共承包程序来获得土地并建设更加节省时间，成本也更低。

> 虽然规划仍然重要，但是处于发展过程之中的复杂大都市地区并不可能完成总体综合规划。

以公共服务采取创新方式的地方政府可能会发现，通过服务外包能够提高效率。在很多城市，商业改造区往往在街道的清扫和维护、促进公共空间升级以及激励地方发展和改善治安方面更加高效。而且可能有整体租赁或特许经营整个系统的机会，例如高速公路或公交线路。地方规划师要把自己变成公共企业家，寻找实现公共目标的最佳方法和最有效的筹资方式。

注　释

1. 斯蒂芬·帕卡拉（Stephen Pacala）和罗伯特·索科洛夫（Robert Socolow），《楔形法：利用当代技术解决未来50年的气候问题》（*Stabilization Wedges : Solving the Climate Problem for the Next 50 Years with Current Technologies*），《科学》（*Science*）305（2004年8月），第968-972页，carbonsequestration.us/Paper-presentations/htm/Pacala-Socolow-ScienceMag-Aug2004.pdf（2008年6月27日）。

气候变化与规划

大卫·W.奥尔（David W. Orr）

联合国政府间气候变化专门委员会2007年发布的第四份报告有如下结论：

● 人类已经使地球平均气温上升了0.8摄氏度。

● 人类还会使气温上升大约0.5摄氏度至1摄氏度。

● 要避免一定程度的创伤已经太迟了，但是避免全球性灾难（包括气候变化失控的可能性）还不太晚。

● 这些问题并没有容易的答案或灵丹妙药式的解决方案。[1]

是否真的为时已晚，谁也说不准，因为温室气体水平达到了过去65万年以来的最高值。我们正在玩一个全球版的俄罗斯轮盘赌，但是谁都不知道各种温室气体的安全阈值是多少。关于气候变化幅度的科学评估在不断变化，但其基本格局是清晰的。科学家对实际情况了解得越多，证据显示的情况就比之前所预计的越糟糕。一两个世纪前，海洋酸化仅仅是预计会出现的问题，然而现在已经发生了。原本估计格陵兰岛和南极冰盖的融化要一千年后才可能发生，但现在看来可能一两个世纪内就会发生。二氧化碳浓度的安全阈值从560ppm下降到了450ppm，而且还有可能变得更低，等等。

城市和区域规划师面临的未来具有以下特征：海平面上升（可能比曾经预计的速度还要快一些），更多的热浪和干旱，更多、更大、更致命的风暴，森林枯萎（植物疾病），温带地区出现更多的热带疾病，生态系统变化，类似于授粉等大自然的很多活动会消失，干旱、炎热和臭虫引起的食品短缺，洪水、海平面上升，干旱和沙漠面积扩大等造成的逃难灾民，由能源、粮食和水造成的国际冲突，以及与炎热相关的人类行为的变化。考虑到人类已经排入大气的温室气体数量，由于二氧化碳和其他温室气体的排放与其对天气的影响之间存在几十年的时间差，所以很多气候变化现象将是不可避免的。

我们本来可以提前应对气候变化从而减少风险，但在实际中却未能预先采取措施应对气候的迅速变化，所以规划师现在必须表现出异乎寻常的睿智和远见。简单来说，就是要么采用适应措施，要么采取缓解措施。适应包括创建能够承受更高气温和其他变化的基础设施和生态系统；缓解措施则意味着减少化石燃料的使用，采用可再生能源，以及采取其他措施把碳排放量维持在"安全"水平。不过，适应意味着瞄准一个移动的目标：世界的运转方式会因为温室气体水平的变化而变化，而且显而易见，超出某种不确定的极限后，适应措施将不再有效。[2] 因此，我们得出的结论必然是，适应和缓解措施对保护宜居地球是必不可少的。

全球变暖会促使规划师和政府官员做出重大变革。首先，碳排放将受到总量管制与交易立法[3]、税收和管制措施的控制，这一改变将在很大程度上影响目前交通、居住模式和资源利用的动力。与化石燃料相关的价格或坏处可能会随着时间的推移增加；当然，技术和政策的改进将会经济合理地提高能效，并采用可再生能源系统。化石燃料价格上涨将会刺激城市密度增加，而这反过来又会形成针对居住模式、建筑设计、工程、交通、经济基础设施和投资的一体化规划和系统方法。包括芝加哥和伦敦在内的很多城市都制定了针对气候变化的综合规划，在加强区域经济的同时，改善建筑节能效率、交通和居住模式。

> 化石燃料价格上涨将会刺激城市密度增加，而这反过来又会形成针对居住模式、建筑设计、工程、交通、经济基础设施和投资的一体化规划和系统方法。

在私营部门，很多公司和高等教育机构正在迅速转向采用太阳能，并显著减少碳排放。不论其动机是经济方面的，还是基于对下一代的关心，私营部门在规划重点上的改变十分明显。

气候快速变化的可能性并不是规划行业领域的唯一变化。恐怖主义、国债激增、基础设施衰败以及廉价石油时代的结束也都提出了严峻的挑战，这些挑战之间还会互相放大和强化。

在面对未来主义者约翰·普拉特（John Platt）所说的"危机的危机"[4]的情况下，规划师和决策者将不得不更多地依赖当地和区域资源及解决方案。这会出现三种可能性：

第一，由于集中式能源资源和电网变得越来越贵，而且不稳定，地方可利用再生能源——风、太阳能、生物质能源、生物柴油、微型水力发电以及极大提升的能源效率——将变得更有价值。随

> 规划人员在设计邻里、社区和城市地区的时候，应该把花园、农场和收集雨水的设施包括进去，并且应该协助开发教育项目，让下一代意识到增强本地食物的自给保障的重要性。

着多种当地可再生能源资源通过很多节点联成网络，假以时日，他们将会变成像分布式计算机网络一样的网络。分布式能源系统具有强大的吸引力，其中最重要的一点就是，不论是恐怖袭击引起的还是错误引起的崩溃，它都将具有更强的抗击复原能力。[5]

第二，现在的食品体系越来越容易受到干旱、热浪、运输成本上涨的不稳定性的影响。本地食品生产和都市农业将变得更为重要。本地食品市场增长迅速，并且可以预计未来几十年还会有显著增长。规划师在设计邻里、社区和城市地区的时候，应该把花园、农场和储水设施包括进去，并且应该协助开发教育项目，让下一代意识到增强本地食物自给保障的重要性。

第三，城市的"大盒子"经济面临的压力将会不断增大。随着生产和运输产品的燃料成本显著增长，像沃尔玛这样依赖长供应链的公司将面临严峻的考验。地方经济发展战略——简·雅各布斯（Jane Jacobs）所说的"进口替代品"，迈克尔·舒曼（Michael Shuman）所说的"小集市"方法[6]——将会在气温更高、能源有限的未来具有更显著的意义。

考虑到气候未来一定会发生快速变化问题，规划教育应该重视以当地形成的解决方案的递增效应为基础的区域复原能力建设。要想在温室世界里关注人类需求，规划师需要有足够的技巧和想象力，把食品生产、太阳能、住房、交通、生活、财政和社区建设整合起来。这将是一次与众不同的挑战。

注　释

1. 政府间气候变化专门委员会（IPCC）气候变化 2000 年综合报告，（瑞士日内瓦：政府间气候变化专门委员会，2007 年）ipcc.ch/ipccreports/ar4-syr.htm（2008 年 5 月 22 日）。

2. 尼古拉斯·斯特恩（Nicholas Stern），《斯特恩报告》（*The Stern Review*）（英国剑桥：剑桥大学出版社，2007 年版）。

3. 类似的立法要求对每个特定类别的污染排放者设定排量限制许可。许可的限量将低于公司现有的排放水平，并在后续年份逐步减少。允许的排放总量可分解为单个的排放许可，具有经济价值，被授予公用事业或各个行业，公司可以将其排放量进行出售或交易，以便持续获得盈利。参见杰森·马瑟斯（Jason Mathers）和米歇尔·马尼恩（Michelle Manion），《总量管制与排放交易》（*Cap and Trade Systems*），《催化剂》（*Catalyst*）4，第 1 期（2005 年春季）ucsusa.org/publications/ catalyst/page.jsp?itemID=27226959（2008 年 5 月 6 日）。

4. 约翰·普拉特（John Platt），《我们必须做什么》（*what we must do*），《科学》（*Science*），1969 年 11 月 28 日，第 1115-1121 页。

5. 艾默里·洛文斯（Amory Lovins）等，《小能盈利》（*Small Is Profitable*）（科罗拉多州斯诺马斯：落基

山研究所，2002 年版）smallisprofitable.org/ReadTheBook.html（2008 年 5 月 22 日）。

6. 简·雅各布斯（Jane Jacobs），《城市的经济》（*The Economy of Cities*）（纽约：兰登书屋，1970 年版）；
迈克尔·舒曼（Michael H Shuman），《小集市革命：商业如何打赢全球竞争之战》（*The Smallmart Revolution：How Local Businesses Are Beating the Global Competition*）（旧金山：贝尔特科勒出版社，2006 年 6 月）。

为了可持续性的规划

斯蒂芬·M.惠勒（Stephen M. Wheeler）

可持续发展一词出现在20世纪70年代初期，并且首次正式使用这一概念是在1972年出版的两本书中：一是麻省理工学院的德内拉·梅多思（Donella Meadows）和一个研究小组的同事编著的《增长的极限》（*The Limits of Growth*），二是伦敦《生态学家》杂志[1]的爱德华·戈德史密斯（Edward Goldsmith）和同事编著的《生存蓝皮书》（*Blueprint for Survival*）。《增长的极限》尤其富有影响和争议。麻省理工学院研究小组使用新的计算机技术来模拟全球人口、资源利用、污染和经济增长，该小组输入模型的每一种情景都表明人类系统将在21世纪中期崩溃，最后只能在较低的人口和消费水平稳定下来。2002年，研究小组利用过去30年的数据重新使用原模型来计算，得到的基本预测结果仍然是精确的。[2]另外，研究者的结论认为人类已经进入一个"过载"时期，也就是人类需求大幅度超过了地球的承载能力。

自20世纪70年代以来，可持续性概念在很多事件和议题上都有所体现。1972年在斯德哥尔摩举行的联合国第一次环境和发展大会促进了对全球环境问题的关注，1992年在里约热内卢举行的第二次"地球峰会"也起到了同样的作用。20世纪70年代公众对能源危机的关注和近些年对气候变化的关注增强了对可持续性的呼声。1987年，由联合国主办的世界环境和发展会议产生了最广为接受的可持续发展的定义："既满足当代人的需求，又不对后代人满足其需要的能力构成危害的发展。"[3]随着对可持续发展的支持越来越多，出现了几种思潮。

第一种思潮以环境保护主义者为代表，他们关注对地球生态系统的威胁。环保阵营也包含多种观点，既包括强调实用主义的绿色产业和发展实践的主流环境科学，也包括从哲学层面争辩其他物种与人类拥有平等权利的深层次生态学，即人类应该是更大范围内的全球系统的组成部分，因此人类应该大幅减少对地球的影响。[4]

第二种思潮以可持续性拥护者为代表，他们强调经济因素，并利用成本效益分析工具来分析发展问题。他们的关注范围包括尝试给洁净的空气和荒野赋予货币价值[5]、质疑物质生产和消费的无止境增长是否可取等方面。[6]例如，生态经济学家赫尔曼·戴利（Herman Daly）曾提出一个经济稳态模型，强调生活质量的提高，而不是物质生产的增长。[7]

研究者的结论认为人类已经进入一个"过载"时期，也就是人类需求大幅度超过了地球的承载能力。

社会正义的提倡者大多来自发展中国家，他们提供了关于可持续发展的第三种视角：聚焦公平问题。这种视角认为发达国家的过度消费和资源的分配不均是可持续的主要障碍。例如，持这种观点的人士指出，美国以占世界人口总数大约4%的人口，消耗了大约占世界25%的资源，产生大约25%的污染和温室气体，显然，这对其他国家是不公平的。

可持续发展的第四种思潮强调可持续争论的伦理、认知和精神维度，强调工业社会必须超越以经济价值为主要价值尺度的观念。这一视角根植于全球各种宗教传统，并且在环境哲学中找到了肥沃的土壤供其生长。尤其是奥尔多·利奥波德（Aldo Leopold）在1949年出版的《沙乡年鉴》（*Sand County Almanac*）提出的土地伦理经常被引用："当一个事物有助于保护生物共同体的和谐、稳定和美丽的时候，它就是正确的；当它走向反面时，就是错误的。"[8]

规划师的关键主题

尽管关于可持续发展的争议通常起源于不同的视角，但有一些共同的主题对规划师、管理者、政治领导人和社区活动家都有意义。

第一，可持续性依赖于立足长远制定决策的方法论。"可持续"一词中隐含着对人类社会在未来能保持健康的期望，这远远超过规划文件一般意义上的10年到20年的时间跨度，远远超过关注政治体系的下次选举时间，也超过大多数公司决策考虑下一年或下个季度的时间跨度。考虑当前趋势对未来50年、100年或者200年时间跨度的影响应该成为规划的标准做法。

第二，可持续性要求规划用整体的多学科方法来整合传统的专业分离现象。例如，交通规划必须与土地利用、住房、空气质量和社会公平的关注相协调。同样重要的是将跨越建筑、基地、邻里小区、城市、区域、国家和地球等多个层面的行动予以整合。近期诸如理性增长、新都市主义等运动都在寻找类似的整合和一体化。

第三，可持续性规划强调场所和背景。尽管过去的一些规划理论家信奉"无场所的城市领域"观念，意思是人们的流动性使其得以独立于场所[9]，但是人类和自然系统总是根植于特定的环境，包括从地球本身这个最大的范围来看也是如此。这些环境的限制和特点对规划来说非常重要。强调场所感和基于场所的特征可以促进制定更有效的规划策略；促进团结那些共享历史、文化、社会或环境资源的选民；促进地方承担更大的管理职责。

第四，规划师、管理者和社区领导人在发展的争议中必须支持可持续性。根据对人类健康和生态社区的真正威胁，专业人士一定要坚信未来的重要性。他们需要向公众提出不同的选择方案，如实反映那些弱势群体的观点，协助弱势群体进行社区组织，呼吁公众关注长远发展理念的重要性。

促进可持续性

在地方层面促进可持续性需要关注许多学科领域，如环境规划、土地利用、交通、住房、经济发展和社会正义等。市政府有时会制订专项的可持续计划，阐述在相关领域促进可持续性的新举措，有时将可持续性主题纳入综合或总体规划的各个要素中。

环境规划

在每一个社区，不管城市化发展得多么好，都应该采取措施来保护和恢复生态系统，包括恢复溪流、海岸线和湿地；重建野生动物栖息地；美化街道和停车场；减少沥青的使用；建设绿色屋顶；采用本地、适应气候的植物。市政府可以制订针对流域和绿色空间的总体计划来协调上述行动。除了改善生态系统的功能之外，这些措施还可以帮助改善水质，减少不透水地表的径流，减轻城市热岛效应，为公众提供绿色空间，为居民提供环境教育。

资源利用对可持续发展非常重要。虽然"减量化、再利用和再循环"很早就已成为环境的口头禅，但到目前为止，地方政府只是强调再循环，而实际上物品减量化和再利用具有更长远的节约意义。例如，地方政府可以大幅度提高不同大小垃圾容器的垃圾收费标准，以鼓励居民减少固体废弃物。他们可以要求公司再利用或循环利用木制运输托盘，要求建筑商再利用和循环利用建筑废料。有些材料可以一起淘汰：旧金山已经禁止使用不能降解的塑料袋；奥克兰、波特兰等约100多个城市已经禁止使用聚苯乙烯发泡材料。

地方政府和全球变暖

随着对气候变化的关注增多，地方政府面临着减少温室气体排放和适应气候变化的挑战。

美国的温室气体排放来自建筑物的采暖、制冷和用电（大约占总排放量的30%）、交通部门（大约占27%）、工业（大约占20%），以及其他各种来源，包括农业化肥、家畜和垃圾填埋场。[1]地方行动可以影响其中很多来源。

地方政府可以制定能效更高的建筑法规，强调被动式太阳能设计以及改善的隔热材料和家用电器（德国的"被动式住宅"运动带来了很有意思的不需要供暖和制冷系统的高效住宅）。市政府也可以建立可再生能源比例标准，要求那些向政府供电的企业使用一定比例的可再生能源来发电。市政府可以通过由三部分组成的战略减少机动车使用量：改善交通选择方式，改变土地使用模式，调整经济刺激措施。政府可以通过购买高能效汽车或其他新技术机动车等样板方式进行引导，通过提供技术援助或者财政激励帮助工业污染企业减少排放。他们还可以变更经济发展战略，将其关注重点定为清洁或绿色企业，而非产生温室气体或其他污染的企业。[2]

1.世界资源研究所，"美国温室气体排放流量表"，见cait.wri.org/figures.php?page=/us-flowchart（2008年5月6日）。

2. 在iclei.org网站国际地方环境行动委员会（ICLEI）气候保护运动中的城市中提供了更多的例子。

能源是环境规划的另一个主要关注点，尤其是出于减少温室气体排放的需要。有些市政府有自己的发电站，这样他们就可以利用可再生资源发电。但其他城市的政府至少可以为公共设施购买源自绿色资源的电力，让市政府车队和公共汽车改用其他燃料或者技术，为家庭和企业改进能效提供激励和援助。正如前述中论及的，修改建筑法规以大幅度提高能效要求、促进被动式太阳能设计等方面也很关键。

土地利用

更精明的、更加适应生态的土地利用对可持续发展极为重要。这包括保留城市附近的农业用地和开放空间；为了生态和休闲目的设立公园和绿道系统；设计一种能够减少小汽车出行和资源使用，同时促进社会活力、公共卫生和社区认同感的开发策略。

对于可持续发展的倡导者来说，主要目标是建立紧凑型城市。究竟多大密度的城市可以达到可持续发展目标是一个存在争议的问题[10]，但可以确定的是大多数北美城市的土地利用效率都有提升空间。除了变得紧凑以外，应该开发邻近其他城市地区（以减少开车出行和促进社会融合），与其他城市地区保持良好的交通联系（以方便各种不同的交通方式），在土地混合使用方面精细安排（为居民提供多种当地的目的地，并增强社区活力）。尽管像温哥华、不列颠哥伦比亚省等地方提供了超高层建筑群如何在以街道为导向的开发区创造有吸引力的生活环境的案例，但紧凑和密度并不一定就意味着高层建筑。三到五层的低层和中高层混合的住宅类型，可以达到每英亩20个住宅单位以上的邻里密度，同时也能保证一定的绿化和开放空间。

为了限制城市和小镇无休止的扩展，北美的城市地区需要积极的政策促进填充式开发，而不是在绿地中进行开发建设。随着原有的大型购物中心、办公园、工业区、机车场和空地的再开发，美国填充式开发的数量正在增长。不过即使在以增长管理著称的行政区，如波特兰都会区，再开发和填充式开发的数量也只占住房单位的25%。[11] 相比之下，尽管英国城市密度在事实上已经比美国城市密度高得多，但布莱尔政府依然确定了60%的填充式开发目标。[12]

> 对于可持续发展的提倡者来说，主要目标是建立紧凑型城市。

由于大多数新的开发仍然位于城市边缘，因此开发控制的策略对于可持续发展特别重要。虽然一些新城市主义的规划师已经提出了从城市中心或邻里中心向周边乡村密度逐步递减的模式——他们称该模型为"横断面"模式[13]，但建成区和非建成区之间明显的界限使得可开发地区和不可以开发地区一目了然，并且可以避免低密度的城市边缘开发方式，从而避免占用农业用地或者荒野、割裂野生动物栖息地、增加居民长距离出行等弊病。区划法规需要对城市密度和农业密度进行明显区别对待，城市密度每英亩至少布置8–12个单元，农业密度是每10–100英亩布置一个单元，最终避免出现低密度小区、小牧场和独栋别墅等情况。

交通

使机动车使用量不再增长是可持续发展最主要的目标之一。这要求实行三个相互关联的策略：提供更多可供选择的交通方式，改变土地使用模式，修改价格激励机制。这三个方面都取得了一些进展。许多美国城镇非常关注增加其他交通方式，这些方式包括修建步行道和实施自行车计划，修订街道设计标准，促进汽车共享计划，探索包括快速公交、轻轨和通勤铁路在内的公共交通模式。

土地利用管制也开始发生变化，部分原因是理性增长和新城市主义运动。同时很多城市政府已经开始实施提高停车收费价格，以及其他鼓励市民不开车的措施。2003年，伦敦实行了近年来最严厉的一项措施，即对进入中心区8平方英里范围内的每一辆车收取5英镑的交通拥堵费（随后提高到8英镑）。该计划相当成功，中心区的交通量减少了20%，为公共交通提供了大量资源。[14]纽约市是美国第一个提出类似计划的城市，虽然2008年4月受到纽约州立法部门的否决，但该计划在未来仍有可能复出。

住房

很多美国城市缺少负担得起、位置好、能效高的房子，这既影响环境可持续发展，也影响社会可持续发展。有一系列策略有助于解决这个问题。地方政府可以支持非营利的住房开发商，采取包容性的区划政策，即要求一定规模以上的住房项目必须包括一定比例的经济适用房单元（低收入阶层住房），促进一个住宅区内包含更多的住房类型。可以要求大型办公区和购物中心开发商为工人提供住房。为改进能效，市政府可以修订建筑法规，要求使用更好的隔热材料、被动式太阳能设计和能效高的设备。很多美国城市的市政府已经要求公共建筑实行领先能源与环境设计（Leed）认证评级体系，私营部门也完全赞成这项标准。

经济发展

作为不惜一切代价追求增长的替代方案，保罗·霍肯（Paul Hawken）、艾默里·洛文斯（Amory Lovins）和亨特·洛文斯（Hunter Lovins）提出了"自然资本主义"，即将企业家精神的力量转向保护和恢复自然环境。[15]迈克尔·舒曼（Michael Shuman）和大卫·莫里斯（David Morris）等人呼吁发展基于本地的经济。[16]简·雅各布斯（Jane Jacobs）几十年来一直主张发展区域经济，通过生产区域产品来减少进口需求。[17]彼得·巴恩斯（Peter Barnes）呼吁采取经济激励措施，从而保护和增强不属于私人利益团体的共有环境和社区资产。[18]

地方政府可以采取措施实施上述理念，如抵制大盒子式的商业开发（大型购物中心），拒绝给那些无法对社区做出长期承诺的大型工业企业提供补贴。地方政府可以采取一系列措施鼓励小型、生态友好型的本地企业，如信贷、公共基础设施服务、发展小企业孵化器、职工培训、优先给予市政项目等。

由于国际贸易确实能带来高效率和高回报，所以社区完全自给自足是不可能的，从可持续发展的观点来看甚至也是不值得的。因此，必须在全球化经济和本地化经济之间寻找一个更好的平衡点。这个过程要求人们反思目前给予大型资本的很多未公开承认的补贴，并逐步让经济体系中的所有参与者承担其活动的真实成本。

社会正义

可持续发展有时被描述为促进"三个E"的发展——环境（environment）、经济（economy）和公平（equity）。其中公平是迄今为止美国社区最不受重视的，部分原因是它几乎没有有组织的支持者。在一个数十年来一直纵容不公平现象的社会里，重新强调公平似乎比任何时候都更有必要。

不公平会削弱可持续性。一方面，贫困往往直接导致对环境的破坏，例如贫困居民会砍光森林、猎捕野生动物或者从事其他对生态有害的营生，因为这是他们唯一能找到的工作。城市如果没有足够的收入，就无力建设能效高的房子、用适当的方法处理垃圾，或者购买环境友好型产品。另一方面，极度富裕的人会过度消费，为其他人树立了不可持续的榜样。

地方政府可以通过以下措施促进社会公平：确保充足的保障性住房；追求那种能够提供体面工资、有意义的就业机会的经济发展方式；实行"最低生活工资"政策；给最贫困阶层提供教育和社会服务；建立累进税结构，强调财产税和所得税，而不是对穷人伤害最大的销售税。像阿尔伯克基市土地信托公司这样的城市开发公司（图3-2）提供了一种同时满足可持续发展与社会正义的复合方式。

过程参与

在地方决策中，公众参与很重要。这一做法可以充分利用当地知识，让当地选民构造他们自己的未来，增强责任感和相互依赖。但是目前的参与方式并不一定能带来促进可持续的决策。他们可能以牺牲他人为代价给富有、组织得当的团体授权，甚至往往为那些反对任何有利于提升公平建议行动的人带来可乘之机。

现在面临的挑战是如何建立建设性的、主动的和有远见的社区规划参与流程。这就意味着要避免过多的研讨会，因为这些研讨可能会耗尽社区成员的精力（除了那些拥有最强大的既得利益或者对团队承受能力最大的人之外）；这也意味着要支持在较短的时期内召开组织良好的会议，同时结合调查或焦点小组以获得较大范围的选区的观点和

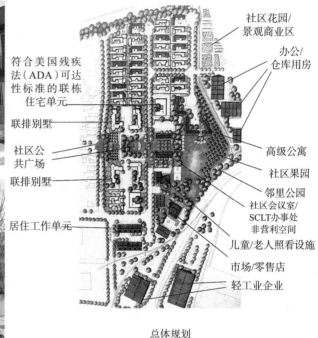

符合美国残疾
法（ADA）可达
性标准的联栋
住宅单元

联排别墅

社区公
共广场

联排别墅

居住工作单元

社区花园/
景观商业区

办公/
仓库用房

高级公寓

社区果园

邻里公园
社区会议室/
SCLT办事处
非营利空间

儿童/老人照看设施

市场/零售店

轻工业企业

总体规划

图3-2　1997年，在当地居民的发起下，阿尔伯克基梭米尔社区土地信托公司在原木料厂所在位置建造了一个新的混合使用的经济适用房小区。计划要求在27英亩的土地上建造91套自住房和21套高级公寓，外加一个公园、一个广场、一个社区活动中心、几个社区花园、办公室、仓库以及零售店面

资料来源：设计工作室，梭米尔社区土地信托公司，乔治•理查德森（George Richardson）

看法（关于公众参与的更多信息，参见第五章的"公民参与"）。在这个过程中，规划师需要构建能够解决长期需求的备选方案，不仅要考虑社区背景，也要考虑区域背景和全球背景。

保持规划、分区规划和管制要求不同层面的相容性是可持续发展的重要前提。如果法律条文没有规定日常决策要体现可持续发展目标，或者缺少系统的评价来反映目标是否可以实现的时候，在国家、区域或者城市层面确定宏伟的可持续发展目标并没有多少好处。其他值得实践的过程变化包括：对困扰美国土地利用规划的利益冲突进行严格的审查；增加决策过程的透明度；减少竞选活动在地方选举中的作用。地方政府可以使用一系列指标来评价可持续发展的进展程度。这些指标往往通过公众参与产生，并反映一个地方的独特价值。西雅图的可持续指标是由市民联盟制定的，温哥华、伦敦等其他城市也都制定了自己的指标体系。

长期任务

可持续发展追求的是确保长期的人文福祉和生态平衡。这反映出的是一种世界观。这种世界观强调的是未来的意义，跨学科的联动、对当地场所及其背景加倍地重视，和专家们在满足从本地社区到全球不同层面的多元叠合社区的需求时的积极参与。可持续发展规划是一项任重而道远的任务。但这对地方政府规划师、管理者、当选官员和社区领导人来说是一个有着很高回报且富有意义的目标。

注　释

1. 德内拉·梅多斯（Donella Meadows）等，《增长的极限》(*The Limits to Growth*)，（纽约：环宇图书，1972 年版）；爱德华·戈德史密斯（Edward Goldsmith）等，《生存蓝皮书》(*Blueprint for Survival*)，（波士顿：霍顿米夫林集团，1972 年版）。

2. 德内拉·梅多斯（Donella Meadows），乔根·兰德斯（Jorgen Randers），丹尼斯·梅多斯（Dennis Meadows），《增长的极限：30 年后的更新》(*Limits to Growth : The 30-Year Update*)，（佛蒙特州白河交汇处：切尔西绿色出版社，2002 年版）。

3. 世界环境与发展委员会，《我们共同的未来》(*Our Common Future*)，（纽约：牛津大学出版社，1987 年版），第 8 页。

4. 比尔·德韦尔（Bill Devall）和乔治·塞申斯（George Sessions）合著，《深层生态学：像自然一样很重要地生活》(*Deep Ecology : Living As If Nature Mattered*)，（盐湖城：G. M. Smith，1985 年版）；阿伦·奈斯（Arne Naess），《深层生态学智慧：探索自然与文化的统一》(*Deep Ecology of Wisdom : Explorations in Unities of Nature and Cultures*)，（德国多德雷赫特：施普林特出版社，2005 年版）。

5. 参见大卫·皮尔斯（David Pearce），爱德华·巴比尔（Edward Barbier），安尼尔·马坎迪（Anil Markandya），《绿色经济蓝皮书》(*Blueprint for a Green Economy*)，（伦敦：地球了望出版社，1989 年版）；罗伯特·里佩托（Robert Repetto）主编，《全球可能性：资源、发展和新世纪》(*The Global Possible : Resources, Development, and the New Century*)，（纽黑文：耶鲁大学出版社，1985 年版）；罗伯特·科斯坦萨（Robert Costanza）主编，《生态经济学：可持续发展的科学与管理》(*Ecological Economics : The Science and Management of Sustainability*)，（纽约：哥伦比亚大学出版社，1991 年版）。

6. 参见赫尔曼·戴利（Herman E. Daly）主编的《朝向稳定状态经济》(*Toward a Steady-State Economy*)，（旧金山：W. H. Freeman，1973 年版）；赫尔曼·戴利（Herman E. Daly）主编的《经济、生态、伦理：朝向稳定状态经济论文集》(*Economics, Ecology, Ethics : Essays toward a Steady-State Society*)，（旧金山：W. H. Freeman，1980 年版）；赫尔曼·戴利（Herman E. Daly），《超越增长：可持续发展的经济》(*Beyond Growth : The Economics of Sustainable Development*)，（波士顿：灯塔出版社，1996 年版）。

7. 赫尔曼·戴利（Herman E. Daly），《朝向稳定状态经济》(*Toward a Steady-State Economy*)；赫尔曼·戴

利（Herman E. Daly）.《经济、生态、伦理：朝向稳定状态经济论文集》（*Economics*，*Ecology*，*Ethics*：*Essays toward a Steady-State Society*）.

8. 奥尔多·利奥波德（Aldo Leopold），《沙乡年鉴》（*A Sand County Almanac*），（纽约：牛津大学出版社，1949 年版）.

9. 梅尔文·韦伯（Melvin M. Webber），《城市地方和非地方的城市范围》（*The Urban Place and the Non-Place Urban Realm*），收录于梅尔文·韦伯（Melvin M. Webber）主编的《探索城市结构》（*Explorations into Urban Structure*），（宾夕法尼亚州：宾夕法尼亚大学出版社，1964 年版）.

10. 参见麦克·詹克斯（Mike Jenks）、伊丽莎白·伯顿（Elizabeth Burton）和凯蒂·威廉姆斯（Katie Williams）主编的《紧凑城市：一种可持续的城市形态？》（*The Compact City*：*A Sustainable Urban Form?*），（伦敦：E & FN Spon，1996 年版）.

11. 波特兰市区规划署，《2004 绩效指标报告》（*2004 Performance Measures Report*），（俄勒冈州波特兰：波特兰市区，2004 年），第 45 页.

12. 社区和当地政府部门，《都市规划政策声明书 3：住房》（*Planning Policy Statement 3*：*Housing*），（伦敦：文书局，2006 年），第 15 页.

13. 安德雷斯·杜安尼（Andrès Duany）和艾米丽·泰兰（Emily Talen），《断面规划法》（*Transect Planning*），《美国规划协会会刊》（*Journal of the American Planning Association*）68，第 3 期，2002 年，第 245–266 页.

14. 马特·韦弗（Matt Weaver）及代理，《利文斯顿称赞拥堵区的扩展》（*Livingston Praises Congestion Zone Extension*），英国卫报，2007 年 2 月 19 日，guardian.co.uk/society/2007/ feb/19/ governinglondon.localgovernment（2008 年 5 月 6 日）.

15. 保罗·霍肯（Paul Hawken），艾默里·洛文斯（Amory Lovins）和亨特·洛文斯（L. Hunter Lovins），《自然资本：创造下一次工业革命》（*Natural Capitalism*：*Creating the Next Industrial Revolution*），（伦敦：地球了望出版社，1999 年版）.

16. 迈克尔·舒曼（Michael Shuman），《本地化：在全球化时代打造自主社区》（*Going Local*：*Creating Self-Reliant Communities in a Global Age*），（纽约：罗德里奇出版社，2000 年版）；大卫·莫里斯（David Morris），《自主城市：美国城市的能量与转变》（*Self-Reliant Cities*：*Energy and the Transformation of Urban America*），（旧金山：塞拉俱乐部图书，1972 年）.

17. 简·雅各布斯（Jane Jacobs），《城市的经济》（*The Economy of Cities*），（纽约：兰登书屋，1969 年版）；简·雅各布斯（Jane Jacobs），《城市与国家财富：经济生活的原则》（*Cities and the Wealth of Nations*：*Principles of Economic Life*），（纽约：兰登书屋，1984 年版）.

18. 彼得·巴恩斯（Peter Barnes），《资本主义 3.0：收回共享资源指南》（*Capitalism 3.0*：*A Guide to Reclaiming the Commons*），（旧金山：贝尔特科勒出版社，2006 年版）.

理性增长概要

格里特-让·纳普（Gerrit-Jan Knaap）、特里·穆尔（Terry Moore）

自第二次世界大战之后大规模开发高速公路和郊区以来，以低密度和机动车开发为特征的城市蔓延导致的影响一直存在争议。20世纪90年代早期，一场新的基层运动为争议注入了新的活力，并引入了一个创造性的新词"理性增长"。[1] 理性增长因为以下三点而得以声名远播：

● 陆上运输政策项目，这是一个土地利用和交通倡导组织，成立目的是支持实施1991年首次通过且在1998年再次授权的多模式陆上运输效率法案。

● 美国规划协会1997年出版的《理性增长立法指南》。

● 马里兰州州长帕里斯·葛兰德尼（Parris Glendening）于1997年推动通过的《理性增长和邻里保护法案》。

促使理性增长理念快速传播的一个关键事件是理性增长网络（SGN）的建立，该网络是美国环保署在克林顿执政期间建立的。在不到十年的时间里，理性增长成了在规划师、开发商、政策制定者、利益团体、媒体和公众中广为人知的一个名词。

什么是理性增长？

理性增长的意思是不同的事物适合不同的群体，这既是优点，也是缺点。理性增长的目标不仅仅是促进特定数量或速度的增长，更是促进特定的增长模式，即理性的模式。谁会反对这一点呢？

理性增长网络发表的十条原则定义了实现理性增长的手段[2]：

● 保护开放空间、农田、自然美景和重要环境地区。

● 加强和引导对现有社区的开发。

● 混合使用土地。

● 从集约型建筑设计中获益。

● 促成独特的、有吸引力的、有强烈场所感的社区。

- 创造多种住房机会和选择。
- 创建可步行的小区。
- 提供多种交通选择方式。
- 制定可预见、公平和节约成本的开发决策。
- 鼓励社区与利益相关方合作。

在城市规划文献中，另外一些提法有时可以用来提炼这些基本原则：

- 布局：采用因地制宜的规划布局。
- 多样性：创设混合用途和供选择的多类型住房。
- 密度：提倡紧凑型开发。
- 设计：营造功能强、效率高和有吸引力的地方。

布局、多样性、密度和设计又会带来方便步行和多种交通选择。

以下四种观念应该是理性增长的核心：

- 高密度城市开发。要想容纳城市增长，保护"开放空间、农田、自然美景和关键环境地区"最有效的办法就是增加密度。鼓励提高密度或对密度提出要求的政策包括：最低密度规定、开发权转让、城市增长边界和重点公共投资计划。[3]

- 多中心城市。理性增长网络发布的所有原则都没有提出多中心大都市的主张，即具有层级性的高密度中心以及与之联系的高密度走廊地带。但是，多中心城市对于实现其他若干理性增长原则所隐含的内容来说，意味着高效、必然并且可能是必需的前提。例如，尽管引导对现有社区的开发的原则有助于复兴中心城市，但每个大都市都有多个中心可以容纳理性增长支持者所期望的那种密度增长。在大都市地区层面，实现方便步行和探索多种交通选择的目的都在于创造一个区域性的高密度中心和廊道系统。提供多种住房和交通选择要求多样性的城市形态，这种形态由公交线路沿线不同密度的多个节点组合而成。因此，理性增长提倡者赞成交通投资或者投资于交通导向的开发，以及让投资集中于高密度走廊地带的政策。

- 高质量的城市设计。适合步行的居住区和土地混合使用在多中心城市的高密度节点是最可行的。有了适当的城市设计，这样的节点就能够成为"独特的、有吸引力的、有强大场所感的社区"。能够把城市建设得适合步行、有特点和吸引力的，是把功能和形式都处理好的城市设计特色，如步行设施、具可识别性的建筑、历史建筑物和小型绿地。对公共空间的关注有助于缓和原本恶劣的城市环境。理性增长的提倡者偏爱多功能的区划、交通稳静化设施和设计审查。

- 公众参与。尽管理性增长更多关注结果，而不是过程，但其原则也包括鼓励"社区与利益相关方合作"，以及使开发决策"可预见、公平和节约成本"，二者都是良好规划实践的公认信条。

理性增长的好处

根据理性增长支持者的看法，在开发中坚持理性增长原则能够带来环境、公共健康、社会和经济等方面的好处。

如果在理性增长下形成高密度和紧凑的居住区，那么只会有少部分的农田和环境敏感地区受到影响。紧凑型增长也可以减少抗渗的地面，这又可以减少城市地表径流，并改善水质。紧凑型增长、多中心开发模式和较高密度、混合使用以及步行可达的节点能够降低对于机动车的依赖、缩短机动车出行距离、减少机动车废气排放以及改善空气质量。由于紧凑型开发能够减少能耗以及减少交通、采暖及其他功能相关的温室气体排放，所以理性增长又被推荐为应对全球变暖的措施。最后，如果理性增长能吸引更多的人骑自行车或者步行，那么它就可以促进更多的市民进行身体锻炼，又可以带来多方面的健康益处。

面向不同收入阶层的混合住宅开发，减少了教育质量和学校拨款的差别，并且能促进不同收入阶层之间的互动。如果理性增长能够减少人们使用小汽车的时间，那么节省出来的时间可以用在其他各种兴趣活动上，包括公民参与及其他建立社会资本的活动。通过包含城市增长和对现有社区的开发，理性增长为节约基础设施的投资提供了可能——可以缩短道路和排水管网的长度，缩小学校、警察和消防的服务区域。密集、多样化和专业化的就业节点有助于通过经济学家所说的集中或聚集效应而提高劳动生产率。

理性增长的目标能够实现吗

理性增长提出了包罗万象的众多主张，但它能够实现吗？答案取决于另外两个问题：城市开发模式能够转型为理性增长模式吗？如果理性增长模式能够实现，那么它能否产生所声称的效益呢？

有三个理由可以预期未来的开发模式会更加理性。第一，在积极的和组织良好的基础网络支持下，利益团体的联盟正在形成，这就提高了对理性增长潜在效益的意识，并随之改变公众和消费者的偏好。例如，自从20世纪90年代晚期以来，很多开发公司及其专业组织已经开始强烈支持类似特征的居住区开发，即密度较高、聚集、公交导向、混合使用、步行可达，并且围绕明确确定的中心进行开发。第二，人口的发展趋势有利于理性增长模式。20世纪典型的美国家庭是父母加两个孩子，但现在各种老年人、年轻人及单身或无子女成年人的小型家庭比重在增加。这些人口群体倾向于高密度、混合使用、机动车比例不是那么高的居住环境。第三，全球变暖、能源价格上涨和地价上涨都会增加对紧凑型城市增长的需求。

但是理性增长的障碍很难解决。随着收入增加，哪怕是人口少的小家庭也依然执着于大房子，这就使远郊居住的需求不断增长。根深蒂固的文化准则支持私有财产与当地土地使用控制，这阻碍了理性增长政策的颁布，特别是需要地方来执行的城市发展控制等政策。地方层面的利益相关方的合作及可预见性、公平和节约成本的决策制定尚不充分，无法重新调整大都市地区。

技术进步可能并不利于理性增长。具有讽刺意义的是，有些由环境问题导致的新技术还会有利于城市蔓延。例如，绿色建筑和循环用水、节能的技术虽然减轻了开发对环境的冲击，但也减少了与集中水处理和污水管道系统连接的需要。与其他交通方式的成本或不便程度相比，新的燃料和燃料经济的改进可能会使汽车出行成本继续保持较低水平。

由于很多理性增长中的环境、社会和公共卫生效益依赖于各种不同的居住选择，所以这些效益的实现依然存在很大的不确定性。即使燃油价格继续上涨，只要化石燃料仍然是主导燃料，开发模式的改变就会非常缓慢，而调整也只会一点一点地发生变化。在汽车交通对其他交通方式依然保有优势的条件下，大多数家庭在迁移到密度较高的地区或者市中心附近之前，可能会倾向于购买燃油效率高的汽车、远程办公和拼车。

> 即使燃油价格继续上涨，只要化石燃料仍然是主导燃料，开发模式的改变就会非常缓慢，而调整也只会一点一点地发生。

跟城市蔓延一样，对理性增长结果的经验评价并不明确：不同的研究专家关于不同开发模式的实际效果的看法并不一致。因果联系是多元和复杂的，完全表现出来也需要较长的时间。另外，绩效测量相对比较困难且不精确。为了达到最大价值，开发模式效果的评价不能（像有些做法那样）仅仅聚焦于该模式按每人、每个住房单元或每英亩计算（即按最低的直接开发成本）的成本是多么的便宜。即使假设可以按最低的成本购买土地，很多企业和住户仍然会觉得花更多的钱以获得其他效益是有价值的。另外，相较于房屋特点（类型、使用面积和基地大小）而言，住房选址决策往往与房屋位置（例如，距离学校近、安全程度）关系更密切。

但是由于社会更关注特定开发模式的外部成本[4]，所以公共政策和市场条件似乎更有可能将开发转向理性增长模式。尽管很多住户可能仍然喜欢居住在面积较大的独栋住房，并开车上下班，但不断上涨的房价将会增加这种选择的难度，市场也会提供性价比更高的其他居住选择。这至少是理性增长提倡者的希望和信心所在，而且并非没有实现机会。比起低密度、独栋且相似的小区，集中的、密度较高的住房看起来似乎更有可能改善住房的可负担性、交通和气候变化等多方面的相关问题。

即使假定市场和政策因素的变化支持其他的开发模式，可能发展出很多模式，其中部分模式可能并不符合狭义的理性增长。虽然集中开发能够为聚集经济和实际效果提供真正的潜力，但这种效果可能主要在很小的活动节点和与市中心有相当距离的地方实现。多中心城市是一种市场驱动现象，它源于企业和消费者希望既能逃离密度较高的中心城市的问题，同时又不牺牲城市集中的聚集经济效益的愿望。这种愿望以及由此产生的边缘城市不可能消失，并且会导致进一步的分散式发展。城市边缘的密度是理性增长型的吗？

另外，集中开发所能节约的成本可能并不多，而且是以现有城区存在富余的基础设施承载力为基础的。很多地方并不存在富余的基础设施容量；在另外一些地方，要想利用设施的潜在容量，就需要付出大笔支出改造现有结构或弥补过去的维护不当。在城市中心进行填充式开发或再开发，事实上比在城市边缘进行新的开发的成本更高。如果理性增长成本节约主要是来自更好地利用现有基础设施容量的话，那么当容量用尽的时候，节约就到头了。

由于人口老龄化，家庭规模变小了，同时移民增加了人口多样化，对理性增长的需求可能会越来越多。实行理性增长模式的城市会逐步变成密度较高、多中心和设计丰富的地方，因此理性增长可以带来环境质量、公共卫生、社会福利和经济效益的改善。但是只要土地利用依然由地方控制，那么理性增长在大都市层面就难以实现其目标。如果能够在全国范围实现的话，理性增长的潜在效益是非常显著的，但是问题是它们是相当难以实现的。

注　释

1. "理性增长" 一词的最早使用归功于 1 000 名马萨诸塞州之友和科罗拉多州州长罗伊·罗默（Roy Romer）。

2. 理性增长在线，《关于理性增长》，smartgrowth.org/about/default.asp（2008 年 4 月 29 日）。

3. 这样的计划在马里兰州称为 "优先资助地区"。

4. 这样的成本包括拥堵（交通延迟、噪声、事故）和气候变化（在一定程度上是碳排放功能，受到开发模式的影响，包括需要采暖和制冷的建筑空间的类型和数量，与在这些空间之间来往的机动车交通的数量和类型）。

场所的塑造

乔纳森·巴奈特（Jonathan Barnett）

丹麦建筑师杨·盖尔（Jan Gehl）曾经说过"生活在步行"，他的意思是说只有可以从一个目的地步行到另一个目的地的环境里，才存在真正的市民生活。当人们行走的时候，他们可以停下来拜访路边的某个地方，和朋友会面，和陌生人交谈，这些都是传统的城市生活方式，但是随着现代城市的发展，越来越难以实现了。他的《交往与空间》（*Life Between Buildings*）一书和他后来在某些大城市的调查中所做的研究，以及他的美国同行威廉姆·怀特（William Whyte）在其著作《城市》（*City*）中所做的研究，都记录了人类是如何真正利用公共空间的，为预测一个街道或者公共空间的设计是否能够吸引公众创造了一种客观依据。[1] 杨·盖尔（Jan Gehl）和怀特（Whyte）发现，大多数能够成功达到这一点的公共空间都位于有一定历史的城镇，或是在汽车广泛使用前建立的城市或郊区的中心位置。

如今一个完整的城市中心的构成要素通常在高速公路交叉口的周边就能看到：可能一家旅馆占据了一角，一栋办公楼占据了另一角，一家购物中心占据了第三个角，别墅或者花园公寓占据了第四个角。每个建筑物都有各自存在的经济价值，但它们之间却毫无联系，而且对公众而言毫无价值，完全没有一点儿传统的城市中心的协同效应：你可以从办公楼走到一家餐馆吃午餐，从家里走路去上班，或者去酒店时顺便购物。

> 只有在可以从一个目的地步行到另一个目的地的环境里，才存在真正的市民生活。

在资源越来越匮乏的时候，在沿着主干道绵延数英里远的带状商业区，把城市开发分割成各自独立的项目，这样的开发模式效率极其低下。一个办公楼的停车场，每一千平方英尺的净出租面积只能提供三到四个停车位，主要是在工作日的上班时间使用。隔壁的汽车旅馆几乎是每个房间可提供一个到一个半停车位，通常是下午六点以后车位停满，一大早车位就空了。沿着马路走可能有一座教堂，有上千个停车位，主要在周日使用，平时晚上只停几辆。更极端的例子是足球场，它拥有几千个停车位，一年却只用几次。这条商业带上几乎每个商家都有自己的停车场，旁边通常都有提示，如果不在该商家消费的话，车将会被拖走。未能共享停车场让每个商家都承担了很高的成本，这也从空间上割裂了功能，使得公共交通不能有效地为单个建筑提供便利。当然，这些各自独立的停车场也使得各个建筑物之间的行走变得毫无吸引力，也几乎没有可能。

新开发的城市边缘通常采取总体规划社区的模式，2 000栋房屋被分成12个部分，每个部分的房子类型、价位都不同，而且各自有独立的街道系统。从一个街区走到另一个街区，或走到学校或商店几乎不可能。社区本身也被收入阶层的细微差别隔离开来，而这与现实生活中的社交互动并不相符。例如，对于需要带院子的大房子的老夫妇来说，他们一般不太可能和儿孙辈住在同一条街道上的公寓或联排别墅里面。但是如今，公寓和带院子的房子被当作两种完全不同的开发模式。

这些开发模式重复建设公共基础设施，征用过多土地进行城市化，浪费了公共财政，而这些本可以通过整合互补型开发来避免。独立开发项目导致出行大幅增加是造成交通阻塞的重要原因之一，很多新开发的地区都存在这个问题。而且，很多观察家还认为城市和郊区的步行机会变少与缺乏锻炼造成的肥胖和其他健康问题之间存在联系。

可以解决以上问题的两个基本城市设计理念就是紧凑的、步行可达的多功能城市中心和步行可达的居住区。虽然这两个概念是基于不同类型的房地产投资，但是二者之间的联系越紧密，各自的功能性就越好。

紧凑的、步行可达的多功能城市中心

对于郊区购物中心的开发来说，停车是最基本的功能。以前的郊区购物中心通常建在火车站或换乘中心附近，而且在居民区的步行范围内，它们像大城市的市中心一样，发展成了紧凑的、步行可达的地区。随着越来越多的人居住在只能开车出行的地区，杂货店也开始转移到方便停车的地区，市中心的百货商店也开始追随他们的顾客，在高速公路旁开设分店。这些核心商店带来了其他零售商，形成自我强化的商业圈，从而产生了如今的商业带和购物中心。

单一功能区也是一个重要因素。在紧凑的市中心地区，将零售商集中在一条马路，居住区集中在另一条马路，这种设计是可行

打造郊区商业区，像传统的市中心一样包含商店、居住区、酒店和办公区，是纠正新的开发流程重要的一步。

的。但同样的设计如果应用在几十或几百英亩的大片土地上，所有的活动都会被互相分离开。这样不仅不会形成新的中心，而且单一功能区与不断扩大的停车场的组合导致了孤立的、断断续续的开发行为。为了完成购物清单，把车从一个商店的停车场开到另一个商店的停车场可能看起来是很正常的事，但它却不是设计的初衷。这些路途的低效率和浪费加剧了城市不可持续的蔓延。

打造郊区商业区，像传统的市中心一样包含商店、居住区、酒店和办公区，是调整新的开发流程重要的一步。专业的规划理念现在非常支持这种方法，但是很多社区的设计还未遵循这种方法。

完成恰当的分区规划后，紧凑的、多功能中心的设计方案还要与停车需求达成妥协。共享停车场可以减少总体占用空间的，为高峰时段设计的溢出场地可以减少闲置的开发区域。城市土地研究院在1989年出版的《共享停车场》（Shared Parking）一书在很长一段时间内几乎是无人问津，处于绝版状态。但是伴随着综合利用开发的兴起，城市土地研究院在2005年对该书进行了再版。[2] 该书提供了大量的统计数据，对那些希望修改区划法规或出租停车场要求中的停车场比例的开发商和社区很有帮助。一旦停车场规划完毕（或者规划完成之前），就要进行景观设计，每排停车位之间要种树，整个停车场要在暴风雨来之前建好。这样的绿色停车场设计会改善停车场区域的小气候，从远处看起来视觉效果更好。但它们仍旧是停车场，在开发中不应该成为最重要的公共开放空间。

弗吉尼亚州阿灵顿郡的谢灵顿村（Shirlington, in Arlington County, Virginia）建于20世纪40年代，最初是一组公寓中的一部分，整条街两旁都是平房零售店。20世纪80年代，在一家多厅影院的带动下，这条街的商铺大部分被改造成餐馆和自由购物中心。这里也有停车场，不过都在建筑物的后面，店铺前面是马路（通行车辆，还有少量停车位），而不是步行街或停车场。在谢灵顿看电影仿佛在老郊区的闹市。先到售票处买票，然后沿着马路走到一家餐馆吃饭，或到一家书店看看书，等到电影开始前再过去。

谢灵顿模式是房地产开发业现在所谓的"生活方式中心"的早期典型。这种商店和娱乐功能相结合的形式在多数大城市都很常见。它们通常位于容易辨认的购物街，配有人行道、设计精良的路灯和景观，但它本身更像是被停车场包围的孤岛。

"生活方式中心"对于规划师和城市设计师很有吸引力，因为与传统的市中心相比，它们可以成为多用途、方便步行地区的中心。谢灵顿目前拥有一家公共图书馆分馆、一家超市、一家有现场表演的剧院，此外还有若干餐厅、商店和一座新建的包含400个套房的公寓。因为大楼接管了附近的一些停车场，这里还增加了一家修车行。谢灵顿所在的阿灵顿郡以促进多功能开发而闻名，尤其是与交通运输相关的开发项目。然而，谢灵顿距离华盛顿的地铁站较远。虽然这里的公交服务还不错，但主要还是依靠私家车。谢灵顿在一个汽车依赖性较高的地区取得成功很鼓舞人心，因为在任何一个交通不便的地区都可以参考谢灵顿的做法。

　　佛罗里达州波卡里顿的闵泽公园（Mizner Park，in Boca Raton，Florida）是另一个多功能、步行可达中心的成功案例。它是1999年在一个废弃的老式购物中心建成的。它的中心区域是一条宽阔的景观马路，两旁都是商铺和娱乐场所。一边的商铺上面是办公室，另一边是公寓——最初就设计成了一个多功能的区域（图3–3）。加州圣何塞的桑塔纳、弗吉尼亚雷斯顿市中心（图3–4）、佛罗里达的西棕榈滩都是多功能、步行可达中心的案例。它们都是马路两旁有商铺，围绕商铺设计了一系列公共空间，营造了场所感。一个有吸引力的聚集场所成为这些开发案例成功的重要因素。这些案例表明，虽然这种开发模式与众不同，但它还是有可能实现的。

图3–3　由建筑师库珀（Cooper）和卡里（Carry）设计的佛罗里达州波卡里顿的闵泽公园，是沿着一条中央林荫大道规划的完整的多功能中心

资料来源：《街道工程》（*Streetworks*），理查德·希普斯（Richard Heapes）

图3-4　由美国亚图（RTKL）建筑设计咨询公司与佐佐木建筑师事务所的景观设计师们合作设计的雷斯顿市中心，实施的是20世纪60年代的一份原创开发规划，并且逐渐成为一个真正的都市场所

资料来源：乔纳森·巴奈特（Jonathan Barnett）

步行可达的居住区

　　传统邻里开发（TND）已经成为房地产开发的成功典范。这种模式已成为单一规格、单个家庭的房地产开发模式的替代选择。受到佛罗里达海边小型度假村以及安德烈斯·丹尼（Andrès Duany）、伊丽莎白·普莱特-伊贝克（Elizabeth Plater-Zyberk）等海边房产设计师的启发，迪士尼在开发佛罗里达州奥兰多附近一个叫作庆典的社区时，采用了传统邻里开发模式。虽然传统邻里开发项目在每年地产商开发项目中仅占很小比例，但美国现在已经有几百个这样的项目了。

　　这些传统邻里开发项目通常以柱形前门廊和尖木桩栅栏为主要特色，但这些并不是最重要的因素。克拉莱斯·佩里（Clearance Perry）在1929年发表的纽约市第一份地区规划中定义了社区设计理论。他提出了"社区应该是从中心位置步行5分钟可达的范围，总面积约为160英亩"。佩里（Perry）的理论主张是一个不同居住类型的混合：一个公园、若干民用建筑和一所小学。每个居民区的角落都要有个步行可达的多功能中心，拥有可供周围四个社区共用的公寓和商店。

佩里（Perry）将第一次世界大战和第二次世界大战之间这段时间的花园式的郊区开发实践编辑成册，人们谈论的传统邻里开发模式与佩里（Perry）书中的图表是非常接近的。这些社区最重要的特点就是他们的步行可达性。这就意味着街道应该有人行道，并且互相紧密连接，社区的周长不超过半英里。人行道应该拥有令人愉悦的环境，包括成排的路边树木。因为如果街边人行道被宽阔的私人车道切断的话，就很难种植成排的树木，所以，传统街区开发模式通常把车库放在房子后面，这样私人车道与主干道接驳的时候就会汇集成一条车道。另一种传统社区理念是：车库可以直接面对胡同或汇集车道。在社区边缘还应该有公园、民用建筑、步行可达的综合中心。传统社区复兴中的传统城镇的另一个特点是居住和工作在同一栋建筑里面，这些街区通常以成排的房子形式呈现，这些房子的底层可以用作办公室或者手工艺商铺，有时候会在社区中心以阁楼公寓的形式呈现。

加强步行可达性的条件，如连接紧密的街道、后置的车库、限定的街区长度等，都

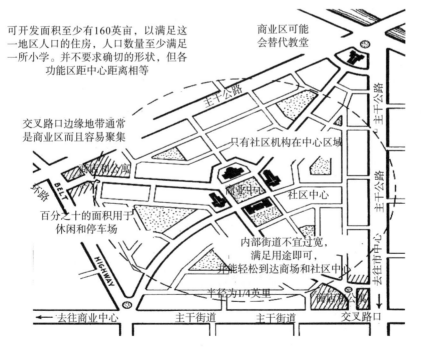

图3-5 克拉莱斯·佩里（Clearance Perry）关于步行可达社区的一张有名的图，来自《1929年纽约及其周边地区规划》

资料来源：纽约和新泽西区域规划协会

可补充到区域细分条例中，居住区分区规划也可以修改，允许在同一社区内建立不同规模的停车场和建筑。目前出现了一场修改法规的活动，为了创造传统社区，这样社区开发就可以不受常规分区要求的限制。然而，这些法规只能应用于个人或单个单位拥有的大型物业，这些物业可以不用遵守全新开发的项目的标准。

将步行可达社区与中心集中起来

在美国大多数城市的开发项目中，主干道之间通常距离一英里远，分区规划允许在街道两旁开设商铺，特别是道路交叉处。让这些主干道的交叉点成为步行可达的多功能中心并不是很重要，因为按照流行的生活方式中心的布局，这些中心不会面对主干道，而是面向内部街道。相关规定应该确保中心的内部街区与周围的居住区相连接，而这些设计都应遵循步行可达的原则。佩里（Perry）所说的四个步行可达社区均在主干道周围一平方公里的范围内。只需对开发条例做出这些细微修改，就能拓展传统城市和郊区的步行可达性，在城市边缘形成新的中心和社区，而这些步行可达地区如今已很难找到。围绕着步行可达地区的城市设计应该具有更高的地产经济价值，因为他们能共享街道、停车场和排水道，并通过减少城市扩张土地节省更多的公共资金。

注　释

1. 杨·盖尔（Jan Gehl），《交往与空间》（*Life between Buildings*），（哥本哈根：丹麦建筑出版社，1971 年版；英文译本，2003 年版）；威廉·H. 怀特（William H. Whyte），《城市：重新认识中心》，（纽约：双日出版社，1988 年版）。
2. 玛丽·S. 史密斯（Mary S. Smith）等，《共享停车场》（*Shared Parking*）第 2 版，（华盛顿：城市土地研究院，2005 年版）。

找回城市的历史

兰德尔·马森（Randall Masson）

历史与地方之间的联系对于我们了解城市至关重要，同时也是用于城市规划的基础资源之一。无论一个人是否会把地方精神作为设计灵感，是否会记录环境的历史进化，是否会推崇老旧建筑和公园的魅力，或者倡导旅游遗产的营销，灵感都是相同的：文字历史与实体环境之间的重要人文链接。对于规划师来说，问题不在于是否应该与地区的风貌相契合，而是如何做到这一点。如何在规划中把历史、记忆和历史性场所结合起来？历史保护规划为解决城市的这个重要维度的问题提供了理念和方法。

历史保护最初被认为是传递文化遗产的重要方式：将历史记录在建筑、景观和城市形态中，并且通过伟大的建筑工程展示了审美愉悦。[1] 不过，自从20世纪60年代以来，历史保护被越来越多地应用在以经济和再开发为目的的项目上。与此同时，保护战略更多应用于较大区域，而不是某一个地点。历史保护规划融合了历史保护与城市规划的理念，对美国的城镇产生了很大影响，多数城镇都有几个值得自豪的地点，历史保护在设计、规划和政策中起到了重要作用。

在20世纪后半叶，历史保护规划成了规划实践的主流之一。历史保护规划中应用的战略多种多样，其中包括历史结构和街区的综合目录、文物保护区和遗产保护区的划定以及历史街区修复的税赋减免等，此外还有制定指南、适应性再利用和主街计划等。这些方法在激励再开发、稳定经济发展、汇集公众支持、保护这些地方的文化价值和找回城市历史等方面已被证实非常有效。

> 从实践与战略角度来看，历史保护规划的核心问题是如何平衡历史保护中的文化价值与城市规划所寻求的经济利益、政治态势和城市发展成果之间的关系。

历史保护通常被用来缓和城市发展，通过创建具有文化意义的地点来丰富城市，但是历史保护并不总是能够带来双赢。从实践和战略两个角度来看，历史保护的核心问题是如何平衡历史保护中的文化价值与城市规划所寻求的经济利益、政治态势和城市发展成果之间的关系（以上都是基于城市层面而非某个建筑层面，这在历史保护中尤为突出）。

历史保护规划的方法

历史保护规划的主要方法包括登记名录、制定规则和激励机制。

登记名录

记录一座建筑或历史遗产的意义是历史保护规划最基本的方法。不同的政府部门用多种不同方式赋予历史遗产特殊的地位，登记名录通常是与禁止更改、损坏或再利用结构或场所的规定相联系的。

　　根据是1966年的《国家历史保护法案》制定的《国家史迹名录》中关于具有重大历史意义的建筑、街区和场所（包括公有和私有）的主要联邦记录列表。尽管被《国家史迹名录》赋予了较高地位，入选名录对于破坏和改建的防护作用微乎其微，除非有联邦政府的资金或行动介入其中。不过，该史迹名录具有重要的激励作用，其中包括历史保护修复减税政策（后文中会提到）。《国家历史地标》是一项更为重要的联邦历史名录，同样赋予了入选场所重要地位，却在规定和激励方面作用甚微。[2]

　　有些州颁布了地方法案，建立了地方史迹名录，将当地古迹登记在案的标准同样遵从《国家史迹名录》，范围比较宽泛。然而史迹名录的规范效力由地方掌控，而且可能会非常严格（有时候甚至会规定表面刷漆的颜色等细节）。因此，地方法规是比联邦政府规定更严格的监管和规划工具。[3]

　　联合国教科文组织（UNESCO）创立了《世界遗产名录》，其中收录的地点的重大意义超越了国界的限制。《世界遗产名录》并没有强制作用，在美国也没有受到太多重视，因为在名录的851个遗产中只收录了美国的20个地方。[4]然而，入选世界遗产能够增加当地的旅游收入（特别是在一些不太发达的国家），给当地同时带来经济效益和开发利用的压力。由于《世界遗产名录》要求各国政府考核每个遗产场所的优质管理规划，这通常会带来一些正面的规划成果，最好的规划中包括地区的进一步发展及规划目标。

制定规则

基于文化意义制定的规则有以下几种形式：

● 历史街区委员会：地方文物保护法案通常会指定一个委员会来负责文物记录、复查以及登记文物的更改、增加和拆除。

● 特殊区划地区：在很多区划条例中，会创建特殊区域来保护具有历史意义的质量和样式。纽约的时代广场剧院地区就是一个例子。

● 保护区：保护区是区划的重点，实际上就是区划覆盖，它通过控制新的开发项目（通过设计指南），而非限制现存的文物资源的方式，来保证文物保护区的质量。文物保护区被认为是对于历史街区现存结构管控的重要补充，也是相对历史街区的一个约束性没有那么强的备选。从20世纪90年代末开始，文物保护区变得更加普遍。[5]

● 环境评估：《国家史迹名录》激发了对利用联邦政府资金的环境行动的评估，并且对历史资源具有潜在的影响。"106条款"（因《国家历史保护法案》的106部分而得名）非常复杂。[6]有些州和地方政府针对那些入选名录的对历史遗产有影响的行为，单独制定了详尽的环境评估条款。有些条款与联邦政府的条款极为相似，被称为"州政府106

条"。此外，有些条款还包含了文物资源的土地利用综合评估和影响评估内容。

财政激励政策

虽然目前还有一些关于文物保护的私人交易市场（例如用于私人住宿或参观旅游的建筑文物等），文物保护规划最主要的目的就是鼓励市场来保护和再利用具有历史意义的建筑物（图3-6）。财政激励政策在美国是最有力的文物保护规划方式。

● 文物修复减税政策：该政策在1976年首次被写入联邦法案，文物修复减税政策最多可以负担整个项目20%的费用，前提是要符合特定的条件。这些资金补贴已经改变了很多项目的开发总费用。[7] 使用减税政策也与其他的文物保护政策相关：该文物必须已经列入《国家史迹名录》，且修缮工程必须符合国家公园管理局制定的高标准。该减税政策非常成功，并且可用来为更大的项目融资（可出售给另一方，而非直接利用）。该政策也可以与其他融资工具相结合（例如经济适用房减税政策）。该政策的使用范围正在扩大：29个州已经制定了州级文物修复减税政策，并可以与联邦减税政策并行使用。同时，联邦政府的新市场减税项目也为文物修复项目提供了另一项融资选择。[8]

图3-6　历史保护最普遍的利用方式之一是将工业厂房、仓库或办公楼改造成居住区。这些地区的项目通常使用的保护规划工具包括地方和国家登记名录、文物修复减税等。图中的俄勒冈州波特兰市（Portland，Oregon）的"现代糖果阁楼"项目就是一个典型
资料来源：兰德尔·马森（Randall Masson）

● 直接补贴：政府直接投资一些文物保护项目，而这些项目通常是为了带动其他相应的开发项目。政府的投资来源有社区开发整体补助金或者是直接进行财政预算分配。

● 开发权转让：一些地方法规通过开发权转让（TDRs）来保护历史遗产和开发价值。通过此类项目，一些受保护的地块的开发权可以转让到别处使用。虽然有时管理起来有些困难，但却十分有效（如想获得有关开发权转让的更多信息，参见第六章"旧金山的开发权转让"）。

● 文物保护的地役权：文物保护的地役权能让历史遗产所有者在完成保护文物目的的同时，实现历史文物的经济价值。在这种条件下，所有者会卖掉他的再开发或修改历史遗产的权利，通过补偿所有者的方式来消除所有者再开发的意愿。

保护规划的演变

以"建筑博物馆"的形式进行的历史保护自19世纪90年代开始兴起。历史街区被认为既能适应城市的变化，又能保护历史的记忆，20世纪30年代，这种理念在查尔斯顿和新奥尔良（Charleston and New Orleans）首次应用。最开始的时候，历史街区作为一种区划形式，在多数城市里自行发展起来，而且很少与编制规划相结合。然而，在某些历史建筑环境受到保护、并被当作重要的经济资产的地方，文物保护在规划中占有更重要的地位。一个典型的例子就是马里兰州的安纳波利斯（Annapolis, Maryland）。

到20世纪50年代后半期，地方历史街区变得更加普遍，一些城市改造工程开始与文物保护战略相结合。例如，对罗德岛普罗维登斯的"学院山"（College Hill in Providence, Rhode Island）和费城的"社会山"（Society Hill in Philadelphia）两处的历史遗产调查确认了需要保护和清理的地区。两处改造计划都结合了建造全新、现代结构的建筑方案与历史保护规划战略。

《国家历史保护法案》协助推动了全国性制度的建立。该制度大力提倡文物保护，并实行城市规划公司制。正如上文所提到的，在该法案框架下建立了《国家史迹名录》，成立了国家历史保护办公室，并且创建了联邦、州和地方政府结构互补的保护机制。该法案的修订版已经带来了庞大的基础设施保护组织和机构，同时促使新的职业精英和非营利组织参与进来（包括加强的国家历史保护信托基金、州级非营利组织和地方团体）。

由国家历史保护信托基金在20世纪70年代中期发起的"主街计划"是文物保护和规划领域的分水岭。"主街计划"保持小城镇商业区活力的方式并不仅仅是把它们当作建筑博物馆，而是促进这些地方的商业和社会的融汇繁荣。此项目已在2 000多个社区实施，既有小城镇，也有大城市的社区。通过将历史保护计划与商业开发、基础设施改进及市场营销计划相结合的方式，"主街计划"不仅保护了这些地区的建筑物，还将社区规划与经济发展战略进行了广泛的融合。

与"主街计划"相类似，遗产保护区和城市走廊（也被称为绿道公园）给城市带来了同时满足遗产保护与城市开发的整体方案。在以自然和文化资源标准划定的遗产保护区，所有权形式保持不变（例如，政府机构不会像传统公园一样成为唯一的产权所有者）。"主街计划"划定的区域范围从一个城市到整个地区不等。在此地区内会实施协同的政策和共融的项目，从而促进各种地方司法制度的发展。

> "主街计划"不仅保护了这些地区的"建筑物"，还将社区规划与经济发展战略进行了广泛的融合。

遗产保护区最早是在20世纪70年代开始发展的，当时的目的是解决因经济重构、限制工业化而导致整个地区衰落的状况。当时有不少联邦政府的首创项目，同时像马萨诸塞州、纽约州和宾夕法尼亚州都付出了很大努力。目前已有37个国家遗产保护区（例如：横跨马萨诸塞州、特拉华州和罗德岛的黑石河谷国家遗产走廊（Blackstone River Valley National Heritage Corridor）以及东宾夕法尼亚州的利哈伊国家遗产走廊（Delaware and Lehigh National Heritage Corridor））以及100多个州级遗产保护区（图3-7）。

遗产保护区通常聚焦于旅游类和新的休闲设施（绿道、海滨和公园）的开发以及文物保护区（生产制造区等）的再开发。无论是被视为文化资产还是赔本买卖，文物保护项目通常位于遗产保护区和其他旅游项目的中心地带。为了促进遗产保护区的开

图3-7 南卡罗来纳州的查尔斯顿市（Charleston，South Carolina）长期以来受益于文物保护区规定。该规定保护了当地优美的建筑样式和富有代表性的风景。当地的文化保护也在很大程度上促进了遗产地旅游和经济适用房的发展

资料来源：兰德尔·马森（Randall Masson）

发，规划师通常会创建一个历史遗产或文化景点（例如宾夕法尼亚州伊斯顿（Easton，Pennsylvania）的克雷奥拉工厂和北亚当斯（North Adams）的马萨诸塞州当代艺术博物馆），或者在政府历史遗产（例如国家公园管理局的300+项目）旁边构建开发"入口"计划（例如，利用一些传统国家公园的客流量，在其旁边建造商业项目）。

　　适应性再利用项目也许是文物保护规划最常见的类型。这些项目的价值在于能保护古建筑的建筑学价值，同时也起到城市催化剂的作用。最早的两个项目是曼哈顿的南街海港项目和旧金山的吉尔德利广场项目，二者都修建于20世纪70年代。近期的项目有费城的海军大院项目和波特兰的麦克马纳曼连锁商业项目。还有很多学校被改造成公寓楼，进一步证明了再利用项目与再开发策略的相关性。

　　从城市层面来讲，适应性再利用项目已经应用到整个区域。例如，在"居家办公现象"中，工业阁楼建筑被改造成高端的住宅区或零售区。这些改造是20世纪80年代至90年代的城市化过程的典型成功案例。在规划这些项目、登记构造和整理相关减税政策方面，历史保护规划师的专业经验非常重要。代表性案例有巴尔的摩的"内港"项目、圣路易斯的"阁楼区"、丹佛的"罗多"项目和波特兰的"珍珠区"项目。虽然这些再利用项目很难真正让人们了解这一地区的历史，但这些历史建筑在这股潮流中扮演了风景的角色。事实上，随着这种类型的项目越来越多，它们也饱受诟病。原因是这种项目破坏了这一地区的历史，而非保护和发掘历史（图3-8）。

图3-8　建于1871年的马萨诸塞州剑桥市政厅附楼于2000年因发霉而被关停。作为该城市第一个被改造的绿色市政建筑和美国最早的领先能源与环境设计认证建筑，它依旧是城市的重要组成部分，同时也证明历史保护与提高能效可以并行

资料来源：盲狗图片社，丹·盖尔（Dan Gair）

历史保护规划方法通常应用于独立的项目或社区，或历史保护规划会作为总体规划的一个章节出现（与交通、环境资源等各自成为一个章节）。然而，在总体规划里面，历史保护规划容易被忽略。理论上来讲，在总体或地区规划一开始就应该认真对待历史保护目标。纽约的2030年可持续发展规划就错过了把历史保护规划纳入城市长期发展规划的机会。该规划没有包括历史保护规划，只有字里行间不言而喻的支持。[9] 南卡罗来纳州的查尔斯顿市（Charleston，South Carolina）做出了重大努力，将历史保护规划融入该市的所有活动中，这主要得益于该市市长约瑟夫·莱利（Joseph Riley）的政治意志。纽约布鲁克林中心区的富尔顿街购物中心项目通过保留小型地方零售商业以及商业街历史特色的方式，将历史保护目标融入中心区再开发规划中。

> 历史保护规划不再依赖大量的数据收集，而是更多地考虑到长期战略发展，并聚焦于构建协作关系，调和经济利益与保护文化利益之间的关系。

几乎没有哪个城镇制定了明确的"历史保护规划"。大约30年前，历史保护主要集中于勘察和记录现有的文物古迹资源，并且提倡创立登记名录和管理制度，来保护这些文物古迹免于再次开发。如今的方法更倾向于战略性、选择性地利用历史保护来平衡发展，并产生利益（经济利益和其他利益），而不仅仅是管理财产和限制开发。历史保护规划方法论的演进是与总体规划方法论的演进相并行的。历史保护规划不再依赖大量的数据收集，而是更多地考虑到长期战略发展，并聚焦于构建协作关系，调和经济利益与保护文化利益之间的关系。如今的历史保护规划是与所有社区的多方利益相关者、政治格局以及经济、政治和社会事务相协调的。

历史保护规划的影响

由于具有特色的名胜古迹容易吸引投资与游客，周边地区也容易吸引居民，所以历史保护战略通常能激活当地的房地产市场和整体经济。我们虽然不能期待这种情况自然发生，但是历史保护规划为开发当地市场提供了新的理念。历史保护的理念、实践和方法已经通过各种方式融入主流规划实践中了。

事实上，历史保护与规划之间是相互促进的。一方面，规划师利用文物保护方法获得非文物保护的结果：例如，遗产保护区的划定可以避免这一地区不必要的改变，文物修复减税政策也有助于再建项目的融资。另一方面，历史保护的目标与规划和经济发展目标一致时，能够获得更多外力支持：文物修复减税政策是适应性再利用项目的主要辅助力，同时旅游规划和项目也通常以名胜古迹为中心。最完美的情况就是，历史保护的文化价值与规划的经济和城市价值之间产生一种平衡（图3-9）。

随着历史保护规划继续演变，它还会面临两大挑战。第一个挑战是人们能完全接受把历史保护规划纳入标准的规划工具箱。过去很长一段时间内，历史保护领域都被认为是有钱人的爱好，现如今它被公认为是合法的社区规划和经济发展战略。寻求进一步的发展也比较困难。倡导历史保护意味着既要赞同它的文化意义，又要认可它的经济价值，这在城市政策领域是一个很难宣扬的微妙论点。

第二个挑战是近些年来构建的环境也在变"老"，因此又出现了新的保护对象。在第二次世界大战结束跨过50年的门槛时，足以被纳入历史保护范围的建筑和地点的数量也会大幅度增长。例如，现代主义的设计和第二次世界大战后的开发在很多城市里的建筑中占了很大比例，并且累积了一定的历史感，达到了受保护的标准。一些先驱城市已经将现代主义、战后和郊区结构等因素纳入到历史保护规划中，如：弗吉尼亚州阿灵顿市（Arlington，Virginia）的"战后房产项目"，菲尼克斯市（Phoenix）的"45个历史街区"项目和达拉斯市（Dallas）的现代主义建筑。

但是在扩大历史保护规划的过程中机会要大于阻力。特别是由于可持续发展在规划可行性报告辩论中占有重要地位，历史保护中可持续发展优先的宗旨与再利用和保护的基本原则将会越来越保持一致。[10]

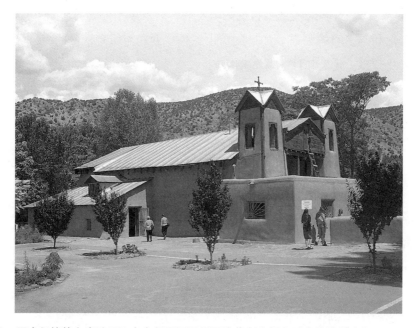

图3-9　历史保护基金资助了这个在新墨西哥州圣达菲市北部名叫奇马约村庄（Chimayó，north of Santa Fe，New Mexico）的教堂。这些资金来源于该县发行的用来保护公共空间和历史文化古迹的债券项目
资料来源：兰德尔·马森（Randall Masson）

注　释

1. "历史保护"这个词包含了该领域的所有方面，包括建筑文物保护、建筑物修复、历史遗迹解读以及形成本文核心主题的历史保护规划。

2. 根据国家公路管理局的资料，大约有 8 万个地方入选《国家史迹名录》，包括 100 万座建筑物；大约有 2500 个国家历史地标。参见 nps.gov/history/nr/about.htm（2008 年 5 月 16 日）。

3. 研究表明，地方历史区域入选史迹名录与地产价值增加存在正相关。参见兰德尔·马森（Randall Masson），《历史保护经济学：文化导读与回顾》（*Economics of Historic Preservation：A Guide and Review of the Literature*），（华盛顿：大都会政策项目，布鲁金斯学会，2005 年 9 月），brookings.edu/metro/pubs/20050926_preservation.pdf（2008 年 5 月 16 日）。

4. 世界遗产中心，whc.unesco.org/（2008 年 5 月 16 日）。

5. 茱莉亚·米勒（Julia Miller），《通过保护区方案来保护老旧街区》（*Protecting Older Neighborhoods through Conservation District Programs*），（华盛顿：国家历史保护信托，2004 年版）。

6. 参见托马斯·F. 金（Thomas F. King），《联邦规划和历史场所：106 条款》（*Federal Planning and Historic Places：The Section 106 Process*），（加州核桃溪：阿尔塔米拉出版社，2000 年版），以及联邦咨询委员会历史保护网站 achp.gov（2008 年 5 月 16 日）。

7. 从 1976 起，已经有 33 900 个项目试行了文物修复减税政策，影响了 400 亿美元投资。国家公园服务局的报告显示，仅在 2006 年财政年内，就有 8.17 亿美元税收抵免影响了 40.8 亿美元的私人投资。参见国家公园服务局技术维护服务处，《修复历史建筑的联邦税务激励：2006 年财年年度报告》（*Federal Tax Incentives for Rehabilitating Historic Buildings：Annual Report for Fiscal Year 2006*），（华盛顿：美国内政部国家公园服务局，2007 年 2 月）第 3 页，gov/history/hps/tps/tax/download/2006report.pdf（2008 年 5 月 16 日）。

8. 国家历史保护信托网站（preservationnation.org）和国家公园服务局网站（nps.gov）是最好的信息来源。

9. 关于该计划的描述可参见 nyc.gov/ html/planyc2030/html/home/home.shtml（2008 年 5 月 15 日）。

10. 在可持续发展文化中有一句话已经成为老生常谈："最环保的建筑就是已经存在的建筑。"同样的话也适用于历史区域和城市。

健康的城市

安妮·弗内兹·穆东（Anne Vernez Moudon）

　　一直以来，城市土地利用规划师和地方政府管理者都明白，人造环境和自然环境都会影响到我们的身心健康。城市拥挤、缺乏光线和自然通风等问题是19世纪末期改革的重要原因。这些改革针对城市住房采用了建筑法规和条件改建等措施。随后，规划师与健康咨询师联合起来共同发起创建了区划准则，来减少不良因素（噪音、刺鼻气味和污染物）及暴力和不文明行为等对于人们的直接影响，因为这些东西被认为会给人类带来疾病。19世纪到20世纪初的改革家和规划师也曾致力于在拥挤的城市提供充足的公共空间，以便人们进行户外休闲活动。

到20世纪中叶，生活条件的提高和主要医学难题的突破极大延长了人类寿命。在土地利用规划方面，健康问题逐渐被其他问题所代替。公共健康议程已经不再关注城市环境的作用，而是转向关注人类个体的行为。

与此同时，环境自身的健康问题也成了规划界的一个主要问题，特别是人类活动对水和空气产生的深远影响。强调保护包括动物和植物在内的自然环境的联邦法律，包括1969年的《国家环境政策法案》、1970年的《清洁空气法案》、1973年的《濒危物种法案》和1977年的《清洁水法案》都深刻影响了城市规划活动。环境质量和生物多样化对人类的影响已经、并且还将继续被认同，主要动力就是努力确保自然环境得到保护。

新的挑战

人类的健康现在又重新成为规划的核心问题。[1] 公共健康官员指出了两个危险的趋势。第一，虽然政府和非营利机构努力倡导人们改善生活行为，健身产业也蓬勃兴起，但缺乏运动的情况依然非常普遍。在美国，50%以上的成年人缺乏足够的体力活动，25%的人根本没有任何体力活动。[2] 此外，最近一组数据表明，美国的超重和肥胖人群比重急剧上升（据估计目前60%以上的美国人超重）。[3] 缺乏运动和超重、肥胖直接会诱发慢性病（包括糖尿病和关节炎）、中风、心理疾病和各种癌症的蔓延。[4] 这些疾病的治疗费用占全国医疗费用的比例高达40%，而且在医疗费用逐年升高的情况下，这些费用将占到个人总支出的五分之一，这个问题更是不容忽视。[5]

由于鼓励个人增加体育运动、控制体重的措施效果不佳，公共健康部门也开始从环境入手。公共健康专业人士从社会、生态和体育等宽泛含义的环境入手：他们认为，贫困、空间失配导致的失业、城市化、公共服务不足以及家庭和职业危害（包括与交通出行有关的危害）都属于会造成慢性病的环境压力。虽然缺乏运动与久坐相关，但这样的习惯不可避免地与私家车导向的规划相关。但是，很多环境因素都可以改变和控制，从而减少慢性病的风险。例如，城市在布局的时候可以考虑提供更多的健康食品，提倡步行和骑自行车。

新的方法

1986年，为进一步推进与传统疾病防治不同的健康促进计划，世界卫生组织（WHO）开展了欧洲健康城市项目，参与该项目的35个城市共同承诺促进城市健康。与此同时，美国的健康城市项目引入了全国公民联盟（NCL），并得到了凯洛格基金会（Kellogg Foundation）和罗伯特·伍德·约翰逊基金会（RWJF）的支持。全国的资助也逐渐从全国公民联盟转为健康城市和社区联盟，随后成为美国医院联合会（AHA）下面的医院科研和教育信托基金（HERT）的一部分，并最终与社区健康合作关系项目结成一体。[6] 罗伯特·伍德·约翰逊基金会最终也带来了两个资金充足的项目：通过设计积极生活和积极生活研究。

在2001年的一篇论文中，医疗科研和教育信托基金的理事和其他一些专家共同确认了旨在改善生活质量和倡导积极生活的四个社区设计活动。[7] 这四个活动的支持者分别是：

- 理性增长倡导者（主要是土地利用、交通和经济发展方面的专业人士）。
- 可持续社区倡导者（主要是环境方面的专业人士）。
- 宜居社区倡导者（建筑和城市规划方面的专业人士）。
- 新城市主义者（建筑师、城市设计师、经济发展从业者）。

每个领域的专业人士都从各自的角度强调了迫在眉睫的需求，那就是环境规划对人类健康的直接影响。

公共卫生领域和社区设计领域专业人士合作的典型案例是积极社区环境方案，该项目是由美国疾病控制与防护中心（CDC）牵头，美国环保署、国家公园管理局和世界卫生组织健康城市项目共同倡导的。自2001年开始，罗伯特·伍德·约翰逊基金会的积极生活项目联合了包括国际城市管理协会在内的众多研究机构，并且建立了国际城市管理协会积极生活大使项目，这是一个人才交流与技术援助项目。[8]

2002年，美国规划协会（APA）与美国市县卫生官员联盟（NACCHO）合作，共同恢复土地利用规划与公共健康实践之间的桥梁。[9] 同时，他们还资助出版了《融合规划与公共健康》（*Integrating Planning and Public Health*）一书，该书通过案例研究的方式说明了构建健康社区的具体方法。[10] 美国交通运输研究委员会和美国医药研究所也共同发表了一份特别报告：《建成环境是否影响人的体力活动？》（*Does the Built Environment Influence Physical Activity?*）[11]

地方发起的活动

健康城市活动在美国和全球各地的地方政府层面迅速发展起来。现在，地方选举和任命产生的政府官员将改善人类健康作为各项政策、社会项目和基础设施投资基金的基础。对于积极生活方式和健康饮食的支持有直接和间接两种方式，这些支持不仅来自于公共卫生部门，也来自规划、交通、经济发展、学区和其他政府部门。例如，空气和水的质量管理权现在同时归于环保和疾病防治两个部门。类似地，增加积极的旅行和交通方式的活动（例如，不使用汽车）要与减少致命和重大伤害车祸数量的增强安全活动相结合。同时，防止暴力行为也要与街头安全和个人健康相结合。公共健康倡导者不仅更加重视健康食品是否可以得到及其性价比如何，而且更加重视人们购买健康食品的难易程度。学区也开始限制学生们摄取高脂肪、高糖食品和饮料，并鼓励学生们走路上学。地方政府根据出行和休闲需求来确定小路、公园、人行道和其他交通基础设施的投资是否合理，并将其当作健康生活方式的必要因素（图3-10）。

公共卫生部门官员现在正积极要求规划师制定有益于体育运动、便于步行和骑车的土地利用和交通规划。2007年，加利福尼亚州的一项法案原本要授权卫生部门官员协助市政官员解决与地方土地利用规划和交通规划相关的健康问题，该法案未获通过（后来已进行修订）。[12]

图3-10　走路上学巴士活动给孩子们提供了日常活动机会
资料来源：安妮·弗内兹·穆东（Anne Vernez Moudon）

健康城市指南

在国家与地方政府层面，美国的法规都与世界卫生组织的指南相一致，该指南倡导规划政策（概要、规划、指南）和政策评估流程认可以下健康目标的定义：

- 健康生活方式的机会（特别是有规律的运动）。
- 社会凝聚力与支持性的社会网络。
- 能够得到各种工作机会。
- 能够得到优质设施（教育、文化、休闲、零售、健康和公共空间）。
- 拥有地方食品生产与健康食品专营店。
- 马路安全与个人安全感。
- 拥有可接受的噪声级别和良好的空气质量的环境。
- 良好的水质和卫生条件。
- 减少危害气候稳定性的物质排放。[13]

值得注意的是，世界卫生组织的指南在构建创建健康城市的方法中包括了社会资本和凝聚力，这一包含的基础是健康行为与社会支持和社区力量存在强有力的联系。

健康影响评估

健康影响评估（HIAs）基于环境影响评估的实践，是促进健康城市项目的有效方式。健康影响评估摆脱传统的公共卫生领域的局限，对社区设计、交通规划、政策与活动产生的健康影响进行评估。疾病控制与预防中心通过地方卫生部门、规划委员会和其他决策层来推广健康影响评估。它支持探索性测试、对现有健康影响评估工具的评估、普通项目和政策的健康影响数据库的开发以及健康影响评估的员工培训。此外，美国规划协会与美国市县卫生官员联盟共同组织了研讨会，对规划专业人员进行有关卫生影响评估系统的培训。

对未来的预测

健康城市项目对致力于提高人口容纳能力的城市规划与管理方法有良好的补充作用。相较于发展为本的增长管理、自然为本的环境规划和技术为本的交通管理，该项目体现出"以人为本"的鲜明特色。另外，它也具有健康和环境的系统性，健康城市倡导者认为减少慢性病的发病率将取决于控制环境污染、管理交通问题和建立高密度及服务周到的社区。

各种环境条件汇集在一起，要求规划师重新考虑城市和大都市发展规划的蓝图。处理人口方面的变化是首要问题：慢性病主要影响贫困人口和老年人口，这部分人口正不成比例地增长。由于缺乏运动和超重问题，青少年也容易很早就患上慢性病。这部分人群都需要特别关注。

生活方式的改变是减少慢性病发病率，特别是易染病人群发病率的最有效途径。活动强度和食品的选择是改善人体健康中最需要调整的两个行为因素。由于积极的生活方式很大程度上取决于环境因素，因此规划师在设计社区或现有社区更新中都会起到很大作用。改善健康和环境质量是人类目前的重要诉求。

注 释

1. 大卫·斯隆（David C. Sloane），《从拥堵到蔓延：在历史背景下的规划和健康》（*From Congestion to Sprawl : Planning and Health in Historical Context*），《美国规划协会会刊》（*Journal of the American Planning Association*）72（2006 年冬季刊），第 10–18 页。

2. 美国疾病控制与预防中心（CDC），《全民健身活动》（*Physical Activity for Everyone*），cdc.gov/nccdphp/ dnpa/physical/everyone/index.htm（2008 年 5 月 26 日）。

3. 美国国家卫生统计中心，《成年人的超重与肥胖症比率：美国（2003-2004 年）》（*Prevalence of Overweight and Obesity among Adults : United States*，*2003–2004*），cdc.gov/nchs/products/pubs/pubd/hestats/overweight/overwght_adult_03.htm（2008 年 5 月 27 日）。

4. 美国疾病控制与预防中心，《肥胖经济学》（*Economics of Obesity*），cdc.gov/nccdphp/dnpa/ obesity/economic_consequences.htm（2008 年 5 月 26 日）。

5. 出处同上。

6. 艾伦·肖齐科斯（Ellen Shoshkes）和斯·阿德勒（Sy Adler），《为健康人群和健康场所而规划：从 20 世纪中期全球论述中得到的经验教训》（*Planning for Healthy People/Healthy Places : Lessons from Mid-20th Century Global Discourse*），（美国规划院校联合会年会提交的论文，得克萨斯州沃斯堡，2006 年 11 月；发表于《规划观察》，2009 年）。

7. 格雷琴·威廉姆斯·特雷斯（Gretchen Williams Torres）等，《通过社区设计实现积极生活》（*Active Living through Community Design*），（罗伯特·伍德·约翰逊基金会白皮书，普林斯顿，2001 年），艾伦·肖齐科斯（Ellen Shoshkes）和斯·阿德勒（Sy Adler）在《为健康人群和健康场所而规划：从 20 世纪中期全球论述中得到的经验教训》曾经引用。

8. 国际城市管理协会积极生活大使项目，icma.org/ activelivingambassadors（2008 年 5 月 20 日）。

9. 参见美国心理协会调查《帮助建立伟大的社区》（*Helping Make Great Communities*），planning.org/

research/overview.htm?project=Print（2008 年 5 月 20 日）。

10. 玛利亚·莫里斯（Marya Morris）等，《融合规划与公共健康》（*Integrating Planning and Public Health*），PAS 第 539、540 页，（芝加哥：美国心理协会规划咨询服务处，2006 年）。

11. 美国体育活动、健康、交通运输、土地利用委员会，《建成环境是否影响人的活动？》（*Does the Built Environment Influence Physical Activity?*），参见《证据：特别报告 282》（*the Evidence, special report 282*），（华盛顿：美国交通运输研究委员会，美国医药研究所，2005 年 1 月），onlinepubs.trb. org/ Onlinepubs/sr/sr282.pdf（2008 年 5 月 20 日）。

12. 州众议院法案 437 号，由参议院于 2007 年 7 月 17 日修订；重新编号为 AB 211，于 2008 年 8 月 6 日修订。

13. 休·巴顿（Hugh Barton），克莱尔·米切姆（Claire Mitcham）和凯瑟琳·索罗（Catherine Tsourou）等，《健康城市规划实践：欧洲城市经验汇总》（*Healthy Urban Planning in Practice：Experience of European Cities*），（丹麦哥本哈根：世界卫生组织，2003 年），第 56 页，euro.who.int/ document/e82657.pdf（2008 年 5 月 20 日）。

棕地再利用

南西·格林·李（Nancey Green Leigh）

美国的工商业发展已经在城乡各地留下了环境污染的后遗症。1980年的《环境综合报告、补偿和问责法案》（CERCLA）是政府对此类问题的首次回应。该法案正式将棕地定义为"由于受到污染或潜在污染而导致扩展、再开发和再利用复杂化的一种产权土地"。该法案的最初目的是促进受污染土地的清理，并为美国环保署（EPA）提供机会向潜在的责任主体（PRPs）收取土地清理的费用，这既包括过去或现在的土地所有人，还包括土地的使用机构。然而，无论是政府还是私人部门，都不愿成为潜在的责任主体，这样带来的意外后果就是降低了对棕地再开发的兴趣。

相比于普通的"干净"土地再开发，棕地再开发至少要面对五个障碍[1]：

● 很难确定清理土地污染的责任主体。

● 因为害怕被确定为清理土地污染的责任主体，土地所有者可能会严格封锁污染位置和污染程度的相关信息。

● 环境的评估和修复将会提高项目成本，使其无利可图。

● 环境的评估和修复将会延长开发工期，从而使总成本上涨到不能接受的程度。

● 前四点障碍——责任主体确认、缺乏信息、增加成本和开发时间的可能性——带来的不确定性因素将会导致最大的障碍，即对棕地再开发的投资将会转移到绿地的开发上。

美国的州和地方政府，特别是处于锈带，尤指美国北部衰败或萧条的工业区，在努力避免《环境综合报告、补偿和问责法案》所带来的不利影响方面起到了先锋作用。最终，美国环保署在1995年发布了《棕地行动纲领》，该文件在促进棕地再开发方面一直起着积极作用。该行动纲领包括：社区的试点补助，棕地所有者责任的确定，联邦、州和地方政府机构之间的合作关系，支持棕地修复的就业和培训机会。

2002年《小企业免责和棕地修复法案》[2]的实施极大地增强了美国环保署的积极态度。它通过批准资金用于环境评估和土地清理，对无辜的土地所有者、相邻地产的所有者和潜在的购买者予以免责，授权州政府审核利用志愿清理项目完成的棕地修复[3]等方式，进一步支持了棕地修复市场。其他的联邦机构也开始实施一些项目来进一步促进棕地再开发。

地方政府自身也成了部分棕地再开发的障碍，包括复杂零碎的批准流程、过时的区划方案和条件恶劣的基础设施。[4]地方政府采取了棕地再开发协助、审批和奖励政策的一站式服务，或者至少指定单个政府部门直接对接，这是棕地再开发效益最大化的重要一步。

棕地再利用的准备工作

为棕地的高效再利用需要考虑很多综合因素：资金问题、社区参与、责任确定、环境评估和清理、法规要求等等，还有众多利益相关方的协调。对棕地的评估和清理必须在整个再开发过程中整合以上所有因素。此外，土地清理方式需要因地制宜。在有些地区，土地清理在产权转移前就能完成。在其他地区，土地清理则与土地建设和再开发活动同时进行。

无论土地清理何时或如何完成，所有棕地项目都要面临的挑战是土地清理与再开发目标的协调问题。这个目标可能包括成本效率、时效性、避免对土地结构和附近社区的负面效应，以及有益于社区和地区经济的再开发模式。

资料来源：美国环保署，《为棕地调研和清理而了解创新技术选择的路线图》(*Road Map to Understanding Innovative Technology Options for Brownfields Investigation and Cleanup*)，第四版，EPA-543-B-05-001（华盛顿，美国环保署，2005年9月），第1页，brownfieldstsc.org/pdfs/Roadmap.pdf（2008年4月29日）。

自从联邦政府开始实施棕地项目以来，便形成了复杂的棕地产业，它包含环境咨询、金融投资、法律、保险、新修复技术的研发、地产、工程和修复等领域的各类专家。环境保险业的发展对于棕地市场的增长也至关重要，该险种将土地清理项目利益相关者的责任和风险转移给保险公司承担。三种基本的环境保险政策是：

● 污染免责。投保人无须承担以下情况的现场清理费用：现场不明原因和已经存在的污染；正在进行的操作产生的污染（例如当制度和工程手段调控失败的时候）；第三方的诉讼（例如事发地点的污染扩散到第三方的土地）。

● 成本覆盖。投保人无需承担超过预期的土地清理成本的部分。

● 土地所有者保证金。当借款人由于土地污染而拖欠租金时，保护贷款人的利益。

另一个影响棕地开发产业成功的重要因素就是评估棕地污染面积技术（例如光纤化学传感器）和处理污染物技术（例如空气注入法和生物治理）的开发与应用。[5]

棕地产业已逐渐发展为依靠公私合营关系的房地产市场。在众多成功案例中，规模最大的就是亚特兰大火车站项目。该项目应用理性增长理论实现了多用途开发，并获得了2004年美国环保署评选的"全国最佳棕地再开发凤凰奖"。该项目位于亚特兰大市中心，占地138英亩，是亚特兰大钢铁厂的旧址，对这个衰落地区的改造很快就完成了。雅克比开发公司1997年购买了这块地产，并在2001年完成了耗资1 000万美元的清理工程。除了雅克比公司，包括美国国际集团全球地产投资集团在内的众多美国本土私营机构也参与了开发。政府机构方面，美国环保署、佐治亚州政府、亚特兰大市政府和众多周围地区的政府机构都有参与。基础设施改造和增值税融资等一系列的政府激励政策都应用于此项目。扩建后，该项目可提供5 000个居住单元，满足不同收入阶层的需要，并拥有600万平方英尺的办公建筑、200平方英尺的零售和娱乐空间、1 000个酒店房间和11英亩的公共空间（图3-11）。

全国棕地问题的严重程度还未确定，而且无法量化。棕地面积有大有小，在城市的繁华地带和荒凉地区都可能出现。虽然被污染的土地已经被联邦和州政府记录在案，其中60 000块棕地已经经过政府志愿清理项目的清理，但这很有可能只是冰山一角。根据亚特兰大和克利夫兰的研究推测，只有十五分之一的棕地得到了确认。[6]此外，各种不法活动还在继续产生新的棕地。例如，一种被称为"冰毒土地"的新型棕地，是由秘密毒品实验室产生的，而且这种毒品实验室已经迅速在城乡各地出现。据估计，冰毒实验室每生产一磅冰毒就会产生五磅垃圾，这些垃圾会污染下水道、土地和地表水。参议院已将"冰毒土地"列为联邦棕地基金的治理对象。

棕地再开发主要集中于规模最大和最有商业效益的土地，这被称为"容易摘到的果

图3-11　在亚特兰大火车站，理性增长的多用途开发被用于改造这里的棕地。以前的旧炼钢炉现在成了中央公园的一尊雕塑

资料来源：斯科特·哈尔特（Scott Ehardt）

子"。余下的棕地主要是一些中小规模的土地，多数对私人企业来说没有太大的再开发前途，因为这些土地的最终用途和利润空间有限。但如果忽视这些土地，周围未受污染的土地也会受到歧视和贬值，也会影响该地区的繁荣复兴。因此，为了整个地区的繁荣，地方政府需要促进中小规模棕地的再开发。

州政府层面会督促通过提供州级环境保险来促进边缘棕地项目的再开发，以防与该地块价值相关的私人保险成本过高，令人望而却步。[7]马萨诸塞州棕地再开发融资项目（BARC）为土地清理和再开发项目提供州级补助性环境保险，帮助扫除开发成本的障碍。在马萨诸塞州棕地再开发融资项目第一笔800万美元的带动下，每1美元的公共资金都会带来330美金的社会资本投资，用于棕地修复和再开发。此外，再开发每年还能带来3 000万美元的房产税收，并为280个地区带来了19 000个工作机会。[8]

注　释

1. 琼·菲茨杰拉德（Joan Fitzgerald）和南西·格林·李（Nancey Green Leigh），《棕地再开发的挑战》（*The Brownfield Redevelopment Challenge*），收于《经济振兴：城市和郊区案例与战略》（*Economic*

Revitalization：Cases and Strategies for City and Suburb），（加利福尼亚州千橡市，Sage 出版公司，2002 年 3 月版），第 69-101 页。

2. 公法 107-118，epa.gov/brownfields/pdf/hr2869 .pdf（2008 年 4 月 29 日）。

3. 查理·巴切（Charlie Bartsch），《棕地十年：一个进入成年期的市场》（*A Decade of Brownfields：A Marketplace Enters Adulthood*），《棕地新闻》（*Brownfield News*）11，第 1 期（2007 年 1 月），第 10-11 页。

4. 凯瑟琳·芬纳兰（Catherine Finneran），《吸引棕地区域的开发：地方的挑战》（*Attracting Development to Brownfield Sites：A Local Challenge*），《公共管理》（*Public Management*），（2006 年 11 月），第 8-10 页。

5. 曝气是一种现场修复技术，通过在地表下饱和的区域注入未受污染的空气，来减少被土壤吸收、溶解在地下水中的石油产品的挥发性成分。参见"曝气（Air sparging）"，epa.gov/oust/cat/airsparg.htm（2008 年 5 月 20 日）。生物修复是利用微生物或微生物酶让受到污染影响的环境恢复最初状态的过程，参见"什么是生物修复？（What Is Bioremediation?）"，bionewsonline.com/w/what_is_bioremediation.htm（2008 年 5 月 20 日）。

6. 南西·格林·李（Nancey Green Leigh）和莎拉·科芬（Sarah L. Coffin），《制作棕地、地产价值和社区复兴之间关系的模型》（*Modeling the Relationship among Brownfields，Property Values，and Community Revitalization*），《房屋政策辩论》（*Housing Policy Debate*）16，第 2 期（2005 年），第 257-280 页，fanniemaefoundation.org/programs/hpd/pdf/ hpd_1602_leigh.pdf（2008 年 4 月 29 日）。

7. 乔安·帕特里佐（JoAnn M. Petrizzo），《对小型棕地的州级保险项目说"好"》（*'Yes' to State Insurance Programs for Small Brownfields*），《棕地新闻》（*Brownfield News*）10，第 6 期（2006 年 12 月），第 39 页。

8. 汤姆·巴里（Tom Barry），《环境保险：棕地再开发的有效工具》（*Environmental Insurance：An Effective Tool for Brownfield Redevelopment*），《棕地新闻》（*Brownfield News*）10，第 6 期（2006 年 12 月），第 35 页。

预防自然灾害的规划

罗伯特·B.奥申斯基（Robert B. Olshansky）

　　2005年8月，飓风"卡特里娜"重创美国墨西哥湾地区，影响了包括138个教区和郡县在内的共计9.3万平方英里的区域[1]，其中包括全美第35大城市新奥尔良。飓风引发的洪涝灾害淹没了该市80%的城区，摧毁近30万户住宅，迫使77万人流离失所，还直接导致1 300人死亡。卡特里娜带来的经济损失波及全美，至今还余波未平。

　　每年都会出现许多小规模的自然灾害：在1998年至2007年期间，联邦宣告的自然灾害共有541起，这相当于平均每月至少发生4起自然灾害。[2] 例如，2004年4月20日，龙卷风袭击伊利诺伊州尤蒂卡市（Utica, Illinois）10余秒，严重损坏了该市市中心，并造成8人死亡。灾后联邦批准了多达240万美元的救助金，用于尤蒂卡市（Utica）及周边受灾地区的重建。时至2008年，尤蒂卡市（Utica）仍在恢复中。

自然灾害会扰乱城市规划的工作进程。城市规划师提供能够持续、公平并且有效地满足居民经济、社交和隐私等多方面需要的居所，而自然灾害与这一切背道而驰。因此，规划师会努力在灾害发生前对其进行预测与预防，并在灾后重建地方城镇体系中发挥重要作用。

减少未来自然灾害的影响

自然灾害完全无法预测的情况是比较少见的。洪水、地震、飓风、滑坡和龙卷风一般会在它们之前曾出现过的地方发生，完备的管辖与全面的计划能够有的放矢地应对危险。

任何全面的计划都应该包含一些风险评估，从最基础的风险识别到更加精确的风险分析。互联网已经提供了美国风险分布情况的很多信息，例如国家洪水保险计划（NFIP）绘制了每年洪灾概率超过1%的洪泛区的地图，美国地质调查局则绘制了全国各地地震发生概率图。

地方政府减少风险最简便的方法是将减灾工作纳入常规的发展管理过程中。全面的计划提供了事实根据与政策框架，但是实施过程需要经受建设标准、开发规范（分区、地区细分、环境影响测评）、公共设施政策、资产收购政策、财税政策和公共信息与风险披露计划等环节的考验。

洪水、地震、飓风、滑坡和龙卷风一般会在它们之前曾出现过的地方发生，完备的管辖与全面的计划能够有的放矢地应对危险。

即使拥有大量有用的信息，地方政府仍不能轻视社区所面临的自然风险，这一观点得到了越来越多法院的认可。因此，从总体风险管控的角度看，地方政府最好能够对存在风险的开发项目采取坚定立场，哪怕这样做可能会被开发商起诉。减少风险也有着重大的经济意义，据联邦紧急事件管理署（FEMA）2005年的研究表明，多重灾害减缓委员会发现，在风险防控中每投入1美元将平均节约4美元公共资金（以贴现值计）。[3]

1988年的斯塔福法案是一部国家自然灾害法，主要鼓励多种渠道减灾。2000年的减灾法案（DMA2000）[4]对上述法案进行了修正，并强调要对自然灾害防患于未然。该法案将州及地方级别的减灾计划作为灾害发生后接收减灾援助的条件。在灾害发生后实施减灾虽然看上去很矛盾，但这一政策清晰地反映了灾后是民众与政府最关心自然灾害的时刻，联邦基金也在此刻基本到位。由于自然灾害倾向于在相同地方重复出现，所以灾后减灾实际上是明智之举。根据减灾援助计划，一部分联邦灾后救助可以用于减灾项目，而且那些拥有高质量（改进的）减灾计划的辖区得到的救助额度还能增加。减灾法案还批准了灾前减灾计划，这样州政府与地方政府就能够在灾害发生前争取到减灾资金。

与许多优秀的保险公司类似，国家洪水保险计划也包含减灾激励与合理化，这种风险减少措施能够保护基金的资产与保险的保费。洪灾减轻援助计划给予社区准备减灾计划及实施减灾措施的许可，比如对易受洪灾影响的设施进行升高、收购或者转移。复发洪灾索赔项目旨在援助拥有国家洪水保险计划索赔权的投保地产，重大复发损失补助项目旨在保护拥有重复索赔权的地产。自1993年中西部发生洪灾以来，对易受洪灾影响地产的收购与持续将它们改造为空地的行动是联邦政府对付部分最严重洪灾的优先策略。

经验表明，在具体落实减灾政策的过程中，地方政府必须同时考虑政治和技术的细节问题。他们在收集可靠数据、准备地图，并在开发前合理管理土地时必须高瞻远瞩，同时他们还需要因地制宜地进行设计，将减灾工作纳入正常施工的过程中，合理利用灾后契机，并在必要时进行地产购买。

规划在重建中的作用

自然灾害的损失不易修复。它们破坏生活和商业，一旦发生灾害，人们只能等待救助，修复基础设施，等待邻里归来。物质上的灾后恢复需要数年时间，但心理创伤的愈合可能需要几十年。恢复期对于社区而言是具有挑战性的时期，因为在这期间经济停滞，社会关系淡薄，同时卫生与辅助服务质量下降。

灾后重建给了规划师大展身手的机会。在所有紧急情况管理阶段中，这个阶段是最考验规划师技巧的，并且规划师的水平能起到关键作用。灾后重建是城市规划面对的所有挑战的一个缩影：土地利用的开发和改善民生的经济发展策略、在信息不足的情况下行动、在深思熟虑与权宜之计间进行权衡取舍、引导当地政局、调动人民积极性、吸引合适的投资者、重建损毁地区和识别能够填补当地资源不足的资金来。不过，灾后还面临着风险增加、公众情绪高涨并且时间紧迫的问题。另外，赈灾资源通常会及时到位。在充分利用这些资源，同时处理好灾后重建带来的压力方面，地方规划师发挥着至关重要的作用。

灾后重建是城市规划面对的所有挑战的一个缩影。

自然灾害也为在重建中改善社区提供了机会。自1994年加利福尼亚州北岭（Northridge, California）地震后，数以千计的公寓得到了重建，其中20%的房屋需要满足经济适用房要求。这次地震也给城市带来了清理和振兴好莱坞大道及周边环境的机会，这些变化反过来又吸引了对该地区的大量私人投资，包括一个奥斯卡奖的永久颁奖场地。洪灾给地方政府提供了将低洼地段的建筑进行永久性迁移的契机。例如，北达科他州的大福克斯（Grand Forks, North Dakota）在1997年一场灾难性洪水后迁移了800户家庭。

当灾害发生后，同时促进灾后规划速度与质量最好的方法是强调数据收集、信息系统、交流以及为这些要素明确提供资金支持。机构之间的常规交流能够促进对速度与质量需求冲突的实时管理。最后，地方政府有责任在灾害发生后尽快为全面包容性规划过程提供支持。

更好的情况是，地方政府可以在灾后重建前进行规划。詹姆斯·施瓦布（James Schwab）指出，规划可以帮助社区更容易获得灾后资金支持。[5] 拥有规划意味着地方官员已经考虑了众多选择，并且决定了使用灾后重建资金的最佳方法，以便契合社区的所有规划目标。重建规划能够：

- 列出资金来源和融资选择。
- 明确灾后各个市政机构的职责。
- 为组建灾后重建协调机构提供指导方针。
- 明确公民参与的途径。
- 提供拆除与加速许可的临时规范。
- 在必要时允许暂停活动。
- 放宽法规的临时适用范围。
- 确定修建位置和搭建与管理临时住所的流程。
- 确定灾后减灾活动。

自然灾害是整体上进行城市规划最有说服力的理由之一。拥有积极规划过程的社区要比那些没有规划的社区更快、更好地恢复。这些积极规划过程包括：牢固确立的社区结构、有效的沟通渠道、多样化的规划文件和工具，以及一定程度的社区共识。一般来说，进行规划的社区最有能力应对突发事件（图3-12）。[6]

资料来源：小林育夫（Ikuo Kobayashi）

资料来源：罗伯特·奥申斯基（Robert Olshansky）

图3-12　1995年，日本神户（Kobe，Japan）遭受了灾难性的地震和火灾。成功完成灾后重建后，神户现在具备更强的抗灾能力

　　在2004年，联邦紧急事件管理署通过在联邦应急计划中名为紧急支援职能（ESF）14的过程，增加了在长期灾后规划中的参与度。按照紧急支援职能14，联邦紧急事件管理署集合地区和联邦政府部门（例如住房和城市发展部、交通部和农业部）的专家，一起评估地区需求，制定规划和为地区项目匹配相应的联邦资金来源。紧急支援职能14反映了长期跨学科融合思考的发展趋势，这对联邦紧急事件管理署来说是一个进步。不过，目前该机构在城镇规划领域实施该趋势的准备程度尚未明确。2004年在几个小社区试验成功后，紧急支援职能14在卡特里娜飓风发生后得到应用。不过，在卡特里娜飓风这样规模的灾难中实施紧急支援职能14的确有难度。许多观察者指出，在灾难发生后，立即向州级与地方规划机构直接提供联邦资金会更好。

将风险防范意识根植于城镇规划实践中

自然灾害时常侵扰社区，它们会危害经济活动、住宅以及人民的生命安全。随着全球气候变化，极端天气事件的发生概率将会逐渐升高，因此，不论专长是什么，所有规划师都必须将自然灾害及其影响考虑在内。

在全面规划中应该时常考虑到自然灾害，在以下规划区域工具中也必须理所当然地考虑到自然灾害：区划和细分条例、经济发展政策、住房政策、资本优化计划和社区发展规划。因为规划师协助引导社区的建设，他们需要确保人民健康、经济的安全免于侵扰、公共投资受到保护。自然灾害发生后，规划师具有独特的资质来建立信息系统、明确资金来源和管理公民的参与，从而对重建过程进行最佳规划。

对自然灾害的社区共识很难达成。在常规时期，公民会拒绝为不可见的事件做准备。在灾害发生后，社区的决定很容易引起争议。规划师很适合处理这种情况，他们需要进行冲突管理，快速利用大量信息，并对未来不同情境进行分析。这些特质并不仅限于"风险规划师"，所有规划师应该共同承担建设安全、有活力社区的责任。

注　释

1. 白宫，《联邦政府对卡特里娜飓风的响应：学到的教训》（*The Federal Response to Hurricane Katrina：Lessons Learned*），（华盛顿：总统办公室，2006年2月23日），whitehouse.gov/reports/katrina-lessons-learned/（2008年5月21日）。

2. 联邦紧急事务管理署，《按年份或州公布的灾难》（*Declared Disasters by Year or State*），fema.gov/news/disaster_totals_annual.fema（2008年5月21日）。

3. 多重减灾委员会，《自然灾害减缓带来的节约：评估减灾行为节约的未来成本独立研究》（*Natural Hazard Mitigation Saves：An Independent Study to Assess the Future Savings from Mitigation Activities*），（华盛顿：多重灾难减缓委员会，全国建筑科学研究所，2005年），nibs.org/MMC/MitigationSavingsReport/natural_hazard_mitigation_saves.htm（2008年5月21日）。

4. 民法106-390。

5. 詹姆斯·施瓦布（James Schwab）主编，《灾后恢复和重建规划》（*Planning for Post-Disaster Recovery*

and Reconstruction），《规划咨询服务报告》（ Planning Advisory Service Report（ PAS ）） 第 483、484 页，
（芝加哥：美国规划协会，1998 年），fema.gov/pdf/rebuild/ ltrc/fema_apa_ch3.pdf（2008 年 5 月 21 日）。

6. 劳丽·A. 约翰逊（Laurie A. Johnson）、劳拉·多利·萨曼特（Laura Dwelley Samant）和苏珊·娜福鲁
（Suzanne Frew），《为意料之外的情况规划：土地利用开发与风险》（ Planning for the Unexpected：
Land Use Development and Risk），《规划咨询服务报告》（ Planning Advisory Service Report（ PAS ））
第 531 页，（芝加哥：美国规划协会，2005 年）。

重焕老工业城市的活力

詹妮弗·S.维尔（Jennifer S. Vey）

从整体上来看，就业的增长、邻里市场的改善以及越来越多的年轻人和空巢老人等群体选择了在城市而非郊区定居，这清晰地表明，美国中心城市正在回归。

然而，并非所有城市都充分参与了这场复兴。全国各地，特别是在东北和中西部地区，许多老工业社区仍在为了实现从制造业经济到知识型经济的成功转型而苦苦挣扎。[1]在过去的几十年里，人们对于布法罗（Buffalo）、克利夫兰（Cleveland）、弗林特（Flint）和斯克兰顿（Scranton）这些城市的普遍印象都是空荡的市中心、不断恶化的邻里环境以及勉强维持生计的家庭。这些城市仍然在与严重的工业衰退和人口减少带来的后遗症做斗争，而它们当中的绝大多数及其周边区域并未像全国其他城镇区域一样享受到广泛的经济复兴。但这些城市仍然可以把握前所未有的机会，从而赶上这一次的浪潮。

美国老工业城市面临的挑战

美国的老工业城市曾经是经济、商业、发展与财富的繁华中心。但自20世纪60年代以来，全球化和快速发展的科技变革带来了新的经济模式，在新模式下，这些中心城市的角色变得不明朗，甚至可能会陷入最危险的不稳定状态。全国这些深陷危机的城市似乎在转型中无能为力，这种情况主要是由经济、人口和政治三个互相关联的因素和选择造成的，这让这些城市深陷经济减速的循环中。

首先，伴随着科技进步与地缘政治变革，在从制造型经济转型为知识型经济的过程

中，许多老工业城市难以找到它们经济的市场定位。随着建设和经营工厂成本更低的其他地区的不断涌现，制造类企业从城市转移到郊区，从北部转移到南部，最终从美国转移到国外。而机械自动化的进步带来的企业生产率的提高以及雇佣工人数量的下降，则进一步加剧了制造业实体地址转移带来的影响。这样的"双重打击"撼动了曾经是国家工业动力中心的那些城市的经济状况，但制造业的没落本身并非导致经济衰退的原因，真正的原因是去工业化过程带来的长期遗留问题——创业精神与商业模式创新的缺失、教育水平滞后以及大量受污染的资产，这些因素妨碍了那些陷入危机的城市向新型经济的转型。

自20世纪60年代以来，全球化和快速发展的科技变革带来了新的经济模式，在新模式下，这些中心城市的角色变得不明朗，甚至可能会陷入最危险的不稳定状态。

其次，极端的经济与居住环境的去中心化孤立了城市核心地区的少数群体与穷人，令他们无法得到优质的教育资源和工作机会。到了1970年，经历了多年的中产阶级流失，并伴随工业基础的衰落后，许多美国城市高度隔离分化，贫困加剧，财政陷入困境，这些趋势在接下来的20多年里不断恶化。[2] 在20世纪后半叶，持续数十年的人口流失和高度集中的贫困带来了更低的计税基础、更高的犯罪率、对社会服务的更多需求，并且削弱了城市整体的财政状况，扩大了城市与郊区的差距。更加重要的是，这些情况渐渐破坏了城市培养技术熟练的劳动力的能力，并且阻碍了这些城市为发展和吸引企业入驻而做的努力，而这些都是建立并维持一个强健的经济环境所必需的。

到了20世纪90年代，这一潮流开始逆转，这使得许多差不多濒临废弃的城市起死回生，包括芝加哥（Chicago）和查特努加（Chattanooga）。但是，尽管国内外的移民增加了美国城市人口的数量，但老工业城市在吸引并留住中等收入人群方面仍然困难重重。

虽然大经济趋势与地区居民、家庭的位置偏好是城镇没落的主要原因，但自20世纪50年代以后，联邦、州和地方的政策也在暗中严重损害了城市，削弱了它们吸引并维持商业活动和居民的能力。联邦政府在税收、贸易、交通和移民等方面的主要政策对城镇经济的活力有着重要影响，对城市发展的形式也有影响。与此同时，联邦政府在教育、职业培训、工资、医疗保障和住房等方面的政策也对中低收入居民获得这些方面的机会有着深刻的影响。这些政策其中有许多在空间上并不均衡。比如说，联邦交通经费以及州际高速公路系统促进了外向型经济的发展，而联邦住宅政策更倾向于相对富裕的郊区，而非城市街区。[3] 而且从城镇复兴计划到最近的诸如城镇特许区等方案，城镇再开发计划一直都利弊共存。

州政府在地方形式及功能的形成上有着至关重要的作用。但是州政府的政策及实践往往对城镇地区没有好处。这些社区往往被视而不见，而州政府项目及投资主要致力于管理城市衰落，而不是刺激经济复苏。在最坏的情况下，州政府的政策与城市发展背道而驰，鼓励居民和工作机会（以及这两者提供的计税基础）往城市周边转移，从而加剧城市中心的衰败。

最后，臃肿的政府机构、日常行政的低效阻碍了新商业与居民在当地落户，同时也减少了现有居民的机会，这让地方政府自食恶果。服务贫乏、再开发流程过时又难以预期、经济发展政策一时狂热是阻碍城市实现稳健、持续和全面的经济发展的其中几条原因。

把握时机

尽管存在诸多挑战，重振老工业城市经济活力的时机已经成熟。如果得到充分利用，许多老工业城市的特性和资源能够被转化为重要的竞争资本。这些潜在的卖点包括：

- 独特的外观，例如滨水区、便于步行的城市街区、公共交通和历史建筑。
- 重要的经济特点，例如密集的人才市场、大学和医疗设施。
- 丰富的社会与文化设施，比如剧院、体育场和博物馆。
- 其中一些城市靠近更加稳健的城市经济圈。

许多老工业城市依然还是重要的地区标志，这能够激发居民的自豪感和场所感，从而种下变革的第一批种子。

经过数十年艰难的经济转型，现在正是老工业城市把握时机、重焕自身特质的时候。主要的人口变化——稳健的移民、老龄化人群以及变化的家庭结构，改变了美国家庭住宅的大小、构造以及所在位置的选择，能够为这部分群体的需求提供机会与设施的那些城市将会从这些改变中受益。经济趋势——全球化、对受教育员工的需求和大学角色的日益重要，为城市提供了千载难逢的机会，将它们的经济优势资本化，并重新获得竞争优势。而具有前瞻性的政治家及其支持者——商人、选举产生的政府官员、主要的基金会和关键的环境和社区组织，会更加有力、更加频繁地宣传基于市场的城镇发展，这反映出越来越多人意识到城镇重焕活力与有竞争力、可持续的城市发展之间的联系。

这些力量的影响已经非常明显。20世纪90年代带来了城镇地区的巨大改观，使得城镇变为一个能够投资、经商、居住和游览的地方。这导致市场重新回归到许多城市的大部分区域，激发了许多市中心与周围街区的复兴，甚至包括那些继续与经济萎靡斗争的城市。这些正面的趋势表明，所有城市都有潜力摆脱衰退的恶性循环，实现更加光明的经济前景。

注　释

1. 我们和来自乔治·华盛顿大学的研究人员一起，对美国 302 座城市的 8 个有关经济健康和人民幸福的指标进行了检验，发现美国有 65 个城市落后于其他城市。关于如何甄别这些城市的方法详见：詹妮弗·S. 维尔（Jennifer S. Vey），《重焕繁荣：州政府在重塑美国老工业城市中的角色》（*Restoring Prosperity：The State Role in Revitalizing American's Older Industrial Cities*），（华盛顿，布鲁金斯学会），brookings.edu/~/media/Files/rc/reports/2007/05metropolitanpolicy_vey/20070520_oic.pdf（2008 年 5 月 21 日）。

2. 1970 年至 1990 年期间，比较老的工业城市如圣路易斯、克利夫兰和底特律的人口分别减少了大约三分之一，参见美国住房与城市建设部，城市状态数据库（SOCDS），socds.huduser.org/index.html（2008 年 5 月 21 日）。

3. 参见杰拉德·普伦特（Gerald Prante），《谁会从住房抵押贷款利率下降中获利？》（*Who Benefits from the Home Mortgage Interest Deduction?*），（华盛顿，税收基金会），taxfoundation.org/news/show/1341.html（2008 年 5 月 21 日）；约瑟夫·乔科（Joseph Gyourko）和理查德·福伊特（Richard Voith），《美国住房税收处理是否促进了郊区化和中心城市的衰落？》（*Does the U.S. Tax Treatment of Housing Promote Suburbanization and Central City Decline?*）（工作论文 93-13，费城联邦储备银行，1997 年），philadephiafed.org/files/wps/1997/wp97-13.pdf（2008 年 5 月 21 日）。

规划有创造性的地方

J. 马克·舒斯特（J. Mark Schuster）[*]

尽管存在众多形态，具有多重定义，文化渗透了现代都市，它也渗透在当代城市规划与经济发展中。文化规划与政策可以作为提升城市生活质量的重要工具：全国各地的社区（甚至是整个州，例如佛蒙特州（Vermont））都在尝试掌握"创新城市"和"创新经济"的力量。市长们在鼓吹他们的社区文化优势，还有很多人在精心打造他们的城市在文化方面的竞争力。理查德·佛罗里达（Richard Florida）所谓的"创造阶级"指的是一

---

[*] 舒斯特教授已于2008年2月25日去世。

群自由自在的个体，他们因为一个地方的设施便利而被吸引来此定居，而且为当地的创新与高科技扩张提供技能。这些群体的兴起加速了城市与社区经济发展的变化。[1]

结果如何呢？规划师、经济发展专家、盈利与非盈利开发商、地方政府官员以及地方文化社区的成员们受到了一套新的文化相关的工具的吸引，并且可以在自己的工作中使用：

- 建设或更新旗帜性文化设施。
- 建立文化区域。
- 建立"艺术城"。
- 建立地区文化与遗产公园。
- 再度强调节日以及其他与文化相关的项目。
- 文化规划。

这些工作早已超出传统政府的工作措施，不再只是局限于拥有运营主要的文化场馆，分配适当的公共基金给非营利的文化活动。美国各地的社区与州现在也正在向营利性文化活动大献殷勤，例如，吸引电影制作，同时还更广泛地顾及经济水平尚在初期和已经发展完善的文化集群的需求（图3–13）。

图3–13　由西班牙建筑师圣地亚哥·卡拉特拉瓦（Santiago Calatrava）设计的密尔沃基现代美术馆新馆（Quadracci Pavilion）是一个后现代主义雕塑性建筑，是密尔沃基艺术博物馆（Milwaukee Art Museum）的一个补充。它的特色部分之一是茶隼大厅（Windhover Hall），该厅包含飞扶壁、尖拱门、肋拱顶以及一个带有90英尺高的玻璃封顶的中厅，这是卡拉特拉瓦（Calatrava）对哥特式教堂的诠释。它的圣坛如同船帆，并带有能够俯瞰密歇根湖（Lake Michigan）的落地窗

资料来源：马克·舒斯特（J. Mark Schuster）

旗帜性的文化设施

让每个城市认识到文化设施的重要象征意义是十分重要的。自从德累斯顿（Dresden）在第二次世界大战中遭到严重破坏后，歌剧院是该市仅有的两座完全重建的建筑。现在，许多地方都希望有一个凸显当地文化的显著象征，因此修建旗帜性文化设施的想法获得了发展动力：悉尼歌剧院（Sydney Opera House）、位于西班牙毕尔巴鄂（Bilbao）的古根海姆博物馆（Guggenheim Museum）、位于威斯康星州（Wisconsin）麦迪逊（Madison）的欧佛图艺术中心（Overture Center for the Arts）、洛杉矶（Los Angeles）的华特迪士尼音乐厅（Walt Disney Concert Hall）、明尼阿波利斯（Minneapolis）的格思里剧院（Guthrie Theater），以及改建和扩建后的纽约现代艺术馆（Museum of Modern Art）、密尔沃基艺术博物馆（Milwaukee Art Museum）、丹佛艺术博物馆（Denver Museum of Art）和密苏里州（Missouri）堪萨斯（Kansas）的纳尔逊—阿特金斯艺术博物馆（Nelson-Atkins Museum）都让人印象深刻。

旗帜性项目不一定需要建造新的设施，适应性的再利用也有很多突出的例子：例如将利物浦的阿尔伯特码头（Liverpool's Albert Docks）改造成默西塞德海洋博物馆（Merseyside Maritime Museum）和泰特美术馆（Tate Gallery）分馆，将巴黎加雷奥赛（Gare d'Orsay）火车站重建为奥赛博物馆（Musee d'Orsay），以及将北亚当斯（North Adams）的一个废弃纺织厂改造为马萨诸塞州当代艺术博物馆（Massachusetts Museum of Contemporary Art）。

在很多地方，"艺术发展"等同于一类特别设施的修建：多功能表演艺术中心，例如纽瓦克（Newark）的新泽西表演艺术中心（New Jersey Performing Arts Center）、费城（Philadelphia）的金梅尔中心（Kimmell Center），以及蒙大拿（Montana）卡利斯贝尔（Kalispell）在建的冰川表演艺术中心（Glacier Performing Arts Center）。在满足一些艺术的特殊场地要求外，这些中心为许多棘手的问题提供了解决之道，它们可以：

- 更加满足艺术表演的空间需求。
- 举办大规模的艺术活动。
- 为全国性巡演提供表演场地。
- 促进跨学科艺术活动。

对于一位市长或地方委员会而言，这些多功能表演艺术中心往往是一种壮举，意味着他们希望把社区打造成为一个创新之地。

被当作地区标志的旗帜性文化机构通常由国际设计比赛中胜出的设计师来设计。这样的项目往往难以承担高昂的费用，即使城市能够成功筹集必要的资金，也往往会忽略项目的运行和经营成本。因此，多功能表演艺术中心和其他的旗帜性机构获得了确定性的多重胜利。许多中心已经迅速成为文化资本产品的零售店，例如举办百老汇音乐剧的路演版。此外，许多设施现行的地方政治与财政支持难以持续。最后，这些设施项目会引发上级政府与地方政府的争执，其中前者提供了大量的资金，而后者则希望对项目有更多的管辖权。

法明顿的市民剧院（Farmington's Civic Theater）

1999年，密歇根州（Michigan）的法明顿（Farmington）市决定买下历史上有名的市民剧院（Civic Theater），此举一为保护其作为地标的地位，二为保留这座建筑给市中心商业带来的客流量。市政府花了30万美元买下剧院，并投入70万美元用于剧院翻新以及无障碍设施建设。

剧院现在放映家庭类型的电影，而且价格比较合理，其中成人票价3.5美元，儿童票价2.5美元。它也有一个舞台，并且经常被租用进行舞台剧创作、现场音乐演出、私人派对、诗朗诵、独立电影放映以及其他活动。自从剧院重新开业以来，光顾人数直线回升，并且还给市中心带来了每年约8.5万人的客流量。在2007年6月结束的财年中，该剧院的经营性盈余约为2.5万美元。市政府正在按照债务偿还计划分阶段偿还购买和翻新剧院的债务。

资料来源：比尔·理查德（Bill Richards），密歇根法明顿市（Farmington，Michigan）助理市经理。

文化区块

文化区块的一种定义是指"在城市中得到高度认可的、标签化的、综合利用的地区，在此区块中高度集中的文化设施吸引人们的注意"。[2]文化区块有许多别名——"艺术区块""艺术家区块""艺术家驻地""艺术娱乐区块""艺术科学区块""博物馆区块"或者"剧院区块"。如果数字本身能说明问题，那么修建文化区块已成为各种规模的社区热衷的目标。根据统计，美国目前有超过135个文化区块。

当社区创建文化区块时，重点放在了将文化区块融入总体的发展建设中，而不是将它作为一个独立的设施。这种区块利用了市场营销、资金募集、生产与规划协同等优势，这将有利于为达到凝聚型的目标而努力。在有些情况下，社区通过确定并保护那些具有历史意义的剧院和一些长期废弃的文化设施来建设文化区块，并且将社区的规划和发展精力主要集中在地理位置靠近这些设施的区块上。在这些设施的周边也会战略性地建造一些新的文化设施。偶尔，也会从零开始来建造文化区块，有时还会伴随大型再开发项目，在这种情况下，文化因素的装饰是个很有吸引力的噱头。

> 社区通过确定并保护那些具有历史意义的剧院和一些长期废弃的文化设施来建设文化区块，并且将社区的规划和发展精力主要集中在地理位置靠近这些设施的区块上。

地方政府通常会不惜重金翻新或修建文化设施来打造文化区块。一些地方政府通过给予开发激励来吸引私人投资，用于建设包含文化设施的项目（例如波士顿的中城文化区（Boston's Midtown Cultural District））。在有些情况下，州政府会将资金专门用于选定的文化区块建设项目上，例如爱荷华州（Iowa）的指定文化区块，以及罗德岛（Rhode Island）对在指定区域内生活与创作的艺术家豁免税收。

随着文化区块概念的普及，一些中小城镇的市长甚至都提议建立文化区块，以减缓市中心的萎缩。虽然这一趋势被常常称为"将文化带入闹市"，但在绝大多数地方，艺术本来就已存在于市中心：一些旧时代遗留下来的博物馆、剧院、歌剧院和其他设施，它们紧贴生活，努力在周围凋敝的环境下存活下来。这些设施的存在带来了胜利的希望，因为如果文化基础设施全都需要新建，那么这个区域坚持下来、成为一个知名而有活力的文化区块的可能性就很小。

文化城市

近期，一些地方官员将文化区块的概念拓展到了整个城市。事实上集中在一个经济领域发展更有意义，因为从经济发展的角度来说，单一的信息更容易推广。一个典型的例子就是意大利的威尼斯（Venice），该市一心一意地推广"艺术之城"的称号，基于该市已有的坚实的文化基础设施，鼓励艺术家们在运河两岸生活和创作，并强化文化产业与设施的发展。

虽然这种做法看起来不错，但是，其实这种以经济发展为目标的发展策略是存在先例的。密西西比州（Missouri）的小城布兰森（Branson）起初通过私人发起，后来成了世界乡村音乐之都和重要的旅游目的地。佛罗里达州（Florida）的奥兰多（Orlando）仅仅因为主题公园与娱乐设施密度大，现在可以说已经成了文化城市。众所周知，印第安纳州（Indiana）的印第安纳波利斯（Indianapolis）因为当初决定打造第一个业余体育运动员之城而获得了繁荣发展。

在更小的范围内，国家乡村音乐节（National Folk Festival）是一个促进世界多种类音乐和传统音乐发展的组织。它每三年会巡游到一个新的城市，这样就会在上一个城市留下节日遗产，继续吸引文化活动在此举办。该项目给中小城市的文化发展提供了绝佳的契机。

艺术让帕迪尤卡（Paducah）重焕活力

肯塔基州（Kentucky）帕迪尤卡（Paducah）历史最悠久的下城区（Lower Town）受到了时间与被忽视的双重破坏。1836年被兼并后，下城区毗邻帕迪尤卡历史悠久的市中心。为了达到城市委员会激发城区活力的目标，帕迪尤卡规划部门制定了城区规划来让下城区获得新生。该规划最吸引人的部分是艺术家搬迁项目，目的是鼓励全国各地的艺术家在帕迪尤卡定居。作为小企业家，这些艺术家可以给一些老问题带来新的视角和新的解决方案，并为城区带来实惠的投资。这样反过来又会带动新的零售及服务型企业的涌入，从而带来更多的房屋拥有量、更高的地产价值、焕然一新的设施、犯罪率降低、交通问题减少。

在社区邻里广泛参与规划进程后，市政委员会于2002年2月开始实施上述规划。帕迪尤卡政府与帕迪尤卡银行的创新型合作关系对这一项目的实施极为关键。作为社区拥有的机构，帕迪尤卡银行的运营依赖于社区的繁荣。艺术家搬迁项目起初对该银行而言是一个投资风险：下城区的设施需要进行大规模且价格不菲的整修，才能达到做工作室与画廊的要求。集中整治一个破败城区的废弃设施投资意味着银行将会提供相当于估值的200%到500%的贷款额，并且帕迪尤卡银行承担了所有的融资工作，还指派了一名最优秀的信贷经理负责该项目。

起初，该项目并未占用信贷经理多少时间，但到最后，它占用了该经理一半多的工作时间。仅在2005年，帕迪尤卡银行就为搬迁的艺术家提供了超过1200万美元的贷款。私人层面的贷款几乎由帕迪尤卡银行包办的同时，整个项目的资金来自市政的通用基金。到2005年，市政共花费了约225万美元，其中75%以上的资金被用于雇佣员工、营销和广告、聘请专业人员、艺术家激励以及购买和翻修那些破旧的房屋，其中有些房屋被赠予或者折价出售给艺术家。同时市政还出资50万美元用于改善人行道及其他基础设施，这些加上联邦拨款的65万美元，共同完成了一个道路照明项目。

　　作为一个复兴方法，艺术家搬迁项目的成果超出了所有人的预期。投资带来了6倍的回报。到2005年，共有50多户新艺术家、居民和商家入驻下城区，并带来了约1400万美元的私人投资。该项目给所有征税单位带来了新的税源以及税收收入的增加，并且创造了更加多样化的经济，增加了不断发展的旅游基地，带来了文化繁荣，并为城市的下一代增加了智力资本与企业资本。

　　资料来源：摘自2005年国际城市管理协会年度奖计划，第27页。

地区文化与遗产公园

　　地区文化和遗产公园是确认地区资产，围绕一个文化主题来组织，并且利用它们促进地区经济的发展——具体来说，就是推动区域和长线旅游业。在这方面美国有丰富的例子，尤其是在州级层面，包括宾夕法尼亚州（Pennsylvania）的莫农加希拉谷（Monongahela Valley）和阿勒格尼山脊（Allegheny Ridge）工业遗产走廊、纽约州（New York State）的遗产公园系统以及马萨诸塞州（Massachusetts State）的遗产公园。美国内政部监管的国家遗产长廊项目就是一个可行的方案（图3-14）。

　　地区文化与遗产公园除了提供文化与遗产资源，还能提供旅游、娱乐、运动和休闲设施。这些公园还可以为我们讲述那些去工业化地区的工业遗产的往事。与早先的州公园和国家公园不同，地区文化和遗产公园没有集中化的所有权，而是由政府、私营企业与非营利社团共同管理，因此，它们的成功取决于以上几方合作的可行性和当地机构的能力。与这些公园系统相关的州政府项目是地方文化规划及发展方案的重要资金来源。

节日与活动

　　地方节日一般会涉及一系列的艺术活动或表演，这些活动大约会持续一周或更长的时间，并且与当地的特色资源相结合。许多节日与举办地并没有什么强制性的联系，纯属偶然为之（事实上它们能够在任何地点举办），但一些非常知名的节日已经超出表演本身，而深入到城市本身，例如苏格兰（Scotland）的爱丁堡艺术节（Edinburgh Festival）、法国的亚维侬艺术节（Avignon Festival）、南卡罗莱纳州（South Carolina）查

图3-14　罗德岛（Rhode Island）坎伯兰市（Cumberland）的峡谷瀑布遗产公园（Valley Falls Heritage Park）是在峡谷瀑布公司工厂的废墟上建立起来的，这家大型工厂已经持续运营了100余年，直到1934年被废弃。1991年，坎伯兰市政府和遗产走廊公司将该处地产改造为一个历史公园，来讲述峡谷瀑布公司的往事
资料来源：马克·舒斯特（J. Mark Schuster）

尔斯顿（Charleston）的斯伯拉图艺术节（Spoleto Festival）。这些表演的背景体现的艺术和文化更富有所在城市本身的特色（图3-15）。

　　有些地方的节日是根植于社区生活的习俗，西班牙的典型例子包括巴塞罗那（Barcelona）的圣梅尔塞节（La Merce）、潘普洛纳（Pamplona）的奔牛节、塞维利亚（Seville）以及安达鲁西亚（Andalusia）全境的复活节游行、巴伦西亚（Valencia）的花火节、贝尔加（Berga）的烟火节。在美国，费城的古装乐团游行和新奥尔良的狂欢节也是典型的事例。一些地方特意恢复了旧时的节日，例如威尼斯的嘉年华和得克萨斯州（Texas）加尔维斯顿（Galveston）的狂欢节。这些节日的重心不在于旅游，虽然这个因素自然也会存在，不过更重要的是在城市空间变得全球同质化的背景下颂扬当地的"与众不同之处"（图3-16）。

　　新一代的城市节日产生于艺术社区。第一夜（First Night）——波士顿新年夜庆祝活动，数以千计的艺术家会分散到市中心的各个场馆，进行上百场表演，吸引了上百万的参与者。它把波士顿的新年夜从一个充满酒精的狂欢转变成了一个适合全家的文化节日，而且这一传统也扩散到了北美数百个城市中。普罗维登斯（Providence）的水火节会在市中心进行备受赞誉的烟火与音乐演出，对重焕城市活力起到了重要作用，每一场表

图3-15　历史小镇切普斯托（Chepstow）地处英格兰和威尔士交界处，瓦伊河（River Wye）和塞弗恩（Severn）河畔，该镇举办的两河民俗文化节位于一个自然景色优美的地方，提供音乐、歌曲、舞蹈、乘船游览和装备齐全的营地

资料来源：J.马克·舒斯特（J. Mark Schuster）

图3-16　自1903年7月以来，布鲁克林（Brooklyn）威廉斯堡（Williamsburg）的意大利移民持续庆祝着吉廖节（Giglio Festival），用以缅怀他们故乡的祖先

资料来源：J.马克·舒斯特（J. Mark Schuster）

演都吸引了数以万计的人参加。一年一度的费城边缘艺术节，全城都会上演特殊的艺术活动，而且场地经常在意想不到的地点。

生活/工作空间

艺术家总是在寻找宽敞又便宜的住所，因此，他们通常会选择闲置的工厂厂房。有时他们住在棚户区，有时候附近的房产投机者也会邀请他们去居住，这些投机者在等待当地房产市场回暖之后抛售，以获得丰厚的利润。因此，尽管艺术家是绅士化的先锋，但他们也可能是房价上涨的受害者，因为这会让之前的废弃区域变得更有吸引力。

一些渴望能够促进文化发展的城市已经开展了许多项目，目的是让艺术家更容易获得生活和工作居所。这些项目有多种实施策略，包括改变区域划分以减少居住限制、为房屋整修提供贷款、为希望合买（或合租）公寓的艺术家群体提供技术支持、迁居支持、直接购买地产，或者给那些欠税的地产项目提供专项拨款，用于开发艺术家住房。

社区也从"开放工作室"等活动中受益。在这些活动中，艺术家在特定的周末向公众开放他们自己的工作室，以此来建立他们的存在感、与其他艺术家的联系、扩大他们的政治影响，并且有可能售卖一些作品。

文化规划

社区文化规划通常着力于寻求城市、经济与文化的综合发展。州级艺术机构常常为文化规划提供资金支持，并已发布了一系列优秀的实践指导。

艺术与文化的经济影响

本文中谈到的方法是在更广泛的讨论背景中形成的，讨论的问题包括艺术与文化在社会中起到的作用，以及国家、地区和地方政府在支持文化倡议时该起到什么样的作用。文化发展的支持者认为艺术与文化值得支持，不仅是因为它们本身能够激发创造力、艺术表达以及增加文化认同感，而且还因为它们能够进一步推动经济发展的目标。虽然有关艺术的经济影响的研究困难重重，但仍被艺术发展的支持者广泛引用。这其中最引人瞩目的成就是纽约和新泽西州（New Jersey）港务管理局关于艺术对纽约都市圈经济影响的研究，以及1988年出版的《英国艺术的经济重要性》（*The Economic*

Importance of the Arts in Britain）的研究[1]，以上这两项研究只是数百项方法各异的经济影响研究中的两例。

　　这些研究中最常用的方法是从以下三种视角研究艺术：地区性产业、为社区赚钱的方法以及经济发展与社区复兴的补充。在第一种方法中，艺术被视为一种商业行为，研究目的是找出这种商业行为的规模。早期经济影响的研究集中于讨论艺术产业的规模，经常用雇员人数、现金流量等因素来衡量，并计算直接与间接（次要）成本。在许多地方，文化产业的经济规模非常可观。不过，只要一个产业在经济层面的规模很大，就能得出结论，应该增加公共资源来支持该产业吗？很多艺术支持者以上述研究为证据，试图证明这一点。

　　一种更微妙地评估艺术的经济影响的方法是估算艺术给当地经济带来的净现金流。这包括要确定哪些游客是因为艺术因素而非其他地方因素被吸引来的，以及当地的艺术消费与其他方面的消费区别开来。这些研究引发了一些别的有趣的问题，比如是否应该给那些吸引游客而非吸引当地观众的艺术活动予以补贴？这些艺术和文化活动的类型是否为当地社区希望促进的？

　　当艺术被作为经济发展的补充时，人们需要衡量艺术对社区复兴的战略作用。核心问题是艺术项目是否能够在实现自身成功的同时，为社区其他的经济目标贡献力量。这种方法与创新城市的概念一致。

　　以上这些研究方法，特别是前两种方法中的难点在于采用了艺术领域之外的标准去评判艺术。艺术的支持者认为，根据经济发展规则，文化和艺术具有价值，那么按照这个观点，他们就要接受，如果出现另外一个经济影响更大的领域，并且提出公共资源要求时，按照同样的经济发展规则，文化和艺术就要让步。举个例子，相比投资于艺术，运动场馆、赌场和商业娱乐机构常常能够为社区带来更多的经济效益。

　　1. 纽约和新泽西州港务管理局，《艺术作为一种产业：它们对纽约和新泽西都市区域的经济影响》（*The Arts as an Industry: Their Economic Importance to the New York–New Jersey Metropolitan Region*），（纽约和新泽西州港务管理局与文化援助中心，1983年版）；约翰·麦尔斯卡（John Myerscough），《英国艺术的经济重要性》（*The Economic Importance of the Arts in Britain*），（伦敦：英国政策研究院，1988年版）。

　　不同于其他形式的地方规划，文化规划为各种各样的文化、种族群体提供了包含他们愿景与期许的内在机会。当即将形成的规划表现出明显的文化灵感时，合作与包容自然而然地会增多。在很多情况下，社区文化评估本身能够激发新的社区文化活力（这些评估总体来说是准备文化规划的第一步，包括对社区现有文化作品、机构、设施、资源和资产的识别与归类）。

城市为文化规划过程带来了不同的目标，总体来说，文化规划旨在达到以下一个或多个目的：

- 增加对现有文化机构的地方财政支持。
- 通过吸引外来资源拓宽本地文化和艺术范围。
- 达成本地文化发展优先项的共识。
- 将文艺发展与物质发展目标相结合。
- 促进包括旅游业发展在内的经济发展。
- 通过以社区为基础的群众的努力来认可、加强并促进社区居民文化背景的多样性。[3]

尽管目标与方法各异，文化规划总是给多方群体提供参与地方规划的机会，使他们互不威胁又相互支持。好的文化规划将各种各样的利益相关者联系在一起，包括消费者、规划与发展专家、经济发展专家和地区艺术与文化作品的所有领域的代表。

总　　结

虽然本文提到的各种选择远没有穷尽当前艺术与城市发展中的实践方法，但他们为地方规划师提供了丰富的可行方案。在挖掘文艺与城市发展的联系方面还有很大的空间可以发挥创造。为美国各地社区中正在进行的上千种艺术活动、项目与规划提供了丰富的经验，可供学习借鉴。

注　释

1. 理查德·佛罗里达（Richard Florida），《创意阶层的崛起以及它是如何改变工作、休闲、社区和日常生活的》（*The Rise of the Creative Class and How It's Transforming Work，Leisure，Community and Everyday Life*），（纽约：基础读物出版社，2002 年版）。

2. 希拉里·安妮·弗罗斯特 - 卡姆夫（Hilary Anne Frost-Kumpf），《文化区块：艺术作为复兴我们的城市的一种策略》（*Cultural Districts：The Arts as a Strategy for Revitalizing Our Cities*），（华盛顿：美国艺术协会，1998 年版），第 7 页。

3. 在文献中，这种自下而上的方法被称为"文化民主"（cultural democracy），以区别于民主化的文化（democratization of culture），后者专注于在现有的主流文化机构中扩大受众。

移民和城市发展

爱夏·帕慕克（Ayse Pamuk）

美国的城市，尤其是那些有着国际影响力的大都市区域，正面临着由三个主要因素带来的新挑战：常住人口的老龄化、发展中国家移民的涌入以及全球化的影响。新涌入的移民对地域的偏好，以及之前移民的定居模式对当地及区域规划都有深远的影响。

美国移民简史

在美国的城市化和工业化进程中，外来移民一直是中坚力量。自内战以来，移民就成了一个主要的城市化现象。在19世纪末期，大部分的欧洲移民都来自德国、英国、爱尔兰和斯堪的纳维亚，后来则多来自南欧与东欧（包括意大利和波兰）。这些移民大部分都在中西部及东北部城市定居。1910年，移民人口占美国总人口的14.7%。在20世纪30年代的大萧条时期、第二次世界大战期间，一直到20世纪70年代，移民的数量一直呈递减趋势。然而此后移民数量急剧增长，由1970年的4.7%增加到2006年的12.5%（图3–17）。[1]

移民包括合法或非法在美国永久居住的外来人口。对于移民的定义，不同数据来源的解释也不尽相同。例如，美国国土安全办公室的移民统计数据只报告合法移民，不包括非法外来人口；与之相反，美国人口统计局则计算了所有外来人口，而不论其身份是否合法。[2] 美国人口调查局的数据显示，在2000年，合法和非法移民人数达到3 110万，约占美国总人口的11.1%。外来人口中有一大部分主要来自墨西哥（29.5%），其次是中国（包括香港和台湾在内为4.9%）。[3] 美国人口调查局的美国社区调查数据显示，2005年共有3 570万移民，占美国总人口的12.4%，达到了近80年来的最高比重。

其中非法或未注册的移民人数的增长引起了当局的特别注意。根据2005年美国人口调查局当前人口调查和其他资源的可用数据，杰弗里·帕索尔（Jeffrey Passel）估计，在2005年未经批准的移民人数达到了1 150万到1 200万人[4]，占所有外来人口总数的30%，他们中大部分（56%）来自墨西哥。外来人口天平的一端是合法永久居民（28%），

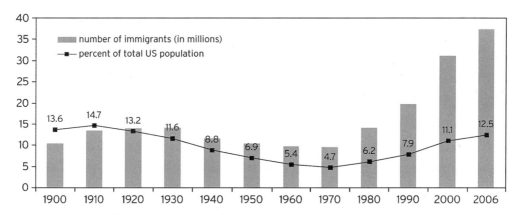

图3-17　美国移民数量在1910年至1970年间逐渐递减，此后迅速增长，占美国总人口的12.5%

资料来源：坎贝尔·吉布森（Campbell J. Gibson）和艾米丽·列侬（Emily Lennon），《在外国出生的美国人口的历史统计：1850–1990》（Historical Census Statistics on the Foreign-born Population of the United States：1850–1990），美国人口调查局，（研究报告，美国人口调查局人口部，1999年2月）census.gov/population/www/documentation/twps0029/twps0029.html，表1，美国社区调查，2006年。

另一端则是合法入籍公民（31%）。[5] 美国有近200万的移民是自1980年通过《难民法案》后来到美国的难民。在1983年到2004年间，最大比例的难民来自苏联，其次是越南和南斯拉夫。[6]

联邦政策从根本上决定了国家移民人口的结构。跟任何经历过大批移民涌入的国家一样，哪些人能够得到允许进入美国的这一问题也一直备受争议。持续执行了60年的《1882年排华法案》是第一个针对国籍来禁止移民的法案。1965年，《哈特·塞勒移民法案》减少了20世纪20年代开始的对移民的限制。受20世纪60年代公民

> 2005年，移民人数占美国总人口的12.4%，这达到了近80年来的最高比重。

权利运动的影响，这项法案废除了对原籍国的配额限制（原来较为偏向欧洲移民），并更倾向于那些渴望家人团聚的家庭、掌握稀缺或急需技能的人才，同时还增加了可接受移民的数量。从那时起，进入美国的移民，特别是来自墨西哥和亚洲的移民人数增长迅速，同时非法移民的人数也迅速增长，尤其是来自墨西哥的非法移民。许多墨西哥移民继续利用短工计划执行期间形成的社会网络关系。这个计划是美国在第二次世界大战时期提出的方案，目的是缓和美国农业部门的人力短缺问题，该计划已经于1964年取消。1986年颁布的《移民改革和控制法案》则特别强调了对非法移民涌入的控制。

移民定居何处

除了被城市吸引之外，新来的移民倾向于聚集在特定的地方。比如，墨西哥籍的

中国市长培训教材⑤
美国城市规划 当代原理和实践

移民主要集中在大洛杉矶地区，中国移民主要居住在洛杉矶、纽约和旧金山，而古巴的移民则多居住在迈阿密。移民的自我选择加上支持家庭团聚的立法规定，形成了多个族裔聚集地——不仅包括纽约和旧金山的中国城、迈阿密的小哈瓦那，还出现了缅因州刘易斯顿（Lewiston，Maine）的索马里难民聚集地。2007年，美国所有合法永久居民中，有65.5%是家庭团聚移民。[7] 其他类似明尼阿波斯州（Minneapolis）的苗族、马萨诸塞州洛厄尔（Lowell，Massachusetts）的柬埔寨人的聚居地，都是美国难民安置计划的结果。移民的地理聚集在欧洲也很常见，在阿姆斯特丹、巴黎和斯德哥尔摩这样的大城市，外来人口在总人口中也占据了相当大的比例。[8]

布鲁金斯学会的奥黛丽·馨尔（Audrey Singer）对存在移民集聚地的美国大都市地区提出了一个实用的类型学划分[9]：

- 历史性移民人口聚居地区（如巴尔的摩、克利夫兰、费城）。
- 持续性移民人口聚居地区（如芝加哥、纽约、旧金山）。
- 第二次世界大战后的移民人口聚居地区（如洛杉矶、迈阿密、圣迭戈）。
- 新兴的移民人口聚居地区（如亚特兰大、达拉斯、沃斯堡、华盛顿）。

大多数移民只集中在少数几个州：加利福尼亚州（960万人）、纽约州（420万人）、得克萨斯州（370万人）、佛罗里达州（320万人）、新泽西州（170万人），还有伊利诺伊州（170万人）。2000年至2005年间，在几乎没有移民历史的州，移民人数的净增长却很显著，包括田纳西州（77 512人）、内华达州（96 705人）、北卡罗来纳州（130 753人）、亚利桑那州（187 113人）以及佐治亚州（218 146人）。[10]

移民持续推动着城市的发展。例如，在20世纪90年代，如果不是因为移民，纽约的人口就会减少。[11] 在其他情况下，特别是急需专业的技术人才移民弥补了农村地区的人口流失。在亚特兰大等新兴移民人口聚居地区，外来人口居民完全避开中心城市，而定居在郊区。

移民规划

城市规划师需要对移民人口的特点以及社区内移民的地区分布了如指掌。外来居住人口数据可以通过人口普查结果来查询，还可以通过地理信息系统（GIS）软件进行分析。例如，图3–18显示了旧金山湾区9个地区移民的地理信息系统分析结果。利用人口普查层面的地理信息系统，对2000年的十年一次的人口普查数据进行空间分析的结果表明，富裕的中国移民主要集中在旧金山的日落区，而东南亚的移民则集中在相对贫困的

- 198 -

地区。针对美国三个主要大都市区（洛杉矶、纽约和旧金山）人口普查数据的进一步分析表明，来自菲律宾、墨西哥和中国的移民都有各自不同的聚居地区。[12]

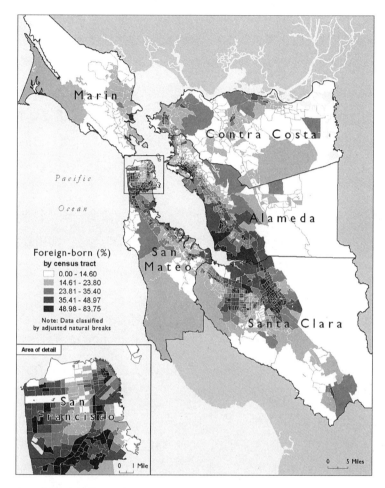

图3-18　正如这张2000年旧金山湾区的地图所示，地理信息系统可用于分析人口普查层面的外来人口数据

资料来源：美国环境系统研究所公司（ESRI），2006年，版权所有，美国人口调查局

　　城市发展规划取决于特定移民人口的规模、收入水平、组成结构以及需求。一项针对1990年和2000年人口数据的分析表明，在当前许多大都市地区的郊区，移民已经成为重要的组成部分，尤其是在第二次世界大战后和新兴的移民聚居地区。随着近期不断扩展的郊区开发活动（如洛杉矶的蒙特利公园市），大都市地区郊区的移民人数正在增长。从20世纪90年代起，来自墨西哥的移民也开始从加利福尼亚州往东迁移。[13]

　　学术界和政界关于移民人口对于经济的影响存在很多争议。移民工作者占整个国家劳动力的14.7%，而且他们从事的工作需要的技能范围广泛。虽然许多高科技行业要求从业者至少拥有本科以上学历，然而建筑业、农业或服务业（特别是零售业和酒店业）却会聘用文化程度较低或没有专业技能的移民。移民就业类型的多样性，以及移民的人口统计和社会经济特征，都使得移民对于经济的真正影响很难衡量。因此，关于移民对美国经济和城市或正面，或负面影响的政治观点也逐渐呈现出两极化趋势。

聚居在大都市区的很多移民都存在着严重的住房负担能力问题。因此，经常会出现过度拥挤情况（美国人口统计局将其定义为在一个居住单元里，平均一个房间的居住人数超过一人），因为移民通常和亲戚或朋友住在一起。另外，相较于本地居民而言，移民在租房市场和抵押贷款中更容易受到歧视。即使移民租客知道自己的租赁权利，他们也不愿意去寻求法律强制手段，而宁愿选择标准较低的社区，并忍受不利于健康的生活条件。

在联邦资金被大量削减的时代，移民对社会服务业需求的影响，特别是那些由州政府或者当地政府资助的服务业，成了公共政治关注的主要领域。贫困移民人数超出比例的地区（例如东南亚和墨西哥移民聚集在加利福尼亚州的小城市和农村地区）受此影响尤为严重，其对社会服务的需求严重超出了供给。

加利福尼亚州的选民非常关注由移民的教育和健康服务需求带来的经济负担，为此他们通过了两项州级公民表决提案，用来解决这一问题：1994年通过的187提案，以及1998年通过的227提案，前一项提案限制非法移民享受健康和教育服务。这两项提案都强调了统计人口和选举人口之间的严重不平衡。拉丁美洲移民占加利福尼亚州成人人口的32%，但选民人数却仅占14%。较其他选民而言，拉丁美洲籍的选民普遍较年轻、文化水平较低且相对贫穷。[14] 随着越来越多的长期定居移民开始参与选举，需要投票表决的问题和公民投票的结果可能会发生改变。加利福尼亚州相对成熟和长期居住的移民人口代表着美国人口变化的先锋。[15]

正在经历大批移民涌入的地区需要加强地方制度，以满足资源和语言技能有限的新来群体的需求。

在地方层级，通常是为了限制车库改建、停车场和占地单位，以防止过度拥挤而实施的土地使用和区划法规，在某些情况下已经成为在某些地区隔离移民或防止移民进入某些社区的政策工具。在一些从未出现过移民的社区，移民数量的迅速增长让长期居住于此的本土居民产生了"不要来我家后院"的避邻情绪。

地方移民规划需要对大量涌入的移民有一个全面的理解。正在经历大批移民涌入的地区需要加强地方制度，以满足资源和语言技能有限的新来群体的需求。植根于少数族裔聚居区的非营利性组织一直以来都在积极有效地承担住房和社区发展项目，这是值得鼓励的。虽然传统的移民人口聚居城市通常拥有强大的社会基础设施和丰富的经验，能够满足新来人口的需求，但是新的移民入住地，特别是郊区和小城镇，并没有那么完善的设施。

一方面，对于高学历专业人口大量涌入的地区，规划师面临的挑战包括让新来者参与社区组织，以及在不引发绅士化的前提下，增加住房拥有权；另一方面，缺乏熟练劳动力的城市，例如新英格兰的"回归城市"，需要提供一些奖励措施来鼓励技术移民前来定居。[16]

移民往往来自比美国典型城市的人口更为密集的社区，而且他们通常习惯生活在公共交通便利的地方。在社区发展中，他们可以成为理性增长的智囊团，对增进社会交际、增加公共交通的使用起到积极的推动作用。

最后，在地方政府加入具备全球视野的规划专业人员，尤其会让那些因移民而经历人口快速变化的社区规划师和领导者受益。让移民群体参与其工作和生活的社区的发展则需要通过多语言、多文化的途径来促进公众参与。这样做的结果也是完全值得的：社区将会从多样性的观点和技能中受益。

注 释

1. 坎贝尔·J. 吉布森（Campbell J. Gibson）和艾米丽·列侬（Emily Lennon），《在外国出生的美国人口的历史统计：1850-1990》（*Historical Census Statistics on the Foreign-born Population of the United States : 1850–1990*），（研究报告，美国人口调查局人口部，1999 年 2 月），census.gov/population/www/documentation/ twps0029/twps0029.html，表 1（2008 年 6 月 25 日），美国社区调查，2006 年。

2. 在长问卷中，每十年一次的人口调查根据块级别的六分之一样本来识别外来人口（SF3 文件）。根据美国人口调查局的定义，外来人口指的是出生时没有美国国籍、现在居住在美国的人。这包括后来入籍的美国公民、合法永久居民（持有绿卡者）、非法居留者、持有学生签证和工作签证等长期签证的居留者。

3. 作者的数据检索和分析来自美国人口调查局 2000 年的《人口和房产普查》，变量 PCT19,《外来人口的出生地》（*Place of Birth for the Foreign-born Population*），（2007 年 7 月），census.gov/ prod/cen2000/doc/sf3.pdf（2008 年 7 月 6 日）。

4. 杰弗里·帕索尔（Jeffrey Passel），《美国未经批准的移民群体的规模和特征：基于 2005 年当前人口调查做出的估计》（*The Size and Characteristics of the Unauthorized Migrant Population in the U.S. : Estimates based on the March 2005 Current Population Survey*），（华盛顿：皮尤西裔研究中心，2006 年 3 月 7 日），pewhispanic.org/files/reports/61.pdf（2008 年 7 月 6 日）。

5. 出处同上。

6. 奥黛丽·馨尔（Audrey Singer）和吉尔·H. 威尔逊（Jill H. Wilson），《从"那里"到"这里"：美国大都市地区的难民安置》，（*From 'There' to 'Here' : Refugee Resettlement in Metropolitan America*），（华

盛顿：布鲁金斯学会，2006年9月)，brookings.edu/reports/ 2006/09demographics_singer.aspx（2008年7月6日）。

7. 凯利·杰弗里（Kelly Jefferys）和兰德尔·芒格（Randall Monger），《美国合法永久居民, 2007 年》（*U.S. Legal Permanent Residents*, *2007*），《年度人口流动报告》，（华盛顿：美国国土安全部移民统计办公室，2008年3月），dhs.gov/xlibrary/assets/statistics/publications/ LPR_FR_2007.pdf（2008年7月6日）。

8. 爱夏·帕慕克（Ayse Pamuk）、罗杰·安德逊（Roger Andersson）和亚撒·波拉玛（Asa Brama），《欧洲的居住隔离和移民聚居模式：巴黎、阿姆斯特丹和斯德哥尔摩的空间证据》（*Residential Segregation and Immigrant Clustering Patterns in Europe*：*Spatial Evidence from Paris*，*Amsterdam*，*and Stockholm*），（研究报告54，瑞典乌普萨拉大学住房和城市研究院，2007年）。

9. 奥黛丽·馨尔（Audrey Singer），《新移民居住地的崛起，生活城市人口普查系列》（*The Rise of New Immigrant Gateways*，*Living Cities Census Series*），（华盛顿：布鲁金斯学会城市和都市政策中心，2004年2月），第1页，brookings.edu/urban/ pubs/20040301_gateways.pdf（2008年7月6日）。

10. 作者的数据检索和分析来自美国人口调查局2005年的《人口和房产普查》，变量B05002，《按公民身份区分的出生地》（*Place of Birth by Citizenship Status*）；变量PCT19，《外来人口的出生地》（*Place of Birth for the Foreign-born Population*）。

11. 在1990年至2000年期间，纽约州总人口增长了986 002人。在同一时期，外来人口增长了1 016 272人。（作者的计算数字来自美国人口调查局1990年和2000年每十年一次的人口调查数据）。

12. 爱夏·帕慕克（Ayse Pamuk），《了解全球城市的信息：在城市分析中使用地理信息系统方法》（*Mapping Global Cities*：*GIS Methods in Urban Analysis*），（加利福尼亚州雷德兰兹：美国环境系统研究所出版社，2006年版）。

13. 伊凡·莱特（Ivan Light），《转移移民：洛杉矶的网络、市场和规定》（*Deflecting Immigration*：*Networks*，*Markets*，*and Regulation in Los Angeles*），（纽约：拉塞尔塞奇基金会，2006年版）。

14. 加州公共政策研究所，《只是事实：加州的拉丁裔选民》（*Just the Facts*：*Latino Voters in California*），（旧金山：加州公共政策研究所，2006年8月），ppic.org/ content/pubs/jtf/JTF_LatinoVotersJTF.pdf（2008年7月6日）。

15. 道尔·麦尔斯（Dowell Myers），《移民和婴儿潮：为美国的将来制定新的社会契约》（*Immigrants and Boomers*：*Forging a New Social Contract for the Future of America*），（纽约：拉塞尔塞奇基金会，2007年版）。

16. 埃里克·S.贝尔斯基（Eric S.Belsky）和丹尼尔·麦丘（Daniel McCue），《回归城市或新熔炉：探索新英格兰变化的大城市》（*Comeback Cities or New Melting Pots*：*Explorations into the Changing Large Cities of New England*），（剑桥：哈佛大学，林肯土地政策研究院，新英格兰理性增长领袖论坛，2006年10月），jchs.harvard.edu/publications/ communitydevelopment/w06-7.pdf（2008年7月6日）。

绅 士 化

兰斯·弗雷曼（Lance Freeman）

当老旧、贫困以及未得到充分利用的中心城市区涌入大量较富裕的居民和投资时，不仅改善了现有住房，还建立了更多高档商业商店。在这种情况下，绅士化就出现了。不过，这种通俗的定义掩盖了与这种社区变化相伴而生的强烈情感。

在第二次世界大战后内城衰退持续了50年后，当时的许多中心城市出现了空心化，这时内城的经济复苏似乎是一个可喜的发展势头。虽然绅士化可以带来各种好处，但它也往往伴随着负担能力和社会属性的艰难转变，而且这些转变往往并不受本地长住居民欢迎。鉴于它常常会引发争议，规划师对绅士化做出预测和规划就显得尤为重要。

绅士化的原因

如果从一开始就知道造成绅士化的原因，预测绅士化的出现就会变得容易得多，这样就能满足绅士化规划的假设条件。一系列同时出现的因素会促成绅士化的出现。可能最重要的就是让内城生活再次拥有吸引力的宏观层面的改变。从已婚已育的家庭向其他家庭模式的人口结构转变，以及年轻人推迟结婚和生育这一事实，都对城市生活模式产生了重要的影响。有孩子的家庭最容易被郊区的生活方式和同质社区的环境所吸引。与之相反，单身人士和没有孩子的已婚夫妇或伴侣则更倾向于认为博物馆、文化场馆、餐厅以及酒吧这些娱乐活动场所以及动感的中心城市生活更具吸引力。由于人口变化在过去的十几年里不断升温，中心城市街区已经成了有吸引力的居住地，这也增加了之前一些比较偏僻地区的住房需求量。

从大规模生产到后工业经济的这一转变也改变了中心城市的格局。为了寻求更廉价的劳动力和土地，大部分大规模生产行业选择了撤离，并逐步被特色产业（例如名牌服装生产行业）和高端服务业（例如纽约的投资银行业或华盛顿的政治游说）所取代。这些后工业部门在面对面交流的基础上得到迅速发展，逐渐模糊了工作和社交的界限，也让市区对受过高等教育的员工变得富有吸引力。最后，电子通讯和交通的进步虽然降低了地理位置的重要性，但同时又自相矛盾地提高了部分"超级明星"城市所在位置的重要性，如波士顿、纽约和旧金山，因为这些地方能够提供其他城市没有的便利设施。相同的现象也加速了芝加哥、哥伦布、丹佛、费城、西雅图和华盛顿等二线城市市中心或附近地区住房的增长。带来的结果是，中心地区的住房需求出现了普遍增长，包括附近相对贫困的街区，这也是导致绅士化的潜在因素。

电子通讯和交通的进步虽然降低了地理位置的重要性，但同时又自相矛盾地提高了部分"超级明星"城市所在位置的重要性。

那些能够成为富裕的年轻专业人士的天堂和外来投资磁场的社区与那些一直处于贫穷的社区为何有如此大的差异？社区的属性，例如与市中心的距离，使得一些社区极易受到绅士化的影响。拥有良好交通设施的社区是人们的理想首选，而这其中的原因显而易见。虽然现在许多老旧的社区中居住着一些贫民，但它们最初是为那些富人而建造的，并且还有非常吸引人的建筑，只不过这些社区在过去的半个世纪已经慢慢衰退。纽约市的哈林区（Harlem）就是一个曾经独有的高档社区经历了撤资而现在正处于绅士化阶段的例子——部分原因是20世纪早期为富人建造的那些豪华褐砂石建筑。弗吉尼亚州北部的亚历山大老城（Alexandria in Northern Virginia）是另一个例子。

规划师应该认识到，大型重建计划也可能会对绅士化产生刺激作用。例如，虽然犯罪、棕地、交通不便等因素都可能阻碍一个其他方面很理想的社区出现绅士化，但是一个新的地铁站或新的文化中心往往可能成为刺激一个社区向绅士化发展的触发点。

基于对绅士化产生条件的理解，规划师应该可以预测不同类型的社区吸引富有居民的潜力。不过，由于规划师对反复无常的本地住房市场的预测能力有限，明智的做法还是考虑绅士化可能产生的后果，即使是在那些似乎很难出现绅士化的大都市区。

绅士化的影响

对于绅士化的各种争议很大程度上是因为它会对不同人群产生截然不同的影响。业主们，尤其是那些在市场低迷时期购入的业主们，会从绅士化中获得大量好处。其中一部分业主已经十分富有，而另外一部分可能几乎入不敷出，而且必须努力攒钱，才能在所在社区的房价负担得起时购买一套属于自己的住房。对于这个群体来说，绅士化代表着美国梦的最高点，尽管实现这一梦想可能意味着卖掉他们的家产，并用这些所得在其他小区安居。城市财政部门通常也会从绅士化中受益，因为绅士化会在增加地产价值的同时，增加房地产税收。但是，由于物业增值提高了税收，因此长住居民也许会无力承担其房屋的增收税款。

对于相对贫穷的长住居民而言，他们也有可能从富有邻居的增加中获益。近年来，混合收入阶层社区是经济适用房政策的核心信条，以这一观点为基础：当邻居们为一个正在衰退的社区带来社会和经济稳定性，并成为获取更丰富资源的桥梁时，贫困人群会从中受益。支持这一论点的论据好坏参半。[1] 然而，更多富裕的居民确实会带来更好的服务设施，而且他们的购买力会吸引更多的商机。对绅士化社区的长住居民而言，无论是穷是富，他们都必然能够从中受益。绅士阶层通常能行使更多的权力，并且能调动更多的公共服务资源。

尤其对租客来说，逐渐上升的房价以及随时搬迁的威胁是他们最关心的问题。虽然也有大量关于迁居问题重要性的学术讨论，其中有一些学者认为即使是在绅士化社区里，迁居也是相对而言较少发生的[2]，受到迁居困扰的经历还是非常惨痛的，而且对那些几乎没有其他房源选择的居民来说更是如此。此外，还有一个共识就是，绅士化抬高了房价，也因此冲击了经济适用房市场，尤其是在房价本来就已经很昂贵的城市，这一问题尤其突出。因此，对任何财力有限的人来说，绅士化都会对其住房机会构成威胁。

绅士化带来的负面结果远远不止住房负担能力。绅士化能够改变一个社区的社会地位，而且通常也会改变社会规范以及期望。针对纽约两个正处于绅士化的社区所做的调查研究表明，原有长住居民的活动，例如在角落聚会或在公园郊游野炊，在越来越多富有邻居搬入后，便开始不再被人接受。[3] 这个转变在长住居民中引起了极大不满，并且会让人明显感觉到，社区中的这些转变是专门为了外来人的利益才出现的。由于在绅士化进程中，长住居民的呼声在一定程度上并未受到重视，因而这种愤世嫉俗的观点也是有道理的。

绅士化的规划

房价上涨能够为老业主及地方财政部门带来好处，而且相对富有居民的大量涌入也为创建混合收入小区带来了机会。但是，稳定经济适用房的供应、抑制迁居威胁是实现长久混合收入社区的先决条件。绅士化社区的老业主们经常会表现得愤世嫉俗，而这可能会破坏对任何健康社区而言都很重要的社区意识。以下简要介绍规划师为解决绅士化问题的具体步骤。

规划先行

绅士化的具体开始时间是很难预测的。当规划师意识到绅士化已经开始的时候，可能就已经来不及对其带来的不利后果进行补救了。因此，在绅士化出现之前，需要建立相关机制在保护其益处的同时，抑制不良影响，这点尤为重要。

锁定经济适用房

大多数经济适用房项目取得最佳效果的条件是廉价的土地，但是在绅士化发展较快的社区，土地价格都很昂贵。因此，只有少数经济适用房项目适合应对由绅士化带来的特别挑战。能在热门房地产市场成功进行的项目就是强制性或自发性包容式区划：在第一种情况下，开发商在所有的新开发项目中都需要为经济适用房预留一部分开发用地；在第二种情况下，如果开发商的项目中包含经济适用房，就可以获得丰厚的奖金。当绅士化导致需求激增时，开发商能更好地消化与提供经济适用房相关的成本。此外，在采取丰厚奖励的地区，（通过建设更多的住房单元）能够获得更多的利润，这一点在绅士化社区将更具吸引力，因为在这些社区往往很难获得开发场地。

许多城市都有经济适用房信托基金，或使用联邦社区发展整体补助金、HOME计划资金或低收入住房税收抵免资金来建设经济适用房。地方在使用这些资源时有很大的回旋余地，并且可以将其用于那些房价增长过快、经济适用房存量受到威胁的社区。积极主动的社区将能获得解决经济适用房问题的必要资源，而这些问题也是绅士化过程中不可避免的（图3-19）。

税收增额融资（TIF）通常用于基础设施改善，同样也可用于资助经济适用房。在改善公共设施能够带来更多私人投资，并且最终还能带来更多房地产税收的领域，税收增额融资计划预留了一部分增加的财政收入来支付原有设施的改善费用。在绅士化的社区内，房产增值也会促进房地产税收的增加，并且可以把这些收入的一部分预留给同一社区内的经济适用房。例如，得克萨斯州的税收增额融资法律规定，三分之一的税收增量应专门用于经济适用房。这种方法能够确保拥有充足的专用资金，用于解决房价上涨较快的社区的经济适用房问题。

社区动员

给予长住居民对社区事务的发言权，可以防止偏激情绪和权利被剥夺情绪的继续蔓延。为了确保有效性，社区赋权形式必须不止于社区听证会，因为该类听证会通常是召集相关人士对既成事实的计划进行审查。组织并动员所有居民完成共同目标，是确

图3-19　谨慎的经济规划帮助华盛顿的Barracks Row恢复活力，同时没有影响原有商业和长期居民

资料来源：美国国家环境保护局

保居民有权影响其社区变化的一种有效方式。[4]

当社区的利益与更广泛的城市目标出现矛盾时，地方政府规划师很难直接参与到社区总动员中。作为社区组织者或者社区基层组织人员的规划师可能更便于充当社区动员的催化剂。但重要的一点就是，任何一个希望能最大限度地减少绅士化带来的问题的规划师都要明白，应该让所有居民都有机会用真实且有效的方式来影响所在社区的发展轨迹。

绅士化带来了实质性的变化，而且几乎没有人对它的影响持中立态度。针对经济适用房做出的努力，以及鼓励社区动员来保护社区利益，可以缓解绅士化引发的一些最紧迫的问题，同时也能使社区最大限度地利用人们对内城生活重新燃起的兴趣。

注　释

1. 苏珊·J. 波普金（Susan J. Popkin），《关于援助住房迁移的好处和局限性的新发现》（*New Findings on the Benefits and Limitations of Assisted Housing Mobility*），（华盛顿：城市研究所，2008 年版），urban. org/ publications/901160.html（2008 年 5 月 22 日）。

2. 近期研究表明，即使是在绅士化社区里，迁居也是相对而言较少发生的。例如，参见兰斯·弗雷曼（Lance Freeman），《迁居还是连续居住？绅士化社区的住所迁移》（*Displacement or Succession? Residential Mobility in Gentrifying Neighborhoods*），《城市事务评论》（*Urban Affairs Review*）40，第 4 期（2005 年），第 463-491 页；兰斯·弗雷曼（Lance Freeman）和弗兰克·布拉克尼（Frank

Braconi)，《纽约市的绅士化和迁居》(Gentrification and Displacement in New York City)，《美国规划
协会会刊》(Journal of the American Planning Association) 70，第 1 期（2004 年），第 39-52 页；雅
各布·维戈多（Jacob L. Vigdor)，《绅士化会伤害穷人吗？》(Does Gentrification Harm the Poor?)，《布
鲁金斯学会——沃顿商学院关于城市事务论文集》(Brookings-Wharton Papers on Urban Affairs) (2002
年 版)，第 133-173 页，marealtor.com/content/upload/AssetMgmt/ Documents/Gov%20Affairs/QoL/
doesgentrificationharmthepoor.pdf（2008 年 4 月 30 日)。

3. 兰斯·弗雷曼（Lance Freeman)，《"左邻右舍"走了》(There Goes the 'Hood')，(费城：天普大学出版社，
2006 年版)。

4. 兰迪·史托克（Randy Stoecker)，《城市重建 CDC 模式：一种评论和备选方案》(The CDC Model of
Urban Redevelopment : A Critique and Alternative)，《城市事务杂志》(Journal of Urban Affairs) 19，
第 1 期，（1997 年），第 1-43 页。

繁荣郊区城市

罗伯特·E.朗（Robert E. Lang）

　　繁荣郊区城市是指那些人口超过10万人，并且在1970年至2000年期间人口增长率
保持在两位数的城市。出乎意料的是，这些城市并非类似拉斯维加斯和凤凰城等较大
的或著名的城市，而是位于美国前50个大都市地区的混合区域（根据2000年人口普查数
据）；其中大多数是位于南部阳光地区大都市的郊区。换言之，美国增长最快的大都市
大多是并不起眼且没有明显特征的地方（图3–20）。

城市人口增长的磁石

　　2000年人口普查数据显示，有4个繁荣郊区城市的人口均超过30万人，8个城市的
人口超过20万人，还有42个城市的人口超过10万人。在20世纪90年代期间，仅54个繁
荣郊区城市就占了人口在10万人到40万人之间的城市人口增长总量的一半以上（52%）。
虽然繁荣郊区城市的数量并不是很多，但它们所在城市的人口数量仅次于国内那些最大
的城市，而且大多数人口增长都发生在这里。
　　另一个了解繁荣郊区城市增长规模的方法，就是将该城市目前的人口数量与那些已

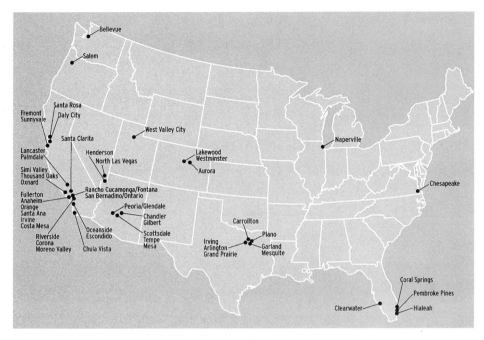

图3-20　在2000年人口普查所确定的45个繁荣郊区城市中，大多数是位于南部阳光地区大都市的郊区且没有明显特征的城市

资料来源：罗伯特·郎（Robert Lang）

经相对知名的传统城市进行比较。亚利桑那州的梅萨市（Mesa, Arizona）是人口最多的繁荣郊区城市，2000年的居民人数达到396 375人，超过了明尼阿波利斯（382 618人）、迈阿密（362 470人）和圣路易斯（348 189人）。得克萨斯州的阿灵顿（Arlington, Texas）2000年的人口数量为332 969人，是第三大繁荣郊区城市，仅次于匹斯堡（334 536人），且稍稍领先于辛辛那提（Cincinnati）（331 285人）。即使是较小的繁荣郊区城市，例如亚利桑那州的钱德勒（Chandler, Arizona）和内华达州的亨德森（Henderson, Nevada）（居民人口分别为176 581人和175 381人），其人口现在也超过了较老的中等城市，例如田纳西州的诺克斯维尔市（Knoxville, Tennessee）（173 890人）、罗得岛州的普罗维登斯市（Providence, Rhode Island）（173 618人）和马萨诸塞州的伍斯特市（Worcester, Massachusetts）（172 648人）。而且，这些繁荣郊区城市的人口还在继续增长。

　　到2000年，美国100个最大城市中有15个是繁荣的郊区城市。更重要的是，在1990年至2000年期间，在100个人口最多的城市里，25个人口增长最快的地方中有14个为繁荣郊区城市，其中前10名中就占了5个。而且，根据2006年人口普查数据，许多位于前列的繁荣郊区城市的人口已经超过了传统的更知名的大都市。得克萨斯州的阿灵顿（Arlington, Texas）和加利福尼亚州的圣塔安娜（Santa Ana, California）都已经超过圣路易斯（St. Louis），将其挤出了美国城市人口前50的排行榜。加利福尼亚州的阿纳海姆（Anaheim, California）紧随圣路易斯（St. Louis）之后；科罗拉多州的奥罗拉（Aurora, Colorado）超过了明尼苏达州的圣保罗（St. Paul, Minnesota）；亚利桑那州的皮奥利亚（Peoria, Arizona）也超过了与其同名的伊利诺伊州的皮奥利亚（Peoria, Illinois）。

　　繁荣郊区城市是美国仍然保持郊区本质，或者说起码看上去最像郊区的最大地域。要正确地看待繁荣郊区城市的崛起，就要考虑到只有大约四分之一的美国人口居住在总人口超过10万人的大城市。事实上，美国这种规模或更大规模的城市的居住人口在1930年就达到了顶峰。而繁荣郊区城市是少数依然还在蓬勃发展的大规模城市区域之一。

意外城市

　　繁荣郊区城市与简单分类的传统郊区有所不同，虽然很多这样的地方依赖汽车，布局分散，但是它们具有城市的功能。以下是罗伯特·郎（Robert Lang）和詹妮弗·拉弗吉（Jennifer LeFurgy）所开展的研究的一些主要调查结果。[1]

　　● 有些繁荣郊区城市非常多样化，拥有外来出生人口的比例在美国最高，而且经常超过中心城市。

　　● 部分繁荣郊区城市的住房拥挤程度位于美国前列，在许多住所内，两人或更多人住在一个房间内。

　　● 相较于美国的大部分地区而言，繁荣郊区城市的保障性住房更少，仅有约一半的繁荣郊区城市居民有能力购买他们所在社区的房子，而全国的平均水平为58.5%。

　　● 许多繁荣郊区城市都有"城市贫民区"，或者更确切地说，"郊区贫民区"。比如在拉斯维加斯，起点位于该地区北部的15号洲际公路就将这一城市划分为富人区和贫民区。

　　● 面积宽广的繁荣郊区城市可能同时存在正在衰退和持续增长的不同地区。比如亚利桑那州的钱德勒（Chandler, Arizona）中心区亟待重建，但开发商们却都争着去开发被城市吞并的空旷沙漠区域。

　　● 即使不是大多数，也有许多繁荣郊区城市正在扩建，到2020年，会有一半以上的繁荣郊区城市完成扩建工作。大多数的繁荣郊区城市都清楚它们的土地会在何时消耗殆尽，以及当时的人口数量会达到多少。

　　● 许多繁荣郊区城市都在规划轻轨工程，有些城市，如亚利桑那州的坦佩和梅萨（Tempe and Mesa, Arizona）、科罗拉多州的莱克伍德（Lakewood, Colorado），以及得克萨斯州的梅斯基特（Mesquite，Texas）都已经开始了轻轨修建工作。对轻轨的兴趣来源于两个方面：越来越多的人意识到未来是基于壮大，而非扩张的，并且意识到了与轻轨相关的发展潜力。

- 只有三个繁荣郊区城市拥有大型郊区办公开发项目建筑群。然而繁荣郊区城市通常在"无边缘"城市拥有大量的办公区域，或者可能拥有从来没有并入边缘城市的分散开发项目。[2]许多国家级高科技公司都建在繁荣郊区城市。

- 有十几个繁荣郊区城市的就业机会数量要远多于其居民数量；并且在大约三分之二的繁荣郊区城市中，工作和住房几乎处于平衡状态。

繁荣郊区城市是颇具创造性的地区，设计了一系列的策略来让小城镇政府适应大城市的现实状况。在许多情况下，私有化可以减轻公共财政与管理的双重负担。

1.罗伯特·朗（Robert Lang）和詹妮弗·拉弗吉（Jennifer LeFurgy），《繁荣郊区城市：美国意外城市的崛起》（*Boomburbs*：*The Rise of America's Accidental Cities*），（华盛顿：布鲁金斯学会出版社，2007年版）。

2.罗伯特·朗（Robert Lang），《边缘城市：探索难以捉摸的大都市》（*Edgeless Cities*：*Exploring the Elusive Metropolis*），（华盛顿：布鲁金斯学会出版社，2003年版）。

繁荣郊区城市位于何处

虽然美国境内各地都有繁荣郊区城市，但它们大多位于西部，在从得克萨斯州延伸至太平洋的大城市区域带上。西部地区拥有众多大型混合区域，原因如下：首先，很多编制了大型总体规划的社区都位于西部大城市，而且通常是一个单独的小城镇。这些社区在发展过程中会吞并还未纳入市区管理的土地。新增的土地和居民会被纳入自治地区，从而将这个曾经的小城镇地区转变成繁荣郊区城市。

西部拥有良好水资源的地区在促成繁荣郊区城市发展的过程中也扮演着重要角色。西部的大部分地区都十分干燥，而想要发展就必须获得水资源。因为较大型的被纳入市区管理的地区更有能力获得水资源供给，所以其他分散的郊区就会倾向于加入这些大的市区管理城市。最后，很多西部州的地方税收体系都依赖市级销售税收，因此鼓励合并土地、促进该地区零售业发展的行动使得一些地区产生了"销售税峡谷"，例如南加利福尼亚州。

繁荣郊区城市的前景

要预测这些繁荣郊区城市的未来发展趋势并非易事，因为其中涉及太多的不确定因素，包括人口、土地利用和资源等：例如，移民人数可能会减少，自然条件和监管障碍可能会限制大都市扩张所需的新土地面积，西部地区有限的水供给可能会因为全球变暖而进一步减少。除了以上不确定因素之外，还有世界石油产量已接近峰值这一事实，因此一切皆有可能。此外，有证据表明，越来越多的消费者偏好更传统的房屋类型和城市地区。总而言之，繁荣郊区城市时代，以及更广泛意义上的扩张郊区时代可能很快就会接近尾声。

然而除了停止增长的预测，还有关于高速发展的预测。美国的人口存在持续增长的可能。基于现在的人口结构，到2050年之前，美国应该每十年会增加至少3 000万人口，人口绝对增量超过中国的人口增长预测值。但是，这些新增人口是否想生活在当前或未来的繁荣郊区城市还是很难预测。

到21世纪中期，可能会形成几十个新的繁荣郊区城市。这些地区中的有些地方虽然目前尚未被占用和命名，但是它们已经成了大型项目的一部分，如凤凰城（Phoenix）东部的Superstition Vistas项目。与此同时，很多现在被认为是繁荣郊区城市的地区，人口增速可能会在下次人口普查时低于两位数。根据现在的评估，在2000年统计的54个繁荣郊区城市的基础上，到2030年将会有75个地区符合繁荣郊区城市的标准。

十大规划理念

彼得·霍尔（Peter Hall）

"十"只是个方便的数字，在此代表任意数值。本文的看法来源于笔者对当今世界最令人激动的城市中所发生的事情的阅读和观察。这些理念并不都能和谐相处，而且在某些情况下，它们甚至可能会提出相反的政策方向。但是，妥善地处理这些复杂情况，并在此过程中获得一些灵感，才是一个良好规划的真谛。

鼓励创新

正如查尔斯·兰德利（Charles Landry）在其著作《城市建设的艺术》（*Art of City Making*）中所说，文化重建政策不仅仅意味着鼓励兴建文化和创新场馆和活动，重视创新就意味着提出一个全新的城市管理方法。[1] 也许巴西的库里提巴（Curitiba, Brazil）应该是当之无愧的最具创新性的城市——新想法渗透到了这个城市生活的各个方面。库里提巴（Curitiba）擅长的是前市长杰米·雷勒（Jaime Lerner）提出的"城市针灸"，或是兰德利（Landry）所说的"制定有针对性的干预措施，并快速实施使其能够产生催化作用，从而释放能量，带来积极的连锁反应"。[2] 该城市还提出了一系列巧妙的奖励办法：为收集回收材料的贫困家庭提供免费食物，为那些在项目中设置绿化区的开发商减税，等等。

正如多年来的情况一样，人口多样化是城市创新的关键所在：城市需要涌入的外来人口带来新的理念、产品和服务。因此，创新城市的秘诀之一就是投资教育，从而鼓励有想法的年轻人来到这个城市。

政策需要更多地关注城市体验的质量，而非纯粹的物质解决方法。一旦开始这样做，"资源、人才和力量的聚集速度就会加快，从而发生质变"[3]——这就是为什么世界上的伟大城市仍能继续保持其作为创新城市的地位，以及很难有新竞争者与之抗争的原因。

打造生活品质

当谈及吸引那些在推动和服务经济发展中起到关键作用的各类高层次劳动者时，城市的物理属性和"地方品质"——文化环境和居住环境以及生活方式的优势——到底有多重要？吸引不同的群体（年轻单身人士、有孩子的家庭、空巢父母）到不同的地区（全球化的大都市、新阳光带城市）的方法也不尽相同。但是每个人的部分价值观是一致的，这就是为什么每年国际调查的榜首总是同一批城市。

经济学人智库（EIU）会定期对全球127个城市的生活质量进行排名，其标准包括基础设施、个人风险等级以及商品和服务的可得性。2007年，温哥华的总分排在首位，紧随其后的有墨尔本、维也纳、珀斯、多伦多、赫尔辛基、阿德莱德、卡尔加里、日内瓦、悉尼和苏黎世。值得注意的是，在"宜居性"排行榜上排名靠前的所有城市都来自高度发达国家，其人均国内生产总值的水平也较高。此外，这些城市也都是中等城市，其人口规模从50万（日内瓦）到490万（多伦多）不等，而且其中大部分城市人口在100万到220万之间。[4]

这样的排名对于经济表现，尤其是创新意味着什么？理查德·佛罗里达（Richard Florida）认为，在美国，人数达到3830万、约占劳动力总人数30%的创意阶层本身已经成为所在地区的一个主要因素：该阶层的人会选择适宜的地区居住，而且他们一旦来到新的地方，就会带来新的经济发展，例如加利福尼亚州的湾区、得克萨斯州的奥斯汀（Austin）以及西雅图。[5]创意阶层的人士并不追求"大多数城市建设中关注的物质吸引力，例如体育场馆、高速公路、购物中心以及类似主题公园这样的旅游和娱乐区域，这些对于很多创意阶层人士而言都不重要，也不足以或根本无法产生吸引力"，他们追求的是"充足的高品质设施和体验，对多样性的开放态度，以及最重要的一点，能够认可他们的创意人士身份的机会"。[6]

我对六大"创意城市"基于历史的研究则得出了完全不同的结论，这些城市包括公元前5世纪的雅典、文艺复兴时期的佛罗伦萨、莎士比亚年代的伦敦、18世纪和19世纪的维也纳、1870年至1910年期间的巴黎，以及20世纪20年代的柏林。[7]前三个城市早在能够充分利用技术进步或开展有效管理前，就已经成为文化创意城市。这些城市全都经历过黄金时代，即使它们的大多数公民处于赤贫的境地，至少以现在的标准来看，生活条件极度肮脏，而且类似文艺复兴时期佛罗伦萨的一些城市是十分危险的。事实上，城市创新似乎起源于经济和社会的紧张局势，一些自认为处于社会主流之外的艺术家及其赞助者对这些紧张局势进行了表达和探索。

我的研究结果当然并非暗指生活质量低下是城市创新的一个先决条件，而是认为（与兰德利的观点完全相反）良好的生活品质不一定能产生城市创新。因此，关键可能在于打造任何富裕社会公民都需要的生活品质，这也是他们的权利，同时还要保持足够的多样性和活力，甚至是强烈反差，来吸引那些不循规蹈矩的创意人士。

保持并珍惜新潮街区

托马斯·赫顿（Thomas Hutton）在伦敦、旧金山、温哥华和新加坡的研究结果清楚地证实，新的创意企业往往会选择靠近城市中心的"新潮"旧城区那些房租低廉的地方作为起点。[8]因此，关键是要制定相关政策，尽可能地"冻结"城市的这类地区，这也是阿姆斯特丹和哥本哈根等城市成功实施的方法，但现在似乎发生了逆转。这些政策可能难以维持，因为艺术家的集聚过程本身就可能会使这些地区变得具有吸引力，首先是一批城市先锋人士，然后是普通的绅士阶层，因而可能会造成清理这些街区的政治压力。如果成功的话，房地产价格会出现上涨，从而吸引更多的大型开发商，而这几乎必然会迫使创意产业和企业离开这一区域，甚至就此歇业。正如莎伦·朱津（Sharon Zukin）所说，纽约市的Loft区在20世纪70年代就发生过这种情况。[9]制约这些地区重建的主要是地方规划问题，但同时这也是件非常棘手难办的事情。

建设无碳城市

在努力成为无碳城市的过程中，各地需要好好利用各州的立法规定（正如加利福尼亚州和马萨诸塞州一样），但在某些领域，例如住房标准和过境交通，还需要地方司法管辖区采取更多方法。

位于德国西南部的城市弗莱堡（Freiburg）已经成了城市可持续发展的典范（图3–21）。1986年，在苏联发生切尔诺贝利核事故后，它是德国第一个致力于地方节能减排政策的城市：最大限度地减少能源、水资源和原材料的使用；最大限度地提高可再生能源的利用率；促进新能源技术的研发，并由此造就了一个全新且重要的地方产业。

由于一直将"改变交通工具，转换思维方式"当作其座右铭，弗莱堡实际上已经成

图3–21　为了鼓励公共交通和自行车出行、阻止私家车进入市中心，弗莱堡已经从1972年开始逐步扩大其电车网络。如今，该网络已经覆盖了周边多个城市，而且许多街道都进行了改造，专供电车、自行车和行人使用

资料来源：迈克尔·泰勒（Michael Taylor）

功地扭转了全球汽车保有量和汽车使用量不断增加这个明显不可阻挡的趋势：在1976年到1996年期间，该市汽车使用比例从60%下降至43%。[10]与20世纪80年代初期相比，弗莱堡市民减少了汽车出行，更多地使用公共交通工具。

公共交通工具乘客人数的增加得益于一项双管齐下的策略：在人口最为密集，因而最为切实可行的地区开设从市中心向外的电车路线，并且在所有其他地区都可乘坐公共交通工具。现在，其他城市也正在纷纷效仿这一模式，包括与弗莱堡（Freiburg）隔着莱茵河相望的法国城市斯特拉斯堡（Strasbourg）等。

制定全新的交通替代方案

城市需要为私家车主提供交通替代方案，特别是快速公交和其他多种实验模式（例如个人快速交通和混合动力汽车）。虽然新加坡和库里提巴（Curitiba）将交通和土地利用规划进行融合的做法得到了广泛的引用，但是二者的技术并不相同：新加坡主要依赖传统的铁路系统，而库里提巴（Curitiba）则是在高密度、混合使用的通道上，利用以公交为主的交通方式实现了类似的效果。虽然库里提巴（Curitiba）在20世纪70年代中期规划这一系统的原因在于其负担不起铁路系统的成本，但是事实证明这一方法非常成功，而且已经得到了哥伦比亚的波哥大（Bogota，Colombia）、厄瓜多尔的基多（Quito，Ecuador）等地方的广泛效仿。

澳大利亚南部的阿德莱德（Adelaide）、德国的埃森（Essen）以及英国的利兹（Leeds）和剑桥（Cambridge）也纷纷开发出了一种替代技术：在混凝土导轨上运行公交，这样它们就具备了火车或轻轨电车的行驶特性。包括南锡（Nancy）在内的多个法国城市也通过电子制导车辆，成功地实施了类似的系统。而布里斯班（Brisbane）、渥太华（Ottawa）和匹兹堡（Pittsburgh）等城市则是通过非制导的公交专用道发展了公共交通服务，这些系统的一个重要特点就是与其他交通方式隔离，这样公交的行驶速度就能极大地超越传统的公交。

最成功的基于公交的交通系统应该满足：（1）至少能够实现等同于轻轨的运载能力；（2）实现非常高的人均公交出行次数（库里提巴（Curitiba）的这一数据为每天1.02次，高于任何其他主要城市）；（3）运行成本要远低于高速公路或快速铁路交通（以每英里美元计算）。此外，为支持公交所需的人口密度要远低于轻轨或重轨交通，但有关快速公交所需的最小密度仍存在着一些分歧。[11]预计需要的密度从每公顷25个到50个住户单元不等（每英亩10到20个）。[12]（即使每公顷达到了50个住户单位的密度，也可以提供带有私人庭院且完全充足的家庭住房面积。旧金山的大部分地区，包括类似太平洋高地（Pacific Heights）这样抢手且昂贵的的地块，就是这样的密度。）虽然为了适应新的交通系统，可以对现有的过境或高速通道进行改造，但是在开发工作开始前完成这些建设工作，并鼓励开发商在站点周围建设新的郊区住宅区更容易实现，而且也更节约成本。加利福尼亚州的山景城（Mountain View）就是一个很好的案例，其轻轨总站与加利福尼亚州火车通勤线相连。

从较长期来看，个人快速交通系统（PRT）可以被看作是公交和出租车的混合体，极具可行性。美国早在20世纪70年代就率先在西弗吉尼亚州的摩根城（Morgantown）采用了个人快速交通系统，但是尚未在美国得到广泛效仿。现有还有一些欧洲的系统，其中包括ULTra（城市轻型交通系统），它能将周边停车场与伦敦希思罗机场的中央航站楼相连。在机场、市中心、商场或休闲中心等可控环境中，这样的系统会非常高效而且经济。此外，这些系统也可以应用在全新的居住区，在那里，它们可以将住宅、停车场与长距离的火车和公共汽车交通系统连接起来。

尝试新的开发方法

为了保持活力，一些社区正在尝试新的开发方法。例如，在弗莱堡（Feiburg），通过所谓的社区结构方法创建了沃邦社区，在建造过程中，居民团体需要与建筑师团队进行密切合作。该社区占地38公顷，由法国军队的旧军营改造而成，现在一共住了5 000人。此外，该项目还带来了600个就业机会，并且已经成为最有名的城市可持续发展案例之一。在该地区的20个街区中，有4个为被占住者合法占有和开发，这些占住者在1992年法国军队撤离时占据了整个地区；弗莱堡（Feiburg）从德国政府手中购买了剩下的16个街区，并开展了非比寻常的城市重建实验。

每个街区的居民团体（Baugruppen）与其建筑师团队开展密切合作，共同进行重建；沃邦论坛是一个重要的公民组织，主要负责为这一过程提供全面监督。自1996年以来，该模式已经在包括沃邦在内的该城市多个地区完成了150多个独立的新项目，建成了2 000多套新住宅，而且花费要比其他地区同级别的住房低得多。

沃邦社区是一个低能源消耗、低排放的城市开发项目。所有街区的建造均符合低能耗标准，其中100家住户只使用被动式供热服务，其他则是由燃烧木屑的热电站提供供热服务。此外，很多住户都装有太阳能集热器和光伏电池。五分之二的住户同意过无车生活，其他用户则将其车辆停放在社区周边。

　　但是，这种结构的丰富性和多样性同样值得注意。和其他欧洲城市一样，当地规划师也制定了一个相当标准的建筑规范，规定了每个街区的具体大小，从而实现街区的整体一致性，但这种一致很容易让人觉得乏味。然而，沃邦社区制定的独特处理方式能够让建筑物看起来极其不同（图3-22）。

　　图3-22　沃邦社区的城市开发项目结构多样化，对环境友好，可以称得上是可持续发展、家庭友好型地区的典范，同时它还解决了诸如能源、流动性、社区和绿化区域等关系到生活品质的多个问题

　　资料来源：彼得·霍尔（Peter Hall）、ADEUPa de BREST、伦敦大学学院巴特莱特研究生院

制定家庭友好型城市政策

由于城市成功地吸引了包括大学生和年轻的专业人士在内的众多年轻人回到市中心生活，因此在随后几年，当他们开始养育孩子时，能为其提供郊区生活方式的城市替代方案就将显得极为重要。针对城市中环和外环地区，特别是城市重建地区的家庭友好型政策必然要将物理设计与服务（例如学校和公园）进行完美结合，从而吸引更多家庭。

能够满足各种家庭需求的城市设计类型远不止一种。但是，正如前文所提及的，可持续设计需要达到一定的密度，才能支撑合乎需要的交通服务。尽管很多新城市主义规划方案中的密度远低于公共交通的要求，但是以公共交通为导向的新城市主义解决方案，例如丹佛的斯特普尔顿计划（请参阅第五章中的"斯特普尔顿公私合作规划"），也可能会起到作用。[13] 很多欧洲的方法，例如沃邦社区中采用的方法，可以在低层公寓环境中巧妙地打造家庭友好型的儿童游乐空间。虽然这类方案是对美国传统的重大突破，但是事实证明，这类方法能够被那些希望享受城市生活便利的新一代父母所接受。

获取不断上涨的土地价值

在支持新的城市发展过程中，一个主要问题是如何为其提供必要的基础设施，包括公路、交通、学校和公用设施。在英国，市政府有限的融资能力加剧了这一问题；英国经济学家凯特·巴克（Kate Barker）在一份报告中提出了一种新的收费方式——针对规划许可授予所征收的"规划收益增补"税，从而将开发商应计收益补偿给社区。[14] 自第二次世界大战以来，类似的机制已经被引入三次，最后却都被保守派政府取消。根据政府的社区可持续发展战略，有人对主要增长地区提出了另一个方法：专门成立的发展机构负责制定《土地和基础设施战略合同》（SLIC），将基础设施供给与开发商和土地所有者所做的贡献进行挂钩。按照这些原则进行的一项实验已经在英国东南部米尔顿凯恩斯（Milton Keynes）新城的扩展项目中取得了成功（其中土地和基础设施战略合同已经被称为"人头税"）。在美国，一些地方政府已经试图从放宽土地开发限制的决策中获得部分利益。例如，纽约市的西城进行重新区划时，要求土地所有者缴纳交通改善的成本，交换条件就是他们能够利用增加的开发权利。

发展区域公园系统

在很多地区，土地征用权都用于保护水域和创建区域公园。旧金山湾区的这一引人瞩目的系统——几乎是一整片连续的绿地，可以追溯到20世纪30年代（图3–23）。但是也不是每种情况都有必要使用土地征用权。另一种方式就是制定以激励为基础的发展管理策略，例如开发权转移。例如，如果开发商能出让一块面积非常大的区域作为永久开放空间，他就可能会获得区划和规划批准。英国的凯特·巴克（Kate Barker）在第二份报告中也提出了类似的方法建议。[15]

图3–23　加利福尼亚州的东湾区域公园区包括荒野保护区、海岸线地带、野营地、游泳、划船或垂钓区域以及长达1000多英里的步道。可乘坐公共交通抵达部分公园

资料来源：东湾区域公园区

避免过度增长

正如上文所提及的，经济学人智库生活品质调查中排名高的城市规模往往都比较小，至多是中等城市。这表明，帕塔里克·阿伯克龙比（Patrick Abercrombie）在其1994年发表的具有历史意义的《大伦敦规划》（*Greater London*）中所提出的观点可能是正确

的。他认为，规划师应该限制大都市的发展（尤其是利用绿化带的方式），并将发展势头转移到邻近的小城市，包括新城镇。在该规划推出后的几十年里，伦敦已经发展成为一个庞大的、多中心的大城市区域，延伸至伦敦市中心外的100英里，并涵盖了50多个中小型城市及其周边的通勤带。虽然每个城市都通过开放式绿化区域与其邻近城市予以隔离，但是所有城市都能在人、物和信息流动方面实现功能相关性。此外，在伦敦外围的40多英里外的地区还实现了高度的自给自足，有80%到85%的居民在本地就业。[16]由于这种模式取得了很大的成功，当前的英国规划政策希望对其进行扩大和加强。

注 释

1. 查尔斯·兰德利（Charles Landry），《城市建设的艺术》（*Art of City Making*），（伦敦：地球了望出版社，2006年版）。

2. 出处同上，第377页。

3. 出处同上，第412页。

4. 安隆（Anon），《城市田园诗》（*Urban Idylls*），Economist.com，2008年4月28日，economist. com/markets/rankings/displaystory.cfm?story_id=11116839（2008年7月8日）。

5. 理查德·佛罗里达（Richard Florida），《创意阶层的崛起》（*The Rise of the Creative Class*），（纽约：基础读物出版社，2002年版），第5-7页。

6. 出处同上，第218页。

7. 彼得·霍尔（Peter Hall），《文明城市：文化、技术和城市秩序》（*Cities in Civilization：Culture，Technology and Urban Order*），（伦敦：费尔德与尼克尔森出版公司，1998年版）。

8. 托马斯·A. 赫顿（Thomas A. Hutton），《内城的新经济》（*The New Economy of the Inner City*），《城市》（*Cities*）21（2004年），第89-108页；托马斯·A. 赫顿（Thomas A. Hutton），《内城的空间、建筑形式和创意产业发展》（*Spatiality，Built Form，and Creative Industry Development in theInner City*），《环境与规划》（*Environment and Planning*）A38（2006年），第1819-1841页。

9. 莎伦·朱津（Sharon Zukin），《阁楼生活：城市变化中的文化与资本》（*Loft Living：Culture and Capital in Urban Change*），（巴尔的摩：约翰霍普金斯大学出版社，1982年版）。

10. 弗莱堡市，《弗莱堡：弗莱堡的公共交通需求：为什么十年内资助金额翻了一番？》（*City of Freiburg，Freiburg：Public Transport Demand in Freiburg：Why Did Patronage Double in a Decade?*），《交通政策》（*Transport Policy*）5，第11期（1998年），第163-173页。

11. 大卫·拉德林（David Rudlin）和尼古拉斯·福克（Nicholas Falk），《建设二十一世纪的家园：可持续发展的城市社区》（*Building the 21st Century Home：The sustainable Urban Neighbourhood*），（伦敦：建筑出版社，1999年版），第159页。

12. 理查德·乔治·罗杰斯（Richard George Rogers），《向着城市复兴发展，城市特别工作组的最终报告》（*Towards an Urban Renaissance，Final Report of the Urban Task Force*），（伦敦：Spon出版社，1999

年版），第 160 页，urbantaskforce. Org/UTF_final_report.pdf（2008 年 7 月 8 日）。

13.Chang-Moo Lee 和 Kun-Hyuck Ahn，《肯特兰比雷德朋更好吗？ 美国花园城市和新城市主义典范》（*Is Kentlands Better Than Radburn? The American Garden City and New Urbanist Paradigms*），《美国规划协会会刊》（*Journal of the American Planning Association*）69（2003 年 1 月），第 50-71 页。

14.凯特·巴克（Kate Barker），《住房供给回顾：交付稳定性：保障我们未来的住房需求》（*Review of Housing Supply：Delivering Stability：Securing Our Future Housing Needs*），《最终报告建议书》（*Final Report-Recommendations*），（伦敦：英国文书局，2004 年）。

15.凯特·巴克（Kate Barker），《巴克的土地利用规划回顾》（*Barker Review of Land Use Planning*），《最终报告建议书》（*Final Report-Recommendations*），（伦敦：英国财政部，2006 年）。

16.彼得·霍尔（Peter Hall）和凯瑟琳·佩恩（Kathryn Pain），《多中心都市区：向欧洲的超级都市地区学习》（*The Polycentric Metropolis：Learning from Mega-City Regions in Europe*），（伦敦：地球了望出版社，2006 年版）。

规划师的角色

尤金·L.伯奇（Eugénie L. Birch）、加里·哈克（Gary Hack）

2008年，《美国新闻与世界报道》将城市规划评为美国最好的职业之一。[1]根据该杂志的描述，现今的城市规划师帮助塑造了社区、城市和区域的增长和发展。除了土地利用、交通、住房、市区重建和环境等传统的规划关注领域，该杂志还指出，最近规划师在古迹保护、控制城市无序扩张，甚至国土安全方面发挥了更多作用。《环境杂志》支持这一评价，将城市规划师评为美国十大"绿色"职业之一。[2]该杂志特别强调了规划师通过湿地恢复、暴雨径流管理以及交通和城市设计革新等方面在促进可持续发展方面的重要作用。

2008年的美国规划协会（APA）会员调查显示，APA三分之二（67%）的规划师在政府任职；其中，超过三分之一（37%）的规划师在市政部门工作，五分之一在郡县或区域机构工作。[3]调查同时报道，四分之一的APA会员以私人顾问身份为公共、私人和非营利机构的客户提供服务。但这项调查可能低估了受过规划师培训人群的就职范围，因为很多城市发展私营机构的工作者、广泛参与公共管理的规划师、很多住房或经济发展部门的从业者并非APA的会员。虽然2008年的调查中没有调查对象的工作地点，但2006年的调查做出了报道，这些数据很可能在这两年间并没有太大变化。值得一提的是，2006年参与调查的近一半APA会员生活并工作在南大西洋和太平洋沿岸各州，仅在加利福尼亚州（13%）、佛罗里达州（9%）和得克萨斯州（5%）就有超过四分之一的会员。这可能是由于这些区域强劲的增长势头和州政府指令性规划对规划师更具吸引力。

公共规划

规划源于土地使用的分配。最初，规划师聚焦于全国各地发展迅速的城市，随后又转向其扩张的郊区。忠于其进步时代之初衷，规划促进了城市的有序发展，建立了防止过度拥挤的制度，并尝试通过城市管理改革来消除腐败。最初的规划师由乡绅聘为顾问，为丑陋的工业城市制定改善方案。最终，市民游说州政府批准城市规划作为地方政府的职能之一。

大多数州所商定的方案持续至今，即：由规划部门支持的规划委员会负责社区的总体规划、资本预算和开发规定。康涅狄格州的哈特福特（Hartford）在1907年建立了第一个规划委员会，随后是芝加哥（1909年）、巴尔的摩（1910年）和底特律（1910年）。到1927年，美国有44个州390个城市设有规划委员会。此外，洛杉矶和波士顿设有拥有规划权的大都市委员会。

今天，所有的州都认可城市规划，有40个州立有法规，但是他们的条例相差很大。其中包括加利福尼亚州、佛罗里达州和俄勒冈州在内的15个州，不仅无条件强制执行规划，还明确了总体规划的具体要求。另外25个州要求市政当局在符合一定条件下实行规划，如选举设立规划委员会。其余的州实行非强制性规划。大多数郊区和除休斯敦之外的所有大城市都设有规划委员会。除此之外，与城市规划委员会类似的郡县和区域委员会遍布美国。规划委员是由市长、市议会或依据地方法律成立的联合体挑选产生的政治任命者。他们往往是普通市民，尽管很多人在设计、法律或房地产领域受过专业培训或有丰富经验，但大多数情况下，他们是无须承担技术任务的志愿者。

规划机构

现今，大多数城市和郡县都有负责规划的工作人员，从小社区唯一的规划师到纽约城市规划部近300名的工作人员。不同规划部门被分配的职责相差甚远，其所要求的技能亦然。一些部门致力于制定、维护总体规划方案和配套的用地法规。近年来，许多地方将城市再开发、住房和历史保护等职能并入同时负责开发许可的大型综合机构里。例如，波士顿重建局自1960年以来一直作为城市规划和发展的联合机构，支持多个董事会和委员会。在丹佛，规划发展部是一个一站式机构，负责包括准则管理在内的开发和建设的各个方面。在芝加哥和明尼阿波利斯市，规划部门既要监管规划，又要监管经济开发。不同规划机构的具体配置和职能是历史独特的产物，也是他们所服务社区的需求。

规划机构中的一个重要趋势是将规划职能下放到以街区为基础的办事处或机构。1975年修订版宪章指导下建立的纽约市社区规划委员会是其中最早的机构之一。洛杉矶自1999年开始将规划权力委托给地区规划委员会。其他诸多城市郡县将社区委员会对开发提案的审查或提供咨询的职能制度化。多个联邦、州和地方的法律要求规划师加入这样的志愿组织参与决策。

其他参与规划的公共机构

大社会时代，在联邦政府促进责任义务的努力下，参与街区发展的机构数量不断增加，这正是规划师广泛分布于地方政府和独立区域机构中的部分原因。州和地方政府加设了更多的机构以适应新规（如环境或交通审查），或让地方融资项目成为可能。

许多社区都有其独立的重建局（通常为政府机构），住房和社区发展部门，住房管理局，经济发展部门、机构或公司，滨水区开发实体和授权区委员会，他们通常均有雇佣规划师。对于大型项目，尤其涉及多方合作时，特定的实体可被建立。例如，纽约有多个州和城市级别的联合实体，被称作城市开发公司，通常附带项目名称（如"曼哈顿下城开发公司"）；加利福尼亚州也有联合的权力机构，在不同级别的政府间共享权力。洛杉矶格兰大道管理局是一个市—县实体。全国各地的军事基地都有自己的再开发实体。所有这些机构同时负责规划和实施工作，并要求规划师除了分析和制定规划方案外还要有财务和项目管理的技能。

随着全球变暖等环境问题重要性的提升，规划师进驻更多的地方政府实体，包括环境保护机构、遗迹保护委员会、水资源机构和促进可持续发展相关机构。规划师在新兴区域性实体中也扮演着主要角色，如为调控和规划区域发展而设立的佐治亚州区域交通管理局和波士顿大城市排污和供水管理局。几十年里，这些机构与政府议会、大城市规划机构、区域交通管理局和流域管理局一起，帮助建立区域规划和发展框架。在强有力的地方政府领导下的大型规划部门，如纽约和新泽西港务局，关注的问题远远超出其运行职能，是区域经济发展和基础设施建设重要的倡导者。

公—私机构

越来越多的城市建立了公—私机构，这些机构在特定地区的规划上发挥着重要作用。市中心的开发机构，如圣地亚哥中心城市开发公司，是最早的这种实体之一。通常情况下，这些机构由一个私人董事会监督，资金来源于私人捐款和配套的公共拨款。许多发展成了由税费、公私营机构签署的合同、拨款和提供的服务所支持的商业改进区（BIDs）。商业改进区通常负责清洁和维护公共街道、公园和广场，增强安全性，为地区发展制订计划以及实现资产提升。在许多城市，他们已成为市中心和其他地方商业区的实际规划机构。

众多开发公司也是由公共和私人资金混合支持的。由于其招聘和签约不受公有约束的限制，这些机构在抓住机遇和集合项目方面通常更加灵活。具备开发和融资能力的规划师领导这类机构。独立于政府、但多依赖政府拨款支持的社区发展公司，是促进和实现低收入社区转型的重要力量。规划师在土地保护领域的新兴角色：土地信托——在土地保护行动中联系公私双方的非营利实体，是发展最快的开发机构形式之一。

"锚机构"

锚机构（医院、大学、表演艺术中心、文化设施、体育场馆）因其对不动产的持有和拥有当地客户而在城市中拥有深厚根基，规划师也会与这些实体机构一起工作，或在其中任职。规划师涉足这一领域的原因是这些锚机构是如今城市经济发展的核心所在。值得一提的是，在大多数美国城市，最大的非政府雇用者就是教育和医疗机构（"eds and meds"）。许多机构在城市更新时代因与社区团体发生冲突而遭受创伤，如今正慢慢恢复，迎接改进毗邻社区的挑战。此外，由于教育和医疗机构都是免税的，这些机构和市政府间时有矛盾。尽管如此，他们却是许多城市经济体中发展最快的行业之一。因此，包括波士顿和沃思堡在内的一些城市，将锚机构的联络人加入到规划工作人员中，以推动这些机构和市政府之间的积极合作。

规划师所工作的锚机构对周边地区的规划起着主导作用。这可以追溯到20世纪60年代，迈克尔·里斯医院（Michael Reese Hospital）规划发展部主任雷金纳德·艾萨克（Reginald Isaacs）曾与伊利诺伊理工大学和芝加哥大学的同行一起致力于芝加哥南部大片区域的改造。近期，宾夕法尼亚大学、三一学院、南加州大学等也为此做出了努力。在克利夫兰、波士顿朗伍德地区（Longwood area）等一些地方，多个机构联合起来提供公共设施和服务，为所在地区编制和维护合理的发展规划；在克利夫兰甚至要负责所有项目的设计评审。

非营利性组织

几十年来，非营利性组织在规划和倡导城市改良上发挥了至关重要的作用。早在20世纪20年代，纽约区域规划协会（一个商业游说团体，至今仍是区域发展方式最重要的倡导者之一）等组织就拥有自己的规划人员。在20世纪30年代，美国规划官员协会（一个专业协会）聘请规划师为其提供一项重要技术援助业务的规划咨询服务。随着时间推移，为特殊利益集团如未来资源研究所、国家环境保护联盟、国家保障性住房联盟工作的规划师逐步增多。最终，规划师进入了研究领域，包括大学和智库，如兰德公司、城市研究所和布鲁金斯学会（Brookings Institution）。

私人顾问

最早的社区规划由那些从自身学科（无论是建筑工程还是景观建筑）视角接触规划的顾问来编制。在20世纪20年代末，全美只有约36个顾问承担这类工作，常常作为他们主要服务之外的附加服务。早期典型的规划师包括马萨诸塞州剑桥市的约翰·诺伦（John Nolen）和密苏里州圣路易斯市的哈兰德·巴塞洛缪（Harland Bartholomew），有丰富的规划经验，对全国大小城市，在从区域划分到社区发展、交通管理指等问题上提出建议。

私人顾问一直为政府和私人开发商提供专业技能，完成机构内难以应付的任务。他们的专业技能包括场所营造和设计、大规模开发规划、交通建模、环境评估、经济和法律分析、街道景观设计和公民参与。他们工作在从小到只有少数雇员、仅做规划业务的地方公司，到易道（EDAW）或HNTB等拥有世界成千上万专业人士的大型多元化事务所。近年来，私人顾问主成为新都市主义思想在大大小小的开发商和社区中发展和传播的主要源头。

相当多的规划师受雇于律师事务所，协助开发许可工作；于工程公司，指导大型基础设施项目规划；于营利性开发商，进行项目规划和协调。由于混合居住已经成为解决住房可支付性的一个重要方案，大型私营机构如麦柯马可·巴伦·萨拉奇（McCormack Barron Salazar）、Related Housing和美国社区发展银行（Bank of America Community Development），都期待着规划顾问能够将这一机遇转化为使社区获益的可行性项目。

规划教育和机构

在20世纪50年代，郊区扩张的浪潮创造了对大量规划专业人员的需求。整个20世纪70年代，由于不断增加的联邦计划清单（包括城市再开发、环境保护、经济发展、就业培训、小微企业发展、公平住房和历史保护），对城市规划师的需求骤然上升。郊区和城市、联邦和州政府都迫切需要规划师的技能。在新的联邦部门（交通部、住房和城市发展部）、美国环境保护署以及类似的州和地方单位中，就业机会全面开放。为满足联邦政府的各种要求，私营规划企业也应运而生。在随后的几十年里，随着小郊区变为城市，城市活动不断扩张，县、州和联邦政府将规划整合到管理业务中，对规划师的需求继续呈上升趋势。

大学急于提供训练有素的规划师，专业机构呈指数增长。在20世纪70年代中期，有50多个依托于大学的规划计划；到2008年，已经达到70个。1945年，该领域专业机构——美国规划师协会（AIP）的会员有240个；至20世纪70年代中期，已达到11 000个。1978年，美国规划师协会（AIP）和美国注册规划师协会（AICP）进行了重组，美国规划协会（APA）目前声称拥有超过40 000名成员，而必须通过考试加入的AICP成员数量为14 000。

规划师所需的专业技能随领域而变。城市再开发需要开发管理、公共咨询和社会创业方面的技能。区域交通和水资源管理机构寻求的规划师不仅要有技术知识，而且要了解土地条例和公众参与。私人开发商在建设新的城镇和大型市中心项目时重新认识到规划的价值，并积极寻求那些可以对创建一个成功的项目必备的开发活动提出构想并可以付诸实践的规划专业人士。规划师同时承担宣传和执行的角色，建立和领导机构，致力于保障性住房、运输效率、环保行动以及社区的改善。

因为具备独特的技能，规划师的就业领域很广泛。由于受过培训，他们能够统筹思考，能够与各阶层一起工作并达成共识或得出结论，能够预想未来并用文字、图片和规划来表达。

规划师在未来将面临新的挑战。拥有土地利用、交通、开发监管、资本预算、城市设计、金融、法律等传统专业知识并强化了新技能的规划师，将面对气候变化产生的空间影响、石油供应峰值以及全球化问题。

注　释

1. 美国新闻与世界报道（US News & World Report），"2008 最佳职业"usnews.com/features/business/best-careers/best-careers-2008.html?（2008 年 7 月 13 日访问）。

2. 环境杂志（E/The Environmental Magazine），emagazine.com/view/3945（2008 年 7 月 13 日访问）。

3. 美国注册规划师协会收入调查综述（AICP Salary Survey Summary），planning.org/salary/（2008 年 7 月 14 日访问）。

区域委员会和大都市规划机构

大卫·C.索尔（David C. Soule）

美国有500多个区域委员会和大都市规划机构（MPOs），它们是国家授权的公共部门机构，为其所属的地方政府提供一系列广泛的规划、设计及其他服务。[1]

区域委员会

区域委员会起源于20世纪50年代，最初以一些政府间合作的实验形式存在。目前50个州共有540个区域委员会（图4-1），这其中有许多聚焦于区域性规划，为物质空间发展、土地利用、供水等基础设施、地下管道和交通制定长期的规划。其他一些则提供额外的服务，如经济发展、劳动力发展、环境规划、养老服务、信息交流功能及技术支持等服务，还有一些则由国家授权发布各种方案，包括国土安全、减灾和培训。

Regional Councils in the United States

图4-1 美国的区域委员会——具有州和当地特点的多重服务实体——提供联邦、州及当地的多种项目。多数区域委员会聚焦于区域性规划

资料来源：国家区域委员会协会及国家发展协会

在很多情况下，"规划"这个词是嵌入在区域委员会的名称和任务中，以及指导委员会运行的州立法律中。一些州，如佛罗里达州和俄勒冈州，已经授予区域委员会开发评审和控制的权力，将其职能扩展到监管和执行领域。

区域委员会通常以"愿景家"的身份为地方政府成员服务。尽管他们只对地方政府负责，但也会与联邦和州政府合作，并积极参与商业、市民、学术、慈善及社区团体的规划和服务。因此，区域委员会是通过公共、私人和非营利资金的创造性结合得以运行的。

大都市规划机构

美国共有350多个大都市规划机构（MPOs），依照联邦法律组织，在大都市郡县和跨州地区履行具体的交通规划职能（图4-2）。其中一半以上（178）作为同一综合区域内区域委员会的一部分来运行。

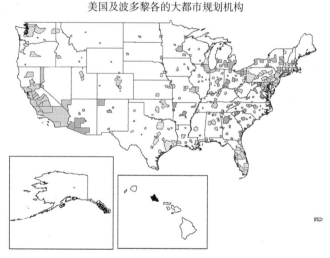

美国及波多黎各的大都市规划机构

图4-2　美国及波多黎各的大都市规划机构在交通规划中起着至关重要的作用
资料来源：联邦高速公路管理局

自20世纪70年代以来，大都市规划机构（MPOs）在交通规划上起到至关重要的作用。根据1962年《联邦公路资助法案》（*Federal-Aid Highway Act of 1962*）和后续条例，地方政府必须将总投资的1.25%用作MPO交通规划项目的投入。此外，作为联邦政府财政投入的条件，地方政府必须开发交通改善项目（TIPs），大都市规划机构（MPOs）开发的长期交通规划项目是与TIPs相关的。长期规划和TIPs的目的之一都是确保都市区能符合1970年颁发的《清洁空气法》(*the Clean Air Act of 1970*)和其他环境条件。凭借与TIPs相关的规划职能，大都市规划机构(MPOs)负责批准由国家交通立法授权的联邦资金的重大支出。

　　大都市规划机构(MPOs)是纯粹的规划机构：他们没有权力征税或向用户收费，尽管一些机构如圣地亚哥政府协会(SANDAG)已获得州的授权，支配过桥费和其他专用运输收益。

　　自1990年以来通过的法律——《地面联合交通运输效能法》(又称《冰茶法案》，ISTEA，1991)、《21世纪交通公平法案》(TEA-21，1998)、《安全、可靠、灵活、高效的运输平衡法：使用者权益的延续》(SAFETEA-LU，2005)——已将大都市规划机构(MPOs)推到新的领域。例如，他们的规划必须证明地表运输方式的互联性。同时法律也为其规划编制提供了弹性，并对需求管理和智能交通系统等MPO资助的创新研究提供支持。

注　释

1. "全美区域委员会协会"网页(The National Association of Regional Councils (NARC) Web site)，narc.org，提供这些机构的介绍，以及每个区域委员会和大都市规划机构的相关链接(offers an introduction to these organizations and provides links to individual councils and MPOs)。

芝加哥的区域规划改革

弗兰克·比尔(Frank Beal)

　　大都市芝加哥在其改革区域规划过程中做出了新的大胆的尝试。2005年，伊利诺伊州(Illinois)州长和州立大会同意将两个有50年历史的机构——芝加哥区域交通研究机构(the Chicago Area Transportation Study，CATS)和东北伊利诺伊规划委员会(the Northeastern Illinois Planning Commission，NIPC)合并，创建芝加哥大都市规划署(the Chicago Metropolitan Agency for Planning，CMAP)。

　　作为区域大都市规划机构(MPO)的CATS，其职员并未将主要时间用于规划，而是专注于交通改进计划和其他确保联邦资金流通的报告。同样，NIPC在持续寻求州、地方政府和MPO预算支持的过程中分散了精力，几乎没有时间进行规划。尽管如此，经过多年研究，NIPC于2006年发布了一个规划："实现目标：2040区域框架规划"（Realizing the Vision：2040 Regional Framework Plan）。[1] 这一规划在自然资源和环境领域很有说服力，但其在严峻交通问题（该问题属于CATS的工作范畴）上的无能为力弱化了这一工作。虽然这两个机构在整合规划上有口头承诺，但并没有付诸实践。

CMAP不仅仅是将两个机构简单的合并，以超出各自原有许可而存在。它的任务是对这个2030年人口规模预计超过1 000万的整个大都市区的土地使用、交通、经济发展、自然资源、住房和公共事业问题予以统筹解决。以跨职能的管理团队结构为基础，CMAP能够避免发生"筒仓效应"（silo effect）而阻碍规划工作。其职员致力于基于以下一些前提的综合规划工作：

- 交通影响土地使用，反之亦然；
- 房价涵盖通勤费用；
- 交通拥堵破坏了经济发展；
- 并非每个人都有相同的机会获得好的工作或进入好的学校。

CMAP的15名董事会成员由芝加哥市长和周围7个县的首席执行官任命，取代了以前成员代表多方利益但责任却模糊不清的两个董事会（54人）。新机构还设有一个从2万多名申请人中选拔出34名成员的市民咨询委员会，以反映该地区的多样性。

一个全新的公共机构并不是很快或者很容易就能创建起来。十年多来，民间团体和市民组织一直呼吁合并CATS和NIPC，认为将交通规划和土地利用规划分割开是不符合现代实践的。他们还指责目前的规划过程不够透明公开。最重要的是，他们证实了日益严重的拥堵问题、开放空间的减少以及保障性住房和就业之间越来越不匹配正导致该地区生活质量的下降。

芝加哥商业俱乐部出版的《芝加哥大都会2020》（Chicago Metropolis 2020）是一个致力于帮助该区域在全球经济中更具竞争力的规划，其中体现出对两个机构合并的大力支持。[2] 这一具有影响力的报告认为该地区的问题是区域性的，但解决问题的机构和资金却是地方性的。除了建议在教育、税收、管理、交通、住房和土地利用方面进行重大改革，它还呼吁建立一个具有联合和税务机构的区域协调委员会，为基础设施投资，并对基于区域角度的地方行为予以奖励。

为实施报告中所提出的建议，商业俱乐部组建了"芝加哥大都会2020"，一个由劳工组织、教育和宗教机构、市民组织、当地政府以及商界代表管理的组织。[3] "芝加哥大都会2020"快速开展起主要的宣传和教育活动，发布了多篇技术报告、社论和广告。其领导人也发表了多次演讲，资助关注群体，并与宗教组织和工会建立联盟。它协助起草了CMAP法案，并为使这一法案通过进行了大力游说，克服了巨大的阻力。最终伊利诺伊州立大会一致通过了该提案（图4–3）。

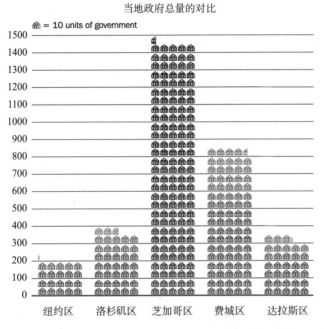

图4–3 芝加哥地区有效的区域规划受到了大量的政府部门的挑战。本图表表明了美国五个区域当地政府的总数量

虽然目前判断CMAP对芝加哥地区规划和发展是否能实施重大变革还为时过早，但它的创立无疑改变了政治领袖、市民组织、媒体和商业领导者的态度和言辞。如今对没有同步土地开发规划的交通系统规划是不明智的共识已然形成，规划不善将影响一个地区在新经济中的竞争能力，因此商业应当在规划过程中发挥作用。最重要的是一种全新的认知已经形成，即私营和公共部门在芝加哥地区享有共同的命运，区域性领导对地方政府发声和行动的补充是很有必要的。

注 释

1. 东北伊利诺伊规划委员会，实现目标：2040 区域框架规划（芝加哥：NIPC，2006）（*Northern Illinois Planning Commission*（*NIPC*），*Realizing the Vision*：*2040 Regional Framework Plan*（Chicago：NIPC，2006），nipc.org/2040/ 2040popularsummary.pdf（2008 年 4 月 25 日访问）。

2. 埃尔默·W. 约翰逊，芝加哥大都会 2020：为 21 世纪做准备的芝加哥大都会（*Elmer W. Johnson□ Chicago Metropolis 2020：Preparing Metropolitan Chicago for the* 21st *Century*），（芝加哥：芝加哥大学出版社，2001）chicagometropolis2020.org/plan.pdf（2008 年 4 月 25 日访问）。

3. 参见"芝加哥大都会 2020"网页（See the Chicago Metropolis 2020 Web site at chicagometropolis2020. org/. ）。

亚特兰大的区域交通和发展

凯瑟琳·L.罗丝（Catherine L. Ross）

从1980年到1999年间，亚特兰大大都市区经历了爆炸性的人口增长，与此相伴而生的还有商业和住宅开发的迅速扩张，以及交通和拥堵的巨大增长。亚特兰大人每天的人均开车距离大于美国大多数主要城市的居民，非常有限的公共交通系统加剧了交通堵塞。其他问题还包括绿色空间的快速消耗（大都市区域持续扩张的结果），以及糟糕的区域空气质量。根据1970年的联邦政府《清洁空气法》（*Clean Air Act of 1970*，CAA），亚特兰大的氮氧化物水平被归类为"严重"，1998年的整合失效导致了佐治亚州区域交通管理局（Georgia Regional Transportation Authority，GRTA）的成立。

1998年1月，亚特兰大又一次没达到CAA的排放标准，联邦政府限制了那些未能实现该城市13个郡县区域内交通系统容量扩张的项目中联邦资金的使用。亚特兰大很快做出了回应。由亚特兰大商会制定的亚特兰大大都市交通计划（Metropolitan Atlanta Transportation Initiative，MATI）发布了一份报告，建议成立一个有权处理此项危机的区域管理局。与此同时，佐治亚州保护协会和其他机构也提起诉讼，反对该地区的61个公路项目；在佐治亚州交通部门同意关闭44个项目直到该区域制定符合空气质量标准的交通规划后，这一诉讼才得以解决。1999年6月，佐治亚州议会和州长罗伊·P.巴恩斯（Roy P. Barnes）创立了GRTA，其权力大于国内其他任何一个交通管理局。

GRTA负责改善亚特兰大大都市区的空气质量和缓解交通拥堵，并协调涉及州域范围的土地开发。它对亚特兰大13个未达标大都市郡县的交通和空气质量，以及有可能落入这一类别的其他任何地区领域，拥有直接管辖权。此外，州长可自由裁量，授权GRTA批准该区域的交通改进计划（TIP）。在其管辖范围内，GRTA还可征收不动产；控制或限制任何州管或地方管理道路的进出通道；对不合作的地方政府拒绝让其使用特定的州和联邦资金；规划、设计、建设、运行及维护公共交通系统和空气质量控制设施；同时，为符合美国环境保护署要求，在未达标地区采取措施以控制臭氧、一氧化碳和颗粒物水平。在审查权上，GRTA对交通规划、区域影响开发以及影响亚特兰大大都市区交通系统的主要公路项目或开发拥有批准、否决或要求修改的权力。最后，为开展工作，GRTA可以接收来自佐治亚州议会、联邦政府或私营部门的资金，并且可以发行多达20亿美元的担保债券或收益债券（图4-4）。

图4-4　佐治亚州区域交通管理局将诸多独立的实体结合在一起以寻求解决亚特兰大交通问题的方法
资料来源：佐治亚州区域交通管理局

　　到2000年3月，GRTA协同亚特兰大区域委员会（该地区的大都市规划机构）共同制订了交通改进计划，使亚特兰大都市区最终达到CAA标准。联邦政府于2000年7月25日正式撤销了资助禁令。除了完成交通改进计划，GRTA还承担了一些区域性的交通计划，其中包括开展区域高速巴士服务和克莱顿县（Clayton County）运输服务，开发测算所有运输投资、效益和效率的策略，以及承担13个郡县主干道系统的改善工作。GRTA还主导了若干的州计划，包括与私营部门合作开展再开发项目，如大西洋站项目；规划快速公交服务；协助扩展整个区域的运输服务以提供可替代的出行选择。GRTA的作用和职权仍在逐步发展，这一职权还有待建立一个长期可靠的资金来源。目前，其运行依赖于佐治亚州议会划拨的一般收入基金（general revenue funds）。

双 城 记

康·豪（Con Howe）

如果"所有的政治都是地方政治"，规划实践无疑是地方性的，因不同城市而异。但差异程度有多大？决定差异的因素有哪些？回答这些问题的方法之一就是比较地方规划在美国最大的两个城市——纽约和洛杉矶中所发挥的作用以及它们各自的城市规划部门。规划机构之间的异同可通过以下5个方面来阐述：授权、结构、职权竞争、规划景观和工具。对其中每一个因素的考虑都能帮助快速了解美国任一城市的地方规划实践。

授　　权

地方规划部门的授权，从法律角度讲，是由国家法律和市政宪章来确立的。根据加利福尼亚州法律，所有市政当局必须有一个现行的综合性规划（被称为"总体规划"），其中必须包含至少7个必需"要素"（如住房、开放空间和交通等）。不符合总体规划的决策很容易成为诉讼对象。因此，洛杉矶的规划部门被授权起草和制定最新的总体规划，并在该规划基础上为每个社区编制更详细的社区规划。纽约市没有类似的法定规划授权；事实上，其区划法规构成了实际上的总体规划。在加利福尼亚州，对总体规划的需求巩固了洛杉矶的规划成果，反之，纽约市的规划部门则不得不试图在竞争性需求中插入更广泛的规划研究。

从规划的角度来看，洛杉矶似乎更有优势，但实际却没那么明显。悲观者也许会断言，在过去的50年里，虽然洛杉矶的规划师制定了崇高的规划，而实际上城市景观是由开发商和市议员们塑造的；而在纽约，尽管规划师被批评没有制定正式的、用以指导项目决策的总体规划，但事实上他们更多地参与并谙熟影响开发。

结　　构

洛杉矶和纽约市之间的许多规划差异源于不同的政府结构，以及规划职能在其中的存在形式。如纽约市经历史演变而逐渐形成的"强市长制"（"strong-mayor" form）政府，当市长本人热衷于土地利用和规划时，将会成为实施规划的理想形式。所有城市部门向市长报告，同时市长办公室积极配合其行动。尽管市议会同所有市议会一样对区划法规仍保留最终决定权，但其因庞大（有51个成员）而分散。简而言之，规划部门的权力来自于市长。

而正如大多数加利福尼亚州城市那样，洛杉矶政府的结构可以追溯到进步时代（Progressive Era）；因此，城市有着分散权力的历史（弱市长，强议会）和其详尽公务员制度所严格规定的职业官僚体制。这种安排使各个部门具有更大的独立性（甚至有时是孤立的），且15个市议员对自己所在地区具有支配决定权。由此在规划相关事宜中，议员在其他同僚默许下，主导其所属地区的项目。2000年该选区通过的城市宪章赋予洛杉矶市长很大一部分"强市长"所拥有的权力。随着这些变化深入到城市的政治和行政机构的灵魂中，洛杉矶的规划结构与纽约更为相似。

在土地辽阔的城市中，洛杉矶委员会可以作为在规划领域实施子分区管辖的范例。

两个城市的规划委员会存在着结构上的差异。纽约市规划委员会拥有由7个不同的政府官员任命的13个成员，其中，包括主席在内的7个由市长任命。委员会委员虽然只是兼职，但有可观的薪酬。规划部门的主任同时也是委员会的主席。根据宪章授予的权力，委员会充当土地利用事务到达市议会的把关者，因为它对许多事务拥有最终否决权。

兼职、无报酬的洛杉矶规划委员会由9名成员组成，均由市长任命；主席由委员内部选举产生。虽然规划和土地利用事务在进入市议会听证前都需由规划委员会先出具体报告，委员会通常被视作议会审查前的一个环节，而不是把关者或最终权威。洛杉矶规划部主任在委员会职权之外有相当大的法定权力，包括制定标准和提出措施。

洛杉矶的新城市宪章还授权建立地区规划委员会，作为特定性质地方案件的上诉机构。7个地区的规划委员会各由5名市长任命的委员组成。委员会的职能与纽约市标准上诉局委员会（Board of Standards and Appeals）类似，但规模类似于纽约市一个行政区。在土地辽阔的城市中，洛杉矶委员会可以作为实施子分区管辖规划案例中的典范（图4-5）。

职权竞争

任何城市规划部门的角色都是由其他拥有规划管辖权的部门所决定的。在纽约和洛杉矶，包括交通、再开发和经济发展实体在内的其他城市机构都在承担规划工作，尽

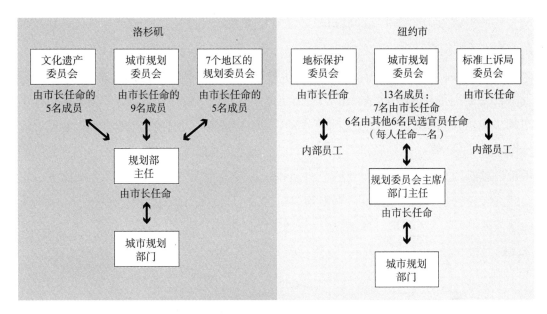

图4-5　洛杉矶和纽约市在规划功能组织上的对比

资料来源：康·豪（Con Howe）

管其工作成果取决于市长和负责规划事项的规划部门的灵活性。

　　商业和交通的主要基础设施规划通常是由实体而非规划部门来负责。纽约和洛杉矶都设有负责区域公共汽车和铁路系统的大都会运输署。在纽约，最具经济价值的港口和机场由一个独立于市政府运行的双州港务局来管理。在洛杉矶，规划师所拥有这样的优势：港口和机场由友好城市的机构来运营，这增加了城市规划师直接发挥影响力的可能性。

　　政府内部的城市规划也被下放到社区层面，在不同程度上由城市认可的、与规划部门合作或竞争的社区实体来实施。自20世纪60年代以来，纽约市有一个由59个社区委员会组成的良好的组织系统，履行宪章赋予的责任，组织公众听证会，并就土地利用事务向规划部门和规划委员会提供建议；且这两个机构普遍深受社区理事会的影响。洛杉矶最近设立了社区理事会系统，通过灵通的信息提供来促进同等级规划的发展。然而，在社区理事会建立初期，由于机构组织松散，导致竞逐选举现象以及定位和程序的混乱。

规划景观

　　不考虑授权、结构和竞争模式，所有的地方规划实践都体现出被规划景观的物质特性。快速浏览纽约和洛杉矶的城市景观，其尺度和地形似乎截然不同。但从规划需求角度来讲，它们有很多共同之处。

几十年来，除斯塔顿岛（Staten Island）的一小部分以外，纽约市大部分已被开发。发展和改变发生在建成区，在城市历史上曾经一次或数次被开发的地方。洛杉矶在20世纪90年代达到同样状态，已没有可开发的、原始的大片土地留存。虽然在其他发展区域里，新社区的绿地规划和原始土地的大规模测绘仍在继续，但未开发土地的规划已不再是洛杉矶的关注焦点所在。现今，两个城市的规划实践都包括指导已建成社区、主要经济区和就业中心区的发展。虽然地理位置的不同孕育了规划特性上的差异（如洛杉矶需考虑山坡坡度和地震问题），但其规划方法仍将趋同。

工　具

美国城市土地利用的管理历经近一个世纪的发展，区划法规无论好坏，都是最强大的地方规划工具；无论官方赋予的工作内容多么宽泛，规划部门都倾向于其权力所在的领域。批评者声称，包括纽约和洛杉矶在内的规划部门已经成为"区划法规或审批部门"；并且，受预算和人员限制，面临项目审查的责任，规划广泛的工作内容已日渐萎缩。与项目审查完全交织在一起的还有加利福尼亚州（《加利福尼亚州环境质量法》）和纽约（《城市环境质量评估法》）法律规定的环境评估。虽然对环境的考虑通常是好的规划实践的一部分，但这些法律使得审查拘泥于形式，还建立了程序和法律上的雷区，消耗了规划部门大量的精力。

跟大多数城市一样，纽约和洛杉矶的规划部门面临的关键挑战不是回避他们的区划法规和审批职能，而是如何促使这些职能与城市更大的目标相关联。区划法规措施和项目审批必须与考虑周全的规划相联系，才能避免误导或毫无价值的可能。例如，洛杉矶的《适应性再利用条例》（*Adaptive Reuse Ordinance*）在一个衰败的城市中心已经建成7 000套住宅单元，另外7 000套正在开发。纽约新哈德逊广场（Hudson Yards）的区划法规则被赋予了打造一个城市经济未来发展重要地区的使命。以上这些作为区划法规措施得以实施的案例，体现出规划部门对城市发展模式的巨大贡献。

作为私人顾问的规划师

莱斯利·S.波洛克（Leslie S. Pollock）

许多人把规划看作是公共部门的活动，并认为规划是一个主要在政府内部工作的职业。但是在美国规划协会（APA）的所有规划师中，有大约三分之一的会员在私营领域工作。他们的雇主包括规划咨询公司、市场分析师、建筑师、工程师、房地产开发商、律师和企业。另外一些在法律、房地产开发、投资和管理等领域具备专业技能的私营规划师，将其所受的规划训练应用在传统城市规划以外的领域。私人规划顾问的这些角色并非是新兴的。事实上，在整个20世纪20年代，大多数规划师都是私营领域顾问。直到20世纪50年代，大多数地方政府才开始将规划师纳入市政工作人员的一部分。

规划顾问的角色

当今的规划顾问为服务公共和私营领域的客户而完成了大量工作。为公共领域的客户服务时，他们要制定公共行动所需的大量规划和产品，包括对综合型城市、廊道、市中心和社区的规划，区划法规和细分地块条例，地区再开发规划，以及特殊地区土地利用和场地规划的评估。在许多情况下，这些项目会通过一个公共部门的招标（RFP）流程，承包给规划顾问。

地方政府也聘请规划顾问以确保对专业技能或技术知识的利用，如交通建模、经济分析和环境评估等。缺少工作人员的较小的社区，聘请规划顾问履行日常的政府职能，如协助规划委员会完成开发评估。

房地产开发商和其他企业聘请私人规划顾问的目的比较多样化，从起草土地利用或场地开发规划，到分析所需的开发许可、开展财政影响或市场研究、为支持开发权的申请来判定最合适的土地利用和设计。建筑师和工程师聘请城市规划师编制土地利用、场地和城市设计的规划，通常是为私人开发商。一些规划咨询领域的律师，需要仰仗规划师在法规控制和开发权利方面给予建议。越来越多的规划师直接为企业工作，尤其是那些有房地产业务的企业。这些规划师往往专注于履行战略层面的任务：确定新商店或项目选址，确保审批通过，以及与土地所有者和所在社区之间达成谈判协议。

一些私人规划顾问专门为非营利社区团体服务。他们帮助当地开发实体来决定哪些物质、经济或社会行动最有可能提高社区居民的生活质量。这些服务需要规划师收集和组织社区的意见，在如何解决特定问题上达成共识，并确定需要由社区承担的项目和行动。一些时候他们的努力产生特定的规划成果；在其他情况下，规划顾问帮助确保来自公共或私营机构关于设计和实施特定项目的保障。

私人和公共规划师之间的区别

所有的规划师都要求具备以下几种技能：

● 能够组织和收集决策者需要的信息；

● 起草能够针对地方管理主体和社区规划董事会、委员会所关注的问题的规划；

● 在回应客户需求时，能够管理一个社区中的规划项目或过程，不管客户是规划委员会、区划申诉委员会或其他管理局、私人土地所有者，或者是特殊利益集团；

● 为好的规划提出理念并倡导这些理念，充当社区的规划"良心"；

● 向市民以及董事会、委员会的非专业人士传达"好的规划"的宗旨；

● 制定实施后能满足社区的目标和愿景的规划。

然而，私人和公共部门规划师的一个关键区别是，私人顾问往往以成果为导向，而公共规划师更注重过程。客户通常雇用以成果为导向的公司来制定具体类型的规划。而以过程为导向的公共部门规划师习惯于确定社区的目标，同时帮助居民判断如何能最好地实现这些目标。公共规划师也负责规划委员会的管理工作，与市民组织互动，为规划开发、审批和实施建设选区。当这些活动所需的具体成果超出地方规划部门能力时，公共规划师可能会将其交由私人规划顾问来承包。公共部门规划师也会让私人规划顾问来测试他们对一些理念的反应，因为如果由规划人员提出来，可能会招致政治风险。

私人和公共规划

私人规划顾问有着一个不断变化的客户群。因此，他们必须总是处在规划专业技术和实践的最前沿。此外，不同于集中服务于一个社区的公共规划师，私人规划顾问同时为很多客户服务。虽然多样性让生活很有趣，但亦有其弊端。

公共规划师成为社区的一部分，对社区有深入的了解。他们可以专注于一个地方的问题和挑战，其提供的深刻见解对于不熟悉社区的私人规划顾问来说是很难具备的。与此同时，公共规划师则对超出他们社区的处理方法和解决方案了解较少。因此，公共规划师常常寻求私人规划顾问的建议，以从解决过其他地方问题的方案中找到最优方法。

阻止城市蔓延的合作

凯里·S.哈尤（Carey S. Hayo）、弗朗西斯·钱德勒·马里诺（Frances Chandler-Marino）
和南希·罗伯茨（Nancy Roberts）

罗里达的几个社区通过协作且重点突出的规划工作来解决与郊区蔓延相关的复杂问题。这些社区与规划顾问一起合作开发了多种方法，采取的策略具体包括以下5条：

- 建立公私合作伙伴关系；
- 尊重区域背景；
- 创建一个可持续的土地利用和交通的愿景；
- 制定融资策略；
- 采用书面政策和法规。

建立公私合作伙伴关系

如果缺乏受规划影响的土地所有者和负责土地利用决策的当地政府的热情支持，即使是最深思熟虑的规划工作，也不大可能对发展造成影响。由于政治进程会推动政府关于土地开发的决策，同时由于开发的融资成功与否取决于短期变量如持续的住房需求，因此可靠且可持续的土地利用规划需要公共和私人参与者之间良好的合作关系。如为了给22 000英亩以农田为主的土地（被称为帕萨迪纳山区（Pasadena Hills））的未来发展建立一个长期愿景，帕斯科县（Pasco County）主管机关与土地所有者建立了合作关系。该合作为一项地区规划的制定提供了资金支持，规划涉及与社区的深入合作，包括一系列的利益相关者会议和社区研讨会，以及一个设计专家研讨会。公私合作伙伴联合开展工作，达成一致的地区发展终极愿景，并起草实现这一愿景所需的总体规划修正案。

尊重区域背景

规划是为了达成某种改变而制定的（如想进一步探究规划背景，可参阅第二章"规划和社区环境"）。对一个具体地点或研究区域有限的数据收集和分析将无法完全阐明与此领域相关的问题、挑战和机遇。

如，佛罗里达州萨拉索塔县（Sarasota County）在制定"萨拉索塔规划2050"的过程中便考虑了区域背景。[1]不再继续实行"一次扩张一点点"——为适应人口增长需求而定期向外移动城市服务边界的做法，"萨拉索塔规划2050"提供了一种替代方案：将未来的发展调整为紧凑的、混合土地利用的、便于步行的村庄，以保护开放空间，建立一个环境用地的连接系统。开放区域的管制通过一个名为"绿道资源管理区"的覆盖区来实现，通过要求开放区域保持自然状态并设法维持或增强其原生态功能来保护自然栖息地。

决定合适的开发用地和开敞空间位置时，萨拉索塔县规划师意识到识别和了解关键区域特征的重要性，包括环境敏感地区，历史聚落形态，当前的交通网络和建成环境，以及地区人口和经济特征。

创建一个可持续的土地利用和交通的愿景

土地利用决策影响交通需求；与此相对，交通节点的选址和设计决策也会影响其服务的周边资产的土地利用机会。当社区无法解决移动性和土地利用之间的关系时，扩张（多车道道路沿路边开发带排列）通常随之发生。无论如何，许多社区目前正在开发密切联系的、与背景环境相关联的土地利用和交通系统。

斯科县制定的"帕萨迪纳山区愿景规划"，通过要求所有城市开发遵循多功能村庄组织和交通网络连接的形式，为这片以前的农业地区建立了一个发展愿景。这一交通网络包括专门设计以强化土地利用愿景的地方道路系统（包括更窄的道路宽度和混合用地中心的路边停车），以及作为村庄间分隔的路段大型景观缓冲区（图4-6）。

佛罗里达州海恩斯市（Haines City），一个有潜在蔓延趋势的区域为确保可持续发展模式采用的关键步骤之一是实行交通规划的转变：放弃典型的城郊道路体系（数量很少的、可供充分通行的多车道干道），而选择尊重和延续历史路网（尺度更小、数量更

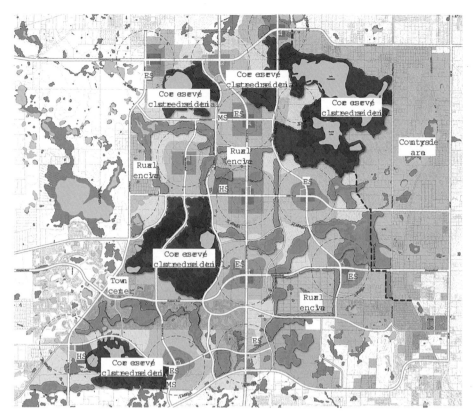

图4-6　帕萨迪纳山区愿景规划整合了土地利用和交通以促进长期的流动性；使用精明增长设计原则以支持城市利用的合理扩张，适应额外增长；成功完成了对已有的农村地区的转变

资料来源：帕斯科县/帕萨迪纳山区域业主集团

多的双车道道路）的系统。

制定融资策略

经济上可行的基础设施改善计划对任何愿景的实现都至关重要。面对这种愿景的现实融资方案包括特区、社区发展地区或其他结合体的创建。在展望和规划过程中，尽早提及融资问题的好处之一是帮助公共实体和私人利益在资金策略上达成共识。

"萨迪纳山区愿景规划"包含了对城市设计和交通组件的重要基础设施融资可选方案的详细分析。将这一农业地区转变为城市村庄群组，不但需要大量场地内外的基础设施改善，而且还需要有一个分层的筹资机制，即区域性改善由整个规划地区提供资金，而局部改善则由每个村或社区来资助。资金分析为得到改善的区域和公私融资合作计划（涵盖了不同改善项目投资主体的确定方法）提供了可选的管理方案。

采用书面政策和法规

由于防止特定地区发生郊区蔓延的开发方案，通常要涉及对更大土地范围、多种土地权属的规划，这些问题都将在规划过程中遇到。为未来制定的法规条例、具体实施指南和操作步骤必须将愿景规划准确转译为清晰且公认的私人开发政策，即使这种开发零星发生。

2004年，萨拉索塔县采用了特定条例来指导村庄发展地区的开发过程。这些条例包括土地细分系统，开发审批流程以及土地利用、交通和设计的最低标准。此外，他们强制要求实行协调的、混合利用的开发，设计相互联系的街道网络以平衡所有用户需求，采用具体的设计准则以规范开发的特征和形态。

注　释

1. 参考佛罗里达州萨拉索塔县总体规划（See Sarasota County, Florida, Comprehensive Plan），scgov. net/PlanningandDevelopment/ CompPlan/Sarasota2050.asp（2008 年 7 月 8 日访问）。

打破常规的咨询顾问

克里斯多夫·B.莱因贝格尔（Christopher B. Leinberger）

城市规划师的职责是引导社会走向未来——与开明客户合作的规划咨询公司经常引领新的城市形态开发。在过去的半个世纪，历史悠久的公司如佐佐木事务所（Sasaki Associates）、RTKL国际公司（RTKL Associates）和华莱士、罗伯茨和托德公司（Wallace, Roberts & Todd，WRT），协助规划了无数市中心的再开发。年轻的公司，比如DPZ公司（Duany Plater-Zyberk）、卡尔索普联合公司（Calthorpe and Associates）、城市设计事务所（Urban Design Associates，UDA）、莫尔和波里佐德斯事务所（Moule & Polyzoides），成为新都市主义的倡导者，既向旧世界的文艺复兴和启蒙时代学习，也从著名的新世界开发实例中吸取经验，如堪萨斯城（Kansas City）的乡村俱乐部广场（Country Club Plaza）和佛罗里达州的科勒尔盖布尔斯（Coral Gables）。

作为第一个新都市主义项目的佛罗里达州海滨区，于1986年售出首批；它是开发商罗伯特（Robert）和达里尔·戴维斯（Daryl Davis）与DPZ公司合作的成果。另一项值得一提的客户与规划公司间合作发生在20世纪80年代中期的华盛顿特区市郊，形成了第一个土地混合利用的"生活时尚中心"。这一项目的客户是美孚石油公司（Mobil Oil Company）的开发子公司——美孚土地（Mobil Land）；规划公司是总部设在巴尔的摩（Baltimore）的RTKL国际公司，他们从富有传奇色彩的开发商詹姆斯·劳斯（James Rouse）和佐佐木（Sasaki）身上学习了零售设计；项目地址位于弗吉尼亚州（Virginia）雷斯顿（Reston），是20世纪60年代以机动车为中心的郊区开发项目的典型代表。美孚土地和RTKL国际公司一起改造了位于雷斯顿大道（Reston Parkway）（一条6车道干线）和杜勒斯·托尔（Dulles Toll）公路（一条8车道高速公路）交叉点的80英亩未开发地区，打造的不仅是又一个郊区购物中心，而是该县真正的城镇中心。雷斯顿镇中心（Reston Town Center）开发于第二次世界大战以来最严重的房地产低迷时期（最初亏损甚巨），但它凭借超出其他竞争对手30%~40%的表现挑战了传统观点。最近的开发阶段——包括办公楼、零售店、出租和出售的房屋——将优势扩大到超出附近类似开发项目的50%。虽然雷斯顿镇中心在建造时没有高速交通服务，但它已成功成为一个步行友好型城市空间，一条规划中的新地铁线路将延伸到这一中心，对其产生进一步促进作用。

2007年，为评估规划师如何协助转变城市形态，我做了一项直接的电子邮件调查，对象是以城市土地学会（Urban Land Institute）顾问为主的规划师。这项调查询问了规划师促进步行友好型城市发展——对以车行为主的郊区发展模式的替代方案——的能力，并要求受访者预测未来的问题。结果表明，他们认为实现从汽车导向向步行友好型社区转变的重要障碍包括：

- 区划法规（60%调查对象）；
- 融资（45%调查对象）；
- "事不关己"的反对意见。

克服这些挑战的关键方法包括：

- 社区设计研讨会（60%）；
- 客户教育（60%）；
- 游说地方官员（50%）。

环保组织的援助在克服挑战过程中的重要性并未得到认可：虽然国家环保组织趋于支持步行友好型的、高密度的城市发展模式，但包括国家机构隶属单位在内的地方环保组织均倾向于持反对意见。有趣的是，在相关领域缺乏兴趣或经验的开发商并没有被视为障碍。最后，受访者指出未来的主要问题是环境的可持续性，尤其是气候变化。

诸如海滨和雷斯顿镇中心这样的项目，阐明了规划顾问在引入新城市形态和克服重大障碍中一直扮演的领导角色。许多规划公司现在将这一领导技能应用于培育环境可持续的城市设计。

商业改良区（BIDs）日益成熟

保罗·R.利维（Paul R. Levy）

在20世纪80年代中期，布莱恩特公园改造公司（Bryant Park Restoration Corporation）——一个由丹尼尔·比德曼（Daniel Biederman）领导的、业主资助的非营利公司，聘用美国著名社会学家威廉·H.怀特（William H. Whyte）和汉纳/奥林（Hanna/ Olin）景观设计公司，对纽约公共图书馆后面一个废弃的吸毒者聚集的公园进行了规划和监管，将其改造成繁荣的城市空间。几年后，由比德曼（Biederman）领导的另一个业主资助集团——中央车站合作组织（Grand Central Partnership），为曼哈顿市中心办公区的公共区域改造的总体规划提供了资金，之后还依靠私营部门的收入发行了债券，用以实现街道景观改造。

又过了几年，费城市中心一个类似的组织"城市中心区"（Center City District, CCD），规划了一个包含导向标志、照明、景观和外立面改善的综合项目，所有工作都由CCD发行免税融资债券来资助，并只获得私人业主附加税的支持。[1]再快进十年：在休斯敦，一个中心区的业主组织"休斯敦市中心管理区"，既制定了新的市中心开发规划，还起草了新轻轨交通走廊建议书。[2]今天，"西雅图城市中心区协会"（Downtown Seattle Association）在交通、高速公路和土地利用问题上为当地政府提出建议[3]；在首都华盛顿，"特区市中心商业改良区"（Downtown D.C. Business Improvement District）召集开发商、业主和公共规划机构的会议，制定3年的中心区行动议程，以设定开发的重点。[4]在加利福尼亚州纽波特比奇（Newport Beach），"科罗纳戴尔马尔商业改良区"（Corona del Mar Business Improvement District）正在与自己的商业成员、当地居民以及纽波特比奇市一起合作完成科罗纳戴尔马尔（Corona del Mar）的愿景规划（图4-7）。[5]

图4-7 在实现规划愿景前，科罗纳戴尔马尔商业改良区、城市居民与加利福尼亚州交通局一起腾出太平洋海岸公路在科罗纳戴尔马尔社区范围内的一部分。这种在交通上的优先权使得这个城市在改良的过程中具有了更多的灵活性，如景观中间的隔离带、照明设备以及交叉路口装饰性的人行道等

资料来源：平面图由罗纳德·拜尔斯设计，由丹·丹尼博瑞克提供

这些组织——在截然不同的市场和政治背景下——都是由业主资助的商业改良区（BIDs）。与过去几十年自愿资助的商业协会不同，BIDs从法律上要求其边界范围内的所有资产都要为强制性评估买单。虽然对BIDs的授权来自国家和地方法律，但他们的董事会和企业文化绝对是私人的。目前美国有400多个BIDs，另外400个在加拿大。

超出清洁和安全的范围

在大城市，BIDs最明显的标志是出现穿制服的工作人员打扫人行道、消除涂鸦或提供辅助的安全服务。较小的BIDs以消费者营销、节日、装饰性植栽和交通稳静化计划而出名。但与任何一个领导这些组织的民间企业家对话，都会很快透露出他们对提供更多创新的托管服务或与背景环境相关联的公路工程方面的热情。而BIDs的目标就是使城市和城镇中心重新变得适宜居住和具有竞争力，他们通过参与城市规划来实现这一目标。

BIDs的形成

多重事件促使北美城市——新近扩展到欧洲、南非和澳大利亚——的企业领导人掏钱资助BIDs。恐慌和机遇都是强大的激励因素。当一个新的郊区购物中心开业，当一个大老板离开，或者当一个具有历史意义的百货商店关闭，恐惧油然而生，刺激了对加剧衰退的担心。对政府里没人准备管理暴增的街头摊贩或处理小巷里流浪汉营地的认知也会引发恐慌。当一个新的会议中心、音乐厅或体育设施开放时，机遇也随之来临，企业领导人意识到游客和电视台工作人员即将到来，而该地区并没有"准备就绪"。

这些促使BIDs产生的直接原因是塑造大都市区大趋势的一部分。自20世纪60年代以来，区域性购物中心、城市边缘办公园区和主题公园数量激增，逐渐侵蚀了城市中心的主导地位，使得城市人口不断流失。这些城市远郊的竞争对手通常是单个所有权下的"托管地"。租户支付他们所占空间的费用，但同时也要支付公共区的维护费用，包括清洁、安全、精心设计的公共空间，免费的且照明系统良好的停车场和一份充足的广告预算。根据对客户偏好和购买力的最新调查，管理部门规定营业时间和店面设计，控制租户的混合度和布置，并设计空间优化客户体验。办公园区提供日托和体育设施、丰富的景观和慢跑专用道。主题公园工作人员的友好态度和园区的干净程度令游客大为赞叹。你不需要认可这些趋势，但必须承认它们的吸引力或看到他们设置的标准正是现在客户对市中心期待的。但若没有BIDs，市中心的多元业主既没有法律手段统一行动，也没有响应所需的可持续融资。在高度竞争和流动性强的后工业经济里，生活质量是至关重要的。企业、员工和游客可选择的范围很广，他们会去那些拥有最好体验、选项和设施的地方。

关注竞争力

由于BIDs的资金来源是强制性评估，并且须定期从该地区的业主手中获得再授权，因此他们以客户为中心，并被驱使保持自身的竞争力。这就解释了为什么几乎每一个大的地区最初目标是保证地区的清洁和安全，但很快就扩展到店面提供和景观改造项目、解决流浪者计划以及企业驻留和招聘策略，并很快转入地方规划。

在20世纪90年代中期，"丹佛城市中心区合伙企业"（the Downtown Denver Partnership）重新定义自身功能为"战略性地方营销"。[6]该合伙企业衡量了市中心在区域背景下的竞争优势和劣势，并寻求安全和美观之外混合经营和文化产品的改良。

由于地方政府业已削弱的规划能力，BIDs承担了规划工作。联邦政府对规划的资助不断减少，导致许多社区削减他们的规划人员或将有限的资源集中在选民而非就业所在的地方。例如，在费城只有5%的选民住在市中心，然而仅占城市3%用地面积的中央商务区的7 100家企业，产生了全市所有私营部门工资收入的47%。

费城的"城市中心区"（Center City District，CCD），成立于1990年，现今已有1 760万美元的经营预算。经过16年的清洁、安全和营销项目——在街道景观、公园和照明系统改善上的资本投资超过4 600万美元——2007年CCD发布了"市中心：2007—2012发展规划"，总结了7个规划设计公司三年的工作。[7]由于意识到自身缺少正式的规划授权，CCD将该规划发布于初选前一个月，将它作为提供给下任市长的一系列建议。这一规划既包括精细的人行道的改善建议，也包括对主要高速公路和交通的投资建议，它主要集中在公共领域，代表着BIDs作为公共和私人利益之间的桥梁作用以及刺激全国城市中心区成功复兴的能力在不断加强（图4-8）。

图4-8　城市中心区改善为新的毗邻市政大厅的城市购物中心

注　释

1. 城市中心区（Center City District），centercityphila.org/（2008 年 7 月 18 日访问）。

2. 休斯敦市中心管理区（Houston Downtown Management District），downtowndistrict.org/Home/（2008

年7月18日访问）。

3. 西雅图城市中心区协会（ Downtown Seattle Association ），downtownseattle.com/（2008 年7月18日访问）。

4. 特区市中心商业改良区（ Downtown D.C. Business Improvement District ），downtowndc.org/（2008 年 7月18日访问）。

5. 科罗纳戴尔马尔愿景规划（ Corona del Mar Vision Plan ），cdmchamber.com/cdmbid/vision/background. asp（2008年7月18日访问）。

6. 丹佛城市中心区伙伴组织（ Downtown Denver Partnership ），downtowndenver.com/（2008 年7月18 日访问）；"战略性地方营销"概念来自菲利普·科特勒（ Philip Kotler ）、唐纳德·H. 海德（ Donald H. Haider ）、欧文·雷恩（ Irving Rein ），地方营销：将投资、工业和旅游业吸引到城市、州和国家去 （ *Marketing Places : Attracting Investment, Industry, and Tourism to Cities, States, and Nations* ）（纽 约：自由出版社，1993 年）18："地方营销的挑战是增强社区和区域的能力以适应不断变化的市场， 抓住机遇并保持活力……战略营销需要设计出一个满足其重要选民需求的社区。"

7. 城市中心区和费城开发公司（ Center City District and the Philadelphia Development Corporation ），城 市中心区：为了增长的规划，2007-2012（ *Center City : Planning for Growth, 2007–2012* ）（费城， 2007 年4月），centercityphila.org/docs/CCD-PLAN07.pdf（2008 年7月18日访问）。

洛杉矶格兰大道管理局

玛莎·拉姆金·韦尔伯恩（ Martha Lampkin Welborne ）

2003年10月20日被视为是洛杉矶市中心区发展的一个重大转折点。经过近20年的法律谈判、设计竞赛和资金筹措，迪士尼音乐厅（ the Walt Disney Concert Hall ）终于开放了。由建筑师弗兰克·O. 盖里（ Frank O. Gehry ）设计，建造耗资约2.74亿美元，洛杉矶爱乐乐团的这个新家立即成为洛杉矶的象征。

创建格兰大道项目

为了抓住音乐厅创建所产生的势头，民间领袖伊莱·布罗德（ Eli Broad ）向市、县领导人提议开发紧挨音乐厅的4个地块。他的目的是吸引开发商将这些当时被用作停车场的地块改造成一个新的、高层的多功能中心，既可以给这一地区带来生气，又可以作为该区域的经济引擎。在市和县的支持下（双方各拥有讨论中的两个地块），布罗德与其他民间领袖一起建立了格兰大道委员会，一个非营利501C3公司（501C3是美国税法的一个条款。该条款是给宗教、慈善、教育等组织以免税待遇，有两种：第一，组织不需交所得税；第二，捐赠者将钱捐赠给C3机构，捐赠的钱数将从个人所得税中减掉。企业也有减税待遇，如果捐赠给美国慈善机构，公司也可减税，这是鼓励个人和企业给C3组织捐赠。——译者按），并着手为市中心文化区的未来设立一个愿景。虽然市和县之间历史上一直有矛盾——近期一方刚刚起诉了另一方，而且在一个综合开发项目上的自愿合作并非首要的政治任务，格兰大道委员会说服了两个政府单位，通过合作来实现这一难得的发展机遇。

委员会利用公共和私人资金的支持，雇用了一个包括建筑师、规划师、工程师、经济学者和律师在内的多领域团队，编制出一个用以阐明发展机遇的概念规划。团队提议开发320万平方英尺、包括五座高层建筑的多功能项目，功能组成包括住宅单位、酒店、零售用途和可能的办公空间。这个概念规划还呼吁改善6个街区范围内的街道景观，扩张和复兴一个16英亩的公园。规划描述了这一项目可为该区域带来的经济效益，并确定了实施步骤和时间表。

建立联合权力机构

虽然市和县都支持委员会的愿景，但是双方都不愿意把土地卖给开发商，也不愿意让对方在开发决策中占据主导地位。最后，根据加利福尼亚州共同行使权力法（the California Joint Exercise of Powers Act）的规定，市和县组建了洛杉矶格兰大道管理局（the Los Angeles Grand Avenue Authority，GPA），一家决策权相互平衡的联合权力机构（JPA）。[1]管理局有4名投票委员——市和县各两名——和一个代表加利福尼亚州的无投票权委员。由于市和县都不占有绝对多数席位，双方必须同意所有的决策，否则将无法取得任何进展。

洛杉矶格兰大道管理局对格兰大道项目拥有专属管辖权；缔约双方是洛杉矶城市社区重建局（CRA）和洛杉矶县。虽然有管理局作为缔约双方的代理，但双方都还保留对一些重要文件的审批权，如总体规划、环境影响报告（EIR）、土地出租以及各种开发协议。

在加利福尼亚州，大多数由多个政府分支机构制定的规划都是通过联合权力机构（JPAs）来完成的，因为这些协议适合各种情况并包含双方同意的任何条款。联合权力机构（JPAs）是一些机构的基石，如为解决第二次世界大战后加利福尼亚州爆炸式人口增长而建立的南加利福尼亚州政府协会（SCAG）和湾区政府协会（ABAG）。其他的例子还包括共同努力创建交通线路、图书馆、公园和开发项目，共享罪案鉴证实验室和警力资源，联营保险风险，以及基础设施融资。

联合权力机构（JPA）的优势是它专注于一项具体的任务：集中管理、整合资源，充当一个解决问题的平台，允许房地产商和劳工在一个闭门会议的环境下进行协商，并限制合作机构的责任。联合权力机构（JPA）有两个主要的劣势：它可能会增加一层官僚机构（和潜在的低效），参与各方可能会失去一些对决策的控制。

格兰大道委员会的作用

洛杉矶格兰大道管理局很快就聘请了格兰大道委员会来负责这个项目的房地产谈判。这个非同寻常的举措吸引了包括开发领域在内各类经验丰富的民间领袖人才，以公益服务的形式协助政府。委员会也雇用了员工和咨询顾问。在委员会的协助下，经过了包括审核8家合格申请者在内的所有公示流程，管理局选择了瑞联集团（the Related Companies）作为开发商。该公司负责制定一项总体规划，内容包括解决土地利用、开发范围、设计、资金来源、社区利益、项目阶段和其他元素。经过广泛的社区审查，管理局批准了这项提议的总体规划。

根据联合权力协议，在组建管理局的两年内，规划还必须通过洛杉矶社区重建局（CRA）委员会、洛杉矶市议会和县监事会的审批。没有这个审批，洛杉矶格兰大道管理局将自动解散，而土地的两个政府持有者将继续分道扬镳。最终审批在两年期限的三周以前收到，项目得以推进到第一阶段的环境分析和设计环节。

一年后，完整的的环境影响报告（EIR）、部署和开发协议、土地租约及其他文件已全部准备完毕，等待三个政府委员会和管理局的审批。4个月后，经过无数次的简报和协商会议，委员会成功获得审批，为完成项目设计和开始施工扫清了道路。

取得的经验

这个案例有两个不同寻常的特点：联合权力机构（洛杉矶格兰大道管理局）的创建和纳入第三方非营利机构（格兰大道委员会）的选择。这两个因素对项目的成功至关重要。没有联合权力机构（JPA），两个政府土地持有者永远不会共同合作开发土地。没有委员会，这个项目根本就不会被构思出来，包括开发商在内的合作各方也不可能成功解决各种必要的复杂问题，促使项目得以实现。

尽管洛杉矶格兰大道管理局的权力范围受"重要文件须由缔约方审批"的要求限制，但它仍然创建了一个平台并实现了两大目标：培育了洛杉矶市中心改造所必需的领导力和合作，并确保了公众愿望和开发目标都能得到满足。

注 释

1. 加利福尼亚州政府准则（California Government Code）§ 6500 et seq.。

"盛开"的里士满社区

乔治·C.加尔斯特（George C. Galster）

地方政府正面临来自公众和更高级别政府越来越大的压力，要求其展示干预的成果。涉及需求远远大于现有资源的社区发展问题时更是如此。

几十年来，规划师、地方官员、学者和社区发展的倡导者们一直在讨论如何能将有限的资源更好地运用到社区干预上去。[1] 首要也是最重要的问题是有限公共资源的战略投资能否触发城市贫困、低收入社区的复兴。如果可以，如何从地理分布上分配资源才能充分利用多数私人投资到这些社区中？是否必须有持续的超过某个阈值的公共投资才能带动大量的私人投资？

由弗吉尼亚州里士满市（Richmond）与地方动议支持公司（LISC）里士满分公司一起实施的一项始于1998年的战略，是一项针对公共和非营利投资的，协调、持续、地理分布集中的战略，它给出了对以上问题的解答。[2] "盛开的社区"（The Neighborhoods in Bloom, NiB）项目与美国常见的做法有很大不同：不再根据年度分配方案在里士满全市范围内分配联邦"社区发展补助金"（Community Development Block Grant, CDBG）和"家园投资伙伴"（HOME Investment Partnership, HOME）基金，该市在5年内将资金集中用于7个社区里

> 几十年来，规划师、地方官员、学者和社区发展的倡导者们一直在讨论如何能将有限的资源更好地运用到社区干预上。

的300个街区。其目标是达到一个持续公共投资的临界点，以激发出能够自我维持的私人市场活动。此外，地方动议支持公司（LISC）还集中资源对在"盛开的社区"（NiB）地区工作的社区发展公司（CDCs）给予最大的支持。

一份严格的评估表明，"盛开的社区"（NiB）项目在目标地区实现了引人注目的振兴，而当每个街区的投资额超过某个阀值时，其影响作用显著加强。[3]因此，里士满案例为规划师提供了一些宝贵的经验。

定向分配资源的决策

几种力量的共同作用导致了里士满在相当长一段时间内将"社区发展补助金"（CDBG）和"家园投资伙伴"（HOME）基金专门提供给几个社区。首先，里士满规划人员认为，长期将开发资金分散投入到所有低收入社区的做法并不能振兴其中任何一个。其次，一些市议员厌倦了每年都被民间团体和社区发展公司（CDCs）游说提供"社区发展补助金"（CDBG），并正在为长期拨款寻求一个更客观的依据。最后，城市的社区发展公司（CDCs）为每年申请安居工程资金的不确定性感到沮丧。因为住房前期开发过程至少需要一年的时间，社区发展公司（CDCs）希望城市能够做出多年期的资源供给承诺，以便他们能更有效地对收购、修复以及新的建造进行规划。

1998年，在代理城市执行长和两个市议员强有力的领导下，里士满市决定在5年内将"社区发展补助金"（CDBG）和"家园投资伙伴"（HOME）基金以及通用基金所支持的项目集中在几个社区内，加强它们的公共服务（如治安），直到达到可以充分吸引营利性投资的阈值。为使这一战略能够被那些未被选中社区内的市议员和选民接受，他们设计了一个数据驱动的参与性流程。

参与性规划流程

里士满首先建立了一个内部规划工作组，由代理城市执行长、重要城市部门的代表以及社区发展部（DCD）的工作人员组成。对该市49个符合"社区发展补助金"（CDBG）条件社区中的每一个，社区发展部（DCD）人员都要确定其社区环境和发展潜力的指标。为评估社区环境，该部门收集了空置率、犯罪、贫困度、自有住房率和其他指标的数据。社区潜力则根据非营利性和营利性机构、就业、闲置土地、基础设施以及计划和实际私人投资的清单来评判。基于这些评价，社区发展部（DCD）人员将这些社区归为四类：

- 重建（有大量问题和少量资产的社区）；
- 振兴（明显衰落但有一些资产的社区）；
- 稳定（些微衰落和有大量资产的社区）；
- 保护（问题较少、有优良资产，但需要再投资的社区）。

在整个流程中，社区发展部（DCD）人员定期与里士满民间团体和社区发展公司（CDCs）的代表碰面，讨论目标理念、当前的数据并巡查既定目标社区。

到1999年初，这个数据驱动和参与性的规划流程得到了普遍的支持，包括名为"盛开的社区"的倡议和应将哪些社区设为目标的大致共识。参与性流程也得到了政治回报：1999年5月，市议会一致通过了目标社区的名单。

目标区的特征

基于地理尺度的考量，城市制定了干预的两个层面：较小的"影响区"将获得由CDBG和HOME资助的大量投资，较大的"目标区"（包含影响区）将获得某些城市服务的优先权。表4-1总结了NiB目标区的关键指标，并将它们与全市平均水平加以对比，结果显示目标区体现出典型的贫困症状：相对高比例的贫困居民，女户主家庭，空置和租户居住的房产。在NiB项目开始前对目标区的城市调查显示：70%的房产有违规行为；目标区还包含有11个犯罪"热点"。在1998—1999年，目标区外的独栋住宅均价是98 500美元；而目标区内是44 490美元（尽管在NiB地区内房价也有相当大的差异）。

团队和工作计划

在每个目标区内，DCD成立了由关键利益相关者组成的NiB团队，包括社区民间组织、CDCs以及里士满重建和住房管理局（Richmond Redevelopment and Housing Authority）的代表。每个团队对该地区现有规划进行审查，确定精确的影响区边界，并制订一个为期两年的工作计划和预算。每项工作计划标出收购、修复或拆除的具体建筑，并说明新住宅建造的位置。城市根据社区规划将CDBG和HOME基金分拨给每个社区；然后CDCs递交申请实施规划中指定的工作。NiB团队负责监督进行中的工作，他们每月或每两个月与CDCs、城市规划师、城市部门管理者和检查员以及社区居民进行会面。

NiB目标区与里士满全市的特征的比较　　　　　　　　　　表4-1

特征	布莱克威尔	卡佛/西纽敦镇	教堂山中部	高地公园南端	杰克逊沃德	俄勒冈山	巴顿南部高地	里士满市
总人口	1 376	898	1 505	1 417	1 077	814	1 346	197 790
白种人	3%[1]	11%	5%	2%	24%	92%	4%	39%
黑人	96%	86%	93%	98%	72%	2%	94%	57%
拉美裔	2%	3%	2%	1%	4%	6%	2%	3%
人口年龄								
18岁以下	33%	20%	22%	28%	17%	14%	30%	22%
18–64	55%	68%	58%	57%	74%	81%	58%	65%
65岁以上（包括65）	13%	12%	20%	15%	9%	5%	2%	13%
有18岁以下儿童的家庭数量	452	183	328	402	179	115	400	43 178
有孩子的已婚夫妇	15%	14%	20%	27%	32%	50%	21%	33%
男性主导的有孩子家庭	5%	4%	3%	4%	5%	8%	9%	5%
女性主导的有孩子家庭	49%	51%	46%	39%	49%	25%	48%	42%
其他种类的有孩子家庭	31%	30%	31%	31%	14%	17%	21%	19%
住房数量	651	557	822	647	775	431	580	92 282
空房	23%	29%	22%	18%	34%	9%	19%	8%
使用住房	77%	71%	78%	82%	66%	91%	81%	92%
自住房	33%	43%	36%	44%	31%	42%	37%	46%
承租房	67%	57%	64%	56%	70%	58%	63%	54%
贫穷率								
贫困线以下	36%	28%	28%	29%	31%	16%	24%	20%

资料来源：布鲁克·哈丁，里士满社区发展部，人口、年龄及住房信息收集于2000年人口普查SF1街区数据表；贫穷率估算自2000年人口普查SF3人口普查范围，包括NiB影响区域。

来自多种渠道的定向投资

1999年7月至2004年2月，里士满在NiB目标区的花费共计约1 660万美元——里士满CDBG和HOME年度总拨款之和的三分之二。大部分的支出拨给了特定场所的投资；这些流向房产的资金包括：收购（27%）、清理和拆除（2%）、新建（25%）和修复（46%）。预计有419套住宅单元的建造或大规模修复用到了NiB补贴。借助于资本改造资金，里士满还对目标区内的路灯、小巷、人行道和街道改造进行了投资。

LISC也进行了大量的投资：在其投放给里士满的750万美元投资中，有470万美元被定向支给NiB目标区。LISC不但提供前期开发、建造、修复和首付款方面的协助，而且还包括一些永久性抵押贷款融资。LISC大约三分之二的NiB投资流向了独栋住宅的开发；其余大部分进入到商业项目中。

支持振兴的城市服务

NiB目标区也获得了额外的项目和人力资源，包括法规实施、欠税住宅销售的优先权、加快对历史性房产的审查以及流浪者救助的辅导。考虑到如果NiB房产快速增值，一些低收入居民可能会无家可归，里士满委派了一名房地产顾问协助租户寻找可替代的住处；该顾问还负责帮助社区内老年业主登记加入老年居民房产税收减免计划。

成   效

仔细分析1990—2004年间NiB地区内外的房价后可发现[4]，在1996—1997财年（价格平均增长了4.7%）之前，全市范围内均价一直没有变化；在此之后房价继续稳步增长，毫无疑问这是区域经济改善的结果。2003—2004财年分析阶段结束时，里士满的住宅预计平均售价比1995—1996财年高86.7%。

在NiB时期之前，同样的住宅在目标区的销售价格要比城市其他地区低35.5%。然而，在NiB项目开始的1998—1999年，情况发生了戏剧性的改变。尽管城市整体均价也在迅速增长，但目标区的增速要快10.85%。结果到2002—2003年，目标区比较住房价格已经达到全市平均水平；到2003—2004年，其价格较1990—1991年的全市基线高出100%多。

与此同时，在类似目标区但不属于NiB的控制区，NiB时代之前其房价比城市其他同类住宅低22.5%（不含目标区）。在NiB期间，控制区的房价继续跟随城市非NiB地区的脚步。总之，目标区的表现超过了里士满的贫困和非贫困社区，有证据表明，它们并不是通过从其他贫困社区吸取居民和资源才获得这样的成绩，那将导致其房价升值落后于里士满的其他地区。

在NiB项目最初的6年里，里士满市和LISC投资了2133万美元（包括特定场所和全地区）；结果目标区独栋住宅的增长总值达到出人意料的4498万美元，它代表着一个引人瞩目的211%的资本化率——甚至不用考虑对除独栋住宅之外其他类型房产的影响。

投资的阈值水平

单个NiB街区的中等支出水平是20 100美元，其中没有包括城市在服务和基础设施上的投资，这部分投资无法精确到特定街区，但平均每个NiB街区预计有9 000美元。在得到的投资低于中等水平的街区，住宅增值可能是因为溢出效应；但是，得到的投资高于中等水平的街区，在NiB开展后的初期，房价就额外暴增了47.1%，虽然它们的后续增值幅度不再大于目标区内的其他住宅。

里士满的调查结果和其他一些证据共同表明，社区和街区层面有其各自的投资阈值。[5]除非3年内每个统计区的投入金额超过约26.1万美元（平均每年8.7万美元），否则CDBG支出不会明显改变社区的发展轨迹；同样，如果一个街区在超过5年得到至少平均价值2万美元的特定场所改造，以及来自公共和非营利渠道价值约9 000美元的基础设施投资，NiB会产生更为积极的影响。[6]

财政影响

NiB地区住宅房产的升值增加了里士满市的房产税收入。我们可以做出合理假设[7]，1997—1998年，NiB目标区独栋住宅升值带来的房产税增加值，折现到2017—2018年将达到1 320万美元[8]（这一估算不考虑对目标区其他类型的住宅和非住宅房产对房价产生的任何未经测量的可能性正向影响）。因此，经过20年时间，城市的初期投资很可能将通过独栋住宅、其他的住宅单位和非住宅房产的税收收入增加来收回成本。

经验总结

里士满"盛开的社区"是一项涉及持续定向的公共和非营利投资的社区振兴战略，对目标区的住宅投资环境产生了重大的积极影响。而且，这一战略并没有对其他未被定为目标的贫困社区产生消极影响。成功的要素可能包含以下三点：

● 坚定的领导、称职的城市工作人员和有效的规划流程三者合一。一套确定具有优先权社区的数据驱动方法——因其客观性而更容易被市民理解和领会——是获得广大民众和议会一致支持的重要因素。

● 从多渠道获得的必要充足资源、战略性应用和多年投入。投资在地理分布上相对集中从而达到某一阈值水平，可激发目标社区的私人市场活动并产生明显变化。

● 强大的、运行平稳的社区发展产业的存在。20世纪90年代，由里士满LISC组织的里士满社区发展联盟（The Richmond Community Development Alliance），协助扩展了里士满CDCs的能力，鼓励他们互相合作并处理好与城市的关系。尽管里士满的CDCs相对较新，但当NiB项目开始时，他们与市政府、贷款人、评估师和其他私营部门伙伴已经发展了良好的工作关系；并且当NiB项目的资源到位时，他们能够迅速提高住房生产水平（图4-9）。

图4-9 参与NiB项目的街区前后景象对比

注 释

1. 对于这一争论的多种观点，参见伊莉斯·M.布莱特（Elise M.Bright），振兴美国被遗忘的社区（Reviving America's Forgotten Neighborhoods）（纽约：加兰出版社，2000年）；保罗·S.格罗庚和托尼·普罗西欧（Paul S. Grogan and Tony Proscio），回归城市（Comeback Cities）（科罗拉多州博尔德：西景出版社，2000年）；丹尼斯·W.基丁，诺曼·克鲁姆霍兹和菲利普·斯塔尔编著（Dennis W. Keating，Norman Krumholz，and Phillip Star，eds.）复兴城市社区（Revitalizing Urban Neighborhoods）（劳伦斯：堪萨斯大学出版社，1996年）；尼尔·皮尔斯和卡罗尔·斯坦因巴克（Neil Pierce and Carol Steinbach），矫正的资本主义（Corrective Capitalism）（纽约：福特基金会，1987年）；兰德尔·斯特克尔（Randall Stoecker），"城市发展的CDC模式：一种评判和一种选择"，城市事务杂志19，第1期，1997年，1-22。（"The CDC Model of Urban Development：A Critique and an Alternative,"Journal of Urban Affairs 19, no.1（1997）：1–22.）。

2. 关于NiB的细节，可以参看里士满市"盛开的社区：带回所有里士满的伟大社区"（"Neighborhoods in Bloom：Bringing Back All of Richmond's Great Neighborhoods,"）richmondgov.com/departments/communityDev/neighborhoods/（2008年7月17日访问）。

3. 完整的评估参见乔治·加尔斯特，彼得·塔蒂安和约翰·爱考迪诺（George Galster, Peter Tatian, and John Accordino），"社区复兴的定向投资"，美国规划协会杂志72，第四期，2006年，457-474（"Targeting Investments for Neighborhood Revitalization," Journal of the American Planning Association 72, no.4（2006）: 457–474）。

4. 评估房地产价格受到的影响所采取的统计方法是将NiB目标区内独栋住宅的销售价格趋势与那些没有参与这一项目的类似低收入社区以及整个里士满市做比较。趋势价格在出售住宅的特征差异上进行调整以建立"恒定价格指数"。对于这些比较的直观判断是，NiB的积极影响将体现在，根据NiB前/后阶段其他两类社区中价格变化的趋势加以调整之后，目标区在项目启动后房价的增值与项目开始前相比得到的提升。

5. 乔治·加尔斯特等（George Galster et al.），"CDBG在城市社区投入的影响测度"，住宅政策辩论15，第四期，2004年，903-934。（"Measuring the Impact of CDBG Spending on Urban Neighborhoods," Housing Policy Debate 15, no.4（2004）: 903–934）。

6. 出处同上。

7. 这些假设指的是，在1998—1999到2003—2004年间观察到的由NiB产生的房价增值收益估值只能持续到2007—2008年，之后的另一个十年，这些价格将保持与城市其他地区价格同样的相对位置。

8. 折现向下调整了未来收入流通的货币价值，以说明它们目前没有增值的事实。

社区发展公司（CDCs）和邻里干预

保罗·C.布罗菲（Paul C. Brophy）

社区发展公司（CDCs）于20世纪70年代在规划领域兴起，通常存在于低收入社区，代表着基层改善生活的努力。CDCs是以邻里为基础的机构，他们通常由那些决心把邻里转变为健康、繁荣社区的居民来创立和管理。大多数CDCs作为非营利的免税机构而成立，其董事会包含当地的居民。CDCs通常从事包括住宅和商业项目在内的房地产开发。

全国CDCs的确切数量很难估计，但是根据支持CDCs的三个全国性中介机构之一的美国邻里计划（NeighborWorks America）估计，截至2006年全国有5 000家CDCs。[1] 1999年，社区经济发展国会（NCCED）报道，52%的CDCs为市区服务，26%为农村地区服务，22%为混合的城市—农村地区服务。许多CDCs的工作人员具备规划和房地产开发的技能。

CDC层面的规划通常是邻里或社区规划。由于建立CDCs的目的是利用房地产开发来改善邻里，因此规划工作的重点在对邻里产生作用的正面及负面影响。CDCs逐渐意识到他们的邻里要与其他邻里争夺投资资源——从一个家庭寻找一个新的住宅到一家商业公司开设新店。规划面临的挑战是与社区居民、公共机构和其他利益相关者一起对未来进行规划，并在市场实势基础上实现社区的愿景。由CDCs承担的项目虽然常常受范围所限，但其目的是刺激额外的投资和催化邻里的改变——除非CDCs人员对当地市场趋势和行情有着敏锐地理解，否则这一目标无法实现。在一些城市里，城市规划部门、专业的非营利机构和学术机构为CDCs提供了更好的数据，使他们得以掌握最新的市场行情信息。[2]

CDCs如何进行规划

由CDCs完成的规划通常是一个战略规划和土地利用规划的组合。从战略的角度来看，CDCs要进行SWOT分析——对邻里优势、劣势、机遇和风险的一种评估方法。优势和机遇可能是区位的结果、住宅的质量或与锚机构的邻近程度。劣势和风险的范围从高犯罪率到废弃的住宅，再到糟糕的学校。挑战在于，如何了解市场状况，制定一个依靠优势和机遇、应对劣势和风险的战略规划。

因此，CDCs需要做出能够辨认市场规律的干预计划来。通常，他们制定以空间为导向的战略规划并通过房地产干预得以实施：这是土地利用规划和市场分析的连接点。在一个待改善社区里，CDCs需要鉴别出能够通过杠杆作用引来额外投资的投资。巴尔的摩的健康邻里项目就是这种方法的一个好案例。在一个市级机构"健康邻里公司"（Healthy Neighborhoods Inc.）的支持下，CDCs给社区带来能够建立信心并刺激房主和外来投资者的投资改变。其目标是改变那些正处于衰落或复兴关键时刻的邻里的命运，并帮助他们变得更强。改变可以小到装点一个街区的物质环境或者组织一个邻里观察项目，也可以包括更大的行动，如与开发商一起实施提高邻里吸引力的商业项目（图4-10）。

CDC规划面临的挑战之一是了解改善社区条件所需的改变的规模。一般来说，市场越弱，刺激市场复苏所需的干预就越大。这就是为什么一些严重贫困社区里的CDCs需要工作多年来实施大型房地产项目如超市或零售中心。

在可能正经历高阶化的"热"市场里，CDCs通常把注意力集中在确保保障性住房的

图4-10　企业合作伙伴帮助马萨诸塞州剑桥的业主重建社区发展公司开发了Trolley广场（40套保障性住房综合设施给第一次买房的人提供了到火车站和汽车站的便利）以及全国第二大自行车道，Linear公园

资料来源：企业合作伙伴

供给和支持混合居住领域，以保持社区的多样化。在这种情况下，CDC可能会通过采用一种包含市场直接投资的战略规划方法来保持长期的住房购买能力。

　　虽然重点是房地产项目，但一些CDCs致力于更广泛的社区规划和改善工作，以巩固社区的社会结构。例如，一个CDC可能会提出改造地区公园的方法、规划和执行社区就业计划，甚至制订加强青年公民参与的计划。

成　　果

　　CDCs通过他们的规划和房地产开发活动取得了很大的成果。对其成果最近一次的正式核算是在1999年，社区经济发展国会（NCCED）报道CDCs已经建造超过50万的保障性住房单元和7 100万平方英尺的商业和产业空间，并创造了大约25万个工作岗位。他们还协助居民建立更强大的社区，使房价稳定并不断上升，街道更加安全，在一些实例中，学校也得到了改善。

注 释

1. 为 CDCs 提供资金和技术支持的三大集团分别是：美国邻里计划（NeighborWorks America）（nw.org/
network/home.asp），地方动议支持公司（the Local Initiatives Support Corporation）（lisc.org/）和企业
社区伙伴（Enterprise Community Partners）（enterprisecommunity.org/）。每个集团都为一个 CDCs 网
络提供资源。
2. 再投资基金（the Reinvestment Fund）的工作可参见网址 trfund.org，这是一个通过目前最先进数据
来反馈社区市场行情的优秀案例。

大学和城市

安东尼·索伦蒂诺（Anthony Sorrentino）

大学校园的客观特性和它周围环境的质量影响学校完成教学、研究和服务使命的能力。一些大学开始主动弱化分隔校园和其所在社区的历史性的泾渭分明的界限。大学作为锚机构的角色和重要性已得到确认，它们可以利用自身资源来振兴所在的社区和城市。西费城宾夕法尼亚大学（Penn）开展的工作就是这样的案例之一。

西费城发展计划

20世纪90年代，宾夕法尼亚大学校园西侧的费城社区情况极其恶劣，表现为不断恶化的街道景观和公共空间、猖獗的犯罪、高频率的人口流失和废弃房产比率、基本商业服务的缺乏、糟糕的学校以及很少的经济机会。

因种种原因——尤其是自身利益——大学希望解决这些问题。1997年，宾夕法尼亚大学校长朱迪思·罗丹（Judith Rodin）起草了西费城发展计划（West Philadelphia Initiatives，WPI），并建立管理机构来实施该计划。罗丹与校董事会一起创立了一个社区发展计划的监督常设委员会；然后，她指导她的高级管理团队将他们的专业知识引入到公共安全、住房、社区关系、规划和房地产开发中，并每月召开宾夕法尼亚大学社

区关系办公室（Penn's Office of Community Relations）和社区组织、民间团体代表的公共会议（在会议间隔期间，社区关系办公室人员与社区领导人保持联系，使他们能了解计划和活动的最新情况，听取并对社区关注点给予回应）。依靠这个组织框架，宾夕法尼亚大学实施了5个项目。

让社区变得干净、安全和有吸引力

宾夕法尼亚大学将自己的公共安全人员巡逻区域扩展深入到周围的社区，增加了更多的步行和自行车巡逻队，启动了照亮住宅区和商业廊道的照明项目，并且开展了一个改善公园和街道景观的绿化项目。宾夕法尼亚大学与当地其他十家高等教育、医学和研究机构一起协助启动了大学城区（University City District），一个负责为两平方英里内的47 000名居民、40 000名学生和60 000名工人提供附加安全、卫生和地区营销服务的特殊服务区。

刺激房地产市场

大学周边的社区有1 450套空置房产。为稳定所选街区，宾夕法尼亚大学购买、修复和转售危险废弃住宅，并对几栋大型公寓楼进行翻新，将它们返回到低成本的租赁市场。通过担保抵押项目，宾夕法尼亚大学鼓励所有员工在这些社区中购买住房（从门卫到高管）；它还为外观改造提供了15 000美元的可免除贷款。这些努力吸引来逾4 000万美元的私人银行抵押贷款，并且现在有500多名宾夕法尼亚大学员工生活在该地区。

鼓励零售业发展

刺激社区零售业发展，宾夕法尼亚大学振兴了两个商业动脉，胡桃街（Walnut Street）和第40街（40th Street）。它将胡桃街的一个地面停车场改造成一个30万平方英尺的多功能综合体，配有一家酒店、一家新的大学书店、一个公共广场和12家国立和独立经营的商店。第40街两个关键地块变成了一个六屏电影院和餐厅，以及一个有六层停车场的标准大小、24小时运营的超市。这些项目不仅刺激了本地其他的经济发展，而且将校园边缘改造成安全和充满活力的地区。

促进经济发展

宾夕法尼亚大学通过其购买力造福了当地居民和企业。它设立了让少数族裔及女性所有企业参与到超过500万美元的所有大学建设项目中的目标并进行监察。它还赞助了一个技术援助项目，制作一个少数族裔和女性所有企业的名录，开发了新的学徒预培训项目，并帮助建立大型承包商与少数族裔和女性所有的小型企业之间的合作关系。

商品和服务采购领域，宾夕法尼亚大学将它最大的办公用品供应商和医院洗衣服务定向到社区或者使用本地雇员。大学还与沃顿商学院（Wharton School）的小企业开发集团一起启动了一个供应商指导项目，协助小型地方企业满足学校的需求。最后，宾夕法尼亚大学采纳了在其运营业务上倾向给社区居民提供工作机会的政策。

改善公立学校

进一步改善西费城居住环境，宾夕法尼亚大学与费城学区（Philadelphia School District）合作，设计、建造和经营了一所社区小学。虽然费城学区承担资金成本，但宾夕法尼亚大学承诺提供大量的资金和人员，包括延长一个优惠的土地租约，建立一个十年的补贴基金（每个学生1 000美元，最多70万美元每年），以及提供教育研究生院的专业知识来帮助设计课程和培训教师。大学还与费城教师联合会（Philadelphia Federation of Teachers）制订协议，对班级规模和其他事项放宽了规定。如今，学校还承担了社区中心的功能，将其设施开放给许多职业的、休闲的和成人教育的项目、文化活动以及镇民大会，使社区成员可以一起讨论问题和展望未来。

成　果

宾夕法尼亚大学的社区发展计划重塑了西费城的形象。校园附近地区的房价比其他周边地区升值得更快，校园附近新住房的需求在不断上升。街区稳定，犯罪率下降的速度高于全市平均水平。新商业的建立也超出了财政预期。在宾夕法尼亚大学租借给开发商的土地上，四个重要的私人项目正在进行或业已完成。

大学与社区团体的部分商议包括了承诺停止西费城内任何教育设施的进一步开发，这一约定迫使大学要从别处寻找扩张的空间。当校园以东两个大型地块——毗邻宾大医院的前城市中心用地和斯库尔基尔河（Schuylkill River）沿岸若干英亩的美国邮政局用地——可供使用时，大学对它们进行了收购。

三十年发展规划在"宾大联结"（Penn Connects）的指导下，宾夕法尼亚大学现在将重点放在大学东部地区，对其购买的废弃工业用地进行再开发。在对约60英亩地区重新定位的过程中，宾夕法尼亚大学遵循三个规划原则：（1）创建新的公共开放空间；（2）根据行为活动布置街道；（3）与附近的中心城区相连。宾夕法尼亚大学将一个街道网格和新的一批发展项目引入到目前作为地面停车场的地区，并计划通过住房、开放空间、运动设施、艺术和文化场馆、健康科学空间和商业开发等吸引人口迁入（图4-11）。[1]

图4-11　宾夕法尼亚大学三十年校园规划

注　释

1. 虽然目前研究仍在进行并深入到社区改良如何影响现有居民，但林肯土地政策研究院（Lincoln Institute of Land Policy）是一个极好的研究资源库，证明其他大学社区中大学对周边社区的投资普遍存在的。

第五章

制定规划

结合目标，制定恰当的规划

巴里·米勒（Barry Miller）

城市规划涉及的议题包罗万象，规划的目标纷繁各异，所涵盖的地理范围可以从一片单独的地块扩展到整个大都市。城市规划的共同特点是通过制定一系列相互协调的谨慎举措来引导城市的改变。它能面面俱到地考虑未来所有可能发生的不确定因素，使城市朝着我们所预期的愿景不断发展。

基于本文的研究目的，现对规划做出如下定义：规划是一种纸质或电子的方案或模型，城市和区域规划者利用这种方案或模型对现存建筑环境与自然环境进行改造。在过去的一个世纪里，特别是自20世纪60年代起，由于城市管理、乡镇管理和自然资源管理面临着日益复杂的挑战，该类规划所涉及的领域也随之扩大。

大多数规划都有一些共同特点。例如，这些规划通常：

● 要求对现状（我们当前的位置）、趋势（我们的发展方向）、目标（我们想要达到的状态）进行一定的评估；

● 将个人需求和更全面的社区需求进行协调；

● 为实现目标而权衡利弊；

● 需要投入相关资源，如资金或工时；

● 需要经过公开程序的审查，下至单场的公开听证会，上至一系列复杂的社区专题研究；

● 会生成具体的工作成果——一般是文件或示意图的形式——供决策者参考；

● 会得到经选举产生的机构（如市议会）、指定机构（如计划委员会）或股东组织（如董事会）的采纳或批准。

除了拥有上述共同特点以外，规划在讨论范围、版式、结构、规模、目的、时间跨度、细节程度和法律地位这些方面又各有不同（表5-1）。此外还有显著的地区差异：许多情况下，州立法规早已决定了何种规划与城市目标最为契合。

规划类型和特点 表5-1

规划类型	特点					
	地理位置	时间跨度	准备时间	细节程度	法律地位	基本内容
愿景规划	不限	20—50年	6个月—1年	低	建议型	激励人心的远大的理念、设计概念和愿景效果图
框架型规划	州或地区	20余年	1—2年	低	建议型	宏观目标和政策
综合规划	都市或郡县	10—25年	2—3年	适中	规范型,但目标宽泛	局部要素,包括目标、政策、措施和图示
系统型规划	都市或郡县	5—25年	1—2年	高	建议型或规范型	需求评估、数据、设计与选址指导方针、执行政策、重要项目清单
区域型规划（包括社区规划）	城市局部区域	5—10年	6个月—1年	高	建议型	基于特定地域的建议和指导方针
市中心区规划、海滨规划、廊道规划	城市局部区域	10—20年	1—2年	高	建议型	基于特定地域的建议和发展策略
大面积地块的再利用规划	场地	20—50年	2—3年	非常高	建议型	场地规划、再利用与影响缓解策略
详细规划和重建规划	子区域	10—20年	1—2年	非常高	规范型	开发标准、筹资计划
战略型规划	都市或郡县	4—6年	3个月—1年	适中	建议型	方案推荐
省会城市提升规划	都市或郡县	4—6年	3个月—6个月	非常高	规范型	项目清单、评估标准、预算、财务数据
私有部门或公共机构规划	场地	5—15年	1—2年	高	建议型或规划型	场地规划、系统规划、影响缓解策略
土地开发规划	场地	5年	3个月以上	高	建议型（直到正式成文）	场地规划,基础设施建设细节

注：本表格所列的类型为通常惯例，某些特定地区的规划可能与本表格所列特点有所不同。

探索契合实情的规划

下列因素会影响特定背景下对规划类型的选择：

● 预期效果。预期效果指该规划计划要达成的目标。

● 所覆盖地理区域的面积和复杂程度。相比小的地理区域，覆盖的地理面积越大，规划应更加灵活，可以适当摆脱规范的束缚。

● 时间跨度。时间跨度小的规划应更具体详细，更注重任务导向性。

● 规范性参数。很多州有特定的法律章程，用以规范规划内容，或在特定情形下指定所使用的规划工具。

● 当地规划背景。如第二章所述，当地规划背景由一系列因素决定，包括文化规范、地方政治、经济状况（包括房地产市场）和自然环境。

● 资源。规划应反映制定该规划的机构或实体的财政和人力资源状况。

● 读者。规划的设计和撰写应面向最终使用规划的群体。编撰体例、谋篇布局、长度、文字和图表比例等方面的特点应当根据目标群体的变化进行调整。

在规划设计过程中，我们必须强调一系列类似的影响因素，特别是那些决定公众参与程度和方式的因素。一方面，公众参与能极大提高决策的质量，建立规划者和其代表的社区间的信任，并确保规划能够积极回应当地居民的忧虑。缺少公众信任的规划可能会被认为是傲慢的、脱离群众的或不民主的。另一方面，一味寻求达成多方意见完全一致的规划也面临规划效果大打折扣或规划失去意义的风险。每位规划者都面临相同的挑战，那就是在"自上而下"的原则和"自下而上"的意见征求中间寻求平衡。

为规划奠定技术基础

每份规划，不论范围大小，都应以数据为基础：好的规划善于对现状进行分析与反思、分析趋势、对未来进行预测、检测相关决策和选择对社区造成的影响。这些任务要求我们采取多种定量分析方法和绘图技术，从简单的沿街调研到复杂的地理信息系统分析和场景测试。空间和社会经济数据的收集和分析是大多数大型规划部门的重要职能，通常由长期规划部门或战略规划部门完成。为了给当地政策和规划提供基本的理论支持，这些部门会进行土地可持续性分析、人口统计研究、环境影响核查，并且清点闲置土地、追踪开发进程。若没有量化数据，规划在公众眼中可能就与愿望清单别无二致了。

规划的家族体系

1900年之前，大多数城市规划通过二维图纸展示街道、公园和公共建筑的布局（见第一章中"从小镇到大都市"）。然而在过去的20世纪，这些规划发生了许多重要的演变。新兴的混合型规划认为社会因素、经济因素和环境因素是土地利用和结构设计中不可或缺的一部分。政策型规划也应运而生，以政策的文字性描述对地图和插图进行补充，指导市民进行日常决策。规范型规划的发展为管控土地的使用和开发奠定了法律基础。此外，以措施为导向并以短期目标为中心的战略型规划也被人们广泛采纳。而当今的综合规划从不同程度上涵盖了这四种规划方法。专栏通过树的类比来解释现代综合规划的起源和演变。

规划家族族谱

在1995年《美国规划协会会刊》(*Journal of the American Planning Association*)的一篇文章中，爱德华·恺撒 (Edward Kaiser) 和大卫·歌德沙尔克 (David Godschalk) 将综合规划的演变史类比为一棵多枝干的树，树的枝干分别对应：

- 土地利用设计规划，该类规划是以地图为主的规范型规划
- 土地分类规划，该类规划偏概念化，并以城市形态为设计导向
- 文字描述性政策规划，该类规划文本描述性较强，空间感较弱
- 开发管理规划，该类规划规范性较强，注重开发进程管理和短期措施

爱德华·恺撒 (Kaiser) 和大卫·歌德沙尔克 (Godschalk) 将现代综合规划比作这棵树的树冠，从本质上来说它结合了所有规划类型的属性，是一种混合型规划。他们还指出，对大多数行政辖区而言，综合规划动态的长期规划包括资本改良项目、土地利用管控、小型地区规划和功能（或系统）规划，而综合规划只是动态长期规划项目的一个方面。

资料来源：爱德华·恺撒 (Edward J. Kaiser) 和大卫·歌德沙尔克 (David R. Godschalk)，《二十世纪的土地利用规划：一棵枝繁叶茂的家族树》，《美国规划协会会刊》(*Journal of the American Planning Association*) 61 (1995年夏): 365-385.

如果治理好我们的河流，重建我们的海滨，我们的城市就能东西贯通，邻域之间的距离，工作之间的距离，还有人与人之间的距离就能大幅缩短。

这类基于家族关系的模型有利于我们更好地理解不同类型的规划之间的联系。州内或地区规划、愿景和其他宏观政策文件就如同祖辈，它们提供了支撑综合规划的概念框架和智慧（有时还有要求）。综合规划是父辈，为一系列不断丰富拓展的主题规划提供全区土地利用地图、相关政策和活动框架。众多的姐妹——系统型规划——则讨论了诸如公园、交通、住房和资源管理之类的话题。覆盖区域内子枝干的区域规划、邻

里社区规划以及其他规划则是子辈。图5-1是摘自华盛顿特区的最新综合规划《发展包容性城市的愿景》（*A Vision for Growing an Inclusive City*）的选节，该规划运用"家族"隐喻城市规划之间的关系。[1]

图5-1　华盛顿特区发布的《发展包容性城市的愿景》（*A Vision for Growing an Inclusive City*）（2004）将效果图、照片、场地规划和富有激情的文字相结合，鼓舞居民为这座城市勾画一个崭新的未来

资料来源：华盛顿特区规划办公室

构想愿景，奠定规划基础

愿景是对规划最大胆的表达。正如刘易斯·霍普金所解释，"愿景就是想象事物可能成为的样子。愿景能激励人们采取行动，并通过改变人们对世界的认知看法来发挥作用。"[2]愿景表达为人们提供了工具，使他们识别并阐述对社区来说最重要的因素。构想愿景是建立方向感、确定共同价值观、精确描述预期效果、避免过于偏离既定轨道的好方法。此外，它还帮助我们发现以后需要加大关注力度的问题。展望型规划允许我们有创意地跳出条条框框进行思考，而这类思考通常不会出现在更加精准量化、深度分析、结构严谨的综合规划中。

就某些方面而言，当今的展望型规划是对一个世纪以前城市美化运动的回归。他们的视觉效果强烈，可能还伴有精妙的效果图和地图。他们往往强调实体环境，以例证说明的形式描述预期发展模式。展望型规划很少直接实施，而是在为更详细的规划打造基础。

一般而言，展望型规划时间跨度长，与其他类型的规划相比，不用过多考虑各种局限性。它可以用水彩透视图设计一座华丽的海滨公园，或描述建立在废弃工厂上新社区居民的日常生活。但是这类规划可能不会详细地讨论从海滨地产所有者处获得地役权的后勤工作和新公园的融资计划，也不会讨论清除废弃工厂有害物质的项目。展望型规划的目的只是构建出一个可能的未来，并得到大部分人对这个设计概念的赞同，其中并不涉及细节部分的设计。

不是所有的愿景都以改造物理环境为重心，愿景还可能陈述某个社区的价值观或表达对理想未来的期待。以华盛顿特区发布的《发展包容性城市的愿景》（*A Vision for Growing an Inclusive City*）

> 愿景是识别和阐述社区核心问题的工具。

为例，它指出了哥伦比亚地区所面临的社会和经济难题，描述了经过深思熟虑和有效规划后这些难题得到解决的愿景。这类成果本质上虽然称不上真正的规划，但它们确实表达了一个社区的价值观，明确了未来需要优先解决的问题。这个愿景就是社区未来发展的方向。

在规划过程中，构建愿景是激起公众广泛兴趣的有效方法。愿景通常以故事的形式出现，旨在吸引市民和其他利益相关者的注意力，激发他们丰富的想象。愿景的描述引人入胜而又情感丰富，能够鼓舞人们展开必要的讨论，从而在随后的详细规划中生成有效而灵活的政策。

框架型规划

框架型规划为大范围的地理区域如州或地区提供指导性政策。此类规划所覆盖的面积可达数千平方英里，强调宏观问题及原则，如环境质量、耕地保护和交通问题，而不是具体措施。由于这类规划覆盖了广袤的地理面积，因此采取这种方法有其必要意义。许多州和地区为在国内推动精明增长而提出相关政策，这些规划政策就是框架规划的最佳案例。

框架型规划的优势在于它们能对覆盖整个管辖区域的问题进行探讨。就单个乡镇或城市而言，它们也许很难对诸如水污染和交通拥挤之类的问题进行评估，而一个地区的政府理事会则能对整个水域或交通网进行分析。同理，相比单个村落和小型城市，一个州能够在历史保护、海滨地区管理和栖息地管理等问题提供更加高效、更加丰富全面的政策指导。当地政府在筹备综合规划时，可遵循州内规划和地区规划的指导，以保证规划政策在因地制宜的同时也能反映整个州或地区的规划视角。

综合规划

都市和郡县利用综合规划（也称为总体规划）来管理实体环境的发展，跨度往往在10—25年。"综合"一词主要指的是地理区域和涉及主题的综合性：综合规划的对象涵盖整个城市或郡县（而不只是一部分），其目的是解决实体环境中涉及的所有问题。尽管综合规划的重点是土地利用，但也涉及交通、房屋、自然资源、社区设施和其他方面。实体环境和社会经济状况的密切关系使综合规划的范围拓展到公共健康、文化、艺术和可持续发展等方面。

综合规划的筹备过程通常为至少2—3年时间，一般需要2年以上。首先要对当前问题进行评估并制定社区未来发展的目标。接着是现状调研，包括搜集数据、准备图表、咨询主要利益相关者，根据数据和已知趋势，设想出社区未来发展的众多愿景，通过公开评审程序选出最契合社区发展目标的规划。最后草拟规划政策和图表，公布规划文件，接受公众评议并采纳实施。

综合规划的内容

大多数综合规划根据主题划分为一系列章节，这些章节又可以被称为规划的要素。核心要素一般讨论土地利用、交通、住宅和环境资源的问题。规划要素也可能包括自然风景、公园及娱乐设施、露天场所、基础设施、社区设施、历史建筑保护、城市设计和其他有关社区实体环境的问题。在某些情况下，规划的要素还涉及管理和政府间协作等问题。此外，在综合规划中增添"实施"章节亦为大势所趋，用以强调实行规划所需的行政管理程序和财政措施。

每个规划要素通常包含现状、趋势、问题和建议四个方面的文本描述。与文本相辅相成的是指导民选官员和地方政府工作人员日常决策的目标、宗旨、政策、措施和标准，以及生动形象的图示和作为参考的数据表格。

综合规划的基本特征

除了适用范围广，综合规划还有如下特征：

● 普遍性。综合规划是提供大方向指导的宏观政策文件。综合规划中不涉及私人财产的细节问题，也不提及如清扫街道或人行道修整之类的操作问题。

● 内部一致性。综合规划内包含的政策、措施和图表应保持内部一致。假设综合规划提到建造经济适用房的政策，其土地利用政策和图示就应指出可以建设经济适用房的地点。

● 长远视角。大多数州要求地方进行综合规划时采用长远视角，"长远"通常约为20年。规划的时间界限并不意味着规划的终点，规划提供一系列目标用以指导日常决策。

● 法律效应。地方政府经常把综合规划视为法律。规划一旦被纳入法律，地方政府的土地利用决策就要与之一致。

大多数综合规划包含未来土地利用图，图5-2中用不同颜色或图形表示设想的规划水平年社区土地利用类型。该图也可能显示公路、公园、学校等公共基础设施建设的大致地点。这类图示通常有海报大小，用图形表示出综合规划中所提出的方案并提供社区未来发展状况的宏伟视觉图像。相较规划的其他部分，未来土地利用图的显著作

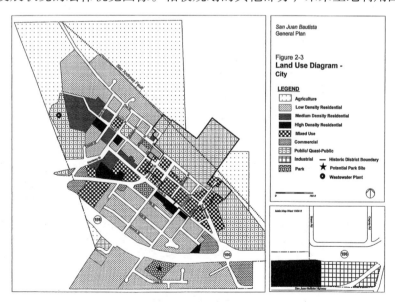

图5-2　圣胡安包蒂斯塔市（San Juan Bautista）综合规划未来土地利用平面图。圣胡安包蒂斯塔市位于加利福尼亚州中部，人口约为2 000人。该图展示了圣胡安包蒂斯塔市各个区域允许利用的土地规划情况

资料来源：Barry Miller

用在于其能够帮助居民理解规划对于社区、邻里街坊和家庭的意义。该图对于规划实施尤为重要：它是评估发展的基准，也是地方区划图的基础。

使规划适应社区情况

即使各州规定了规划必须要涉及的方面，但规划方法和规划本身应该考虑社区的大小、预计增速、实体环境和特性、兼并土地的能力、居民的价值观和其他影响土地利用决策的因素。表5-2根据社区环境不同，分类说明综合规划中可能涉及的典型问题。

综合规划中涉及的典型问题　　　　　　　　　　　　　　表5-2

地点	土地利用状况	问题
市中心	稳定到壮大	市中心改造、社区改造、经济发展、住房支付能力、社会平等、城市绿化、催化站再利用、历史性建筑保护
内环市郊	稳定	旧商业走廊改造、保护战后老住宅、加强社区认同、改变人口结构、保持可持续发展
外环市郊	壮大	增长管理、学校和公园的位置、改善基础设施使之与发展相适应、保护开放空间、社区特征
小镇/农村社区	稳定到壮大	农业、管理资源密集型产业、经济发展（包括小型企业发展）、旅游业、社区特征、增长管理、住房
城市和市郊县	壮大	政府间协作、交通管理、精明增长、保护开放空间、服务交付
县域农村	稳定到壮大	经济发展、资源生产、防灾、旅游业、农业、自然保护

综合规划的内容也反映出各地区在政治信仰、社会习俗、增速、房地产活力、规划法律，尤其是自然灾害方面的不同。例如，加利福尼亚州地方整体规划必须要包括安全要素，以帮助处理地震、野火、山崩等自然灾害。佛罗里达州要求海岸委员会制定海岸管理要素，包括飓风疏散、海岸侵蚀和海岸线可达性等政策。

在历史上，那些以社会倡导和政治开明而著称的州，比传统上自给自足、民族自治的州更迫切需要综合规划。但如果说综合规划的需求主要由一个州的政治倾向决定，又未免过于简化问题。自20世纪90年代以来，田纳西州和佐治亚州开始要求制定综合规划，而此时亚利桑那州和犹他州已经将地方综合规划提升为塑造城市发展的工具。[3]

新　举　措

综合规划的核心形式（特别是主题要素的组织形式）自19世纪50年代保存至今。该形式虽然合乎逻辑且可以预测，但是也有一定缺点。首先，随着规划中不断加入的新要素，规划变得非常冗长：一些社区的规划可能要包括有关农业、教育设施、地热能源、地方旅游甚至输电线路选址的全部要素。将子区域规划纳入综合规划也使得规划更加冗长，变成了多卷文献。随着综合规划文件变得越来越长（一些超过1 000页），其为未来发展提供整体框架的基本目的也逐渐模糊。

综合规划的要素组织形式也因其"谷仓"效应而饱受批评，即把规划主题视作平行的个体，忽视城市和地区问题交错互补的属性。综合规划把土地利用和交通视作两个单独的要素，整合思考的缺乏给两者带来了风险。在以要素为基础的规划中，气候变化、可持续发展、环境公平等新兴问题可能很难解决。一些社区创造了综合多个主题的"超级要素"来应对这一挑战。还有一些社区重新制定了规划，把规划要素涵盖在更大的主题之下：例如，巴尔的摩市（Baltimore）的综合规划就分为"生活""工作""娱乐"和"学习"四个板块。

针对综合规划的内容也产生了新举措。为应对综合规划内容模糊的批评，一些行政辖区引进了客观的衡量标准和绩效标准。例如，佛罗里达州要求当地综合规划包含并发性需求，以确保新开发的项目投入运营时，配套的基础设施和服务也准备就绪。越来越多的规划涵盖火灾反应时间、人均停车面积、一定时期内建设经济适用房数量等标准。这些标准使规划实施情况的评估成为可能，在目标未实现情况下采取补救措施，为监督管理提供明确的基础。

系统规划

社区是由自然系统和人造系统构成的，自然系统如水域与空气品质区等，人造系统如公用事业、公路、公交系统、公园网络等。综合规划为上述系统提供了大方向的指引，但是综合规划不能、也不应该详尽地解决每个问题：那是系统规划的职责。系统规划需要回应综合规划提出的具体要求，比如获得拨款或公共基金的支持，也可能临时制定以应对某个特殊问题或民选官员的要求。系统规划大多包含背景数据、对需求和机会的分析、实施方案等。虽然系统规划可能包含政策，但是它们更倾向于将重点放在设计和选址、运营、管理以及投资方案上。

系统规划的概念通过拓展，现已包含许多综合规划解决的问题。如今，城市有公共艺术规划、行人安全规划、儿童保育设施规划、历史保护规划、行道树规划等。在众多大型规划部门中，系统规划筹备是长远规划部在综合规划更新前的主要工作。

地区规划

综合规划和系统规划纵然有众多优点，但是他们不能为每个街坊、商业街区、廊道提供量身定做的方案。在街区众多的大城市里，城市规划可能概括抽象性太强，无法引起居民和企业的共鸣。而涵盖几十个小型未建制社区的县域规划也存在着同样的问题。规划使用者查找规划文件作为参考，但是只能找到关于城市或县的笼统介绍。区域规划（又名分区规划、小区域规划、部门规划）能够改进综合规划，因地制宜，制定富有小型地区独特性的政策。

筹备地区规划的过程和筹备综合规划相似：明确问题、搜集并分析数据、评估可选方案、制定政策、绘制图表，最终生成规划。这个过程能够高效解决地方土地利用问题与设计冲突，激发人们参与城市或者县域规划的积极性。但是地区规划的即时性和小规模的特点也可能导致地区规划缺乏客观性和远见。因此，制定地区规划时，利益相关者心中要有一个更广阔的蓝图（图5-3）。

社区规划

社区规划是最常见的区域规划类型之一。社区规划中所涉及的地理范围几乎与社区每个人都息息相关，从而激发出一种有利于公众参与的主人翁意识。实际上，许多大型规划部门都有负责筹备和实施区域规划的社区规划部门，所负责的区域范围从若干街区到若干平方英里不等。街区规划能够成为化解街区土地利用冲突、强化街区认同、授予社区自主权的工具。

就社区规划如何与城市长远规划相联动的问题，目前存在两派观点。一种方法是城市把社区规划作为综合规划的补充。例如，西雅图市分成38个街区大小的规划区，各区的集合代表城市的全部区域。哥伦布市和印第安纳波利斯市（Indianapolis）采用了另一种方法，只有在需要时才会筹备街区规划（针对面临特殊的土地利用或经济发展问题的街区），否则通过综合规划或分区规划解决土地利用问题〔印第安纳波利斯市（Indianapolis）有一个网上申请平台，各机构可通过该平台申请社区规划〕。

在多数城市里，社区规划重点关注闲置空地和未充分利用的土地、业绩不佳的商业街区、古旧住宅、独特的历史资源或某种程度上的视觉污染。社区规划经常优先考虑能够创造新住宅、经济发展机遇或高质量设计的区域。

图5-3 加利福尼亚州圣莱安德罗市（San Leandro，California）居民参加"整体规划展览会"，他们通过粘贴小圆点来投票表明对不同政策的支持程度

资料来源：巴里·米勒（Barry Miller）

市中心规划

市中心规划本质上是为中心商业区（CBD）制定的社区规划。市中心规划强调市中心在城市的定位、经济、文化、设计等方面的独特作用。

市中心规划和市场需求

市中心规划制定方法因当地房地产市场具体情况而有所不同。在需求较小的中心商业区，市中心规划需要力图提高区域形象、发挥区域优势，使市中心区域较之城市其他区域有竞争优势。这样的市中心规划注重建设新的便利设施、修复历史建筑等被忽视的资产。在市场需求较大的中心商业区，市中心规划更关注于填充式开发设计和公共空间设计。这种规划可能包括对未来土地混合利用的要求或激励措施，如限制办公楼发展速度，鼓励增加住房和一楼零售店空间以及要求新项目中需包含公共艺术和广场。不论市场需求如何，大多数市中心规划都涵盖了对停车、交通、安全和步行环境质量等要素的规划。

20世纪50至60年代，许多城市中心区衰退，市中心规划应运而生。早期的市中心规划致力于大规模的城市复兴，包括与市郊购物中心和商业园区相竞争的商业步行街、独立经营的零售业、办公大楼等。近些年的市中心规划重点斥资打造中心商业区的独特特征——一些规划取消了第一代市中心规划中制定的项目。如今的市中心规划更强调改造利用老旧建筑、保护文化遗产、修复城市街道电网、修建体育馆、会议中心、博物

馆、旅店等新设施。许多市中心规划的共同主题是以住宅、餐饮和娱乐场所吸引市民，从而把市中心从一个下班后就"人去城空"的地方变成一个24小时的不夜城。

大多数市中心规划包括概念设计图、未来土地利用与交通规划图、城市设计意向图、具体公共设施改进和行动的实施策略等。此外，规划常常包括对重点话题或主题的介绍，以及针对具体分区、活跃地点的提案。例如，匹兹堡1998市中心规划的策略包括6个主题：零售业/旅游胜地、商业环境、住宅、机构、交通、城市设计；该规划还包括针对11个分区的具体提案。

滨水区和廊道规划

把城市滨水区和公路走廊归入同一分类可能看起来有些奇怪，但二者共同的形态特征决定了它们相似的规划结构。城市滨水区和公路走廊都是线性结构，四周常常被大面积未充分利用的土地包围着。二者既可能成为城市景观中的屏障，也都有望成为城市联通枢纽。二者在历史上均曾作为关口、交通路线、商业中心。它们都能塑造城市的视觉形象，也都可能从整合土地利用、交通、改善城市设计的规划中受益。

直到20世纪七八十年代，许多城市滨水区仍被大型工业土地、航运码头、铁路站场、污水处理厂和军事基地所占据。有时高速公路把滨水区与附近街区分隔开来，使城市海岸线变成无人之境。城市滨水区规划是在应对工业衰退、改变环境、提升审美价值以及鼓励新兴休闲生活潮流的呼声下产生的。滨水区规划要使这些地区恢复活力、寻求传统航运、工业活动与新兴保护、娱乐、住宅和零售活动间的平衡。如今滨水区规划常常包括线性公园、自行车道和步行街，它们在海岸线与附近街区联通后呈现出一派繁荣热闹的景象。栖息地修复和提升水质也是滨水区规划重要的目标。如果滨水区提供大型开发区用地，那么规划中可能包括新建的居住区。

公路走廊规划与滨水区规划有类似的特点，但公路走廊规划的景观设计通常以线型商业开发为主导，而非产业主导。公路走廊规划通过增加视觉吸引力、纳入其他类型交通（如自行车和快速公交）、减少土地利用冲突、创造强烈身份认同感的方式，使高速公路和附近土地利用变得富有人情味。公路走廊规划建议不同的公路走廊段使用不同土地利用模式、不同密度和不同设计，把一些地区作为活动中心（常称作"节点"），并赋予另一些地区新的用途。

滨水区规划和廊道规划并没有特定的模板，它们是为适应某一区域的需求和状况而设计的。因其线性特征，滨水区规划和廊道规划最开始通常提出全区整体方案，然后提供每一段的细节大纲。例如，1998年加利福尼亚州奥克兰市河口规划首先为项目地14.5

千米长的海岸线制定了开放空间、公共设施可达性、土地利用和流线的整体目标，然后为三个海滨分区提供详细的、因地制宜的建议。

大型场地再利用规划

大型场地再利用规划是许多社区一项重要的活动，如过剩的军事基地、废弃机场、受污染的工业土地（棕地）、闲置公立医院等场地的再利用。在任何大都市，上述场地都可能占据上百公顷土地，成为可利用的最大的开发区域。这些场地也是创建优美城市景观的一部分，因此居民和公民领袖都非常重视大型场地的规划和设计。

一方面，大片未充分利用的土地为开发住宅区和商业区，连接临近街区，改善跨区交通环线或容纳新的公共设施提供了契机。另一方面，这些场所并非是荒凉而没有历史的，有时也有历史建筑、珍贵的自然景观或即将面临替换的用途。场地规划可能需要清理危险物品并采取昂贵的整治措施。除非把这些场地改造成公园用地，否则视这些场地为缓冲区或希望保存这些永久空地的居民可能会强烈反对场地的再利用。在理想状态下，地方综合规划应明确这些大型场地利用的大方向，然而通常情况是，这些场地规划是在极具争议环境下单独制定的。

特定规划和改造规划

最后这个类型的规划本质上具有法规属性，包含规范的步骤和详细的发展标准。相较于政策规划，这些规划更注重解决基础设施和融资问题。

特定规划是区域规划的一种，包括土地分区、资本改良计划和融资。一般来说，通过正式决议采纳的规划具有行政属性，通常为政策制定提供指导。而特定规划是经法令通过的，具有法律属性。例如加利福尼亚州的许多城市利用特定规划来管理大型场地和其他分区的发展。特定规划包括具体的土地利用、基础设施、交通规划；制定开发与保护的标准和条件；概述法规、计划、公共工程、融资策略的实施办法。特定规划与综合规划的区别在于特定规划注重实施——尤其是基础设施和公共工程的资金筹措。

改造规划与特定规划类似，包括政策规划、土地分区利用规划、资本改良项目、开发协议等方面。地方政府通过采用改造规划，宣布土地的公共用途并赋予改造规划署为执行规划征用土地的权力。改造规划致力于拆除贫民窟、刺激空地开发、吸引新商业、鼓励住房建设工程、为规划项目地创造经济机遇。改造规划处理土地征用与合并、经济适用房就地建设要求、商业迁移、建筑拆迁、授权使用等问题。融资计划可授予改造规划署发行资本改良债券和地区发展后用税收增额偿还债券的权力，这对任何改造规划而言都十分重要。

制度性规划

制度性规划这一概念可能让人觉得有些违背常理：毕竟规划是用来提供预测和指导的，而制度是执行规划所用的工具。然而在一些案例中，管理增长最有效的方法就是把政策和制度融合在一起。这种情况可能发生在有规划的背景之下，但是如果没有规划存在，那么区划法规本身就可以被看作是一种规划。实际上，在美国上千个社区中，大到纽约、芝加哥这样的大都市，小到小镇和乡村各县，都没有综合规划。在这些社区中，区划标准（土地用途、开发强度、建筑高度、容量和其他开发特征）代替了土地利用和城市设计政策。分区图成了权宜之策。随着管辖区域的扩大，地方规划或分区委员会的分区图也随之修正（图5-4）。

例如，在21世纪初，芝加哥市已有近40年没有更新综合规划，在一系列因素的驱使下芝加哥市决定修改区划法规而不是更新规划。同时，纽约市选择制作丰富多彩又人性化的区划手册来展示每个分区的法规，使其区划法规更像"规划"。乍看之下，该手册的内容不像区划法规而更像综合规划里土地利用的章节。虽然这个手册并不是政策文件，但里面的图表和标准均反映了政策设想。纽约市和芝加哥市当然也都制定长期规划，但是这些规划更关注于局部区域和系统规划。

在小镇和乡村各县，由于没有筹备综合规划的资源或是其发展速度能与区划法规相匹配，区划图和区划法规就成了该区域实质上的规划。在一个没有职业规划人员、资金预算紧张、无国家授权规划、少有开发活动的社区，一份明确的区划法规和区划图示也许正是它所需要的。

短期规划

从时间角度看，城市规划可以被看作一个连续体，短期规划在左边，综合规划在中间，愿景规划在右边。短期规划通常只考虑到未来2—6年，强调服务交付、成本效益、短期结果，不考虑长远和系统的变化。短期规划主要分为两种：战略规划和资本改良规划。

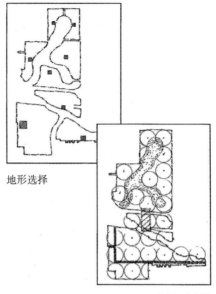

地形选择

行政区选择

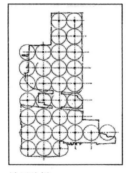

社区选择

图5-4　丹佛（Denver）1902公顷场地（原Stapleton机场）的改造规划探索了不同的改造方式，最终选择了一个最佳方案进行优化与实施

资料来源：丹佛市县（City and County of Denver）

战略规划

战略规划负责制定目标并提出具体策略来实现目标。几十年来，企业使用战略规划模式来规划企业的发展、竞争和改变。城市规划者借鉴战略规划来应对地方政府的政治现实诉求。在美国大多数市、县，政府机构官员的任期为4年。许多当选官员虽然明白长期规划的好处，但他们也清楚自己需要短期政绩。新上任的市长面对这一抉择时，通常更愿意在任期内通过4年的"实施性规划"整改城市以被人们铭记，而不愿在整个任期内筹备一项长达20年期且可能不会得到下任市长贯彻推行的规划。城市战略规划为传统规划提供了基础、为政府机构提供了明确的发展目标。

地方政府的战略规划通常由市长办公室、政府主管部门、行政长官办公室或地方政府经济发展部门而非规划部门制定。战略规划注重服务交付管理和生活质量的提升。因此，该规划可能包括预防犯罪，增加健康设施以及提高教育质量等话题。其提出的实施建议可能包括增加公安人员数量，建设老年人健康工程，提升地方学校现代化水平等。此外，规划中可能包含绩效评估的方法，以便定期评估规划落实情况。

资本改良规划

地方政府运用资本改良规划（CIP）来协调基础设施、交通、社区配套设施的投资。[4]资本改良规划的期限通常是4—6年，每年或每两年会根据规划重点、资源的变化或新项目引入、旧项目完成等情况调整更新。

资本改良计划通常由行政、财政、公共工程等几个部门合作共同筹备。在一些社区，资本改良规划会委托给规划部门下设的规划委员会，或是由当地政府主管领导牵头、规划部门协作完成。

> 理想的状态下，资本改良规划应与地方综合规划协调一致，以确保用于基础设施和社区配套设施的公共投资能够巩固综合规划所提出的土地利用模式。

资本改良规划通常包括一份图示、项目及成本介绍、项目融资与实施时间表。通常情况下，资本改良规划的资金预算会达到一定量级（如十万美元），期限为5年以上。预算可能包含设备维修和置换费用，但不含日常运营费用。一些资本改良规划会解释项目的筛选，排序以及评估过程。项目介绍通常根据主题来编排。例如，加拿大不列颠哥伦比亚省的温哥华市2006—2008年资本改良规划就被划分为公共工程、公园及休憩场所、市政设施、社区服务和补充需求几个部分。

理想状态下，资本改良规划应与地方综合规划协调一致，以确保用于基础设施和社区配套设施的公共投资能够巩固综合规划所提出的土地利用模式。加利福尼亚州、佛罗里达州等一些州都要求这种协调一致性。但是，一些辖区的资本改良过程与长期规划并不一致，而且资本改良的动因可能来源于综合规划之外。例如，项目提案可能是由于"地方议会尝试均匀分配经费……回应民众的投诉……社区工程师或风险经理的安全建议书；同意拨款的条件；或仅仅是规划过于陈旧"。[5]事实上，人们对安全和治安的诉求总会胜过长远规划，这在资金严重缺乏的社区表现得尤为明显。

私营部门规划和机构规划

私营部门或大型机构土地所有者筹划的规划也属于城市规划的一种类型。这些规划包括场地规划、土地开发规划、校园规划、经济开发区规划和非营利性组织规划。私营部门规划和机构规划与区域规划和战略规划有一些共同之处，但它们不是由地方政府制定或正式采用的规划类型。波士顿和费城是两个特例，寻求政府土地规划资助的机构必须向当地政府提交开发规划。

土地发展规划

美国无数个城镇都是依托火车站、河畔、牧场发展起来的。这是现代城市规划出现之前美国城市形成与发展的模式。甚至很多美国战后市郊的开发也并非得益于地方政府的综合规划，而是依靠私人开发商为当地修建学校、公园、购物中心和各类住宅区。

如今私有土地规划——特别是大型社区的总体规划和新建城镇——与市政规划有些共同特征。一个图文并茂的规划文件是阐明项目愿景，制定开发原则，解决项目分期、融资和基础设施设计等运筹问题的有效方式。地方政府审批要求、市场需求、房地产经济、以新都市主义为代表的新兴发展理念等一系列因素都会影响私有土地的规划设计。私有土地规划的社区可能占地数百公顷，容纳十万多住户，建有湖泊、高尔夫球场、公园等公共设施，甚至还有自己的商业中心和社区中心。例如，佛罗里达州塞拉布雷逊市（Celebration）和亚利桑那州安瑟姆市（Anthem）都是根据详细的总体规划开发建设而成的。该总体规划不仅详细说明了街道和土地的布局情况，还包含详尽的设计大纲、环境保护和防灾规划、公共交通效率提升策略、经济适用房计划等。

机构规划

医院、校园、军事基地和其他大面积的土地利用规划最初只是一份标有新建建筑位置的简单图示。如今，这类机构规划逐渐发展为详尽的多卷文件，大到栖息地修复，小到拼车激励，几乎一切问题都囊括其中。由于高校具有相互竞争并不断发展的特点，许多学院和大学虽然常常被住宅小区团团包围，但还不得不在有限场地上寻求扩张。在一些社区，校园规划被打上了负面的标签，典型的表现就是旷日持久的"土地争夺战"和工地外影响。不过校园规划也可以是城镇居民和大学师生间冲突的"避雷针"，为双方提供共同协作、互惠共赢的机会。

创造规划家族

随着规划行业的发展，必然会出现许多新型规划。新型公众参与机制、新法律、新问题、新技术将催生新的解决方法。最终，每个社区必须根据自身环境、规划文化、过去和现在的政治情况创造一个属于自己的"规划家族"。创造它的诀窍在于避免规划家族的功能失调，即注意规划的一致性，加强规划建设的民众支持，针对公民领袖和地方政府官员普及长期规划的重要意义与价值。

注　释

1. 规划办公室，《发展包容性城市的愿景》（*A Vision for Growing an Inclusive City*，华盛顿特区．：哥伦比亚特区政府，2004），75，planning .dc.gov/planning/cwp/view，a，1354，q，614757. asp（网络刊登日期 2008 年 5 月 18 日）。

2. 刘易斯·D.霍普金斯（Lewis D. Hopkins），《城市发展：制定规划的逻辑》（*Urban Development：The Logic of Making Plans*，华盛顿特区：岛屿出版社，2001），38。

3. 美国规划协会（APA），《精明增长规划：2002 年各州状况》（*Planning for Smart Growth：2002 State of the States*，华盛顿特区：美国规划协会，2002），planning.org/growingsmart/pdf/states2002.pdf（网络刊登日期 2008 年 5 月 18 日）。

4. 其他信息详见第 7 章"基础设施规划"。

5. 埃里克·达米安·凯利（Eric Damian Kelly）、巴巴拉·贝克尔（Barbara Becker），《社区规划：综合规划导论》（*Community Planning：An Introduction to the Comprehensive Plan*，华盛顿特区：岛屿出版社，2000），267。

利益相关者视角下重叠规划问题的探讨

刘易斯·D.霍普金斯（Lewis D. Hopkins）

规划中所提供的信息和思路影响着决策和其他规划，进而影响着城市的发展。假设地方政府、州政府和联邦政府决定为一个公路项目拨款，它们不仅会考虑自己部门的规划，而且也会考虑到其他部门的规划。[1]大都市的规划影响着其他县市的规划，其他县市的规划反过来也影响着大都市的规划。一个机构执行规划的方式反映了其制定规划的原则。[2]

相比于先构思规划再执行规划,笔者建议规划师应该先分析人口特征、机构特点及其如何执行目前存在的各项规划。表5-3列举了各类机构在决策时可能使用到的规划类型。

各类机构对不同类型规划的使用 表5-3

角色	规划种类和使用				
	综合规划	地区愿景	资本改良规划	长期交通规划	区域规划
产权人	指出稳定性或使用权和价值的变化	提出对社区认同和社区生活质量的愿景	报告规划的时间安排、资金支持和税收估值	指出稳定性或使用权和价值的变化	提供设计准则和项目设计细节;明确设施布置
开发商	指出可能通过的方案及地点	提出对社区认同和社区生活质量的愿景	报告规划的时间安排、资金支持和税收估值	提供有关交通运输能力和需求关系的信息	提供设计准则和项目设计细节;指出设施布置
借贷机构	指出稳定性或使用权和价值的变化		报告规划的时间安排、资金安排如何影响财产价值	指出稳定性或财产价值变化	提供与财务可行性相关的项目细节
企业所有人	指出可能通过的方案及地点	提出对增长或生活质量(乃至企业价值)的愿景	报告规划的时间安排、资金支持和税收估值	提供有关交通运输能力和需求关系的信息	指出具体背景下商业可行性和设计准则
公民组织	提供未来发展模式的信息	支持符合公民联盟利益的愿望	记录公民对资金项目的投入	提供支持或反对项目资助的论据	提供发展质量的公开记录
社区组织	指出社区稳定性或变化	在规划过程中维护社区的利益	报告规划的时间安排、资金支持和税收估值	提供支持或反对项目资助的论据	提供发展质量的公开记录
公私合伙企业	指出可能通过的方案及地点	支持合作伙伴的利益	提供可能影响合作的资本项目信息	提供有关交通运输能力和需求关系的信息	记录对地区开发和设计大纲的公开投入
地方政府	为条例实施提供支持	支持社区生活质量的愿景	提供有关资本项目信息	提供与未来项目相比,交通运输能力和需求关系的信息	记录地区开发和设计准则的公开投入
特区和政府	指出需求地点和土地利用属性	指出增长的愿景	提供有关资本项目的信息	提供有关交通运输能力和需求关系的信息;其他方案的投入	提供发展质量公开记录
大都市规划组织	为长期交通规划提供资源	指出增长的愿景	证明交通改造方案符合联邦授权要求	遵守联邦资助授权要求,并为授权的交通改造方案提供基础	提供发展质量公开记录

厄巴纳—香槟市（Champaign-Urbana）重叠规划

伊利诺伊州的厄巴纳—香槟市（Champaign-Urbana）与美国其他大都市一样，有众多政府、半官方机构：如相互毗邻的双子城——香槟市（Champaign）和厄巴纳市（Urbana）；香槟县（Champaign County）；厄巴纳—香槟（Champaign-Urbana）城区交通研究所（负责交通规划的城市规划机构）；厄巴纳—香槟公共卫生区和其他特区。此外，伊利诺伊大学厄巴纳—香槟分校（UIUC）坐落于厄巴纳市和香槟市之间。城区内还有许多民营公司、非营利性组织和公民团体。

厄巴纳市（Urbana）和香槟市（Champaign）努力获取税收并防止应税土地被大学征用，争取州际交通枢纽的区位优势，保护活跃公民团体所在社区。州际城市发展项目若对其中一个城市或伊利诺伊大学（UIUC）有利，很可能会对另一个城市发展不利，那么这个城市的社区团体就可能会反对这个项目。虽然厄巴纳市政府和香槟市政府之间会进行交流并针对一些问题制定协议，但是两市政府各自决策，制定规划或联盟规划（一些联盟只包括其中一市）。

2007年4月伊利诺伊州130号跨路连廊规划由厄巴纳市（Urbana）、伊利诺伊交通部（the Illinois Department of Transportation）、香槟县公路部门（the Champaign County Highway Department）、厄巴纳镇（Urbana Township）、索梅尔镇（Somer Township）和伊利诺伊大学厄巴纳—香槟分校（UIUC）共同制定。规划中的提案都是有关区域和廊道规划的典型提案（见表5–3中最后一栏）。规划项目包括拓宽桥梁、增加车道和交通信号灯等。该规划还明确列出了负责部门，如厄巴纳市（Urbana）负责十字路口的改善和多功能道路建设。不论是参与制定规划的部门，还是表5–3中列举的公私机构，都会将规划作为其决策的参考要素。例如零售商正在廊道内部和周围开发商铺，期待并证明着规划中所提到的资本改良。

不论是参与制定规划的部门，还是其他公私机构，都将规划作为其决策的参考要素。

还有一些规划与伊利诺伊州130号跨路连廊规划在空间上相互重叠、功能上相互作用，内容上各有不同。由大都市规划组织授权执行的2004年长期交通规划把该跨路连廊作为城市环线公路的连接点，但是厄巴纳市（Urbana）和伊利诺伊大学厄巴纳—香槟分校（UIUC）都不支持城市环路的建设提案。2005年厄巴纳综合规划为州际新公路枢纽选址（共3个选项）提供标准，但130号公路并不在选项之内。该方案把连廊北部地区规划为农村居民区，这与建设环路的想法是矛盾的。在连廊方案公布六个月前，厄巴纳—

香槟卫生区对本区制定的方案进行细节研讨时发现，它们的下水管道服务可以延伸到连廊以东，比原计划多了四分之一英里（402米）。连廊方案中的项目没有要求在130号公路建造公路枢纽，也未对环路建设提供充足的支持，但也没有排除建设上述工程的可能性。

香槟市（Champaign）在西南角（双子城另一侧）建设了一个新交通枢纽。2007年4月，也就是连廊规划公布的同一个月，香槟市（Champaign）也公布了一个新交通枢纽区域商业发展草案，致力于打造继城市北缘之后又一零售业聚集区。在同一周，县域愿景规划最终报告认为该区域应优先采用边缘发展模式，并建立行动联盟。香槟市提出的这一区域商业发展规划草案与厄巴纳市发展规划、私营部门开发商和厄巴纳市（Urbana）东部伊利诺伊130号公路连廊的交通项目投资部门均存在着利益竞争关系。香槟市（Champaign）规划带来的潜在竞争无疑会影响各类机构关于厄巴纳东部分区和州际公路的决策。

芝加哥的各种规划

在大都市中，很多规划在时间上、空间上多有重合。各个机构综合考虑这些规划，做出自身决策，最终影响并形成整个城市的发展模式。自2000年以来，芝加哥大都市有三个区域规划：芝加哥商业俱乐部制定的"大都市2020"、伊利诺伊州东北部规划委员会制定的"共同立场"和芝加哥区域交通研究所（CATS）制定的"共享之路2030"。芝加哥区域交通研究所指出其他两个规划都服务于规划制定机构自身的利益，而"共享之路2030"与它们在这点上有所不同。芝加哥区域交通研究所制定的规划还提及了其他为芝加哥区域发展提供借鉴的方案和提供建议的组织机构。

一些原则

地方政府领导必须决定做出何种类型的规划，同时也要利用现有的规划。以下是一些需要遵守的原则：

- 制定新规划前，利用其他规划中的已知信息，仔细思考如何使新规划包含有价值的新信息。
- 列出预期中自己或其他机构使用该规划的情境。
- 辨认出在这些情境下真实有用的信息。
- 宣传如何实践所制定的规划并解释该规划如何与社区内其他规划相辅相成。

注　释

1. 吉恩·邦内尔（Gene Bunnel），《真实案例：规划让城市更美好》（*Making Places Special*：*Stories of Real Places Made Better by Planning*），芝加哥：美国规划协会出版社，2002。

2. 刘易斯·D.霍普金斯（Lewis D. Hopkins）、玛丽莎·A.萨帕塔（Marisa A. Zapata），《把握未来：预测、愿景、规划和项目》（*Engaging the Future*：*Forecasts*，*Scenarios*，*Plans*，*and Projects*），剑桥，马萨诸塞州：林肯学院，2007。

规 划 流 程

弗雷德里克·C.科力尼翁（Frederick C. Collignon）

所有规划流程都有一些共同的任务：

● 定义要达到的目标或确定必须解决的问题：这一个任务可以通过一些公众参与机制来实现，包括远景规划、调查和听证等。

● 收集足够的信息，评估有利于实现目标或者解决问题的备选方案，方案可能在最开始就能很容易被确认，但创新性的工作对创造更多可能性是必需的。

● 制定统一的评估标准，以便客观评估各个方案；制定决策指导方针，以便决策者做出权衡与取舍。在社区规划中，统一标准是一件困难的事情。因为社区问题的利益相关者众多，每个人都有自己的想法，这都需要去平衡。

● 收集大量的信息去评估每一个方案，参考制定的标准和指导方针选择最佳实施方案。一旦确定好规划过程中最好的实施方案，往往需要说服决策者服从公众的利益，采纳该方案。

● 最后，执行最终确定的方案。理想情况下，参与者在规划过程中会考虑不同方案的优缺点；事实上，可行性和易操作性一般被认为是用于方案评估的重要标准。

但规划流程并没有就此止步。规划一旦开始执行，对其成果进行评估的程序也随即启动。评估过程中，利益相关者将有机会发表意见。评估后，规划可能会重新开始，抑或改进方法，抑或解决新的目标和问题。规划是迭代的，持续的过程。

这些步骤是通用的：它们适用于任何政府机构，企业或非营利性组织。在社区规划的步骤中还包含了政治过程，即市长、地方政府、政府官员、地方委员会和公民团体一起商议规划的目标与愿景。广泛的公共参与和评论该政治过程中一个重要的组成部分。虽然公众参与是至关重要的，但是也带来许多的挑战，规划者必须做到以下几点：（1）确保公众了解决策的相互关联性；（2）力争在合理时间内达成协议；（3）预计实施过程中可能出现的问题；（4）帮助创建"规划的文化"。

相互关联性

规划者往往用相互关联性来形容综合规划，这是因为规划会涉及社区生活相互关联的方方面面。当展示信息或方案时，规划者必须强调业主、企业、政府以及其他机构决策与行动的互联性。例如，土地使用决策、建筑施工和房地产投资显然会影响交通、住房成本、公共服务的成本与质量、当地劳动力供给等诸多社区相关的方面。甚至个人的决策，包括我们如何出行、如何购物和如何使用我们的闲暇时间等，也会对社区的各方面产生影响。

限制条件和结果

在信息采集和方案评估完成后，限制条件与预测结果也必须明确化。未能预测和充分解决限制条件可能会延长实现目标的时间。特定项目的支持者和反对者往往缺乏权衡限制条件的知识背景与客观性。但是，规划的专业知识和技能在对限制条件的分析中非常重要。规划者必须解决诸如以下问题：规划是否可行？是否合法？能否负担得起？什么是真正的成本和可能的结果？规划的实施会如何影响地方政府的财政状况？

巩固协议，并在合理的时间内完成。

在不同利益相关者之间达成协议是困难的；在合理的时间内寻求协议的达成更是如此。要想按时执行规划措施，参与和协商一致都必不可少。各方对于方案达成的共识越广泛，协调工作就越容易，预想结果的实现也就越有可能。如果这一过程耗时过长，市民可能会失去热情和兴趣，并停止参与。

尽管规划者努力推动，但是，许多因素可能会延迟协议。持反对意见的团体可能通过诉讼或其他政治手段来推迟方案实施。即使政府中很多人已参与了该方案，也有可能因政府负责人的变化或者遇到选举季而让规划流产或发生变化。

如果方案是公平而包容的，那么即使是对其中的部分内容有

规划制定的过程与方式会影响公众对最终方案与决策合法性的认识。

不同意见的人最终也可能支持方案，以何种方式进行规划通常会影响公众对方案合理性的看法。

组建管理机构通常涉及需要通过政治手段推选代表，为了让规划顺利开展，明智的做法是在规划早期就让代表们参与。规划人员可以通过预测冲突和不同的意见获得帮助。规划者在政治流程中担任着重要的角色，他们为方案评估建立支撑机制，提供折中建议，并让公众决策者相信规划者所推荐的方案最符合社区的利益。

预期实施

只有规划最终得到执行，规划的过程才能算圆满。然而，公民和企业很少了解方案在政府内部是如何实施的。规划者与其等规划完成再考虑如何实施，不如事先与其他当地政府的工作人员咨询，获得有关限制条件、成本和可能影响实施的因素等相关反馈，然后将这些信息纳入方案选择的考虑因素之内。

总体实施方案应包括那些能够迅速到位且立竿见影的措施。如果民众感觉实施没有显著的进展，他们就不太可能参与未来的规划过程。

创建规划的文化

地方规划机构的存在有利于发展"规划的文化"。在大多数社区，这些机构大多为规划委员会、区划委员会或一个规划部门，它们有权执行规划以支持管理机构的决策。官方规划机构在规划评审和评估方面可以得到多方的帮助，如公民委员会、策划咨询公司和大学等。不同的利益团体同样是规划文化的一个重要组成部分，他们专注于特定的问题如耕地保护、环境保护、无家可归者、老人或残疾人的利益。非官方组织在规划中也有其一席之地，公共规划者需要与他们保持良好的合作关系。

一个有效的和持续的规划流程可以帮助社区解决问题、适应变化，并实现预期的规划设想。同时，它还教育民众了解自己的社区和社区的需要，推选公民领袖以及提升他们有效应对未来问题的能力。

公 众 参 与

芭芭拉・法加(Barbara Faga)

每晚,在全国各地的公共建筑里都上演着类似的场景——人们聚集在礼堂、教堂地下室里为城市的未来规划蓝图。规划师、开发商、设计师和当选的官员们展示出他们的规划和想法,然后请当地的居民来参与讨论。每个来到这个集会的人都有自己的视角。社区居民的回答往往基于他们从媒体、邻居、朋友和其他途径听到、看到的东西。每个参与者都会想象这个规划将如何改变他们的生活,然后权衡利弊,做出相应的反馈。

每个项目都有可能继续发展或是被延迟,这取决于这些会议的结果。有些项目甚至有可能就此被取消。尽管风险很高,但现在无论是公共还是私人的开发项目,公议权都被认为是规划中赋予公众最基本的权利之一。当选的官员和政府规划师也逐渐开始重视公民对公共规划程序的理解支持与义务担当。达成各方共识是一个漫长、复杂并且常常需要克服重重困难的过程。那些在达成共识方面有丰富经验的专家们,也从公众和私人客户那里获得了新的尊重。

公众讨论过去并非是规划中重要的一部分。1930年至1950年间,大师级的建筑师们,如纽约的罗伯特・摩西(Robert Moses),设想了宏伟的规划并在没有充分辩论和讨论的情况下就实施了这些规划。这些规划中的很多项目都是极具破坏性的,常常为了修高速路、建设基础设施和开发新项目而让居民和街区搬迁。在这些规划决策中,社区和公众并没有发言权,那些尝试了要提出意见的人也很快就会被压制。

> 无论是公共还是私人的开发项目,公议权都被认为是规划中赋予公众最基本的权利之一。

但是时代在变化。公民们现在期望并要求在影响他们邻里与生活的规划中有所担当。有些专家到现在还是认为让集体参与到重要的规划决策中会使这些规划变得雷同,并且会消耗掉太多的时间和开支。但事实是,公众有权知晓并参与讨论任何最终会影响到他们生活的规划。规划者也会从中受益,因为了解并支持他们规划的社区成员会拥护这些项目,并赞同这些周密的规划。

参与条款

如今，公众身处于媒体信息与娱乐信息的持续冲击之中。他们可以通过YouTube和CNN在第一时间向总统候选人提问，还可以通过反面的视频片段来反对一些公众人物。他们通过网站、邮件和聊天室来阅读博客、接收新闻报道和网络信息。公开会议政策（在很多州又叫阳光法案）、信息自由法以及网络这三者的结合，保障了公众和媒体在任何时候都能随时获得任何信息。这些新兴的、高级的互动交流方式随着时间的推移会变得更加常见而复杂。

现在任何与公众有关的规划都以某种方式包含了公众参与，公众所发挥的作用呈现出不断增长的趋势。2002年世贸大厦遗址（Ground Zero）的设计是公众参与历史的一个转折点。5 000人相聚雅各伯·贾维茨（Jacob Javits）会议中心，按动电子选举器的按钮，表达他们对于新世界贸易中心和纪念堂规划的心声。虽然社区参与历来被认为是昂贵、费时间、不一定有价值的，但世贸大厦遗址（Ground Zero）的案例证明了公民的心声可以多么有力。

社区可以参与规划并成为规划者非常重要的同盟（图5-5），主要基于以下几点原因：

图5-5　华盛顿特区规划办公室的克汤·戈得（Ketan Gada）与社区组织者杰西卡·洛克（Jessica Rucker）交谈
资料来源：凯文·查普尔（Kevin Chapple）

● 知识。有时公众比规划者或设计顾问更了解如何使一个项目运作成功。社区成员在得到信息后可以设想空间、地点、街道和场所将会如何运作，并提出项目改进意见。

● 透明性。关键词是信任：如果社区成员信任项目及相关的规划师，他们将会一直跟进这个项目，直到制定出可行的方案。

● 支持者。当选的官员只在他们的任期内有影响力，而公众可以在整个项目期间都发挥作用，并监督这些项目执行。

● 费用。通过大规模的公众参与过程达成共识，可以避免诉讼以及相关的延误、律师费用以及其他常见的挫折。

规划过程中的创新性沟通策略

公众洽谈会通常召集具有不同人口统计特征的市民团体对规划、预算和政策问题进行长达一天的讨论。"America Speaks 21世纪镇民大会"就是这种讨论的一个例子，它将大规模团队投票方法和亲密的、面对面的讨论相结合。讨论结果作为当地和区域行动的蓝图，对参与者、决策者以及媒体公开（见下表）。

反思公众会议：超越传统实践

传统实践	最新范例
聚焦演讲者	聚焦参与者
专家传递信息	专家回答参与者的问题
居民提出个人想法与担忧	居民听取大家的想法与忧虑，制定问题相对的优先次序
居民提供一些道听途说的证据	参与者掌握的背景资料相同
参与者往往都是可能预料到的积极分子（非常活跃并努力提出某些问题的居民与其他利益相关者）	参与者往往从不同人群中选出，会有专门的精力放在联络未被代表的、平时不活跃的群体
没有对于问题的分组讨论	参与者参加小组讨论
参与者提供的证词在会议总结里概述	实时讨论和投票以反映参与者一致的心声
在会议的几周后报告结果	每天结束时报告结果

"America Speaks" 案例

America Speaks实行了一套严谨的社区参与程序，其中包含7项准则：

1.教育参与者。给居民提供渠道，让他们获取相关问题的信息和选择权，从而产生更有见地的观点。

2.中立地构架问题。以特别的方式呈现政策问题，使公众想决策者之所想，共同克服当下面对的决策难题。

3.保证多样性。保证参与群体具有代表性，能够反映整个被影响社区的人口特征。

4.获得决策者支持。得到决策者参与规划程序的承诺并将此运用于政策制定中。

5.支持高质量审议。组织讨论会，确保所有声音都被听到。

6.确认公众共识。确保正式的交流中明确强调公众一致认同的优先事项。

7.保持参与度。支持现行的公众参与，包括监控、反馈和评价。

新奥尔良案例

细心、成熟的宣传和招募工作可使参与者在人口统计学特征上具有代表性。新奥尔良案例就证明了公众参与在这一关键性因素的难度和重要性。如果这一过程与当地领导人的合法性有关，那么新奥尔良公众参与的组织者必须确保参与者的人口统计特征与卡特里娜飓风之前（pre-Katrina）该地区的人口结构相匹配，并且必须包含一定数量在飓风后撤离到亚特兰大（Atlanta）、巴吞鲁日（Baton Rouge）、达拉斯（Dallas）、休斯敦（Houston）、孟菲斯（Memphis）这5个地方的社区居民。上述5个地区相距较远，仅靠卫星电视联系，但能确保卡特里娜飓风之前居住在该地区的人们选出的代表参与规划过程。这对该复兴战略至关重要，关系到能否吸引这些前居民回到这个与其利益相关的城市。

新奥尔良召开的第一次社区代表大会应用了传统的宣传策略，更多地依赖主流媒体，其结果是没能产生一个具有代表性的公众参与团体。第二次、第三次的努力，即第二次、第三次代表大会，则运用了更充沛的、资源密集、多层次沟通战略。尽管部分当地经验丰富的规划者、城市官员和公民还有相当大的怀疑，但第二次、第三次代表大会的参会者已与人口统计学意义上的目标非常接近了。

三种有效的宣传方式

确保具有人口统计代表性的成功策略，有赖于三种形式的宣传：大众传媒、网络以及人与人的接触。

大众传媒：利用主流媒体，如广播、印刷、电视（如有可能的话），以确保渗透入广泛的公共市场。

网络：识别现有社区团体的网络并在此基础上展开工作，以确保每个选区都能够全面参与进来。

人与人的接触：在重要的地理区域内，派出招募的志愿者，使之接触到那些难以接触到的人群。

成功的一个关键就是将参与者登记数据与宣传工作联系起来：如果宣传人员每天都能得到当天登记人数的报告，协调员就可迅速调整他们的工作，在上述三个层面上，特别是人对人层面，确保去接触那些符合人口统计学与地理学特征的人群，使得在公开会议召开时，各选区的代表人数符合整体的人口统计特征。

让市民发出声音

当决策影响市民生活质量和生活场所时，市民希望能表达自己的意见。与传统智慧不同的是，当其条件得到满足时，就是一些难以接近的团体也会出现在公共会议中。比如，当使用了某个有效的宣传战略、某项交通规划布置在合适的位置、决策者来到现场、有人帮助照顾儿童，或是通过可信渠道被邀请参与等。

当规划人员在决策过程中听取了所有的声音，决策的民主成分就得到了增强。

公众参与的六项基本要素

- 透明度。确保每个人都能获取所有的信息。
- 倾听。了解大众的想法；提出问题。
- 基本原则。确立会议开展的流程；公布基本规则。
- 解决方案。提出使社区得到提升的项目方案，解释社区利益如何推动项目发展。争取非营利组织和其他利益相关者作为支持者。
- 图表。提供易于让社区居民理解的规划图示。假如公众中90%不能读懂规划，那么可用项目图表和照片来解读设计方案。
- 闭合。每次会议，无论规模的大小，都要确保公众最终能够达成一些共识。在会议总结时重申共识，并在下一次会议开始时再次声明。周而复始，不断前进。

透明度

任何公平的公众参与过程都离不开透明性这一要素。一个透明的公众参与过程是：
- 开放和诚实的。
- 没有秘密会议或私人利益承诺。
- 向新闻界和记者开放。
- 包括民选官员的积极参与。
- 向公众如实描述。

- 向公众提供所有资料。

- 由一个公认的和公正的社区领袖所领导。

- 基于一个信念，即能够产生共识。

亚特兰大的两个案例

与公众参与相关的问题很广泛，小到对下一街区的某个角落进行重新规划，大到重新规划设计城市。亚特兰大的两个主要项目说明了在公共参与过程中思想的转变，以及这种转变如何使规划受益。

自由公园 1994

作为亚特兰大的一条新高速公路，1—495线是20世纪60年代后期提出的，但很快变成佐治亚州最出名的诉讼项目。20世纪70年代初，为了修建这条新路，佐治亚州交通部（GDOT）着手拆除破旧的、中产阶级化的内城街区，其中很多是维多利亚时代手工艺风格的建筑。但佐治亚州交通部（GDOT）未能考虑这些社区的新居民：他们中许多都是年轻律师，或是其他专业人士，都不希望整修好的房子毗邻一条高速公路。居民们组织了市民团体CAUTION（市民反对在老城街区进行不必要的彻底改造）来反对佐治亚州交通部（GDOT）。在长达20多年的过程中，他们成功地阻止了佐治亚州交通部（GDOT）每一次建设这条公路的行动。1982年，卡特总统及夫人来为卡特中心揭幕时，还是走的两条高速路的立体交叉口。直到1995年，卡特中心仍是葛藤覆盖地区（kudzu-covered）唯一实施的项目。

到了20世纪90年代初，眼看着1996年夏季奥运会就要来临，无奈之下，亚特兰大市、佐治亚州交通部（GDOT）和卡特中心再次试图联络市民组织CAUTION进行协商。多年来，他们已提出了许多想法和规划，但是居民们仍坚持他们的立场：因为不能修路所以不能发展。与此同时，佐治亚州交通部还承担着当时被称为"总统大道"的建设。就在莱昂以太网专用局域网（Leon Eplan）之后，城市规划主任用了几周的时间来调解，由一名法官与佐治亚州交通部、CAUTION的成员达成了协议。被称为"自由之路"的新道路，以分离的绿化道路的形式连接市中心、马丁·路德金中心、国家历史遗址以及卡特中心。其间保留的开敞空间，遵照弗雷德里克·劳·奥姆斯特德（Frederick Law Olmsted）的设计原则，建设成207英亩的区域性公园，周边安置那些被拆迁了的房屋。

公众得到了他们的权利。自由公园成为目前该地区使用率非常高的公园，也成为包括英曼公园（Inman Park）、人工高地（Poncey Highland）、烛光公园（Candler Park）、第四老年病区（Old Fourth Ward）等在内的若干个城内街区复苏中非常成功的案例。可以说，25年的僵持不下所带来的痛苦和成本，本可以通过早些建立周全的共识来避免的。这一故事是一个反面案例，足以说明适时开展公众参与多么重要。

2005亚特兰大环线（Atlanta BeltLine 2005）

瑞安·格拉韦尔（Ryan Gravel）是佐治亚理工学院设计专业的一名年轻学生，他在硕士论文中提出了亚特兰大的环线这一设想。亚特兰大市议会主席凯西·伍拉德支持环线的设想并将其提上议程。2004年，雪丽·富兰克林（Shirley Franklin）委托相关部门做了可行性研究，要将环绕亚特兰大市中心长27英里基本已呈废弃状态的铁路沿线用地，重建成一个居住与商业空间混合使用的地区。这一现今被称为"亚特兰大环线"的项目，把道路、公园、城市地区的运输线组织在一起，建成后城市将经历30年来第一次居民的涌入（图5-6）。税收分配区或TAD（在大多数国家被称为税收增量融资区，或简称TIF），被认定为环线项目的最佳融资机制。

要批准TAD，需获得三大民选机构的支持——亚特兰大市议会（Atlanta City Council）、富尔顿县委员会（the Fulton County Commission）、亚特兰大公立学校董事会。在环线项目合作伙伴、私人董事会、亚特兰大发展局以及公共合作伙伴的共同指导下，正式的公众参与于2005年5月启动，向社区介绍环线项目，以求获得共识。

美国易道国际设计公司（EDAW）和城市学院这两大顾问机构提出了重建规划，媒体和公共关系顾问负责公众的需求信息。为吸引新企业和居民，并为其让渡空间，重建规划提出要提供2万个市场化的住宅单元、5 600套廉价住宅、零售用地、占地1 200英亩的公园、33英里的自行车道与步行道、办公空间、轻工业以及22英里长的交通轨道。该规划的主要目标是保护沿环线区域现有的街区、历史建筑及场所。

地方及国家的非营利机构也为设计及公众参与出力。公共土地信托基金提供了由著名规划师和城市专家亚历山大·加文（Alexander Garvin）指导的详细研究。

最终结果公布：《环形的翡翠项链：亚特兰大的新公共王国》，说明了发展21世纪第一大公园的发展潜力，以及混合的城市用地与邻近社区相联结的潜力。亚特兰大公园、休闲文化事务部、亚特兰大骑行公园以及其他几个公园保护机构也表明他们支持这一规划，要让亚特兰大变成一个遍布公园和绿道的城市。

但是，正如预想的一样，新公园和绿道对社区很有吸引力，结果又重新回到对交通

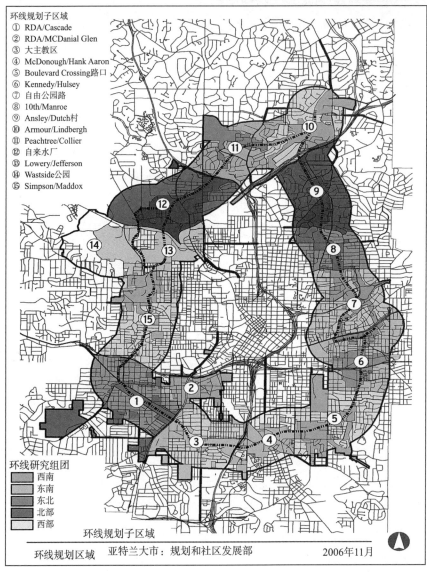

环线规划子区域
① RDA/Cascade
② RDA/MCDanial Glen
③ 大主教区
④ McDonough/Hank Aaron
⑤ Boulevard Crossing路口
⑥ Kennedy/Hulsey
⑦ 自由公园路
⑧ 10th/Manroe
⑨ Ansley/Dutch村
⑩ Armour/Lindbergh
⑪ Peachtree/Collier
⑫ 自来水厂
⑬ Lowery/Jefferson
⑭ Wastside公园
⑮ Simpson/Maddox

环线研究组团
西南
东南
东北
北部
西部
环线规划子区域

环线规划区域　亚特兰大市：规划和社区发展部　　　　2006年11月

图5-6　为确保社区采纳这些体现在亚特兰大环线计划中的建议，为所有受到影响的市政管辖区、街区
规划单元和居住区的市民举办了众多的公众会议、开放接待日、讨论组、公众论坛、教育研讨会

和密度问题的关注。在一个耗资35亿美元、预计30年才能建成的总体规划背景下，要想教育社区居民认识到增加密度的益处，要想以通行时间和交通的改善来安抚居民，这的确是很困难的。

全城召开了许多公众会议，以对规划中所提出的建议达成共识。因为环线将对全城进行梳理，因此需要8个不同的市政局辖区、24个街区规划单位和45个居住区达成共识。在讨论阶段，环线合作方制作了一个长达11分钟的视频在每一个场馆播放，显示富兰克林市长、社区领袖和居民开会讨论环线项目会给这个城市带来的变化。视频很好展示了环线项目的基本理念和愿景。社区团体可拿到视频电脑光盘，在他们的会议上播放。

市长和议会努力让这一决策过程透明：提供了一个不断更新的网址，让亚特兰大居民能获得所有与商议过程有关的信息，包括会议日程、时间、参会人员名单；视频资料、地图、重建计划和土地使用规划，财政预测、交通规划、评论、新闻报道等。亚特兰大发展局的开放接待日以及公众论坛、讨论组、教育研讨会等，都定期向所有感兴趣的市民发放信息。在7个月时间内召开了多达150个会议和论坛。到2005年11月，亚特兰大市议会（Atlanta City Council）、富尔顿县委员会（the Fulton County Commission）、亚特兰大公立学校董事会通过了分配税收区（TAD）。环线项目终于可以变成现实了，而且这一现实包括一个46位成员在内的社区顾问委员会、许多公众会议和无数的其他公共程序。

2008年3月，作为补充，佐治亚州高法规定：没有选民的认可，学校董事会不能征税。由此影响到目前效力于佐治亚州的25个分配税收区（TADS）。2008年11月将举行公开的公民投票，决定校董事会收入是否用于资助分配税收区（TADS）。毫无疑问，在公投前还会有很多公开会议来讨论分配税收区（TADS）的优劣。与此同时，环线规划仍在继续，市、县税收收入和债券将在2008年春季发行。

奥马哈的城市设计

乔纳森·巴尼特（Jonathan Barnett）

像其他城市一样，奥马哈市的总体规划由众多独立的专项组成，如交通、公共设施和土地利用等。每一专项规划完成后，都必须通过规划委员会和市议会的汇编、修订和批准。在审核拟建房屋时，规划人员将总体规划的文本，特别是土地利用专项，作为官方发展条例（Official Development Regulations）的补充参考。然而，奥马哈市面对一个沃尔玛建筑项目提案时遇到了难题。在这个建筑方案里，一个长长的密封外墙被建在了在一个巨大的护墙上。建筑师在公众听证会上被质问道，为什么相比最近在科罗拉多州的柯林斯堡建成的沃尔玛，这里的建筑显得更为廉价和粗陋。建筑师答道，"柯林斯堡有设计指南，但奥马哈没有。"这个建筑方案是符合区划的要求的，而总体规划的相关说明又太过笼统，并不能迫使这一项目改变设计方案，所以奥马哈市必须批准这个方案。

这一事件让奥马哈的领导人认识到，房地产业正日益成为一个全国性的问题：尽管当地开发商可能会在总体规划的目标共识下操作，但是，当负责人在高尔夫球场会面完或开始讨论其他项目而再不会碰面的时候，这些情况下奥马哈市的质量控制机制还是不够清晰的。市长、规划局长、商界领袖和社区活动人士一致决定，奥马哈需要制定能够提升整个城市的设计标准的设计指南。

毫无疑问，发展条例（Development Regulations）必须修订——但首先，社区必须决定它想要什么。规划局长指出，实际上城市宪章（the City Charter）需要一个城市设计专项（Urban Design Element）作为总体规划的一部分，但之前没有任何一个总体规划含有城市设计专项；一旦被城市设计被采用，就应该被作为区划（Zoning）和其他细分条例的修订基础。当地商界领袖和基金会为总体城市设计研究募集了资金。2003年，我和我的公司（华莱士·罗伯茨以及托德（Wallace Roberts & Todd）有限责任合作公司（LLC）），连同罗宾逊与科尔的律师事务所（Robinson & Cole）——一个在土地使用监管方面业绩强大的法律公司——受雇为此项研究做准备。这个项目由奥马哈社区基金会（Omaha Community Foundation）管理，并起名为"设计奥马哈（Omaha by Design）"（而不是"默认奥马哈（Omaha by Default）"，当时的规划局长罗伯特·彼得斯（Robert Peters）说）。2004年12月，奥马哈市议会一致通过城市总体规划的城市设计专项；2007年8月，需要落实的总体发展条例（Comprehensive Development Regulations）也由市议会一致通过。

"设计奥马哈"的咨询委员会成员包括社团领导、开发商、市政官员和设计专家。顾问与委员会定期会面，并通常在与咨询委员会会议之后举行公众会议。《奥马哈世界先驱报》报道，每一次公众会议的公共参与结果都很好。每一场公众会议上，与会者都会得到三张牌：红牌、黄牌和绿牌，分别代表着"停止""谨慎""继续"。决策时，与会者举起牌子表示他们对某一想法的态度——这种方法可以立即显示参与者支持什么，也可防止一些特殊议程中的少数人垄断讨论。

顾问们将议题分成三类：绿色、市政、和邻里，分别对应城市设计的三个主要选题。每个类别下要讨论的问题都超越了"管理（Regulation）"范畴，既涵盖公共投资，也包括来自慈善机构的潜在的资金支持。

奥马哈——绿色专题

城市设计专项的"绿色"部分包括七组，每组由战略目标、分目标和政策构成，其中许多都需要资金投入。

- 安全的泄洪道和河漫滩组成的全市公园系统。这里的目标就是处理奥马哈独特的地形——众多溪流峡谷沿群山蜿蜒而行。溪流本可以做成连接临近房屋的滨水休闲区，多年来被误用为排水沟渠。实现溪流的设计潜能需要改善景观和提高水位，这样既能促进泄洪道之间的连接，又能在临近的河漫滩上提供公园和开放空间（这种方法类似于19世纪90年代堪萨斯城重新设计布许河道（Brush Creek）时所用的方法）。

- 完整的路径系统。奥马哈已经有一个宽广的路径网络，许多路径均沿着溪流分布。完善这一系统成了一个广受欢迎的目标，并在政策上得到了年度道路资金专项支持。

- 城市边缘景观的保护。保护内布拉斯加州的大平原上的农田和保护人口众多的宾夕法尼亚州东部的农田不可同日而语。然而随着城市的扩张，奥马哈把城市边缘的用地优先权给了公园用地，以更好地服务城市新兴社区；并制定了特殊的规定来保护一些独特的林地和草原地区。

- 高速公路边缘的美化。奥马哈有1 800英亩的土地分布在高速公路边缘，其中大部分只是进行了最低限度的景观美化。一个相对较少的投资——可能来自个人或基金会——可以改变从高速公路视角上审视的城市外观——尽管是顾问而非奥马哈的市民团体对这一改变更加感兴趣。

- 绿色的街道。奥马哈的细分条例对于低密度住宅区并没有景观要求，沿国家干线公路种植的树木一直停留在最低水平。良好的环境使较老的社区具有一种独特的魅力，而较新的城区由于缺乏绿色的环境，则失去了这种魅力。改变分区规划要点和街景设计指南以指导行道树的选择与布置，会有助于提升奥马哈新城区的绿化水平。

- 绿色的停车场。在许多地区，停车场是主要的设计专项。把停车场的环境美化要求添加到分区规划要点中将改善许多区域的局部微气候和城市形象。

- 树立奥马哈的绿色形象。前六项政策如果能够被一贯地执行下去，奥马哈将会变成一个绿色城市。创建一个由市政专员组成的特别委员会以监督和协调这些政策，是一个能够确保政策相辅相成的有效手段（图5-7）。

图5-7 这些"之前"和"之后"的插图对比展示了奥马哈溪流边现有小路的景观美化效果图，包括建设大坝以提高水位

资料来源：华莱士·罗伯茨和托德有限责任合作公司（Wallace Roberts & Todd, LLC）

奥马哈——市政专题

第二部分的城市设计专项——"奥马哈市政专题"，包括九组战略目标、分目标和政策。

● 划定重要的市民活动区域。最需要城市设计关注的区域是那些最多人工作、购物、娱乐等城市生活空间。过去这些场所只分布在市区，但在现代大都市区，如奥马哈市，市区的一些场所功能则沿着走廊地带从传统的市中心向外扩展。

● 保护和打造特色市民活动场所。重要的市民活动区域包括这些位置——公共活动区域——需要特定的设计指南。图5-8显示了这一区域的设计指南。

● 街道景观。路灯、交通信号灯、车辆和停车标志都是城市生活中必不可少的，然

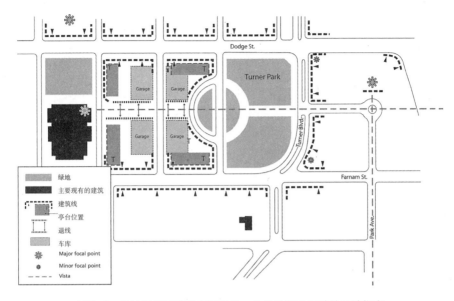

图5-8 此地图显示的是奥马哈的一个公共活动区域的设计指南
资料来源：华莱士·罗伯茨和托德有限责任合作公司（Wallace Roberts & Todd, LLC）

而，它们共同组成了一种视觉"噪声"（visual "noise"）。尽管人们通常忽视这种"噪声"，但潜意识里感知城市的方式的确深受街景设计的影响。"奥马哈设计"准备了街景设计手册，指导政府机构选择和安置路灯、交通信号灯和其他街景元素。

● 主要的商业带和其交汇处。如何处理那些并不在重要的市民活动廊道上、但仍需被重视的商业带，可能是任何城市的城市设计面临的最大难题。大型商业建筑（比如"箱式"的超市建筑（big-box stores））设计指南就可以应用在这些区域。

● 步行导向的多功能中心。以前，城市零售业发展的评判依据主要基于城市总体规划中的相关准则。新的分区规划条例则将这些准则正式化，要求功能上的混合性、建人行道以提高建筑之间的可达性，并强调与周边开发住宅的步行联系（图5-9）。

● 建筑保护。考虑到可持续性和连续性，城市设计专项认识到不仅仅应该保护那些历史街区中的建筑，也应该保护那些新兴的高水平建筑。

● 点亮重要建筑。奥马哈的许多非常重要的建筑在晚上是被照亮的。灯光是提升城市形象的好办法，但需采用LED（light-emitting diodes，发光二极管）和其他创新的装置以节省电能。

● 公共艺术。奥马哈采用了一种行政标准，依标准任何公共建筑施工预算的1%必须用于艺术品。

● 公共设计的总体质量。奥马哈市建立了一个设计审查委员会来审查所有政府基金

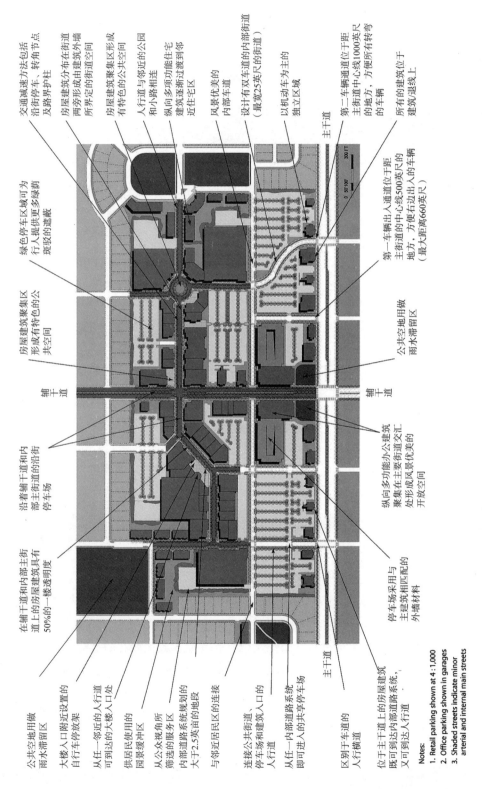

交通减速方法包括沿街停车、转角节点及路界护柱

房屋建筑分布在街道两旁形成由建筑外墙所界定的街道空间

房屋建筑聚集区成有特色的公共空间

人行道与邻近的公园和小路相连

纵向多功能住宅建筑逐渐过渡到邻近住宅区

风景优美的内部街道

设计有双车道的内部街道（最宽25英尺街道）

以机动车为主的独立区域

主干道

第二车辆通道位于干距主街道中心线1000英尺的地方，方便转弯的车辆

第一车辆出入通道位于主街道中心线500英尺的地方，方便右边出入的车辆（最大距离660英尺）

所有的建筑位于建筑退线上

绿色停车区域可为行人提供更多绿荫斑驳的遮蔽

房屋建筑聚集区形成有特色的公共空间

公共空地用做雨水滞留区

辅干道

辅干道

沿着辅干道和内部主街道的沿街停车场

在辅干道和内部主街道上的房屋建筑具有50%的一楼透明度

纵向多功能办公建筑聚集在主要街道交汇处形成风景优美的开放空间

停车场采用与主建筑相匹配的外墙材料

公共空地用做雨水滞留区

大楼入口附近设置的自行车停放架

从任一邻近的人行道可到达的大楼入口处

供居民使用的园景缓冲区

从公众视角筛选的服务区

内部道路系统规划的大于2.5英亩的地段

与邻近居民区的连接

连接公共街道、停车场和建筑入口的人行道

从任一内部道路即可进入其停车场又可到达入口道

区别于干道的人行横道

主干道

位于主干道上的房屋建筑既可到达内部道路系统，又可到达入口道

Notes:
1. Retail parking shown at 4:1,000
2. Office parking shown in garages
3. Shaded streets indicate minor arterial and internal main streets

0 50'100'　　　　300 FT

图5-9　阐释了奥马哈多功能中心的分区指南

资料来源：华莱士·罗伯茨和托德有限责任合作公司（Wallace Roberts & Todd, LLC）

资助的地上建筑。

奥马哈——邻里专题

"奥马哈邻里专题"有五组战略目标、分目标和政策，是城市设计原则在社区层面的应用。

● 创建社区联盟。奥马哈有几百个社区——如此之多，以至于在公共政策问题上城市不可能单独处理每个社区。城市设计专项描述了14个地区，在这些区域内部可以形成联盟。在联盟的指导和社区的建议下城市为每个分区制定不同的规划。这样的研究有三个已经在2008年完成。

● 保护和改善较老的社区。奥马哈有很多周密的社区保护项目，但是缺乏资金支持。城市设计专项将为社区联盟计划下的社区改造提供足够的资金支持，并使其成为一项常态化的政策。

● 保持和促进较老社区零售业的发展。像许多其他城市一样，奥马哈的商业区可以追溯到有轨电车的时代，这样的街区过于狭长和狭窄，密度较低，因此不能满足现代零售业的需求。城市设计专项设计了一些干预手段——增加停车场或杂货商店——使老商业区转变为更加充满活力的零售中心。

● 19世纪50年代后的社区零售业和其他设施。奥马哈较新的社区通常没有零售业；取而代之而又被居民所依赖的商业廊道可能远在许多英里之外。这些社区需要改进商业中心和公共设施，如按照社区联盟计划翻新图书馆分馆。

● 在新开发地区打造步行社区。奥马哈的步行社区分布在老城区，新开发的社区则更多地采用以汽车为导向的住宅区形式。随着奥马哈的扩张，它有权为新开发的地区设置标准，这些地区终将成为城市的一部分。像许多城市一样，奥马哈设置了一平方英里的网格，每个网格包括四个传统步行社区，因为传统步行社区的公认大小为一平方英里的四分之一（图5-10）。郊野公园规划已经明确了众多社区共享公园的位置，总体规划也已经明确将网格的交汇处用于商业发展。在分区规划中规定，新的步行社区要贯彻"设计奥马哈"专项，增加了适用于交汇处的商业开发的用地功能混合规定，使奥马哈能够随着城市的扩大建设新的步行社区。

图5-10　毗邻奥马哈城的一平方英里内四个步行社区共享公园和商业中心
资料来源：华莱士·罗伯茨和托德有限责任合作公司（Wallace Roberts & Todd, LLC）

展望未来

　　21个战略目标、分目标和政策需要73个措施实施。2008年修订后的发展条例颁布后，几个多功能区和第一个新的步行社区被批准。其他的完成项目还包括街景设计手册和绿色街道规划。街景美化和河流的可持续性改进的一期工程也正在进行中。每个"设计奥马哈"的建议都被采纳并在某地成功地运用；奥马哈项目不寻常的地方在于，它不断尝试把每一个优秀规划所必需的元素都包含在内。这个过程需要一代人或者更长的时间来完成，但是它的影响力已经立竿见影，其成效也将随着时间的不断推移而日益显著。

夏延（Cheyenne）规划

马修·J.阿什比（Matthew J. Ashby）

对怀俄明州夏延市（Cheyenne，Wyoming），一个即将成为落基山弗兰特岭下一颗"明珠"的城市来说，怀着质疑的精神，将规划从一种规定任务转型为一种协作的过程，逐渐发展出现代规划架构，这是一个充满挑战又富于成效的尝试。夏延规划，即社区总体规划，通过关注教育和市场营销，整合三种不同的规划学科，打破了传统的规划原则，用一种着眼于未来的全局观看待动态发展中的社区。此规划项目以社区能够接受的方式，进行了大胆的创新，挑战了传统规范。

战略性规划

制定一个综合性的规划并不意味着无视原有的要求，改变规划期限，并一定需要创新。规划工作者首先必须帮助社区确定其最迫切的需求，并确定如何满足这些需求。规划师的作用是引导规划创新，但是又要防止其脱离实际。在规划进行之前，获得相应的支持（包括财政和政策）是制定有效的规划的基础。

出于弹性预算和促进协作的考量，夏延规划综合各交叉学科（土地利用、交通和公园规划），制定协调统一的规划流程。虽然合作的方式在听证会时派上了用场，但在运作时仍然催生了一些问题。

即时信息

新规划必须考虑到他们的观众：期待具有针对性、即时而有趣信息的利益相关者。规划是一个向公众、官员、投资者等想迅速理解要点的人传递观点的营销工具。在夏延规划中，规划者设计了公共沟通策略，以确保市民能更容易地理解规划。为了解释本规划（包括将来的规划）的构成，推广规划描绘的发展愿景，规划师将这个规划分成四个部分，分别命名为"简介""结构""形态"与"建设"（见下面的专栏）。

有吸引力的版式会让非专业人士对规划更感兴趣，而这些人往往是规划实施的主体。根据他们浏览杂志和网站的习惯，规划者可以设计含有图表的版面，以抓住读者的眼球，在他们浏览照片、图表、草图、图表和文字时传递关键信息。在决定什么应该被放入规划文件时，规划者应该问自己："为什么这很重要？"

夏延规划有一个创新的"模块化"形式。规划信息被压缩在一页或者一组页面中，可以从规划中提取出来作为工作报告，以手册的形式提供给居民和开发商，或者作为公众会议上的信息手册。这种形式允许每个规划主题独立于完整规划的背景下单独展现。由于规划者在规划过程中对信息进行了格式化处理，因而他们随时都能应对他人对其专业性的质询。虽然全彩印刷方案费用可能比较昂贵，也需要更多地关注其排版设计，但的确是一个强大的营销工具。

规划者的条款还是大众的意见？

在夏延规划中，规划者用描述性的术语代替了技术性的术语，由此只需要简单的讲解就可以直观地为普通公民所理解，这种方法使得外行能够"破解"规划的"代码"，并迅速掌握要领。现状分析被列入"印象"，城市设计、个性化和视觉元素设计被称为"结构"，政策和物质规划被称为"外形"，实施则被称为"建设"。这种命名方式为规划创建了一个易于理解的平台，建立了文件之间的一致性，并提供了未来规划的框架。夏延的一个最新规划——贝尔沃牧场总体规划（the Belvoir Ranch Master Plan）——就以这一规划体例为指导，规划发展该地西南某镇18 800英亩的牧场。

获取广泛支持

成功的规划必须获得各方的认可与实施，而这需要各方参与其中并认为规划的实施势在必行。规划者应发现各方共同的目标，传达追求共同目标所带来的好处，动员并获得各方对规划的支持。

相互合作能带来很多好处，但这需要花费一定的时间和精力去维护关系。当这个圈子越来越大的时候，每个团体或是组织都会对规划有新的憧憬，这时规划者就要去平衡各相关者之间的利益。不过，结果表明，这种策略下所有的付出都是值得的。

摆脱成规

在规划制定过程中，当地规划者应因地制宜，在战略上针对辖区的特殊性开展规划，并且在政策法理上站得住脚。夏延规划表明，教育和营销是至关重要的：只有当规划中的创新理念被认为能够改善公众的生活，才可能成功实施。通过革新规划的程序和编排格式，规划者将综合规划从一个鲜为人用的参考文件变成一个赢得社区对规划蓝图支持的强有力的工具。

规划文案的格式

人们理解问题的方式是不相同的，当向受众介绍要点时，如果同时采用展示解说两种方式，规划被采纳的可能性更高。照片过去常被用作页面的装饰或者填充，现在则相反，最好告诉受众要注意照片中哪些信息，这些信息很可能就是文字材料中的要点展示，这是符合大众的阅读和获取信息的习惯的。

资料来源：City of Cheyeene

与利益各方沟通协调是至关重要的，包括与市政工程部门、卫生与公共服务倡导者、公园与游憩支持者、经济开发商以及其他对实施创新规划非常重要的利益相关者等。综合多方意见，雇员可以娴熟地将新的视角纳入到日常决策的讨论中，使这次规划中首创的几个综合体的项目取得了双赢的效果。夏延规划中，全面整合策略即全市协力共创统一的发展纲领助推了夏延规划的实施。通过教育手段和营销技巧，城市规划将推进社区升级的愿景。

香槟市的规划系统

布鲁斯·A.奈特（Bruce A. Knight）

香槟市人口约7.5万人，位于伊利诺伊州中部的平原。与它的姊妹城市厄巴纳一起，是伊利诺伊大学的所在地。历史上这座城市发展得缓慢而平稳，但近几年发展的步伐有所加快。

香槟市被世上最富饶的农田所围绕，一些社区的发展一定程度上也依赖于这一宝贵资源。全市已成功通过多种规划促进了其"填充式"的发展，然而，2007年一个郡域层面的规划项目引起了是"保护不可取代的田地"还是"支持城市发展"的公众争议。

2002年，该市全面更新了十年前的综合规划。作为规划的一部分，规划师评估了可能增长区域的发展潜力，并在新的土地利用规划图上标出了这些区域。这些以及类似的尝试很清楚地表明，如不存在推动变革的真正的危机，新的、复杂的规划必须谨慎进行。香槟市一直是财政政策较为保守的社区，民选官员以自己是城市的友好开发者为骄傲。在这种环境下，规划者必须提供充分、可靠、易于理解的信息说服公民和政策制定者，采取循序渐进的策略逐步达成目标。目前的挑战是，香槟市要创造最广泛的一种共识，演示如何将规划适用于特定的社区，并制定反映城市官员的理念和政策方向的建议。

规划议题

香槟市有很多"小镇"的特征，然而伊利诺伊大学坐落于此，使得它在面对设施配套和问题方面更类似一个较大的城区。在规划中需要解决的问题包括：

- 需要平衡城市扩张和农地保护的矛盾；
- 确定那些新的适合发展的区域；
- 城市形态；
- "主城区"和"非主城区"之间的关系；
- 居民区的健康；
- 振兴老城区，特别是市商业区和校区；
- 重新开发建筑老化和环境恶化的地区；
- 提倡填充式开发；
- 可持续与平衡增长；
- 保护含水层；
- 推动交通系统的发展，提供均衡的出行选择；
- 维护一个平衡的经济基础。

规划体系

为解决这些问题，香槟市做了一系列的规划。这些规划共同组成了该市的综合规划：主导文件包括社区未来的憧憬，一系列的目标，目的和举措，以及未来的土地利用规划。其他专项专注于特定的专题或地理区域，在此基础上建立更具体的政策指导。主导文件作为一个政策议题每5年更新一次，其他文件根据需要更新。定期展示规划进程保证了规划的公信力，并保持了规划在社区意识中的核心地位。

除了主导文件外，香槟市还采用了下列专题和地理专项：

- 美好社区规划[1]；
- 商业区规划；
- 大学区行动规划；
- 西北地区增长规划；
- 东部商业区规划；
- 北一街重建规划；
- 比尔兹利公园街区规划；
- 150号公路廊道规划；
- 交通规划；
- 消防局位置规划；
- 柯蒂斯路—57号州际公路立交总体规划。

规划过程

规划过程是根据客户需要"量身定制"的，但是这些过程也有一些共同点，包括：

- 评估现状；
- 评价最佳操作；
- 识别规划需要考虑的争议和势力；
- 公众参与（通过网络调查、研讨会、开放日、采访社区领导、关注团体和指导委员会会议等方式）；
- 计划委员会和市议会研讨班；
- 远景规划；

- 目标设定；

- 计划制订；

- 实施策略。

规划过程设计的目的是告知和教育公众，并推进新的想法，推动社区积极的变化。规划过程中，可以通过获得社区的帮助来解决困难和有争议的事情，寻求共同的立场，并通过结合广泛的政策依据和具体的策略计划来达到预期的结果。

除了针对规划宏观框架的架构，该市还使用了其他技巧以满足特定的需求：包括针对商业区的场景规划；一项针对库缇斯路——57号州际公路立交总体规划的视觉偏好调研；"选择"研讨会（The Choices Workshop）——一场关于修订交通规划的社区会议；介绍规划项目的网站；公众摄影活动——向公众提供一次性相机，请公众拍摄他们所看到的该区域的优势、劣势、机会与威胁，并将最终成果用于远景规划的研讨；机动灵活的市政厅活动——派公众代表去访问临近社区而不是强求公众去市政厅；在大学城的街上举办"柠檬水开放日"，其目的是接近平时很少参与规划的伊利诺伊大学的学生。

综合规划为民选官员、城市职员、其他政府组织和私营部门的日常决策提供了指南。为了促进规划的这一作用，各专项规划都包括一个实施章节来明确政策或法规的细小变化，分发给相应的部门或机构并指明其优先级。

经验教训

多年来，香槟市的规划部门认识到，规划的力量不在于文本，而在于让社区确定规划的目标，赞同实现途径的过程。对社区参与规划的方法的重视已经让规划更注重社区的决定，并使公民和地方官员更认可规划师的工作价值。在香槟市，"规划体系"能够让政策制定者在良好的信息和政策基础上，在可控范围内处理越来越多棘手的规划议题。

注　释

1. 第一个美好社区规划在 1994 年获得了美国规划协会的 "国家规划奖"，于 2005 年进行了规划更新。

密西西比河上的圣保罗市发展框架

肯·格林伯格（Ken Greenberg）*

圣保罗市（Saint Paul）是明尼苏达州的首府，坐落于密西西比河最北的通航点上。在20世纪90年代初，圣保罗市蒙受了巨大损失——岗位减少、人口流失、前景黯淡。除了几个著名的"例外"（包括内城（Lower town），一个复兴的仓库区），整座城市都在衰退。市中心在衰落，办公设施衰败凋敝，附近的居民区被高速公路网包围，深受其扰。圣保罗市与其"双子市"明尼阿波利斯市相比处于明显弱势。圣保罗市在联邦计划和发展津贴的扶持下开展了很多项目，用以刺激经济复兴，但收效不大。

该市的市民、商业领袖和政治领袖继而逐渐意识到圣保罗市需要做出更根本的改变。1992年，本·汤普森（Ben Thompson）受命于圣保罗市去研究当地情况。本·汤普森出生于圣保罗，是波士顿一位著名的建筑师。本·汤普森没有制定规划文件，而是绘出了一幅水彩画，名为"河畔公园"（The Great River Park）。在这幅画中，青翠的河谷在圣保罗市中心蜿蜒流淌。人们开始把目光放到密西西比河上，这条河作为圣保罗市的"后门"，早已被人们轻视与遗忘。汤普森的灵感为明尼苏达大学美国景观设计中心的比尔·莫里斯（Bill Morrish）和卡特琳·布朗（Catherine Brown）的工作奠定了基础，并证明密西西比河的支流曾经延伸到城市的各个街区。但是在20世纪，密西西比河河岸土质变硬、结块，丝毫不见大自然的痕迹。

1993年，诺姆·科尔曼（Norm Coleman）当选圣保罗市市长，圣保罗市的大改造便提上日程。该市的发展策略由"快速见效"转变为"从长计议"：圣保罗市在这时被看作为一个充满活力的发展有机体，它身处独特的自然环境中，曾发展为驳船船队和铁路线的中转站，之后又成为一个商业中心——尽管没过多久就失去了商业中心这一头衔。这种观点更加坚定了圣保罗市必须进行根本改变的想法，新措施也必

> 新措施需要反映出圣保罗市与密西西比河的渊源。

---

* 肯·格林伯格领导了体系规划制定团队，在设计中心担任一年的临时主管，并在此后多年一直继续管理圣保罗市的事务。

须反映出圣保罗市与密西西比河的渊源。

科尔曼市长带领该市与新成立的圣保罗河畔公司（Saint Paul Riverfront Corporation）合作。圣保罗河畔公司是由圣保罗市各行各业的代表组成的私营非营利性组织。[1]目标就是具象并清晰地展现圣保罗市再次成为"河畔城市"的设想。这个设想需要具有凝聚人心的力量，能够动员所需资源向该目标努力。

途　　径

每个城市都有着独特的城市资产和建筑文化。一些城市部门的顾问和主要职员把圣保罗优秀的"社区支持"传统作为重要的手段。首先召开让公众广泛参与的研讨会，评估挑战并制定核心原则。产生的十个原则中的每一个原则分别对应当地居民具体的担忧与憧憬：

- 唤起地方感；
- 修复、保护独特的城市生态系统；
- 投资公共领域；
- 提升功能多样性；
- 提高连通性；
- 保证建筑符合城市建设总体目标；
- 巩固现有优势；
- 保护、改善遗产资源；
- 提供平衡的运行网络；
- 促进公共安全。

这些原则共同组成了一个章程，作为密西西比河畔圣保罗市发展体系的必要基础。圣保罗各社区各行各业的数千人（包括企业、政府、非营利性组织和整个社区的领导）花了3年的时间共同建立了这一体系。

该体系分为两个发展阶段。最初重点是一些宏观的主题：环境背景、城市结构、运行模式以及市中心横跨密西西比河的四平方英里的公共区域。接着重点转为与"分区"中的当地利益相关者合作，这些"分区"在发展体系中被认定为变化潜力最大的区域。目标是找到能够引起连锁反应的"催化"措施，打造成功的范式。通过分析先例，借鉴当地与外地的案例，体系建设参与者逐渐得出促进、引导积极变化的方法。

复合图层的绘制是体系建设中极其重要的一步，人们通过它能够看到当今所有的措施（包括交通、基础设施、公共领域的发展和改善），这些措施有的已经投入实施、有的在设计阶段、有的仍处于初期规划阶段。市民和规划者可以根据这幅城市动态图衡量发展势头并判断项目间可能出现的协同效应。各方都清楚地认识到围绕密西西比河的共同设想能使圣保罗市焕然一新。在这个相对短期的体系中，纵横相连的街道、公园、小径和积极利用的建筑底层等这些公共区域的完善能够为更远大的目标奠定基础（图5–11）。

人们形成了共同的希冀：不仅仅是一系列项目、一个规划，而是对集体愿景能够超越以往制约的笃信。该愿景因地制宜、与密西西比河密切相关，把公共目标和私人目标结合起来。这个反复的社区流程将民间知识与专业知识相融合，证实了人们对密西西比河地位和重要性的核心假设。

> 目标是找到能够引起连锁反应的"催化"措施，打造成功的范式。

与此同时，该新兴体系对现行实践提出了明确挑战。圣保罗市的城市设计要从强调停车场和人行天桥的汽车导向型艰难地转向强调街道活力和吸引力的步行导向型。该体系还要求重新评估、规划一些进行中的主要工程，其中包括明尼苏达科学博物馆的提案。但可以清晰预见的是，以密西西比河为导向的发展战略有望取得更大的回报。

在各个"分区"和更大的4平方英里土地之间进行反复考量，规划团队提出了体系的

图5–11　艺术家乔恩·苏尔（Jon Soules）于1997年绘制的这幅水彩画表现出理想转变的精髓；虽然一些细节有所不同，但规划整体的结果与水彩画所描绘的高度一致

资料来源：密西西比河上的圣保罗市设计中心

基本理念、设计图表和介绍，把市中心描绘成互联的"城市村庄"系统，坐落在郁郁葱葱的密西西比再生林河谷，与生机勃勃、功能多样的市区相连。最终，这个设想取名为密西西比河上的圣保罗市发展体系，成为一个获得广泛支持的城市复兴规划（图5-12、图5-13）。

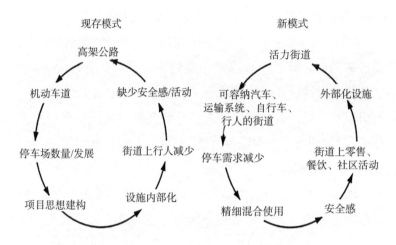

图5-12 该体系下进行的深刻的模式转变影响了城市建设的方方面面

资料来源：密西西比河上的圣保罗市设计中心

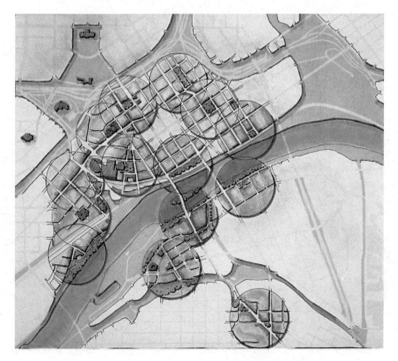

图5-13 该体系提出利用主要公共空间把新旧城市村庄连接起来

资料来源：密西西比河上的圣保罗市设计中心

发展体系

　　密西西比河上的圣保罗市发展体系并不是一个典型的规范性规划。它的规划手段更加开放，其决策过程基于两大原则：建造优秀的城市建筑，保持圣保罗市独特的地方特色。在某种程度上，该体系是行动的号角：通过重新定义圣保罗市与密西西比河的关系来重新定义圣保罗市，并重新定义其在双子城地区（the Twin Cities region）的角色。通过建设圣保罗市独特的设施和既有优势，该设想在几个市场周期内坚定了投资者的信心，并为私人、公共、社区的综合规划提供了大方向。

　　该体系同时也是一系列实践工具。首先通过描述、展示愿景，探索了环境质量、城市结构、运行系统、公共区域质量等相关主题，并为每一主题设定了主要目标。接下来，把这些目标应用于具备改造条件的5个分区：新月（the Crescent）、瓦巴肖走廊（the Wabasha Corridor）、莱斯公园（the Rice Park）/市民中心地区、上城区（the Upper Landing）和西区（the West Side）。最后，该体系列出了圣保罗城市建设的原则和最佳措施。

　　规划团队在筹备体系时，需要预测事件可能发生的顺序，不确定性是无法避免的。如今该体系已经实施了十多年，很明显其富有足够的弹性（resilient enough）以应对新的挑战和机遇。一些变化是预料之中的，包括开发强度的增加和市区土地市场的愈发活跃；随着市场力量增强，开发商不再需要政府补助，圣保罗市需要增强其规划能力以跟上发展的步伐。还有一些改变是前所未有的，如扩大机场的提案和建设市中心河对岸生活购物中心布里奇（The Bridges）的提案。随着这些提案的涌现，该体系继续为这些规划的探讨提供语境和规则。专家会议、讲习班、研讨会、出版物、系列演讲等活动也继续实现着圣保罗城市的设想。

体系管理

　　城市建设成功的秘诀之一就是把接力棒从一个领导班子传到下一届领导班子，使政治承诺转变为持久的公民承诺。这种持久性需要选举政治以外的"管理员"来维持。河畔公司在圣保罗市就扮演了这一关键角色。在此后三任市长的全力支持下，该非营利性组织在"城市内阁"中占据一席之地，成为市政府、圣保罗港务局、商业主导的省会城市合作伙伴（Capital City Partnership）三者之间的"经纪人"。

圣保罗市设计中心的建立是成功的另一秘诀。河畔公司下属的这个设计中心是社区交流、新项目展览和宣传城市设计进展的场所。同时，该设计中心鼓励横向思维，是研讨设计和城市建设事务的论坛。城市职员（公园建筑师、景观建筑师、建筑部门官员、交通工程师等）、其他机构员工、拉姆齐县（Ramsey County）工作人员和明尼苏达大学的教职工、设计专业学生均以设计中心会员的身份直接参与到对圣保罗城市愿景的规划之中。

体系更新

自1995年起，圣保罗市每年举办一次米勒德·菲尔莫尔晚宴（Millard Fillmore Dinner）以纪念美国第十三届总统和他于1854年所领导的密西西比河远足（Grand Excursion on the Mississippi）。每年约有1 200人参加该晚宴，主要的社区领袖共聚一堂庆祝圣保罗市的复兴。圣保罗市通过集会、辩论、建设性自我批评等社区活动使城市复兴的设想永葆活力。当地的《先锋报》（Pioneer Press）和《明星论坛报》（Star Tribune）两家报社、明尼苏达公共广播和其他地方媒体也通过定期报道进展情况给予支持。

简·雅各布斯（Jane Jacobs）说过，伟大的规划能够解放他人制定的规划。伟大的规划不是设计蓝图，而是一份邀约和灵感。在复兴圣保罗市的行动中，最重要的一次初期行动是在密西西比河河谷种植35 000棵树。这个植树项目的灵感来自于本·汤普森的一幅画作，画中森林遍布河谷。社区的中小学生和各年龄段的成人都参与了该项目。企业提供树苗，给员工留出植树的时间并帮助人们进入山谷。通过植树项目产生的主人翁意识对于市民支持更大的事业至关重要。

在体系产生后的多年里，各机构组织人力在市中心新建了房屋、公园、小道和公共空间。2004年的研究发现，10年内政府和个人在河畔项目的投资多达20亿美元。特殊的季节性活动和庆祝圣保罗市与密西西比河"新友情"的活动也层出不穷。以上举措均取得圆满成功，居民和社区领导便确立了更高的目标，努力把圣保罗市建设成为一个更加都市化、更加环保的城市（图5-14）。

圣保罗市河畔复兴计划的下一步是把3 500英亩大型空地并入国家河滨公园中，至此，公园将包含密西西比河在圣保罗市境内的全部流域。该公园与圣保罗市的关系可通过这个宣传口号反映出来："公园中的城市，城市中的公园。"公园将使密西西比河河谷独特的自然、娱乐资源与河流沿岸的社区融合一起，促进附近街区、城镇和城市的经济发展。

图5-14　该体系在城市背景下为评估圣保罗市新兴提案的适用性提供了强大工具

资料来源：密西西比河上的圣保罗市设计中心

注　释

1. 见 riverfrontcorporation.com。

社区转型的战略规划

约翰·夏皮罗（John Shapiro）

　　在为日渐衰落的南布朗克斯（South Bronx）6个社区做规划时，"不做5年内实施不了的规划"，安妮塔·米勒（Anita Miller）对她的规划团队如是说道。米勒（Miller）在1992年创立了综合社区复兴计划（Comprehensive Community Revitalization Program，CCRP）。CCRP整合了6个社区开发公司（CDC）并获得了1 000万美元的基金。在CCRP成立前后，纽约市、社区开发公司及其他人等都忙于重建房屋，但他们之间不相互协调。米勒（Miller）认为光有住房是不够的，她的目标是恢复安全的、可持续的社区，包括公园、社区服务和安全的街道（CCRP成立时正是20世纪90年代城市犯罪的高发期）。她知道一旦规划开始，5年只是一眨眼的时间，但她不希望因为赶进度而牺牲了对生活质量的要求。[1]

米勒（Miller）指派了泽维尔·索萨·布里格斯（Xavier Souza Briggs）和约翰·夏皮罗（John Shapiro）两位规划师与社区开发公司合作，整合三种不同的规划方法。第一是基于愿景：每个社区都为自己做规划，规划的目标强调按照社区居民的期望提高生活质量（而不是顾问、公共机构或民选官员的期望）。第二是基于市场：私人市场的实用性和政府补贴的可用性从一开始就被计入规划中以确保预期的可管理性和计划的可行性。第三是靠实施力驱动：社区开发公司与其他当地组织合作，包括一些曾经的竞争对手，共同准备规划，解决问题，并协调项目。

CCRP流程如下：

● 各社区开发公司在定义他们的社区时不仅依据自然边界，还包括人口统计特征、活动范围和政治见解。规划者采访了公共机构和其他各方，生成完整的、富于启发性的"事实上的规划"，协调各方利益，如公共机构、社区组织、当地机构，私人开发商和政治领袖等。

● 在规划开始就组织市政厅会议，鼓励大家积极参与，并为他们谈论生活质量问题提供机会，生成积极的愿景。在规划结论阶段举行了另一个大型的活动，验证计划，并确定了规划执行者（Mid-Bronx Desperadoes开发公司每年举行烧烤会议，报告并更新复兴计划）。

● 每个社区开发公司领导一个由15到30名各行业专业人员组成的工作小组，包括学校校长、警察局长、商务人士、日护、图书馆员、宗教领袖和社区积极分子等。

● 在每一个社区，介于4和10个人之间的小组研讨会解决了一系列的问题。一些研讨会是结果导向的（如服务和工作）；另一些则聚焦于宏观、综合的主题（如土地使用、社区福祉）。规划者是"外部专家"，他们做出分析、提供选择，但并不提出推荐建议；工作组的成员是"内部专家"，他们知道社区居民的期望和现实，是最终的决策者。

● 通常，公开研讨会举行时，工作组成员坐在中间，公众在四周，或者成员与公众混坐（图5-15、图5-16）。定向宣传鼓励商人参加经济发展研讨会、环境保护主义者参加环境发展研讨会，等等。工作小组出席所有的公共研讨会以确保流程的连贯性。主题研讨会上出现的矛盾由仅有工作组成员参加的研讨会最终解决。

● 专家解决了一系列的问题，如社区治安、就业安置、新建操场等。虽然专家由CCRP资助，但他们多出自于公共土地基金会和社区服务协会等机构，能够在监督和筹款等方面发挥更大作用。这种方式使得社区开发公司能调用更多的资源。

图5-15　综合社区复兴计划（CCRP）将未来的愿景与能够让居民马上实施的项目相结合，例如修建新公园、绘制壁画以及清除街道的妓女和毒贩

来源：约翰·夏皮罗、米歇尔·西尔弗

图5-16　综合社区复兴计划（CCRP）将居民的愿景规划与实施者解决问题的研讨会紧密结合

资料来源：（左）约翰·夏皮罗；（右）米歇尔·西尔弗

● 在工作小组研讨会上，规划者会"检验"在私人采访中出现的设想，并隐去该设想提出者的信息（可能是某一机构、开发人员、社区领袖或者其他参与者），以避免提出者在设想不能通过时的尴尬。这种方法为规划实施扫除了障碍，并常常为规划实施争取到承诺和妥协。

● 布里格斯（Briggs）和夏皮罗（Shapiro）起草了一份规划报告，记录每个社区的规划过程和建议。报告既有足够的技术含量来向公共机构和资助者证明该规划的可信性，又生动简洁足以吸引政治领导人和潜在资助者的注意。此外，设计灵活的高级幻灯片能面向不同听众展示规划，无论是单个机构首席还是大型会议与会者都能应对自如。富有创造性的海报非常受大众欢迎，图像也能保存很久，多年之后依然可以在社区开发公司、民选官员办公室及公共机构的墙上看到它们。

● 让当地竞争对手加入规划项目组并共同工作的关键是承诺向他们的项目提供金融、技术或政治上的支持，并有可能推进与之配套的项目和政策。米勒（Miller）用她最初的1 000万美元基金作为触媒（如布朗克斯河规划从美国农业部获得财政支持），提供有针对性的技术援助（如用廉价旅馆代替收容所）以及细节支持（如提升某一社区卫生中心内部环境）。

综合社区复兴计划：成功的原则

从事实规划出发：各自规划项目加上分区规划

让居民参与愿景展望

组建工作组作为规划实施者

进行深入的专题讲座

根据需要举办公共研讨会

请中立第三方筛选规划设想

提供技术援助

有目的地创造产品

提供现有的柔性资源

利用远期土地利用规划解决新问题，CCRP是专门成立以解决社区的可持续发展问题的。超过6 000万美元的财政援助是由各级政府提供的，证明了规划的价值。CCRP规划模式已经在其他城市成功复制，包括奥尔巴尼、芝加哥、费城和威明顿。每个项目都很独特，但共性更突出：启动阶段的愿景探索，明确规划实施者，论题式头脑风暴，边实践边规划，以及战略产品展示。关于在CCRP初期和芝加哥的工作，约翰·麦卡伦（John McCarron）在《规划杂志》杂志上撰文写道："房屋建造只是一个方面，为了更持久地、积极地改变人们的生活，社区必须在方方面面都做出规划，学校，就业，医疗，公共安全，娱乐和开放空间……"[2]

注　释

1. 安塔尼·米勒、汤姆·伯恩斯（Anita Miller and Tom Burns），《全面综合分析：工作的主动性剖析——

CCRP 在南布朗克斯》(*Going comprehensive : Anatomy of an initiative THAT worked* ; *CCRP in the south Bronx*),纽约:当地合作公司(New York : Local initiatives Support Corporation,May 2007),lisc.org/content/publications/detail/5396,(2008 年 5 月 18 号)。

2. 约翰·麦卡伦(John McCarron),《粘性的力量》(*The Power of Sticky Dots*),《规划杂志》(*Planning*)2004(7): 12。

重新打造华盛顿的邻里空间

朱莉·瓦格纳(Julie Wagner)

1998年，安东尼·A.威廉姆斯（Anthony A.Williams）当选为华盛顿特区的市长。他致力于政府信任的重建、邻里社区质量的改善，并为区内各种住民提供帮助。在上任的第一年，他和新一届领导班子成员，包括重组后的城市规划办公室工作人员在内，一起参观了华盛顿的社区，了解市民眼中政府工作的重点。在整个城市，不论是富裕的卡洛拉马（Kalorama）、福克斯霍（Foxhall），还是在经济上困难的道格拉斯（Douglass）、希普利（Shipley），市民的请求都是惊人的相同：不要对他们的邻里社区做什么宏伟的规划，只要解决现实问题就行；从倾听和回答他们的需要开始，重建他们对于政府的信任；帮助那些最需要帮助的市民。

挑　　战

虽然市民的回应有其相似之处，但每个居民区的情况差异巨大。2 000份人口普查结果分析，加之从华盛顿各机构收集到的数据，指明了该城市面临的一些挑战。

● 城市中居民收入、教育水平和就业状况的区域化差异显著。比如在很多西华盛顿的邻里社区中，仅有不到10%的居民生活贫困；但在很多东华盛顿的邻里社区中，贫困率达到了45%。相同地，在西华盛顿，25岁以上的居民中只有不到25%的人没有大学文凭，而在东华盛顿这个比例是50%。在就业方面，西华盛顿只有2%的人没有工作，而东华盛顿则达到12%（图5–17）。

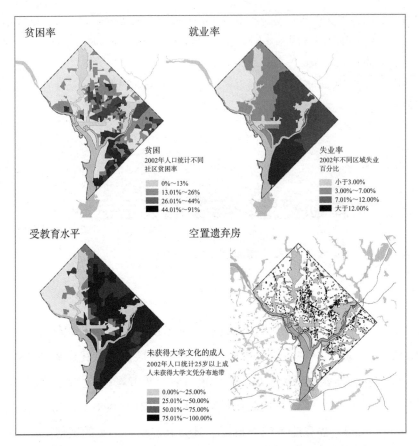

图5-17　GIS地图清楚地显示了2000年华盛顿城市问题的地理分布

● 城市充斥着数以千计的空置废弃房屋。这些房屋不光因丑陋而成为眼中钉，它们还有健康和安全危险，同时也是流浪汉、非法毒品以及老鼠的避风港。这些房产加起来可提供的建筑空间高达3万套。

● 住房正在变得越来越昂贵。在上述房产被遗弃的同时，住房价格在很多区域却在疯涨。在1994年至2003年间，西华盛顿的住房平均价格以定值美元计算增长了75%。

● 市民被长期的健康和安全风险所困扰。在城市的很多地方，废弃的房产、非法倾倒垃圾、鼠患以及包括露天毒品交易市场在内的非法活动，都侵蚀着人们的生活质量。由于多方面问题根深蒂固、困扰重重，一些独立运营的机构一直都没有办法改善邻里环境。

● 社区缺少零售网点。一份对全市的经济分析报告显示，华盛顿可以再支撑700万平方英尺的零售空间。与此同时，曾经兴旺的商业区域还有着30%或更多的空置率。结果导致城市居民需要前往城郊地区去寻找他们需要的产品和服务。

● 低劣质量的学校正危害着这座城市和城市中的家庭。数十年来，华盛顿的居住人口一直在流失。2000份的人口普查报告显示，很大一部分离开这座城市的人口是有孩子的家庭。人口的迁出以及很多学生转读私立学校和特约学校的情况，使得1993年至2002年间的公立学校流失了大约15 000名学生，入学人数大幅减少，教育质量也随之下降。

● 大片的土地没有被充分利用。有上百英亩归联邦政府所属的土地都禁止用于新的居民区建设。很多归城市所有和私人所有的土地也要么是空置的，要么被停车场或过时的用途所占用。

当地政府出面

这些问题有些集中表现在个别邻里，有些是普遍存在的，为应对这些挑战，华盛顿政府需要设计出集多种战略干预于一体的措施。为了弥补多年来对于这些问题的忽视，新出台的管理方法必须具有前瞻性和综合性。如果城市政府不出面"传唤"并最终拆毁那些又破又烂的房产，就没有任何社区发展公司（CDC）或开发商可以改变一个邻里社区。改造学校的规划与提升教学设施的责任也很明显地落在了当地政府身上。这时，要把社区开发公司（CDC）、大学、医院和其他组织努力地整合到一起，就需要一个更宏观的、全市域范围的规划。

为了形成该市的城市规划日程，市长转向市民寻求帮助。在一个"市民峰会"上，来自城市各地的上千市民，共同畅想了城市愿景，并列举出短期内应优先着手的项目。最终，市民的前瞻愿景与市长的目标相结合，共同构成了城市新任领导集体实施系列项目与方案的根基。对那些专注于邻里品质和经济发展的机构，新任领导集体建立了十大战略来恢复其对政府的信任，他们战略性的投资可提升和改善城市的稀缺资源，并在这个过程中给市民赋予更多权利。

华盛顿特区的社区十大战略

在市长办公室的领导下，诸如负责规划与经济发展的副市长、城市社区服务办公室、华盛顿特区规划办公室、华盛顿各公立学校等众多机构联合创立了社区十大战略，具体策略总结如下：

● 市民增权。华盛顿的131个居民区被分成39个组团，每个组团的市民设计出他们自己的邻里战略实施方案。每个方案专注于3到4个优先事项（如经济适用房或公共安全），并包含了关于每个优先事项的建议书。比如有一个建议书是要"支持并发展社区运营的婴幼儿保健计划"。最终，在1 600多份市民建议书的帮助下，明确了新一任政府的财政预算支持对象，并重新确定了现有财政资金的用途与流向。

● 改善服务交付。"邻里服务倡议"是为了解决那些长期以来单靠一个机构无法解决的问题。由居民们帮助找出最棘手的问题，13个华盛顿机构组建跨部门战略协调小组来解决这些问题。

● 投资战略区域。"战略邻里投资计划"面向的是那些正处于变革之中的邻里社区。在这些社区，经过精心整合后的政府资源可以催化私人投资，给社区带来全面的变化。这个计划评估了经济、社会和物理环境等数十个变量，最终选中了12个区域。在2004年至2006年间，邻里投资基金会（一个用于资助邻里复兴行动的周转基金会）帮助改善了娱乐中心、训练中心、公园和图书馆。单在2006年，被指定用在这12个区域的资金就超过了3 200万美元（图5–18）。

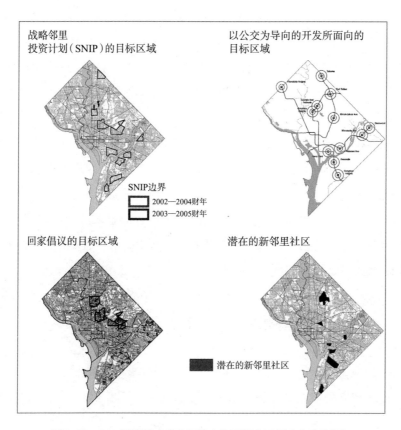

图5–18 GIS 地图针对华盛顿城市问题提出了解决方案的框架

资料来源：华盛顿规划办公室

● 建设高质量住房。为了弥补市场上房价快速上涨带来的影响，华盛顿提出了一个三管齐下的方案：第一，保护经济适用房，并控制其财产税的增长，以避免长期低收入业主不堪赋税而变卖房产。第二，建造新的经济适用房，通过把登记税和交易税收入委托给专攻于经济适用房建造和修复的信托基金来建设。第三，为各收入阶层人群新建住房。政府出台减税政策，鼓励开发商在市中心以及城市富人区修建各收入阶层混合居住的小区。到2004年，12 000多套经济适用房已在全市各个区域建成。

● 消灭脏乱差。针对那些废弃房产较多的地区，华盛顿发布了"重振家园倡议"，以解决城市里数以千计的空置废弃房产。在这个计划下，5至20处房产被捆绑在一起，然后出售给非营利开发者。截至2007年，已有137处房产卖给了开发者，他们将会把这些房产建成大约300套住房。现有业主或开发者已经重建了其他335处住宅（图5-18）。这些新建或重建的住房中有30%是留给低收入家庭的。

● 彻底改造公立学校并使之现代化。这个战略不但包含学校的现代化改造，还为周围社区提供一系列新的服务，比如卫生医疗设施和职业培训服务。

● 加强邻里商业中心。为了推动零售业在社区商业街的发展，华盛顿发起了商业重振计划"reSTORE DC"，其中包含了4个相互协同的项目：城市主街改造项目、商业区技术支持项目、商业财产收购与开发项目、小型企业发展项目。这些项目促进了新企业的成立与留驻，改进了主要商业街区的形态特征。基于"国家历史建筑保护信托会"提出的模型，华盛顿中心大街采用通盘战略来推动商业区的复兴。这个战略包括以下内容：当地商会共同制订复兴计划，推动企业发展，并针对城市商业区的布局设计和实体环境提升进行专项投资。截至2007年，已经有10条商业街通过竞选流程被认定为改造区、300多栋建筑在6 700多万美元私人资金的支持下完成改造。单在2005年，就有5 000多名华盛顿居民获得了小型企业技术援助。

● 倡导以客运交通为导向的开发模式。虽然华盛顿拥有全国最发达的客运交通系统，但华盛顿很多地铁站周围充斥着闲置的地皮、低密度开发的地段以及未被充分开发的商业用地。作为"社区十大战略"的一部分，多个以客运交通为导向的开发规划现已完成，增加邻里商业零售网点等促进高密度、多功能开发的区划变化也得以启动（图5-18）。此外，以客运交通为导向的规划项目区也有资格简化开发流程。

● 与驻地机构的合作。驻地机构（如大学、医院）会对华盛顿居民在工作、住址上的选择产生巨大的影响，因而加强与它们的合作至关重要。这个战略旨在促进驻地机构以雇主住房补贴计划激励员工住在华盛顿市内，从而增加华盛顿人口，让城市社区富有生活气息。更具体地来讲，雇主为员工提供廉租房或提供一定比例的住房补贴，借此弥补经济适用房的供给不足，增加市区的常住人口。

● 兴建居民区。大片归联邦政府、城市和私人所属的土地都被用来兴建新的居民区。在每个地区，周边居民都会参与到详细的总体规划之中，为新社区谋划发展愿景。截至2007年，7个地区中的6个都完成了总体规划，并启动了以社区为导向的开发（图5–18）。

"社区十大战略"为华盛顿特区政府提供了集目标项目与政府政策于一体的独特方案，以此应对城市社区所面对的复杂挑战。其中每一个战略都对应解决特定的问题，并将其协调地应用于亟待帮助的社区，为其带来真实的收益。对于居民而言，"社区十大战略"使他们参与社区事务、赋予了他们权利，认可了他们作为社区未来塑造者的合法地位。

斯泰普尔顿（Stapleton）的公私合作规划

托马斯·A. 高根（Thomas A. Gougeon）

1985年，科罗拉多州丹佛市（Denver, Colorado）决定在该市的东北部建造一个新的国际机场；该计划在投票通过几年后，先前7.5平方英里的机场成为美国最大且最有意思的城市建设用地之一。

丹佛市面临着两个重要且有些矛盾的责任：作为该基地的主人，丹佛市希望这次重建尽可能为社会带来最大的长期效益。但作为机场的营运者和联邦拨款的接受者，丹佛市对联邦航空管理局（FAA）有以下几个义务：清算场地资产、恢复资产的公平市价、将所有收益重新投入航空系统。

最初的措施

该基地的规划始于1989年，当时成立了一个市民咨询委员会用以代表社区、商人和公众利益，该委员会被称为"明日斯泰普尔顿"（Stapleton Tomorrow）。同来自规划和其他部门的城市职员一道，该委员会制定了社区发展目标，设立了一套初步的重建规则，完成了概念规划，并用泡泡图的形式展示该基地各个部分土地使用的大致分类。

　　同时，来自商界和慈善界的一些社区领导者组成了非营利性的斯泰普尔顿重建基金（SRF）。斯泰普尔顿重建基金（SRF）的任务是，在使斯泰普尔顿基地重新利用产生的长期社会利益最大化的同时，确保丹佛市能够履行对联邦航空管理局（FAA）的义务。为支持该任务，该组织筹集了数百万美元的私募基金。

　　20世纪90年代初期，新的丹佛国际机场正处于建设之中，一些城市公职人员认为是时候可以出售斯泰普尔顿基地的部分地块了。但斯泰普尔顿重建基金（SRF）和社区里的其他人认为这样的处理是不成熟的，因为还没有制定任何规划或发展项目——除了由"明日斯泰普尔顿"（Stapleton Tomorrow）制定的一些概念性规划外。资产的零碎配置将会导致混乱的土地开发并会留下实际上无法使用的碎片地块，这是实实在在的风险。此外，这样的处理既无法满足社区的重建目标，也无法满足当地机场运营公司和联邦航空管理局的财政要求（图5-19）。

图5-19　该俯瞰图展示了4 700英亩的规划基地，原斯泰普尔顿（Stapleton）机场就建于此地

资料来源：托马斯·A.高根（Thomas A. Gougeon）

建立合作伙伴关系

为了解决丹佛市、斯泰普尔顿重建基金（SRF）和其他利益相关者之间早期产生的摩擦，它们自发建立了一种合作伙伴关系。斯泰普尔顿重建基金（SRF）被委派了两项工作：一是，创造出一个能够明确表达社区发展目标的规划，并为再开发和创造长期价值制定一个框架；二是，推荐一种能够将基地从政府所有到推向市场的有序过程。斯泰普尔顿重建基金（SRF）将会同城市规划人员和其他部门一起合作，但其会在泰普尔顿的再开发过程中的建设和改进方面发挥主导作用。

斯泰普尔顿重建基金（SRF）组建了一个由各个领域的当地和国家级专家构成的团队，首要任务是确定哪种规划能够满足斯泰普尔顿（Stapleton）基地面临的所有需求和情况。

规划目标

斯泰普尔顿重建基金（SRF）员工在其董事会的领导下同城市职员和社区咨询委员会合作，为发展规划建立了以下目标[1]：

● 制定一个大胆的、可实现的愿景。该规划必须要表达出一个大胆而统一的愿景。同时，该规划应深深植根于基地的实体环境和经济现状。

● 为之前的空地制定一个实体的再开发框架。这4 700英亩的场地数年来一直是社区中的一座孤岛。此前也没有明显针对该基地进行再开发的实体框架，在航站区（除了跑道）几乎没有基础设施，与周围社区也没有什么联系。规划应当提供这样的框架并展示如何使该小岛融入周围的社区。

● 将基地放在更大范围的区域中考虑。尽管斯泰普尔顿（Stapleton）很大，它也只是区域转型进程的一部分。在它的北部，邻近的27平方英里的落基山兵工厂正从一个化学武器基地转化为国家野生动物保护所。在它的正南部，罗瑞空军基地从军用转为民用。加起来37平方英里的城市用地（均为之前的受保护区和安全小岛）正同时经历着巨大的转变。

● 指导社区了解重建规划涉及的用地规模和时间范围。很少有人了解该基地的规模或重建规划所需要的时间周期，以及随着经济周期、科技、文化和生活方式的变化，重建规划在未来几十年所发挥重要的作用。

● 让该基地在区域经济中占据重要的地位。该基地在宏观市场上的角色需要更好地进行定义。丹佛市市场并不缺少未开发的土地：挑战并非来自如何将场地充分利用，而是如何在斯泰普尔顿（Stapleton）实现在其他地区无法实现的事情。

● 更上一层楼，为该区域的发展提供一个更好的范本。斯泰普尔顿（Stapleton）需要为该区域出现的新发展树立一个更好的范本。在斯泰普尔顿（Stapleton）进行早期规划阶段，诸如精明增长和新型城市化等术语还几乎不为人所知。斯泰普尔顿（Stapleton）可以树立新型区域发展的范式。

规　　划

丹佛市花费两年时间制定的规划专注于为大丹佛市社区、房地产以及邻近社区创造更大的价值。该价值可以源于该基地未来明确的发展方向、具有吸引力的区域布局以及应对未来的经济、社会和环境挑战的能力。

发展框架首先应基于开放的空间系统。该系统占据了基地近三分之一的面积，是市区和自然区域永久而持续的过渡地带，不仅能够满足娱乐功能，也兼具居住、水质量控制和雨水管理功能。开放空间系统通过生活和休闲娱乐用地将北部和南部大片的再开发土地以及该地区的徒步、单车和骑马系统连成了一个有机的整体。

该框架还包括许多其他的重要因素：

● 城市村庄：步行可达的社区，具有多重功能，公共交通通达，由开放的空间系统连接。

● 流动性：环境方面的规定为植被覆盖率高、步行友好、自行车友好导向型，能够乘坐公共交通到达，并提供尽可能多的公共交通选项来替代私家车的使用。

● 多样性：社区拥有多种用途和不同类型的住房存量，并满足多种需求、提供各种条件来吸引居民入住。

● 智能基础设施：在雨水管理、资源的有效利用、可再生能源技术、绿色建筑、废物减量化和再利用等领域支持新兴的最佳方法。

● 社区连通性：无论是在项目地内部还是在其周边地区均有丰富的自然、社会和文化联系，如避免项目地周边有墙壁和物理障碍，在项目地和周边社区投资更好的学校等。

● 社会基础设施：采纳新型的社区管理、服务交付和公众参与模式，如以社区为基础的资源回收与环境保护项目、以社区为基础的公共交通管理系统、以市民为主导发起的与该地区顶级医疗保健教育的合作以及专注于健康生活各个方面的服务中心。

该规划不仅仅描绘了一个再开发的规划框架，也为再开发过程中的其他基本要素，即经济、社会、环境的一体化目标，提供了一个雄心勃勃的计划。最后，它为再开发过程中的建设、管理和融资指明了方向。

经验教训

斯泰普尔顿发展规划于1995年年初完成，并在同年晚些时候由丹佛市议会一致通过。该规划很大程度上实现了其预期目标：明确发展目标并一以贯之，阐明发展的长期框架，提高社会各界对基地的期望，为其他的发展可能性提供评估基准，规划过程中"去政治化"，为公共和私人合作伙伴搭建交流平台，并为最符合可持续发展的方式争取了一大批支持者。这是一个综合自然、社会、经济和环境目标的富有想象力的规划，为公众建立了一个比社区和城市的预期更为雄心勃勃的再开发计划。

注 释

1. 斯泰普尔顿（Stapleton）重建基金会，丹佛市县和公民咨询委员会，《斯泰普尔顿（Stapleton）发展规划：整合工作，环境和社区》（*Stapleton Development Plan：Integrating Jobs，Environment and Community*）（科罗拉多州丹佛市，1995.03）。

第六章
推动规划实施

将政策转化为现实 /保罗·H.塞德维（Paul H. Sedway）
实施技术是不断发展的、多方面的，而且对良好的规划而言是不可或缺的。

公私合作 /琳妮·B.塞戈琳（Lynne B. Sagalyn）
成功的合作关系能够为创造性解决方案带来更多的资源和机会，同时也需要加以精心的管理。

区划法规：形式与功能 /丹尼尔·R.曼德尔克（Daniel R. Mandelker）
根据传统，实施规划的主力，静态的区划法规会对应对新的土地使用挑战形成阻碍。

芝加哥的区划改革 /艾丽西亚·贝格（Alicia Berg）、托马斯·P.史密斯（Thomas P. Smith）
虽然芝加哥淘汰了过时的区划条例，但是由于未制定适当计划，反而使事情复杂化。

旧金山的开发权转让 /乔治·威廉姆斯（George Williams）
可转让土地开发权利用市场力量促进发展。

从区划到精明增长 /约翰·D.兰蒂斯（John D. Landis）、罗尔夫·佩德尔（Rolf Pendall）
规划人员制定全新策略对选址、时机和开发程度加以控制。

调节绿地发展 /托马斯·雅各布森（Thomas Jacobson）
日益复杂监管环境下的开放土地开发。

保护农业用地 /托马斯·L.丹尼尔斯（Thomas L. Daniels）
纳入综合性规划可使耕地保护实现最佳效果。

协商式开发 /罗伯特·H.弗雷力克（Robert H. Freilich）
开发协议能够同时降低当地政府和开发商的风险。

设计审查 /布莱恩·W.波利瑟（Brian W. Blaesser）
设计审查的有效性取决于设计标准的精心制定。

土地征用权 /德怀特·H.梅里厄姆（Dwight H. Merriam）
自Kelo案后，政府拨付私有财产用于公用时需接受全新的审查。

俄勒冈州"37号条例"投票决议之后 /罗伯特·斯泰西（Robert Stacey）
公众投票损害了该州的规划体系。

公共基础设施融资 /詹姆斯·B.邓肯（James B. Duncan）
基于利益和用途的融资正逐步取代基于偿还能力的融资。

影响评估 /迈克尔·B.泰特（Michael B. Teitz）
一系列授权与利益汇聚于影响评估过程中。

将政策转化为现实

保罗·H.塞德维（Paul H. Sedway）

作为规划过程中最容易被忽视的一个方面，实施往往是规划制定中一项不受欢迎的事后工作。但事实上，它并非只是一项事后工作，而应当成为规划制定中不可或缺的部分。规划制定过程中每一阶段的实施重点都能够暴露（规划系统）内部矛盾、为每项政策和每个计划元素提供现实核查，并为提前调整和及时取舍创造契机。

难怪实施工作常会被推迟，直到公众意识到昂贵且精细的全面规划还未开始的原因是这类实施工作只徒有全面规划的醒目封面和大量插图，却没有明晰的远见与有活力的方案。此外，实施也可能会引发大量争议。涉及梳理相关法律和立法必要性、确定资金需求和融资方法，确认该规划对私有财产所产生的直接影响并作出解决方案。但是，一个全面规划只有在确定其实施方法后才算是真正得以完成。

完善的实施工作需要选择最有效、最高效且最连贯的方式将全面规划转化为现实。它既需要公众权利，也离不开民间合作；而且它还可能涉及区划、城市改造、基础设施建设融资、土地征用、环境评估、资产改良、城市成长管理、绿地保护行动、棕地转变方案、土地细分规则以及设计审查等方面。根据不同的规划，可能还会涉及其他权力项目以及公共和民间行动。

实施工作的演化

在美国土地利用公共管理的早期历史中，区划条例就是事实上的实施方案。唯一要做的就是制定和执行。但是随着规划工作愈发成熟，计划以及规划政策也就理所当然地成了规划过程中的重要支柱。除了区划外，为实施规划还设计出无数的新工具、过程和程序。

各州立法背景

各州必须给予地方实施全面规划的权力；因此，州立法几乎支撑了所有实施行动。包括加利福尼亚州、佛罗里达州、纽约州、宾夕法尼亚州和华盛顿州在内的很多州都采用了区划"相容性"要求，以确保区划以及其他实施方法能够反映拟定的计划与政策，虽然"相容性"这个词很难界定。但是，有几个州是通过更直接的方式来处理全面规划与区划之间的关系的。例如，佛罗里达州就要求地方规划和区划法规都要被相关条例采纳。华盛顿州要求处于城市化进程中的各县（主要集中在该州的西部）及其城市制定规划，并给予其一年时间通过一致的法规规定。而广为宣传的俄勒冈州全州规划系统则要求地方政府提交相关规划与法规，供该州审批。一些州只是要求地方政府在开展划分工作前，通过一个全面规划；其他州则没有针对这一问题做出明确规定。总的原则是，规划和政策确定目的地，实施方法则要绘制出最佳的到达路线；而该等方法中的公私行动是通往现实的实际旅程。

全新的实施方法

实施方法在不断发展，而新型规划（例如，政策规划、战略规划、区域规划、城市设计规划、社区规划和保护计划等）以及新的实体（例如，改建区、港口、学区，以及公私部门实体）也正在积极开展相关规划工作，这些情况共同导致了全新实施方法的产生。因此，政策、计划和管理实体的绝对多样性就需要创新。

虽然多年来，区划一直是实施土地利用规划的主力，但区划的特点、作用、形式和用途却发生着巨大的变化。区划的最初目的是保护财产价值、区分不同的用途；而其现在的作用则是促进社区、居民和企业的开发工作。这一转变给开发商们提出了挑战，他们通常在不同社区工作，受到各种不同力量的约束。

反作用力也在起着作用。一方面，出现了自由裁量权审查制度的趋势，该制度不但使私人规划更具广泛性和灵活性，也使得公民可以参与听证会和政治谈判，以确保对公众需求做出积极响应。另一方面，由于能够更加精确地确定公众的需求，因此，设计标准、具体规划和新方法（例如，基于形式的区划）又使灵活性有所降低。创新性的混合方法，例如模块式或积木式区划，刚好处于这两种情况之间；该方法将灵活性和针对性相结合，提供了一系列可与不同变量（例如，密度、强度、高度和街边停车位）相关联的法规，还能加以混合和匹配以适应任何需求或背景。变量的范围可直接键入到不同的公共政策和场景中。

随着新型规划的出现，其他全新的区划制度也纷纷浮现。这些制度包括单地图区划制（其中的规划颇具针对性，足以作为政策和监管文件加以使用）；基于规划的行政审查制（如已被各种环境机构，例如塔霍区域规划局、旧金山湾区保护和发展委员会所采用的）；它提出一个更为稳健的审查制度，直接基于非常详细的规划政策，同时还涉及部分自由裁量权；以及绩效区划制（这一名称源于传统的工业绩效标准）或影响区划制（这一名称则源于环境影响报告（Environmental Impact Reports：EIRs）中提及的项目预期成果，这两种区划都需要从规划中提取特定的限制指标；而且由于EIRs等其他项目预期研究的存在，这两种区划都是可行的）。最终，区划方法已经能够满足多种特定需求：例如，鼓励性区划促进了公众预期发展，而使用分类系统则省去了众多允许用途列表的麻烦。

每一种方法都得了口头倡议者的支持，而且所有的方法都在区划方案列表中占有一席之地。例如，在20世纪80年代，佛罗里达州社区事务发展部门取消了传统的全面规划及其相关区划条例，并要求芦苇河改善区——迪士尼乐园在佛罗里达州的理事单位——针对其对其他司法管辖区造成的所有当前及未来影响提交一份详细的评估，并定期予以更新。周边的社区对这一措施的启动表示非常欢迎，因为在清楚了解迪士尼乐园产生的影响后，它们就能够制订更完善的计划。

实施中的问题

规划实施已经引发了很多的争议，使得规划师与开发商、发展倡导者与环境保护主义者以及各领域法律学者陷入对峙状态。

可预测性与灵活性
在涉及区划问题时，"当然权利"法规支持者（认为你在法规中看到的就是你能得到的）与行政审查和谈判支持者（认为需要人员参与）之间存在着长期冲突——也就是（简而言之）可预测性支持者与灵活性支持者之间的冲突。丹尼尔·曼德尔克（Daniel Mandelker）等法律学者则赞成采用混合式方法——采用该方法时，例如，通常需要接受审查和谈判的项目（例如规划单位开发项目）当然可享受的权利，无须接受审查，前提是该项目能够符合较为简单的标准。

那些主张开展自由裁量权审查和谈判人士谴责严格的监管，他们认为保护公众利益的最佳方式就是发布大量的公告、多次举行听证会以及发布关于特定标准的明确调查结果。而其他人士则声称这种方法过于随意，会招致政治权钱交易和不公平待遇。他们认为关于限制规则的说明必须明确，希望购买房产的人需要提前了解自己可以用它做什么。规划与区划之间的一致性要求往往会对该等灵活性产生抑制作用。在卡特里娜飓风后，新奥尔良市出现了一个全新的派别，正针对"依法规划"方法发起一项运动，企图削弱其政治影响。

转变对综合用途开发的态度

根植于妨害法的传统区划方法，按照区域将不同的土地用途加以区分。最常见的案例——防止单户住宅被工厂包围——在几十年里影响着人们对于任何综合用途开发的态度。

但是，今天的居民和企业渴望能够借用到那些仍有部分非居民活动区域，以及正处于绅士化的原非居民区内的工业楼阁。这样的生活—工作区比比皆是。由于人们日益关注可持续发展，并希望减少出行、有效利用基础设施，使得大家对综合用途开发的态度更加包容。新型建筑形式——停车场、零售、办公、酒店和住宅区的垂直综合使用——已经司空见惯，即使是在大型城市的同一建筑内也是如此。此外，随着服务业和高科技产业的发展，轻工业区也越来越受欢迎。

规划者也通过改变传统的"欧几里得"（一语双关，既指著名的高级法院区划案[1]，也指著名科学家提出的物理学理论）区划方法，对这些新的建筑形式做出了响应；该方法专注于从地面到天空的单一区划类别。很多区划法规现在认识到，土地用途既包括活动（发生的事情）也包括设施（活动发生场地内的结构），而且应该对这两部分分别予以考量和规定。

技术进步

计算机和互联网的使用在传播法规和批准行动中具有极大的潜力。如果能在线查阅相关法规，那么财产所有者就可以快速地确定相关规定，而无须翻阅各种文档。当区划地图与地理信息系统有机结合时，财产所有者就可以使用电脑来为其每个不动产的覆盖区域和基本法规进行评估，同时还能针对不同用途确定合适的位置。

实现法规在线查阅的其中一个好处就是，有助于加强相关部门和机构间的协调，例如规划、区划、建设与住房；同时也有利于及时检测各个法规之间是否存在冲突。此外，技术进步也促进了一站式市民服务中心的建立，在那里市民们可以及时查看适用其所在地区的相关法规规定。内华达州的沃肖县、佛罗里达州迈阿密—戴德县以及加利福尼亚州的旧金山都率先在社区中设立了此类中心。

私营部门的作用

随着项目规模和成本的加大，传统的公共重建工作（那种由公共机构获取土地，将其转让给私营开发商，再由后者根据区域规划进行开发）在很大程度上已经被公私合作（因私营竞争对手之间的竞争造成）所取代。公私合作内容包括：将以前的公共部门职能移交给私营部门，同时确定私营部门行动参数，并保留适当的公共监督。私营部门可在编制全面规划，与相关公共机构协同工作中占主导地位。这类安排降低了对详细土地使用规定的需求，因为公私两部门从开始阶段就展开了合作，并持续协同作战。

虽然公私合作开发具有一定的优势，但其也引发了一系列法律和政治问题。例如，很多地方政府在很大程度上已经放弃了制定全面规划的责任，而是从私营实体中征求开发或重建方案；很多时候，开发商的选择完全基于经济因素，将公众需求置于次要地位。其他问题包括一般法律与特许城市（即有能力确定限制范围内自身权力的城市）追求该等计划时的权力范围，以及州立重建机构制订的计划与当地规划委员会采取的计划是否一致。这些问题不但会引发公众争议，有时还会招致诉讼。

随着项目规模和成本的加大，传统的公共重建工作（公共机构获取土地，并将其转让给私营开发商）在很大程度上已经被公私合作（由私营竞争对手之间的竞争造成）所取代。

城市重建初期广泛使用的征用权现在受到越来越多的抨击，因为其目的是征用私人土地——特别是私人住宅——这些土地又被转让给私人开发商以开发利润更大的项目。2005年，美国最高法院的Kelo案判决主张使用征用权以促进经济复苏，但同时也对滥用权力提出警告。[2] 在法院判决之后，约有40个州通过了相关法律或宪法修正案，限制公共部门将征地用于私营项目。

随着土地征用权审查制度的日益严格，征收土地进行重建等项目将会更加困难。2008年6月，加州98号提案在全民公决中被否定（该提案作为反Kelo案运动的一部分，旨在将"征地"的定义扩展至涵盖大部分监管措施），但其代价是在另一项措施——99号提案中规定，禁止征用任何的住宅用地。这一变化对未来需求（例如，毗邻高速轨道交通、临近水路中转码头以及针对因全球变暖导致水位上升的水体沿岸土地再整理等而开展的以公共交通为导向的开发项目）的影响仍不明确（如欲了解关于"土地征用权"的更多信息，请参阅本章节中的"土地征用权"和《俄勒冈州37法案》的后果"这两部分内容）。

由于公共和私营部门在项目启动和实施工作中产生了较为密切的合作关系，因此更准确地使用公共权力是一种必然趋势。公共部门将发起更多大规模的项目，但其都需要私营部门予以完成（例如，高速铁路和高速公路的建设）；因此，大多规划开发项目的重担都放在了详细的合同协议上。

监管与融资的结合

为了获取公共利益，地方政府越来越倾向于向开发商提供奖励机制，或允许其增加开发项目的密度或强度，以换取更多的开发影响费。换句话说，以前曾饱受质疑的"出售分区"倾向又将再次出现。巴西的库里提巴就是其中的一个案例；在那里，在废弃铁路线上新建高速公路，沿线的分区将出售给出价最高的投标者。这就提出了一个古老的难题，如何出售分区及可转让开发信贷才能超出管辖权下的规划限额。

地方政府通过多种方式捕获开发工作的经济利益，例如，通过开发费用、税收增量融资安排、开发影响费以及联动协议等。近期，地役权已被用于确保办公公寓中转费用由其后业主承担，从而确保公共交通部门拥有稳定的经济补贴。在旧金山，针对跨海湾交通枢纽中心新高层建筑所征收的开发影响费、房产转让税和房产税，可能会用于建设价值几十亿美元的全新铁路站点，该站点将成为区域交通路线的枢纽，同时也是未来旧金山与洛杉矶之间的一个高速铁路系统。

为了限制密度增加，一些地方会采用一个可转让开发权（TRD）或可转让开发信贷（TDC）的系统。虽然这样的方法确保了低密度用途，对那些具有历史性或其他有价值房产或建筑的所有者给予了补偿，从而以最低的公共成本推动了公共保护目标；但是其需要对输入和输出地区进行仔细划分，并保持警惕，以确保一些地区不会被过度开发。在保护纽约中央火车站时，可转让开发权（TDR）方法起到了巨大作用，目前这一方法被广泛地用于整个旧金山市中心。

绿地保护

绿地通常会受到土地细分审查的保护，以确保新住户能够充分享受交通服务与设施；该项审查也已经远远超出了其本意。如今，在很多社区，土地细分审查成为保护空地和农田、减少危害以及保护自然资源的主要手段。土地细分审批还涉及征税，很多社区利用该部分税收为改善工作提供资金支持。

经州政府现行法令授权后，各地方可确定城市增长边界，以限制开发项目的蔓延。超出这些边界时，如果可以继续开发，开发商就需要对所有公共服务和影响承担责任。

其中最具雄心的规划位于俄勒冈州，各个地方都必须确定增长边界。尽管出现了政治反弹以及两次全州公民投票，该系统仍得以保留，但较1972年刚确定时稍显薄弱。

实施中的障碍

阻碍实施工作的因素有很多。其中最为突出的包括监管惯性、政府间冲突以及环境影响评估。

监管惯性

在改变城市和郊区开发模式与实践方法时，监管惯性也许是最大的障碍。虽然芝加哥、奥克兰和罗切斯特等城市，以及克拉马斯（俄勒冈州）、劳登（弗吉尼亚州）和圣地亚哥等郡已经对其区划法规进行了全面修订，但是仍有很多司法管辖区（特别是比较大的）仍无法对其过时且越来越难理解的法规进行全面修订。一个障碍当然就是高额的修订花费。但是，其中也可能受到了那些深谙旧法规而且往往能从中受益的专业人士（如律师和规划顾问）、那些不确定变化将如何影响其投资的开发商以及那些担心修订区划地图会对其造成不利影响的公民的强烈抵制。通常的"惯性"解决方案就是采用新的审查程序。当几乎所有的项目都需要某种形式的环境审查和多种许可证时，土地使用管制的可信度和公正性将遭到损坏。

> 在改变城市和郊区开发模式与实践方法时，监管惯性也许是唯一的最大障碍。

开展监管改革的策略之一是，利用新的区域，将议定新区划法规约文与实际的区划绘图区分开。这一程序只有两个步骤，但却因为对规划—法规关系的理解（法规作者认为这两者需要同时做出改变）而往往忽视了其是一个健全且有效的策略。然而，根据另一种方法，对新法规的内在逻辑进行探讨的同时，现有的区划地图仍继续适用——只要可以明智地商讨不存在的区划地图变化。一旦就新法规达成一致意见，就需要开始开展更多的持续工作来调整新区的边界或名称。加利福尼亚州的奥克兰市在采用了这一程序后获利。

另一种有效方法就是做出针对性的改变，而不需要对区划法规做出整体修订。近年来，填充式开发、以公共交通为导向的开发、密集化以及资源节约等规划政策已经开始流行，并得以精确实施。作为洛杉矶市总体规划框架的一部分——后来被称为精明增长或"负责任的土地利用"中的一项探索性工作——该城市修订了其规划法规，以在目标区域实现增长，此外还在该等区域周围设立了新的公共交通系统。[3]这一举措同时需要满足以下条件：最新的技术（例如最小而不是最大的密度和强度）、公交路线邻近区域的街边停车需求以及取消拥挤地区的街边停车场。芝加哥最近也对其全市范围内的法规进行了修订，而且还将中心城区规划修订，而非最新的全市综合计划，作为其出发点。

政府间冲突

实施过程中的另一项挑战就是政府间作用在决策中的冲突。虽然在过去，州或区域机构的监督力度普遍较为薄弱或是缺失，但现在的地方决策却常常受到质疑。同样饱受争议的是，当涉及自身项目时，联邦或州政府可以忽略地方性法规。这些冲突通常会在规划和设计工作中通过互让—妥协这一过程得以解决，但是谈判桌上的各方很少能处于平等地位，常存在着来自更高级别政府的隐含威胁。因此，需要提前考虑到这些关系与决策过程，并实现其制度化，以确保联邦或州项目能找到适合的"家"，地方也无须被迫接受一个设计、缩放和选址不当的项目。

环境影响评估

环境影响评估（Environmental impact assessment：EIA）无法轻易地成为规划实施中的一项传统内容。虽然州政府环保行动自20世纪70年代初期就有案可查，但环境评估仍然只是平行于规划与区划过程，且与该等过程完全独立。环境影响评估（EIA）通常会带来一堆远远超过法规要求的调查结果和缓解措施方案。根据大多数州法律，在面对具有极其负面环境影响的项目时，管理机构不予批准。而这样做的结果就是项目倡议者、项目周边地区以及管理机构之间的无限互让—妥协，同时还要在谈判过程中面临着诉讼的威胁。面对面谈判通常可以达成交易或取得和解。有时，诉讼用来解决分歧，并执行州或联邦环境法的相关规定。这一系统并不会带来最合理的规划与许可结果。

公民越来越多地参与（并且越来越全面地了解）环境影响评估意味着规划者必须充分认识到公众对于影响的看法。但是，强制执行的那些程序的严格性和低效率，必须遵守的无数行政指导，以及当前必须满足的大量报告要求，等等，都阻碍了实现环境审查与其他监管程序的同步化工作。讽刺的是，大多数州法律要求全面规划提交环境影响报告，该类评估明显是多余的，因为良好的规划会定期对其替代方案的影响加以评估。很多管辖区还会禁止全面规划的制定者（例如，规划部门或受聘的环境顾问）在缺乏客观性时制定环境影响报告。这项禁令表明，规划制定者充其量只是另一位申请人，而最糟的情况就是其根本不称职或无法被信任。

制定实施方案

制度安排是如何展开实施工作的一个关键因素：谁（哪个机构）、什么（哪些方案或过程）、何时（哪些程序）以及何地（哪些政府间联系）。其内容包括州法律规定、当地政府和规划部门体系、可用资金、公共权力程度以及规划产生的传统，等等。了解制度安排有助于规划人员确定最佳实施方法。通常，全面规划的广度和复杂性与实施该规划所需的人员和资源并不匹配——在这种情况下，实施工作就会较为艰难。有时候，这种不匹配的原因在于不可避免的州政府要求的"一刀切"，但更多情况则是因为缺乏精准的判断。

建立制度安排

很多重要的开发项目都需要开展早期投资活动以及重建、基础设施和规划部门间的协调工作。但多数情况下，都未能达成有助于确保这类协调工作的结构。而且，在大多数州，重建部门——往往涉及全面规划与实施——并非当地的实体机构，而更像是州政府的产物，这就意味着当地规划部门，甚至包括当地管理机构都无法断言能够完全控制它们。各种特别区也是如此。

特设工作组或其他安排可基本上消除制度差异。工作组或其他实体必须对所有行动具有充分的审查权，其中包括公共投资，而这通常不属于综合规划部门的管辖范围。创设特设工作组的其他替代方案包括设定一个市—县联合组织作为联络机构，设置开发协调员职位，或就基本问题制定谅解备忘录。

机构间合作对于协调交通与土地利用开发而言尤为重要。联合开发需要规划、公共工程与运输之间实现精准同步，同时还可能需要制定能够超越任何一个该等实体单独行动时权力的开发激励机制。在很多情况下，没有任何实体负责监督或调解；因此，这样的项目根本无法完成。

行动策划与预算编制

任何综合规划都需要直接解决实施问题。最初，一个能够描述工作重点和责任的矩阵就能发挥作用。但是一旦规划被采用，第一步就是进行系统的策划。1978年，圣地亚哥郡决定通过一系列分区计划来开展其综合规划。由于每个分区都具有独特的地理位置和人口特征，因此该郡决定采用模块化的区划方式，这也是普遍区划方式上的一大飞跃。在6个月的时间里，制定并通过了一份详细的工作方案，详尽说明了时间、人员分配、顾问费、公共意见和官员决策等事项。该工作方案有力地确保了系统的成功，并在随后的30多年里证明了其价值。

初期结果

虽然与其他机构的协调是必不可少的，但实施工作的成功也同样离不开初期显著的进展。如果实施工作被拖延太久，开发商和公众则可能会失去兴趣；政治风向也可能就此转变；全面规划、项目或政策可能永远无法实现。

全面规划需要由很小的元素加以表达；随着每个元素的完成，动力滚滚而来。20世纪80年代在旧金山推出的《使命海湾计划》便是私人土地所有者与城市间协调开展的一次广泛公私部门规划工作。由于该项目涉及面积较大，该项目场地的北部就是早期工作的重点。在获得该地区项目的增量批准后，就开始了详细的策划工作。这一方法使公众对整个项目的可行性充满了信心——多年来已然发生了改变，但随着新建设项目的推进，继续鼓舞着公众的信心。

面面俱到

有效的实施工作对于任何全面计划而言都是不可或缺的，但实施方案的内容则会随具体情况和目的有所不同。为了确保规划或策略的实现，交叉引用政策与实施技术是非常有用的。决定优先顺序时需要考虑的标准包括需求的迫切性、特定策略或项目的预期效果、管理成本、效力、政治可接受度、简单性和便于理解程度以及结果监测的简易程度等。

在实施过程中做到面面俱到会使决策者和监管机构确信能够实现综合规划。正如在南卡罗来纳州查尔斯顿市任职多年的市长乔埃·莱利曾说："规划者的工作是要让政治家们觉得，他们所肩负的项目是很容易开展的。"

注　释

1. 欧几里得镇诉安布勒地产公司案，编号：272 U.S. 365（1926年）。

2. 凯洛诉新伦敦市案，编号：545 U.S. 469（2005年）。

3.《全市总体规划框架：洛杉矶市总体规划的一个元素》（1995年 lacity.org/pln/Cwd/Framwk/fwhome0.htm（于2008年7月23日访问））。

公私合作

琳妮·B.塞戈琳（Lynne B. Sagalyn）

　　公私合作（Public-Private Partnerships，PPP）是复杂的大型项目在实施过程中较为受青睐的一项策略。三十多年以来，美国政府官员已多次采用PPP方式来重建市中心、振兴社区，并促进经济发展。在全球范围内，政策制定者将该策略视为处理不断强化的城市化需求问题的一种既创新又聪明的手段。特别是在满足对新的大型基础设施投资的迫切需求，以及同样迫切的对现有系统改造的需求中，PPP发挥着核心作用。

　　各级政府官员已经将PPP模式快速应用于不断扩大的城市需求中。例如，在服务基础设施领域，公私合作项目涉及废水和生活污水处理厂、电厂、管道、电信基础设施、高速互联网基础设施、公共道路与高速公路、收费公路、收费桥梁、隧道、道路维护与改进、铁路、地铁、轻轨系统、机场设施、港口、经济适用房、学生宿舍、教学楼、政府办公室、消防和派出所、医院及其他医疗服务、监狱、安全培训中心、停车站和博物馆，以及其他娱乐和旅游支持项目。表6-1是一系列公司合作项目的详细清单。

　　PPP形式的灵活性——可调整特定项目的条款与条件，并能微调公私部门的风险与

北美地区公私合作项目案例　　　　　　　　　　　　表6-1

项目开发类型	所在地	PPP形式[1]	开始时间[2]
阿博斯福医院	不列颠哥伦比亚省阿博斯福	DBFOM	1987年
巴特雷公园城	纽约市	DDA	1969年
加州广场	洛杉矶	DDA	1981年
城市广场	佛罗里达州西棕榈滩	DDA	1988年
银泉市中心	马里兰州	DDA	1999年
Excelsior and Grand社区	明尼苏达州	DDA	2001年
蒙太奇花园和车库	加利福尼亚州比弗利山庄	DDA	2000年
Rowes码头	马萨诸塞州波士顿	DDA	1985年
南部工程	宾夕法尼亚州匹兹堡	DDA	2000年
芳草地艺术中心	旧金山	DDA	1980年

续表

项目开发类型	所在地	PPP形式[1]	开始时间[2]
重建			
大西洋城（沃克）	新泽西州	DDA	2002年
贝尔马	科罗拉多州莱克伍德	DDA	2002年
第42街/时代广场	纽约市	DDA	1980年
Fruitvale区	加利福尼亚州奥克兰	DDA	2002年
霍顿广场	加利福尼亚州圣地亚哥	DDA	1977年
伯纳姆酒店	伊利诺伊州芝加哥	DDA	1998年
James F. Oyster学校/Henry Adams House	华盛顿特区	DDA	1999年
联合车站	华盛顿特区	DDA	1985年
交通			
阿莱恩斯机场	得克萨斯州沃思堡	DDA	1989年
Charleswood大桥	加拿大温尼伯	DBFO	1993年
芝加哥架空公路（Skyway）经营权	伊利诺伊州	特许经营权	2004年
联邦大桥	加拿大爱德华王子岛博登-卡尔顿	DBFOT	1985年
杜勒斯林荫道	弗吉尼亚州	DBFO	1988年
E-470收费公路	科罗拉多州	DBO	1985年
30号公路	得克萨斯州	DBFO/特许经营权	2006年
407号公路	加拿大安大略省	DBO	1993年
哈德逊—博根轻轨铁路	新泽西州	BOT/DBOM	1994年
印第安纳收费公路	印第安纳州	特许经营权	2005年
肯尼迪国际机场4号航站楼	纽约市	DDA	1995年
拉斯维加斯单轨电车	内华达州	BOT/DBOM	1993年
皮尔逊国际机场3号航站楼	多伦多	DBFO	1986年
Pocahontas Parkway公路（895路线）	弗吉尼亚州	DBFO	2004年
里士满机场—温哥华线	加拿大	DBFO	2001年
28路线	弗吉尼亚州	DBT	2002年
91路线高乘载车道	加利福尼亚州	BTO	1995年
南湾高速公路（125路线）	加利福尼亚州	DOT/经销权	1991年
供水和下水道设施			
亚特兰大供水服务	佐治亚州	运营管理合同	1998年
富兰克林污水处理厂	俄亥俄州	DBFOT	1995年
凤凰城污水处理设施	亚利桑那州	DBO	2000年

1. PPP=公私合作；DDA=部署与开发协议（请参阅表6–2，了解其他缩写）。

2. 一般来说，公共部门规划的开始时间（该等日期不知晓时）应采用选定私人供应商的日期。

责任分担——使PPP模式具有高度的适应性。虽然PPP最初是用于市中心开发项目，但如今这一方法已经扩展到了水岸改造、历史文化保护、棕地重建、社区商业中心振兴、军事基地转变、社区发展贷款等项目中（图6-1）。尽管如此，包括监狱在内的一些服务领域采用PPP时仍存在着不少争议；而其他服务领域，例如信息技术和小型资本项目，则不适合采用PPP策略。

图6-1 最早用于市中心开发项目的公私合作方式现如今已扩展到了包含郊区社区和经济发展等多个领域，例如科罗拉多州莱克伍德市的贝尔马

资料来源：由Continuum Partners有限责任公司提供

多种形式

在城市服务提供与城市环境建设（重建）政策的范式变革中，获得融资已经成为主要推动力。在世界范围内，各国政府都面临着因预算限制（或现金匮乏）以及选民对税收的敏感性增强而造成的财政紧缩问题。各级政府对财政压力的应对工作，促使官员们尝试创新方法来处理大型项目规划、设计、融资和执行过程中面临的重大技术挑战。

三种最为常见的PPP形式——资产出售、合同外包以及合资或合作协议（第一种具有法律约束力；第二种则可能没有法律约束力）——为政府官员提供了众多方式以替代传统公共部门采购模式。很多专家认为传统采购模式成本高昂、效率低下，且会受官僚主义羁绊。"合同外包"（通常称为私有化）是一种正式的采购安排；采用该方法时，政府在服务提供和固定资产等方面的责任就被转移到了私营部门。表6-2中列出的多种形

公私合作项目的实施方式 表6-2

公私部门安排类别	缩写	公共部门交易类型
外包/合同外包		一般采购
服务提供合同		服务采购
设计和建造	D & C	服务采购（传统）
售后租回	S & L	所有权转让和承包
运行与维护	O & M	服务采购
运行、维护与管理	OM & M	服务采购
建造—租赁—转让	BLT	服务采购和资本资产
建造—租赁—转让—维护	BLTM	服务采购和资本资产
建造—拥有—经营	BOO	服务采购
建造—拥有—经营—维护	BOOM	服务采购
建造—拥有—经营—移除	BOOR	服务采购
建造—拥有—经营—转让	BOOR	服务采购和资本资产
建造—拥有—经营—培训—转让	BOOTT	服务采购和资本资产
建造—经营—转让	BOT	服务采购和资本资产
建造—转让—经营	BTO	服务采购和资本资产
设计—建造—融资—经营	DBFO	服务采购
设计—建造—融资—经营—管理	DBFOM	服务采购
设计—建造—融资—经营—转让	DBFOT	服务采购
设计—建造—经营	DBO	服务采购
设计—建造—经营—管理	DBOM	服务采购
设计—建造—转让	DBT	服务采购
设计—建造—管理—融资	DCMF	服务采购
设计—经营—转让	DOT	服务采购和资本资产
租赁—重整—经营—转让	LROT	服务采购和资本资产
修复—拥有—经营	ROO	服务采购
修复—经营—转让	ROT	服务采购和资本资产
经销权		授权服务协议
特许经营权		授权服务协议
商业改善区	BID	特殊征税与共同决策
社区发展银行	CDB	共同提供资金的信贷企业
重建合作		共同投资"混合企业"
合资企业	JV	共同投资"混合企业"

式有一个显著的基本共性：重新分配和风险分担。

成功的公私合作项目通常具有4个特点：

- 由于利益的一致性，各合作伙伴之间是合作关系，而非对抗关系。
- 正式合同列出了各项条款；根据该等条款，合作伙伴共同分担经济利益和社会利益中的风险、责任和机会。
- 涉及项目的核心决定需共同做出。
- 在项目启动和运行后，通常坚持采取定制化的业务安排。

公私合作安排的种类

商业改善区（Business Improvement District, BID）：在这种商业性安排下，一个经划分的地理区域内的业主或企业需要进行附加税评估，且该等税款应用于资金支持该区内的服务与改善工作，并支付BID运行的相关管理成本[①]。

社区发展银行：由公共和私营部门基金共同提供资金支持的信贷机构，其目的是充分利用民间资本，为贫困社区中的小企业提供贷款、担保、风险投资、赠款和技术援助。

特许经营权：在这种法律安排下，私营公司被授予土地或财产以用于特定目的（例如，提供水或电），并在合同规定的时间内，利用该等土地或财产来提供服务；此后，该土地（及其改善）或财产应退还给公共实体。

经销权：在这种安排下，私营公司被授予许可证，在合同规定的时间内，在特定领土上开展经营活动或提供服务。

合资企业：在这种安排下，私营和公共机构共同承担服务设施的开发工作（有时也包括运营和维护工作）。

外包或合同外包：在这种安排下，公共部门虽然保留某项职能的所有权或政策控制权（例如，设定利率的权利），但其与私营运营商签订了合约，后者可在合同规定的时间内通过某些类型的采购过程来履行该项职能。

采购流程：在这种安排下，公共部门需在合同规定时间内决定服务的权利和责任——风险分配、运营、融资、维护以及实施。

重建合作：这种以项目为基础的安排通常涉及公共部门的联合投资。公共投资可

---

① 理查德·布里福（Richard Briffault），《政府是为我们时代所需？商业改善区域与都市管理》，《哥伦比亚法律评论》99期（1999年3月）：第365-477页。

能包括各种直接或间接的财政支持、监管减免、政府催交以及其他形式的援助等。公共
实体（或实体）可能、也有可能不合法地共同拥有该项目，即使利润分享安排已经到位。

这些属性使公私合作企业享有同等补贴，其中包括政府向私人机构发放的单向流动
资金、税收优惠以及监管权利。

不同的过程

尽管公私合作项目中的很多内容类似于传统的开发项目，但仍在重塑规划过程的核
心方面存在着差异：

● 私人公司与政府间的部署与开发协议详细说明了开发的条款与条件。相较于传统
项目而言，即使是传统的城市重建计划，公私合作项目会让私营部门更早地参与公共规
划过程。

● 利用相对有限的资源吸引更多的私人投资。

● 公共财政承诺代表了公共部门需要承担的一种风险；因此，地方政府参与公私合
作项目（1）会引起对于透明度和公众问责制的担忧，而且（2）会带来如此期望，即项目
不仅仅造成物业税收入的增加，还产生更多的财政利益和社会效益。

● 公共、私营和社区利益相关方的积极参与使得公私部门间的互动关系变得尤为复
杂，必须巧妙地对其加以协调和管理。

● 公众的非金融目标（例如，平权行动目标、居民招聘目标以及设计标准）必须与
发展方程以及以市场为导向的可行性和盈利能力进行有效融合。

PPP为这两组参与者都提供了众多优势。在与政府机构合作后，开发商能够获得更
大的把握以及更具合作性的监管环境。他们也认为政府会更倾向于通过（也可能加速）
审批程序。当PPP项目坚持采用严格的城市设计标准时，投资者和其他私营部门利益相
关者（例如商业及住宅租户）都有可能从更高水平的设施（相较于完全私营项目）中获
益。对于公共部门而言，PPP对项目的控制更仔细，并允许地方政府追求各个市场外物
质目标和社会目标，例如经济适用房、公园和开放空间、平权行动、选用少数民族承包
商以及为低收入居民创造就业机会。当公私合作项目所用土地为公有时，政府往往能
够利用其所有权价值，扩大公共利益。

公私合作项目也同样给这两组参与者带来程序与政策方面的担忧。规划者、政府

谈判人员和民选官员必须设计并管理严格的公众参与程序、规定承包要求（以确保财务问责制），并妥善权衡洽谈生意的实际需求与出于政治敏感对透明度的要求。[1] 对于开发商而言，由于公私合作企业通常会伴随着广告宣传，因此诉讼和压力集团参与的可能性更大。在大多数情况下，接受公共资金以及公共部门合作伙伴的参与，就意味着需要进行更多的信息公开（相较于私营部门开发项目的正常情况）。

一组经扩展的规划能力

公私合作战略要求规划者在项目开发过程中发挥直接作用。其作用可以为公共部门的传统参与领域予以补充——土地使用监管和基础设施直接提供——但是这也使规划者站在了项目开发过程的最前沿，而在这一过程中政府会因寻求经济回报、公共设施和社会效益而面临全新的风险。通过一系列的政策与实践，合资项目渐渐模糊了公私两部门之间的传统区别。这些项目在带来大量商机、经济发展和城市益处的同时，也招致了争议、批评和担忧。[2]

为了更好地参与公私合作企业，规划者就需要增加新的技能。他们需要了解公私合作项目确定、构成、融资以及实施的过程、战略和程序。无论当地政府是否自行管理这一过程或聘请专业顾问及法律顾问给予协助，规划者都需要负责确定公众目标、计划目标、开发商选择标准、援助形式以及开发条款与条件，这些都是招标书的核心内容。他们也必须了解房地产市场动态、开发业务需求以及土地利用规划和社区发展情况。此外，除了制订计划外，规划者还应高度关注实施过程中所涉及的政治因素。[3]

注　释

1. 琳妮·B. 塞戈林（Lynne B. Sagalyn），《解释不可能：在联邦经费削减后的地方重建》，《美国规划协会会刊》56（1990 年秋季）：第 429-441 页。

2. 琳妮·B. 塞戈林（Lynne B. Sagalyn），《从长远角度看公私合作开发：历史、研究与实践中的经验教训》，《美国规划协会会刊》73（2007 年冬季）：第 7-22 页。

3. 琳妮·B. 塞戈林（Lynne B. Sagalyn），《在开发过程中协调公共部门和私营部门的作用》，载《房地产开发：原则与过程》，第四版，编者：迈克·E. 迈尔斯（Mike E. Miles）等（华盛顿特区：城市土地学会，2007 年）。

区划法规：形式与功能

丹尼尔·R.曼德尔克（Daniel R. Mandelker）

  区划是管理地方土地使用情况的一种基本工具。[1]区划条例需经州法规授权——尽管其在一定程度上发生了演变，但仍基于美国商务部于1924年颁布的《标准州分区规划法》。[2]该法案授权社区：（1）制定一份区划地图，将司法管辖区划分为多个土地利用分区；（2）制定一套区划条例，提供土地使用和场地开发方面的规定。

  在符合区划条例规定的情况下，就可依法开展开发项目；自由裁量权的行使仅限于批准特例许可和特殊例外情况（也可称为有条件使用），其可通过修改适用于特定区域的区划法规以放松要求。如果申请人能证明其困难，则有可能获得特例许可——允许使用土地（而在通常情况下该区域并不准许这样做）或允许对场地开发规定进行修改；例如，允许使用侧院退台的部分面积用作车库。特殊例外可允许使用土地（而在通常情况下该区域并不准许这样做，但若能符合区划条例中的标准，则可获得授权使用）——例如，住宅区内的教堂。这两种情况都允许周围相关人士参与决策过程。

  区划条例将社区划分为住宅区、商业区和工业区三大类。但在通常情况下，每一类别中会有很多小的分区，这些其他分区通常用作新的用途；例如，住宅区又分为单户型和多户型区。每个城市分区都有指定的密度。场地开发法规描述了该房产可搭建何种结构的建筑围护结构。除了地块面积、高度调节和建筑缩进外，地块前沿长度和建筑覆盖率也可能包含在内。在商业区，通常还会针对绿化和停车场制定其他规定。土地利用强度可通过建筑容积率来调节；容积率的目的是确保建筑的立方面积与地块的面积成正比。

自由裁量权审查

  随着区划做法日趋成熟，区划条例逐渐地从允许合法开发的规定转变为指导自由裁量权审批，例如，特例许可和特殊例外。另一种类型的自由裁量权审批——区划图的修订——也需要经《标准法》授权后方可由立法机构予以审批。这些修订在今天的城市化地区特别常见；在该等地区，市政当局为了有机会对提交的新开发计划予以审查通过，经常会以低于市场需求的强度对土地进行区划。

区划图修订的一个变量就是可变更区域。一般情况下，分区会在被用作文本修正案的同时，得以绘制。然而，在遇到可变更区域时，应在区划条例的文本内采用分区，但需在土地所有人申请该区域的地图修订，并获得立法机构批准后方可进行绘制。

有条件的重新区划，是区划图修订的另外一个变量，立法机构会在土地所有者记录下各项限制规定，详细说明该如何对该场地进行开发，并取得其邻居的同意后，对重新区划予以审批。但是，也并非所有的法院都会批准有条件的分区。

自由裁量权审查也可以控制场地开发的具体细节。例如，区划条例可能会要求规划者或规划委员会对单个场地的开发规划进行审批。开展场地规划审查的目的是确保其符合绿化、停车、标志要求以及其他场地开发问题。自由裁量权审查还被纳入到了历史保护条例中，旨在确保针对历史建筑的任何工程都应符合该建筑的历史特点——如果该建筑是历史街区中的一部分，则还应符合历史街区的特点。新建建筑可能会需要提交设计审查；而在场地计划审查，以及新开发项目审查时，也可能会包括设计审查，例如规划社区。

虽然自由裁量权审查在区划管理中颇为重要，但其也会导致随意和主观决策等问题。

规划单元开发

在第二次世界大战结束后变得尤为普遍的大型住宅开发项目需要越来越全面的设计审查。区划条例由于无法授权综合利用土地，也无法提供设计审查或开放空间的供应情况，因此无法有效地调节该等开发项目。为了解决这些问题，地方政府可以采取相关条例来规范规划单元开发（Planned Unit Development，PUD）。

这些条例可授权采用PUD区域，既可用作重叠区域，也可用作替代基本分区的区域。

规划单元开发（PUD）条例可授权地方政府允许核准的项目开发计划增加密度，并作多用途开发项目。因此，在经授权后，城市中心和总体规划后社区的多用途开发项目均可采用规划单元开发（PUD）形式；该等城市中心和社区可以覆盖好几平方英里，也可以涵盖镇中心以及写字楼和零售中心。适用于总体规划后社区的相关条例可能还会包含其他需要满足的社会目标，例如，就业与住房间的平衡、经济适用房的提供以及环境敏感区的保护等。

在采用规划单元开发（PUD）区域后，希望开展该开发项目的开发商必须向地方政府提交一份规划供自由裁量权审查。住宅项目的计划审查可能还会涉及项目设计的充分审查。此外，它还可能需要提供公用的开放空间；在此情况下，规划通常会准许在项目的其他地方增加密度，以弥补开放空间的预留面积，但最终的项目密度仍然保持不变。经批准后规划将提供土地使用规定，以控制如何构建项目。

形态准则

许多社区采用的形态准则是近期的一项创新，用以践行新城市主义的各项原则：通过鼓励适宜步行、增加密度、设置具有吸引力的公共空间、采用多用途开发等方式营造社区感。一个典型的形态准则案例就是得克萨斯州法默斯布兰奇市的车站区域采用的形态准则。[3] 该准则形成了实体形态的开发，而非用途的开发。其与传统区划的不同点在于形态准则更重视：

- 建筑类型；
- 横向与纵向结合的土地利用；
- 设计特点；
- 街道的连续性（要求建筑建成线而非后移界限，便是例证）；
- 行人取向；
- 多用途开发。

虽然形态准则会让开发项目变得更具吸引力和综合性，但是由于其拥有众多具体要求，且缺乏灵活性，可能会造成实施中的问题，而且可能需要获取特例许可来应对意料之外的用途。

绩效区划

绩效区划是一种调节方式，它摒弃了土地使用和密度要求，而采用了鼓励优秀设计的绩效标准。各项绩效指标能够表明，用途与其场地、邻居以及社区基础设施之间的关联程度如何。这些指标会有很大的不同；一些条例中的标准更定性，而非定量。例如，在宾夕法尼亚州巴克斯郡新不列颠镇，所有地区都可采用任何住房类型，前提是符合绩效标准。通过为区域中的每个设计方案施加最大密度和最小开放空间要求，绩效指标保护了每个社区的特色。

新的土地使用规定类型

除了纳入新的自由裁量权审查形式外，区划条例还扩展到包括新的土地使用规定类型。标志规定就是其中的一个例子。虽然地方政府原先已经通过独立的法令进行了一段时间的标志监管；但如今，标志规定通常是包含在区划条例中。标志规定将经营场所和非经营场所的标志加以区分，并单独监管。联邦政府1965年颁布的《高速公路美化法案》要求各州禁止在联邦高速公路的一定距离范围内设立广告牌，但它同时也授权各州与联邦机构达成协议，允许在工业和商业区，或被划分为工业和商业用途的区域设立广告牌。

历史保护条例划定了历史街区和标志性建筑，并对其加以保护。虽然该等条例可作为区划条例的一部分，但是其也可以作为重叠条例予以单独采用。

环境问题导致了用于监管环境敏感地区土地使用情况的条例的出现。例如，根据湿地条例规定，开发商必须获得地方政府的许可证，方可在湿地地区开展建设项目。对于要参与全国洪水保险计划的洪泛区土地所有者而言，其地方政府必须通过漫滩条例，而且还有可能被要求禁止在泄洪道上开展开发项目，并对洪水边沿地予以密切监管。山坡保护条例可能包括分级、坡度和密度规定，脊线缩进要求，以及禁止移除原生植被。地下水保护条例可能会限制或禁止在毗邻地下水源的区域进行开发。得克萨斯州的奥斯汀市就是一个很好的案例，该市制定了完善的地下水保护方案。

需要特别保护的土地用途

根据区划条例规定，有很多土地用途都需受到特别保护。成人娱乐用途和标志内容都受到美国宪法中言论自由条款的保护。地方政府必须提供足够数量的成人用途场地，而且标志规定不得歧视非商业言论，其中包括竞选标志。

宗教用地受到联邦政府于2000年所颁布《宗教用地与收容人员法》的保护，该法案限制了地方政府向宗教活动施加"巨大的压力"，其中包括土地使用。残疾人士特殊群体之家则受联邦政府于1968年所颁布《公平住房法》的保护，该法案禁止在进行区划时，将特殊群体之家排除在社区之外，同时还要求地方政府为其安排"合理居所"。

区划参与者及程序

针对区划条例的决策过程涉及多个参与者。[4]地方立法机构负责通过该条例、绘制地图以及进行文本修订。由于地方级政府各部门之间并没有明确的权力划分，因此立法机构可能还需要承担行政决策的责任，如特别许可证等。

规划委员会一般是由州规划法案授权设立的咨询类机构。该委员会负责为立法机构通过全面规划和区划条例，包括该等文件的修订内容，提供建议。此外，它还具有管理功能，因为它可作为细分审查、场地计划审查以及PUD开发计划审查的决策机构。

区划管理机构则负责区划条例的解释和管理工作。区划调整或上诉委员会（ZBA）负责听取有关区划管理机构所作决定的上诉，并授予特例许可。

总之，区划是一个分散的系统。除非市政当局采用统一的开发准则，否则没有任何一个单独的许可证能提供开发一个项目所需的所有审批证明。

与综合规划和细分条例间的关系

《标准州分区规划法》规定，区划必须与综合规划"保持一致"。虽然早期的法院判决并没有用这项规定要求区划遵从综合规划，但这种情况已经发生了改变。州法规和法院判决越来越要求采用综合规划，并要求区划工作与其保持一致。[5]这一要求意味着区划决策将遵照规划政策，而不是仅仅对变更请求做出响应。

细分条例授权将土地划分为地块和街区（最常见的是住宅开发），同时还要求在细分获得批准后进行基础设施改善和配套供公众使用。细分审批需要与区划工作进行协调，主要方式有两种：（1）通过一致的许可证申请审查过程，或（2）通过采用统一的开发准则，包括所有必要土地使用批准的单一过程。

区划调整的挑战

一段时间后，区划法规就会因为文字规定和地图修订而变得超负荷，这些规定和修订都反映了整个城市各种土地用途的折中方案。一旦发生这种情况时，就必须要对区划条例加以修改。

修改过程中的一个关键问题就是如何构建修订后的区划条例内容。如今，大部分的司法管辖区，特别是住宅区，只需要简单的限制，以保持社区的特色。然而，社区的其他部分，例如市中心和历史区域，越来越需要专门制定的规定。但这些困难不应妨碍社区进行区划更新。北卡罗来纳州的卡瑞区划条例就是近期一个有效且全面调整的良好案例。[6]

区划的功效、益处和不足

最初设想的区划系统具有很多优点。在涉及社区规划时，它能提供可预测且可理解的土地使用监管基础，最大限度地减少了决策的主观性和偏好。传统的区划方法创建了一个相对稳定的环境，其中土地使用的边际变化会通过特例许可和特别例外而出现。而限制特例许可和特别例外的标准则为区划委员会提供了指导，而且该标准是开放型的，允许出现大家都可以接受的谈判结果。

其中面临的困难就是，这里所说的变化已经极大地改变了区划条例的形式与功能。现在的区划已经在原有功能的基础上扩展到用于各种用途，而区划形式的变化也改变了适用于新开发项目的标准。最显著的变化是越来越多的使用自由裁量权审查，虽然该审查具有灵活性，鼓励更好地发展，但是它也会产生较为武断的决定。为了解决颇具争议的土地使用决策，已经制定了特殊的规定和程序。例如，针对像环境和历史保护区这些需要特别保护的区域，制定了一套自己的规定。大型开发项目，例如总体规划的社区，通常会通过自由裁量权的过程获得批准，而这一过程需要对项目开发计划进行全面审查。未来面临的挑战就是保持自由裁量权系统产生更优秀开发项目的能力，同时提供控制措施以确保决策的公平性。实现这一目标就需要对程序加以改善，同时对开发标准进行细化。

注 释

1. 为了便于对区划制度开展讨论，请参阅丹尼尔·R. 曼德尔克（Daniel R. Mandelker）《美国土地利用管理：案例与法规》，第 5 版（新泽西州纽瓦克：律商联讯，2003 年）。

2. 美国商务部，《标准州分区规划法》（1924 年，并于 1926 年再次出版）。

3. 请参阅凯泽·兰格瓦拉（Kaizer Rangwala）《形式准则：法默斯布兰奇的经验》（美国规划协会，2008年），planning.org/practicingplanner/print/05fall/ essentials.htm（于 2008 年 7 月 29 日访问）；以及《法默斯布兰奇车站区法默斯布兰奇市的概念性总体规划》（2002 年），ci.farmers-branch.tx.us/Planning/ stationareaplan. html（于 2008 年 7 月 29 日访问）。

4. 为了便于对该过程进行讨论，并提出修改建议，请参阅斯图尔特·梅克（Stuart Meck）《精明增长立法指南：规划和管理变化的样板法规》（芝加哥：美国规划协会，2002年1月），第10章，huduser.org/Publications/pdf/growingsmart_guide.pdf（于2008年6月3日访问）。

5. 爱德华·J. 沙利文（Edward J. Sullivan），《应验的祈祷：具有约束力计划的困境》，《新世纪规划改革》一书，编者：丹尼尔·R. 曼德尔克（Daniel R. Mandelker）（芝加哥：美国规划协会，2004年），第9章。

6. 这一类型的方案纳入了美国规划协会所提出的模型规划和区域立法中。请参阅北卡罗来纳州卡瑞市的《守则条例》（2008年12月13日），municode.com/resources/ gateway.asp?sid=33&pid=13841，（于2008年7月29日访问）。

芝加哥的区划改革

艾丽西亚·贝格（Alicia Berg）、托马斯·P. 史密斯（Thomas P. Smith）

在经历几十年的下降后，芝加哥2000年的人口普查显示了人口数量上升的趋势。人们正逐渐搬回这座城市。该城市的长住居民都在扩建现有住房、建设新的住房，而不是转移到郊区居住。此外，芝加哥市的拉丁裔人口也出现大幅上涨。

好消息是，在整个20世纪90年代，第二次世界大战前街区经历了大量的新住宅开发。存在的问题是，新的单户住宅、多单元建筑以及公寓大楼都在遵守该城市第二次世界大战后的区划法规；该法规要求建设"花园式"高楼，并未对建筑高度提出限制或对院落、开放空间提出要求，同时也并未解决当时的问题——新建筑能否与附近较旧的现有开发项目实现完美融合。

新建筑并不符合周边社区的现有特点：在周围两层公寓（两个单元的建筑，且各楼层只有一户）和别墅间高耸着"注射了类固醇的三层公寓"（昵称）。如果旧住宅单元的天花板高达9至10英尺，那么新建单元的天花板高度将高达10至12英尺，甚至是20英尺，这就使得新建筑较周围"邻居"要高得多。更糟糕的是，历史建筑常常被拆除——取而代之的却是没有吸引力的怪物。

在整个芝加哥市，社区团体与开发商之间的区划纠纷成了烦人的老一套：开发商提出建造一个比现有建筑大得多的新建筑；社区提出反对；开发商（正确）解释区划法规允许建造更大的建筑物，言下之意是社区应该感激其所提出的这项中肯建议。由当地市议员担任中间人开展了数月谈判后，社区团体只能修改少部分条件，而开发商则可坚持采用原有计划的大部分内容。

居民普遍抱怨当初是因为外观和特色才在特定的社区购买了住房和公寓——而吸引其来到该地区的外观和特色正在渐渐消失。为此，该市于1993年制定了特殊的区划叠加立法，这样，社区团体就可以与市议员一道推翻现有的区划规定，并通过为保持其社区特色而专门制定的特殊标准来对开发项目加以管理。到2000年夏季，类似的叠加分区已经多达24个，而且通过了多条对现有区划条例的暂时修订内容；包括：针对城市住宅的1998年设计标准条例，对中等密度住宅区设定了高度限制的2000年条例。

居民普遍抱怨当初是因为外观和特色才在特定的社区购买了住房和公寓——而吸引其最初来到该地区的外观和特色正渐渐被毁灭。

由于商业街的发展以及免下车业务的激增，还出现了很多其他问题。这些以汽车为导向的发展趋势需要拆除老旧且通常是具有历史意义的商业建筑，而且还使得很多成功社区的"主要街道"变得支离破碎。1999年为规范免下车业务所制定的条例只是一项权宜之计。

其他的很多问题则主要归因于过时的法令以及为修补该等法令而采取的很多零散措施。例如，在每年通过的数千个地图修改中不乏重新区划修改，即允许旧的制造型不动产重新开发为住房和大商店；有些人则认为该变化会对城市的工业基础构成威胁。市民也曾敦促修改工作，以解决"一刀切"居民分区制度中存在的缺陷。当地商会游说的原因在于，该城市50多个商业分区间的细微差别极大地增加了在该市创建业务的时间和成本。由于这些零散的修改，开发规则变得混乱，而且居民、企业以及开发社区也无法对其进行有效预测。区划工作必须更加透明，同时也要更易于理解。

2000年，市长理查德·迈克尔·戴利正式承诺将对芝加哥区划条例进行全面修改。为了对这一过程进行监督，他设置了一个由21位成员组成的区划改革委员会，其中包括民选官员以及规划、城市设计和社区开发等领域的代表。为了让市民及时了解情况、征求公众意见，还创建了专门的网站。在该过程初期举办社区听证会，以确定社区关心的问题；并在最后获取有关拟议修订的反馈意见。在此期间，还在被审查问题相关的地点举行公共会议。新条例于2004年春季正式通过。

区划改革与开发政策

在芝加哥这样规模的城市，为修订区划条例而编制一份全新的综合规划是不切实际的。2002年5月，作为传统规划的替代，市长设置的区划改革委员会发布了一份长达

68页的报告——《芝加哥新区划条例原则》——为区划改革的总体方向奠定了基础，并整合了就业保留、住房支付能力、绿色建筑激励措施、楼宇复修和再利用以及居民区的保存和保护等方面的多个目标。[1]在该委员会与会期间，规划和发展部门发布了《芝加哥中心区规划》，这是一份针对芝加哥市中心所制定的全面规划。[2]此外，《芝加哥中心区规划》还要求针对市中心确定具体区划类别、更好地管理市中心停车场，同时更充分地利用市中心区划带来的额外补助。该规划的所有建议都被纳入到芝加哥市全新的区划条例中。

新 法 规

新区划条例的产生代表了该市土地使用政策的根本性转变。该条例包含了以下修改内容：

- 增加了一些新的住宅区划类别和区域，以反映芝加哥社区的复杂性。
- 简化了商务与商业区划类别，并将商务与商业分区的数量从52个降至24个。
- 增加了新的业务类别，使得开发商有权选择开展全住宅、全零售或住宅—零售综合的开发项目。
- 将制造业类别数量从15个降至9个，反映了芝加哥工业性质的变化。
- 增加了一个公园和开放空间分区。
- 设立了一个交通分区，为未来的道路和自行车道预留了路权。
- 实现了大型规划项目审批标准的现代化。
- 对发布重新区划通知以及其他自由裁量权区划审查提出了新要求。
- 针对规划部门审查重新区划申请采取了新标准。
- 针对商业和广告牌采取了更严格的标准。

区划条例的设计安排与可读性也得到极大地改善，并且在40多年时间里，首次对许多规章制度进行了说明。区划条例以及区划地图都可以通过互联网进行查看。

创 新

新的法规集合了众多创新的区划举措（图6-2—图6-7）：

- 新法规首次针对住宅开发项目提供了各种情境标准。该标准旨在通过确保新的开发项目"适合"现有社区的规模、范围、密度和建筑朝向——对于一个拥有不同住宅建筑类型的城市而言，创建敏感的"添加新房"开发项目非常困难。新情境标准内容包括为前院平均值提供补贴、针对区划类别设置高度限制，并对临街的无窗墙设置限制。该法规禁止在前院设置私人车道，并要求所有为后方小路所用的地块，都通过后院小路去往私人车库或停车场。鉴于该城市95%以上都使用小路，因此，禁止在前院设置私人车道是保护该市历史发展格局的一个重要举措。

● 新法规创建了近50个"步行购物区"，取缔了以汽车为导向的商业活动。在这些区域里，新的建筑必须紧靠人行道、实现店面橱窗一体化，并在临街空地设置大门与入口。此外，在这些街道边不得停车；如果需要提供临街停车位，则必须将其设置在该购物区的后方。

● 自20世纪50年代以来，芝加哥一直在实行市中心密度奖励制度。到2000年，共做出了超过15种有资格获得容积率奖励的改进工作，其中包括地下停车场、公共交通改善、修复指定历史建筑、河畔步行道改善、屋顶绿化以及冬季花园等。作为区划改革的一部分，在市中心地区建设经济适用房的建设者，以及为市中心经济适用房基金做出贡献的人士均有资格获得容积率和密度这两项奖励。此外，建设者现在还需要在领取任何其他奖励前使用经济适用房奖励；当其使用多种奖励时，至少要将总奖金的20%用于经济适用房建设或投入。

● 新区划法规还对公用停车场、停车场合作经营以及（可建在市中心分区的）停车位上限等方面提出了规定。设定市中心停车位上限的目的是为该城市的市中心内出行

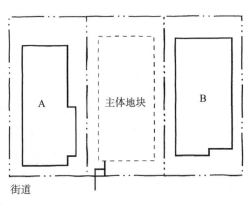

最邻近两座建筑前院深度的平均值（A和B的平均值）

图6-2　新法规确定了前院平均值，以防止一些新开发项目外观出现间隙。为了符合2004年之前的区划要求，已经对图片中的建筑进行了重新设置。根据新法规，如该图所示，前院要求为左右两侧两座建筑前院的平均值

资料来源：Kirk Bishop/Duncan Associates公司

图6-3　根据新法规之要求（为每种区划类型设置了高度限制），这座
建筑——接近55英尺高——限高应为38英尺

资料来源：Dennis McClendon/Chicago CartoGraphics公司

图6-4　临街墙面不得为无窗墙

资料来源：Tom Smith/ Duncan Associates公司

图6-5　新法规禁止在前院设置私人车道

资料来源：Tom Smith/ Duncan Associates公司

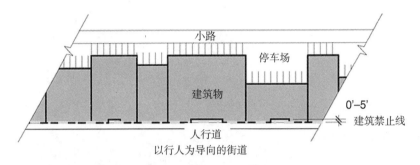

图6-6　建筑物与人行道的距离必须在5英尺范围内，停车场是可选择的。如果需要提供停车场，则必须将其设置在建筑物后方

资料来源：Doug Farr Associates公司

图6-7　橱窗与店面入口都需要毗邻人行道

资料来源：Doug Farr Associates公司

"首选公共交通"政策提供支持。此外，新法规还允许大幅度减少火车站600英尺范围内新开发项目的最小停车需求。由于市中心建筑所需提供的停车位非常少，因此，这项以公共交通为导向的停车需求主要会影响到火车站附近社区中的新建筑。

克服改革的障碍

和其他拥有过时区划条例的大城市一样，芝加哥也发现其土地用途管制给创新造成了障碍。此外，很多群体均可从维持这一现状中获得既得利益：城市官员、区划律师、建筑师和开发商都愿意接受1957年的区划法规。修改法规意味着需要重新培训员工、修订实践的程序、形式等其他方面，同时还要求建筑许可证申请人了解新的标准。

尽管存在着诸多障碍，但是芝加哥还是取得了巨大改变。新的区划法规已经证明了其自身的价值，而且目前并未受到显著的法律挑战。但是，还有许多工作要做：虽然对2004年更新后的区划文本做了大量的修改，但是在区划地图中只完成了少部分的更新工作。虽然有一些区划地图修改是自动的——例如，20世纪90年代所创建的24个特别区域中的一部分可自动进行重新区划，但大部分修改工作无法自动实现。在芝加哥的不同社区中，更新区划地图需要开展研究、举行公开听证会和张贴公示。

注　释

1. 市长区划改革委员会，《芝加哥新区划条例原则》（芝加哥：芝加哥市，2002 年），duncanplan.com/pdfs_all/chicago_ zoning_principles.pdf（于 2008 年 7 月 28 日访问）。
2. 规划和发展部门，《芝加哥中心区规划》（芝加哥：芝加哥市，2003 年）。

旧金山的开发权转让

乔治·威廉姆斯（George Williams）

开发权转让（Transfer of Development，TDR）系统能使密度指标从地方政府希望保持现有密度的地块转让到希望达到更高密度的另一地块。开发权转让是一种非常有效的工具：在旧金山对管控市中心开发区域控制计划进行综合修订时，开发权转让是在使市区保持原有特点和环境氛围前提下再定位和再改造的主要机制。

从20世纪70年代晚期到80年代，旧金山新建建筑爆炸式增长，尤其是市区及周围的办公用房。主流的地区管制和其他的开发控制允许将一些老的、结构有特色的建筑摧毁，新建筑逐步侵占中国城附近的低收入区域以及临近办公核心的小型零售区域。

市民出现了分化：当许多社区民众为写字楼大发展带来的就业机会增多拍手称赞时，另一些人也表达了对写字楼大发展正在侵蚀市中心环境和周围居住区的担忧。每隔几年，寻求限制新发展的选票在投票中越来越多。如果不采取些措施，写字楼市场的扩展很有可能被迫停止。这种担心使城市规划者有机会就开发规则进行大幅度地改变。

> 写字楼市场是城市就业机会的主要提供者之一，如果不采取些措施，写字楼市场的扩展很有可能被迫停止。这种担心使城市规划者有机会就开发规则进行广泛的改变。

在那个时候，城市的区划法规条例相当宽松。作为具有里程碑意义的1971年旧金山城市设计方案的产物，城市的大部分区域被指定为商业用途，并被分为子区域分别用于金融（办公）、零售、市区服务和一般商业用途。这些地区的规模大大超过目前的使用区域，并且可能出现远大于需要和真实期望的增长。密度由高度限制和容积率（FAR）控制[1]，而这两个指标在金融和零售区域都非常高。城市的标志性建筑条例如此烦琐，标志性建筑结构被拆毁给新建筑让路的速度远远超过地标顾问委员会能够指定并试图保护它们的速度。此外，标志性建筑条例对反拆迁提供的保护相对较弱。

过　　程

我们的目标是，在顺应扩张写字楼市场的同时，防止或改善这种扩张所带来的潜在不利影响，包括交通堵塞、公园拥挤、阳光和开放空间丧失以及地面大风。虽然已经制定了有效的措施来解决这些问题，但中心城区的建筑遗产依然有待保护。

规划部门选择逐个绕过现有的建筑界标的过程（没有人反对他们这样做），建立一个可以使数百幢建筑同时被保护下来的系统。具体工作由当地的保护组织"旧金山建筑遗产基金会"开展，他们负责清查市区所有的建筑物并根据其建筑价值、视觉丰富性和对城市特色的贡献进行分类。确定最重要的250幢建筑物后，制定规则禁止拆除它们，除非能够证明出售其开发权转让后，建筑物仍然没有实质性的市场价值或合理使用的必要，或其存在安全隐患。此外，还通过了一项条例，将几乎整个零售区以及金融区5个较小的领域都列为保护区。在这些区域内，又有183幢建筑物通过鉴定。

虽然第二批建筑物的质量比第一批的250幢要低，但两组建筑物合在一起，创建了独具特色的区域。这些建筑物可以被拆除，但拆除后新建建筑物的大小会受到限制，以此减少拆除的动机；他们也可以出售自己的开发权（图6-8），但之后，他们的拆迁会受到限制。这样，通过一项立法行动，433幢建筑结构在不同程度上得到了保护。

同时，规划部门确定哪些区域或地块是可以增长的，并给出他们所建议的强度要求（高度和容积率）。现有的使用区域被划得更小并进行了重整，使密集的商业用地不再侵占附近的住宅和小规模的零售区；高度限制也根据这些政策进行修订。临近城南写字楼核心的一个废弃工业区，有良好的城市公交设施，被认定为一个新的增长区域，因为那里的写字楼市场可以以较低的负面影响进行扩大。

规划者制定了两级容积率方案。它包括一个基础容积率，这是所有者的权利；还包括一个更高容积率，只能通过额外收购那433幢中的一个或多个来获得。具体比例见表6-3。

新的区划法规条例，在限制433幢建筑物"保护点"被拆迁的同时，允许将"不可用的开发潜力"（即按照基础容积率可以建设的建筑物总楼面面积与现有建筑物的总楼面面积之差）出售。这种开发潜力可以出售，也可以从保护区转移到需要高层高密度建筑

<table>
<tr><th colspan="3">旧金山市中心容积率　　　　　　　　　　　　　表6-3</th></tr>
<tr><th>区域</th><th>基础容积率</th><th>通过开发权转让获得的额外容积率</th></tr>
<tr><td>办公</td><td>9:1</td><td>9</td></tr>
<tr><td>零售</td><td>6:1</td><td>3</td></tr>
<tr><td>市区服务</td><td>5:1</td><td>2.5</td></tr>
<tr><td>一般商业</td><td>6:1</td><td>3</td></tr>
<tr><td>办公：特别发展区</td><td>6:1</td><td>12</td></tr>
</table>

1.TDRs=可转让的开发权

物的地区。

这一做法的目标是将新发展的重点从密度已经很大、结构风格明显、建筑物非常密集的北市场街向临近城南写字楼核心的经济欠发达地区转移。这个区域（最终被贴上"办公室：特别发展区"的标签）目前低高度、低容积率，而且包含了很多小的、未充分利用的结构，应该说置换写字楼获得更大高度和密度的条件成熟。通过购买开发权，可以达到600英尺的高度和18∶1的容积率。开发权转让计划是通过私人市场运作的。城市政府的唯一作用是计算每个点的可转让开发权数量，并记录所涉及地块的土地所有权转移情况。为了确保私人市场这一方法有效，该城市必须确保对可转让开发权的需求大于供给量。规划者评估各种开发地段真正被开发的可能性，并仔细校准容积率，以确保对可转让开发权的潜在需求大约是潜在供给的两倍。

在方案设计中，城市认为公平地对待所有业主是非常重要的。具体而言，这意味着在"增加区划密度"允许的数量下，没有人会收到"暴利"物业价值；在"降低区划密度"区域，任何人也不会遭受财产价值发生较大幅度下降（"全军覆没"）的结果。只有经过公开听证会，建筑物的保存才有实际的效力，如果只是业主本人提出异议，那此建筑物的保存无疑被认为是无效力的。

结　　果

开发权转让系统自1985年开始生效，至今仍运作良好。可转让的开发权价格根据市场状况，在每平方英尺约15到30美元之间波动。超过200万平方英尺已经从至少56幢建筑转移到其他地点的新建筑。433幢受保护的建筑，除了2幢在1989年洛马普列塔地震遭受不可挽回的损害需要拆除外，其余全部仍然屹立在城市中。

其他规划目标在很大程度上都得以实现，新的、高层、高密度发展已经转移到市场街以南的地区，这里现在是城市多数新办公地点的中心（图6-8）。

图6-8　建议旧金山跨海湾交通中心（最显著位置）南市场街高密度发展，使用由市区其他地方小一些的有重要意义的建筑物的拥有者出售的开发权转让

资料来源：Skidmore，Owings& Merrill LLP

注　释

1. 容积率是建筑面积与建筑所在地块面积的比率。因此，容积率为4：1意味着可以建1个100%覆盖
地块的4层楼，或者只覆盖50%地块的8层楼，以此类推。

从区划到精明增长

约翰·D.兰蒂斯（John D. Landis）、罗尔夫·佩德尔（Rolf Pendall）

到20世纪60年代，大部分美国城市的市政当局都采用了区划和再细分规范的某些形式。[1] 尽管这些得到普及和广泛应用但仍存在很大局限性。它们不能控制发展的精确地点或时间，也不能控制最终的程度。正因为区划和再细分规范很少与公共基础设施投资相关联，它们对预测或避免交通拥堵、排水系统超载、水资源短缺和过度拥挤的学校几乎没有作用。因为区划和再细分规范通过标准运作，同样导致了很多人认为的单调的统一性。规划单元开发（Planned Unit Development，PUD）能克服其中的一些问题，但是当涉及多个土地所有者时，规划单元开发并非总是有效。

为应对这些缺陷，20世纪60年代晚期，规划者、代理人和市民开始提出一系列新工具，即增长管理（或增长控制）规则[2]，它最终为精明增长提供依据。本文认同和讨论了目前在美国使用的增长管理和精明增长工具。

增长管理方法

为补充传统的区划和再细分规范，增长管理工具有三大作用：（1）它们将新发展的时间和地址与可用的基础设施能力连接起来；（2）它们控制城镇扩张的速度和位置；（3）它们致力于保护自然环境和历史文化资源（表6-4）。最初，这些目的的追求相对独立，自20世纪90年代中期开始，它们在精明增长下结合发展。

所选增长管理和精明增长工具和项目的特征（大致按普及程度排序）　　　　表6-4

工具或项目	目的	过程	使用的程度	困难和复杂性
足够的公共设施条例	开发审批和邻近的公共服务水平能力相匹配	个人项目的批准基于邻近公共基础设施的充足	广泛使用，尤其在越来越多的郊区社区	累积的和区域外的开发影响无法轻易解决
开发问题	基于充足的全社区公共设施尤其是道路可用性的环境计划和/或项目审批	规划和/或项目批准必须以提供充足的全社区公共设施和公共服务为保证	佛罗里达州所有行政辖区；华盛顿特区的部分使用	拟建项目地点和可用的基础设施能力不匹配
影响费，公共设施配套土地或费用	提高税收来覆盖与私人开发相关联的基础设施和社会成本	支付方式和改善方法作为细分或建筑许可审批的条件必须提供。影响费由基于既定成本关系的公开计划所决定	影响费在26个州是允许的；苛捐杂税的使用也很广泛	影响费用数目之间的关系不总是清晰的。市政预算可能会变成完全依赖于开发活动
开发协议	确保配合项目建设提供私人和公共设施	市政府同意提前审批一个开发计划以换取开发商提供的公共设施改进办法	广泛使用，尤其在南部和西部的大项目里	市场和预算条件可能在协议过程中改变，需要重新议定
历史和环境保护重叠分区	限制在或邻近环境脆弱地区的城市土地使用类型，数量和密度	根据区域位置的物理或环境特征限制开发类型，密度和足迹	农业用地区域非常普遍；山坡区域很普遍；河岸和湿地区域不那么普遍	除非合理记录，否则这些区域容易遭受质疑

工具或项目	目的	过程	使用的程度	困难和复杂性
环境影响评价要求	拒绝批准造成过多不良环境和社会影响的项目；需要适当地缓解影响	作为合并、分区、细分或建筑许可审查过程的一部分，非免税项目特殊的、累积的对环境和社会的影响需重新审核	根据大小和地点，加利福尼亚州、夏威夷、明尼苏达州、纽约和华盛顿的私人项目须接受不同等级的环境评估	环境影响评价要求
保护管理权交易和资源保护合同	保护在大都会区边缘的农场或者土地资源远离免于不成熟或不适当的开发；保护开放空间空地	市政当局（或土地信托）和土地拥有者签署一个限制开发数量和/或时间的自愿合约	郡级别合同的使用在加利福尼亚州的部分地区是广泛使用的。保护地役权的使用和土地信托和管理机构的发展权购买正在全国范围内增长	优先级地块可能不可用或太贵了；续签合同可能有难度；适合的土地管理很昂贵
城市服务边界	把开发的速度、地点与公共设施、公共服务能力相匹配	城市服务不能延伸到边界之外的项目	在西部被广泛应用，尤其是用于当地水、下水道供水和污水处理地区	边界指定可能具有临时性或者前后矛盾不一致性
城市增长边界、城市限制边界和城市周围的绿色地带	保护在大都会区边缘的农场或者土地资源远离免于不成熟或不适当的开发；在空间上把新的开发和已有基础设施能力匹配起来；提升在填充区域领域的再开发和升级	边界之外（或者在城市周围的绿色地带内），土地转化为城市使用用地及其密度是被严格限制的。当内部土地供应接近被开发完时边界也许会延伸	广泛应用于俄勒冈州（主要是波特兰大都会区）和旧金山湾区及文图拉县（Ventura County）（洛杉矶）的郊区社区	一旦建立，这些边界和限制界线可能很难向外延伸，以容纳更多的增长
允许的上限	把开发速度、基础设施能力和公共服务水平联系起来	根据一个评级系统或者进出的优先顺序和年度配额来审批项目	在旧金山湾区和加利福尼亚州的圣迭戈（San Diego）使用最普遍；其他地方被限制使用	项目评分标准很可能存在争议
优先资助领域	将一些州用于社区承诺项目的资金和精明增长联系起来	可自由支配的资金直接用于社区批准的政策和项目，来限制扩张和促进再开发及填充区域开发	目前仅在马里兰州（Maryland）被限制使用	资金有可能帮助特定的项目，但累积效应尚不明确并不清晰
基于形态规则	通过使用建筑规范限制性标准，促进提高混合土地综合使用和可步行性。有关标准建筑规范用于制约建筑大小、足迹占用空间、体量集结和项目与毗邻地区的关系	只要被提议的土地使用可以适应规定建筑的三维体量，开发商被允许拥有比传统区域区划和细分准则更多的灵活性，考虑到被提议的土地使用可以适应规定建筑的三维体量	不清楚，但全国范围内兴趣在增加	

续表

工具或项目	目的	过程	使用的程度	困难和复杂性
包容性的区划	确保低等和中等收入的家庭负担得起住房建造费用	私人房产开发者被要求需要按照当地水平，为当地的低等和中等收入家庭留出一个固定比例的住房	使用在全国范围内使用在增长，尤其在高价的沿海市场	大部分法令允许开发商用项目外的经济适用住房和补偿金替代作为不能再某项目中住房提供经济适用房的替代

联动发展和基础设施

用于当地交通、排水及水资源基础设施投资的长期联邦资金在20世纪70年代早期开始减少。当地选民越来越倾向于开发应该自负盈亏而不是补上州或市政基金的缺额。作为对1978年加利福尼亚州13号议案的回应，这种思想的转变催生了很多关于规划和资助当地基础设施的新方法。

影响费，公共设施配套土地或费用，专项基金，并行的补偿金和连锁费用

规划者和开发者长久以来意识到将开发和基础设施联系起来的需求，如果可能的话希望利用财产价值的增长为基础设施建设提供资金。影响费——地方政府用来评估开发者和土地拥有者，征收包括部分或全部为其财产提供基础设施的费用，这是最普遍的联动发展和基础设施的方式。现在有26个州明确声明开发影响费的使用[3]，一些地方政府甚至在缺乏州授权立法的情况下强征影响费。[4] 在50个最大的大都会区中，有37%的地方政府征收影响费。无论这些费用用于何处，它们必须与增长的影响密切相关（关于影响费的进一步讨论，详见本章"公共基础设施融资"）。

州立增长管理项目

13个州采用了州增长管理立法来保护环境脆弱地区，提高城镇发展质量，减少城镇蔓延。1961年，夏威夷率先采用此法，紧接着是佛蒙特州（Vermont），1970年；俄勒冈州（Oregon），1973年。在几年的基于项目的影响评估程序后，佛罗里达州于1985年采用了一种综合的州立增长管理规划。新泽西州于1987年紧随其后，罗德岛（Rhodes Island）1988年，佐治亚州（Georgia）1989年，华盛顿州1990年，马里兰州（Maryland）1992年，亚利桑那州（Arizona）和田纳西州（Tennessee）1998年，最近的是科罗拉多州（Colorado）和威斯康星州（Wisconsin）。这13个州（除夏威夷外）没有直接涉及当地规

划问题，而是将不同级别的政府及邻近的管辖区域的规划工作协调起来，确保地区的基础设施投资与当地土地使用决策及保护工作一致。考虑到州之间不同的政治历史、增长速度、自然地形和规划需求，13个州采用了不同的方法也就不足为奇了。

影响费是更广泛的土地使用需求家庭的一个子集，被称为强行征收，要求用支付款或资产投入作为土地开发的前提。除了影响费，强行征收包括房产或改进投入、补偿金和连锁费用。专项基金投入需求迫使开发者捐助土地（有时是设施）作为公共用途，例如公园和学校。补偿金需要开发者付费而不用投入土地或建公共设施。连锁费用包括为有社会需求的设施提供资金，如经济适用住房和日托中心，以及如就业培训的项目等。相对而言，影响费主要针对住宅开发，而连锁费用通常用于评估商业项目，用以分享地产开发的财政效益和低收入家庭的就业增长。

充足的公共设备条例和并发性需求

充足的公共设备条例（Adequate Public Facilities Ordinances，APFO）在主要的大都市地区中有20%的管辖范围内使用[5]，允许在开发场所之外利用当地公共服务。APFO旨在处理例如交通堵塞、学校超员、公园拥挤及排水系统不堪重负等难题。项目的资助者可以通过自己弥补不足或帮助有相同目标的基金会以满足APFO的需求。

大部分APFO应用于单个项目及其附近地区。然而佛罗里达州和华盛顿州提出在社区范围的基础上，新的基础设施投资与新的开发相匹配，即并发性原则。理论上这是一个不错的想法，但实际上这一原则的实施相当艰难，尤其是在地方基础设施资金不足的佛罗里达州，并发性原则的时间要求很难达到。当地政府通过为单个项目开绿灯或降低达到并发性的门槛来处理这个难题。

开发协议

开发协议（Development Agreements，DAs）是开发者与公共机构之间具备法律效力的约束条款，该条款管理着正当的土地使用者和必要的公共设施。当有政治风向转变的风险时，地方政府和开发商仍可依照该协议，因为即使将来当选的官员想要重启辩论，这些协议通常是锁定批准。加利福尼亚州是开发协议的最初试验田。与传统分区和细分法规相比，开发协议为开发商提供了更多的确定性也为自治区提供了额外的议价能力。（关于开发协议的更多的信息见本章"协商式开发"）

控制城市增长的广度和速度

地产市场具有周期性，且极少遵循当地规划所规定的平稳发展进程。城郊的发展变化莫测，以空间上跳跃性的发展和时间上的繁荣和萧条为表现形式，使规划复杂化，也使居民更难应对增长带来的问题。作为回应，规划者和相关市民想出了一些办法来消除跳跃性发展稳定社区发展速度。

城市服务分界线，城市界限线，城市增长分界线和城市周围绿色地带

波特兰城市增长分界线的成功和可见性，最初在1979年俄勒冈州里程碑式的1973增长管理行动中被勾画出来，将城市控制推上精明增长规划的前沿。城市控制政策用于避免跳跃性发展，保护空地和农田。如果可能的话，改变城市发展的方向，重回先前被绕过的或欠发达的城市内部地区。在美国最大的50个大都会区中，16%的管辖范围覆盖42%的土地采用了某种形式的城市控制规划[6]，他们大部分位于西部地区。

城市控制项目分为四种形式。城市服务分界线描述在当前的规划阶段排水系统、水资源、警察或消防可服务的最大程度，因此不鼓励超出分界线的开发。城市界限线将直到中间区域被开发，地方政府才能兼并或重新划分的广泛区域标明。城市增长分界线（UGBs）是地方政府在当前阶段不批准的对城市或城郊密度使用重新划分区域的界限。除了波特兰大都市的城市增长分界线围绕不同的管辖范围，城市增长分界线（UGBs）通常划出各个市。城市周围绿色地带被视作城市永久的边缘地带，人们长期提倡"滚动的绿带"概念，即被保护的地区逐步向外扩展，但始终没有被成功实施。

在城市增长分界线或城市周围绿色地带之外，开发限制通过大片分区，加上政策性购买土地或开发权来实行；在界限内，方法各异。然而无论如何，土地拥有者的开发权都不可能在没有赔偿的情况下完全或永久消失。在俄勒冈州，当地政府必须证明他们在城市增长分界线内有足够的土地来容纳20年的市场导向密集规划增长。[7]在使城市增长分界线外的开发变得更加困难的同时，波特兰主要通过一系列分区区划改革使城市增长分界线内的开发更加容易。与之相反，科罗拉多州的博德也有城市增长分界线，对每年的建筑许可制定了严格的高度限制和上限。这些规定保护了博德的城市周围绿色地带，但同时也导致高房价和该地域其他地区的跳跃性发展。

> 城市控制政策用于避免跳跃性发展，保护空地和农田，如果可能的话，改变城市发展的方向，重回先前被绕过的或欠发达的城市内部地区。

允许的上限

允许的上限是一种稳定增长波动的方式，用以限制一个特定阶段内开发许可的数量（有时是类型）。地方政府用允许的上限来限量住宅建设（通过限定住宅单元的数目；自建房和经济适用房除外），偶尔用于限制商业开发，通常是通过限制每年的建筑面积实现。项目遵循先到先得原则或者竞争力评价机制。在这50个最大的大都会区中只有2%的管辖范围——大部分位于加利福尼亚州、科罗拉多州、马萨诸塞州（Massachusetts）使用允许的上限。[8]

环境影响评估

增长管理的出现恰逢环境运动的兴起，两者长期密切相关。加利福尼亚、夏威夷、明尼苏达、纽约和华盛顿五个州要求地方政府评价私营部门开发项目对环境造成的影响，并尽可能将其减轻。其他地方政府采用了类似的措施，即便该州并未做出要求。他们普遍以环境影响评价作为细分、重新分区或地域规划检验的一部分。尽管环境影响评价（EIA）鉴定标准通常异于区域或细分限定评审标准（更多关于环境影响评价EIA的信息，参见本章"影响评价"）。

以环境和历史重叠分区

以环境和历史重叠分区，用于限制某片可用土地的类型、块化、密度或占地空间，限制条件与该用地的物理、环境、历史特征相关。也就是说除了传统的基于使用的分区外，基于环境的区划，作为一种重叠，限制在山坡、湿地、流域和河滨及含水层补给区域的开发。依赖当地规则，历史街区的重叠部分可以阻止拆毁历史建筑并可确保新开发部分与历史立式结构和谐共存。这种保护性重叠分区仅作为对传统区划条例的补充，在美国范围内普遍使用。

保护地役权和资源保护条例

在美国，公共机构协同非营利组织以非强制手段对农田和林地进行保护。最常见的办法包括：土地一次性购买、保护地役权（即购买土地开发权），使土地成为私有，以及用更优惠的税收换取某地块作为非都市用地的协议。土地征用虽然是永久的，却非常昂贵，而且需要公共机构保持和管理土地持有权。保护地役权，相比之下不那么昂贵，是土地作为活跃资源利用而且在税收记录中，但它常不允许公共获取。保护契约，也不算昂贵，但土地所有者必须定期续约，这就会引发潜在的土地投机。

精明增长

如果第一代土地使用规则聚焦于分区和细分，第二代着重于增长管理，那么第三代和目前阶段可被视为精明增长的时代。得到先行规划、开发和环境组织的支持，精明增长用结果导向的规划政策取代了例如区域和房屋上限等基于审批的土地使用控制，以更环保和更具社会效益的土地使用模式容纳额外的人口增长。精明增长鼓励紧凑型发展，使开发从城市周围绿色地带转向老中心城区，促进社会公平，谋求一种对所有涉及人员都更简洁、透明、可预测的开发审批过程。精明增长利用许多增长管理办法及工具，同样也加入了新方法。三项值得注意的是：优先资助区域、基于形态的区划和包容性区划（图6–9）。

图6–9　精明增长提倡以结果为导向的能够容纳额外的人口增长的规划政策。它既利于环境发展又利于城市格局的发展。图为加利福尼亚州圣何塞的桑塔纳罗将零售业、办公及住宅用房紧凑地集中在一个区域

资料来源：艾瑞克·费雷德里克斯

优先资助区域

精明增长的一个核心原则就是："奖励胜过惩罚。"增长管理项目的典型做法是雇佣受托者以及偶尔使用惩罚性法规。与之不同，精明增长很大程度上依靠激励。举例来说，在马里兰州，该州的规划法标题为"精明增长"，当地政府被要求指定优先资助区域（PFAs），使额外的州规划和州拨款的基础设施可以支持新的开发。马里兰州的优先资助区域（PFAs）大部分位于或比邻城市核心区或老城郊。新泽西州1985年的规划法案

采用了类似的基于激励的方法：一旦这个州接受了一项当地规划，该州将会运用政策并投资基础设施来支持该项规划。

基于形态的区划

大部分区划和增长管理规定缺乏的是用于鼓励高品质和一致的城市设计政策和项目。基于形态的区划通过处理建筑物和公共领域的关系、建筑物之间的关系以及街道和街区的比例，弥补了该缺陷。为了不与设计准则或一般性的政策声明混为一谈，基于形态的区划是守则，而非咨询文件。一些分析者认为基于形态的区划是对传统区划的补充；其他一些人认为他们取代了传统区划。

包容性区划

区划和增长管理通常拒绝不一致或不合需要的开发模式，而精明增长强调土地使用的并协性和社会经济内涵。为了达到这一目标，越来越多的地方政府采用了包容性区划（Inclusionary Zoning，IZ）法令，该法令要求或鼓励商品房的开发者为中低收入家庭留出一部分单元。

当地方政府采用包容性区划时，他们就有很多选择。志愿项目提供了例如额外的密度等激励因素，而强制性的项目要求一小部分单元是经济适用房。管辖范围通过允许开发者把包容性区划单元转移到其他地址，从而使包容性区划更具灵活性，或者通过支付一项补偿金用于贴补其他地方建设经济适用房单元。

美国时间最悠久且最出名的包容性区划程序是在马里兰州的蒙哥马利郡（Montgomery County）。该程序于1973年开始启用，现在需要至少20个单元细分的开发者提供12.5%到15%的单元给中等收入或低收入家庭作为高达22%的密度盈利的报答。[9]到2004年，美国超过200个地方政府采用了蒙哥马利包容性区划法令的某些形式；在2003年，接近四分之一的50个大都会区的管辖范围采用了基于激励的经济适用房程序。[10]

哪些条例在起作用

大部分州，尤其是那些大型和快速增长的大都市地区，已经授权当地增长管理或精明增长项目的几种形式。总的来看，四种主要的土地使用条例"家族"脱颖而出：改革型、排除型、自由放任型的和传统型。[11]

● 太平洋和落基山地区的地方政府以及佛罗里达州和马里兰州的政府，基本属于"改革型"大家庭。这些地区的地方政府最大限度地利用了前文所提到的工具，尽管是用不同的联合体。

● 马萨诸塞州（Massachusetts）和新泽西州的团体基本属于"排斥型"行列。这些地区的低密度区划仍然是土地使用规则的选择，几乎没有增长管理或精明增长工具被使用。当地方政府运用如允许的上限或环境评估来创新改革时，其结果常常提高了低密度区划的排斥性影响（值得注意的是，马萨诸塞州和新泽西州都做出努力来消除当地规则的排除性影响。在新泽西高级法院的劳雷尔山决议的余波之中，新泽西州采用了全州的包容性区划形式。[12] 马塞诸塞州的"反势利眼"区划条例允许全州范围的土地评估法庭推翻排除经济适用房的当地土地使用决议）。

● 在"采取自由放任政策"的州和地区，如得克萨斯州（Texas），南部和大平原地区，无论市境内或市境外，土地使用都很少受到管控。

● 在"采取传统政策"大都市地区的地方政府主要依赖区划和分小片细分规划，有时采用影响费，但基本上从未达到像实行改革型政策的加利福尼亚州所达到的很高水平。

令人吃惊的是，当地土地使用规则——甚至区划——是否像预期那样有效还不得而知。能够知道的通常是基于更老的抑或社区适用规则的比较。在改革州以外，地方政府倾向于仅仅采用那些房地产商愿意接受的土地使用规则。[13] 因此，管控地区和非管控地区土地使用结果无明显差异。的确，这是伯纳德·西根（Bernard Siegan）1972年对无分区的休斯敦[14]进行的里程碑式研究的最有力结果，那里当时和现在一样，与其他大都市区在形态格局上没有什么差异。甚至，相当数量的文献显示分区通常"跟随市场"，而且在不分区的情况下土地开发模式几乎相同。[15]

不分区的规则是什么呢？增长边界和类似规则真的能控制发展吗？很多可以，但有些不行。分散的和低密度的开发会在界限内出现，跳跃式发展会在界限外发生。[16] 允许的上限真能减少房屋建造吗？有些可以，有些却不行，这取决于限制的严格程度和适用的时间长短。[17] 马里兰州的优先资助区域真能改变发展的方向吗？早期的研究结果表明优先资助区域增长的比例略有扩大[18]，但最初的优先资助区域选定是否预期到或影响着开发商的决定仍不清楚。

关于土地使用规定是否有效并没有太多直接的证据；多数证据来自于很多关于在监管管辖区域房价是否更高的研究。[19] 研究结果根据地点、阶段、项目类型和调查设计的质量的不同而有很大差异。在20世纪80年代和90年代早期开展的研究证明通货膨胀的价格效应超过20%，但更多最近的更细致的研究发现单个规定和项目

> 令人吃惊的是，当地土地使用规则——甚至分区，能否像宣传的那样有效还不得而知。

的价格效应更低。另一方面，多规则的累积效应相当高，尤其是当一个地区的大部分社区限制房屋建设低于市场水平。

确切地说，规定是如何影响房屋价格的仍不明朗。是限制供给还是增加需求（比如，提高房屋和社区质量使住户自愿支付更多）？或者是通过将两者相结合？这个区别很关键。如果更高的价格主要由于供应的减少而非质量的改善，被用来提高居住环境质量的增长管理规定的有效性应该受到质疑。如果我们对监管的直接影响了解得不完整，那么我们对于他们对社会构成、大都市土地使用模式和环境质量的间接影响的了解也不完整。

关于"哪些条例在起作用"最重要的结论是实施方式会导致不同。地方政府应该采用适合当地意图的规定，且监管能否如他们设计的那样有效，以及是否会有不良副作用。俄勒冈州是需要社区具有城市增长边界来监管其有利与不利影响的州的典型代表。

注　释

1. 到 2004 年，在 50 个最大的大都会区中超过 90% 的地方政府采用了区划条例，甚至有细分规划的比例更高：见拉尔夫·潘黛儿（Rolf Pendall）、罗伯特·普恩特（Robert Puentes）和乔纳森·马丁（Jonathan Martin）的《从传统到改革：全美 50 个大都市区的土地使用条例综述》研究简讯：华盛顿特区大都市区发展政策，布鲁金斯研究学院，2006，10，brookings.edu/~/media/Files/rc/reports/2006/08metropolitanpolicy_pendall/20060802_Pendall.pdf（accessed July 29, 2008）。

2. 那些限制开发地点和开发影响的规则被称作增长管理规则。相反，那些将开发数量和 / 或流程限制在市场水准之下的被称为增长控制规则。实际上，增长管理和增长控制之间的界限很容易模糊不清。

3. 詹尼弗·埃文斯—考利和拉里·劳伦（Jennifer Evans-Cowley and Larry Lawhon），《影响费对住房和土地价格的影响文献综述》，《规划文献杂志》17，no.3（2003）：351-359。

4. 佩德尔（Rendall），普恩特斯（Puentes），马丁（Martin），《从传统到改革》，10。

5. 同上。

6. 同上，11：该差异是由于城镇比城市更可能采取城市控制项目。

7. 在波特兰市，这已经通过建立最小密度水准和确定大片适用于未来工业发展的土地得以实现。

8. 佩德尔（Rendall），普恩特斯（Puentes），马丁（Martin），《从传统到改革》，10。

9. 凯伦·布朗（Karen Destorel Brown），《运用包容性分区扩展经济适用房建设：来自华盛顿大都市区的教训》（布鲁金斯学院，中心城市和都市政策讨论稿），30，brookings.edu/~/media/Files/rc/reports/2001/10metropolitanpolycy_brown/inclusionary.pdf.

10. 佩德尔（Rendall），普恩特斯（Puentes），马丁（Martin），《从传统到改革》，11。

11. 同上，19-25。

12. 南伯灵顿镇全国有色人种协进会诉月桂山市案，编号：67 N.J. 151, 336 A.2d 713，上诉驳回证据被否决，编号：423 U.S. 808（1975）；南伯灵顿镇全国有色人种协进会诉月桂山市案，编号：92 N.J. 158（1983）。

13. 约翰·R. 罗根（John R. Logan）、哈弗里·摩洛斯（Harvey Molotch），《城市财富：街道的政治经济》（伯克利，加利福尼亚大学出版社，1987）；马克·威斯（Marc A. Weiss），《社区建造者的崛起：美国房地产业与城市土地规划》（纽约：哥伦比亚大学出版社，1987）。

14. 伯纳德·西甘（Bernard Siegan），《无区划的土地利用》（兰哈姆：列克星敦出版社，1972）。

15. 南茜·华莱士（Nancy Wallace），《对未开发地区分区的市场效应：分区需要遵循市场吗？》，《城市经济杂志》23，no. 3（1988）：307-326；J. M. Pogodzinski and Tim Sass，《市政区划法规影响调查》，《城市研究》28，no. 4（1991）：597-621。

16. Yan Song and Gerrit-Jan Knaap，《城市形态衡量：波特兰的无计划扩张取胜了吗？》，《美国规划协会会刊》70，no. 2（2004）：210；亚瑟·C. 纳尔逊（Arthur C. Nelson）、凯西·道金斯（Casey Dawkins），《美国的城市控制》（芝加哥：APA 出版社，2005）；佩德尔（Rendall），普恩特斯（Puentes），马丁（Martin），《从传统到改革》。

17. 奈德·莱文（Ned Levine），《加利福尼亚州当地发展控制计划对区域住房建设和人口再分布的影响》，《城市研究》36，no. 12（1999）：2047-2068；约翰·D. 兰迪斯（John D. Landis），《增长控制计划有用吗？新议》，《美国规划协会会刊》58，no. 4（1992）：489-508；约翰·D. 兰迪斯（John D. Landis），《增长管理回顾》，《美国规划协会会刊》72，no. 4（2006）：411-430；Madelyn Glickfeld and Ned Levine，《地域发展与地方政府的反应：加利福尼亚州地方增长控制与管理计划的颁布及影响》（剑桥，麻省林肯土地政策研究所，1992）。

18. Qing Shen and Feng Zhang，《美国马里兰州支持精明增长计划后的土地使用变化情况》，《环境与规划》A 39，no. 6（2007）：1457-1477。

19. 参照约翰·M. 奎格利（John M. Quigley）、拉里·罗森塔尔（Larry A. Rosenthal），《土地使用规则对住房价格的影响：我们知道什么？我们能学到什么》，《城市风景》8，no. 1（2005）：69-137，提供本研究的有价值评论。

调节绿地发展

托马斯·雅各布森（Thomas Jacobson）

绿地是指临近城市和村镇，或之外用于农业或低密度住宅，或仅仅是尚未被开发的地带。在历史上，绿地是很容易被开发的，但时代已经改变了。社区越来越抵触对绿地的开发，在不完全受到阻碍的地方，也需要细致地规划、监管和管理。完全禁止绿地开发常常是基于失去重要的自然资源（例如农业用地，湿地，动物栖息地，流域）或一种有价值的"开放感"考虑的。作为一种选择，禁止也许主要用于保护低效的基础设施供给。绿地开发可能产生更多和更长的汽车出行的担忧，这必然会导致能源使用和温室气体排放的增长。最终，限制绿地开发可能会鼓励更紧凑地发展：更高密度，城市填充，以及棕色地区的二次使用（这些地区有害物质、污染或污垢的出现会使其复杂化）和灰色地带的再次使用（这些地区通常情况下更古老，已失去经济价值空地或占用率低且经济产出低）。当然，对绿地开发的限制并不是伴随着对其他地区发展的承诺而来。当地可能选择两者都不允许。

在允许绿地开发的地区，社区更可能需要缓解或排除不良影响。例如，规划和规定会限制或禁止乏味的"单一用途"开发，并可能通过鼓励混合使用来试图降低自相依存（例如，要求住宅或办公结合一些商业用途开发）。规划和规定也同样授权对自然资源及特征进行保护。管理绿地开发的更复杂的方法包括综合规划政策、项目总体规划、区划方法（例如规划单元发展）、土地细分规则、环境影响评价和强征。

社区对绿地的开发越来越有抵触，在不完全受到阻碍的地方，也需要细致的规划、监控和管理。

保护绿地的努力并不局限于地方政府：联邦和州资源机构、州和地区基础设施提供者、政府和非政府保护组织，都扮演着新的角色。简而言之，绿地开发的观点不再是"因为它是空地，所以干什么都行"。

除了绿地开发特有的复杂性之外，这其中的利益也很强。绿地开发会提供一些必然的利益。例如，绿地可以为大规模"新城镇"提供机会；为其他大的综合性发展提供机会；为设计上的创新（例如新的城市主义社区）提供机会。接近分散性雇佣中心的住宅开发（反过来，在已存在的住宅附近开发新的雇佣中心）能够提供提高工作—住房平衡的潜力，尽管并不能保证工作会被周边的居民获得。绿地可能还会保证在房价过高的地区经济上可承受的住房的增长。毗邻已经城市化地区的绿地开发可以作为建立一个城市发展模式的理性方式。从开发商的角度看，绿地开发可以提供更便宜的土地并使住户减少抵触。而且，激烈辩论一直围绕一个话题展开，对于现存的城市区域是否有足够的潜能——可用的新建房，废弃的用地，衰退的工业地带和其他没有绿地的区域——来满足开发需求这一话题人们一直争论不休。

鉴于多种原因，绿地和创新以多种方式越来越成为规划兴趣所在和努力的方向。大城市和城镇可以使用很多工具来限制绿地开发的不良后果。使用方法各州各有不同，但是仍有一些通用的原则和实践。

综合规划

因为决定绿地政策综合规划的潜能取决于它在州立规划框架中的角色，任何通过综合性规划来开发和落实绿地政策的努力都应该以对州立需求的评估为起点。当大都市和城镇需要综合性规划时，这些规划为解决绿地相关问题提供了机会。这种情况，在那些需要综合性规划、区划、细分规则和基础设施的延伸之间都保持一致的州尤其如此。

一些州需要当地政府通过综合规划执行州一级的绿地政策；俄勒冈州关于城市增长边界和农业用地保护的规定就是一个例子。其他州致力于创造机会而不设立特定要求。例如加利福尼亚州"总体规划"对于土地使用、空地和一些保护要素的需求，要求处理不同问题但不制定某个特定的政策。

与绿地开发相关的综合性规划的政策包括针对城市增长边界、保护农业用地（包括加强农业经济的政策）以及关于基础设施延伸，最小地块尺寸和发展标准（如河流曲折、山脊、斜坡开发限制和建筑占地空间限制）等政策。例如加利福尼亚州的玛丽郡，自20世纪70年代使用了总体规划来明确可用于非城市开发的宽广区域，以促进农业、保护栖息地和其他敏感土地。

> 任何通过综合性规划来开发和落实绿地政策的努力都应该以对州立需求的评估为起点。

项目管理规划

以管理规划为指导的大规模规划的项目、具体的规划和类似的工具经常被推崇为一种避免绿地开发潜在消极后果的手段，同时，这些项目有效地强化了空地保护，确保基础设施和公共服务充足，并达成各种用途的完美结合。在总体规划的支撑下，这种全面的方法可以用于保护开发区域内外不受零星建筑的威胁。当然，就这一点而言，规划的政策内容将最终决定它是否成功。

管理规划中比较有争议性的用途是新的城市规划绿地社区。首先，新的城市规划绿地社区是矛盾的吗？一些批评家认为兑现新城市主义的诺言，这些社区必须融入一个庞大的社区结构、经济活动和交通基础设施建设中，包括公共运输。其中最值得注意的关于新城市主义的例子是绿地开发，包括佛罗里达州的海滨庆祝活动和马里兰州的肯特兰市。

对绿地开发的其他影响

联邦和州立自然资源保护

联邦和州立规定以及公共机构在绿地开发上扮演了愈发重要的角色。例如,《联邦濒危物种法案》(*Endangered Species Act*, ESA)正成为实际上起决定作用的土地使用规划工具。在最高法院支持的一项该法案的阐述中[1],不利地改造受保护物种的栖息地也许触犯了该法案,使得一些地区脱离开发限制。

然而,该法案的两项要素,允许在某种情况下改变栖息地。一项是"附带经济损失"(如果破坏是由其他合法活动附带引起的,受保护物种的栖息地允许被破坏)的条款和保护栖息地计划的附带要求,经常被用来决定哪块栖息地将被保护,哪块栖息地上开发不会危及受保护物种。[2]但是,一些观察者认为,《联邦濒危物种法案》引导下的开发篡夺了太多当地政府的土地使用权限。

其他关于联邦和州立自然资源保护法与当地规划进程重叠的例子包括《联邦清洁水法案》中有关湿地的规定,以及不同州立的法律里关于强调农田保护和森林管理的部分。

区域、州和联邦基础设施建设

区域、州和联邦基础设施建设(道路、水、下水道)的提供者拥有极大的影响开发模式的潜力,尤其在绿地方面。例如,水供应者会通过决定在哪里供应水来要求一定的土地使用规划权限。同样,通过改善铁路,州交通部门或许会用扩张有效的通勤的方式来增加绿地开发的潜在可能。

非营利组织和政府土地保护机构

土地保护——通过彻底收购或强制执行的保护地役权来保护新建土地,已经在塑造开发模式上发挥重要作用。在一些情况下,土地受当地、州或联邦机构保护,例如公园或空地机构,或是街区、灌水区,或是州资源管理机构。然而,非营利组织在这些努力中正变得越来越突出。其中,例如大自然保护协会和公共用地基金会,规模很大且有很多赞助资金,但同时还有激增的1000多个地方用地基金会。

分　区　制

分区制——特别是规划单元开发技术(PUD)提供了一种既能实现主项目计划的益处又不受固定计划局限的方式。通过采用一种全面但灵活的方法并建立以聚合发展为特征的总体框架,规划单元开发技术(PUD)能在保护例如栖息地、水质等自然价值的同时更轻易地完成开发目标。通常，规划单元开发技术（PUDs）需要单一的所有权和一些最小尺寸标准。

区划制条例也可用于建立开发标准以减少绿地开发带来的消极后果，例如，溪水逆流、山脊和坡面保护、有限的建筑足迹和树木保护等。

土地细分法规

土地细分法规为避免绿地开发的消极后果提供了首要机会，尤其当用于和其他规划及监管努力结合时。

土地细分法规应该基于自治市、镇或者在某些情况下州的政策。在有综合规划的行政辖区，规划如同分区制和其他规定一样，是一种重要的政策资源。土地细分法规强调定点设计，既有美学目的也是为了保护和加强自然资源的利用。例如，法规也许会通过限制建筑足迹和要求滞留地来限制土地流失，它们也可以和水供给、缓解交通拥堵、保护自然特征等政策相结合。举个例子，加利福尼亚州在批准包括500片或更多片地的细分规划之前，自治市和县必须获得一份关于公共可用水系统的书面声明，明确具有充足的水供应。[2]

保护区土地细分法规如何用于促进绿地相关目标的实现。在保护区土地细分里，开发通常集中于用地的某一部分，更大的地区被留作私人或公共的空地。在某些情况下，开发者会因提供开放空地而获得密度奖励。有远见的社区将保护区土地细分和创造空地网相联合。[3]

原有的细分法规是一项重要且不断发展的问题。对于（字面上）数以百万计的早于当代规划实践日程和环境强制令、基础设施建设需求以及那些没有遵照现代标准的应该做些什么？各州的答案有所不同。例如加利福尼亚州，通过结合州立法和法庭阐述，保留了一些老旧的划分好的土地（主要是在他们被创造出的基础上），留下一些而非全部；更老的地块，大概以当代的土地细分法规为准。

环境影响评估

环境影响评估是种有价值的确定并缓和绿地开发引起环境冲击的方法。新出现的问题是环境影响评估法是否要求温室气体排放量的分析报告。预设绿地开发对于车辆行驶里程，和由此引起的温室气体排放的影响，很有可能影响开发决策。另一个影响评估中受到越来越多关注的严峻问题是现有的水供给是否能支持新的绿地开发。[4]

强行征收

绿地开发导致的许多潜在的消极后果会通过如影响费用、捐助和替代费用的强行征收而得到解决（更多关于强行征收的内容请见本章"协议开发"）。强行征收起初仅限于最基本的基础设施建设（通常是道路、水系统和学校），如今它的范围已扩大了，它们现在被用来处理引起公众广泛担忧的问题，包括栖息地、空气质量和节约用水。

注　释

1. 根据州法律对总体规划的管理以及地方偏好，专项开发准则可先与总体规划相关联，或者，也可以仅在区划、细分法规或其他规定中出现。
2.《加利福尼亚州政府法典》§66473.7。
3. 参照兰达尔·阿伦特（Randall Arendt）《细分区域的保护设计：创建开放空间网络实用指南》（华盛顿特区：岛屿出版社，1996）。
4. 参照加利福尼亚州的方法，《政府法典》§66473.7和《水利法规》§§10910等等。

保护农业用地

托马斯·L.丹尼尔斯（Thomas L.Daniels）

美国农民和大农场主拥有约9.3亿英亩土地——美国私有土地的一大部分——每年超过一百万英亩农业用地被转为非农业用途。[1]受转变的大部分土地位于大都市区，那里居住着五分之四的美国人，生产着这个国家大部分水果、蔬菜和奶制品。此外，预计到2050年大部分美国人口增长将会出现在大都市地区。因此，保护农业用地将成为管理都市地区增长的重要方面（图6–10）。

现在，美国农民的平均年龄是54岁[2]；这意味着许多农民正考虑退休——在未来几十年里，数千万英亩的农业用地将会转手。这些土地的继承者或买家决定如何使用土地将对城市杂乱无序拓展、当地农业经济、当地食物供应链和环境质量产生巨大的影响。

农民和大农场主面临4个主要挑战：将土地或农场传给下一代；维持盈利；抵制卖掉土地用于开发的诱惑；保持后勤服务——饲料加工厂、机械经销商、处理技术、运输公司——的欣欣向荣。农业用地的保护将有助于应对所有挑战。

土地拥有者自愿进行的土地保护有以下三种方式：

● 土地可以卖给政府机构或有资格的非营利组织，即所谓的土地信托。

● 土地的开发权利（也就是所谓的保护地役权）可以通过出售、捐赠或廉价销售（部分现金、部分捐助）转让给政府机构或非营利组织。

● 可以准许有限的开发，保护地役权可以留给剩余的空地。

第二个选择尤为吸引人，因为它允许土地所有者获取现金或税收优惠而不必为开发卖掉土地。

图6-10　城市入侵逐渐破坏了农业生产的活力

资料来源：汤姆·丹尼尔斯

开发权利的购买和捐赠

美国的土地拥有者拥有捆绑式的土地权利，包括空气、水和矿产权；使用、买卖或开发土地的权利；将土地传给继承人的权利。这些权利中的任何一个可以分散出来卖给或捐赠给别人。当把开发权买卖或捐赠给州或地方政府或土地信托时，土地拥有者只放弃了开发土地的权利而保留其他所有权利和所有权的责任（例如卖掉财产和不动产税的债务的权利）。土地仍然属于私人财产，公共机构无权干涉。

开发权的价值由专业的评估人员来估算财产的市场价值和当财产仅用于农业和空

地使用时的区别。开发权的价值受分区、道路通达情况、临近中心下水管道和水资源
程度以及当地土地市场的影响。

当土地拥有者买卖或捐赠开发权时，他们和政府机构或土地信托签订一份地役权契
约，该契约是一份在地方法庭记录在案的具备法律约束力的合同。通常来说，除了农
场经营需要外，地役权禁止任何商业或居住开发。政府机构或土地信托有权监督财产
并强制执行地役权的条款（它也同样适用于未来的拥有者）。尽管存在任期地役权，大
部分对地役权的保护是无期限的。

27个州和超过150个地方政府创建了开发权购买（Purchase of Development Rights，
PDR）项目来保护农业用地。这些项目和开发权转让（Transfer of Development Right，
TDR）项目有极大不同。在开发权购买项目里，开发权被政府机构购买并停止使用。在
开发权转让项目里，地方政府必须首先确认出让土地是为了保护而接收区域是有更多开
发需求。这就给了出让区域的土地拥有者转让开发权，要求开发者购买转让开发权，如
果他们想要在获得的区域里进行高于一般密度的建设。转让开发权的代价在土地拥有
者和开发者的市场中确定。有两个用于保护农田的地方开发权转让项目引人注目：马
里兰州的蒙哥马利郡和新泽西州的松林地（图6–11）。

除了开发权购买项目，数以百计的土地信托正在和当地政府共同努力，通过保护地
役权的方式来保护农业用地。在美国有约400万英亩的被保护农场、牧场用地（表6–5）。[3]

图6–11　在过去的20年中，新泽西州派恩兰的土地开发权转让项目在全国人口最稠密的州长期保存了
40 000多英亩农场和林地

主要县郡的农业用地保护（2007年）　　　　表6-5

县郡	受到保护的土地（亩）
兰卡斯特，宾西法尼亚州	72 831
蒙哥马利，马里兰州	69 023
伯克斯，宾西法尼亚州	52 686
切斯特，宾西法尼亚州	52 324
卡罗尔，马里兰州	50 285
伯灵顿，新泽西州	49 382
巴尔的摩，马里兰州	45 346

保护策略

最成功的郡级增长管理项目使用了一系列技术：综合性规划，农业分区，增长边界，开发权的购买或转让，土地的购买。主要实施策略包括：

- 在相邻的街区保护农业用地；
- 保护被划为农业用地的土地；
- 在增长边界内允许农业用地开发；
- 保护临近增长边界的部分土地来控制边界的扩张，远离农业高产地区。

资金来源

用于耕地保护的资金来源于四个方面：联邦、州、当地政府和私人捐赠者（机构、公司和个人）。在2002年的农业法案中，国会授权拨款9.85亿美元给州和地方政府及土地信托用于购买耕地的开发权。联邦政府将会支付高达一半的购买这些权利的费用。州耕地保护计划，如特拉华州和佛蒙特州那样直接和地主合作，或者像马里兰州和宾夕法尼亚州那样给郡补助金。

州的资金来源于多种途径，债券、耕地占用税（马里兰州）、地产交易税（纽约州），甚至是烟草税（宾夕法尼亚州）。数十个郡已经为耕地保护集资。债券的出售是最受欢迎的金融方法，因为购买开发权被看作一项长期的资本投资，尤其是在绿色基础设施建设，类似于投资学校、下水道和供水设施等灰色基础设施建设。自1988年以来，美国选民批准了近46亿美元用于保护空地、公园、水域、农场和牧场。[4]

农业用地保护和增长管理

正如规划开发一样，许多地方政府认识到规划耕地的需求来管理大城市增长。政府提供了超过50亿美元用于耕地保护，更多的钱用在输油管道上。[5] 土地信托也同样扮演了重要角色，特别是在公共资金滞后的州和地方。耕地保护仍是增长管理技术的最有效方法，比如农业区划和城市增长边界，将综合规划付诸实施。

注　释

1. 汤姆·丹尼尔斯、凯瑟琳·丹尼尔斯，《环境规划测》，芝加哥：ＡＰＡ出版社，2003：8。

2. 同上，217。

3. 黛博拉·鲍尔斯，《农田保护报告》，2007年9。

4.《公共用地基金会，landvote，2007》，旧金山：公共用地基金会，2007。

5. 鲍尔斯，《农田保护报告》

协商式开发

罗伯特·H.弗雷力克（Robert H. Freilich）

2008年我和S.马克·怀特（S. Mark White）为地方政府处理精明增长、新城市主义和可持续发展提供了新的区划和细分规划模型。[1] 在《21世纪土地开发准则》里详尽论述的关键工具之一是协商开发工具和协定在现代的使用。本文将深入探讨这些技术。

1926年发布的《斯坦福德区划授权法案》里的"欧几里得"区划是一种非契约性规章制度。在这种制度中区划法规通过一个区划地图应用于具体的地产。[2] 支持申请重新区划的做法通常被称作局限性城市规划[3]或合同性城市规划。如果重新进行的区划和被采用的总体规划是相矛盾的[4]，或者和区划法规本身相矛盾[5]，那么这两种做法都是不合法的。异于其相邻地产的局限性城市规划是不合法的，因为它违背了一致性条款；合同性城市规划——地方政府和申请人之间的协商——是不合法的，因为它涉及离开治安权的讨价还价。即使没有讨价还价，但市政当局或申请人提出"单边条件或承诺"，这项经核准的重新区划或修建性详细规划即被认定为合同性城市规划且变得无效。[6]简而言之，为杜绝特别对待、偏袒或贿赂，地方政府不能通过协商、签订合同或有条件的区划来解决土地使用问题。

放松监管的套索

在1951年到1972年的历史性裁决三部曲中，纽约中级法院引领整个国家，使人们认识到需要土地使用规划和控制的灵活性来满足第二次世界大战后数十年来社会变化的需求。1951年，在罗杰斯的"塔雷城的村庄"中 提出"浮动分区（floating zone）"，使得区划和规划单元开发（Planned Unit Development，PUD）并行成为可能。[7]授权规划单元开发（PUD）的当地法令意识到协商增强基础分区的条件很有必要。规划单元开发（PUDs）把一块土地作为一个整体，避免欧几里得分区的不足之处；规划单元开发（PUDs）可以有多种形式，它们可以是乡村地区的"分类细分规划"，主要针对具有专用公共设施用地的地区，或者通过空地调控保留下来的环境敏感地区；规划单元开发（PUDs）也可以是有设计控制和场地设计的大型、多功能住宅、商业和办公项目，这些项目的指向是新城市主义。

如史蒂文·西格尔（Steven Siegel）律师所指出的，规划单元开发（PUD）开发观念可以被理解为一种"全盘交易"，社区可以通过对场地规划设计、分类和建立房主协会来限定开发批准以降低其用于低密度拓展开发的服务开销。房主协会负责承担公共服务和基建的费用，包括空地的维护。[8]

其他许多现代技术涉及在重新区划中灵活和创造性使用"限制条件"（被称为"有条件的重新区划"的做法）。[9]

第二个案例，丘奇（Church）在"艾斯利普镇"中提到，纽约上诉法院支持地方政府有权力单方面限定重新区划、细分规划的批准、有条件的土地使用许可、规划单元开发和有关变动等。[10]大多数法官们区分了单方提出条件（的区划）和契约型区划。其理由是如果地方当局能够有效地将居住区重新区划为商业或者多功能用地，它也能够在区划上单方提出要求，以保证居住地周围土地所有者的权益，只要这些条件不是只让土地开发商获益。其他的现代区划技巧——包括用地计划审批、带有补偿的区划、开发权转让、奖金或激励性区划、基于绩效的区划、机场和历史街区保护型区划、狭样区和基于地形的区划、公交导向式开发和传统型新开发——具体情况取决于地方政府是否有能力执行契约或者法律。这些契约和法律通常反映不同项目独特的形态、财务、设计、基础设施和服务要求。

增长管理（也被称作精明增长）起源于纽约上诉法院的第三个案例，戈尔登（Golden）的"Ramapo镇规划委员会"（1972）。此案首次对开发协议进行了授权。根据这个授权，对一个期限为18年的综合改善规划，在有足够公共设施的基础上进行有时间、有顺序的区划。[3]这次授权使增长管理在美国成为合法的。[11]

开发协议

在土地开发过程中，地方政府需要确保管辖区域积极的财政预算结果，开发者需要保证开发审批不会被后续的区划所干扰。因为许多州、地方政府和联邦政府都采用了新的土地使用法规，用以可持续发展、新城市主义开发、精明增长和环境评审，开发者则在寻求更大可能性已取得他们可以通过开发协议获得的项目。

根据在影响费和开发补偿金方美国的著名律师丹尔尼·柯廷（Daniel Curtin）的观点，开发协议提供给开发者另一个选择来获取应得权利[12]，同时给当地政府带来好处，那就是获得开发补偿金和强制推行其他不被当地法律授权或不合法的条件，根据美国最高法院多兰（Dolan）提出的"比例关系"，开发补偿金、影响费或捐赠不能超越开发本身带来的需要。[13]

为了保护开发者不受开发审批程序的不确定性和拖延的影响，以及为满足地方政府的公共设施需求，13个州采取了权利授予法让政府和资产拥有者能进入开发协议。[14]在还没制定权力授予法的州，对进入开发协议的授权可以从规划和分区授权法案中得到，该法案主要负责综合规划的采纳和实施。[15]其他市政当局找到地方自治下的权利[16]，重建法规，政府间合作法案，经济发展法规[17]，或在诉讼期间同意和解协议[18]，只要这些行为在涉及治安权上是合理的，即都是为保护公共卫生、安全和财富。[19]所有开发协议必须包括协议的限定期限以避免被指控长期廉价出售治安权。[20]只要市政当局通过规定保有对未来允许权力的控制且协议包括合同违约规定[21]，协议将会被实施。

市政影响费、捐赠和强收仅在开发本身产生新需求时被授权。在大多数影响费法令和法院裁决中，资金必须投入地方信托，且用于五六年花费。影响费不可以用于现存不足或经营和维护。[22]

对地方政府来说开发协议最重要的用途是为了执行适当的公共设施条例（也被称为并发性）。在采取的并发性条件下，地方政府可以否决开发审批那些现存缺陷，且通过影响费、捐赠、补偿金或有条件的区划获得的有限新设备不足以解决的项目。[23]通过否决开发批准，地方政府迫使开发者修改开发协议中的缺陷，这不受多兰（Dolan）的比例关系要求。[24] 因为多兰（Dolan）法案不适用于双方自愿提供设施[25]，对于政府廉价出售其治安权的质疑将会失败。[26] 在一些案例中，法院声明进入开发协议的开发者放弃了他的多兰（Dolan）宪法权利。[27] 在交通设施缺乏的地方，例如，对地方政府来说合适的措施是根据充足公共设施条例否决申请，而不是用过多收费作为批准条件[28]，这就违反了多兰（Dolan）的比例关系要求。[29]

在起草开发协议时，地方政府必须知道开发者可以有补救措施可供选择。违约将会在州法院判定，而对契约义务的损害将是在联邦法院判定。根据美国宪法有关损害契约义务的条款[30]，当地方政府本身是合同的一方，并随后采用了使协议无法履行的法令时，地方政府的行为会受到更严格的审查。[31]

> 所有开发协议必须包括使用限定期限，以免被指控长期廉价出售治安权。

地方政府必须非常小心地选择开发协议的措辞。例如，在2002年佛罗里达州的一个案例中，协议规定，郡具有"义务支持开发者重新区划的要求"，而法院以非法合同分区判定协议无效。[32] 开发者没有在开发协议签署后获得酌情批准的既定权利——只有在执行的时候有法可依。[33]

近来有人提出，开发协议可用来要求开发者或业主协会永久提供传统的城市功能，如消防和警察服务。[34] 关于传统城市经营，例如治安，是否可以委托给一个私人组织这一法律问题仍旧有待讨论。如果这样的要求得到支持，即如果偏远的"私人政府"被要求纳税却没有得到任何服务，将会对已经建成的地区（如市区），得益于现有政府设施和服务的地区以及通常免于影响费的地区，是一种巨大的激励。[35]

征用权和开发协议

在2005年6月美国高等法院关于Kelo诉"新伦敦城"一案的决议[36]中，同意为经济开发征用私人住宅之后，产权组织成功在美国范围内游说议员赞成限制地方政府征用权和监管权的宪法和立法修正案。加利福尼亚州的第90号提议，连同其他12个州的措施，在2006年11月进行投票。业主担心征用权会拿走他们的家，发起者加入一项条款规定任何导致财产大幅贬值的地方政府土地使用条例都被视为管制征收。[37] 90号提议对于经济开发的征用权的限制的重要性远小于大城市的当局者的限制。他们可以通过有关规划、分区、消费者权益、环境保护和保护未来先行权的立法，而无须承担由于管理造成的任何损失。2004年在俄勒冈州最先提出通过这样的法律限制——37号法案。[38] 由于法案对规划和环境管理条例的限制很大，选民经过重新考虑后，于2007年实施了第49号法案删除了37号法案中的住宅小区、商业和工业开发。

如果地方政府能够恰当地运用开发协议，将避免潜在的负债索赔，这与第90号提案的基本原则极为相似。一旦土地所有者为了避免基于公共设施不足的否决而同意使用开发协议，他们就放弃了索赔。开发协议允许公共参与，同样还通过违约条款提供持续的监管和合同控制。他们能提供联合公共使用，服务和设施条件，地点规划复审，以及当土地公有时提供租赁条款以确保协议允许地方政府控制和问责。

通过开发协议，地方政府能和开发单位成为真正的合作伙伴，这将确保公共使用和公共目的。在当今受新城市主义和可持续发展强烈影响的开发大环境下，地方政府正通过集合土地用于能提高通过性和居住就业平衡及减少交通拥堵、提高空气质量的交通运输导向的开发，以达到更高的密度。

注　释

1. 罗伯特·H. 弗雷力克（Robert H. Freilich）和 S. 马克·怀特（S. Mark White）《21世纪土地开发准则》（芝加哥：美国心理协会规划者出版社，2008）。

2. 参照小彼德·W. 沙里奇（Peter W. Salsich Jr.）、蒂莫西·J. 特内基（Timothy J. Tryniecki）《土地使用管制：土地使用法的法律分析和实际应用》（芝加哥：美国律师协会关于房地产、遗嘱认证和信托法章节1997），2。

3. 格里斯沃尔德诉豪斯城案，925 P2d1015（阿拉斯加，1996）提到："局限性城市规划的标准定义是为了土地拥有者的利益从土地上划出一小部分用作和周围完全不同的用途……"。

4. 《标准分区授权法案》第三部分。

5. 克斯尼克诉蒙特马利镇案，131A2d1，8（新泽西州，1957）。

6. 《标准分区授权法案》合同分区限制甚至被用于立法机构提起的单方面条件。

7. 罗杰斯诉塔里敦村案，302 N.Y.115，96 N.E.2d731（纽约州，1951）。

8. 史蒂文·西格尔（Steven Siegel），《建造私人住宅区时的公众角色》，《城市律师》38（2006秋）：859，877。

9. 浮动区，性能标准，规划单元整体开发，激励和奖励分区，开发权转让，群体区划及保护区细分规划：参照帕特里克·J. 罗翰（Patrick J. Rohan）《分区和土地利用控制中的有条件契约性城市规划》（奥尔巴尼，纽约：马修本德和联讯公司，1978），第一部分；同时参阅《国家》等。茹潘契奇（Zupancic）诉施门兹（Schimenz）案2，174N. W.2d533（威斯康星州，1970）。

10. 丘奇（Church）诉艾斯利普镇案，168N.E.2d.680（纽约州，1960）。

11. 戈尔登（Golden）诉拉马坡镇案，285N.E.2d 291，提议批准，409 U.S. 1003（1972）。

12. 美国的多数裁量权规定只有获得有效的建筑许可且大量建造随之而来时，完成一项工程的权力方可授权。

13. 丹尼尔·J. 科廷（Daniel J. Curtin），《开发协议、强行征收和影响费》（美国和国际法中心土地规划、分区和征用权研究所年度会议中提交的论文，旧金山，加利福尼亚州，12，6-8，2006），1.

14. 亚利桑那州、加利福尼亚州、科罗拉多州、佛罗里达州、爱达荷州、路易斯安那州、内华达州、新泽西州、俄勒冈州、南卡罗来纳州、弗吉尼亚州和华盛顿。

15. 参照阿姆奎斯特（Almquist）诉马歇尔镇案，245N.W.2d 802（德克萨斯，1984）（以金钱代替公园用地）；Call 诉西乔丹市案，606P.2d 217（犹他州，1980）（影响费）；拯救埃尔克哈特湖公司诉埃尔克哈特村案，512N.W.2d 202（威斯康星州，1993）。

16. 基格（Giger）诉奥马哈市案，442N.W.2d 182（内布拉斯加州，1989）；Crane 诉巴尔的摩市案，352 A.2d 782（马里兰州，1976）。

17. 得克萨斯州地方政府法规§42.044 允许地方政府与私人开发商就域外管辖权签署书面协议以促进经济发展。

18. 墨菲（Murphy）诉西孟菲斯市，101 S.W.3d 221（阿肯色州，2003）；莱罗伊土地开发公司诉太浩区域规划局案，939 F.2d 696（第九巡回法院，1991 年）。

19.《国家》参见迈尔（Myhre）诉斯波坎市（Spokane）案，422 P.2d 790（华盛顿州，1967）。

20. 霍姆斯特的市诉比尔德（Beard）案，600So. 2d 450，453（佛罗里达州，1992）；朱迪思·魏格纳（Judith Wegner），走向谈判桌：当分区制、开发协议与政府土地利用交易的理论基础相联系《北卡罗来纳法律评论》65（1987）：957，983-984。

21. 圣塔莫妮卡全体市民诉圣路易斯奥比斯博镇案，84，Cal.App.4th 221（2000）；韦斯特伯鲁购物公司诉开普基拉多市案，673 F.2d 733（第八巡回法院，1982 年）；Bollech 诉查尔斯镇案，166 F.Supp.2d 443（马里兰特区，2001），aff'd 69 美联储，约 178（第四巡回法院，2003 年）。

22. 弗雷力克（Freilich）、怀特（White），《21 世纪土地开发准则》285；家园建造者与开发商联盟诉镇委员会委员案，446 So.2d 140，151（佛罗里达州，1983）。

23. 参照弗雷力克（Freilich）、怀特（White），《21 世纪土地开发准则》293，296；同时参照 Beaver Meadows 诉拉瑞莫镇案，709P.2d 928（科罗拉多州，1985）。

24. 莱罗伊土地开发公司，939 F.2d 696，697。

25. 同上；诺兰（Nollan）诉加利福尼亚海岸委员会案，483 U.S.825（1987）；大卫·L. 考利（David L.Callies）、莱利·A. 塔彭多夫（Julie A.Tappendorf），违反宪法的土地开发条件与开发协议：Nollan and Dollan，《案后的公共设施协商》，《西部法律评论》51（2001 夏）。

26. 基格（Giger）诉奥马哈市案，442N.W.2d 182，192-193。

27. 梅瑞狄斯（Meredith）诉塔尔伯特镇案，560，A.2d 599，604（马里兰州，1984）；Pfeiffei 诉拉梅萨市案，69Cal.App.3d 74（1977）。

28. 比弗·梅多斯（Beaver Meadows）诉拉瑞莫镇案，928；安纳波利斯市场公司诉 Parker 案，802 A.2d 1029，1044（马里兰州，2002）。

29. Lingle 诉雪佛龙美国公司案，544 U.S.529（2005）。

30.《美国宪法》第四条第八款。

31. 美国信托公司诉新泽西案，431 U.S.（1977）。

32. 摩根有限公司诉奥兰治县案，818 So.2d 640，643（佛罗里达州，2002）。

33. 施普伦格（Sprenger），挖掘者（Grubber）协会诉黑利城案，903 P.2d 741（爱达荷州，1995）；
Pardee Const. 有限公司诉卡马里落市案，690 P.2d 701（加利福尼亚州，1984）。

34. Siegel，私有居住区，859，861。

35. 参照佛罗里达州和地方政府规划法案第 163 章关于豁免城区和空间填补造房区的并发控制和影响
费征收。

36. Kelo 诉新伦敦城案，545 U.S.469（2005）；罗伯特·H. 弗雷力克（Robert H.Freilich）、塞斯·D. 门尼罗
（Seth D.Mennillo），Kelo《变革在加州终结》，《加利福尼亚房地产杂志》11，13，2006；同时参照
Hannah Jacobs，《在 2006 征收法案的余波中寻找平衡》，《耶鲁法律杂志》116（05，2007）：1518。

37. 类似的规定，参照俄勒冈第 37 号法案和佛罗里达伯特·J. 哈里斯（Bert J.Harris）法案，由爱德
华·J. 沙利文（Edward J.Sullivan）描述，《元年：37 号法案的余波》，《城市律师》38，（2006 春）。

38. 俄勒冈修订后的成文法 §197，352。

39. 参照大卫·L. 考利（David L.Callies），罗伯特·H. 弗雷力克（Robert H. Freilich）和托马斯·E. 罗伯
茨（Thomas E. Roberts）《土地利用案例与资料》（依根，明尼苏达：Thomson West，2008），388。

40. 参照弗雷力克（Freilich）、怀特（White），《21 世纪土地开发准则》。

设计审查

布莱恩·W. 波利瑟（Brian W. Blaesser）

　　设计审查是一个可酌情行事的审查过程，其目的是以社区认为"好的设计"或视觉
愉悦的方式来保持或提升建筑和自然环境。一个关于设计审查实践的调查给出了以下
定义："设计审查是私人和公共发展建议书接受在当地政府有关部门支持下的独立审查
的过程，该过程可以是非正式的也可以是正式的。它和传统的（欧几里得）区划或分片
区规划的区别在于设计审查涉及城市设计、建筑和视觉影响。"[1]

　　在所涉及的 3 个方面——城市设计、建筑和视觉影响中，城市设计是最不好理解的，
它被描述成"一个社区环境中的建筑形式和空地的组合"。[2] 作者继续写到，"城市建筑的要
素是它的建筑物、景观和基础服务设施，正如形式、结构和内部空间是一个建筑物的要
素……像建筑一样，城市设计既要考虑功能、经济、效率，也要从审美和文化角度考虑。"

　　所以，设计审查的重点在于城市构造：阳光、空气、视觉、开放空间以及空间和
功能的关系。[3] 从广义考虑，设计审查的目的不仅是关注建筑物的建筑风格，也关注组

成城市构造的建筑物、街道和公共空间之间的空间关系。城市设计能建立一个对于市民重要区域的印象，在生态退化或者遭到破坏区域，它为争取公开支持并说服潜在投资者再开发提供了构想。对于设计概念和规划的公开审查会成为城市改造的主要工具。

法律考虑

大多数州的法院都已接受：只要有足够的标准，并且恰当适用那些标准，通过单独适用美学标准来实施土地用途管制是合理的。但是，这些都只是假如：首先，由于分片区规划中的固有限制；其次，考虑到设计判断的主观性，难以形成有意义的标准；最后，因为探索美学基础上的规则，社区可能走得太远。

设计审查的权力

地方政府对分区和其他土地使用的治安管理权，包括设计审查的权力源于州政府。在狄龙（Dillon）规则下，地方政府并没有固有的权力，只在州宪法或立法机构的明确授予下，才拥有那些权力。[4] 没有州宪法或法定授权的使当地政府具有广泛自治权力的地方自治权，法院会引用狄龙规则要求严格遵守州建立的土地利用规则的使用范围和程序。为了实施法定授权的地方自治权，大多数地方政府都会通过一个宪章，来明确它们的地方自治权力。但除非一个社区具有广泛的土地利用管理权力的"自治"身份，否则被允许的审美规则的使用范围和方式要受到州分区规划支持的相关立法所限制。

在缺乏明确的州授权实施城市设计控制的情况下，地方政府常常将设计审查和州许可的自由裁量决定程序联系起来。采用的三个基本方式是分区规划的变化、特别许可证的批准和发展计划的批准。另外，片区开发是现有或以前城市改造地区的一部分，当地政府可以在那些片区开发中保留土地权益，并且在那个基础上，有明确的通过设计审查实施城市设计标准的权力。尽管如此，当地政府合法实施设计审查的事实并不能保证设计审查程序以合法的方式实施。

模糊或毫无意义的标准

规则中语言不清晰或缺乏确定性引发了"模糊无效"声明，该声明来源于第14宪法修正案规定的正当程序条款所规定的宪法权利。正当程序条款的作用是避免决定制定者随意执行法律。由于城市设计考虑的主观本质，各种模糊问题会发生在设计审查中。未能使用普遍理解的条款，使用不严密的语言，使用缺乏实际操作性的语言，使用模糊的原则解释设计审查的内容是四个最常见的问题。

没有普遍理解的条款

在设计审查规章中，常见的通病是对于条款的运用并没有给那些希望实施和遵守规则的人，这些人包括政府官员、申请人和设计专家。设计专家通常是为设计审查公司服务的，或被雇佣来协助申请人。

条款通常无法达到以下标准：（1）它们可能不够专业或准确，无法被专业设计人员理解，或（2）它们在使用或习惯上可能没有任何固定的含义，这里指法庭上称的"普通法"的含义。这两个要求有时相互矛盾，即一个足够专业、准确的词或许被认为过于职业化从而缺乏固定的含义。

例如在华盛顿州，法院发现一个城市所设立的建筑设计标准太含糊：标准规定评估建筑项目申请须看"其设计质量及其与山谷和周边群山的自然布局的关系"。[5] 像法院所引述的，设计标准要求门窗、屋檐和护栏需要有"适当的比例"，但很少提及设计需要提到"新的"或"明亮的"；机械设备是从公众感官中筛选的，外部照明要与建筑设计是"和谐的"，单调是要"避免的"，该项目也是要"有趣的"。用"屏风和阻断或其他合适的方法和材料，"使相邻的"风格相互矛盾"的建筑和结构显得"兼容"，最后，"纹理、线条和质地的和谐"是"鼓励的"。[6]

不精确的语言

虽然城市设计标准通常专注于一个项目的整体[7]，但对个别发展项目实施设计标准会影响宪法权利。因此，设计标准中所使用的语言必须足够精准，使申请人明确被要求的内容，使决定者能够做出公平、一致的决定。诚然，这是一个艰巨的任务。语言不准确的例子到处都是。例如，下面用于新泽西州石港镇指示牌的标准，由于用词模糊而被成功挑战。法院用斜体字标出违规条款：

要求公众注意而不是吸引公众注意的标志应该避免。颜色应选择与整体建筑颜色方案相协调的，来创造一种气氛和强化标志的主要交流信息……必须注意的是一个标志中不能有太多颜色，限制色彩的运用将维持标志的信息功能，并创建一个悦目的元素，成为街道的纹理的一个组成部分。[8]

缺乏实用的语言

有时语言似乎具有一种普遍理解的含义，但是，当它被运用到实际的环境下，语言却没有给出有意义的指导。例如，在新泽西的某个案例中，法院审查设计标准，它要求建筑设计是"早期的美式"。[9] 法院没有指明"早期的美式"是否是一个足够精确的标准；相反，它检查标准在周边区域中的自然发展，并发现附近结构没有一致的特征。因此，法院指出，"早期的美式"可能是指从小木屋或帐篷到科德斜角或荷兰殖民风格的任何东西。

用于定义设计审查上下文的原则模糊

公共领域的概念——"城市共同拥有的要素，如广场、公园、街道和公共建筑"[10]——是新都市主义理念的中心，它强调适宜步行性、相互联系性以及将街道、地段和建筑结合在一起的方式。形态规范（form-based codes）是新都市主义的一个重要的监管工具；而反过来，公共领域是形态规范的中心组织原则之一。公共领域的"达成"是重新设计现有建成区努力的关键；但是，它也可能增加对设计标准模糊性的担忧。

例如，形态规范中要实现公共领域的概念，一种方式是运用建筑设计标准并要求设计审查"从街头清晰可见"的方面。"街头"一词通常是指广场、市民绿地、公园和除胡同以外的所有公共空间。这个定义本身就是模糊的、随意的，因为它取决于人的眼睛所见到的。根据"模糊无效"原则，这样的定义可能引起法律问题。

起草设计审查标准和准则的原则

在地方政府有权制定城市设计标准的地方，标准能否成功运用取决于标准起草的完善程度，在制定城市设计标准时，制定者应牢记以下原则。

确定初步考虑因素

在着手设计审查前，一个地区应该认真考虑是否具有建立一个有意义的、有效的、合法辩护程序的前提条件。一个社区如果试图推行设计控制，却没有确定的特征，或者说缺乏它是什么或者想成为什么的清晰远景，将制定出含糊不清并且往往是矛盾的标准。仓促实施这些标准，会导致不一致和法律上站不住脚的后果。

建立一个被计划和研究所支持的远景

展望或目标设定过程中，一个社区需创建它15年或20年后想成为什么样的愿景，可以为更深入的规划和研究提供基础。反过来，这样的规划和研究对于证明设计标准，在法律上也是必要的。有时实践可以暴露社区真实的问题，大不了愿景破碎。但是，如果处理得当，愿景建立的过程可以为更深入的规划和研究的准备提供基础——必要的法律构成——来证明产生的设计标准是有道理的。

明确社区形式的基本特征

明确社区形式需要解决两个基本问题：

● 建筑物与临街边界（front property line）和相邻建筑物的位置关系，决定了一个城市地块的基本形式和空间特征，也为沿街的某些用途提供了办法，例如，一个建筑物离街边较远，就给对面建一个停车场创造了可能，这和一排商店或住户相比有大不同的视觉效果。建筑立面是否处于一条直线（build to line）也决定沿街连续——相对于分散和间断来说——的程度。

● 街道层面上的土地用途，也就是说，在街上是否经常有行人活动。它是不是一个吸引行人的购物街，或一个人们可以看见路人行为的居住环境？对入口的位置，行人使用的前门和接受的服务，行人活动主要在哪里？后门在哪里？

决定将实施的控制水平

一旦确定了社区形式，下一步就是决定社区通过设计审查所实施的控制水平和州法律（法定或司法裁决）是否授权那样的控制水平。强制（"必需"）的控制通常限制在公平接受的有设计内涵的地方，如建设的路线、高度、体量和后移。强制审美规则的范围是否可能扩大将取决于两个因素：（1）是否已经做了具体的研究或计划来支持需求，和（2）州法律授权这样做的范围。相比之下，设计指南制定理想的设计结果（"应该"），但由于它们不是强制的，为申请人和当地政府做出和社区愿望相一致的设计方案留出了空间。

选择一个格式和结构

从开发商和政府的角度，设计审查在充分讨论所要适用的目标和标准后，通过一个条例能得以最好实施。仅有设计手册，而没有建立基本标准的条例相伴，可能公开导致工作人员或设计委员会滥用自由裁量权。为手册选择图片和照片，规划者应咨询通常由土地所有者和开发商雇用的设计专家，这些专家对于哪个标准或指南能被图片有效描述有实际经验。

选择审查过程的类型

构建设计评审流程共有5种基本方式；哪种模式合适将取决于在特定管辖下的约束条件和机会。

从开发人员和地方政府的角度，第一种模式代表了一个理想的设计审查过程。为什么？因为这种模式是以州立法授权建立一个单独的设计审查委员会来实施设计评审政策的。州立法也应要求当地政府采取某些措施，包括一个仔细的规划研究来识别一个地理区域的关键设计元素，之后是采用明确的标准和程序来实施这个计划。

模式一示意图：

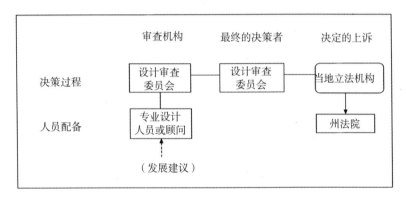

第二种模式通过授权当地发展机构，将设计审查目标和经济发展连接起来，在州立法的授权下，实现经济发展和设计审查。例如，这种模式可以在肯塔基的州立法中找到，州立法授权建立覆盖区，在那些具有历史、建筑、自然或文化意义，适合保存或保护的地方，提供附加的设计标准和发展规定。[11]

模式二示意图：

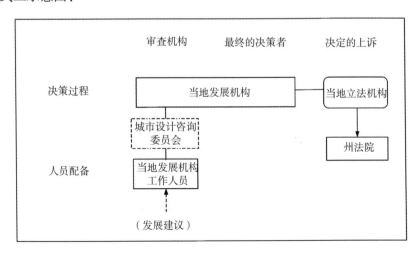

第三种模式反映了在管辖权受到严格约束情况下，实施设计评审的过程。只要州立法承认城市设计作为治安权力的正当权益，通常可以建立一个设计审查委员会来建议规划委员会，该规划委员会在大多数地区，被法律授权做出一定程度的自由裁量决定。这种结构的优点是限制了设计审查委员会的提供建议者角色——只要有足够的标准，允许规划委员会在有条件使用决定、再分区，或其他行动中考虑设计审查委员会的建议。此外，在这种情况下，上诉到当地立法机构通常是可取的，因为像在模式二一样，它提供了一个安全阀，通过它可以使纠纷得到官方的解决。

模式三示意图：

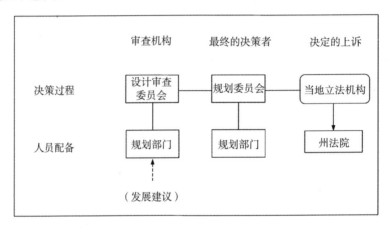

第四种模式反映了许多村庄和小城市的现实，即规划委员会无权就涉及审美方面的考虑，甚至授予有条件使用等事项，做出最终决定。在这样的安排下，当地的立法机构在多数土地使用批准中充当最终决策者。

模式四示意图：

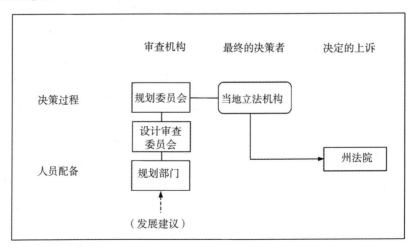

在第五种模式中，当地的立法机构是开发项目的最终决策者。这种模式，更有可能使用在这样的情形下，通常是在市中心，城市通常通过城市更新或其他方式在这里保留控制某些土地。作为设计审查对象的市中心项目，涉及重要地点或有可能极大有利或损害市中心的大型建筑，地方立法机构想从一开始就参与。这种模式允许上述参与，但它的成功取决于立法机构工作人员在处理设计审查时发现问题的效率。

模式五示意图：

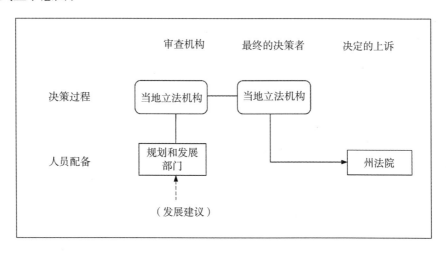

结　论

无论是受到实施精明增长的鼓舞，还是受实施新城市主义原则的欲望的驱动，城市设计已成为全国范围内目前规划和监管措施的核心。城市设计，关注构成城市肌理的建筑物、街道和公共空间之间的空间关系，使社区功能更完善，使城市生活更美好。设计审查，如果得到适当的结构规划并基于有意义的标准和指导方针，可以成为一种有效的手段，帮助社区达成规划目标和市场约束相平衡的设计结果。

注　释

1. 由 Brenda Case Lightner 调查，引用于 Brenda Case Sheer and Wolfgang F.E.Preiser "内容介绍"，《设计评论：挑战城市市容景观管理》（纽约，查普曼和霍尔出版社，1994），2。

2. 理查德·曾玉来（Richard Tseng-yu Lai），《城市设计与规划法》纽约，范·诺斯特兰德·瑞因霍德出版社，1988），1。

3. 这里"设计审查"一词的意思是"城市设计审查"。本摘要的主要法律原则和一些实施概念改编自布莱恩·W.波利梭《土地自由裁量权的控制：避免引起裁量权滥用》（依根市（Eagan），明尼苏达州：汤姆森—西出版社，2007）。

4. 狄龙规则得名于 F. 狄龙法官，他是 19 世纪国内法的权威。

5. 安德森（Anderson）诉易萨阔市（Issaquah）案，851 P.2d 744（Div.1 1993），引用易萨阔市（Issaquah）
   自治法规（IMC）16.16.060（D）（1）-（6）。

6. 同上 16.16.060（B）（1）-（3）。

7. 詹姆斯·L. 布罗斯（James L. Bross）从美丽之外看设计评论《环境保护法》9（1979）：211，226-
   227，引用约翰·W. 韦德，《建筑，问题与目的》（纽约：约翰·威利，1977）写道："建筑学教师们对'完
   整形态'的反应是感知到的全部被呈现的东西……应用临界值的考量有相当大的灵活性"）。

8. 迪勒和费舍尔有限公司诉建筑评论委员会案，587 A. 2d 674，678（新泽西州，1990）。

9. 汉金斯诉罗克利案，150 A. 2d 63（新泽西州，1959）。

10. 安尼普莱特—伊贝克公司，《新城市主义词典》（3.2 版，2002），A5；更多关于新城市主义的内容，
    见新城市主义的国会 cnu.org/。

11. 1990 肯塔基法案，479 章 §§2 和 3。

土地征用权

德怀特·H.梅里厄姆（Dwight H. Merriam）

土地征用权是联邦、州、地方政府将私人土地转变为公共用途的权力。它带有强制性。[1]当基于合理价格的自愿交易无法实现的时候政府才会动用它。

自封建时代起，英国的法律就谴责私人财产公用，国王授予土地使用权又继续行使土地征用权时会受到法律的谴责。直到1215年《大宪章》出台，征用土地才需要付赔偿金。[2]

鉴于土地征用权的基本特性，美国宪法没有过多授权限制土地征用权的使用。宪法第五修正案规定，没有公正的补偿，私有财产不得作为公用。这一规定旨在禁止政府迫使一些人独自承担本应由公众作为一个整体来承担的公共责任。[3]

凯洛（Kelo）案件的影响

宪法第五修正案规定，只要私有财产用于公共用途就必须支付公正的赔偿[4]，并且通过应用条款将这一规定扩展到了州政府和地方政府行为。[5]关于"公共用途"和"公正

赔偿"这两个名词的解释产生了大量的诉讼，其中包括美国最高法院在凯洛起诉康涅狄格新伦敦金融城案件中的判决引起了很大的争议。2005年，康涅狄格支持新伦敦金融城的权利，以私有财产为个人进行经济重建。[6]

公共用途的定义是凯洛案件的核心。尽管私人开发商最终获得了收益，案件中法院仔细权衡了其他因素，主要包括以下几点：

- 城市政府限制财产的未来用途，以确保它保持公共属性。
- 城市应站在公众利益的角度，致力于实施一个设计周密的规划。
- 相对公共利益来说，开发商的利益是附带的。

三个因素中的任何一个不符合，新伦敦可能就输掉官司。在重建规划中，涉及土地征用权的使用，应用凯洛案件中列出的几点规定对规划者来说是必不可少的。

要想获取土地征用权，许多州的法律要求一个关于房产及其周边环境是否衰退的调查。[7]防止衰退是公共目的，因此重建的结果也是为了公共用途。规划者有办法帮助决策者判断一处地产或一个地区是否是衰退的。

凯洛案件的判决重申了20年前法庭在夏威夷房产委员会起诉米德齐福（Midkiff）案件中的立场，即：开发中成功的概率是无法要求的；只要政府认为对公众有利就足够了，即使开发的结果是相反的。[8]凯洛案件的判决强调了立法决策的必要性。允许行政官员做出土地征用权使用的最终决策，相对于由相应立法机构来决定是更合理的，尤其是在地方政府一级（图6-12）。

图6-12　具有争议的凯洛案（Kelo）的决议支持征用这种单户住宅为经济发展项目让路
资料来源：德怀特·H. 梅里厄姆（Dwight H. Merriam）

知识渊博的时事评论家们，无论保守派还是自由派都认为凯洛案例的判决仅仅是重申了已经存在了半个世纪的现有法律，并没有任何新意。然而，这一裁决激起公众对许多问题的兴趣：土地征用权固有的巨大权利，土地征用权在振兴衰落社区中的有效性，土地征用权被滥用的可能性，被剥夺权利的业主和租户利益被践踏的风险（见边栏）等。凯洛案件促使联邦、州、地方政府努力完善法律。法院招来这样的反馈："我们强调，在我们看来没有任何事情可以阻止各州进一步加强监管权利。"[9]

产权与合理赔偿

合理赔偿经常定义为公平市场价值，即：在非冲动购买或出售的情况下，购买者愿意付给出售者的价格。公平市场价值不能反映财产所有者高估自己财产价值的倾向，不考虑主观和情感因素（如这是我祖父自己亲手建的房子等），忽略迁入新社区建立新邻里关系的情感价值。在破败建筑（政府实施更新计划最先考虑的财产）里的租户拥有最少的资源，他们的利益在现行法律中总是被忽视。产权与合理赔偿是各级政府都没能有效解决的有争议的问题。规划者发现自己是这些土地被征用家庭的代言人。

凯洛案件只涉及美国国家宪法，但是仍有50个州的宪法，根据国家宪法是合法的，而根据州宪法则可能是违法的，反之亦然。凯洛案件后，相对于联邦宪法，包括俄克拉荷马州和俄亥俄州在内的6个州的法院解释，他们的州宪法对土地征用权使用有更多限制。

法规和行政命令也可以改变法律。作为财产保护的倡导者，乔治·布什总统于2006年6月23日发布了行政法规限制联邦政府土地征用权的使用。30个州已经颁布了宪法修正案或者变通的法规，以限制土地征用权的使用。[10]一些州则加强了对管制性征用的限制，如亚利桑那州。许多地方政府通过颁布法令和制定行政法规，限制土地征用权的使用。这些变化大多都在模仿别人，许多条款不可避免地被起诉。最终，许多法律将因为难以实现而不得不修改。规划者可以站在中立的角度指导第二轮立法。[11]

土地整理

未来几年关于土地征用权争论的焦点将主要集中在以下三方面：宪法修正案、立法和监管。规划工作者在每个领域都可以做很多工作，但需要谨慎。用一句通常认为是马克·吐温的话，实际可能出自法官吉迪恩·J.塔克1866年判决中的话来表达："当法律还处于会议讨论阶段时，没有人的生命、自由或财产是安全的。"[12]

　　自愿交易和土地征用是目前重建中最常用的两种方法，在效率和公平上都不能证明是最优的。在某些情况下，这两种方法都没能促进经济发展。例如，凯洛的重建地区在裁决后的8年和美国最高法院裁决执行后的3年里，经济发展停滞不前，就是因为缺乏任何共同愿景或对计划和实施的共识。如果没有共识，土地集中就没有结果。

　　土地整理过程，是让土地所有者参与重建，而不是仅仅把他们的土地拿走，这种方法为解决由于凯洛判决引起的难题提供了希望。[13]通过这种方法，许多小地块重新划分或统一成一个大的地块，而业主仍持有股份。或者，业主可以因集中的土地获得补偿。在某些国家，地方政府为了获得建设新基础设施的资本，出售一部分未平衡前的土地或股权给原业主。许多案例中逐个地块的自愿交易和土地征用不能增加地块组合价值，因为单个地块的最优利用价值之和并不反映整合后的价值。但土地重组可以增加土地的额外价值，并按比例向个体土地所有者分配额外利益（图6-13）。

> 土地整理过程，是让土地所有者参与重建，而不是仅仅把他们的土地拿走，这种方法为解决由于凯洛判决引起的难题提供了希望。

　　土地整理，在日本、德国、荷兰、以色列和中国台湾，甚至在美国的实践，都并不是一种新的方法。日本土地整理的实践出现于19世纪60年代晚期，最终在1919年的城市规划法案中合法化。在日本，只要三分之二面积的土地所有者和租户同意继续合作，不用政府参与，土地整理私人之间就可以执行。日本一般的土地整理大约是在私人之间进行的。德国的土地整理可以追溯到一

图6-13　在曼谷，土地再调整作为逐出的一种替代方法——通过协商，达成一致——将土地分成两部分：一部分给土地所有者，一部分给购买者
　　资料来源：安吉尔、S.卜亚班查，第三世界规划审查10，第二册（1998）

个世纪以前，这类项目是在政府控制下强制执行的，但经过政府批准，土地所有者和开发人员可以启动土地整理项目。

有趣的是，美国土地整理的根源可以追溯到1791年，当时乔治·华盛顿说服土地所有者们将土地转让给他，以托管的方式，依据皮埃尔-查理提出的朗方规划发展哥伦比亚特区。根据协议，华盛顿有权无偿为政府预留一定数量的土地用于道路、公众集会场所以及其他公共用途，以57美元一英亩的价格购买额外的土地用于建设政府办公楼。土地平衡先根据建筑物数量进行分区，然后按比例分配给联邦政府和原有土地所有者。

华盛顿可以整合17个大农场和2个小村庄用于建设哥伦比亚特区。资金使用不分先后，联邦政府总支出35 000美元在城市中心区获得了600英亩土地，包括对10 136座建筑日后用途（出售还是使用）的调查费用。现在的规划工作者惊叹郎方规划的实施，但没有意识到它是通过土地整理实现的。

在一些其他案例中，土地整理解决了关键问题。在没有任何实际的市场之前，基于1906年地块条件对加利福尼亚州奥克斯纳德的奥蒙德海滩进行了详细规划。[14]纽约斯克内克塔迪的运河广场地区未被充分利用的土地，是由商人们整合后再开发的，这些商人于1973年联合对该地区进行了重建。废弃的土地也可以通过土地整理进行有效调整。例如，在达拉斯市区的农贸市场地区，30个独立的地块通过一份主开发协议组合到一起，通过开发共腾出了1 000万平方英尺的办公用地空间，1 500间客房，40万平方英尺的零售用地空间，1 500套住房，这些都没有经过美国最高法院。

邻里联营或是邻里收购作为没有后续权力的土地调整工作，已经在亚特兰大、达拉斯、休斯敦、凤凰城、华盛顿特区以及在杰克逊维尔、棕榈滩、巴拿马城、鲳参鱼海滩和佛罗里达州等地实施。在这种形式下，大量业主组织成协会以高利润出售土地用于重建。

土地整理时代已经到来。过去的实践中有许多可以借鉴学习的，规划工作者可以协助州立法机关创建相关法规，允许它更广泛地使用。[15]虽然加利福尼亚州、佛罗里达州和夏威夷州已经考虑建议授权土地调整立法，但似乎没有地方政府建立正式的立法程序。尽管如此，重建机构已将类似方法应用到了重建项目中。

注　释

1. 美国诉卡马克案，329 U.S.230，241-242（1946）。

2. 大宪章（1297）"任何国家在任何情况下，没有经过正当法律程序，都不能将任何人驱逐出他的土地或家园，也不能剥夺他的财产、他的继承权或他的生命" 28 Edw.3.c.3。

3. 阿姆斯通诉美国案，364 U.S. 40，49（1960）。

4. 芝加哥 B & Q.R.R 诉芝加哥市案, 166 U.S. 226, 233, 236-237 (1897)。

5. 布鲁克灌溉区诉布拉德利案, 164 U.S. 112, 158-59 (1896)。

6. 凯洛诉新伦敦城案, 545 U.S. 469 (2005)。

7. 在凯洛案中不需要寻找强行征收带来损害的证据, 这在法庭上也不是问题。

8. 夏威夷房产管理局诉米德基夫案, 467 U.S. 229 (1984)。

9. 凯洛诉新伦敦城案, 判决简报第 19 条。

10. 全美州议会联合会, 土地征用权 (2008), ncsl.org/programs/natres/EMINDOMAIN.htm (2008 年 8 月 4 日访问)。

11. 美国规划协会公共重建的政策指导值得商榷: 参照 planning.org/policyguides/redevelopment.htm (2008 年 8 月 4 日访问); 另一个可查土地征用权的网址是: planning.org/legislation/eminentdomain (2008 年 8 月 4 日访问)。

12. 1 塔克 248 (纽约 Surr.1866)。

13. 参照 Yu-Hung Hong and 巴里·尼达姆, 环境资料局, 《土地重新区划分析: 经济、法律和集体行动》(剑桥, 马萨诺塞州: 林肯土地政策研究院, 2007); 弗兰克·施尼德曼, 市郊土地调整, 《1991 土地分区与规划 125》(纽约: 克拉克·博德曼, 1999), 125; 弗兰克·施尼德曼、莱尔·贝克, 小块儿计划用地规划: 土地分块销售的用地补救措施, 《佛罗里达州立大学法律评论》11, no.3 (1983): 505-597; 弗兰克·施尼德曼, 土地整合《城市土地》(02, 1988): 2-6。

14. 参照奥蒙德海滩市, 奥克斯纳德市, 加利福尼亚州, 小地块审核检查表 ordmondbeach, org/bc/sprc/minorplat.pdf (2008 年 8 月 4 日访问)。

15. 佛罗里达大西洋大学教授弗兰克·施尼德曼在他就凯洛案写的诺奎斯特案情摘要中支持使用土地整合: 参阅佛罗里达大西洋大学城市及环境问题解决方案中心, "凯洛案中提交给美国最高法院的诺奎斯特案情摘要" 网页 cuesfau.org/cra/rdvip_resources/Legal/Kelo-Norquist%20Amicus%20Brief.pdf (2008 年 8 月 4 日访问); 参阅弗兰克·施尼德曼 "通过组合人口来整合土地"《分区与规划法律报告 30》(09, 2007) 网页 cuesfau.org/cra/rdvip_resources/Land%20Assembly/ZPLR %20Land%20Assenmly-%20article%20Sept.2007.pdf (2008 年 8 月 4 日访问)。

俄勒冈州 "37号条例" 投票决议之后

罗伯特·斯泰西 (Robert Stacey)

20世纪90年代, 限制政府调控土地利用的自由主义运动上升到国家层面。从全美建筑商协会到成长俱乐部, 联合向高级法院起诉, 向国会提交议案, 要求赔偿由于政府调控带给业主的财产价值损失。他们的努力没有成功，伦奎斯特（Rehnquist）法院没有修改宪法，国会没有剥夺州和地方政府用于平衡关于土地利用的利益纷争及保护公众不过分追求个人利益的基本权利。但是，许多州政府的确颁布了限定条例对地方政府的监管权力进行限制；2000年，俄勒冈州加入其中，当地选民投票通过"7号条例"，这是一个"关于贬值付费"的州宪法修正案。

根据美国高级法院1922年的一个裁定，政府管理条令允许征收，也需要赔偿，如果"做得太过"，取消对私有土地的所有合理经济使用。

2002年，俄勒冈州（Oregon）最高法院以程序不合法的理由废止了"7号条例"。支持"7号条例"的愤愤不平的农村土地所有者和富有的理论家组成了不同寻常的联盟，在2004年卷土重来，提出了一个"赔付或放弃规定"说法的"37号条例"。"37号条例"在一个以综合土地利用规划闻名的州以出人意料的强劲支持而通过。2006年秋天，其他4个西部州也对类似的法规进行了投票，除了一个州外所有的都失败了。尽管如此，限制"管制性征收"的想法依然受到关注。根据1922年美国最高法院的一项裁决（宾夕法尼亚煤炭有限公司诉Mdhon案，编号260，美国，393（Pennsylvania Coal Co. v. Mahon260 U.S. 393），政府监管允许征收，并需要补偿，当"做得太过"，取消对私有土地的所有合理经济使用。然而，"37号条例"及其成果中摒弃宪法的这条标准，任何价值的损失都引起赔偿或放弃。

投票中的15字说明，解释了"37号条例"中"赔付或放弃"概念的实质，即："当一些土地使用限制导致房产价值下降时，政府必须赔偿土地所有者，或者放弃执行规定。"在这一活动最初的投票中，高达59%的选民支持这一意见。8个月后，这一措施通过率从61%下降到39%，除俄勒冈州36个县中的一个失败外，在其他地区均获得了绝大多数支持。

如此压倒性的支持使它不可能在2005年议会（仅仅两个月后的11月召开）通过立法澄清或修改措施。2006年初，该条例在俄勒冈州宪法中保留了下来。2007年秋季，选民批准了一项立法提案——49号条例。它废除了"37号条例"中的大部分条款，并大大限制了"37号条例"执行3年间由州或地方政府签发的几千人的土地使用制度"豁免"的影响。

"37号条例"的执行

"37号条例"不仅适用于当前也适用于未来的法规。为取得救济资格，申请者必须提供资料证明本人在该法律制定或条例颁布前已拥有土地。既然"37号条例"（以及更有限的程度上，其后续的"49号条例"）在阻止政府进行重新分区的考虑，问题的焦点就是追溯索赔不能回到30年前或者更早的法律，当时多数法律规定起源于1973年俄勒冈州具有里程碑意义的全州规划法规。俄勒冈州的土地保护和发展委员会（LCDC，根据全州规划法规建立）要求，数百万英亩的私人土地划为农业或森林用地。而绝大多数"37号条例"的索赔是在这些区域。

截至2006年秋，"37号条例"通过不到两年，有3 500名业主投诉，要求获取资金或取得涉及全州超过30万英亩的土地的开发权限。索赔数额达数十亿美元，事实是没有任何政府单位包括州政府在内遵守现有的土地利用法规向业主支付任何赔偿。因此，所有的注意力转移到了放弃权，如果政府不能或不会赔偿的话，"37号条例"默认的是放弃权。放弃权允许业主选择土地利用方式，这种利用方式可以是申请者获得土地时财产构成的一部分。绝大多数索赔要求建造大量房屋，而根据现行农用地或林地法律这些需求是不被允许的。有的甚至要求在Newberry火山口国家纪念碑（Newberry Crater National Monument）开采浮石，或者在威拉米特河河谷（fertile Willamette Valley）的一条国道上建设一家上万平方英尺的零售店。

尽管需求很多，但是"37号条例"的措辞意味着在实践中变化不大。"37号条例"规定，业主不能将权利转移给新的土地购买者进行违反现行分区的发展。反过来，这也会在丧失抵押品赎回权成为必要时，阻止银行收回开发价值。因此，开发人员不可能获得项目融资。这种进退两难的情况阻碍了发展，也鼓励申请人（和措施起草人）寻求某种形式的立法，扩展"37号条例"。

当附近的业主、政府官员、社论作者和其他意见领袖都担心俄勒冈州广大乡村肆意开发的危害时，条例实施前两年的毫无进展平息了公众的关注。2006年11月，情况发生逆转，全州土地所有者提起最后声明，避免"37号条例"中提到的程序的最后期限。索赔的数量翻了一番，涉及的土地飙升至超过75万英亩。这片土地相当一部分涉及持有大量土地的木材公司——而远不是索赔活动中描述的寡妇及老年夫妇，努力实现自己毕生的梦想能在郊外有一块属于自己或是孩子的土地。各县绘制了受索赔影响的土地分布图，分布图显示该州的主要农业区可能达到"临界点"，如果允许分散发展继续下去，剩下的土地就变得不值得耕种。

公众对索赔的规模感到震惊。"37号条例"的支持者跌破45%，2007年3月，民意调查显示，有69%的俄勒冈州居民希望立法议会限制或者废除"37号条例"。在会议早期，

> 各县绘制出受到索赔影响的土地分布图，分布图显示该州的主要农业区可能达到一个"临界点"：如果允许分散开发继续的话，剩余的土地将变得不值得耕种。

立法领导人创造了土地利用公平联合特别委员会，并举行了激烈的公众听证会，听证会吸引了数以百计支持或反对"37号条例"的证人。最终，立法机构接受了公众意见并向人们提交了一份全面改写的措施，也就是现在的"49号条例"，在2007年11月6日的一个特殊选举中通过。

"49号条例"限制豁免权的使用，包括已经提交的7 500个豁免权申请。禁止商业或是工业用途的开发。每个没有证据证明财产损失的申请可以获得3套房子的补偿（包括现有住宅），如果业主能证明实际损失价值等于或大于住宅开发权利宣称的数量，要求赔偿的数量不超过10套房子是可能被接受的。然后，在高价值的转让人林地（high-value farmor forestland）上和水资源短缺地区索赔数量不允许超过3套房子。根据最新规定，未来的索赔可能仅限于农地、林地或独户住宅使用的私有财产。

"37号条例"的教训

"37号条例"的支持者和许多意见领袖认为，监管过度和不灵活性为"37号条例"的通过创造了条件。据俄勒冈州的观察家称，农村土地所有者对土地利用规划法律的不满，源于自1994年以来用于提议在农场建立住宅的严格的农业收入监测，它阻止了一些农场地区的住房建设。也有人认为是由于城市增长边界内外地价的巨大差异，让人感到紧张或不公平（图6–14）。

然而，2004年之后所进行的一些民调显示，一些人同时支持"37号条例"和对土地利用的总体规划以及耕地保护的特别限制。单一的"37号条例"支持者发布消息称，对

图6–14　（左图）一家木材公司计划细分1 100英亩土地的通知；（右图）Yamhill County重型机械在一块细分土地上挖土，证明"37号条例"执行的后果

政府的不信任和政府诱人赔偿概念关注，远远超过对措施的成功与否及任何对俄勒冈州土地利用政策的否定。

尽管如此，有很强的迹象表明，选民们（尤其是美国西部州的选民）本能地支持这样的想法，即，财产所有权应该适度的自由，政府应该为限制土地的使用向土地所有者付费。为改善法规（如分区）的形势，支持者们应该采取两个步骤：

第一，他们应该提醒业主"利益互惠"的原则：虽然规定限制土地使用，土地所有者受益于在相邻土地上实施相同的限制。许多独栋住宅区域的业主认为使用限制条件会防止对周边地区不良发展；许多俄勒冈州的农民也懂得这个概念。

第二，规划的支持者应该告知公众规划的用途和性能，吸引公民参与规划的制定。在俄勒冈州，制定全面的国家土地利用政策和立法审查这些政策相距三十年，大约二十多年的时间政府没有就规划体系性能与目的和公民进行对话。

公共基础设施融资

詹姆斯·B.邓肯（James B. Duncan）

随着城市发展，对基础设施的需求和满足的这种需求成本也在增加。从历史上看，基础设施曾经几乎全部由政府出资，其理论依据是基础设施服务于公共目标且促进私人投资。然而很多因素已经改变了地方基础设施的融资方式。这些因素包括：快速的城市增长、联邦政府和州政府对地方政府的资助减少、不提供资金的强制性任务和税收限制措施增加、增长管理和精明增长工具的广泛使用。

谈到公共基础设施融资，其理念在20世纪70年代以来发生了转变，即从基于支付能力（财产税和销售税）转向基于受益和使用（开发者配套费和使用者付费）。

开发配套费

开发配套费是保证新的开发项目支付基础设施成本的合理份额的一种措施。该费用通常向开发商征收，作为许可项目开工的条件，开发配套费包括土地捐赠或者缴纳价值相当的现金。当征收费用比较合理时，开发配套费与项目所产生的公共成本相联系。[1]到1960年，约有近10%的地方政府征收开发配套费；到20世纪80年代中期，大约90%的地方政府征收配套费。[2]

尽管配套费在法庭受到质疑，人们赞成把配套费作为对监管权的合理运用，监管权是指地方政府机关保护公众健康、安全和福利的权力。在诺兰诉加利福尼亚州海湾委员会和多兰诉蒂伽德市这两个对以后影响很大的联邦法院案件中，美国最高法院确定了配套费的合法性并为配套费确定了明确的规则：规定配套费必须与计划开发项目的预期的可测量的影响有合理的联系（"实质上的联系"）和密切的关系（"粗略比例"关系）。[3]如果地方政府不能证明存在实质性的联系，或者发现配套费不存在粗略比例关系，那么法院会认为配套费是一种强取，要求地方政府提供清晰的公共目的证明并支付合理的补偿。

在作为项目审批程序一部分的详细分区配套费中，开发商必须为公共街道、公立学校和公园捐献土地。但是，由于有些捐献地块可能不适合这些目的，因此，支付相应现金就成为捐献土地的另一种选择方式。选择接受土地还是现金是地方政府的特权。现金应当与所要求的土地价值大体相当。第一例成功地利用法律捍卫下来的捐献街道是洛杉矶拉谢纳加街道。该配套费于1949年得到加利福尼亚州高级法院的支持。[4]到1958年，几乎90%的市政当局，即超过10 000个市政当局"采取详细分区规则"，要求一些开发商在所要开发的地块上改善公共设施。[5]

开发影响费根据新开发项目预先评估确定，而新开发项目需要涵盖用于区外基础设施改善的资本，因为它直接影响着该项目的进展。在项目审批过程中，开发影响费可以从多个角度评估，但大多数在办理建筑许可的时候收取。开发影响费首次于20世纪70年代出现在佛罗里达州和加利福尼亚州，并迅速在阳光带和西部州普及。根据美国审计署2000年的一项调查，人口在25 000以上的城市中有59.4%、大都市县的38.4%采用开发影响费。[6]

开发影响费有很多别名。这类收费最初实施时，水和污水的开发影响费被叫作资本回收费、面积费、挂钩费、连接费等。今天，开发影响费也叫作开发费、设施费、缓解费、系统开发费和服务开户费。

通过开发商与地方政府的特设谈判，在项目审批过程中达成协商性配套费和开发商协议。根据项目的类型、区位和谈判双方的资源，协商性配套费的性质和价值会有很大差别，并且谈判过程极耗时间。结果，地方政府逐渐由协商配套费方式转向法定的固定的收费公式，如开发影响费。管理协商配套费的成本比管理开发影响费的成本要大得多。由于开发影响费是提前可知的数量并可纳入财务计划，所以开发商也倾向于赞成开发影响费这种方式。

特种消费行为税（Excise Taxes）——常常叫作设施税、权益税和开发税，向开发不动产的企业征收。尽管特种消费行为税与开发影响费类似，但特种消费行为税是依据征税权而不是监管权，而且必须得到州法律的特别授权。由于特种消费行为税不必满足合理联系的审查，所以不要求它与提供服务的实际成本成比例关系。由于特种消费行为税往往必须经过公民投票批准，因此，该税在一些增加税费已经要求公民批准的州（如科罗拉多州）流行起来。2006年，房屋建筑商的游说成功阻止了堪萨斯市政当局进一步地使用特种消费行为税。[7]

专门评估

有三种工具通过评估被用于基础设施融资：专区、税收附加融资和公用事业收费。

专区

大多数专区的主要目的是为大规模总体规划的发展提供给水、污水、排水和街道。加利福尼亚州和佛罗里达州的专区还可以为公园、学校、图书馆和其他社区设施提供资金。20世纪80年代早期，一些州授权成立一种新型的专区，其目的是为附近城市服务区域之外的地区提供公共基础设施。加利福尼亚州这样的专区叫作社区设施区（Community Facilities Districts，CFDs），佛罗里达州叫作社区开发区（Community Development District，CDDs），而得克萨斯州叫作市政公用事业区（Municipal Utility Districts，MUDs）。

作为有限目的的准政府实体，专区有权发行债券为基础设施提供资金。然后通过使用者缴费和征收财产税偿还债券。在把销售价格维持在市场价格水平的同时，专区通过允许开发商将内部细分成本纳入区域债券，并将那些成本转嫁给未来的居民的方法，给开发商带来可观的收益。在有些州，专区由开发商管理最长可达十年，然后移交给业主。

专区通常受地方土地利用规章的约束，但财务上和行政上独立于地方政府。跟地方政府一样，专区也可以发行免税债券，但它们的债券不受地方政府担保，且不计入地方债务额度。批评者注意到，专区往往产生负的溢出效应，如城市蔓延和交通拥挤，并且不能解决其他一些重要的服务，如公安和消防。[8] 1952年到2002年，美国的专区数量从18 323个增加到35 052个，几乎增加了一倍，成为国家最快速增长的一种政府单位。[9]

税收增量融资

税收增量融资（Tax Increment Financing，TIF）基于以下事实，诸如道路、学校之类的公共基础设施投资通常导致新的私人投资和不动产价值的提升，这又会带来地方税收收入的增长。在税收增量融资方式下，这些增加的收益（"税收增量"）用于偿还最初改善设施投资所发行的债券。尽管加利福尼亚州在1952年首次使用税收增量融资，但直到20世纪80年代和90年代联邦和州政府取消对地方政府的援助，才开始普及（图6-15）。[10]今天，除亚利桑那州、特拉华州和北卡罗来纳州之外，税收增量融资在所有的州都在实施。[11]

对税收增量融资最常见的两种批评是，一是它导致低收入家庭的迁移，二是它"拆东墙补西墙"。既然税收增量融资区应该是位于衰败的低租金地区，那么随着物业价值上升，低收入居民被迫迁移并非鲜见。也许对税收增量融资最大的批评来自其他政府征税单位，如学区，它们不愿意放弃在未来税收收入中的份额（图6-16）。

图6-15 从2001年到2005年，圣地亚哥重建局在快速增长的税收增量支撑下，发行一系列债券，资助了几个项目，其中包括建设帕德勒斯（Padres）的新棒球体育场，（Petco公园）

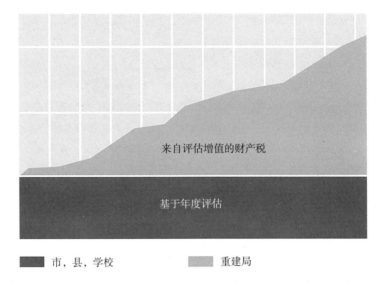

来自评估增值的财产税

基于年度评估

■ 市，县，学校　　　■ 重建局

图6-16　在税收增量融资中，来自地区再发展的财产税收入被用来资助本地区与发展相关的费用
资料来源：圣何塞再发展机构

公用事业收费

公用事业收费是一种定期重复估价的机制，为一些公共基础设施的维护和运营创造一个专门的资金来源。它们也可以为扩大容量的改造投资提供资金。公用事业收费与其他基于影响的融资工具之间的区别是，公用事业收费是对所有的地产估价，而不仅仅对新开发的地产估价。

与水费类似，公用事业费是一种典型的按月收费。道路和雨水排水设施是可以通过公用事业费支持的例子。收费数额由使用者受益水平决定，例如，一项地产带来的降雨径流越多或交通量越大，收费越高。很多地方政府采用了暴雨排水费，只有少数城市，如奥斯汀和奥兰多市采用了交通事业费。

注　释

1. 丹尼尔·J. 柯丁和 W. 安德鲁·高德，《强征最新报道：何时及如何使用 Dollan/Nollan 规则？》，《城市律师》35，no.729（2003 秋）。

2. 政策链接，开发者强征制度，policylink.org/EDTK/Exactions（2008 年 8 月 6 日访问）。

3. Nollan 诉加利福尼亚海岸委员会案，483U.S.825（1987），及 Dollan 诉泰格德市案，512U.S.374（1994）。

4. Ayres 诉洛杉矶城案，34 Cal.2d 31，207P.2d 1（1949）。

5. 城市规划资料，《1958 市政年书》（芝加哥，国际城市管理者协会，1958），259。

6. 美国政府问责局，《地方发展问题调查》，RCED-00-272（09，2000），gao.gov/special.pubs/lgi/（2008 年 6 月 6 日访问）。

7. 大堪萨斯市家园建设者协会，"新堪萨斯法律限制消费税"，2007。

8. 休斯敦地区及其他德克萨斯市政公用事业区介绍，《市政信息服务》（03，2003），mudhatter.com/MUD_Folder/Intro_2004.pdf（2008年6月6日访问）。

9. 美国国家统计局，《2002政府人口普查》，第4卷，no.2，特区政府财产收入：2002，GC02（4）-2（华盛顿特区，政府印刷所，06，2005），7，census.gov/prod/2005pubs/gc024x2.pdf（2008年8月6日访问）。

10. 理查德·F.戴伊、戴维·F.梅里曼，"税收增量融资：地方经济发展的工具"，《土地》第8行（01，2006），lincolninst.edu/pubs/PubDetail.aspx?pubid=1078（2008年8月6日访问）。

11. 布莱克·史密斯，"基础建设融资：你所在的州鼓励创新吗？"（华盛顿特区：国家家园建设者协会，2007），nahb.org/fileUpload_details.aspx?contentTypeID=7&contented=2470（2008年6月6日访问）。

影响评估

迈克尔·B.泰特（Michael B. Teitz）

"影响评估"（impact assessment）是对工程、项目和计划结果的评估，它是美国规划中相对较新的一个因素，尽管其根源存在已久，大概可以追溯到1945年起。影响评估可以便捷地从两方面进行描述：第一，计划与工程（项目）的分析；第二，展望与回顾分析。由于开发和评估可选方案是在制订计划中进行的，所以可以得出影响分析是任何规划程序所固有的这一论点。[1]尽管如此，还是极少有将计划进行正规的影响分析的，虽然一些美国管辖区域强制要求这样做。项目和从较小范围角度讲，方案已经作为并且还将继续作为影响评估的主要焦点，对计划具有显著影响。

关于第二方面，大多数影响评估如今是可展望的，其意图是决定和记录工程是否达到法律所需程序标准和实质标准，并进而决定他们是否继续进行、需要修改或取消。影响评估的可展望性特征引发了关于使用的方法和预测准确性的各种严肃问题。

现代形式下评估计划或项目预期效果的概念，可追溯到成本—效益分析（cost-benefit analysis）的出现和环境运动的崛起。尽管建造商从开始便肯定已经考虑过项目的费用和潜在价值，但是直到1848年，法国工程师杜比·杜普伊（Jules Dupuit）才提出用于评价项目的框架，并且直到20世纪美国工程集团（Corps of Engineers）才以集聚性的金融术语开发了用于量化费用和未来收益的理论和程序，但是如何将一美元的价值赋予无形的收益是个难题，它导致了对该方法的激烈争论，并推动了成本效能分析（cost-effectiveness analysis）的发展。在成本效益分析中，工程或项目的效果以其自身利益衡量，并且与不同的成本水平相比，不试图用单一数字来总结所有的效果。例如，关于建造水坝的提议的成本效益分析中可能会出现水坝的总净收益为两千万美金，但成本效能分析则可能显示建水坝会毁坏历史古迹从而没有价值可言。这种计划应该与其他公共政策和项目相结合进行评估的观点使纳撒尼尔·利奇菲尔德（Nathaniel Lichfield）从20世纪60年代起在一系列开拓性出版物中探究关于成本效益分析和评估的潜能。[2]但是，20世纪60年代和70年代的环境法规才真正将评估推进应用于规划。

联邦政府需要的影响评估

1969年的美国《国家环境政策法案》（*The National Environmental Policy Act*, NEPA）颁布了国家环境政策，并且需要联邦政府机构评价其行动并评估这些行动的其他方案对环境的影响。尽管其他类型的影响分析也时不时地被提出并立法——例如，卡特政府期间开始使用城市影响分析——从20世纪70年代开始环境问题将评估的使用纳入规划中。环境质量委员会（Council on Environmental Quality）监督NEPA的落实，但是在1970年的《空气清洁法令》（*Clean Air Act*）中，美国环境保护局（Environmental Protection Agency, EPA）在该规划程序，特别是制定规则的过程中发挥了特殊作用。

根据NEPA，联邦机构被授权为那些认为具有重要的环境影响的项目准备环境影响声明（Environmental impact statements, EISs），并且让公众参与到审核规划程序中。对于那些认为可能具有较小影响的项目，机构可以提交一个非重要影响调查结果（Finding of No Significant Impact, FONSI），或者在更为不重要的实例中提交一个环境评估（Environmental assessment, EA）。尽管从实施NEPA开始，已经完成了多达50 000件EISs，但每年只有不到500件真正实施；大量评估都是FONSIs或EAs。[3]

NEPA的强大力量在于它第一次需要联邦机构对其行动的环境影响后果进行评估，并且将这些后果公之于众。实际上，在联邦一级，EIS已经成为规划程序的替代品，并且受到了力图理解联邦政策并寻求其支持的地方规划者的欢迎。NEPA的弱点在于，其所需条件完全是程序化的：法律并未为环境影响制定任何实质标准。因此，该过程的结果是很少有能学习的制度。

EISs往往是关于特殊影响的大量不可靠推测和机构主管们为避免因为疏忽被起诉而对其做出的毫无必要的扩展。根据这些原因以及其中的成本，支持发展的民众严重批判了NEPA。与此同时，由于它为挑战项目的环保主义者们提供了法律地位，因此逐渐被视为环境法案的壁垒。从它通过开始，NEPA从未遭到严肃质疑。

各州和当地影响评估

NEPA之后迅速出现国家立法，最明显的是，被其他州纷纷效仿的1970年《加利福尼亚环境质量法案》（California Environmental Quality Act, CEQA）。在州一级政府，特别是加利福尼亚州，立法的范围扩大到包括几乎所有的开发项目，其逻辑是授权属于政府的应有行为。和NEPA的情况一样，所需条件是程序性的而非实质性的，但CEQA已经使得政府机构对已确认的影响不作为的空间有所减少。CEQA及其相关立法的总体目标是告知决策者和公众项目有可能对环境造成的影响，并确定减少或消除这些影响的方法。

作为计划和项目的展望性评估的主要依据，无论好坏，基于CEQA模式的各州立法逐渐对地方规划变得重要起来。20多个州已经采纳了一些形式的基于NEPA的影响分析。其中，少数还授权地方政府进行环境评估。当需要州和/或地方EISs时，将结合联邦、各州、和/或地方做的环境影响报告（Environmental impact reports, EIRs）从而提高效能并控制成本。尽管难以理解，EIS和EIR之间的区别主要在于其命名法不同：EIS是用于联邦立法的名词，而EIR是用于大多数州立法的术语，尽管也有些州使用环境影响分析这个说法。

既然CEQA是常用模式，在此将利用加利福尼亚州对用于各州环境影响评估（EIA）的机制及其引发的问题进行说明。根据法规，CEQA的四个主要目的是：

● "告知政府决策者和公众关于提议活动的潜能及其重要环境影响。"

● "确定能够将环境损害加以避免或显著减少的方法。"

● "当政府机构认为变化可行时……通过要求变化，防止对环境的显著或可避免的损害发生。"

● 保证政府机构"对公众公开其批准一个项目的原因……如果涉及显著的环境影响时"。[4]

总之，以上目的都是为平衡环境和经济目标设计的。尽管关于CEQA的新闻报道最初有法律纠纷，但是它最终成功应用于由公共机构以某种方式进行调节的全部公共及私人项目。

在内容和方法上，尽管EIRs都包含了一定的基本因素，例如对项目或计划的描述和对项目或计划可能产生的环境影响的确定，但是EIRs之间大有不同。确定的特殊影响取决于项目或计划的规模和特征。潜在影响分析可能涉及广泛的实地研究或复杂的备选方案构建。CEQA中需要的累积效应测定和分析，尤其困难。任何单一项目可能并不具有显著效应，但是相似项目的累积效应则可能是灾难性的。如何确定并回应这些影响至今还不太清楚。

总之，倡议开发的利益团体反对如CEQA及相似法案的立法，他们谴责造成直接或间接项目花费的官僚主义和法律条文（间接费用的增加经常是在开发商和政府之间协商的交易中产生，期间他们往往对减少密度和增加新住房或其他开发项目的价钱进行争论）。而另一方面，这个场景中的主角，环保倡议者们将CEQA视为他们能够塑造发展并阻止成长的恶性环境影响的法律基础。正如所料，环境咨询和律师的微型产业分别为两方提供服务。

当地政府，因考虑能否从未来开发项目中获得收益，对环境影响法规举棋不定。市民团体，特别是那些反对开发的团体，将CEQA视为重要资产，因为它为政治行动提供了基础。尤其是在这些团体对支持发展的当地官员缺乏政治影响力的时候，CEQA便由于有可能引起高额诉讼的威胁而引起重视。

影响评估的效果

所有对EIA支持或反对的意见都反映了现实的某些方面。在加利福尼亚州，和其他具有强大管制体系的各州一样，房价已经多年远远高于国家平均值。市价和低收入补贴住房的建造商抱怨说EIA要么阻止了整个开发项目，要么抬高了开发商的费用和消费者的价钱。与此同时，绿色开发区域的发展给开放空间和关键栖息地造成威胁，而这两者在如加利福尼亚州和俄勒冈州的那些将自然福利设施视为生活的重要部分的地方，是受到高度重视的。

许多地方政府，在持续不断地寻找税收来源中，可能会对产生营业税的零售中心发布否定声明（Negative Declaration）（CEQA相当于FONSI），并同时使用CEQA来阻止那些增加市政服务花费的住房。使用CEQA来实现财政目标可能会带来更多意想不到的后果。例如，地方政府可以通过CEQA，努力调控或排除如沃尔玛超市这种被视为对本地商业有威胁的超级市场。无论具体的问题可能是什么，对CEQA的改革都反复尝试在实现发展和环境保护之间取得平衡。但是，除了许多小的改变，尚没有任何改革能够应对这种进退两难的处境。

全球变暖的威胁将注意力集中于州环境政策法案（SEPAs）。

> 面对预算的限制，地方政府别无选择，只能允许开发商为环境影响报告过程提供资金，而这样则会带来赞成开发的发展报告。

SEPAs的反对者认为耗资巨大的环境评估程序抑制了见缝插针的住房开发，这种开发实际上是可取的环保形式，它能减少车辆运输。支持者则认为地方的EIRs是评估全球温室效应的最理想的方式，尤其是在缺少更多规范的情况下。

解决该问题的一个方法是推动那些易受人口增长需求和环境生态保护价值的影响的新的规划。但是在加利福尼亚州的例子中，CEQA本身的负面影响使这个方法变得异常困难。CEQA都需要EIRs。尽管不是所有EIR对经费和规划人员投入很大，但大多数EIR确实如此。开发商资助环境影响报告的过程可能带来赞成开发的发展报告，但面对预算的限制，地方政府可能除了允许之外，鲜有其他选择。同时，地方政府自己的总体规划是过时且不容忽视的。最终，CEQA或多或少取代了规划，其发展决定在于塑造特殊项目增长。因此，自相矛盾的是，影响分析的作用减弱了而非促进规划实施。

那么什么方法能够避开这种困境？人们已经尝试了许多替代EIR的可选程序；其中最著名的一个是使用《加利福尼亚自然群落保护规划法》(*California's Natural Communities Conservation Planning Act*)下的环境保护规划，它使用联邦《濒危物种法案》(*Endangered Species Act*)作为萝卜和棍棒，将政府机构、开发商和环境保护者结合在一起，在更大规模内制定有效的发展规划，这使他们能够避免琐碎程序中固有的问题。总之，将环境管理和协作治理与"蓝图规划"整合为一体（"蓝图规划"是加利福尼亚区域规模内使用该过程的术语）仍处于早期阶段，其结果是好坏参半的。[5]（如果区域蓝图规划存在，耗资的影响报告将仅在区域性影响项目中需要。地方规划也会通过区域政策进行衡量）。但是改革类似NEPA的影响分析的提议仍在发展中。[6]

注 释

1. 在本文内容中，词语分析和评估是可以相互替换使用的。

2. 纳撒尼尔·利奇菲尔德，《规划过程中的评估》（牛津，英国：裴格曼出版社1975）；迈克尔·B.泰特，《成本效益：城市服务分析的系统方法》，《美国规划师协会杂志》34，no.4（1968）：303-311。

3. Bradley C. Karkkainen，《成为更好的国家环境政策法案：监管政府环保成效》，《哥伦比亚法律评论》102，no.4（2002）：903。

4. 《加利福尼亚环保质量法案》，《加利福尼亚联邦法规施行细则》，第14页，&15002，ceres.ca.gov/ceqa/guidelines/15000-15007_web.pdf（2008年6月6日访问）。

5. Elisa Barbour andMichael Teitz，《加利福尼亚州蓝图规划：放弃对于大都市区增长和发展的共识》（不定期报纸，加利福尼亚州公共政策研究所，旧金山，2006）。

6. Karkkainen，成为更好的国家环境政策法案。

第七章

城市系统的规划

城 市 系 统

马丁·沃克斯（Martin Wachs）

　　要试图理解城市的无限复杂性，很多观察者将现代城市比作一个应激的、不断变化着的、活的有机体。就像一个有机生命体一样，一个城市需要营养，产生废物；通过一个神经网络来协调，通过一个循环系统来滋养。它有生长，有萎缩，不断转换自身以应对外部刺激和内部抉择。将城市系统比喻为生命有机体系统虽然生动，但也有局限，甚至可能误导规划师和决策者。因为，说到底，城市不是生物有机体。要全面把握城市生活的复杂性，将它表述为一个"多系统的系统"可能更有效。这是一个高度交互、相互关联的各部分结合在一起、形成整体运行功能的系统。虽然在大多数情况下，这个整体的特性取决于各个组成部分，但又远超各个组成部分。

　　我们认为理想的城市是这样一个地方：具有多样性的居住邻里社区、充满活力的商业中心、苍翠的公园、强大的文化教育机构和提供医疗及其他服务的大量设施，居民彼此互助、丰富着人们的城市生活。但是，与日常生活中的场所和机构相比，数量不小且至关重要的支撑性网络通常不太显眼，但却必不可少。我们往往认为这些网络是理所当然的，很少注意它们，除非它们无法满足我们的需求或期望的时候。

　　当一个城市居民按动电灯开关时，他预计电力会工作；当另一个人旋转水龙头时，他相信干净安全的水会流出来。那些等在公共汽车站或火车站的人有理由确信会有可靠的服务。当我们把垃圾放在公寓垃圾池或路边垃圾桶时，我们认为有人会把垃圾按时、快速取走。

　　正是有许多的支撑服务网络使城市机能顺利运行，我们的城市生活才是比较舒适的。也正因为如此，这些大多数时候正常运行的支持网络很少被人注意到。这些城市服务是物质的系统，也是具有"机能"的系统——一个公共行政治理结构、一个金融支撑网络和一群训练有素的专业人员（表7-1）。但是，这些构成城市系统的"公共工程"之间相互作用，共同形成了城市的公共机构和物质基础设施。当它们的机能顺利运转时就使现代城市如此的惊异非凡。然而，当城市机能运转不顺利时就让人异常恼火。

<table>
<tr><td colspan="2" align="center">基本的城市系统   表7-1</td></tr>
</table>

网络形式的城市系统	表示为网络的城市系统
街道和高速公路	图书馆
公共交通	学校
水供应	医院
下水道和污水处理厂	警务巡逻
固体废物收集和处理	公园和社会服务
电话和无线电信	
电力	
邮政服务	

系统和城市规模

城市的发展与支持人类密集活动的系统的构建密切相关。因为在大部分有文字记载的历史里，人们离开土地生存，消耗资源（这些资源或者是他们在环境中发现的，或者是通过其聪明才智和大量的劳动想方设法创造出来的）、产生废物，这些废物又被环境吸收掉。这种以人类及其活动集结形成的社区，必须大到足以培育其文化、教育、休闲和管理等制度，但又不能超出适度的规模。因为超过了一定的规模，人类的智慧和技术往往不能保证可靠地提供粮食、交通、卫生、清除废物或通信手段。现代科技已经使城市高速扩张，形成一些大都市连绵区，其人口已超过3 000万。然而，环境和经济可持续性仍然是现代文明面临的最严峻的问题之一。

网络和城市系统

支撑现代社区的众多系统是多样化的。然而，在本篇将看到，他们有许多共同的特征。无论生活在什么地方，人们都需要清洁、安全的水，这些水通常源于远离城市、相对无人居住地区的降水、现代社区也需要能源，通常以电能的形式传送。正如城市所依赖的水源一样，发电厂也不必非要位于他们所服务的社区的附近。城市也需要清除固体废弃物和污水，转运到那些不会对人、动物和植物造成难以容忍后果的地方去处理。城市顺利运转的核心系统还包括步行道、自行车道、机动车道等公共交通系统，以保证人和物的流动，将发生在不同空间的活动联系起来。城市消耗自然资源，而这些资源产自很多地方；城市生产产品，并靠空运、水运和陆运运输产品；城市产生废物，并在其边界外进行处理。所以，大都市连绵区的生态足迹已远远超出了其边界。城市的生态影响可以持续很多代。

　　所有已经提到的服务以及不少有待枚举的服务，都可以设想、计划、分析，并作为一个网络系统的组成部分。这个网络系统，一般可描述为网络节点或者固定位置的活动，以及连接这些节点的链接。节点和链接为节点之间的相互流动提供了能力，而城市人口也受益于这些系统。很多城市系统可用网络来表现、分析和理解，这已成为规划管理城市的工具基础和技术基础。学者们对这些网络的特性已经研究了几个世纪，并且把这一概念也扩展到人类制度领域。[1]

> 大都市的生态足迹已远远超出了其边界。

　　网络具有数学属性，这让网络在复杂环境下（如当城市增长变化时）能有效起作用成为可能。网络，除了最基本的节点，还提供多条路径并因此改变节点之间路径。随着节点和链接的数量增长，可能的路径数量会以非线性方式快速增长。这样就可以引入数学分析来高效地管理流量，比如用短时的流量调整来克服一些连接上的问题。在管道网络中添加一个新的链接，比如在路网中添加一条新的公路，可以改变整个网络的流量并增加节点的连接性，这些作用往往超过了加入新链接本身。随着节点的规模和数量的增长，以及各种专门的功能与特定的节点相关联，流程管理的分析技术变得更加繁多和复杂。

　　这些技术的使用是所有网络工程研究的基础，尽管具体系统的路线方法适应其特定的功能和需求。只要稍有想象力，就可以设想各种其他的公共服务作为网络来分析和计划。即便比起管道和高速公路来，它们看起来不像网络，如学校、图书馆、公共安全设施、公园和医院，但它们都可以被认为是网络。尽管这样的设施不太可能以它们之间的流量为特征，但是通常却是用区域、地区或是收集区为特征的，这些地区、区域或是收集区通过节点（即活动中心或服务中心）提供服务。因此，应用于网络的数学分析通常能应用于这样的系统的运作中。

效能、效率和公正

　　在一定程度上，应用于城市系统的规划和管理原则，不同于那些应用于城市物质实体规划的原则。在城市系统规划和管理中的首要原则是有效性，即效能。

　　效能是衡量城市系统按照设计来运行的程度。如果供水系统能提供所需数量的水，就是有效能的；如果下水道系统能带走污水而不污染环境或危害健康，就是有效能的；

如果运输系统能让人员和货物流动，就是有效能的。

但是仅仅效能还不能充分地衡量一个城市系统的绩效。因为资源(资金、技术、土地和劳动力)总是有限的，必须考虑效率。效率通常表示为成本和效能之间关系。就此，举个例子说，一个更高效的公共系统是单位成本比任何其他选择都更有效的系统。实际上，几乎所有管理或改进公共服务的规划或系统都要评估效率。

经济学家普遍使用成本效益分析来确定效率。在这种方法中，一个项目的效益是以货币来量化计算的，这样就可以系统地比较财务成本。虽然这种形式的分析使公共系统的计划考量带有刚性约束和严谨，但这种量化效益的任务通常是具有挑战性的，而且需要的假设可能是有争议的。

经济学家投入大量的精力定义和测量提供城市所必需的水、电力和电话等服务的成本和收益。然而，大多数关于这些系统的政治争论不是效率，而是成本问题和收益分配的公平问题。如果一个邻里社区覆盖了公共汽车服务，而另一个没有，或者，如果一个社区有优质的治安保护而另一个感觉服务不够，那么，人们对市政当局的抱怨和抗辩很可能是强烈而持久的。同样，无论是通过收税还是收费来提供服务，在支付的责任和服务的质量之间

> 服务定价往往导致某种形式的"交叉补贴"，这意味着，与服务他们的直接成本比较，一些用户花费更多，一些用户花费更少。

的关系上都存在频繁的政治争论。例如，尽管与城郊居民比较，市内居民更经常地使用公共交通，但城郊居民往往支付更多的用于公共交通的税。这样的结果是，郊区的公共交通服务虽然更好但使用却很少，因此下列议论就不足为奇了：市内的居民声称，公平原则要求服务应该按需分配；而郊区居民则声称，边远地区应该得到更多的服务，因为不管服务使用得是多还是少，他们已经交税来支付服务了。

城市规划的外部性

因为提供城市服务的系统都必须共存于密集而复杂的城市环境里，所以，城市规划的外部性就非常重要。外部性是一种成本，或者可能是一种收益，这不是以直接计划、支付或纳入项目的效能和效率计算的。例如，为城市供电导致电线破坏了城市景观；交通系统的外部性包括高速公路和铁路的噪音、空气污染和视觉侵扰。讨论城市系统，通常关注负外部性的分布，这种结果既不是预期中的，也不在计划内。分析技术可以帮助解决一些分歧，但最终只有通过参与政治进程才能解决上述这样有争议的问题。

今天，公共政策制定者越来越关注那些外部性产生的时间滞后、外部性发生地点远离其原发地的问题。有越来越多的问题需要关注，例如，在全球开展使用碳来发电以及电动汽车的问题。

服务成本和收益分配的紧张是常见的，也是规划人员和管理者必须加以解决的问题。

财政（即如何给服务付费），是考量城市系统公平时的一个主要话题。有些服务，如水、电、电讯是基于使用收费的传统模式来支撑运作的。尽管已经有一个广泛认同的把使用与成本相关联的基本原则，但仍有讨论的余地。例如，那些大量被使用的服务应给予数量上的折扣吗？收费是否应该反映对所有用户和所处方位提供服务的平均成本？服务定价往往导致某种形式的"交叉补贴"，这意味着，与服务他们的直接成本比较，一些用户花费更多，一些用户花费更少。这通常会引发争论，例如，比起水的平均分担费用来说，农业用户水费支付得更少些，而城市用户支付得更多些。然而，因为公平分担的构成并不总是清楚的，所以，关于服务付费公平与城市系统公平的政策充满了争议。

尽管一些城市系统和服务是由用户付费的，传统上是这样的，但其他更常见的则是由全体公民通过各种各样的税来支付。对于使用一般税来支持如公立学校、图书馆和公共安全的服务来说，其依据是这些服务让全体公民普遍受益。用户付费的情况则是基于以下被大家广为认可的基本原则，即每一个公民都有责任为服务付费。然而，用户付费在具体情况上仍留有很大的空间。

公共交通提供了一个很好的例子。交通用户支付的车票通常只涉及部分或很少的系统运营成本以及很少的资本投入（如果有的话）。公共交通倡导者认为票价应该保持低价，让所有公民都受益于良好的交通服务。极少的用户甚至在极少使用情况下有受益于使用公共交通的机会；而不论是受益多少、不论是使用者还是不使用的人，都能从减少交通拥堵和减少空气污染的现实中受益。

尽管如此，非使用者往往认为付费的主要责任应由使用者承担。进一步复杂化的争议是，地方、州和联邦政府通常提供一些建设、运行和维护交通服务所需要的资源。这样，用户和非用户，甚至包括来自其他城市和其他州的用户和非用户，都有兴趣参与到对公共交通如何融资的决策中来。因为我们都更喜欢那些将最大成本放在他人头上的融资方法，这就会有关于哪些事项要优先考虑的激烈争论以及政策协商。

精明增长和城市系统

今天许多城市规划专家批评低密度、分散开发模式过于昂贵而低效，这是城市在二十世纪大部分时间里发展的模式。"精明增长"倡导者鼓励规划人员朝着提高密度、更紧凑地发展、以密度填充方式进行市区改造、以交通为导向开发的方向努力。[2]这些方法被认为可以降低基础设施系统的建设和运营成本，而基础设施系统对于支撑城市发展是必要的，同时对减少低密度设置基础设施的外部性也是必要的。但是，少数直言不讳的分析师反驳这种观点，他们指出，传统的会计方法没有考虑一个关键的事实：高密度环境所需的垂直基础设施和容量扩充的成本，实际上比低密度环境下水平基础设施的成本更高。此外，垂直扩张的成本主要由私营部门承担，而水平扩张的成本主要由公共部门承担。[3]尽管有这种意见的分歧，很明显，对城市地区生活质量最有影响力的决定因素是成本、收益和城市系统的功能，值得规划者和分析者细心和持续地关注。

系统之间的互补性和冲突性

虽然城市系统常常被单独分析，但其实它们也是相互作用的，这些相互作用是显而易见的。显然，为城市提供安全饮用水的系统与污水收集系统以这样几种方式相连结：相当比例的水输送给城市用户饮用、烹饪和灌溉，然后流入下水道，进入污水处理系统；而处理过的水又排放入河流水道，最终成为下游社区供水的一部分。同样，高速公路与公共交通相关连，通常互为补充地满足不同的旅行需求。此外，高速公路对大多数公共交通（公共汽车和轻轨车辆）来说也是运营环境。

电信系统正迅速发展，大多数人同时使用有线连接和无线连接来完成日常的工作，从会议安排到公共服务使用管理。越来越多的电信系统也被用来实时监控和管理其他城市系统流量的效率，如交通、水和污水处理。在正常情况下，电信和其他系统日益增长的互联性提高了效率，降低了成本。然而，与此同时，互联性也增加了系统的脆弱性，包括从自然灾害到恐怖主义等灾难性后果的产生。现代城市电信系统崩溃可以导致许多其他公共系统无法使用。

城市决策者面临的最复杂的问题之一，是在保护城市自然生态系统和利用这些系统之间做出选择。环保主义者希望尽可能保护城市河道、湿地、海岸线、森林和其他自然资源，因为它们的完好存在给社会带来了明显的好处。然而，也总是存在为了发展而开发这些资源及其相关的基础设施的压力。发展为私人业主和公共土地所有者带来收入，而且很可能降低城市及其系统的运营成本。

规划和政策问题

无论是选举的还是任命的城市规划师、土木工程师、预算人员和其他官员，在城市系统的规划、建设、管理和融资上都扮演着重要的角色。事实上，城市系统的功能是由一大批各不相同的个体来承担的，协调这许多功能本身就是城市政策制定的一个复杂的、甚至有时令人却步的问题。选举的和任命的官员承担着顺畅运行城市系统的最终责任；也就是说，他们既对组成系统的物质要素负责，同时也负责监督对这些系统进行管理的制度和机构。

在城市系统规划者和管理者所面临的许多问题中，报废速度的增加是最严重的问题之一。当然，基础设施物理年龄和磨损是不断使用造成的，但新技术和管理工具使可用性不断提高，加速了"老化"的过程。管理者不断受到供应商的攻击，他们声称新软件和其他方法将会提高这些系统的生产率和效率。在这些可选事项之间做出明智的选择是必要而具有挑战性的。

维护和运行这些支撑日常城市生活的系统，需要大量劳动力。招募新人、培训和留住有能力的员工，包括管理层和操作层的，是地方政府最苛刻、最复杂、最重要的任务之一。在某些管辖区，管理者和某些城市系统运营商之间的冲突已导致罢工和其他工人运动，甚至是蓄意破坏。在其他地方，人力资源管理的不善导致了破产。同时，衰败的城市系统在现代化与保持活力方面获得了成功。此外，从事城市服务的职员经常在最困难的情况下，英勇地行动起来，保护脆弱的市民。

公共服务和设施私人运营广为称颂的益处是低运营成本和高效率。

人们越来越多乐意把传统上认为应由公共部门提供的服务，转向由私人部门提供。其结果是，全世界的大都市连绵区都在尝试各种不同形式的公私合营伙伴关系。例如，一些公交线路，"承包"给私人运营商；学区与私营企业承包经营小学和中学。长期租赁已经授予私人组织来运营机场、高速公路和医院。

公共服务和设施私人运营广为称颂的益处是低运营成本和高效率，这得益于目前的竞争环境，而以前则是由昂贵的公共官僚机构和高度工会化的政府雇员垄断的。在某些情况下，政府服务的私有化使得依赖税收过渡到依赖用户付费，使社区能够避免关于融资的激烈的公开辩论。另一方面，私营企业旨在商业盈利，而不是公共福利最大化。

批评者认为，私人提供服务通常是通过降低服务质量标准来减少公共成本负担的。

大都市连绵区的崛起

今天的许多城市崛起于数代以前，伴随着单独的政治实体以及几个世纪的移民和人口增长。不管如何，均形成了复杂的大都市众多网络和重叠的管辖地区。美国最大的几个大都市连绵区几乎都包含了众多城市、县和特别区，如负责教育、污染控制、固体废物管理和运输的区。

满足我们日常需要的城市系统，横跨多个边界，只有以整合的方式进行管理，行使职责方可实现最佳。然而，数以百计的行政辖区共存于一个大都市连绵区，功能上互有重叠（有时是竞争的功能），这些功能是由不同法规所赋予的。有时也会有税收权力和预算权力上的重叠和竞争。虽然资本和经营预算以往是被用于管理单个城市系统的，但这样的预算已经变得越来越难监管，因为如此之多的各不相同的辖区在每个城市系统内都有其利益。例如，当收费公路建于加利福尼亚州橘县（Orange County）时，邻近的河滨县（Riverside County）则起诉，称其公民是该公路的主要用户和通行费用成本的承担者，尽管这样，该县却没有参与决策。之后，当州政府试图扩大相邻道路的通行能力时，又发生了另一起诉讼。这场诉讼指控州政府增加不收费公路的通行能力，导致收费公路的市场缩减了。同样，某个指定系统的绩效往往取决于其他系统的绩效。高速公路中的电子收费系统和用水量电子计量会因为停电或电网故障导致供水或高速公路系统的收入损失。

由于复杂的基础设施系统越来越多地为多个行政辖区服务，其服务区域往往与传统政治边界不一致，因此，大都市政府经常被建议要改善城市治理的效率与公平。不过，很少有大都市规模尺度下多个复杂系统的系统化管理案例。通常情况下，各辖区都想保持对他们自己的资产、收入流和资源分配的控制。民主的、参与式、分散式治理是美国人高度珍视的，尽管它可能会导致复杂系统在技术上的和地理上的表现不佳。维持现代城市生活的系统，其复杂性和相互依赖性不断增加，而要将它与谨慎决策过程和地方政治激进主义协调好是困难的。

结　　论

这篇文章集中论述在大都市连绵区内提供商品和服务的各个系统。规划人员和管理者通常很专业：大多数负责一个城市系统，最多负责几个城市系统。当考虑到建设、扩大和管理这些系统中的任何一个的挑战时，非常重要的一点是，头脑中要注意到它们直接或间接的相互作用，以及它们在大都市连绵区的位置。

注　释

1. 阿尔伯特·拉斯洛·巴拉巴斯，《网络新技术》（剑桥，马萨诸塞州：玻耳修斯出版社，2002）Albert Laszlo Barabasi, Linked : *The New Science of Networks*（Cambridge，Mass. : Perseus Publishing，2002）

2. 彼得·考尔索普，《美国大都市的未来》，（普林斯顿，新泽西：普林斯顿建筑出版社，1993）Perter Calthorpe, *The Next American Metropolis*（Princeton，N.J. : Princeton Architectural Press，1993）

3. 兰德尔·奥图尔，《即将消失的汽车及其他城市谬见》，（班登，爱尔兰克：梭罗协会，1996）Randal O'Toole, *The Vanishing Automobile and Other Urban myths*（Bandon，Ore. : Thoreau Institute，1996）

应对全球气候变化的规划

蒂莫西·比特利（Timothy Beatley）

当前，无论是对一个国家还是在世界范围，和环境相关的问题没有哪一项能与气候变化相提并论。但与此同时，气候变化也越来越多地被认为是重大的地方性问题，这其中有两个原因：首先，城镇必须要做好准备去适应或承受由气候变化所带来的可能出现的巨大冲击。其次，人们逐渐清楚地认识到，城镇在减缓和抵消导致全球变暖的温室气体排放方面有巨大的潜能。在美国，许多地方政府正在制定应对气候变化的行动规划，部分原因是对联邦政府在应对气候变化方面不作为表示不满，同时也坚信地方政府在应对气候变化方面能够、也一定会有所作为。

地方政府必须要面对的问题

政府间气候变化专门委员会发布的最新报告令人沮丧，报告宣称："气候变暖是确定无疑的。"[1]由于二氧化碳和其他温室气体的排放持续增加，全球陆地表面和海洋表面温度也随之增高，从20世纪80年代初以来，这一发展趋势尤为明显。自前工业化时期至今，全球平均地表温度已经上升了华氏1.4度（相当于0.76摄氏度）。即便普通大众对这一发展趋势也深有体会：从1995年到2007年是有记录以来最热的年份；与此同时，许多社区正努力克服气候变暖所带来的各种影响。政府间气候变化专门委员会的报告中预计情况还会更糟，如果"一切照旧"，即人们继续依赖化石燃料，到21世纪末，全球平均地表温度将上升超过华氏7度。对于许多美国社区来说，气候变化意味着夏季将更加炎热，高温和干旱的时间也将延长。例如，到21世纪80年代，美国东部的城市每日最高温度将由目前的华氏80度至85度升至华氏90度至95度；在降雨稀少的日子，最高温度将飙升至华氏100度至110度。[2]除此之外，由于热岛效应，许多城市化程度较高地区的气温也比周围地区偏高。例如，纽约夏季夜晚的温度已经比周围那些城市化程度略低的地区偏高超过华氏7度。[3]不断攀升的温度也将相应地提升对电力的需求，使之满足夏季冷却负荷（表7–2）。

全球变暖也有可能会使许多环境问题进一步恶化。2007年对美国东部50个城市的研究表明，到2050年，全部50个城市臭氧浓度在每日十亿分比的平均数值上将增加6.4%。同时，臭氧污染最严重的城市未来臭氧浓度增加也将最多。[4]但更重要的是，每年无法达到联邦政府制定的臭氧标准的天数也要增加（最高增加68%），这将在呼吸系统等方面对公众造成巨大的健康影响。与之相似，由于干旱缺水在许多地方越发常见，持续时间也越来越长，社区将更难以达到用水质量标准。

> 按照政府间气候变化专门委员会"一切照旧"的预测，到21世纪末，全球平均温度将上升超过华氏7度。

气候变化的主要发展趋势和可能造成的影响　　　　　　　　　　表7–2

发展趋势的具体现象和发展方向	20世纪后期（尤其1960年以后）发生的可能性	人类对观察到的发展趋势发挥作用的可能性	基于"关于排放情况的专题报道"对21世纪预测的未来趋势的可能性
多数陆地区域将变暖并且白天和夜晚寒冷天数减少	很有可能[a]	可能[b]	基本确定[b]
多数陆地区域将变暖并且白天和夜晚炎热天数增加	很有可能[c]	可能（夜晚）[b]	基本确定[b]
温暖期/热浪。多数陆地区域发生频率增加	可能	可能性很大[d]	很有可能
强降水天气。多数地区暴雨水量占总降水量比重增加	可能	可能性很大[d]	很有可能

续表

发展趋势的具体现象和发展方向	20世纪后期（尤其1960年以后）发生的可能性	人类对观察到的发展趋势发挥作用的可能性	基于"关于排放情况的专题报道"对21世纪预测的未来趋势的可能性
受干旱影响的地区增加	20世纪70年代以来许多地区可能	可能性很大	可能
强热带气旋活动增加	20世纪70年代以来部分地区可能	可能性很大[d]	可能
极高海平面（海啸排除）出现频率增加[e]	可能	可能性很大[df]	很有可能[g]

a.白天和夜晚寒冷天数减少（最寒冷天数减少10%）。

b.每年最极端的白天和夜晚的变暖情况。

c.白天和夜晚炎热天数增加（最炎热天数增加10%）。

d.未做评估的人为贡献量。这些现象的归属源自专家的判断，而非基于正式的归因研究。

e.极高海平面取决于平均海平面和区域天气系统。它在这里的定义是指在一个给定的参考周期内，观测站一小时观测一次获得的海平面数值中最高的1%。

f.观测到的极高海平面的变化与平均海平面的变化密切相关。人类活动很有可能导致平均海平面的升高。

g.在所有的预测中，设想的2100年全球平均海平面要比参考周期内的数值高。区域天气系统的变化对于海平面极值的影响未作评估。

资料来源：政府间气候变化专门委员会，"决策者摘要"，气候变化2007：物理科学基础，第一工作组对政府间气候变化专门委员会的第四次评估报告的贡献，苏珊·所罗门等人编辑，（英国剑桥、纽约，剑桥大学出版社，2007）

在沿海地区，上述环境问题的潜在影响可能更为严重；考虑到超过一半的美国人口居住在沿海城市，当地政府所采取的应对措施就显得尤为重要。海平面即使抬升很少，美国许多海岸线也将无法承受，沿海城市中的很多人口聚居区也将受到严重影响。海平面的抬升并非仅仅只是一种理论上的可能性；在整个20世纪，人们观察到，海平面以每年大约0.07英寸（相当于1.8毫米）的速度抬升，并且从20世纪90年代末开始，海平面的抬升速度有所加快。[5]在20世纪，美国大西洋沿岸的许多地方相对海平面已经抬升一英尺甚至更多。[6]

海平面上升有两方面的原因：其一是冰川和冰盖融水；其二是热膨胀，水的温度上升，体积就变大。政府间气候变化专门委员会的第四次评估报告预测，到21世纪末，全球海平面将上升7英寸至1.9英尺（即0.18米至0.59米）。[7]但有些人却认为政府间气候变化专门委员会的预测太保守，因为它没有充分考虑冰原消融的因素，尤其是格陵兰岛冰原和南极洲西部冰原。经历夏季消融的格陵兰岛冰原面积已经大幅度增加（科罗拉多大学北极研究员康拉德·斯特芬认为在过去的30年里，面积增加了30%）[8]；冰山的体积已经显著增大；还有美国国家航空航天局戈达德航天研究院院长吉姆·汉森曾经指出，"冰震"（由冰原运动引起）增加"令人震惊"。所有这些令人不安的信息都显示出这一重要的淡水库不稳定。[9]

政府间气候变化专门委员会的报告还指出，全球气候变化将引发更大规模和更频繁的飓风和沿海风暴。[10] 从20世纪70年代开始，海平面温度已经上升大约0.06摄氏度。正是这0.06摄氏度最终引发了飓风。科学家们认为，海平面温度上升使飓风卡特里娜威力增强。海平面温度即使只上升一摄氏度，也会使飓风的萨菲尔·辛普森烈度级别提高一个等级。科学家们还指出，不断上升的海平面温度增加了暴风雨的降雨量。正如凯文·特伯斯（以及越来越多的研究人员）指出的，全球变暖"毫无疑问影响了气旋动力和降雨量"。[11]

气候变化对地方政府影响最大。为了应对气候变化，地方政府将面临特殊挑战。应对的政策和规划大致可以分为两个方面：一是适应（提前预判并对可能的影响做好计划），二是缓解（减少温室气体排放，避免发生更为严重的后果）。

适应变化的气候

即使温室气体排放大幅度地消减，地方政府仍需小心应对尚未趋于平稳的环境状况，因为它们可能进一步恶化。为适应气候变化而采取的行动可以包括采取多种措施"绿化"城市：植树并恢复城市森林，用绿色植物覆盖屋顶和墙面，使用对环境影响较小的新产品，采用处理暴雨的技术等。这些都有助于降低城市的温度。

暴雨肆虐以及洪水泛滥意味着地方政府必须要放弃对冲积平原的开发，出台更为严厉的防洪标准（比如增加建筑物的高度），同时将重要设施和基础设施迁离洪水易泛滥地区。需要制定地方性的土地保护计划和生物多样性计划来保留动物迁徙通道并让植物能逐渐适应变化的环境。社会政策包括在高温时期确保发现并保护易受伤害的人群。为应对高温，一些城市已经出台政策让公众在公共建筑里躲避高温。许多社区必须现在就着手准备应对未来可能出现的长期水资源缺乏，一方面可以去寻求新的水资源，另一方面也可以实施更广泛的水资源保护措施（如节水马桶、低水乡土景观、屋顶集水系统以及新的水资源回收再利用系统等）。

沿海地区的社区将付出加倍的努力以应对和适应极端天气以及其他自然灾害。可能出现的海平面急剧上升应该被纳入所有要制定的决策中。例如，任何新建筑都应进一步远离海岸线，否则海岸线可能会被加剧侵蚀从而导致更多地区被淹没（250年后的海岸线可能会是一个合适的标准）。[12] 要加强沿海湿地的保护以备动物的迁徙。新的基础设施，包括机场和铁路，选址应恰当。此外，据预测，飓风和沿海风暴的数量将增多，强度也将加大。这就意味着需要出台新的沿海建筑物的设计和建造标准。例如，房屋可以按照"被动生存"的要求设计，在外部援助短期无法到达时，房屋的居民在断电的情况下可以长时间生存。

地方政府缓解气候变化的机遇

许多地方政府正竭力处置引发气候变化的因素，并努力找寻有效的办法从而大幅消减温室气体排放。建成的环境，包括城市，对大部分的温室气体排放负有责任，而当地政府是解决这一问题的关键。此外，在解决温室气体排放问题上时间至关重要，这一点已基本达成共识。也许不到十年，引爆点就被触发，我们就将面临灾难性的全球气候变化。

> 在解决温室气体排放问题上时间至关重要：也许不到十年，临界点一到，我们就将面临灾难性的全球气候变化。

许多地方政府已经制订了气候行动计划，其中包括消减温室气体排放的目标。例如，自2008年7月起，已有850个地方政府签署了《美国市长气候保护协议》。在以西雅图市长格雷格·尼克斯牵头制定的这份协议中，各签署方保证努力达到或超过《京都议定书》所制定的目标。[13] 来自30多个国家的800多个地方政府正在参与由国际地方政府环境行动理事会发起的"城市气候保护运动"（图7-1）。[14]

伦敦最新公布的《市长气候变化行动计划》鼓舞人心。该计划中设定的伦敦二氧化

图7-1　该地图描绘出纽约市针对不同级别飓风的洪水疏散区域
资料来源：纽约市，《规划纽约：更加绿色，更加强大的纽约（2007）》

碳减排目标令人印象深刻：到2025年，二氧化碳减排60%，这一目标是英国政府设定的目标的两倍。[15]该计划主要条款包括：在居民区和商业建筑中降低能源消耗的行动方案，提高公共交通的投入，关于加大使用分散供暖系统和分散制冷系统的提案，对现场小规模可再生能源提供支持。该计划的部分内容如高峰期行车收费已经实施。最有争议的提案是交通运输的碳排放收费，这实质上是伦敦内城收取拥堵费的扩展。按照这一提案，根据碳排放量的不同，将对汽车收取费用。二氧化碳排放量达到最高等级的汽车每天要收取25英镑，相当于大约50美元。[16]

纽约市最新公布的环保计划——规划纽约中包含一项宏伟的减排目标，即通过采取诸多措施使排放下降30%。[17]一份关于规划纽约——2008年进展情况的报告提到，自该计划公布以来，这一年里完成了许多工作：计划中罗列的绝大多数措施都已开始实施；市议会也已经将温室气体排放目标纳入法律（但也遇到一些挫折。最明显的就是州立法机关否决征收拥堵费，这就导致联邦基金损失3.54亿美元）。[18]202号提案的批准实施使得科罗拉多州的博尔德市成为美国第一个对用电征收碳排放税的城市。2006年全民投票（支持率占60%）通过的这一税法是住宅、商业和工业等能源法案的一项附加议案，它是基于千瓦级用电消耗进行征税。预计一直到2012年当该税法终结时，每年都会增加大约100万美元的税收。这些税收将被用于向博尔德市的气候行动计划提供资金支持。[19]

地方政府能够采取一些可显著降低温室气体排放的措施，例如，改造公共建筑（以及私人建筑）使之能提高能源利用效率，强制要求新建住宅和商业建筑达到绿色建筑标准（比如达到"能源与环境设计认证"要求的最低标准），以及投资开发太阳能、风能等可再生能源。城市可通过多种方式创造性地利用可再生能源，既可以大规模地使用（比如"米德尔格伦登风轮机合作企业"，风能使用从哥本哈根市中心一直到海边），也可以小规模地应用（如澳大利亚阿德莱德的太阳能桉树，这种光伏路灯产生的电量大约是提供公共照明所需电量的6倍，见图7–2）。许多城市目前正在探索能量使用达到均衡的建筑和工程，即这些建筑和工程自身产生的能量至少不低于它们所消耗的能量。同时还在探索能使碳或温室气体保持均衡的新产品，能够抵消或封存温室气体。例如，得克萨斯州的奥斯丁市已经宣布到2012年，该市所有新建住宅都必须满足能量使用均衡的要求。也就是说，由于建筑标准提高以及设计巧妙，屋顶光伏系统提供的能量就足以满足这些住宅的能量需求。

为了抵消城市车流的碳和温室气体排放，地方政府可以增加自行车和步行的交通设施，也可以将公交车辆提升为环保的绿色车辆。许多帮助社区适应气候变化的政策和

图7-2　澳大利亚阿德莱德的太阳能桉树，一种利用太阳能的创新装置。每棵太阳能桉树每年消耗的电量大约只占其产生电量的15%，其余电量则传至输电网，每年可减少大约两吨的温室气体排放

资料来源：建筑师蒙特尼·佩尼诺·霍尔

行动也能减少排放，反之亦然。例如，树木和城市森林有助于缓解城市变暖，同时也能降低城市的能源需求。从1990年开始，加利福尼亚的萨克拉门托城市公用事业区种植和免费分发超过40万棵树。种植和分发这些树木的费用要高于单纯降低夏季温度和温室气体排放所支出的费用。

应对气候变化需要有新思路。城市不应被理解为一个个黑洞——吞噬长距离运输来的化石燃料产生的巨大能量。城市应该像建筑师威廉·麦唐纳形容的，像自然界的树木一样运转的空间和地区：有弹性、能复原、能产生比自身需求更多的能源。一个很好的事例就是重新开发瑞典的马尔默西部港口，目标是利用当地资源，百分之百地使用可再生能源。通过采取多种不同的方法获取可再生能源，包括一台风轮机和建筑物外墙安装太阳能集热器等，上述目标得以实现（图7-3）。[20]

这片令人愉快的城市区拥有许多可持续发展的特点，如雨洪管理的技术革新、自然环境和生态的恢复、绿色庭院和绿色屋顶等。在欧洲的其他地方，区域供热（绝大多数

图7-3　瑞典马尔默西部港口地区的建筑物外墙太阳能热水系统
资料来源：蒂莫西·比特利

建筑和住宅与供应热水和蒸汽的集中供热系统相连）和联合热电厂（既提供电能又能消化废弃能源）已成为新建社区的标准配套设施。这是两种更高效和可持续发展的城市社区供热和供电的方式。

气候变化规划遇到的挑战

在应对气候变化的工作中会遇到众多的挑战，其中最大的挑战之一就是漠不关心。国际城市管理协会在2006年做的一份调查显示，与其他地区性事务相比，67%的受访者对气候变化的重视程度低或相当低。[21] 不可否认，随着艾尔·戈尔的电影《难以忽视的真相》成功上映，这样的观念正在发生变化，越来越多的人对应对气候变化持支持态度。但还有很多障碍依然存在，比如有人认为应对气候变化希望渺茫，有人觉得费用太高而无法承受，还有人不知道应该去做些什么。所有这些都不是无法克服的困难，但各级地方政府要坚持不懈共同努力。适应和缓解气候变化需要领导能力、教育、创造性的设计和工程作业，以及最重要的一点：要坚信气候宜人的未来不但值得期待，而且也为创造更加健康环保的社区提供了机遇。

注 释

1. 政府间气候变化专门委员会，"决策者摘要"，气候变化 2007：物理科学基础，第一工作组对政府间气候变化专门委员会的第四次评估报告的贡献，苏珊·所罗门等人编辑，（英国剑桥、纽约，剑桥大学出版社，2007），第 5 页。（网址：ipcc.ch/pdf/assessment-report/ar4/wg1/ar4-wg1-spm.pdf，2008 年 8 月 11 日访问）。

2. 伦纳德·朱延，巴里·林恩，理查德·希里，"科学摘要：降雨量和极端气候变化的可能性"（纽约：美国国家航空航天局戈达德太空站研究所，2007）；（网址：giss.nasa.gov/research/briefs/druyan_07/，2008 年 8 月 11 日访问）；巴里·林恩，理查德·希里，伦纳德·朱延，"基于观察和模型模拟操作的极端气候变化的可能性分析"，气候期刊 20 期（2007 年 4 月刊）：1539–1554。（网址：pubs.giss.nasa.gov/docs/2007/2007_Lynn_etal.pdf，2008 年 8 月 11 日访问）。

3. 罗纳德 B. 斯罗斯伯格，辛西娅·罗森兹维格，威廉 D. 索莱克，"纽约地区性热岛行动：用城市森林、绿色屋顶和浅色表面缓解纽约市热岛效应"，最新工程（2007 年 5 月）（网址：nyserda.org/programs/environment/emep/project/ 6681_25/6681_25_project_ update.pdf，2008 年 7 月 25 日访问）。

4. 米歇尔 L. 贝尔等，"美国 50 个城市的气候变化、臭氧环绕和健康"，气候变化 82 期（2007 年 5 月）：61-76。

5. 戈达德太空研究所，"研究动态：美国国家航空航天局关注海平面上升，纽约市飓风威胁"（2006 年 10 月 24 日）（网址：giss.nasa.gov/research/news/20061024/，2008 年 8 月 11 日访问）。

6. 国家海洋和大气管理局，"海平面在线"（2006 年 2 月 1 日）（网址：tidesandcurrents.noaa.gov/sltrends/sltrends.html，2008 年 8 月 11 日访问）。

7. 政府间气候变化专门委员会，"决策者摘要"，气候变化 2007：综合报告（英国剑桥、纽约，剑桥大学出版社，2007），21，（网址：ipcc.ch/pdf/assessment-report/ar4/syr/ar4_syr_spm.pdf，2008 年 8 月 11 日访问）。

8. 路透社，"采访：全球变暖和格陵兰岛冰原消融"，2007 年 6 月 6 日（网址：alertnet.org/thenews/newsdesk/L06897244.htm，2008 年 8 月 11 日访问）。

9. 吉姆·汉森，"星球的威胁"，纽约书评，2006 年 7 月 15 日（网址：nybooks.com/articles/19131，2008 年 8 月 11 日访问）。

10. 政府间气候变化专门委员会，"决策者摘要"，气候变化 2007：物理科学基础，第 9 页。

11. 凯文 E. 特伯斯，"海洋变暖，飓风增强"，科学美国人，2007 年 7 月，51（网址：chymist.com/Hurricanes.pdf，2008 年 8 月 11 日访问）。

12. 实际上，这条线要求未来的建筑要从预测的 250 年后的海岸线位置靠向陆地一侧。当前，海岸线后撤通常只有 30 年或 60 年，而且对未来气候变化和海平面上升可能造成的严重影响缺乏充分考虑。

13. 详见"西雅图气候立刻行动",(网址:seattlecan.org,2008 年 8 月 11 日访问)。

14. 详见"国际地方政府环境行动理事会"的"城市气候保护运动"(网址:iclei.org/index.php?id=800,2008 年 8 月 11 日访问)。

15. 伦敦市长,今天行动保护明天:市长气候变化行动计划,(伦敦:大伦敦市政府,2007),第 13 页(网址:london.gov.uk/mayor/environment/climate-change/docs/ccap_fullreport.pdf,2008 年 8 月 11 日访问)。

16. 同上,第 25 页。

17. 纽约市,规划纽约:更加绿色,更大规模的纽约(纽约,2007),(网址:nyc.gov/html/planyc2030/downloads/pdf/full_report.pdf,2008 年 8 月 11 日访问)。

18. 详见"规划纽约 2008 年进展报告",(网址:nyc.gov/html/planyc2030/downloads/pdf/planyc_progress_report_2008.pdf,2008 年 8 月 11 日访问)。

19. 详见博尔德市,"博尔德选民投票通过全国第一部能源税法",2006 年 11 月 8 日,(网址:ci.boulder.co.us/index.php?option=com_content&task=view&id=6136&Itemid=169,2008 年 8 月 11 日访问)。

20. 蒂莫西·比特利,当地居民无处可去(华盛顿特区:岛屿出版社,2005),293–321。

21. 玛丽 L. 沃尔什,贾斯廷·斯宾赛,"地方政府与气候变化",2007 年度市政文献,(华盛顿特区:国际城市管理协会,2007),第 17 页。

基础设施规划

保罗·R.布朗(Paul R. Brown)

水、环境卫生、交通和能源设施是必不可少而又花费高昂的城市系统,并且与之相关的建设周期很长;因此,有效的基础设施规划是至关重要的。基础设施不能保持与时俱进,就会将社会公众的健康与安全置于风险之中,并且会导致交通拥堵、局部洪水、供水管道和下水管道断裂、轮流停电、行政处罚,而且在紧急情况下实施改进措施,通常会增加成本。为了避免这些后果,大多数公用事业和公共工程部门通常会设立长期的设施规划,以确保在超出现有设施的使用性能和/或使用寿命之前,完成必要的基础设施建设并保证相应资金到位。

基础设施规划的过程

由公用事业单位或地方政府部门主导的基础设施规划过程各不相同，但大多数情况下都需要采取一些基本步骤。

评估现有设施的性能和状况

基础设施规划首先需要准确掌握现有设施性能和状况的基准信息。许多社区已经开发出全面的基础设施资产管理方案，对本地区的包括水、地下管道、交通和能源系统在内的重要基础设施系统提供详细的地图和相关记录。一个好的基础设施资产管理方案应当明确在维持公共设施用户所期望的服务水平的情况下，现有基础设施所需的投资数额。另外，大多数公共事业单位开发启用了动态的计算机模型，使得工程师和规划师能够模拟现有基础设施的运作，评估未来的需求和运转情况。

分析历史和当前的需求

除了了解现有基础设施的状况以外，掌握社区是如何使用这些系统的也是非常重要的。需求的地理分布如何？每小时、每天、每周、每月、每季度、每年使用模式有着怎样的变化？上述每个时间段平均需求和峰值需求各是多少？为了准确地预测未来需求和使用的模式，收集并保留这些详细的系统运作信息是非常必要的。

预测未来需求

在对未来基础设施需求的预测中，最主要的应当是人口和经济预测，以及当地设立的规划机构所编制的未来的土地利用规划。人口变化和基础设施需求之间的关系是很难建立的，但它们会被市民和民选官员高度关注。因为很多基础设施规划受困于对需求预测的合理性的质疑，所以应当重点强调和确保用于预测未来基础设施需求的方法是合理的，站得住脚，而且很容易解释的。基于历史平均水平，用趋势直线预测法得出的未来人均需求很少能令决策者满意。因此，基础设施规划师必须使用被验证过和广为接受的方法来将人口和经济增长转化为未来人均需求。例如，将预期增加的1万人口转化为未来人均需求时，供水系统的设施规划将需要考虑以下这些变量：家庭规模、房屋类型、房屋占地面积、预测的节水情况、建筑规范和家庭收入等。除了应对未来的增长需求，预测还应该考虑由于未来法案法规的更新所引起的对基础设施的影响（例如，更高的饮用水处理标准）。

制定目标和评价标准

在基础设施规划过程中，最重要的步骤之一就是制定目标和评价标准，这也是最容易被忽视的一项。这一步要解决的问题是"我们要努力实现的是什么？"在这个关键节点需要确保一个广泛的各利益团体参与的过程：基础设施规划师应积极听取各利益团体的建议，包括公共部门（例如，当地政府部门和监管机构）、环保人士、企业和社区团体以及市民个人等。如果不清楚利益相关者对基础设施的期望目标，那么计划成功实施的可能性就会大大降低。社区内多元化的各利益相关群体和其代表的确认和产生，应当以一种有计划的和透明的方式进行，以确保其意见和利益的广泛代表性。

每一个设施计划旨在达到一定的最低目标：建立能够满足服务承诺的设施、提供整体成本效益、遵守所有适用的法律和法规。但是许多社区尝试实现更多目标，他们正在寻找达成以下目标的可持续发展计划：

- 保护和改善环境；
- 轻松应对情况变化；
- 促进经济增长；
- 修建教育设施，例如学习中心和访客参观接待处；
- 修建市民休闲的去处；
- 保护文化遗产；
- 高度关注环境公平问题。

如今单一用途的基础设施开发几近绝迹，人们期望高成本的基础设施投资会给社区带来多重的利益。

如果不把利益相关者直接纳入到规划过程中，就无从得知他们关注点的性质和程度。在建立目标和评价标准的过程中，利益相关者的参与是最重要的。社区帮助规划师明确什么是需要实现的目标，然后让工程师和技术专家来确定如何实现这些目标（尽管利益相关者在参与讨论时经常会带着具体的技术方案，但是一个好的基础设施规划过程应该是和不同社区成员首先一起找出需要解决的规划问题）。

制定可行的备选方案

一旦达成共同目标，规划师、工程师和技术专家就会制定出各种各样的具有可行性的备选方案以实现目标。这一过程中，天马行空的创意越多，最终方案就越经得起考验。

评价和筛选备选方案

在评价和选择阶段，优选或推荐方案会在"什么"（即目标）与"如何"（即实现方法）的思考交汇过程中产生。此时又一次广泛有效的利益相关团体的参与会增加公众支持和方案实施成功的可能性。最初评价过程通常采取一些排名或打分的方法。通常情况下，一些备选方案会被迅速排除，选择范围会缩小到几个具有真正价值的方案上。对于这些晋级的备选方案，仅仅通过分数多少是不能做出最后的决定的。成功的基础设施规划一般涵盖了几种备选方案的最佳特点，并将其融合创建为一个新的"混合"方案，这个方案能够满足不同利益相关团体的多元化的诉求和期望。

将基础设施规划转化为行政许可和资助项目

接下来的基础设施规划步骤取决于新基础设施在行政许可、融资、设计、施工和监理中所对应的具体法律法规、行政或程序上的要求。由于整个实施计划需要细化成具体的投资项目，所以必须提供详细的工程设计、成本预算清单以及工程进度时间表。同时还必须准备好待批复的环保文件。

基础设施规划的有效性

虽然基础设施规划一般包括相同的基本步骤，但是每次参与决策的人员和他们拨付款项的权限却有很大的不同。几乎每个案例中，投资成本高昂的基础设施投资都需要政府部门的批准。因此，基础设施规划必须准确、透明、有说服力。规划方案必须清楚地说明用于改善基础设施所需支出的资金、提高的收费和增加的税费的合理性，否则，即使是再急需的基础设施方案，也会被退回重新再做。一个好的基础设施规划应满足社区的需要和利益，技术上可行，文字清晰，图表生动，并得到市民的广泛支持。

事实上，大多数地方政府都未能积极应对城市基础设施的老化或不断增长的使用需求。美国土木工程师协会在2005年《美国基础设施成绩报告单》中对美国基础设施总的评级为D，并指出未来5年内需要1.6万亿美元的基础设施投资。[1]尽管针对这一巨大资金需求可能会有很多解释，但如果基础设施规划过程中未能做到动员社区及其负责人，在垮塌事故（小到被暴雨洪水淹没的路口，大到桥梁倒塌）发生之前就采取行动，那这样的基础设施规划过程本身就应该受到指责。社区应该采取什么措施以确保它不会成为糟糕的基础设施规划的受害者呢？

可持续发展和综合基础设施规划

可持续发展是合格的基础设施规划的关键之一。在提供城市基础设施服务的同时还要满足可持续发展，这一要求改变了许多地方政府的规划编制过程。不再局限于不同基础设施的功能独一性，许多社区开始探索两种整合的方法：一是集中在小规模的，非结构性的变化，可以降低对现有基础设施的需求以及提升其现有能力。例如短期内节约用水、减少雨水径流、节约能源等方案已经被证明是节约成本的有效措施，可以减少额外的基础设施需求。许多社区不愿意花费公用资金大规模地扩建基础设施，除非他们确信节能和提高现有基础设施效率方面已经做到极致了。

二是社区寻求更全面地看待已有的基础设施。例如在许多社区，处理后的废水已成为一个潜在的水资源：污水中生物固体和固体废弃物可以发电。新道路的设计可以大大减少雨水地表径流。社区采取一种更"闭环"的方式来管理资源，以往那种单一功能的供水系统和污水处理系统将向整合的规划、工程和运营的方向进化。

这些项目如何实施呢？它们需要统一管理以推动各个独立功能的基础设施公司在系统规划和基础设施开发中相互合作融合。这些项目的实施也高度依赖于社区利益相关团体，他们一方面能在获取公众支持新的基本建设投资方面发挥作用；另一方面也正是通过这些团体的努力，强化社区通过自身行为的改变来降低对公共基础设施的需求。

在大多数情况下，社区正在寻找机会来降低消耗，减少浪费，循环利用资源，减少对外部资源和处理场地的依赖程度。这种相对独立性是衡量社区可持续性的重要指标。

不确定性增加

由于投资巨大的基础设施项目通常运作周期较长，因此，各种不确定因素都会使规划过程极具挑战性，如未来需求何时何地会发生，气候变化对海平面、河流以及供水的影响等。一些社区通过分阶段的公共基础设施融资和建立预测未来要求的"触发器"来解决不确定性。"触发器"不是按照预定计划，而是当人口规模达到一个特定目标时才启动基础设施设计和建设程序。通过基础设施规划的情景分析可以知道在极端条件下，即偏离历史标准的条件下，基础设施是如何运行的。例如气候变化会导致供水的变化，继而影响原计划的储水量和低洼地区的防洪要求。

虽然单个的基础设施系统通常都配备评估改进的工具，但是能够展示几个不同系统相互协作和风险警示的模型只是最近才被广泛应用。例如，包括洛杉矶在内的一些城市开发了模拟仿真工具，用来评估设立污水处理设施会对雨水处理方案的实施造成何种影响。

未　　来

可持续城市基础设施规划是要保护公众健康和安全，防止公共服务水平恶化以及满足未来需求。至今，上述三个任务的完成情况在美国范围内都不是很好。要实现未来的可持续发展必须改进城市基础设施规划的过程和使用的工具，并进一步提升各利益相关者的参与程度。

注　释

1. 美国土木工程师协会，美国基础设施成绩报告单（弗吉尼亚州，雷斯顿：美国土木工程师协会，2005）第 3 页，网址 asce.org/files/pdf/reportcard/2005reportcardpdf.pdf（2008.06.18 访问）。

为可达性而规划

兰德尔·克兰（Randall Crane）、洛易斯·M. 高桥（Lois M. Takahashi）

城市规划绝大部分是关于建筑和空间利用的。可达性是这类规划一个关键因素。权威的场地规划文案指出"可达是任何空间利用的先决条件"。[1]然而，对可达性进行清晰的定义以及确定如何提高可达性，并不是简单的任务，这至少有两个原因：（1）可达性是一个由几部分组成的理念，它庞杂并且无序延展，而且与个人品位有关，所以对于对任何特定情况下产生的结果意味着什么，人们会感到有些困惑；（2）由于这些组成部分中有些更多地依赖于资源、偏好、用户能力，而不是只依赖建筑环境特点，因此，可达性的量度总是在变化。

为了衡量我们领域中这个问题的规模，让我们考虑少数几种取决于可达性的规划问题。享有卫生保健、开敞空间或安全的街区，经常被当作一种减少保健不公平的办法而加以研究和测量。[2] 享有权还会根据获得劳动机会和住房市场机会而被研究，特别是按照公共政策涉及的贫困和经济上的不公平。对诸如空间上的不协调、福利—就业计划、工作—居住平衡等的研究，主要关注的是享有就业和住房的障碍和前景。[3] 这些大不相同的规划问题，导致了在关于可达性应如何测度和应用的问题上的分歧。同时，交通规划战略越来越多地参考可达性标准，或是补充，或者是替代，作为更多的常规性能指标。[4]

出人意料的是，我们从这些例子中搞清楚了：可达性是多方面的、对可达性的测度是复杂的。因为规划实践将得益于从这个角度对可达性做出更恰当的理解，所以，本文将对有关可达性的各种不同定义和测度方法做一个简要的概述，提供一个相关问题的样本，并就其对规划专业而言的含义进行讨论。

可达性的含义

可达性这一概念从简单到纷繁非常不同。也许最不复杂的观念就是建立在最低的门槛上的。例如，基于《1990年美国残疾人法案》，建筑必须满足或高于特定的、详细的用途或设计标准。在这个例子中，享有权就是一个门槛，要么达标，要么不达标。与此相关的方法测算了对相关机会和服务利益的接触或覆盖情况。例如，指定人口中有多大比例的人享有清洁的水或有线电视；或百分之几的居民生活在某个就业中心0.5英里范围内？以及百分之多少的居民生活在垃圾填埋场0.5英里范围内？百分之多少的居民生活在公园、学校或是公共汽车站0.5英里范围内？这类测度既直观，又可操作、实用，因为数据往往唾手可得，而其基本的标准也容易理解、解释和展示。可达性表明了明确的规划战略：改善可达性，就要求规划人员对所考虑的地方在距离上加以减少，或是对考虑中的服务或者地点的总量或是数量上给予增加。

然而，可达性的定义也越来越广泛，不仅与距离、与覆盖率等结果相关，而且还与质量、价值和公平相关。[5] 这个定义，既反映了规划所关注事项及边界的合理变化，也使测度的基本要点变得相当复杂。最大困难在于，当努力要使几个不同的并有可能冲突的元素（如成本、用途、质量、价值和公平）结合在一起实现享有权时，在没有澄清谁是谁的情况下，为什么以精确的方式结合？或是在它们之间有着什么样的潜在交易。在这些情况下，更方便的可达就不再是一个简单的事情，不再仅仅是更多、更近、更便易或是到什么程度了。它或许也要求将成本与收益相比较，将一个胜利者的政治评价与失败者的政治评价相比较。

可达性的测度

对各个不同的可达性有三种基本方法来测度：简单距离（或是成本）法、供给法和需求法。第一种方法——简单距离法，无论是测量空间还是成本，该法表现的是获取服务和设施的难度。简单距离法告诉我们潜在用户是如何被连接到服务或目的地的。当测量方法关注的是简单距离或是它的成本时，如果行程变短或更直接，或用时更少，或其他使之更容易的措施，那么享用服务的机会就会提高。

但是，要是通往某一目的地的行程无论多么短暂和便宜，总之没有理由再要求更短更便宜了，又该怎么？另外两种测度接入的方法是观察目的地相关的路线。一个是考量机会，另一个是考量期望。同时，这两种方法试图将可达性作为供给和需求的函数来表现。

从供给角度看，要加强某一特定目的地的可达性，可以通过缩短距离或降低旅途成本来实现（例如，通过提供更便宜的、更多班次的公交服务）；或是通过提高去目的地旅行的潜在回报，比如通过附近的购物广场加大产品选择机会。但是，一个地方提供了更多机会这一事实，并不一定使之成为更理想的目的地。供给方对机会的标准说明不了旅行者的偏好。尽管许多的测度方法（即潜在目的地）都假定特定环境的某些方面比其他方面更重要，但他们排除了信息，这些信息是关于可替代的目的地受潜在用户的欢迎程度。

需求测度是评判可达性的最复杂的方法，尽管这些方法对于规划目的来说是最有用的。需求测度不再是仅仅考虑什么是可利用的（或什么可能是将来可利用的），以及它的位置或成本，而是更多地考虑对潜在用户而言可利用之物的价值。哪项服务是值得使用或哪个旅行值得去，这些个体决定取决于以下多项因素：距离、成本和供应，而且肯定也有个人偏好和资源。然而，当更深度地参与而不是只有简单的地图和距离指标时，这样的信息就能从顾客调查和其他资源中收集到。由此，可揭示被观察的行为在社会经济、人口统计和其他个体特征和环境下是如何变化的。

按照需求来测度可达性，我们需要理解的不仅是人们使用一项服务或前往某一目的地有多容易，而且需要理解在多大程度上以及为什么他们想这样做。

可达性与交通规划

城市交通规划的基本目标是提高机动性，即人和物在交通网络上的流动。20世纪50年代到60年代这种对流动性的专注，导致了城市之间（随后是城市内部）高速公路系统的迅速扩张，造成了土地利用上的分散化和去中心化，以及缓解交通拥堵政策的出台。

然而，许多分析人员现在建议，机动性的测量被可达性测度取代了，可达性是一个更为复杂的概念，除了在任何一个指定的旅程舒适度之外，它还强化了旅行的目的。这种观点认为，将旅行者送到他们想去的地方，比在高速路网络上的速度、流量都更重要。的确，赞成机动性可能会损害可达性，例如，当高速路快速发展和开发区域向外快速扩张时，交通拥堵就会更为严重而不是减缓。另一方面，实践证明，可达性比机动性更难测量、更难以操作，这一定程度上因为研究人员和实践工作者们还没能对一个标准的定义达成共识。

包括工程、经济、规划、建筑和地理在内的各学科，都以不同方式使用可达性这个词，从而造成该词意义不明确。然而，当来自不同学科的研究人员比较这个概念时，提高可达性的新方法就被提出来了，如智能增长、新城市主义。接下来就是要评估这些方法，确定什么类的可达性正在受到影响，是因为谁受到影响。例如，许多杰出的城市设计师和环境保护组织积极推动以下思想，即可达性的提高将会改变人们的出行行为，特别是通过减少开车旅行而改变出行行为。

很容易理解通过城市设计来管理交通的兴趣：对交通拥堵和空气质量的广为关注，使得规划人员急切希望减少小汽车的使用，尽管这方面的措施有限。大运量交通的成本在膨胀，而传统的交通规划战略还没转变私家车的吸引力和持久的效用。降低小汽车使用的最好的定价选择权（如收取拥堵费）在大多数情况下似乎在政治上行不通，次优定价机制（如提高燃油税或是停车费）也同样如此。对于规划人员来说，改变建筑环境似乎是种便捷的方式，它可以使步行、自行车、公共交通等旅行方式比乘小汽车旅行更具潜在吸引力。这一想法已被写入越来越多的公共规划和政策文件中，这些规划和政策文件致力于通过建立交通与土地使用二者之间的联系来改善大气质量。

在连接交通和土地使用规划方面，最明显的例子、也是最受称赞的例子也许是"有联系的"街道布局，将之与许多郊区的"终端路"环状模式做比较就可知。增加目的地之间更短、更直接地相连，其意图在于减少步行者和骑自行车人的出行路程长度，从而提高可达性。结论就是，在这种环境下，机动车出行将会降低。这一结论如此有吸引力，以至于早已在许多关于紧凑型发展的著名讨论中报道了。

然而，将交通行为归因于土地使用的简单方式，将混淆供给与需求。其结果是，比如，与交通布局相关的效果反映在原则上是不明确的，在实践中是不清晰的。缩短行程通常会降低成本，不仅是步行和骑自行车的成本，同时也降低了小汽车出行成本，而后者可能也导致更多的出行而不是减少了出行。这样一来，与交通布局相关的效果对于每一种出行方式来说大都是不明确的。的确，如果行程变短了，但是出行数量有足够多的增长的话，全部机动车里程数会大大增加。

当交通模式提高了可达性时，交通行为将如何受到影响？这是一个经验性问题，但是，分析方法和现有数据已慢慢接近这一内在关系的复杂性。最清晰的结论来自于那些最无说服力的（也因此是最不可靠的）数据和统计模型研究。在其他研究中，交通方式变化带来的影响似乎差异很大，各不相同，取决于当地情况。

聚　集　性

在可达性测度的内涵和其方法的使用中，聚集是个关键区别。个体级的测度反映的是一个家庭所面对的供给因素（如距离、质量和价格），或者是反映需求因素（比如服务用户的资源、人口学特征和个人支付意愿），而网络级（或区域的）可达变量反映的是系统本身的性能和这样的供应约束条件。例如，公园对于整个社区来说可达性如何？网络级可达性变量也可以代表需求队列和聚集资源（即用户专注于获得某一指定的服务）。例如，有多少想报名社区花园的人必须被拒绝？

可达性：差别和障碍

为什么会有目标和服务的差别？如何才能降低这种差别呢？

可达性规划通常需要对公共服务的使用做出评估，或是对特定人群（一般通过社会人口统计学的特点来定义）享用现有服务或已规划服务的偏好做出评估。研究人员很长时间以来一直试图理解为什么有些群体比其他群体享有更多的服务，以及为什么一些群体，特别是移民、低收入家庭、种族人群、少数族裔，享用某些服务的频率明显少于作为整体的全体居民。与此相关的关于空间错位的文献研究了住房中存在的歧视，特别是在郊区，少数民族不得不承受的通勤路程比他们所愿意承受的更长。在这种情况下，这同时也是特定群体在获得工作和住房上是否有差别的问题。

自从20世纪90年代以来，对于享用服务上所存在差别的解释已逐步包括以下几个因素：公共服务提供体系内在的挑战；对个人或家庭而言通过公共和非营利机构获得服务的级别；建筑环境和社会网络创造的障碍和机会；个体动机、知识以及对享用服务的满足。

对于住房、社区发展、公共交通和可持续性有兴趣的规划人员，通常会对享用公共服务上的差别做出处理。自从20世纪60年代，主张倡导型规划的规划师争辩说，在获得资金资源、就业、住房和交通上的相对不足（通过距离、时间和其他"供给"因素测出的），妨碍了穷困家庭、种族及少数族裔平等参与社会生活。[6]

解决差别化的最常见方法是区分和测量享用服务的障碍，以及接下来提出政策、计划和减少障碍的战略。根据所考虑的服务、设施和群体有不同，障碍也不尽相同，但是当目标是增加可达性时，应该加以考虑的共同因素就是：

- 服务与潜在用户之间在语言或文化上的配合不当；
- 实际的或是感觉无力支付；
- 缺乏信息或缺乏对服务体系的认识；
- 缺乏满足需要的服务，缺乏满足特定群体需求的服务；
- 运输工具不足；
- 享用相对便利的服务，这些服务可能会受到许多因素的影响，包括运营时间、提供或获取服务的方法、用户在地理上的接近度。

理解可达性

关键在于可达性是一个不断发展的多维的规划概念，有一些不同的元素。以一种透明有效的方式来规划可达性，就要求比先前对以下问题有更好地理解，包括用户费用的作用、用户偏好以及不公平。对上述问题更好地理解，还允许分析人员和规划人员更清楚地区分他们所能控制的政策变量（如价格和服务运营）与方法。通过这些方法，享用服务的个人用户对选项进行权衡和选择。

规划人员对变幻莫测的个人选择所具有的影响很有限，但可能会有一些方法，以便更好地了解用户对享用服务做出的决定。

至少，要从一个好的认识开始，即所采用的可达性测度是否适用于服务和目的地的供给，当然了，不是其需求或是两者兼有。有了好的认识，就可以随着时间推移，对不同社区或某个指定社区的可达性有一个更直接和更有意义的比较。因此，关于对什么进行测度，给出一个更具包容性的定义是非常有价值的，尽管实践中如何测度可达性的困难远大于我们的喜好。

注　释

1. 凯文·林奇、加里·哈克，场地规划，第三版（剑桥：麻省理工出版社，1984），193. 可达和可达性两个词在本章是可以互换使用的。

2. 罗纳德·M. 安德森，"再看行为模式与医疗途径：这有关系吗？"健康与社会行为周刊 36, no.1（1995）：1-10；艾伦·E. 约瑟夫、戴维德·R. 菲利普斯，可达性与利用率：从地理环境的视角看卫生保健服务（纽约：哈珀与罗出版社，1984）；罗伊斯·M. 高桥、盖勒·苏姆特尼（2001）"获取公共服务：描述性变量与行为变量的影响"，专业地理学家 53, no.1（2001）：12-31；少数民族卫生健康办公室，提高少数民族卫生服务与消除种族间的卫生服务差距：战略框架（罗克维尔，马里兰：美国卫生及公共服务部，2008 年 1 月）。

3. 约翰·F. 卡因，"空间错位理论：三十年后"，住房政策讨论 6, no.1（1992）：271-297, miv.vt.edu/datafiles/hpd%203（2）/hpd%203（2）%20kain%20part%201.pdf（2008 年 9 月 2 日）；布雷恩·D. 泰勒、保罗·M. 翁，"空间错位还是汽车错位？对美国大都市区域的种族、住宅以及通勤的检验"，城市研究 32, no.9（1995）：1453-1473；迈克尔·A. 斯托尔，"工作扩展、空间错位及黑人就业的弊端"，政策分析与管理期刊 25, no.4（2006）：827-854；保罗·M. 翁、伊芙琳·布鲁门伯格，"接受福利救济者的就业可达性、通勤方式及旅行负担"，城市研究 35, no.1（1998）：77-93；罗伯特·赛维罗，"美国工作分离：缩小就业可达性与逆向通勤项目"忙碌奔波：交通运输、社会排斥与环境公正, ed. 凯伦·卢卡斯（布里斯托尔，英国：政策出版社，2004），181-196。

4. 苏珊·L. 汉迪，"解决美国汽车依赖症的策略：提高可达性 -vs. 流动性 -"，UCD-ITS-RR-02-15（工作文件，交通运输研究所，加利福尼亚大学，戴维斯（加州）2002）des.ucdavis.edu/faculty/handy/ECMT_report.pdf（2008 年 9 月 4 日）。

5. 参阅兰德尔·克兰、阿姆瑞塔·丹尼尔瑞（1996）"在全球城市检测基础服务的可达性：描述性方法与行为分析法"，美国规划协会期刊 62, no.2（1996），203-221。

6. 参阅保罗·大卫杜夫，"规划中的主张与多元主义"，美国规划师协会期刊 31, no.5（1965）：331-337。

改善交通的十二个理念

苏珊·汉迪（Susan Handy）

交通规划的根本目标是确保居民能够到达他们需要去和想去的地方。几十年来，交通规划师试图通过扩大和改善道路体系来使出行更加容易。但是尽管投资数十亿美元，在大都市地区出行，每年都会有更大的困难。投资本身也要负责任：当机动车出行更容易，自然会带动人们更多地开车出行，所以增加了拥堵，使开车出行更加困难。以机动车为导向的交通运输系统，不仅使人们堵在了拥挤的道路上，同时也忽略了一些人，他们由于收入、年龄或能力等原因而无法拥有机动车。

交通规划正在慢慢转型。规划现在专注于使人们更容易到达目的地，而不是使人们更容易开车出行。我们的目标不再是减少交通拥堵，而是减少在交通拥堵中坐等的需要。

以下是社区用来改善交通的同时又不会导致更多机动车出行的12个战略：

（1）公共交通服务。虽然所有的公交用户都想要得到方便、可靠、舒适、安全的服务，但是每个社区必须找到最能满足其需求的方法。提供更准确的信息，包括车辆到达时间的实时信息，这是一个很好的出发点。作为一种具有性价比又提供高品质服务的方式，快速公交越来越比轨道交通受欢迎。土地使用政策必须与公共交通规划相协调，以确保发展模式和交通系统有效匹配。这些努力似乎得到了回报：公交载客量在整个美国城市中一直在上升。

（2）有针对性的交通服务。当一个特定地区的居民需要前往同一个目的地时，解决方案就是有针对性的公交服务，它由公共交通机构、其他公共机构、私人企业或者社区组织运营。举例来说，在老年居民区与医疗服务机构间、低收入家庭与折扣店间开设摆渡车（班车），运送职员到远距离的公交车站的医院或者大学的班车，从郊区到市区开通特快巴士服务等。公共和私营的例子在美国各地都有。

（3）可步行。一个良好的步行环境应该是出行目的地都在家庭和工作的步行距离内，并且其间的道路直通、安全、舒适、有吸引力。在这样的环境中，步行是开车的健康替代。公共卫生官员与规划师合作改善步行基础设施，在从西雅图延伸到奥兰多的社区推广"积极生活"活动。

（4）可骑车。在西方发达国家的许多地方，骑自行车出行占有很大的比例。对于步行太远的地方，骑自行车是非常方便的，在缺少公交的地方，它填补了公交服务的空白。促进骑车出行需要多方面共同采取措施，即"5E"：工程、教育、激励、执法和环境。俄勒冈州波特兰市做了这些努力后，骑车出行已有了可测量的增加。

（5）汽车共享（拼车）。无论是营利性还是非营利性企业，汽车共享计划更容易使家庭生活少用机动车，甚至完全放弃机动车。家庭在需要时能够获得机动车有时候是必要的，这些计划能够避免家庭保有机动车的高固定成本。研究表明，参加类似费城汽车共享计划的成员拥有机动车数量和驾车出行里程数都有所下降。

（6）弹性工作。远程办公、灵活的工作时间、可选的工作日程都为劳动者减少通勤或者错峰出行提供了可能。地方行程削减条例要求雇主减少高峰时段雇员出行数量，当地的雇主都会采取弹性工作方案，来响应这个条例。在南加利福尼亚州，行程削减要求是体现在空气质量法规里面的。

（7）个性化营销。提供交通出行选择是一回事，让人们真正使用它们是另一回事。个性化营销方案是"一对一"的开展家庭工作，分析他们的出行选择，确定可以减少机动车出行的方案，提供信息和培训以帮助家庭跟进。这样的方案在越来越多的社区被证明是有效的，包括澳大利亚的珀斯市和俄勒冈州的波特兰市。

（8）拥堵收费。开车的人支付驾车出行的成本越充分、越直接，他们越会减少驾车出行。他们将减少出行，选择更近的目的地，挑短的路线，或使用替代出行方式。拥堵收费策略包括拥堵水平挂钩收费和警戒线收费（周界收费），后者是每天在特定时间进入中央商务区的机动车都要支付使用费。拥堵费有助于减少不太重要的出行，并为更重要的一些出行保持道路通行能力。伦敦拥堵收费计划取得的成功启发了纽约、旧金山等美国其他城市考虑这个策略。

（9）停车政策。大部分城市设定企业最低停车要求，往往导致停车场得不到充分利用。同时，在繁忙的商业区停车免费时，往往供不应求，驾车者一直在周边寻找空位，导致时间浪费并产生其他有害影响。取消停车最小值和实施停车收费方案可以使机动车驾驶者和非驾驶者的情况都有所改善。加利福尼亚州帕萨迪纳市，是从停车政策改进中受益的第一批美国城市之一。

（10）连通性。目的地之间更多的直接连接，缩短行车距离，同时增加替代机动车出行选择的可行性。在城市化地区，细分要求需要通过网格化街道网络或其他配置确保足够的连通性。已经采用连通条例的城市包括科罗拉多州科林斯堡、俄勒冈州尤金、北卡罗来纳州卡里和得克萨斯州圣安东尼。在那些已建成的区域里，可以通过对桥梁或隧道等设施进行战略投资增强连通性，这些设施将允许骑行者和行人穿越高速公路（快速路）。沿着加利福尼亚州伯克利、戴维斯的80号州际公路，都可以找到应用这些设施的例子。

（11）街道设计。传统的地方公路服务措施都是优先考虑车辆的需求，并非其他用户及其他功能需求。创新的街道设计方式会考虑所有出行方式的需求，帮助建立社区的归属感，创造有吸引力的公共空间，并尽量减少对环境的危害。有很多相关案例，如旧金山的内河码头、查塔努加重新设计的滨河景观道路和丹佛市中心的公交步行街等。

（12）统筹规划。所有战略工作的关键是协调土地利用规划与交通规划。这意味着注重发展城市公交服务领域，鼓励多用途的开发，使目的地都在步行距离之内，制定提升城市环境质量的设计准则。成功还取决于在区域层面的协调。像在盐湖城和萨克拉门托地区的区域远景计划，都为统筹规划奠定了基础。

总之，交通规划并不是让开车出行变得更简单，而应重点关注以下方面：（1）使少开车变得更加简单；（2）增强人们对机动车替代方式的认知和使用；（3）使人们在某些情况下开车出行更困难，而不是更容易。

步行和自行车交通规划

布鲁斯·S.艾伯雅（Bruce S.Appleyard）

半个多世纪以来，美国的交通和土地利用规划都是优先考虑机动车需求。[1]因此，创建慢行社区（步行和骑行），需要采取一系列协调一致的综合措施。有效推进慢行系统的"5E"（英文首字母为E）要素包括：工程（Engineering，设施规划和建设）、执法（Enforcement，有关安全驾驶及行人和自行车出行的法律）、教育（Education，所有的道路使用者，包括汽车驾驶员、行人和骑行者）、激励（Encouragement）以及环境（Environment）。还应该增加1个"E"：评估（Evaluation），即对行人和自行车出行的环境状况进行测量评估。考虑周全的城市设计和土地利用总体规划，包括区域划分、细分条例、设计导则和方案复查等，对创造适宜步行和自行车出行的环境，并最终实现更宜居的社区也是必不可少的。[2]

街道的安全性和宜居性

对慢行系统的包容和激励会提高街道的整体安全性和宜居性。20世纪60年代末，唐纳德·艾伯雅（Donald Appleyard）首次提出街道宜居性，发现降低交通流量和时速能够提升居民的舒适感，使他们愿意花时间在家附近活动，建立更紧密的社区关系。[3]研究表明，慢一些的交通能够显著增强街道的安全性：一辆时速30英里的机动车撞人致死的概率是时速20英里汽车的8倍；被时速20英里的汽车撞击的人存活的概率高达95%！[4]同时，随着时速的降低，驾驶员不仅更容易看到突然出现的行人和自行车，而且能在更短的距离内及时将车辆停住，从而避免事故发生。安全的街道使人们更容易也更乐于参与到各项活动中，从而增加身体运动带来健康。

能够促进步行的街道景观也有助于交通安全。埃里克·邓博（Eric Dumbaugh）研究发现用"宜居街景"元素美化街道后，也会促使驾驶员加倍小心驾驶，从而增强了非机动车通行者的安全。"宜居街景"元素包括临街的具有丰富视觉效果立面的建筑（通常是历史建筑）以及沿着街道种植树木（交通工程师通常认为该做法会降低机动车行车安全）。[5]彼得·雅各布森（Peter Jacobsen）通过他的研究得出了"安全数量"的结论，即随着行人和自行车的数量增加，相撞事故率会下降。[6]驾车人发现街上和周围人很多的时候，显然会更加小心开车，所以街头生活活跃的街区比缺乏人气的街区要安全得多。

选择步行或者骑行

要成功地支持慢行系统，社区既要提供场地空间，也要注意场地之间的连通。充足的人行通道以及行人和自行车专用道对于激励这些替代驾驶的出行方式是有帮助的。

选择步行：克服距离和时间

当一个人选择步行时，尽管也会受除了以休闲目的以外的许多其他因素影响（诸如有没有可供使用的小汽车以及停车是否便利，零售商业、住房及居住区土地混合利用，城市设计等），但最终决定是由出行者根据自己对距离、时间、安全性和舒适性（"宜居"）的认知，并综合考虑机动车、公共交通等其他出行方式的花费和方便程度所做出的。

2008年的一项研究表明，人们实际愿意步行距离比原先认知的要长——这个实际步行意愿大约是步行1/2英里到达公交站点的距离。[7]成年人平均每秒走3~4英尺，换算后即5~10分钟走1/6英里到1/3英里，或者每小时大约走两三英里（儿童、老人和行动受限者会走得慢一些）。[8]除此之外，研究表明，行人对时间进而对距离的感知，都会受步行体验的美学品质的影响：一条充满活力，拥有有趣外观、人本尺度建筑的街道，往往会缩短一个人对时间的感知，这就可能会延长他或她愿意步行的距离。[9]

选择骑车：保证安全和舒适

尽管骑车人和行人有许多相似需求，但由于骑行中更快的速度、更大的动量及惯性等特征，因此，在自行车交通规划编制过程中必须意识到相较于行人，不同的骑行者对自行车的操控和骑驾技能掌握有着较大的差异。俄勒冈州波特兰市2008年的一项调查发现，如果通过改善基础设施，进行安全教育、积极生活、节约能源等相关宣传给予正确的激励，自行车上下班存在巨大的潜在需求。这项研究确认几乎三分之二的通勤者对自行车上下班表示“感兴趣但是有顾虑”。“如果道路情况能好一些，汽车行驶速度慢一些，并且车不那么多，让他们感到更安全，他们很可能会骑车上下班”[10]，这个发现与珍妮弗·莳萝（JennifeR. Dill）博士正在进行的其他研究得出的结论是一致的。珍妮弗·莳萝博士的研究发现，能使人们开始骑自行车出行的最好方式也许就是打造自行车大道（图7–4）：通过交通减速设施（Traffic Calming）和其他控制来改进当地街道，在保持机动车通行的同时，使街道成为自行车快速干道。

要想确定人们到底在多远范围内愿意选择自行车出行需要更多的研究。到现在为止，虽然“2001年全国家庭出行调查”发现，自行车平均通勤距离大约为3英里，但多数类似的研究受制于调查样本量小、自行车行程长度差异较大，也未能综合考虑个人态度以及社区建筑环境独特性等因素。[11]但是随着自行车道和自行车大道的增多，以及提供更好的终点设施（如储物柜、淋浴和安全的锁车设施等）[12]，再加上公交车对自行车的承载能力进一步提升，人们能够并且愿意骑车上班、上学以及其他出行目的的骑行距离都将大幅增加（图7–5）。[13]

改善出行体验

创建安全、有吸引力、宜人的步行和骑行体验，使步行者和骑车人能够克服距离影响而选择出行的主要因素有[14]：

- 安全、直接、舒适的线路和设施网络。一份“2004年规划咨询服务报告”建议行

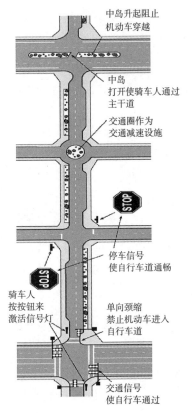

图7-4　体现精妙的道路共享理念。通过设置道路中间隔离带，交通环岛和"停止"标识，自行车大道使骑行更为安全

资料来源：俄勒冈州自行车和行人规划：俄勒冈州交通规划之一，第二版。（萨勒姆：俄勒冈州交通局，1995），第77页，网址：oregon.gov/ODOT/HWY/BIKEPED/docs/ or_bicycle_ped_plan.pdf.

图7-5　与当地公交系统结合，即便公交线路起点或终点在人口稀少、公交服务短缺的郊区，只要给公交车安装自行车架并允许自行车上城市轨道车辆，都可以使骑行在时间方面具有竞争优势

资料来源：布鲁斯·艾伯雅

人（和自行车）路径的连接应每隔300英尺至500英尺，机动车路径的连接应每隔500英尺到1 000英尺。[15]在新区开发中，这些标准可以在土地细分条例中得以实施。[16]

●交通缓冲区。人行道应该与交通可能带来的人身安全威胁、噪声等烦恼隔开。缓冲区可以通过路边停车场、自行车道和可能包括灯光、标志、长椅、公交候车亭和花草树木的"候车区"提供。

●宽度。由于行走应被看作是一种社交活动，路径应至少为5~6英尺宽（如果道路一侧有墙壁，则为7英尺），以提供足够的空间，使两个人并排行走时第三个人可以轻松通过。沿商业街的人行道应该考虑商业活动和行人通行二者的相互影响，应该为座位、商业陈列、人行道空间以及前面提到的交通缓冲区、候车区等留有足够的空间。

12英尺至15英尺的宽度似乎比较理想，在人流密集的一些地区，人行道也可以更宽些（图7–6）。

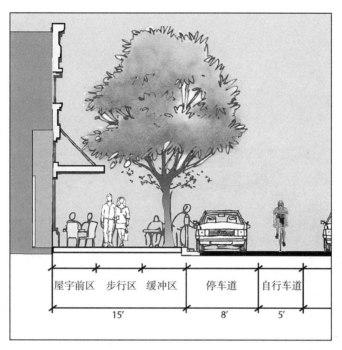

图7–6　为了便于社交活动，人行道应提供足够的空间，使两个人并排行走时第三个人可以轻松通过。另外，沿商业街的人行道应该为座位、商业陈列以及交通缓冲区和候车区等留有足够的空间
资料来源：布鲁斯·艾伯雅

　　骑行者在行进中需要一定的宽度保持平衡，也需要足够的迂回宽度使得自行车在前行中保持直立。"安全距离"（shy distance）也是必要的，使骑车人与路缘石、柱杆以及其他潜在的危险分开。综合考虑这些因素以及自行车的平均宽度，骑自行车出行大致需要5英尺宽的空间才能感觉舒适。[17]

　　在道路狭窄的情况下，也许只能有一个足够宽的自行车专用道。可以在上坡一侧设置一个"爬坡车道"，同时在下坡车道路面涂上"共享道路（sharrow）"的字样，以提醒机动车驾驶员与自行车分享车道。[18] "共享道路"的标识也可以在双方向都设置。

　　十字路口。通过标识、路面标记以及清晰可见的人行横道线等措施可以提醒机动车驾驶员谨慎前行，这些成本相对较低的措施可以非常有效地改善十字路口的安全性。[19] 规划师可以在规划设计中，尽量减少行人和自行车横穿马路的距离和暴露于交通的时间，并使其更容易看到机动车，同时也更容易被机动车看到。这样的改进可以通过设置中间绿化带和交通安全岛（提供停留的条件）将横穿马路"任务分解"，并通过延伸路沿和减小转角半径（减小实际跨越距离）来缩短横穿马路的时间。对于骑行者，最近的一项创新叫作自行车方框，即在信号交叉路口等候车辆前面明确标示出可供停留的自行车等候区（图7–7）。[20]

图7–7　在十字路口用颜色标示出自行车道并允许自行车先于机动车出发，自行车方框使骑行更为安全，尤其在机动车准备右转时更是如此

资料来源：布鲁斯·艾伯雅

规划和实施

社区编制行人和自行车交通规划有很多原因。他们希望：

● 通过正式的程序确认慢行系统是得到本地行政部门全力支持的重要的交通方式之一。

● 通过规划编制来明确在社区里提供各类慢行系统基础设施和推广计划的机会、障碍及解决方法，得以创建一个安全、舒适、有吸引力的慢行环境。

● 为具体工程或项目的优先次序和时间安排提供推荐和指导。

● 针对规划过程中设定的目的、目标和预期结果收集数据并创建一个测算进度的框架表。

尽管慢行交通规划有着不同的目标，遵循不同的流程，由不同层级的政府实施，许多优秀的规划都具备以下特征：

- 针对社区的具体需求，并得到广泛的社区参与；

- 树立明确的目标，并确定预期成果；

- 对现有状况提供准确的数据；

- 提出具体的建议，由相关机构在指定的时间框架内实施；

- 通过有效协调，充分发挥地方政府机构内多部门和跨机构的联合力量优势；

- 展现灵活性，抓住规划实施过程中可能出现的新机遇。[21]

为实现上述目标，许多慢行交通规划过程都聘用和吸收利益相关者参与进来；收集并分析现有状况的数据；进行实地评估；识别、绘制并分析问题及其解决方案；对项目进行优先级排序并划分阶段；在规划正式审核通过和实施之前，制定实施策略。

聘用和吸纳利益相关者

任何鼓励慢行系统的规划都应该从一开始就努力聘用和吸纳众多利益相关者参与进来，因为他们将在整个规划和实施过程中发挥重要作用。利益相关者包括：

- 个人，包括骑自行车的人、步行的人以及对改善邻里安全感兴趣的居民；

- 市民自发组织，包括倡导骑行和步行的组织、社区相关协会；

- 公共机构，包括公共建设工程、街道和交通等部门；

- 民选和任命的官员，包括当地政府管理者和行政部门官员；

- 私营部门，包括开发商、企业主和商业组织；

- 各种形式的媒体，负责传递信息、收集来自市民重要的反馈，编写信息，对规划过程提供支持，等等。

收集和分析信息

按照传统，交通安全项目的优先级分配都是基于碰撞、人身伤害或财产损失以及交通流量的数据。但是，由于行人和骑行者与机动车驾驶员相比，他们更加注意规避交通风险，往往会主动避开危险的地区，因此阻碍了对这些危险地区的有效识别。而且，汽车与行人或自行车的碰撞事故并不是总能得到报告记录。

因此，为了有效识别行人和自行车安全问题，规划师需要了解事故数据和交通流量之外的准确的地面交通信息，尤其是行人和自行车出行较多的地区。这些信息的收集可能需要通过网络、电话或者面谈的方式进行社区调研，以及采取焦点小组、徒步走访等方式进行。[22]

评估街道安全性和宜居性的主动方式是识别重点目的地并进行排序，然后创建一个有效的交通网络，以方便行人和骑行者到达这些地方。这种方法需要着眼于当地区域出发地、目的地和路径的双重视角：第一，重要的区域活动中心，如学校、就业服务中心和公园，必须予以标识；第二，公共部门员工和主要成员以及利益相关者必须确定沿途待建的重点项目、排出优先次序，并确定到达这些目的地的最佳路径（图7–8）。

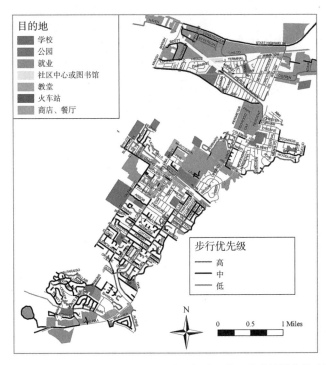

图7–8　人行道总体规划可以将社区重要目的地及抵达这些目的地的最优线路绘制成地图

进行全面的实地评估

在恰当的时机，与部分重要的利益相关者开展整体慢行系统的审查对于确定哪些地点需要改进是非常有用的。举例来说，为规划一所学校上学和放学的安全路线，规划师需要在上学和放学的时间段进行实地评估。[23]通过实地走访，规划师和利益相关者会注意到哪些情况对于行人和骑行者来说可能不安全。[24]利益相关者可以通过摄像机、录音机、地图和航空照片以及卡片等来记录他们的观察。一项新兴的科技在这一阶段会非常有用，即配备了地理信息系统（GIS）、全球定位系统（GPS）和摄像头的掌上电脑（PDA），能够动态捕捉并提供空间、视觉和统计数据的即时整合连接。[25]

识别、绘制、分析问题及清晰说明解决方案

在与利益相关者共同工作、收集和分析信息、进行全面的实地评估以后，规划师可

以制作他们已经调查过的地点的地图和卫星图像。通过分析这些地图和图像（比如运用地理信息系统）来识别和说明慢行系统的现状、机遇与挑战和需要重点改进的地方等。

排序和阶段化项目

一旦必要的改进已经明确和定位，下一步就是制定一个确认优先次序的过程和标准（图7-9）。在此过程中保证灵活性很重要，这样一个评分过程应该用于参考，而不是来驱动项目优先次序的决策过程。在决定应该在何时何地出台特定解决方案时，这样的评分排序不应该凌驾于专家和社区的判断之上。[26]

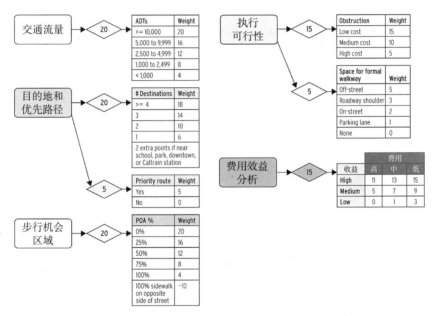

图7-9　为行人设计的项目可以使用排序系统来确认优先次序

资料来源：美国道林协会

制定实施战略/行动计划

这个阶段，规划师应该放眼于未来：哪些人、用什么资源（劳动力和资本），将会最有效地贯彻落实该规划，实现目标和结果。在这个过程中，促进实施的一些关键步骤包括以下几个方面：

● 确定负责规划实施的个人或团体。如果事先没有成立相关组织，则需要分别设立行人咨询委员会和自行车咨询委员会或者二者的联合委员会。成员应该从最初的利益相关者群体和地方机构人员（公共事务、工程、规划、公安、消防等）组成的多学科小组中选出，同时至少要有一个规划委员会成员和一个民选官员。[27]

● 查看区划法案和细分条例以寻找需要修改的地方。力求新建项目包括自行车道、人行道以及其他形式的道路循环体系并确保行人和骑行者方便使用。还应该对在开发项目中提供终点设施，如对淋浴和自行车安全停放设施的开发商予以奖励。

● 创建一个专门的团队（通常来自公共工程部门），以监督人行道和自行车道的施工建设。这个团队也可以作为一个快速反应小组，以解决涉及美国残疾人法案的任何问题。

批准和执行规划

规划和实施过程中的最后一步是由政府任命的官员和民选官员批准项目图纸、优先级列表和执行规划。慢行总体规划应当成为当地政府公共项目融资计划的一部分；这也应该是大都会区域规划机构编制的区域交通规划的一部分，以确保推荐的项目有资格列入该机构的交通改善规划中。

一旦规划批准通过，也就意味着项目建设以及制定的教育和激励方案开始实施。由于建设步行和骑行设施所需资金往往超过拨付的资金，因此规划执行中应对此保持警觉，并发挥灵活性和创造性。与步行和自行车咨询委员会一同工作的公共机构工作人员，要不断地寻找机会定期检查道路建设、路面重新铺设和其他维护活动。

注　释

1. 20世纪90年代活跃的骑行组织是坚定支持改进美国道路的最初倡导者。要详细了解美国城市道路如何从真正的多式联运转变为汽车占据主导，可以查阅彼得·诺顿撰写的《搏斗的交通：美国城市机动车时代起源》（剑桥：麻省理工学院出版社，2008）。

2. 2006年专家们小组讨论什么是最佳社区，大家一致同意密西根大学教授道格拉斯·凯尔堡的观点：全体非机动车驾驶人感到安全和舒适的社区才是最佳社区。

3. 参阅唐纳德·艾伯雅，《宜居街道》（伯克利：加州大学出版社，1981）；唐纳德·艾伯雅和丹尼尔 T. 史密斯，《提高居住街道环境》（华盛顿特区：联邦公路管理局，1981）；布鲁斯·艾伯雅，《地区的家：创建美国宜居街道》（2006年10月计划出版）30-35页。

4. 环境部，交通与地区，《道路安全策略：当前问题与未来措施》（伦敦：环境部，交通与地区，1997）。

5. 埃里克·邓保，《安全街道，宜居街道》，《美国规划协会》71期期刊（2005年第3期）：283–300。

6. 彼得·林登·雅各布森，《数字里的安全：行人和骑行者越多，步行和骑行越安全》，《预防伤害月刊》（2003年第9期）：205–209，网址：tsc.berkeley.edu/newsletter/Spring04/JacobsenPaper.pdf（2008年9月11日访问）。

7. 阿莎·温斯登，玛克·舒罗斯伯格和卡地亚·艾文，《多远？走哪条路？为什么？步行选择的空间分析》，

《城市设计月刊》第 13 期（2008 年第 1 期）：81–98。

8. 理查德 L. 诺布洛，马丁 T. 皮埃楚查，玛莎·尼茨伯格，《行人步行速度和启动时间的实地研究》，《交通调查记录》1538（1996）：27–38，网址：enhancements.org/download/trb/1538-004.PDF（2008 年 9 月 11 日访问）；约翰·拉布朗特和托马斯 P. 喀瑟，《行人传递步行速度的假设历史》，《城市道路论文集》第 3 册：《居民区，商业区或小城镇：设计实用的城市道路》，西雅图，华盛顿，2007 年 6 月 24-27 日。

9. 要了解更多关于步行时间与距离的关系，参阅彼得·波塞玛恩，《城市的转变：理解城市设计与形态》（华盛顿特区：岛屿出版社，2008）；彼得·波塞玛恩，《地方的代表：城市设计的现实与写实主义》（伯克利和洛杉矶：加州大学出版社，1998），第 61 页；雷蒙德·艾萨克斯，《城市中时间的主观延续》，《城市设计月刊》第 6 期（2001 年第 2 期）：109–127。

10. 波特兰市，交通局，"四类交通骑行者"，网址：portlandonline.com/TRANSPORTATION/index.cfm?a=158497&c=44597（2008 年 8 月 5 日访问）。

11. 根据 2001 年美国家庭出行调查，骑自行车上班的平均距离大约是 3 英里（基于对仅仅 71 份骑自行车上班者提供的资料）。在所有被调查者中，骑行的平均距离大约为 2 英里（统计全部 1851 份调查样品）。可查阅"联邦公路局"，2001 年全国家庭出行调查，（华盛顿特区：美国交通部，2001），网址：nhts.ornl.gov/download.shtml。

12. 对在开发项目中提供终点设施的开发商予以奖励是鼓励骑行的措施之一。

13. 获取更多信息，请查阅公交协作研究计划综合 62 期：自行车和公交相结合，网址 onlinepubs.trb.org/Onlinepubs/tcrp/tcrp_syn_62.pdf（2008 年 9 月 11 日访问）。

14. 获取更多信息，请查阅"美国州级公路和交通官员协会"，美国州级公路和交通官员协会步行设施设计指南，（华盛顿特区：美国州级公路和交通官员协会，2004）；美国州级公路和交通官员协会骑行设施发展指南，（华盛顿特区：美国州级公路和交通官员协会，1999；2009 年修订）；"交通工程师学院"，网址：ite.org/traffc/；为步行社区设计城市大道（华盛顿特区：交通工程师学院，2006），网址：ite.org/bookstore/RP036.pdf（2008 年 9 月 3 日访问）。

15. 苏珊·汉迪，罗伯特 G. 帕特森，肯特·巴特勒，《街道连接规划：从这里到那里》（芝加哥：美国规划协会规划师出版社，2004）。

16. 俄勒冈州波特兰市要求下属各级政府在地区交通规划和发展法规及设计标准中对城市道路的相互连通作如下要求：当地街道和主干道必须间隔不超过 530 英尺（除非中间有障碍阻隔）；每隔 330 英尺应（借助通道或道路路权）设立步行和骑行连接点；断头路（应尽量避免）长度不能超过 200 英尺，并且不能超过 25 个住宅单位。

17. 自行车及其骑行者占用的空间相对有限。通常，自行车把手一端到另一端宽度在 24—30 英寸之间。而成人三轮车和自行车拖车宽度大约 32—40 英寸。

18. 道路设计和建设中综合考虑行人和自行车设施最初是一种常规做法，现在通常被称为"完善道路"，其中包括翻新现有街道。相关网址：completethestreets.org.

19. 商业区的人行横道应至少 12 英尺宽，便于行人双向通行。在宽阔的大街，中间突出的安全岛可以给行人提供更多保护。不受交通影响供行人穿过安全岛的路径应有 6 英尺宽。倒计时交通信号让行人清楚过马路的剩余时间，有助于减轻行人过马路的压力，也能减少交通事故。查阅保罗·朱可夫斯基和丹·博登，"步行方便程度"，规划和城市设计标准（新泽西州，霍博肯：约翰·威利出版社，2006），478-480。

20. 获取更多信息，请查阅波特兰市，交通局，"什么是自行车方框"，网址：portlandonline.com/shared/cfm/image.cfm?id=185112（2008 年 9 月 11 日访问）。

21. 从"行人和自行车信息中心"可以获取几份优秀的行人和自行车规划，例如，可登录 walkinginfo.org/develop/sample-plans.cfm 和 bicyclinginfo.org/develop/sample-plans.cfm（2008 年 9 月 9 日访问）。

22. 例如，可查阅亚利桑那州交通局，多式联运规划部，"全州自行车和行人规划"（2005），网址：azbikeped.org/statewide-bicycle-pedestrian-intro.html（2008 年 9 月 11 日访问）。

23. 健康训练中心，上学安全路线：练习与承诺（华盛顿特区：国家公路交通安全局，2004），网址：nhtsa.dot.gov/people/injury/pedbimot/bike/Safe-Routes-2004/index.html（2008 年 9 月 11 日访问）。

24. 对步行和骑行进行调查统计也有作用，但这种统计只能提供当前正在步行和骑行人群的概貌，并不一定能获取他们真正想走的路线（他们也许避开了危险的路线或交叉口），另外，如果交通设施得以改善，步行和骑行的人数也会有所变化。

25. 玛克·舒罗斯伯格，阿莎·温斯登和卡地亚·艾文，《对使用地理信息系统审核步行方便程度的评价》，《城市和地区信息系统协会期刊》第 19 期，（2007 年第 2 期）：5-11。

26. 获取更多信息，请查阅网址：dowlinginc.com/publications 网页文章"门罗帕克市的人行道总规划"。

27. 规划的这一部分也可以指导这一组织的运转，但如果能允许这一组织灵活地独自做出一些决定则更好，比如关于这一组织应该多长时间开一次会，决策应当如何制定。

公交优先的发展模式

罗伯特·赛维罗（Robert Cervero）

对于交通和城市化而言，美国正处在翻天覆地的变化之中。小汽车一度占据主导的发展模式被抛弃了，取而代之的是公交优先的发展模式。位于达拉斯市中心以北4英里的知更鸟车站和位于奥克兰市中心的弗鲁特韦尔公交站就以不同方式很好地诠释了公交优先的发展模式，而这在20世纪80年代是不可想象的。

公交优先的发展模式无疑是针对城市无序蔓延发展的最佳解药。通过在城市轨道交通站点周边四分之一英里范围内（也就是步行范围内）构建一个融合住宅、商业、零售和市民休闲活动场所的城市环境，进而吸引人们使用公共交通，从而缓解交通拥堵，改善空气质量。车站及其周边地区也可作为一个社区的中心：既可以引领停滞的社区获得新生，也可以成为新区设计开发中的核心。公交优先的发展模式在美国日益普及源于三个关键因素。第一，公交优先的发展模式是城市智慧发展中最具说服力的形式，这一点每个人都清楚。普通市民、政治家和规划者都明白，如果有一个地方是城市经济增长的集中点，那么这个地方一定是车站及其周边地区。第二，人口结构和生活方式的发展趋势也倾向于选择公交优先的发展模式。对于越来越多的美国人，包括无子女的夫妇、20世纪60年代至80年代出生的一部分人以及空巢老人等，生活在车站及其周边地区是攸关生活质量的问题：只需步行就能方便快捷地享受城市便利的服务设施。根据城市土地学会和普华永道公司的数据，在美国轻轨覆盖的地区，多达三分之一的新组建家庭都能接受公共交通出行的生活模式。[1]第三，当小汽车出行产生交通拥堵和环境污染的高代价时，公交优先发展模式就自然取而代之。城市经济学家很早就将收取拥堵费称为治疗"城市动脉硬化"。如果美国的城市也像目前新加坡、斯德哥尔摩和伦敦一样收取城市拥堵费，美国城市仍然需要在主要交通节点上发展更紧凑的混合开发利用的项目。

弗吉尼亚州阿灵顿县：一个公交优先的成功案例

在1978年至2008年期间，弗吉尼亚州的阿灵顿县相比美国其他地方，沿轨道交通走廊进行了更多的混合利用的中高层发展。自从1978年华盛顿大都会轨道交通开通以来，这个位于首都以南26平方英里的县一下子掀起了巨大的建设热潮，新增了超过2 500万平方英尺的办公面积，超过400万平方英尺的零售面积，增加了大约2.5万户混合收入住宅单位和超过6 500间酒店客房。[1]阿灵顿县有将近19万人口，其中26%的人沿

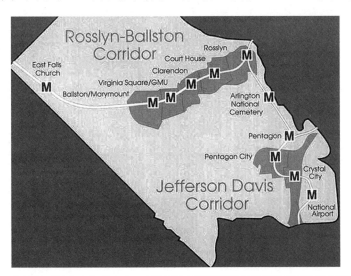

着一条地铁轨道交通走廊居住，再加上另一条交通走廊，这两条交通走廊所涵盖的面积只占整个县面积的8%。[2] 如果将这两条交通走廊上开发的项目在郊区人口密度大的地方修建，比如邻近的费尔法克斯县的郊区，那么就需要相当于目前面积7倍的建设用地。

沿着这两条呈放射状的轨道交通走廊（一条从罗斯林到巴尔斯顿，另一条是杰斐逊·戴维斯交通走廊）新开发的超过3 500万平方英尺的项目并不是好运气所致或凭空发生的。阿灵顿县从一个农业县华丽转身成了成功的公交优先示范地区，正是雄心勃勃的愿景，紧紧围绕轨道交通沿线进行规划和投资的产物。

在建设地铁轨道交通之前，阿灵顿县的规划师清楚地知道高效的交通将会为地区未来发展提供前所未有的契机。第一步就是要准备编制县域土地利用规划和轨道交通用地规划，包括匹配的土地利用划分调整、密度和退界要求研究、道路系统梳理。区划法规中的开发分类也同时做了相应的改变，使符合新区划分类的开发项目得以不受阻碍的实施。其他策略还包括有针对性的基础设施改进和开发奖励政策。

赋予开发商公交优先发展的开发权益是非常重要的，因为开发权益可以帮助他们获取资本，申请贷款，承担前期费用，分阶段组织施工，而不用担心地方政府随时改变主意。另一个关键因素是当初决定不将轨道交通走廊的走向定在沿66号州际公路中线隔离带建设，否则将大大抑制未来的发展。相反地，县政府官员说服了地区公交管理局将轨道交通走廊的走向调整成将已有的几个市中心进行串联，以帮助城市迅速启动更新发展。

阿灵顿县的轨道交通运量数据揭示了沿轨道交通走廊集中发展的价值：地铁轨道交通走廊地区39.3%的居民上班乘坐公共交通工具，全县成为华盛顿地区使用公交出行比例最高的地区之一。[3] 在地铁轨道交通走廊以外地区，只有大约20%的居民使用公共交通出行，这就证明自主选择起了作用：生活在轨道交通走廊沿线的居民，选择居住地的关键原因就是希望通过公共交通上下班。而且有证据表明三分之二的上班族，他们的公寓都位于罗斯林和巴尔斯顿站附近，以方便他们上下班。[4]

阿灵顿县的公交优先系统也极大地"削弱"了汽车出行。2007年的一项调查表明，居住在昆西公园和子午大道公寓（二者均靠近阿灵顿县的地铁站）的居民，平均每个住宅单位的每日小汽车出行量相较于美国运输工程师学院出版的交通出行手册[5]预测的数值低将近70%—90%。

双向出行流量平衡（也是为了平衡工作地点和住房需求）是阿灵顿县轨道交通走廊混合使用开发的重要成果。高峰期和非高峰时段在阿灵顿站的出站和进站人数数量几乎相同。[6]在早晨上班高峰时间，许多地铁站既是起点，也是终点，这意味着火车和公共汽车在两个方向都是满员的。在中午和周末，地铁轨道走廊沿线上活跃着的零售商店、娱乐场所和旅馆也同样充斥着火车站和公共汽车站。除了华盛顿市中心以外，阿灵顿县在非高峰期的平均上下车客流量要比华盛顿的其他地区高许多。平衡的、混合利用的发展模式使得阿灵顿县境内的公交繁忙乘运特征可以媲美于全美任何一个除中央商务区以外地区的全天候的乘运特征。

1.罗伯特·赛沃若等，美国公交优先发展模式：经验、挑战和前景，公交协作研究报告第102期（华盛顿特区：公交协作研究计划，2004），第152页，网址：gulliver.trb.org/publications/tcrp/tcrp_rpt_102.pdf（2008年9月4日访问）。

2.同上，235页。

3.同上，235页。

4.同上，245页；罗伯特·赛沃若，"公交优先发展模式之乘客的奖励：自主选择和公共政策的产物"，环境与规划第39期（2007）：2068–2085。

5.罗伯特·赛沃若，公交优先发展模式对住房，停车和旅行的影响，公交协作研究报告第128期（华盛顿特区：公交协作研究计划，2008年8月），第62页，

网址：reconnectingamerica.org/public/download/tcrp128（2008年9月4日访问）。

6.赛沃若等，美国公交优先发展模式，第246页。

公交优先发展的挑战

2008年美国有100多个公交优先发展系统，集中在通勤铁路、轻轨和快速公交系统。[2]像大多数紧凑的、混合用途的系统一样，公交优先发展模式也会产生一些问题。其中之一就是拥堵难题——事实上，围绕一个公交站点发展会在临近地区增加拥堵，引发邻避效应，导致在某些情况下降低车站周围的密度规划。

另一个挑战是"场地"和"站点"之间的矛盾——即修建活动场地和确保多种交通工具乘坐方便之间的矛盾。通常"站点"胜出，修建的车站道路和停车场对行人通行造成影响。

最后一个难题，开发公交优先发展系统还要被迫修建规定数量的停车位，而这些停车位却远远超出实际需求的车位数量。本质上公交站点具有"位置效应"，使居民可以

减少对汽车的依赖。例如加利福尼亚帕洛阿尔托的一个住房项目，到通勤火车站只有两个街区，尽管停车是免费的，但即便是高峰时段，停放的汽车也只占用了每个停车场十分之四的停车位。可开发投资商和规划师却总坚持停车位数量达标是必需的，这无疑抬高了车站地区的住房成本。

实施公交优先发展

由美国城市规划师填写的调查[3]表明，区划法规，通常以复合规划区的形式出现，是实施公交优先发展最常用的策略。为了支持公交优先发展，大多数复合规划区都是过渡性的，旨在对任何会影响日后公交优先发展的传统小汽车为主导的开发加以限制，另一方面则是确保如住房和便利店一类对公交优先发展更为合适和理想的土地利用类别被列入许可范围。对于城市的公交优先发展而言，每英亩住宅用地上有20—30个住宅单位，而且容积率在1.0及以上的情况并不少见。丹佛、波特兰（俄勒冈州）、圣地亚哥、西雅图等地的一些更超前的公交优先发展街区对修建汽车停车场的要求降低，有时甚至要求提供自行车停放场地。例如圣地亚哥，针对城市公交优先发展区，建议减少15%的汽车停车位。

其他常用的工具包括对站点区域规划和设备改建提供资金支持；用来鼓励购买商品住房的住宅密度奖励；宽松的停车配套标准。其他使用频率较高的工具是针对土地利用的工具，包括在公开市场上购买土地（用于用地储备和可能土地置换协议）以及相关的土地整合。多数情况下，这类工具被城市重建开发机构使用，这意味着使用这些针对土地利用的工具只局限于城市中衰退或经济萧条的地区。由于参与这些项目的高风险性，资金通常来自多个渠道，有时一个项目会有十几家参与者。

注 释

1. 城市土地学院和普华永道会计师事务所，2006年房地产发展趋势（华盛顿特区：城市土地学院，2006）。

2. 罗伯特·赛沃若等，《美国公交优先发展模式：经验、挑战和前景》，《公交协作研究报告》第102期（华盛顿特区：公交协作研究计划，2004），网址：gulliver.trb.org/publications/tcrp/tcrp_rpt_102.pdf（2008年9月4日访问）。

3. 同上。

促进大众住房的可负担性

瑞秋·G.布拉特（Rachel G. Bratt）

住房通常在任何地方都代表着当地绝大多数建筑物。住房的位置和类型是公共部门和个人共同选择的结果。尽管早在1949年国会就宣布了第一个国家住房目标，但是我们仍然没有做到"为每一个美国家庭提供一个体面的家和适当的居住环境"。[1]

虽然如此，我们还是制定了许多创新的策略，为低收入家庭在其能力范围内创造和保持了一个体面的住房。[2]

在20世纪的大部分时间里，住房的主要问题是拥挤和住房数量不足。但是到了20世纪80年代，住房问题的核心议题是可负担性，特别是针对低收入家庭。在这些家庭中，有有色人种家庭、女户主家庭、超大家庭、租房家庭和有残疾人的家庭，他们都面临着巨大的、难以解决的住房问题。[3]

保障性住房通常是指如下房屋：（1）针对较低收入家庭（例如收入低于平均收入80%的低收入家庭；收入低于平均收入50%的非常低收入；收入低于平均收入30%的超低收入家庭）；（2）旨在使家庭住房支出不超过家庭收入的30%。[4]著名分析师迈克尔·E.斯通（Michael E. Stone）不认同30%门槛比例，他认为对于超低收入家庭即使只将家庭收入的30%用于住房，也会严重影响满足其他生活需求的能力。[5]

> 到了20世纪80年代，住房问题的核心议题是可负担性，特别是针对低收入家庭。

住房是一个重要的规划问题。几乎所有的社区发展或者地方规划倡议在很大程度上都取决于该地区的库存住房质量和其提升潜力。此外，尤其在正在被逐步中产化的地区，通过补贴的方式来维护保障性住房，这对本会被过高的房屋价格而被挤出本地住房市场的那些家庭尤为重要。

从20世纪30年代到70年代，联邦政府是低收入家庭住房计划的主要资助者和倡导者，而且大多数联邦政府资助的住房项目都由当地房管部门或者由以营利为目的的私人赞助商通过有限分红合作方式来承建。然而在20世纪80年代，联邦政府的角色转变了。伴随着"权力下放"，联邦政府的职责转移给了下一级政府，下一级政府被要求填补了资金支持和项目发展的差距。1980年以前，只有44个国家资助的住房项目，并且集中在三个州：加利福尼亚州、康涅狄格州和马萨诸塞州。由于州政府支出的大幅增长，州住房项目有所增加，伴随着这种以政府为基础的住房活动的增长，非营利性的开发商在为中低收入家庭提供住房中发挥了重要作用。[6]

当前的联邦住房计划仍由州和地方政府负责实施。例如，州住房金融机构将联邦免税债券收益借贷给收入低于一定水平且首次购房的家庭，同时借贷给开发多户家庭住宅的开发商，后者愿意在开发时预留一定比例的保障性住房。美国住房与城市发展部（HUD）对由地方公共住房管理部门负责的房屋租赁券项目提供资金支持，同时为这些租赁物业的修缮改良提供资金支持。HUD通过家庭投资合作计划（HOME Investment Partnership program）和社区发展项目资助计划（the Community Development Block Grant program）向地方政府提供住房基金。联邦低收入住房税收抵免（LIHTC，The federal Low Income Housing Tax Credit）程序通过州住房金融机构实施税收抵免。

州和地方政府通过设计和实施住房政策和方案以满足民众住房需求，在此过程中展现了大量创新性的尝试。这些尝试主要有六个方面：设定保障性住房目标、州和地方政府给予财政拨款、拓宽收入渠道、创新制度、实施激励措施以及对土地和住房市场实施一定的干预政策。

保障性住房的目标

政府各部门对于确保住房的可负担性扮演了重要的角色，为了调动它们的积极性，许多州和地方政府制定了刚性的住房目标，通常是以需要被建造或保留住房数量的形式出现。例如，2004年为了鼓励保障性住房专业人士的努力，亚利桑那州州长珍妮特·纳波利塔诺（Janet Napolitano）推出了年度住房论坛；她还创立了跨部门社区无家可归者委员会（the Interagency and Community Council on Homelessness），其职责是制定一个全州住房规划，以彻底结束亚利桑那州无家可归的情况。[7]在2006年，新泽西州公布了住房政策和调查报告，涵盖了州长约翰·科尔津（John Corzine）的全州住房目标：在未来十年内建设、维护和资助10万套保障性住房。[8]

在市一级层面，市长们除了执行州政府政策以外，有时要和广泛的发展举措保持一致。在2003年，纽约市市长迈克尔·布隆伯格（Michael Bloomberg）发起了"新住房市场计划"，即在5年内资助6.5万套保障性住房；到2006年初，该目标被提升至未来十年内资助16.5万套。[9]

在一些州，政府保障性住房目标已经明确地与土地利用规划相衔接。例如"俄勒冈州规划十大目标"（Oregon's Statewide Planning Goal）提出市、县政府在实行新的区划法案时应当允许提高住房密度[10]。加利福尼亚州要求地方政府进行住房需求和目标的评估，包括人口分析、就业分析以及其他影响因素的详细分析。

州和地方政府财政拨款

制定拨款方案是任何州或地方政府实施有效的保障性住房计划的关键。尽管联邦政府通过之前提到的各种机制对保障性住房进行资助，目的是增加新建住房，但是联邦政府的资金投入通常需要其他公共和私人部门资金的补充。

许多州政府制订的计划与联邦政府计划相辅相成。一些州，包括康涅狄格州、夏威夷、马萨诸塞州和纽约州等已经制定了以州为基础的公共房屋计划；马萨诸塞州和纽约州以及一些其他州很早就通过各种类型的公私合作项目对保障性住房进行补贴。[10]各州有自己的低收入住房税收抵免（LIHTC）计划，有时也与联邦税收信贷计划联合实施[11]，有几个州实施了租金券项目。

许多州和地方政府制订了针对特殊人群的住房保障计划，特殊人群包括老年人或无家可归的人，特定类型住房的建设者，比如非营利性组织。在20世纪70年代至80年代期间，马萨诸塞州制定了一整套成熟完整的政策，其中许多政策至今还在实施，即通过社区开发公司支持保障性住房发展。[12]一些地方和州政府还制订了紧急租金援助计划，为无家可归的家庭和个人提供保证金、过渡性支持和能源补贴等。[13]

拓宽融资渠道

州和地方政府一直在努力多措并举，筹集支持保障住房的资金，对财政直接拨款加以补充。住房信托基金用于补贴住房保障，可以以多种方式向其提供资金，包括托管账户利息、拍卖废弃的或公有财产、土地转让税。一些地方政府，尤其是当地房地产市场活跃的地方，创造了全面的财产出售转让税。佛罗里达州自1992年实施了不动产转让税以支持保障性住房。2004年该税种取得了近20亿美元的收入。其他34个州，包括哥伦比亚大区，也有类似的措施，其中佛罗里达州的收入是迄今为止最多的。[14]

在马萨诸塞州，社区保护法授权地方政府可以开征新税（在财产税上附加3个百分点），对于其中收益部分，州政府基金再一对一的配比资金补充。该法案的目的是让地方政府自主开发保障性住房项目，实施历史遗产保护，收购或改善公共空间。截至2008

年中期，马萨诸塞州的133市（一共351个城市）通过这一立法实施了附加费。

　　尽管没有得到广泛的应用，区域收入共享是另一个发展保障性住房的潜在的有效策略。俄亥俄州的代顿市和明尼阿波利斯—圣·保罗地区运用了这种方法，区域内的每个城市都共享一个地区资金池（贡献取决于辖区内的税基增长）。[15]资金池内的收入被重新分配给经济低增长地区，或非常抵制保障性住房开发的经济高增长地区。

　　一些州和市政府对银行采取补贴措施，以满足低收入家庭和社区的信贷需求。联邦政府在1977年通过社区再投资法案创造了一个重要的工具（the Community Reinvestment Act of 1977）（至少在三个州—马萨诸塞州、康涅狄格州和纽约州已经有类似的立法）[16]，与此同时各地还创造了"挂钩存款"计划，政府会对向特定团体发放贷款的金融机构给予优惠政策，即在政府公共基金寻求投资的时候对这些金融机构予以优先考虑。芝加哥市的政策更加灵活主动，它通过立法禁止市政府与任何存在歧视性不公平贷款行为的银行或其相关机构有任何商业关系和往来。[17]

　　最后，税收增量融资（TIF）也是保障性住房的融资手段。新的发展会增加税收收入，将被用来修建道路和学校，也可以抽取一定比例用于保障性住房建设。[18]

创新制度

　　一些州和地方政府促进保障性住房发展的制度包括州层面保障住房公平的立法，比照联邦政府立法及其他地方性立法。

　　包容性区划和联动计划是两个典型方法，其利用经济增长带动保障性住房发展。在包容性区划里，开发商必须留出一定比例的房源用于出租或出售给低收入家庭。第一个包容性区划创建于1974的马里兰州蒙哥马利郡。在20世纪90年代末，一些大城市，包括波士顿、丹佛、萨克拉门托、圣地亚哥和旧金山，都采取了包容性区划。根据2003年对18个主要包容性区划的回顾，已经建成有2.3万多个住房单位，其中一半位于蒙哥马利郡。[19]

　　联动计划是指商业类型的开发商在开发建设时必须缴纳一定数额的住房基金，或者在另一处地方新建或恢复一定数量的保障性住房。联动计划的理由是开发商因新开发项目而带动了房价的上涨，要抵消其对住宅可负担行性的影响。联动计划资金可以纳入住房信托基金。

　　联动计划的要求可以被看作是"大棒"，同时地方政府也提供各种"胡萝卜"。比如在一些地方，开发商可以申请各种税收减免，或者通过建设保障性住房抵免一部分税。

例如，纽约利用炮台公园城（Battery Park City）项目所产生的资金池，在城市的其他地方建造了成千上万的保障性住房。

一些地区采取了租金控制的措施，控制租金价格，防止租金上涨。毫无疑问，租金控制一直备受争议，而且受到房地产行业的强烈反对。

许多州和地方政府通过防止租客被驱逐来促进房屋市场的稳定。虽然联邦法律要求对于联邦资助的保障性住房内的租客实施驱逐要具有"正当理由"，但是加利福尼亚州、新罕布什尔州、新泽西州和纽约州都有各自的"正当理由"条款，将类似对租客的保护延伸到私人房产内或非补贴租赁房屋范围。几个城市也制定了类似的规定。[20] 这些法律保护了没有租约的租客，使他们不会在无合理理由（例如，未付租金、非法或破坏性使用设施）的情况下被驱逐。

公寓转换条例是另一种保护租户的措施。虽然大多数这样的立法都要求房东在转换之前提前告知租户，并且在转换期间严格控制租金变动。在华盛顿，措施更进了一步，规定承租人有权购买所住房屋，还会从市政府得到购买指导和资金支持。

> 许多地方政府都改变了区划法规，允许建造配套公寓，以鼓励现有住房成为租赁房屋。

许多地方政府都改变了区划法规，允许建造配套公寓，以鼓励在现有住宅内产生租赁住房。还有另一种做法就是地方政府限制私人开发商将出租房转化为非居住用途。例如，如果私人业主进行了这样的转换，就要在别处置换相同的面积，或者向住房信托基金缴纳相应的金额。

地方政府也可能会限制私人市场上的销售行为。这些举措是为了防止问题井喷（比如房地产中介声称附近种族结构正在发生变化，从而诱发恐慌性抛售）。房地产增值会带动房地产税增加，一些地方政府设置了"短路保护器"形式的财产税，针对某些人群制定了财产税上限，如年老的、残疾的或极低收入的居民。

许多州和地方政府将资金补贴与长期使用限制相结合，以保证保障性住房存续几十年，其"有效生命"的服务属性长久存在。

佛蒙特州是这方面长效机制建立的先导者，保障低收入家庭能够入住已经到期的住房，这些住房是由联邦政府资助建设的。例如伯灵顿北门公寓（Northgate Apartments），居民买下了房屋的部分产权，成了政府投资的合伙人。[21]

激励措施

最著名的州政府住房目标被新泽西州最高法院的两个具有里程碑意义的案例阐述

得一清二楚，分别是劳雷尔1号案（Mt. Laurel I）和劳雷尔2号案（Mt. Laurel II）。[22]在1975年的劳雷尔1号案中，法院裁定所有新泽西州的社区都必须建立包容性区划，旨在使社区容纳中低收入家庭。8年后，法院发现地方政府未能遵守判决，于是在劳雷尔2号案中重申，地方政府有义务为中低收入家庭提供"现实的住房机会"。[23]在其原本100%的市场价格的住房中，房地产开发商必须留出20%，作为中低收入家庭负担得起的保障性住房。任何一个没有达到保障性住房"公平分享"的社区，即没有达到州保障性住房委员会（该委员会是因新泽西州1985年公平住房法案而建立的）要求的社区，将可能收到（停止开发的）法庭命令，这一法庭禁令将推翻社区/城镇已经批准了的开发建设许可，直至建设保障性住房达到要求的数量目标。

在新泽西州案例之前，马萨诸塞州已经颁布类似法令，要求社区实施住房公平分享。自1969年以来，马萨诸塞州州章40B写到，所有城市和乡镇的住宅区都要确保在任何时间，至少有10%的住房库存是低收入家庭有能力购买的。根据法令，如果房地产开发项目中25%的面积是为低收入家庭而建的，那么开发商可以不遵守最小型社区规模、住宅密度和与健康及环境保护无关的其他规定。自20世纪70年代以来，因州40 B的规定，建设了5万多套保障性住房，其中一半以上的住房供给了其收入占当地平均收入80%或更少的家庭。

马萨诸塞州的另一项计划是 2004年颁布的40R，城市可以创建特殊的复合规划区，在此规划区内包括独栋房屋、联排别墅和共有公寓，它们都可以超过常规建设密度限制，只要开发项目满足下面两个条件要求：（1）混合使用；（2）至少20%的面积属于保障性住房。为了鼓励建设这样的复合规划区，并且简化开发程序，地方政府会从州政府那里得到1万—6万美元不等的资金支持，以及每个新保障性住房3 000美元的支持。

然而一些地方政府也抵制保障性住房的公平分享原则。主要原因是交通拥堵、环境污染和学校成本增加等。为解决学校成本增加的问题，马萨诸塞州州章40S中规定，将对因为保障性住房的开发建设而导致的学校成本增加，提供政府补贴。

许多州和地方政府针对为特殊需要人群建造房屋的开发商制定了优惠政策，特殊需要人群包括身体有缺陷人群（如加利福尼亚州的规定）和老年人（如康涅狄格州的规定）。地方政府的另一项措施是根据房屋面积征收环境影响费，保障性住房因面积小，从而收费也低。[24]

最后，大型私营企业，如麦科马克男爵公司（McCormack Baron）也应用了联邦低收入住房税收抵免（LIHTC）程序，和其他州和地方政府鼓励的政策，来开发混合收入的住宅区。税收抵免项目依靠的是私人投资者从联邦政府（或从部分州政府、地方政府）购买的税收抵免信用，从而降低他们的收入所得税。政府出售税收信用所获得的收益用于保障性住房开发。

干预土地和住房市场

一些州和地方政府的保障性住房措施包括对私人土地和住房市场实行干预措施。比如土地银行、土地收购、为将来土地的使用、保护和开发而进行土地储备。保障性住房实施的关键一步就是要储备可开发的土地，鉴于目前国内土地价格攀升，我们更要将获取和储备保障性住房用地放在优先位置加以考虑。

许多州和地方政府创建了公私合营的模式，即将国有土地以优惠的价格（非常低或无偿）供给盈利或非盈利的开发商以开发保障性住房。这些项目通常是建设收入混合型社区，其中包含一定比例的保障性住房。这类开发项目依赖多种联邦政府资金支持和补贴机制（例如免税融资和联邦低收入住房税收抵免），以及本文中提及的其他州和地方政府优惠政策。

还有一项措施就是社区土地信托（Community Land Trust，CLT）。社区土地信托在美国应用时间不长：创建于20世纪70年代，而且目前存在的200个项目中，80%都是20世纪90年代以后建立的。在社区土地信托模式中，土地和附着于上面的建筑物从法律上来讲，是彼此独立的：非营利性公司拥有土地，房屋所有者拥有住房（及其内部构造），所有的转售受制于99年土地租约期限内。大部分实行土地信托的房屋都是新建的，而且面积较小，最适合作为保障性住房：目前实施社区土地信托管理的差不多有1万套。[25]

越来越多的州和地方政府采取补贴或类似于包容性区划政策来促进保障性住房发展，与此同时，它们也逐渐意识到必须解决保障性住房转售时可能使低收入家庭负担不起的问题。社区土地信托和其他共享产权的方法逐渐受到政府的支持，以此保证由政府补贴的私人房屋即使几经转售，仍然能使低收入家庭负担得起，甚至是永远负担得起。[26]虽然使未来的家庭也能获得保障性住房是非常重要的公共服务目标，但是其他针对低收入家庭的产权房计划试图在平衡这些户主的需求，即希望通过拥有不动产产权累积财富（高收入人群资产快速增长的方式），同时也使未来的户主们能够享受保障性房屋产权的利益。此外，还有各种类型的机制被采用，它们使得住房人在保障性住房使用若干年后获得不同比例的资产财富积累。[27]

许多州政府制定各种不同的机制，以修改或取消当地区划法，干预当地土地市场。例如，加利福尼亚州政府要求每个地方政府都要根据全州计划调整规划，以适应保障性住房建设。如果州计划无法满足特定人群的住房需求，州政府可以打破行政区划来重新规划。此外，如前所述，在马萨诸塞州（以及康涅狄格州、伊利诺伊州、罗得岛），虽然地方规划具有排他性，但是如果规划不能够保障低收入家庭的住房需求，如多户住宅或小批量的单户住宅，州政府有权推翻其规划。

结　　论

当然，本文讨论了六个方面的创新做法，没有详细列出几十个州和地方政府针对低收入家庭的保障性住房的开发和维护。每个地方政府都需要彻底地评估当地的住房需求、资源和目标，然后制订计划，实现当地保障性住房目标。

注　释

1. 1949 年住宅法，公法 171，63 Stat.413；美国法典第 42 编（42U.S.C）.1441。

2. 除了低收入人群的住房需求外，工薪阶层的住房需求也越来越受到关注——很多普通劳动力有专职工作却依旧付不起市值租金或房价，工薪阶层住房指的是要让他们能买得起的房子。这样的工薪层包括消防和警察人员、学校老师等。这些群体所面临的具体问题在本文讨论范围之内，但是可以参阅理查德·豪伊，发展中的工薪阶层的住房：方法指南（华盛顿：都市研究所，2007）。

3. 关于住房的常见问题及支付能力的具体问题的资料可以查阅美国住房及城市发展部、哈佛大学住房研究联合中心，jchs.harvard.edu/；国家低收入住房联盟（NLIHC），nlihc.org/template/index.cfm（2008 年 9 月 5 日）。

4. NLIHC，2008 住房与社区政策发展指南，nlihc.org/doc/AdvocacyGuide2008-web.pdf（2008 年 9 月 5 日）。

5. 迈克尔·斯通，《保护贫困：关于住房支付能力的新理念》（费城：天普大学出版社，1993）。

6. 爱德华·戈茨，《保护负担：当地发展中的住房政策》（费城：天普大学出版社，1993）。

7. 美国亚利桑那州住房部，无家可归者社区委员会，housingaz.com/PrintPage153.aspx（2008 年 9 月 5 日）。

8. 社区事务部，新泽西州住房政策与现状报告（2006 年 8 月 10 日），nj.gov/dca/housingpolicy06.doc（2008 年 9 月 5 日）。

9. 住房保护与发展部，新的住房市场 2004-2013：为下一代创造住房（纽约市，2006）nyc.gov/html/hpd/downloads/pdf/10yearHMplan.pdf（2008 年 9 月 5 日）。

10. 参阅"俄勒冈州全州范围内的规划目标与指南，目标 10：住房"，oregon.gov/LCD/docs/goals/goal10.pdf（2008 年 9 月 5 日）。

11. Zfacts.com "LIHTC：低收入住房税收减免，"zfacts.com/p.610.html（2008 年 9 月 5 日）。

12. 瑞秋·G.布拉特，《恢复低收入住房政策》（费城：天普大学出版社，1986）。

13. 詹妮弗·G.通布里等，国家出资的租房资助项目报告：各种措施的组合（华盛顿：NLIHC，2001 年 3 月），nlihc.org/doc/patchwork.pdf（2008 年 9 月 5 日）。

14. 自由贸易（FTA）公告，"州不动产转让税"（华盛顿：税收管理员联盟，2006年2月16日），taxadmin.org/FTA/rate/B-0306.pdf（2008年9月5日）。

15. 约翰·艾米斯·戴维斯，"两难抉择：城市或州应该做什么？"住房权：新的社会议题的基础，eds. 瑞秋·G.布拉特、迈克尔·斯通、切斯特·哈特曼（费城：天普大学出版社，2006），368。

16. 联邦和州政府的再投资直接给银行以满足中低收入家庭的信贷需求。参阅NLIHC，2008住房与社区发展政策指南。

17. 同上，369。

18. 杰弗里·鲁贝尔，提高保障性住房的支付能力：高密度州的分析及地方应对措施（华盛顿：住房政策中心，2006），47-51，nhc.org/pdf/chp_hwf_analysis.pdf（2008年9月5日）。

19. 尼古拉斯·布鲁克，包容性区划对发展的影响（芝加哥：商业和专业人士的公共利益，未注明出版日期），17-18，bpichicago.org/documents/impact_iz_development.pdf（2008年9月5日）。

20. 戴维斯，"两难抉择"，378-379。

21. 布兰登·托儿佩，"拯救北门公寓：合作模式的典范"，Shelterforce 11（10月-11月，1988）：13-14。

22. 参阅南伯灵顿县全国有色人种协进会（NAACP）诉劳雷尔镇，67新泽西州151（1975）（劳雷尔I号案）；南伯灵顿县全国有色人种协进会（NAACP）诉劳雷尔镇，92新泽西州158（1983）（劳雷尔II号案）。

23. 劳雷尔II号案。

24. 杰弗里·鲁贝尔，提高保障性住房的支付能力：高密度州的分析及地方应对措施。

25. 约翰·艾米斯·戴维斯，私人电子邮件沟通，2007年7月16日。根据最新调查，65%的团体仅仅开发了6500单位住房；参阅耶斯穆·埃耶尔马兹、罗莎琳德·葛林斯丁，社区土地信托全国性调查（剑桥，马萨诸塞州：林肯学院土地政策，2007）。

26. 约翰·艾米斯·戴维斯，"共享房屋拥有权：业主自用住房转售限制的变化"，（蒙特克莱尔，N.J.：美国住房协会，2006）。

27. 针对保障性住房及其他低收入人群住房项目的讨论，可以参阅瑞秋·G.布拉特，"低收入人群住房：Section235、Nehemiah和Habitat对人道主义项目的对比"，追逐美国梦：保障性住房新视角，ed. 威廉姆·M.罗厄、哈里·L.沃森（伊萨卡，纽约：康奈尔大学出版社，2007），41-65。

巴西库里提巴：系统规划的先锋

埃万德罗·卡多苏（Evandro Cardoso dos Santos）

库里提巴是巴西东南部巴拉那州的首府。该市已成为全球城市保护、维护、开发和交通的典范城市。库里提巴市区人口180万人，总人口320万人，被认为是西半球最佳规划城市之一。这座城市通过一系列开创性规划实现了今天的格局，每个规划都是环环相扣。

第一个规划是1943年阿加什规划（Agache Plan of 1943），也被称为大道计划（the Avenues Plan），因为它建立了道路框架，其中包括中央环城路和放射状街道。1966年的库里提巴总体规划是在阿加什规划基础上，沿着快速公交系统向外延伸形成数条发展走廊。

20世纪70年代，当一位年轻的、富有创造力的建筑师贾米·勒讷（Jaime Lerner）成为该市市长。作为一个专业建筑师，他领导制定了1966年库里提巴总体规划，并于1968年被正式采纳通过，但当时这个规划并未被充分实施；尽管如此，勒讷的规划理念充分利用公交走廊为城市发展轴线，并沿着这些发展走廊强化密集开发和混合土地利用开发。在早期以公交发展为导向的实践中，城市最密集的开发被置于沿着主要公交线路经过的道路两侧展开，而离公交道路越远的地区则其开发密度便逐次递减，直到离公交道路400米（四分之一英里）处，开发密度低到独栋别墅的密度。这样的模式使尽可能多的居民出门步行就可到达公交站点，使不同开发密度的建筑物之间逐步过渡，优化建筑物的景观。

> 库里提巴市区人口180万，总人口320万，被认为是西半球最佳规划城市之一。

作为政治上精明的领导者，勒讷赢得了社会各界广泛的支持，实施了1968年总体规划。之后，他还发起了公共空间、历史遗产保护、城市设计以及一系列邻里规划的准备。

勒讷的规划优先重点是建立公共交通系统。虽然城市政府对建设公共交通系统负有责任，但是库里提巴市的公交系统很早就引入了公私合营的模式，政府将部分所有权转让给私人部门，由他们负责线路运行，分享收益。到目前为止，库里提巴市有不少于18家私人巴士公司，每家公司的收益都足以使运营车辆每三年更新一次。这些收益显著提升了公交的效率，保证了公交服务的受欢迎程度。

在1974年公交线路建立之初，其载客量是每天2.5万人次；到了2001年，公交载客量是每天180万人次——超过里约热内卢地铁载客量的5倍，但是成本只有其百分之一。到了2006年，公交载客量达到每天230万人次。公交系统的经济性来自于大型铰接公交车的使用（尺寸为82英尺）、站点间距设置、车门的宽度和上下车系统，其中，包括玻璃圆筒状的站台，它可以使乘客快捷而舒适地进出公交车（图7-10）。圆筒状站台确保上下车有效通行，大容量承载和保护公共安全。圆筒状站台既起到保护乘客的作用，同时其极具未来感的外观也美化了城市景观。这些功能极大地增加了载客量，同时又需

图7-10 公交站台管道采光良好，确保了乘客上车的效率，车票的收集和公共安全

资料来源：埃万德罗·卡多苏（Evandro Cardoso dos Santos）

要较少的公交工作人员和非常有限的基础设施。

勒讷和他的团队也要将城市打造为宜居的、人性化的城市，支持城市的可持续性发展（图7-11）。为了这两个目标，他们分别于2000年和2004年制定了两个规划。这两个规划是为了促进库里提巴市不同种族居民的融合，并创造富有吸引力和趣味性的公共空间。规划通过一系列网络化的公园、绿环和一些环境保护区，包括三条河流的流域将市中心和大都市圈连接起来。正是得益于这些规划，现在库里提巴市人均绿地面积为14.9平方米（160平方英尺），是世界最高的平均水平之一。

图7-11 勒讷的公交优先发展规划建立了大型公交专用车道，沿车道两侧进行了建筑物阶梯形密度开发

资料来源：保罗·H.赛德威（Paul H.Sedway）

库里提巴市的人口组成是多样的。一些最早定居的人来自于意大利、波兰、德国和乌克兰，许多移民建立了种族聚居地，这些地方发挥了重要的社会功能，甚至成了旅

> 库里提巴市的很多做法都源于鼓励私人企业自我创新。

游景点。库里提巴市政府投入了大量的人力、物力来保护和发展这些地区，尤其是历史文化遗产保护。对历史遗产建筑和重要建筑作品的破坏是被明令禁止的。市政府也为维修城市房屋提供公共资金——甚至为居民提供油漆，从而创造一个色彩斑斓的、戏剧性的城市景观。库里提巴市的很多做法都是源于鼓励私人企业自我创新。

库里提巴市及其区域的可持续发展成为世界其他城市效仿的对象。它是资源回收利用的先行者：他们发起了"让垃圾不再是垃圾"的项目，实现了60%的垃圾回收。此外，这个活动还对贫困人口产生了巨大的社会和经济效益：鼓励他们回收资源，并且可以用可回收垃圾来交换牛奶。

自从2000年以来，库里提巴市一直备受强大的外部压力——并且因城市自身的成功以及巴西蓬勃发展的经济而增加——城市基础设施服务供应紧张，高品质生活有所下降。虽然库里提巴市吸引了许多富裕的、中产阶级移民，但是大量来自农村地区的移民在绿化带地区形成了高密度、低收入社区，成了制约城市发展的关键因素。限制商业标识变得越来越难以执行，街道显得更加混乱和危险，涂鸦现象愈加普遍。

在2000—2008年期间，伴随着年均13%的异常人口增长速度，库里提巴市小汽车拥有率高达每2.3人一辆，成为巴西小汽车拥有率最高的城市之一。即使汽油达到每加仑5.35美元，汽车仍挤满了市中心的街道，导致前所未有的交通拥堵，并影响了著名的公交系统的效率。出行方式的变化也暴露了地面公交系统的弊端；其他大城市的地下交通系统就不会受到这种变化的影响。库里提巴市没有对这种变化做出及时响应，也没有增加足够的公交专用道或投入更多的公交车辆。在2001—2008年期间，公交载客量下降17%，要求建设辅助轻轨公交系统的呼声越来越高。

探索解决库里提巴城市问题，唤醒了对公共意见投入的重视，同时也诞生了巴西版的环境影响报告书制度，从而进一步放缓了原本果断的公共行动。尽管如此，就城市规划而言，库里提巴仍然是世界上最有趣的城市之一。一条横贯市区的主道已被环路取代。库里提巴借此机会将一条旧高速公路走廊变成以公交为导向发展的项目重点，这个项目是由库里提巴市规划院发起的。这其中包括开发权转让，密度激励措施，禁止高安全墙（本身就具有安全风险）的防卫性空间标准，以及创新性的、透明的"销售导向的区划"，来帮助基础设施融资。

库里提巴市仍然是一座有勇气应对各种强大发展压力，并做出有效回应的城市。它表现一如既往，并最终赢得胜利。

城 市 流 域

卢瑟福·H.普莱特（Rutherford H. Platt）

分水流域，也称为流域盆地、集水区或河流流域，是由雨水汇成的径流、积雪融化、地下水渗流或污水排放汇聚而成的，在重力作用下流向特定的水道、湖泊或潮汐。分水流域的划分依据是水文边界，水文边界则由地表径流的方向来划定的。划分边界线通常是沿着高海拔地形的山脊线。一个分水流域就是一个分层的排水系统，像一棵树：主河道是树干，支流和次支流是树枝和末梢。因此，一条流域是各个支流的地理上的总和。

根据斯特拉雷分类标准（Strahler taxonomy），各级河流和流域通常以"阶位"分类。最小的可识别河道是"一级河流"；两条"一级河流"相遇的地方就形成了"二级河流"，这样一直到"十级河流"，比如密西西比河，是美国大陆级位最高的河流。美国地质调查局将国内的排水系统分为四类：水资源地区（21个）；分区域（222个）；水文统计单元（352个）；编目单位，有时也称为流域（2150个）。[1]

从流域开发到水资源管理

分水流域长期以来被认为是合适的地理单位，用以制定供水水质、洪水泛滥、生态栖息地、休闲娱乐和景区服务设施等政策和规划。自古以来，人类一直为了航运、灌溉、供水、防洪等目的在设法利用天然河道。在19—20世纪初期间，美国境内建设了很多堤坝、防洪堤、运河和其他水管理设施。通常，这样的项目忽视了对环境和下游的影响。在20世纪30年代，田纳西河流域管理局（TVA）从一个更宽广的角度来看待水管理：综合流域规划。田纳西河流域管理局在田纳西河上及其支流建设水坝系统，是为了航运便利、水力发电、抵御洪水和创造新的水上休闲娱乐机遇。这个规划成为世界上多用途开发河流的范例。

1938年，在罗斯福新政的水利政策专家的呼吁下，国会下令联邦水利项目必须进行成本—效益经济分析，以提高水利投资的经济性，但是在很大程度上忽视了流域开发对环境和社会造成的影响，这些影响是不容易被量化的。

1964年的联邦水资源规划法案标志着国家从流域开发到水资源管理的转变，传统流域开发主要依靠对自然河道结构的改造，水资源管理则是综合考虑分水流域范围内的各种目标、方法和利益相关者。1969年环境保护法和20世纪70年代的清洁水资源立法都提供了法律依据，从潜在的环境影响角度来挑战联邦水利项目。由于这项立法，美国主要河流流域上很少新建水坝或其他设施，这主要是因为受到环境以及财政的约束。

城市流域管理

20世纪90年代，公众对流域管理的关注点从最大的河流流域转向当地的小河流域，包括溪流、小溪、小河、河口——特别是那些穿越城市或都市区的小溪。当地径流的密度分布构成了城市化背景下的流域范围。流域范围从几百平方英里例如华盛顿都市区的阿纳卡斯蒂亚河（the Anacostia River）（图7-12）、波士顿查尔斯河（the Charles River）和密尔沃基河（the Milwaukee River）到几平方英里（例如占地6.5平方英里的匹兹堡九英里跑道小溪水域（Nine Mile Run）（图7-13）。根据水域的大小和区域气候，这些溪流的平均流量从每秒几千立方英尺到几乎为零的干旱地区。城市流域暗藏着复杂的政治地理学——大大小小的政府部门、特别地区机构、机构协会和私人部门——它们都享有河流及流域管理的话语权。

大多数城市河流管理都面临很多管理问题（见下页专栏）。这些河流中的许多都经过了结构改造，例如渠化、水坝、改道引水、疏浚、填充湿地、废物排放以及加固河岸。

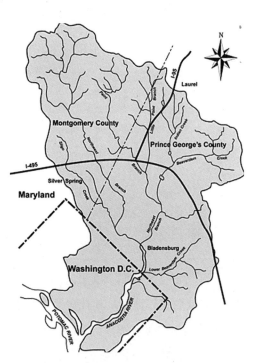

图7-12　阿纳卡斯蒂亚河流域，占地176平方英里，源头位于蒙哥马利的郊区和马里兰州乔治王子县，其下游穿过华盛顿都市区

资料来源：尤金尼亚·伯奇、苏珊·M.瓦赫特，发展中的绿色城市：关于21世纪城市环境问题的讨论（费城：宾夕法尼亚大学出版社，2008）。

通常情况下，地表水和地下水的水质会因许多污染源而受损，如城市地下管道污水渗漏和偏远地区化粪池的泄露等。垃圾填埋场的渗滤液和化肥引起的土地营养过剩使水体呈现富营养化。自然土壤和植被被越来越多的不透水结构（屋顶和路面）替代，带来更频繁和更具破坏性的洪水流量，加重了河岸侵蚀和下游池塘、湖泊的淤积。[2]在干旱季节，从河流抽取用于城市景观的灌溉用水，会减少河流的径流量，正如在马萨诸塞州东部的查尔斯河和神秘河流域（Mystic River）。[3]径流和水质降低的同时也威胁到鱼类的栖息地和产卵。水坝和其他设施阻挡了溯河产卵的鱼类（从海中游到河流中产卵，如大西洋鲑鱼）在河流上游产卵地和海洋之间的洄游。

城市流域就像大的河流流域，必须被视为综合的物理系统，其正常运行受到水文、化学和生态因素的影响。[4]城市化对水流域的负面影响不断累积，上游的高峰流量、下基流量以及较重的污染物和沉淀物，都对高一级的下游河流带来压力影响。

水域管理存在的主要问题

水质问题	洪灾防护
点状分布污染源	河畔
非点状分布污染源	河口
雨水（混入地下污水管道）	雨水
供水问题	**经济和社会问题**
地表水	港口和航运
地下水	旅游
水源地保护	轻污染工业用地和空地的重新利用
休闲娱乐和美学问题	**生物多样性**
健康和健身	水生动植物
社会交往	岸生动植物
滨水区通道	陆生动植物
划船和钓鱼	环境教育

对于一个流经大都市区域的河流流域而言，沿河流域的相邻社区，其社会经济发展状况和特点可能千差万别。像阿纳卡斯蒂亚河（Anacostia）和密尔沃基河（Milwaukee）这样的河流，通常起源于乡村农场或森林地区，穿过富裕的远郊区和逐渐老化的近郊区，流经贫穷的内城街区，最后通过（或地下通过）市中心的商业区，汇入更大的河流、湖泊或潮水。因此，城市流域是在社会和经济上最具有多样性的地理区域。城市流域管理的目标必须是流域范围内政府和私营部门的合作，不同司法管辖区之间的合作，不同社会经济群体和利益相关者之间的合作。

越来越多的环境政策专家认为，城市流域管理是一块检验政府和私人部门之间新合作模式的实验田。流域范围内的合作，不仅鼓励了有利益冲突的各相关利益集团之间的协作，也促进了不同地区政府和管理部门之间的协调。流域合作机制提供一个新的体制基础，在此体制内各方利益相关者可以通过谈判达成共赢的利益协议。[5]

在城市河流及其流域的修复过程中，鼓励公众认知和参与，将有助于提升本地区人们的场所和社区归属感。特定水域对于人们来说是非常重要的，因为当地人在此举行活动，是对家乡、景观和地区形成情感的纽带。[6]即便是长期被忽视的城市河流，如芝加哥河，也可以从一条刺眼的、影响城市景观的"臭水沟"华丽蜕变成具有良好水质的城市公共资源，并对公众开放，从而也提升了周边房地产的价值。[7]

> 不同于多年前基于工程学的方法，现代的流域管理必须反映不同的社会价值——包括所有的不确定性、滞后性以及由此导致的交易成本。

然而，关于特定河流修复的目标和策略的争议仍有可能存在。过去的工程技术性修复掩盖了环境和社会成本，现在则必须正视这个问题。不同于多年前基于工程学的方法，现代的流域管理必须反映不同的社会价值——包括所有的不确定性、滞后性以及由此导致的交易成本。

城市流域管理本质上是一个"自下而上"的过程，地方观念和创新至关重要：正如威廉姆·戈德法布（William Goldfarb）指出的，"流域管理应该强调谈判和共识，而不是命令和控制监管。"[8]联邦政府和州政府对水质、洪泛区管理和濒危物种保护方面的要求是地方政府行动的基本目标。联邦政府和州政府对土地收购、轻污染工业用地再利用和其他项目的资助，对于流域范围的规划实施是至关重要的。有效的流域治理项目——比如波士顿的查尔斯河（the Charles River）、匹兹堡九英里跑道水域（Nine Mile Run，图7–13）、俄勒冈州波特兰市的约翰逊溪（Johnson Creek）——必须设计得像一个生态有机体，可以适应当地的地理、自然环境、政治和社会经济环境。

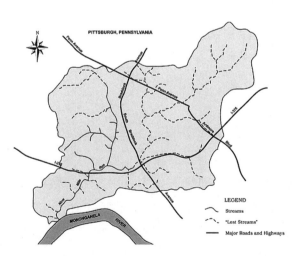

图7–13　在匹兹堡大学及其周边地区，人们正在努力维护九英里跑道水域的自然径流系统和环境设施

资料来源：尤金尼亚·伯奇、苏珊·M.瓦赫特，发展中的绿色城市：关于21世纪城市环境问题的讨论（费城：宾夕法尼亚大学出版社，2008）。

从美国和加拿大一系列的流域治理实践中，大量的经验知识得以积累，从中可以归纳成科学和政策，我们称之为城市流域管理。圣安东尼奥河滨（San Antonio Riverwalk）是20世纪70年代启动的地方项目，它一直在被其他城市所效仿，包括密尔沃基和哥伦比亚特区（尽管阿纳卡斯蒂亚河（Anacostia）仍处在改造中）。普罗维登斯河（the Providence River）在市中心段原本被覆盖的部分又得以"重见天日"，正在被哈特福德市作为模型考虑借鉴。科罗拉多州博尔德市的河岸自行车车道非常受欢迎，也带动了美国其他地方兴建此类项目。洛杉矶河流域采用富有吸引力的标识的做法也逐渐普及开来。

实现流域管理目标的策略可分为两大类：特定地区和非特定地区。前者关注特定的地点或流段，要在面对复杂的组织系统和有限资金的情况下，产生明显的结果。后者通常针对整个流域以及一段时期内加以考虑，有时甚至超越整个流域范围。

总　结

城市流域是集合了物理多样性、生态多样性、政治多样性和社会经济多样性的复杂马赛克。城市化进程改变着原本自然流域，这种改变有时甚至是剧烈的，这些改变包括自然流动模式、水质和生物健康，随之而来的还有生态功能的破坏。应对洪水、水污染等具体问题时，综合的流域管理取代了狭义的技术手段，强调通过特别设立的流域合作关系来整合流域内各式各样的目标、手段与利益相关者。这种合作关系带来了创新的流域恢复重建的形式，例如使暗渠重见天日、清理垃圾、清除入侵物种并补植原生植被。这些措施将促使城市流域的物理结构和生物环境健康发展，使流域内的居民能够亲近当地的河流和自然景观，并且拉近彼此之间的联系纽带。

注　释

1. 美国地质勘查，"水文单元地图：什么是水文单元？" water.usgs.gov/GIS/huc.hmtl（2008年3月7日）。
2. 安·L.莱利，《重建城市水域：规划师、政策制定者与市民使用指南》（华盛顿特区：岛屿出版社，1998）。
3. 罗伯特·格伦农，《Water F：地下水的抽取及美国淡水水域的命运》（华盛顿特区：岛屿出版社，2002）。
4. 威廉姆·格拉夫，《损失控制：重建美国河流的整体性》，《美国地理学家协会年报》91，no.1（2001）：1-27。
5. 马克·鲁贝尔等，《水域合作关系与集体行动机构的出现》，《美国政治学周刊》46，no.1（2002）：148，151，watergoverance.net/documents/Lubell.etal.WatershedPartnerships.pdf（2008年3月7日）。

6. 迈克尔·麦金尼斯,《水域连接》,《政策研究周刊》27, no.3（1999）: 497。

7. 戴维·萨尔兹曼,《对芝加哥河流的再设想》,《地理学周刊》100, no.3（1999）: 497。

8. 威廉姆·戈德法布,《水域管理：口号与措施》,《波士顿大学环境事务法评论》21, no.3（1994）: 487。

城市环境中的水系统

托马斯·L.丹尼尔斯（Thomas L. Daniels）

对现代城市而言，供应充足的清洁淡水和对废水进行安全处理是现代城市可持续发展的关键：饮用水是城市最宝贵的资源。[1]大多数城市都要外调大量的水，可利用水的规模决定了城市发展的形态和活动。城市居民通常认为获得水是理所当然的事情，因为只要打开水龙头就会有水。同样，按下马桶冲洗阀门或转动垃圾处理器开关，废水就会消失不见，我们也不用再担心。低廉的水费和废水处理服务会使人们愈发觉得水是丰富的，废水是容易处理掉的。

然而随着城市人口的增长，特别是在阳光地带（美国南部各州），水供应变得越来越紧张。从2005年至2050年，美国一半以上的人口增长将发生在加利福尼亚州、佛罗里达州和得克萨斯州，这些州已经面临着一定程度的供水短缺状况了。[2]越多的发展带来越多的不透水表面，例如道路、建筑物、停车场——加上雨水径流的增多，不仅加剧了洪水的流量和速度，也将油、土壤、化学品和垃圾冲入河道，成为美国水污染的主要原因。[3]

沿着河道发展起来的城市依赖河道获得水资源，处置污水和排放雨水。在看待城市水资源时，非常重要的是其流入和通过城市的过程。饮用水须经收集、储存、消毒和分配。废水须经收集、处理、排放或回收再利用。一个常见的问题是，城市没有将水资源综合考虑，没有将洪水和暴雨、水污染、水消耗、水供应和季节性水流变化放在同一规划中加以考量。

长期足够的饮用水供应和减少废水、雨水径流带来的污染对城市环境、城市经济和城市居民的健康都是至关重要的。通过制定详细的供水规划，城市可以预测未来的增长，可能出现的干旱和突发情况；储备水资源；建立中水再利用和保护计划；保护现有的地表和地下水源[4]；减少开发新水源和处理设施的成本。在东部和中西部地区，许多城市的地下管网系统使用都超过50年了，需要大面积升级改造，包括修理漏水的水管，增加过滤水装置，减少氮负荷，增加雨污分流收集系统。[5]升级或更换这些系统的成本非常大，高达几百亿美元。[6]

供水规划

供水规划具有双重目的：一是确保长期稳定的供水，二是管理用水需求。一直以来，城市都允许水供应商——市政供水部门、私营供水公司或准公共水利部门负责监管供水规划。然而这些供水部门经常未将供水规划与当地或区域的土地利用规划相结合。而且无论是供水规划人员，还是政府土地利用规划人员，都很少将流域规划作为城市规划的一个单元，因此，这些部门总是搞不清楚各类城市发展计划对供水的影响，更容易在水资源分配竞争纠纷前失去方向。

1974年饮用水安全法案颁布以来，联邦政府逐渐要求州和地方政府制定流域管理方法来保障饮用水供应（见专栏）。例如，1996年该法案的修正案要求各州对每个公共供水系统进行水资源评估，其中包括对地下水、地表水供应的单独评估。每个评估都要划定水资源保护区，列明重要的污染源，评价水污染的易感性。一旦评估报告完成，研究结果必须公布于众。州水资源评估报告为地方政府制定供水规划提供了框架支持。

流域

地方政府在制定供水规划之前，首先要确定水源地所在流域的位置。这一流域的地理范围涵盖所有汇流进入的水源体的范围，地方政府在这些水源集中引水。需要注意的是，流域边界很少等同于政治边界：例如许多大城市，都从数英里以外的水源地引水——纽约的水来自160公里（100英里）以外的卡茨基尔山（the Catskill Mountains）；波士顿的水来自西部104公里（65英里）的魁宾水库（the Quabbin Reservoir）；旧金山的水来自内华达山脉（the Sierra Nevada Mountains）的赫奇赫奇水库（the Hetch Hetchy Reservoir）。凤凰城（Phoenix）的水通过亚利桑那中央工程（the Central Arizona Project）引入的科罗拉多河水，这是一条超过320公里（200英里）长的人工运河。洛杉矶市则是从流经加利福尼亚州东部欧文斯谷（the Owens Valley）的科罗拉多河以及加利福尼亚州北部中央河谷工程中引水。[7]但是，现在从远处引水越来越困难了，洛杉矶市从科罗拉多河可以引用的水量也在逐年降低。

水资源和用水需求

一旦确定了水源地，当地政府就要记录水资源使用数量和地点，以及罗列水供应的质量和容量的清单。大部分地方政府都是从地表水，如河流、湖泊或是水库中引水，有的也用井水作为补充，但是水量有限，只占总体需求的很小部分。相比之下，迈阿密和圣安东尼奥的几个城市就不太一样，这些城市几乎完全依赖地下水。

下一步，地方政府要确定引水量，比较降雨量和水源补给量，考虑到过度引水和干旱将可能严重耗尽可用水。同时，地方政府也要确定主要的水用户。例如，制造业和发电厂消耗了美国一半以上的水资源。[8]

水供应和消耗的数据为预测未来的用水需求提供了依据，虽然这样的预测也必须考虑人口的增加和新增的商业及工业用户。为了制定有效用水需求管理策略和开发新的水源计划，比较尚未使用的水资源保有量和未来需求就显得十分必要了。地方政府要制定符合州水资源评估报告的水资源保护计划，需要判定地下水和地表水的来源，制定保护政策，识别潜在的污染源。

饮用水安全法案

1974年的饮用水安全法案（SDWA）赋予美国环境保护局（EPA）以下权限：

● 设置国家饮用水质量标准。

● 要求水务部门监测水质，承担水处理，并向公众报告饮用水系统中的污染物（美国环境保护局（EPA）规定了90项污染物的最大浓度水平）。

● 资助水资源保护项目，以确保水资源所在流域和地下水免受污染。

● 规范所有为城市提供饮用水的公共供水系统。

● 要求公共供水系统具备足够的金融、技术和管理能力。[1]

该法案已经深深地影响了地方水资源规划。

地表水

1989年美国环境保护局（EPA）正式实施安全饮用水法案（SDWA）中，关于保护城市饮用水的主要来源——地表水供应的两条规定中的第一条，即地表水处理规则要求所有使用地表水的公共供水系统，要在供水之前将地表水充分过滤，不仅仅是氯化过程。接着，在1996年，环境保护局（EPA）实施了强化地表水处理规则，要求所有饮用地表水或受地表影响的地下水的社区都要在供水前严格执行过滤和消毒，以消灭微生物和病毒。这一规定产生的部分原因是1993年隐孢子虫病的爆发，当时致病菌污染了

密尔沃基市的饮用水，导致50人死亡，40万人生病。

如果公共供水系统的水质良好，并且地方政府有一个积极的水资源保护计划，能够切实防止潜在污染，那么环境保护局（EPA）可能会给予该地区强化地表水处理规则的豁免权。例如纽约市因为有效地保护了哈得逊河以西卡茨基尔（Catskill）和特拉华（Delaware）流域的水源地而避免花费60亿美元建设过滤水处理厂；然而，在哈得逊河的东侧的巴豆（Croton）水域，由于城市地表径流降低了水质，该市不得不投资15亿美元建设过滤水处理厂。

作为唯一水源的地下蓄水层

如果地下水是某个地区主要或唯一的饮用水来源，那么环境保护局（EPA）会指定该地下蓄水层为地下唯一水源。如果联邦政府资助的项目有可能污染蓄水层，那么项目必须经过彻底的审查，因为一旦地下水被污染了，它是不具备自然净化过程的。

公共信息

安全饮用水法案（SDWA）的修正案要求城市水供应部门发布年度消费者信心指数报告，需告知消费者水源地的信息，水里含有的污染物，采取何种措施以达到联邦卫生部门的健康标准（根据环境保护局（EPA）设定的标准制定），以及上一年度发生的任何违规行为。按照修正案的要求，公共供水系统也需要向环境保护局（EPA）展示其自身具有足够的融资、技术和管理能力。

资金

1996年对安全饮用水法案（SDWA）的重新授权使环境保护局（EPA）获得96亿美元，用以资助州政府和地方政府以及公共供水系统。州政府利用饮用水循环基金向城市水供应商发放贷款，用以保护水资源，建设和升级自来水厂及供水系统。

1.改编自汤姆·丹尼尔斯、凯瑟琳·丹尼尔斯，可持续社区和区域的环境规划手册（芝加哥：美国规划协会，2003）78-81。

水处理和分配

下一步就是评估饮用水处理设施、泵站、传输设备、供水分配系统以及其他可用的结构性资源的位置、容量性能、当前的使用状况以及服务年份。地方政府还需要制定应急措施，包括用于应对干旱、水源污染、供水系统故障或者其他紧急情况的后备供水系统。

需求管理

确保充足水供应的最有效方式是妥善管理水需求。城市水需求管理的准则有回收（水处理后循环利用），再利用（如利用洗碗和冲厕的废水浇灌草坪）和储存。

为了更好地管理水需求，地方政府可以：

● 创建一个用水预算，通过计算现有和未来的水资源容量以满足预期的用水需求，并且列出限制用水的方法。在开发项目评审过程中，针对项目预期的用水需求量与城市总体用水预算关系与平衡，地方政府要进行合理有效评估。

● 设定以水消耗零增长为目标，通过用水补偿满足增长的用水需求。例如，允许建立一个大型开发项目的同时必须制定节水措施来降低现有消费者的用水量。

● 提高自来水价格，以更准确地反映真实成本，包括水源开发、泵送、处理、存储、分配和减少对野生动物的环境影响（以往供水部门使用"倒阶梯"水价，即消费者使用的水量越多，所需支付的每加仑水价就越低。但是现在一些供水部门使用正阶梯水价，即用水量越多，费用越高）。

● 限制用水（例如，禁止早上8点至下午6点之间，即水蒸发率最高的时段浇灌草坪）。

● 允许或要求住宅和商业设施中的中水再利用。

● 创新财政激励措施，鼓励采用节水技术，如低流量淋浴喷头。[9]

● 开展公共教育运动，促进节约用水，包括家庭和企业都要记录用水量、检查管道滴漏状况、安装节水设备等。

● 建立降低用水需求，审计用水量的典范，用以开发减少公园和景观用水的策略。

应该指出的是，尽管再生水是有价值的战略，但是需要在自来水厂和主要用水大户（如发电厂、大型农场和住宅区）之间构建第二套管道系统。佛罗里达州圣彼得堡市建造了260英里长的再生水管道。目前美国城市中只有一小部分供水是再生水。[10]

水资源保护

自2001年9月11日的恐怖袭击以来，保护给排水设施以防止被恐怖分子破坏已成为城市安全问题。2002年颁布了生物恐怖主义法案，饮用水供应商必须：

● 对他们的饮用水供应和污水处理系统进行脆弱性评估；

● 向环境保护局（EPA）承诺进行评估，并提交评估报告；

● 制定应急方案；

● 向环境保护局（EPA）承诺应急方案已完成。

协调土地利用规划和供水规划

土地利用规划直接影响未来的水资源供应。不透水表面——如建筑、街道、停车场和车道——减少了降水渗入到地下,增加了地表水和地下水的污染水平。不透水表面也增加了雨水径流的流量和速度,从而增加了沉积和侵蚀,并将道路、停车场的油污和其他化学物质冲刷进地表河流和湖泊。一般来讲,当不透水表面面积超过流域面积的10%时,就会发生水质慢性恶化问题。[11]

长期以来,杜绝在水源流域发生不匹配的发展项目的最佳途径是当地政府或其他水供应商对作为水源地的水库周围、河流或湖泊周边、井口周边的土地拥有所有权。然而,在美国范围内,自来水公司只对其水源地流域内2%的土地面积拥有所有权。[12]

地方政府需要将城市开发与水资源规划同步;办法之一就是将供水规划和需求管理纳入城市总体综合规划。综合规划应该包括一个水供应总量和主要用水量的清单目录,至少未来20年的经济增长和人口增长预测,以及未来供水需求和需求管理方法。综合规划的目标和措施也应将土地开发、重建与可持续供水相结合。

实现供水和土地利用规划相统一

地方政府可以通过区划法规、细分地块规定、城市设施投资改善计划(Capital Improvement Project,CIP)和建筑规范等,实施供水规划或城市总体综合规划中的供水分规划。区划法规规定土地开发性质、密度和不透水表面对地块的覆盖比例。细分地块规定了开发商在新建地块或开发现有地块时必须提供的必要基础设施(给排水系统、人行道、街道和雨水蓄水池)。城市设施投资改善计划(CIP)是预测地方政府需要新提供或未来需要维护修理的公共基础设施,以及针对其实施成本的财政支出规划。因此,区划法规中允许的开发强度以及开发商建设的必要基础设施应该与城市设施投资改善计划(CIP)中公共基础设施投资相协调。地方政府可以通过城市设施投资改善计划(CIP)进行土地购买,用以保留一定面积的透水面,确保地下水补给;或者购买沿河流和溪流的绿色廊道,以过滤雨水径流,从而保护水资源。建筑规范是可以允许建设绿色屋顶的,以吸收雨水。

区划法和细分地块规定

区划法通常是通过规定土地开发位置和强度来影响水质和水供应的。例如避免在湿地、漫滩和陡峭斜坡周围进行高强度开发，可以促进地下水补给，限制雨水径流量。土地细分地块规定可以通过以下途径帮助保护水质：

- 要求开发商使用最佳办法进行雨水管理和防洪控制；
- 维护植被覆盖，尤其是溪流沿岸和陡峭山坡上的植被；
- 限制新建和重建项目中不透水表面的面积；
- 建立滞洪区和蓄水池以减少雨水流失；
- 建立绿道缓冲区以吸收雨水，拦截污染物，使雨水渗透到含水层。[13]

雨水管理的指导性标准应是25年风暴（25年里最大的风暴）暴雨后的径流量，它等于或小于暴雨前的径流量。为进一步减少径流量，一些地区采取了高于联邦标准的侵蚀和沉积规定。例如，1998年爱达荷州博伊西条例（Boise，Idaho），规定开发商必须获得侵蚀控制许可证，必须提交沉积控制、侵蚀控制和粉尘控制计划。此外，经由政府认证实施控制的个人必须常驻每一处施工现场。[14]该条例的目的是减少水土侵蚀，保留沉积物，杜绝废物和化学品被冲走。

城市设施投资改善计划（CIP）

水项目是资本密集型项目，地方政府的城市设施投资改善计划是一种手段，用于为提升或扩展供水系统，保护水源寻找潜在的资金来源。环境保护局（EPA）对供水系统和废水处理系统的建设和改造升级提供资金支持。美国商务部的经济发展管理局也对经济落后地区的供水和下水道工程提供资金支持。美国住房和城市发展署的社区发展资助基金也被用于供水和废水处理项目。虽然每一个资金来源都很重要，但是，大多数项目仍然在很大程度上依赖于开发影响费和用户缴费来偿还项目设施成本的长期债务。

建立计划框架—评估现有条件—规划和设计新的发展项目—进行施工—实施污染防治—改造现有的发展—运营和维护—评估计划的有效性（图7-14）。

施工现场的最佳管理实践

非结构性措施

- 最大限度地减少干扰（清理，分级，挖掘）；
- 保护自然植被和排水模式；

- 清理和处置碎片；

结构性措施

侵蚀控制

- 地膜；

- 草；

- 堆土覆盖。

沉积物控制

- 淤泥围栏（防止土壤流失）；

- 入口保护；

- 淤地坝（减少水流的速度，促进泥沙的沉降）；

- 稳定的施工入口；

- 沉积物池。

资料来源：汤姆·丹尼尔斯、凯瑟琳·丹尼尔斯，可持续社区和区域的环境规划手册（芝加哥：美国规划协会，2003）112。

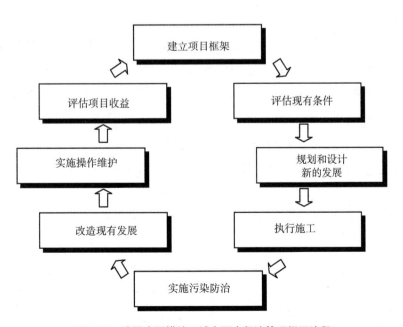

图7-14 该图全面描绘了城市雨水径流管理闭环流程

土地征用

如前所述，购买土地或保护水源地附近的地役权是维护水质的重要策略。得克萨斯州奥斯汀市（Austin, Texas）投资1.5亿多美元以限制巴顿泉（Barton Springs）周边及上游的土地开发，这些地区不仅是受欢迎的休闲娱乐场所，更是成千上万居民的饮用水源地。纽约市投资数千万美元购买卡茨基尔（Catskill）流域的土地和农田地役权。从20世纪70年代开始，丹佛市就修建了长达10英里的南普拉特林荫道（the South Platte Greenway），以此来控制洪水，拦截径流，同时为人们提供娱乐休闲空间。[15]

水质和污染控制

被污染的水威胁着公共健康。当化学的、物理的或生物的物质含量超过水体吸收或降解的能力时就产生了水污染，这对水体生态系统造成了伤害，并有可能污染供水。美国的很多水域被划分为"受损水域"，即不适合日常饮用或游泳。

有两种主要的水污染源。点源污染是指固定的、易于识别的污染源。工厂、污水处理厂和发电厂是城市主要的点源污染。非点源污染是分散的，或难以识别的，它们很难探测到，可以是移动的或暂时的。随着时间的推移，产生的污染量差别可能很大。城区内的非点源污染主要是不透水表面、建筑工地和机动车辆。美国大部分的水污染都来自于非点源污染。[16]

不透水表面就像漏斗，将携带着油、汽油、防冻剂和盐的雨水及融化的积雪带进水系和地下水。雨水径流中也含有磷营养物质，会造成藻类在水域中大量繁殖。一旦藻类在城区水域内爆发，污染是很难控制的。因此，正如前面提到的，限制不透水表面的设计是至关重要的。[17]鼓励乘客使用公共交通来代替汽车出行的城市交通系统可以帮助减少空气污染，减少融入水中的氮元素。因此，城市及其周边地区严格实施清洁空气法案对于当地水质是很重要的。然而，到目前为止，只有丹佛市是按照规定执行的。

城市区域的清洁水法案

1972年清洁水法案是因1970年克利夫兰火灾引发凯霍加河（Cuyahoga River）污染而产生的。当时美国国内水域中约有60%不适合饮用或游泳。在20世纪70年代早期，人们认为点源污染是主要的污染源，于是清洁水法案向地方政府提供了数十亿美元用来建设污水处理厂。

清洁水法案的402节规定，禁止任何污染物直接从点源污染处（如工厂、发电厂或污水处理厂）排放到通航水域，除非排放获得了国家污染物排放消除系统（NPDES）的许可证。个人、公司或地方政府可以从国家环保机构或美国环境保护局（EPA）获得许可证（EPA已经把国家污染物排放消除系统（NPDES）的大部分许可、监控和执行权力移交给各州政府）。州排污许可证为州污染物排放消除系统（SPDES）许可证，或简称"Speedies"。这些许可证的有效期通常是5年，是由排放者与美国环境保护局（EPA）或相关州机构协商而来的。然而因其审批程序不够严格而受到批评。例如，即使排放者达到了许可证要求的排放标准，也不意味着污染被消除，或者充分降低，从而使水质能够饮用或适合游泳。[18]

NPDES/SPDES许可证也适用于城市雨水径流管理。美国环境保护局（EPA）要求施工现场，包括清理、分级、开挖一亩以上的土地等都必须获得NPDES/SPDES的雨水径流许可证。如果州环保机构或美国环境保护局（EPA）的派驻机构认为施工会对水质造成潜在的重大污染，就会要求某些开发一英亩或更少土地面积的施工项目也必须具备雨水径流许可证。

影响城市区域的清洁水法案

第201节：拨款资助公共污水处理厂建设。

第303（d）节：州环境保护部门确定受损水域，起草水域总的日最大负荷计划，并提交美国环境保护局（EPA）审批，以确保水质达到可饮用或适合游泳的标准。

第319节：州环境保护部门制订计划和方案，美国环境保护局（EPA）为非点源污染控制提供贷款和资助。

第402节：美国环境保护局（EPA）管理国家污染物排放消除系统，这个系统对点源污染和非点源污染的签发排放许可证，包括雨水管理许可证和对城市雨水排放到被调节河流的检测。

第403节：美国环境保护局（EPA）要求工业污水在排放到市政污水处理厂前要进行预处理。

自2000年以来，在清洁水法案的监管下，美国环境保护局（EPA）已要求地方政府必须取得NPDES许可证，以控制雨水单独流入地下水管道。为了取得许可证，地方政府必须广泛地开展公众教育和宣传活动，对水质进行检测，防止非法排放，控制工地的雨水径流以防止污染，其目的是促进最佳管理和最大限度地减少受污染的雨水。

城市污水收集和处理系统被允许将处理过的废水排放到水系。然而，超过700座美国城市合并了雨水管道和污水管道，这往往导致多个城市污水处理厂在暴雨或雪融化期间溢流。细菌超标的污水被释放到河流、湖泊、河口，威胁到饮用水供应，导致海滩关闭。美国环境保护局（EPA）估计，可能要花费数百亿美元去修复因雨水管道和污水管道合并所导致的问题。美国环境保护局（EPA）要求雨污管道合并的社区必须取得NPDES许可证，阐述其污染排放状况，控制污染排放的技术，以及未来长期控制溢出的计划。在大都市区，所有的城市都要有雨水管理条例，并据此来控制新建和重建项目的径流排放问题。得克萨斯州沃斯堡的一项条例规定：禁止下水道的非法排放，已被其他很多城市引用（图7-15）。

图7-15 教育市民水流域是防止污染的重要因素

资料来源：汤姆·丹尼尔斯

结 论

水资源的合理利用是可持续发展的关键。纵观历史，城市一直在努力获得充足的水供应，处理废水以及控制雨水。水供应计划和水需求管理对于经济和人口迅速增长的地区非常重要，尤其是那些要从遥远的地方引水的地区。保护水资源和管理用水需求是水供应计划的关键内容。

在美国的许多地方，可靠的、长期的清洁水供应成为人口和经济增长的重要制约因素。城市正在意识到，土地利用规划和确保安全用水的稳步增长，处理或再利用废水，保护城市地区免受自然灾害的威胁等是有密切联系的，水资源规划不能从当地政府的其他规划中孤立出来。

注　释

1. 安妮·惠斯顿·斯派恩，花岗石花园：都市自然与人性化设计（纽约：基础图书，1984）。
2. 美国人口调查局，"佛罗里达、加利福尼亚及德克萨斯在未来人口增长中占首要地位"新闻发布会，华盛顿特区，2005年4月21日。
3. 美国环境保护局（EPA），关于城市地区控制非点源污染的国家管理措施指南，EPA 842-B-05-004（华盛顿特区：水资源办公室，EPA，2005），epa.gov/owow/nps/urbanmm/pdf/ urban_guidance.pdf（2008年3月10日）。
4. 地表水包括河流、小溪、池塘、水库和湖泊。地下水主要来自地面之下的含水层。
5. 分离雨水管道与污水管道的目的是为了避免雨水从污水处理厂溢出及后续未经处理的污水流出。
6. 汤姆·丹尼尔斯、凯瑟琳·丹尼尔斯，可持续社区与区域的环境规划指南（芝加哥：美国规划协会，2003），103。
7. 同上，74。
8. 同上，67。
9. 1992年的能源政策法案规定所有新的家用马桶每次冲水水量不大于1.6加仑（与旧式的3.5加仑用水量相比）。
10. 丹尼尔斯与丹尼尔斯，环境规划指南，85。
11. 德纳·比奇，沿海城市扩张：美国城市设计对水上生态系统的影响（阿灵顿，弗吉尼亚：皮尤海洋委员会，2002），13，pewtrust.org/uploadedFiles/wwwpewtrustsorg/Reports/Protecting_ocean_life/env_pew_oceans_sprawl.pdf（2008年3月10日）。
12. 丹尼尔斯与丹尼尔斯，环境规划指南，84。
13. 同上，122。
14. 同上。
15. 斯派恩，花岗石花园。
16. 美国规划协会（EPA），流动资产2000：处于转折点的美国水资源（华盛顿特区：水资源办公室，EPA，2000年5月），9，epa.gov/water/liquidassets/assets.pdf（2008年3月10日）。
17. 斯派恩，花岗石花园。
18. 丹尼尔斯与丹尼尔斯，环境规划指南，109。

绿色廊道和绿色基础设施

凯伦·洪德（Karen Hundt）

　　绿色廊道是地方政府可投资建设的最好基础设施之一，有许多不同的形式：区域自行车道、郊区海岸线、废弃的城市轨道走廊和公共设施用地等。

绿色廊道的好处

　　无论绿色廊道采取何种形式，它都拥有众多好处：

　　● 当绿色廊道被设计成为连接住宅区、学校、商业中心的步行通道时，它为居民提供了小汽车以外的出行选择。

　　● 州域范围内的步道系统为娱乐和文化旅游场所提供了机遇，美国国家的一级步道标记着美国历史上的重要路径，例如从"佐治亚（Geogia）到俄克拉荷马（Oklahoma）"的泪水步道、刘易斯和克拉克的探险路径。

　　● 分布在漫滩、湿地、森林、草原和其他重要的自然区域的绿色廊道可以作为环境管理和教育的平台。

　　● 绿色廊道利于步行、慢跑和骑行，因此，它们可以帮助对抗肥胖及其相关的健康风险。

　　● 绿色廊道可以作为经济发展的催化剂。

　　尽管绿色廊道的好处很多，但是它也像其他市政公用设施一样，必须进行成本效益分析。规划者和民间组织要建设绿色廊道，必须对绿色基础设施进行经济分析。绿色廊道的主要经济效益如下：

　　● 有助于减少开发漫滩，降低治理洪水及其配套的成本。

　　● 维护沿河岸走廊的自然缓冲区，增加植被覆盖，减少空气和水源污染。

　　● 毗邻公园和绿色廊道的地块价值通常高于不毗邻这些同类的地块。

　　● 像农田、绿色廊道和开敞空间这些设施通常都需要较少的市政服务，维持运行的费用也远低于那些休闲娱乐的公园。

当然，其中的一些好处可能难以量化，但是对这些好处的记录和佐证则可以从许多组织机构和文献出版物中得以体现。[1]

查塔努加绿色廊道（Chattanooga Greenways）和 田纳西河滨公园（Tennessee Riverpark）

在田纳西州的查塔努加，有一处240公里的绿色廊道系统，其中45公里已经完工。原来的计划是建设32公里的步行道路和公园，事实上它是经由一个包容性社区规划过程实现的，这个规划有两个主要目标：保证田纳西河对公众开放；支持经济发展。自从20世纪80年代中期以来，最初的绿色廊道已经被扩大到建设连接溪流、铁路走廊和山脊的廊道了。

历史展览、野餐设施、避难场所、游乐场、钓鱼码头、野生动物观赏平台、露天剧场、公共停车场、洗手间、船舶下水坡道和独木舟码头等穿插在步行道路和公园廊道中。在田纳西河滨公园的工程中，主要景观廊道是10英尺厚的混凝土建造而成的。随着绿色廊道逐渐远离河岸，自由随意的沥青路或者未覆盖的天然路径沿着河道和茂密森林边缘展开。加高的木栈道和人行桥的布置和设计减少了步道穿越湿地、溪流时所带来的环境影响。

绿色廊道系统包括以下独特的元素：

● 一系列180度的"Z"字形通道可以使残疾人攀登上100英尺高的垂直石灰岩峭壁。

● 核桃街大桥是南方最古老和保存最完好的桁架桥[2]，虽然在1978年禁止汽车通行，但是在1993年作为人行天桥重新开放，同时，450万美元的投资使得周围的环境得以修复，增加了半英里长的绿色廊道。

● 绿色廊道的一部分坐落于布雷纳德大堤（Brainerd Levee，沿南奇克莫加溪（South Chickamauga Creek）建立的防洪堤），连接郊区住宅和购物中心。

● 田纳西河蓝色通道——绿色廊道中的水域部分，于2002年对外开放，贯穿田纳西河峡谷50英里的区域为户外运动爱好者提供了划水和野营的场所。

自1989年第一个河滨公园段开放以来，新的住宅、博物馆、划水中心、酒店、购物中心、餐馆、旋转木马和一个小学如雨后春笋般地出现在步行道两侧。这些展览标识和公共艺术诠释了查塔努加的历史街区、工业区和自然环境。未来计划开放的地区包括莫卡辛弯国家考古区的连接区，占地600英亩，这片区域有美洲原住民，见证了美国内战的丰富历史。

查塔努加的可借鉴经验：

● 项目一开始时就开展有意义的公众参与。数千名公民参与，共同制定查塔努加的未来愿景。

● 坚持高质量的设计，并采用优质材料。从长远来看，这样做是节省成本的。随着查塔努加绿色廊道的开发，它跨越了许多不同的自然环境。由景观设计师、建筑师、规划师、工程师和生物学家组成的多学科团队对该地区进行综合开发设计，以保持和维护当地独特的环境。

● 土地收购要遵循阻力最小的途径。查塔努加和汉密尔顿县合作建设和维护绿色廊道，他们从公共土地和一部分绿色廊道建设支持者所拥有的土地开始着手，允许一段时间内廊道中存在中断的间隔（规划师应该记住先完成建设步道走廊的两端，可以使之后完成中间部分地块的收购和建设变得容易）。购买物业不一定是简单的付钱：查塔努加的绿色廊道开发几乎全依赖于保护性地役权的取得。

● 运用公私合作的方式进行融资和维护管理。在查塔努加，私人捐助的形式包括土地捐赠、保护性地役权转让、资本金和企业赞助。公共部门的资金投入来源包括从酒店／旅馆取得的税收、国家节能补贴以及联邦运输基金等。由于日常运行维护成本日益增加，查塔努加和汉密尔顿县分摊了此项成本。

● 专人负责开发实施工作。在查特努加，公共土地信托公司和城市河流公司（私人非营利企业）协助城市对绿色廊道系统进行土地征用、规划、融资和设计工作。

注　释

1. 见如下关于公共土地信托文章：保罗·谢勒，《公园的益处：为什么美国需要更多的城市公园和开放空间》（2006 年）；《为民而建的公园》（2003 年）；《公园和开放空间的经济利益》（1999 年）；康斯坦茨·德勒布伦等编，《土地保护的经济效益》（2007）。
2. 桁架桥，19 世纪中期首次设计，由大中小跨度的横梁沿跨径支撑两端。固定大小弦桁架使其能沿结合处旋转。桁架桥设计简单且因其有效利用建材而拥有相对低的建造成本。

公园和娱乐

约翰·L.克朗普顿（John L. Crompton）

公园和休闲设施领域已经逐步发展起来。从广义上讲，公园和娱乐场所的演变通过五个阶段：活动或保管导向、推广或销售导向、用户利益导向、社区利益导向和重新定位。如图7–15所示，多数机构在金字塔的最底两个层面运作：活动或保管导向、推广或销售导向。一些机构已经将重点面向用户利益层面，少数机构将开拓重点放在社区利益和重新定位层面。虽然向侧重用户利益、侧重社区利益到重新定位阶段的转变过程是缓慢的，但对一个在不足50年的时间内将这一理论发展到实证研究实践的行业还是鼓舞人心的。[1]

早期范例

20世纪70年代中期因抗税在公园和娱乐领域引发了一场危机：问题不是如何扩大服务和娱乐设施，而是如何减少开发或寻找其他的资金来源支持。公园和娱乐机构被突然要求证明自己的服务价值（他们提高服务质量以吸引和增加游客和顾客的数量），证明能获得更多的收入，证明自给自足、自负盈亏。为了满足这些新的要求，多数机构从注重活动或保管层面提升到向潜在的客户群体推广和"销售"自己的服务。

然而一些进步和开明的机构更是提升到了倾向用户利益的层面，即将探索客户的需求视为重点并创建解决方案。这些机构认为方案和设施本身并不能满足客户的需要：方案和设施只是满足需求的媒介。

这些机构谈及自己具体是做什么的时候，他们会这样予以回应：他们带来的是什么样的好处，而不是他们提供了多少活动和什么样的设施。

在20世纪70年代和80年代，向用户利益导向层面的转变增强了公园和娱乐领域的有效性和专业性；但是到了90年代，很明显这一新的导向并没有改变民选官员对于公园和游憩用地重要性的认知。这表现在这些民选官员对公园和娱乐机构的经营预算的拨款增长作用微乎其微（图7–16）。

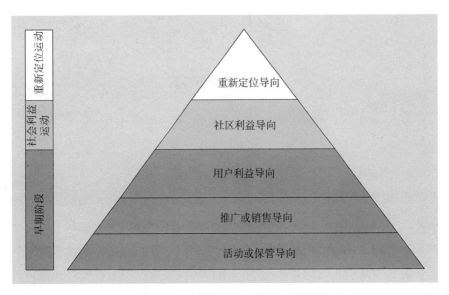

图7-16　策略性规划公园和娱乐业可分为五个发展阶段。然而，多数机构却仍将重点放在最初两个层面

用户利益导向的局限性

用户的利益模式来自商业，可不适合公园和休闲领域。该模型假定一个自愿的等值交换：将一些有价值的东西与另外拥有价值东西的客户自愿交换（图7-17）。这种观点认为，公园和娱乐机构的作用是向居民提供有价值的服务。居民则应该通过纳税支付活动费、承担来到公园和娱乐设施的交通成本，也要接受因为在公园和娱乐设施活动而无法在其他地方活动的机会成本的付出，和因为使用公园设施过程付出的精力和努力

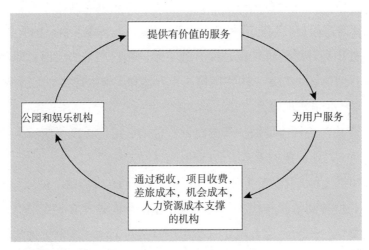

图7-17　用户利益导向的范例假设了用户自愿接受给付服务费以换取自己所需的服务

等，作为获得公园娱乐服务的回报。

这种模式的不足在于分配在公园和游憩部门的预算可能大部分来自于税收，纳税人包括使用者和非使用者。其中非使用者可能还多于使用者。因此，由大部分人群缴纳的税收被用于支付服务相对小部分人群的公寓和休憩部门。随着其他更多替代性休闲娱乐方式的出现，如：电子游戏、视频，健康俱乐部，主题公园这样的商业企业通过非营利组织和私人会所提供文体活动，这种不协调近几十年来有所增加。康乐中心、老人中心和青年中心被认为是所有社区应提供的核心设施的时代已经一去不复返了。在众多的选项中，公共部门所扮演的为公众提供的休闲娱乐功能的角色，虽然在特定情况下仍具有战略意义，但已无可避免地逐渐变小，而且越来越边缘化。

服务用户将永远是公园和娱乐设施的重要使命，但许多地方，由于公园使用者群体变得过于单一和规模有限，使得以此来设置一个公园管理机构的正当性或者得到更多公共财政的支持受到挑战。与城市最重要经济、健康、安全和福利等重要问题相比，为公园娱乐部门提供足够资源，以满足城市中一小部分居民的娱乐休闲需求，自然不是政府最优先考虑的问题。

扩大服务区的原因

为证明税收资金被分配到建设公园和娱乐部门的合理性，其基本要求是，公园部门是为多元的公众提供服务，远不止于为特定用户群体需求的公共服务。因此，机构证明其提供了良好的服务仍是不够的；它们必须证明这些服务有助于社会的整体福利，且将重心转移到与更大范围居民重要的利益保持一致，与社会的愿景和目标一致。当核心任务是服务于整个社区的利益时，给特定用户群体提供服务就位于次要地位了。就实际情况而言，这很可能意味着优先考虑公园和自然景观，其次是人工设施，最后是项目活动。也有例外情况（例如，针对身处危险的青少年的干预方案），但在大多数情况下，公园和自然景观能为社会提供最广泛的服务，而活动项目一般只针对项目的受益者群体。

在图7-16所示的用户受益模式已经无处不在，但是，如果公园和娱乐部门要运行下去，用户利益模式必须由社区利益模式取代，如图7-18所示。该模型反映了现实中支持公园和娱乐场所运营的资金从哪里来到哪里去。一般来说，资金来自于使用者和非使用者缴纳的税收。然后由政府在各地方部门中分配资金，包括公园和娱乐部门。公园和娱乐部门使用大部分的这些拨付资金提供各项服务，给整个社区带来福利。然而，它也分配一些资金为特定使用者群体提供福利。作为回报，这些接受服务的特定使用

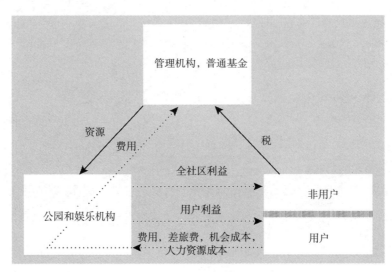

图7-18　在社区利益模式中，税收资金用于服务的支出是合理的，因为该服务有利于整个社会，甚至那些不使用服务的人

者群体则会支付相关公园设施付费（由公园部门收取，再转入于城市整体资金流），以及他们在使用公园设施时的旅行花销、机会成本和精力成本。

社区利益模式明确了政府行政机构的核心地位以及公园娱乐部门在这一大的资源分配体系中的地位。一个部门的兴衰（资源上）取决于政府管理层的资源分配决定，那么这里的关键问题就是什么是决定分配的影响因素。最重要的有三个驱动因素：

● 居民对于公园部门提供的社区服务价值的认识；

● 公园部门所提供的社区价值的重要性（相较于政府所急需努力解决的民生问题）；

● 政府机构的价值体系，即指导社会利益分配的原则（例如，应将利益平均分配到辖区各阶层，还是将较大份额分配给经济弱势群体或支付税费多的群体？）。[2]

附带的侧边栏列出了公园和娱乐部门可能提供给当地居民的福利。这些福利分为三类：经济发展、环境可持续性和社会问题的缓解。当然，并不是所有福利都与各机构有关。

社区范围内公园和娱乐业潜在的服务益处

经济发展

公园和娱乐部门可以从以下几个方面来促进经济发展：

● 吸引游客。当游客决定参观哪些社区时，社区所有的景点设施是主要考虑因素

之一。在大多数地区，这些设施和服务是由公园和娱乐部门及其非营利合作伙伴提供。

● 吸引企业。商业生存能力取决于吸引和留住技术熟练的员工。而当员工选择生活地点时，包括休闲娱乐机会在内的生活质量是决定因素。

● 吸引退休人员。在当今的美国，活跃的、相对富裕的退休人员是一个不断成长的行业市场。气候和休闲娱乐机会则是退休人员选择定居的两个因素。

● 提高房地产价值。人们往往愿意支付更多费用购买靠近公园或自然景观的房屋，而不是别处的同类房屋。因为这样的房地产价值更高一些，所以，其物业税收率也变得更高。如使用债券获取、开发或改造公园，公园附近的累积的房产税通常就足以支付相当大比例的债务费用。

● 减税。有一种观念深入人心，即房地产开发是对闲置空地最高效的也是最佳的利用，但是，一旦考虑开发所需提供的服务和基础设施的建设成本，建设公园和自然景观区对纳税人来说可能比开发住宅物业更便宜。

● 刺激设备的销售。娱乐设施为居民创造就业和获得收入的机会，也可以通过支持制造和销售娱乐设备企业以及售后服务（设备租赁和维修、售卖旅行用品等），使政府获得销售税费。

环境可持续性

公园和自然景观区的设置有利于自然环境发挥其环境服务功能，而要取代这一自然功能则需需昂贵的基础设施和技术的投资。这些服务包括：

● 保护饮用水。通过收购或保护水源地及其流域的自然景观区，保持水质清洁，相对于先污染，然后再购买设备进行治理，购买自然流域的花费会更少。

● 控制洪水。在城市流域内设置公园和自然景观区以保护行洪区，这有助于有效控制雨洪的径流，其成本远低于混凝土下水道和排水沟。

● 清洁空气。草木和植被通过去除大气中臭氧和其他气态污染物、有毒化学物质、颗粒污染物和二氧化碳来改善空气质量。城市地区污染物的浓度特别高，树木是一种相对廉价的污染缓解途径。

重新定位，创造一个可行的未来

1974年，在一篇开创性的文章中，大卫·格雷和西摩·格里本说，"我们（公园和娱乐机构）不属于当今美国面临的社会问题"，他们将这些问题总结为具有"深表关切和令人失望"的特点。[3]他们建议在实践中"将公园和娱乐服务重点转向我们这个时代的重大社会问题，并设计有助于这些问题改善的活动项目方案"。[4]为了追求这些，格雷和格里本在20世纪70年代提出的目标，公园和娱乐部门要考虑缓解国人关注的重要政治问题。证明在公园和娱乐上的投资合理性的关键就是要重新定位和解决政策制定者们普遍关注的问题，他们是负责分配资金的。如图7-16中所示的金字塔顶点代表战略规划公园和娱乐发展的最终阶段。

社区范围内公园和娱乐业潜在的服务益处（续）

● 减轻交通拥堵。人行道和自行车道可以鼓励市民步行或骑自行车来取代开车。除了降低空气污染和减轻交通拥堵，这些道路的使用减少了高速公路的拥堵，而且还带动了一个健康的生活方式。

● 降低能源成本。城市屋顶、道路和停车场的深色表面白天吸收光热，夜晚散热。其结果是城市气温在夜间下降而白天高于周围的农村地区。树荫和树木的蒸散是天然的空调，保持街道和住宅的凉爽，同时节约了使用空调降温所需的能源。

● 保留生物多样性。自然保护区域和连接它们的廊道在保护遗传多样性方面具有重要意义。

缓解社会问题

公园和娱乐服务能解决的一系列社会问题：

● 降低环境压力。生理学和心理学研究表明了自然环境的治疗价值：公园能帮助市民缓解生活中的压力、恢复体力。环境的成本在医疗和工作日消耗成本方面，可能比维护公园、提供城市林业方案以及养护花卉和灌木绿洲的成本大得多。

● 支持社区再生。公园和娱乐服务是再生——改善健康、社会和环境等生活质量——不可或缺的。

● 支持文化和历史保护。文化和历史提醒人们他们是谁，曾经是什么，以及他们如今位于哪里。文化和历史保护增强了人们的历史感，是社区认同感和凝聚力的关键。

● 促进健康的生活方式。锻炼是保持健康的关键。虽然公园和娱乐机构历来注重方案项目，但近来有证据表明，一定程度上物理环境是"利于活动的"，是人们选择锻炼的核心因素。

● 保护边缘青少年。强有力的证据表明娱乐项目可有效地预防边缘青少年犯罪。相比监禁的成本，投资此类项目的回报是巨大的。

> ● 提高教育成就。休闲已被证明是说服学生参加课后活动，以提高教育效果的有效手段。学生在完成学习之后被允许参加娱乐活动。
>
> ● 缓解失业问题。保养和园艺劳作是劳动力相对密集型的行业，它为没有技术的人提供了许多进入劳动力市场，接受职业技能培训、扩大就业选择的机会。

几十年来，大多数利益相关者都认为公园和娱乐服务可有可无，属于"锦上添花"的地位，其获得资助总是在基本的城市服务得到了资助以后。诚然，一些公园和娱乐部门提供的服务不是必需的，如：娱乐中心、溜冰场和老人中心，这类公园娱乐服务具有社会价值，而且在社区由来已久，但公园和娱乐部门将会努力争取预算拨款，因为这是给小部分的用户群而非整个社区提供的福利。重新定位公园和娱乐服务意味着投资解决社区最紧迫的问题。"投资"这一术语意味着一种有回报的、积极的、前瞻性的战略投资建议。

民选官员很少有资助计划的授权；他们的任务、道德义务，是将资源用以解决令人关注的社区居民问题。规划者面临的挑战是调查发现社区范围内居民期盼的社会福利。这些福利可以主观甚至科学地通过民意调查结果得以确定，如竞选中民意调查。对居民的随机抽样调查能反映他们最关注的问题，并表明居民在多大程度上认为公园和娱乐服务或活动方案能做出贡献（或可能的贡献）来解决关注的问题。[5]

注 释

1. 罗杰·摩尔，B.杰·摩尔德里弗，《户外娱乐导论：基于机会的自然资源供给和管理》（州立大学，宾夕法尼亚州：创业出版社，2005）。

2. 约翰·L.康普顿，斯蒂芬妮·T.韦斯特，《道德哲学，业务标准和业务策略在确定美国康乐事务资源公平分配中的作用》，《休憩研究》27，第一（2008）：35-58。

3. 大卫·格雷和西摩·格雷本，《未来展望》，《公园和休憩》（1974年7月）：33。

4. 同上，52。

5. 安德鲁·卡钦斯基和约翰·康普顿，《为休憩服务部门确定最佳定位策略业务工具书》，《康乐管理》9，第三（2004），127-144。

智能城市，虚拟城市

迈克尔·巴蒂（Michael Batty）

城市因经济和社会的交互而存在，而支撑这种相互作用的技术清楚地反映了城市的形态和功能。当机械技术首次被允许建造更大、更高的建筑时，当运行第一条轨道到自动化技术促成城市人口、活动从传统市场向外传播时，发达国家的城市就标志着在工业革命时代空间规划的方式。用"时间"换"空间"，现在人们到更远的地方工作和购物。城市景观已经多中心化：在城市化的过程中，一度在中央商务区或工业区开展的活动已经拓展转移至非常方便的地方。随着城市及其功能的扩大，城市群变得更加密集。

尽管机械技术仍占主导，但是电子技术加快了变化的步伐：信息交换的新方式正在塑造贸易、移民和通勤的本质。尽管如此，我们看到的东西，基本没有单独或主要由信息技术所决定，这些技术在物质形态上是看不见的。自20世纪90年代初以来，计算机和电信相融合，现在这些技术将互动与交流的基础改变得如此彻底，以至于我们基本上不太可能搞清楚正在发生的事情。无论如何，有一点是明确的，就是这些新的信息技术增加了当代生活的又一层面的复杂性——如威廉姆·米切尔声称的"信息基础设施"或"信息高速公路"[1]，这些信息技术正在改变难以用传统物理术语概括的城市形态和运作方法。

对城市的影响

尼古拉斯·内格罗蓬特（Nicholas Negroponte）认为人类正在跨越通往另一个世界的门槛，原子正在被"比特"[2]所取代。事实上，虽然制造业还没有完全消失，比特已经开始在传统物质建筑过程中对物质原子进行补充。信息技术（IT）的物理影响在规模上仍然非常小，在智能建筑和智能高速公路领域表现为通过嵌入式传感器来调高能源效率和安全性。智能建筑物可以进行自我清洁，自动修复失效部件，体现了新的原子与比特的结合方式。与此同时，在这些智能建筑中生产的产品，从金融服务到传统制造业产品，如汽车，都在很大程度上是由信息技术支撑的。

城市正在被多个不相关的公共部门和私人机构每周7天，每天24小时不间断地"监控"着。控制城市及其人口的潜在力量——可能是好的，也可能是坏的——早就存在。例如，某人在伦敦市中心生活或工作，他每天会被闭路电视拍摄超过300次，这对于监控犯罪是好的，但对于个人隐私是坏的。隐私问题对于在城市公共场所运用信息技术是至关重要的。

然而，信息技术在经济连接方面产生的变化更深刻。例如远程工作，它通过新的信息技术已经可以实现，但是一些人也认为这破坏了人们在城市中相互联系的纽带。信息技术加之日渐灵活的工作构成，使得工作时间被延长，而且多样化；随之而来的是24小时城市开始在西方的城市群中变得越来越普遍。许多当地的城市土地利用因信息技术而彻底改变，例如传统的门市书店正在被在线零售商所取代。类似于医院这样的机构正在添加新的功能，包括增添许多保健项目，改变其对场地空间的需求，并将这些功能分散于相对偏远但有信息技术连接的地区。另一个例子是信息技术缓慢地降低了市区内加油站的数量：由于车辆油耗效率和自动化程度在增加，同时火车和汽车出行也变得更加安全，汽车服务的需求就不断地在减少了。

目前为止，信息技术的变革是有赖于由光纤电缆构成的物理网络的辅助，通常这一光纤网络与现有的通信网络并行铺设。但是，最近信息交换传输已经开始利用无线网络。随着无线网络容量的增加，无线网络的便利将可能开始改变城市里人们的行为。[3]很清楚的一点是，当手机和个人数字设备连接到互联网时，人们沟通和互动的方式发生了改变。尽管我们现在有能力出行更远的距离，但是在郊区化进程中，对信息技术有较高要求的产业和服务反而越来越多地聚集在城市的中心区域。而以前常提到的"死亡距离"在实际中不会发生了。[4]信息技术产生的新行为，与其说是取代了现有行为，不如说是对现有行为的补充，如果他们改变了现有行为，也不会摧毁它们。新技术提供了新的互动形式和新的表达方法，不可避免地使社区之间差异化、多元化和专业化。

新通信技术的不可视性掩盖了巨大的网络扩散，这些网络都是围绕着信息传输构建的。想要在常规地图上显示网络空间及其附属的网络基础设施是很困难的。[5]例如，在显示互联网枢纽集群的传统地图上，只能看到信息技术及其网络所能提供的服务与城市的规模相关，规模最大的城市具有最大密度的信息网络。[6]

当谈到信息技术，就不得不提到信息充分（information-rich）（那些最容易接近信息

> 新通信技术的不可视性掩盖了巨大的网络扩散，这些网络都是围绕着信息传输构建的。

技术）和信息匮乏（information-poor）的差距：规模大的城市相比较于规模小的城市，城市市区相比较于农村地区，富裕的第一世界相比较于日益贫穷的第三世界。计算能力就像电一样无处不在，它来自于物理网络，或者"网格"，甚至是"以太"，然后魔幻般地呈现出在展示任何事物、任何地方、任何时间的场景。未来城市规划的一大挑战就是预测计算能力是如何改变城市的空间和距离的。

对规划的影响

现代信息技术利用有线或无线的配置将计算设备连接起来，直到20世纪80年代，电信网络和计算机开始连接。计算机小型化的出现也使大规模用户可以跨地区进行有效的信息交换，这个时候信息技术才对城市规划开始产生影响。很显然，高度专业化的信息技术中心已成为城市的增长极——显著的区位规模经济，吸引高科技产业已经成为许多城市规划的基础。例如新加坡，称自己为"智能岛"[7]，将自己定位为全球经济中的高科技中心。[8]马来西亚首都吉隆坡也试图通过建设多媒体超级走廊来吸引高新科技产业。[9]事实上，早在计算机没有大规模联网之前，许多经济发展举措都是在科技产业园区建立以科技集群为概念的产业，然而，最成功的高科技集群，似乎是有机生长的，是自下而上而不是自上而下的规划措施。最著名的有加利福尼亚的硅谷、波士顿西部的128号公路、北卡罗来纳州的三角研究园以及英国的剑桥科技园区。[10]

鉴于大城市的金融业和服务业发展多元化，且不断增长，新的城市经济地理学已经融进了更多的内容，涵盖了更广泛的经济活动。虽然服务业和支撑其发展的信息技术的密度与城市规模息息相关，但是当地社区也存在其他影响因素，比如城市可以通过提供必要的土地和基础设施服务以吸引资金雄厚的金融服务业，从而达到经济增长的目的。事实上，世界金融中心——伦敦、纽约、东京、芝加哥、法兰克福和上海都在紧追不舍——它们都在提供优质的基础设施服务，互相竞争以保持现在的优势地位。例如，英国伦敦的金融区（因城市而得名），在每个夏天的夜晚都会清洗街道，并且路边不设停车位，伦敦正努力保持着其竞争优势。都柏林是少数几个成功吸引主要金融服务业的城市之一，它的做法主要是提供更便宜的后勤保障。

然而，信息技术对规划最直接的影响不是城市的地理布局，而是规划技术的发展。早在20世纪50年代，计算机离开了实验室，进入了商业和政府部门，规划者们开始试图用它们来展现城市——

很显然，高度专业化的信息技术集成已成为增长的动力，吸引高科技产业已经成为许多城市规划的基础。

首先是创建城市运行的象征性模型，随后创建了二维和三维（2-D and 3-D）的城市形态模型。这些技术依赖大量的数据集成，从而生成半自动流程，被称为规划支持系统[11]，这些系统有助于技术规划过程，是建立以地理信息系统（GIS）技术为代表的成熟技术之上的。[12]基于计算机技术的规划技术，现在变成了城市日常工作中的常规操作，取代或补充了一些曾经手动或非自动化的城市功能，这在计算机未广泛应用以前是做不到的。

这里举三个例子来说明新的信息技术是如何影响城市规划和城市生活的。第一个例子是在线地图，使用户能够找到确切的位置和方向。这样的地图在20世纪90年代中期万维网诞生的年代便已有之。谷歌，以收集了各种各样的信息并且通过互联网加以传播而著称，现在也推出了谷歌地图和谷歌地球服务，这两项技术都为由公众参与规划的复杂活动提供了支持。这两项技术有效地将二维、三维地理信息系统（GIS）以及计算机辅助设计融入公共领域，并且能使网络用户在上面添加信息。在伦敦，为了鼓励公众参与规划，该市制作了三维地理信息系统模型，来展示城市规划将会如何影响城市（图7–19、图7–20）。为大都市区建立的模型可以轻松上传至谷歌地球，用户可以在任何时间、任何地点登录并查看城市形态。这个模型目前也被用于检讨评估计划建设的高层建筑对金融区的影响，而在这以前金融区内的纽约式的摩天大楼已经被抵制了50年。[13]向这样的系统输入数据代表着数字连接时代的变革。目前，人口普查数据和其他空间

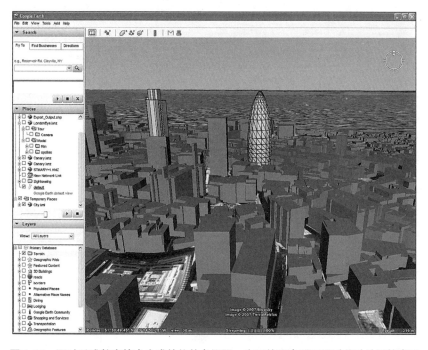

图7-19 通过遥感数字技术生成的伦敦虚拟图，广泛的用户群可通过谷歌地图搜索到

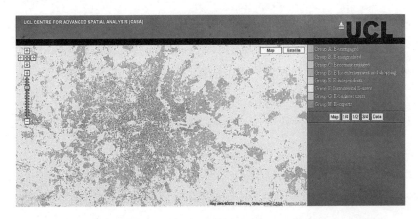

图7-20　用谷歌地图虚拟显示的伦敦大区信息充分和信息匮乏人群的分布

数据集，如空气污染数据、就业数据等都可在线查找的，应用这样的软件可以将规划中各种各样的问题和政策可视化。

第二个例子是在英国，他们将标准格式的普查数据以一种分类按地区诠释（例如，"信息充分"和"信息匮乏"分类），然后利用谷歌地图将分类结果放到公共领域。因此，任何用户都可以使用任何地图，只需下载一个免费软件，可将信息地图以谷歌地图为底图制作成网页，其信息图层可随意开关，从而有效地利用数据库在公共区域内创建一个地理信息系统。现在有数千个这样的地图应用程序连接着高度多样化的数据库。图7-20展示的是伦敦大区分信息充分和信息匮乏地区的状态。

第三个例子是在更精细化尺度内的应用。我们很快就会进入这样一个时代——通过关联的远程传感器，我们对每天、每小时、甚至每分钟的交通出行模式，建筑使用率、污染水平、能源利用、零售业销售、在校学生数量、医院病人数量等做到实时精确地掌握。如果可以获得这些信息，那么将来规划人员就有可能运用城市规划支持系统分析这些信息。图7-21展示了伦敦北部郊区一群8—10岁的小学生每天的活动足迹。每名学生佩戴了小型全球定位系统（GPS）和能源检测器用于追踪他们能量水平和位置，一共佩戴了4天，每天12小时。当然类似的个人数据会引发个人隐私的问题和保密的问题，但它们确实也对设计优良步行环境，通过体育运动解决肥胖问题是有用处的。当这种实时数据上传至谷歌地图时，它提供了一个全新的视野和可能，即我们可以真正提高规划能力以灵敏地应对各类城市问题，使城市成为真正的智慧城市。对于规划者而言，运用这种信息技术的最大好处之一就是可以积极主动地、创造性地设计城市，以应对未来更加复杂多变的情况。

图7-21 学生活动的实时跟踪技术应用了彩色代码来表示行动过程中的能量消耗。地图上还显示了时间和距离

注 释

1. 威廉姆·J.米切尔,《比特之城：空间、地域及信息高速公路》(剑桥：麻省理工出版社，1996)。

2. 尼古拉斯·内格罗蓬特,《数字化》(纽约：Vintage，1995)。

3. 迈克尔·巴蒂,《无线城市》,《环境和规划》B30，no.6 (2003)：797-798。

4. 弗朗西斯·C.凯恩克罗斯,《距离的消失：通信革命如何改变了我们的生活》,第二版 (剑桥：哈佛商学院出版社，2001)。

5. 马丁·道奇、罗布·基钦,《网络空间图集》(哈洛，英国：艾迪生-卫斯利，2001)。

6. 马修·A.祖克,《互联网行业的布局：风险投资、网络公司及局部知识》(牛津：布莱克威尔出版有限公司，2005)。

7. 米切尔·巴蒂,《智能城市：利用信息网络获取竞争优势》,《环境和规划》B17，no.2 (1990)：247-256。

8. 肯尼斯·E.科里,《"新加坡行进中的人、货物和信息：智能走廊"，21世纪行进中的人、货物和信息》,ed.理查德·汉利 (伦敦：劳特利奇出版社，2004) 293-324。

9. 蒂姆·邦内尔,《网络jaya与布城：马来西亚的智能城市》,《网络城市文摘》,ed.史蒂芬·格雷厄姆 (伦敦：劳特利奇出版社，2004)，348-353。

10. 曼纽尔·卡斯特、彼得·霍尔,《世界技术城市：21世纪工业复合体的产生》(伦敦：劳特利奇出版社，1994)。

11. 布里顿·哈里斯，《超越地理信息系统：计算机与规划专业》，《美国规划协会期刊》55，no.4（1989）：85-90。

12. 关于规划师的技术运用可参阅理查德·K.布瑞尔，《地理信息系统及更多》，第八章。

13. 米切尔·巴蒂、安迪·赫德森，《城市模拟》，《建筑设计》75，no.6（2005）：42-47。

第八章

规划管理

研究主题

规　划　经　理

斯蒂文·A.普勒斯顿（Steven A. Preston）

　　规划经理（即处于中层管理层或者有一定管理职能的规划师）虽然在不同环境下、不同层次中，为着不同的目标在工作，但是他们有一点是共同的：他们必须依靠技术、管理、领导力等手段来应对目前不断变化的规划环境。

规划管理：公共部门与私人部门

　　过去，公共部门管理是在政治和行政管理截然分开的理念指导下进行的。在这种理念下，公共部门的规划师常常被看作是能够提供专业知识指导的高技能专业人士。但是因为对行政机构行为外的行为没有适时的"监督检查"，规划师无法参与决策的制定，从而使人们对规划师形成了一些错误的观念，如精英主义、办事无效率和浪费等。

　　如今，包括地方政府在内的一些公共机构开始采用经济学领域的应用模型。尽管这样，公共机构的规划与私人机构的规划在很多方面是明显不同的。第一，公共机构的规划师面对的客户群是多种多样的，而且很难界定。这些客户有时并不直接或完全地参与规划过程。当私人机构的规划师为地方政府提供咨询服务时，情况也是一样的。私人机构的规划师（无论是有偿工作还是无偿工作）更多的是为有着明确要求的个体客户工作。第二，公共机构的规划是以社区为基础的，规划师没有在客户、项目或者地区间沟通的意愿。第三，长久以来，与私人机构的规划师相比，对公共机构的规划师而言，更重要的是渊博的知识和对社区的深入了解。第四，日益复杂的法律法规、判例法、地方性规章和专业标准将一大堆限制和责任强加于公共机构，这些都影响了公共机构各方面的规划，例如功能覆盖、倾听民意、环境监察、缓解利益矛盾以及保证程序合法性等。最后，尽管社区和公共部门规划师之间的政治来往越来越多，但是监管保护这道"防火墙"使规划师免受行政官员或公民在工作上对他们的干扰。与公共机构的规划师相比，私人机构的规划师可能不会面对同样的立法和管理压力，但是他们也更容易被解雇。

规划管理技巧

我们经常认为规划师是变革的推进者,他们中许多人也花了相当多的精力来应对各种变化。加利福尼亚规划协会在2000年发布了一份报告《世纪之交的规划》。该报告论述了规划管理中许多新的发展,决定了规划管理的发展趋势。报告指出:

● 规划工作比以往更具有合作性和对抗性了。由于那些目光狭隘的利益团体在竞争中都想主导未来的发展趋势,因此广大的公众利益就常常被忽略了。

● 人口统计学数据变化的多样性和重要性影响到了社区生活的方方面面。

● 目前规划过程和规划机构都存在不确定性。

● 数字时代的来临改变了规划。

● 社会和政府机构必须要紧跟全球化对社会、经济和日常生活改变的步伐。

● 政府目前还难以满足公众对规划的绩效、责任、公平和质量等方面的要求。

● 公众日益认识到环境、经济和他们所在社区的关系,以及社会、环境和经济可持续性发展的重要性。

● 危机驱动决策和以任务为导向的解决方案取代了前瞻性的实证规划。[1]

为了应对社会变化带来的挑战,规划经理不仅要精通技术,还要精通管理策略和领导艺术。[2]规划师不仅要掌握多种技术技能,具有跨学科思维能力,还要有战略眼光,这样才能成为一个好的领导者。同时他们也必须有较强的人际沟通能力,这样才能在内部和外部工作中发挥较好的作用,尤其是他们必须表现出足够的自信以鼓舞其他人愿意接受领导,精诚合作,团结一致。

规划管理技巧		
组织技巧	财务技巧	人事技巧
组织	计划	纳新
培训	预算	试与选拔
选举	资金计划	监管
领导力发展	合同管理	评估
便利	绩效监控	监控
有效性		指导
策略规划		渐进性惩处
市场		协商与集中
沟通		协议
政治意识		

规划经理有效领导力的特点

- 承诺。向组织和社区做出有条理的承诺。

- 能力。保持清醒头脑，按照原则做事，不受情绪变化的干扰。

- 勇气。合理评估与应对风险，在压力面前能够保持冷静。

- 道德。任何时候都要表现得诚恳、正直和坦诚。行为举止符合"美国规划协会道德行为准则"和"美国注册规划师道德规范学会"中所列的个人和职业标准，并不断提升这些标准。[1]

- 公平。平等对待所有人。

- 感同身受。能体察他人的情感、价值观、利益和幸福。

- 灵活性。主动适应新的环境，不断寻找创新性的方法应对不断出现的问题，继续实现更高的目标。

- 包容性。遵守"美国注册规划师道德规范学会"规定的要求，在规划过程中实现多角色参与，通过合作和协商建立职业威信。

- 激励。给予他人信心，激发工作热情，并鼓励他们竭尽全力投入规划过程，展现坚强的毅力以及良好的体力。

- 多学科角度。有能力整合各种数据，应用多学科技术。

- 批判思维。有较强的分析能力，具有探索精神和开放思维。

- 政治觉悟。积极响应政治环境，同时避免不当的政治行为。

- 明智的判断。依靠分析能力提供有效、及时的解决方案。

- 信任。真诚面对雇员、官员、公众。

- 愿景。设置整个组织都接受的愿景和目标。

注：不同的人和机构对于领导力特征的综述以及列表是不同的。请参阅唐纳德·克莱克，《领导力——个性与特点》，nwlink.com/ donclark/leader/leadchr.html -（2008年6月13日）。

1.美国规划协会，"规划的道德行为准则"（1992年5月采用），planning .org /ethics/ethics.html（2008年6月13日）；"美国注册规划师的道德准则与职业素养"（2005年3月19日采用，2005年6月1日生效），planning.org/ethics/conduct.html（2008年6月13日）。

规划经理工作机构

很多机构，不管是地方政府、州政府、联邦政府，还是区域规划机构、私人公司、部落政府以及非营利组织等都希望拥有具有领导力的规划经理。

地方政府

美国规划协会2006年的一项调查表明，67%的规划师在地方政府工作[3]，包括市、镇、乡和村政府，县政府，各种形式的大都市区政府，特别行政区，经济发展或再开发机构，港口、海港、机场和其他有关部门。在这些机构里，规划经理监管一系列和规划、环境以及社会发展有关的工作。在地方政府处于中层管理层或者承担一定管理职责的规划师通常被称为规划经理、发展管理人员以及长期或当前规划经理。

目前，越来越多的规划师进入政府的行政主管部门，担任城市"城市主政官助理或者副市政官"。市和县都有各自独立的规划委员会。负责规划的经理可能是规划委员会的执行董事，或者在个别情况下，如纽约，规划经理就是规划委员会的主席。

州和联邦政府

在州和联邦政府工作的规划经理收入最高。[4]在州政府，规划师可能在州规划部门或相关政策制定部门工作；也可能在为州立法机构提供支持的办公室工作；或者在住房、社区发展、经济发展以及历史保护等机构工作。他们作为这些机构的主管或副经理监督某些具体的职责或为规划提供某些专门知识。在联邦政府里，规划师在美国住房和城市发展部隶属的社区规划和发展署（CPD）工作。社区规划和发展署负责社区规划和经济发展，为社区提供经济适用房，保护社区环境，为无家可归人员、艾滋病患者或HIV呈阳性患者提供住房。[5]

区域规划机构

大都市规划组织（MPOs）或政府议会（COGs）等区域规划机构数量的增长，为规划经理提供了大量的就业机会。这些机构在州和区交通规划中起着主导作用。南加利福尼亚州政府联盟是全国700个政府议会中最大的一个。它的大都市区域规划机构（MPOs）为6个县（相当于中国行政上省下面的"地区"甚至更大）提供服务。这些县人口超过1 800万，面积达38 000平方公里。[6]在这样一个规模庞大的机构内部，规划管理的职位通常包括执行主管、执行副主管以及分管特定功能区的部门主管。还有其他区域委员会或机构也会为规划经理提供工作机会。最著名的机构是成立于1933年的田纳西州流域管理局（TVA），该管理局至今仍对7个州的土地利用和经济发展起着重要作用。[7]

私人企业

2008年美国心理学会（APA）所调查的规划师中有四分之一的人在私人企业工作，既包括为私人开发商工作的，也包括为地方政府提供合同服务的规划师。在私人企业工作的规划师数量逐年增加，而且在开发部门工作的规划师的收入的增长是最显著的。[8]

在私人规划企业，根据企业的类型、规模、公司的地位的不同，规划经理的头衔可以是董事长、合伙人、总执行官、经理，最常用的头衔是"负责人"。在一些服务范围较广、规模较大的企业，如建筑设计或景观设计公司、调查公司、土地经济咨询公司里，规划师（有时会在企业里持有股票）被称为执行副主席。

规划师在私人企业（包括房屋建造公司、大规模社区发展公司、社区总体规划公司、民用、商用及混合用房的发展和再发展公司等）也担任着重要的管理工作。

部落政府

在北美土著居民社区，经济发展、住房、社区服务的长期规划越来越多是由部落政府的规划师来负责。这些规划师的头衔、职责和公共部门的规划经理差不多，但是，部落规划管理必须反映部落主权独特的法律基础和部落社区的文化传统。正因为如此，部落社区的土地管理、环境资源保护及与其他政府组织的沟通协商具有鲜明的区域特色。

在发展迅速的加利福尼亚科切拉谷地，在规划与发展部主管的带领下，卡维拉印第安人的阿瓜卡连特机构实施了各种各样的规划项目。规划与发展部的工作包括地方与区域规划、建筑安全标准管理与实施、水资源规划、财产购置和管理、拨款管理、建筑改建、地理信息系统（GIS）编制、栖息地保护以及部落风景区管理（一个独立的历史文化保护部门，主要负责文化和古迹的管理）。[9]并不是所有部落政府都具有如此广泛的规划管理职能，但是确实有不断扩大的趋势。因为部落政府不仅是部落土地的拥有者、建设者，更是土地的官方保护者，阿瓜卡连特机构的规划运行与管理方式是独特的，其他政府机构无法做到与其一致。

非营利性机构

规划经理所服务的非营利性机构包括经济发展组织、社区发展公司、社区设计中心、非营利住房公司、非营利发展机构、社会服务供应组织等。大多数规划经理的主要工作是发展建设保障性住房。

规划机构管理

规划机构的形式和任务变化得非常快。私人公司一直以来都是客户导向型，而现在越来越多的公共规划部门也逐渐向客户导向型转变。在许多管辖区域，为提高服务质量，一些社区发展部门进行了职能合并。在这些机构中，规划经理必须监管以下各种行为：从规划到环境治理、标准管理及实施、经济发展与再发展、房屋推广与发展、街区财政拨款管理、邻里授权管理、历史文物保护、交通管理、工程建造以及公共服务。此外，公私合营部门和社区合作部门的管理还需要额外的技能和创新性机构组织。

为了成功管理内部各种不同的机构，规划经理需要仔细思考这些因素：机构形式、战略规划、预算和财务、人力资源、行政管理手段、竞争和冲突管理、绩效监督、沟通和市场营销、诚信文化建设。此外，规划经理还需要善于激发创新，应对变化，加强领导力，促进多元化。

机构形式

规划机构的形式受其历史、规模和目标的影响。该形式必须符合规划跨学科的需要，而且必须确保合理的规模以便于管理。规划经理要和决策制定者、行政主管、规划师、社区利益相关者共同决定最合理的组织结构。通常有三种选择：垂直型组织结构、扁平型组织结构、矩阵型组织结构。

● 垂直型组织结构，即在传统命令链条上运行的组织结构，即每个部门的主管只对他的直接上级报告工作，沟通渠道很清晰，职责分明。这种机构形式经常用于上下级关系明确、权利高度集中、规模大、业务广泛的组织。

● 扁平型组织结构，管理层级少，灵活性更大，下级拥有更大的权威，承担更多的责任。小公司和非营利性组织经常采用这种形式，因为这样可以激发创造性、便于合作、适合创业。与垂直型组织结构的命令链条不同，这种组织经常会因技术需要组建项目组，来完成具体任务。

● 矩阵型组织结构，结合了垂直型和扁平型组织结构的优点，员工大多属于一个部门或跨部门团队，但同时又对某一特定的项目或成果负有责任。从理论上讲，矩阵型组织是很吸引人的，但实际操作中却难以管理，不太适合规模较大的机构。

战略规划

每个成功的组织都需要一个明确的战略规划。根据私人部门所使用的战略规划方法，每个规划机构都应该明确用以指导工作的规划的核心目标和基本宗旨，然后明确近期目标和远期目标，最后时刻注意甲方的意向、部门相关人才的可用性和金融资本。

通常战略规划包括以下内容

- 环境分析（也称需求评估）。分析机构目前的状况以及可能影响机构发展的主要趋势。

- 定义核心价值。阐明核心价值，并将其体现在机构经营方针和工作模式中。

- 列出任务清单。确定机构核心目标后，将其用简洁的语言阐述出来。核心目标体现了客户、项目受众和员工对该机构的期望。

- 确定基本宗旨。为促使机构完成任务，需明确表达其价值观。

- 实施SWOT分析。在制定战略规划时，分析机构的强势和弱势、面临的机遇和挑战是非常重要的。

- 确定战略的优先次序，制订工作计划。制订在近期（通常是2—5年）重点完成的目标计划。

预算和财务

规划经理负责预算管理、财务绩效监督和评估以及资金改进预算。规划预算可以遵循下栏中的任何一个模式。通常，拥有规划实施部门的大型机构会规定预算的种类。

虽然预算的形式取决于其所采用的不同模式，但是所有的预算都有一些共同的特征，如预算信息都采用表格或图表来进行总结归纳；运营预算都包含薪金、收益和运营费用；资金预算包含硬件费、设备费和维修费（此外，规划机构自身的预算和规划机构为社区做的资本改进预算，二者是不一样的）。

公共部门的预算模式

● 线性预算。这是最早、最传统的预算方式，按照部门或管理单元划分成本。线性项目预算易于操作，且易被公众认可，适合资源需求少的小型机构。

● 项目预算。与线性预算不同的是，项目预算是围绕着特定项目展开的。虽然这种方式对项目组来说易于操作，但是却不易被公众所理解。

● 绩效预算。它是项目预算的升级版，根据项目的特定绩效目标进行预算。

● 规划—项目—预算编制系统（PPBS）。第二次世界大战后，国防工业的一项研究结果表明，这种系统将项目预算模式与近期、远期规划目标、绩效测评以及能够识别实现机构目标的关键路径的目标跟踪系统结合了起来。

人力资源

规划机构是服务性机构，其工作质量完全取决于员工的工作质量。员工培训、职业拓展和团队建设是构成高效、顾客导向型机构的重要因素。有效的人力资源战略包括人才招聘、测验和选拔，分类计划，酬金计划，绩效考评和集体协商。

● 招聘高素质员工是保证服务质量的基础。在一些地方，规划师和工程师是非常抢手的，以至于公共部门不得不在招聘中通过津贴和奖励来和私人部门竞争。相关服务系统要求公共部门必须明确人才招聘中的标准，包括招聘、升职和薪酬。为保证公平，该服务系统支持对最优候选人进行招聘和保留。

● 机构需要分级方案为新进职员工和基层员工提供上升空间，为中层员工提供进入管理层的机会，以及连续发展计划以确保在高级规划师离职或退休时，有从基层晋升上来的相应人员继续工作。

● 薪酬计划是保证招聘所需人才并维持稳定高效的工作团队的关键，即在参考其他行业薪酬标准的基础上，制定有竞争力的规划师薪酬。薪酬调查应该以当地劳动力市场为对象，但若此类数据不易获得，则使用全国平均数据。调查可能选择的是同一部门内所有职位的可比数据，或者是其中有代表性的职位数据。

● 对提供优质服务的机构来说，采用一种常规的、系统的方式来收集员工绩效反馈是非常重要的。下面的专栏介绍了各种考核方法。

● 一旦在规划中涉及地区的公共安全和操作人员的管理，集体协商就会出现在专业团队的运转过程中，包括多个主要城市的规划部门。一般情况下，由城市管理机构组织各方均认可的协商，而规划经理在协商中可起着至关重要的作用。

规划师的薪酬水平

美国规划协会(APA)每两年一次，通过网络跟踪调查全国规划师的薪金补偿标准数据。根据2008年的调查，从2006年到2008年，规划师的平均薪金以每年4.8%的速度增长，高于同期3.2%的通货膨胀率。这种增长方式高于美国工人的薪金增长水平。[1]下图显示的是2008年美国规划协会做的规划师薪金调查结果，该图表明在联邦机构、教育机构、法律事务所和开发公司工作的规划师薪金普遍高于在地方政府和私人咨询公司的同行。在非营利性机构和联合市／县政府工作的规划师，其薪金处于薪酬水平处于最下端。

2008年美国规划师的薪酬水平：

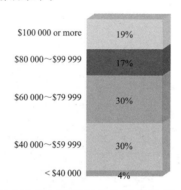

注：年收入比来自于12 940名全职规划师的调查数据。

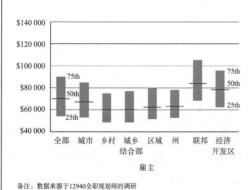

备注：数据来源于12940全职规划师的调研
美国规划协会，APA/AICP2008规划师薪金调研

考核办法

在大多数机构里，年度业绩考核用来肯定优势，比较个人工作业绩与机构目标的差距，制定对策解决工作中的弱项，并且制订未来发展计划。在传统评价过程中，雇员和主管通常会填写一个表格(清单或叙述性文件)，然后讨论他们所做的评价结论。后来有的公司对此方法进行了一些改进，应用了反向绩效考核、360度评估等。反向绩

效考核允许雇员和主管互相考核。由于这些考核是计时的，所以雇员和主管不能同时考核，而且考核过程中要注意保密。在360度考核中，组织内部所有部门都要评估组织是否完成既定目标。

行政管理手段

随着地理信息系统（GIS）和管理信息系统的应用，规划机构的行政管理变得更加精细化。规划经理应用这些技术：

- 管理解决时间和资源需求间的冲突；
- 监督雇员、高级管理人员、管理机构人员、社区利益相关者和公众之间的联系；监督绩效实施过程，包括协助决策者（比如当地政府官员、法院、规划委员会、董事会、理事会、客户等）评估现行绩效及机构未来的需求；
- 监督行政许可审批程序。

竞争和冲突管理

即使是管理得最好的公司在对其要求超过他们自身能力时，也会屈从于压力，或者公司内的种种不协调。在公共部门，解决竞争和冲突有些棘手，因为规划经理在增加或调度员工方面缺乏弹性，而在私人部门的规划经理就灵活一些。有经验的规划经理会采取一些措施来应对工作上的需求。

例如管理信息系统可以帮助掌握机构的投入情况（比如服务电话、收到的申请、来访者数量等），也可以辅助日常管理工作。基于实际能力的评估可能会带来预期绩效的调整。

规划经理应该像个教练，提供资助或专业咨询帮助员工处理工作，以及工作的重新分配，必要时给予优先权。规划经理应该通过员工自身的能力来评估其工作量，而不是以他们的头衔或职责进行评估。当员工需要的帮助超出了规划经理的职责和能力范围时，规划经理应该借助其他资源来给予帮助，如专业咨询。

高效的规划经理会建立基本制度来减轻员工压力，并界定员工的权利和义务，从而维持稳定、愉快的工作环境。机构应该提供安静的区域以及健康的零食和饮水条件，方便员工在此休息、思考。另一种缓解员工压力的方式是，一线员工不受高层管理者或其他有影响力人员的支配。同时，为保持工作团队的稳定性，还可以采取以下方式，如打破沉闷的工作节奏，偶尔在工作时间进行一些有趣的、友好的活动，或者参加旨在加强人际关系的社会活动等。

绩效监督

成功的规划机构会设定目标，并监督目标的实现。通常来说，目标的制定依据包括综合规划、战略规划或者组织发展规划。规划经理采用多种方式来监督工作绩效。例如，效率研究可以用来确定过程改进的机会，管理审计可以用来评估程序效率和管理效能。机构运营状况持续、系统评估的数据，就其时效性、有效性、生产率、顾客满意率等方面而言，可以通过抽样调查、客户偏好调查、焦点小组调查等方式收集。

某些司法管辖区用社区绩效指标来评估公众对政府服务和生活质量的满意度。无论这些指标是被用来跟踪犯罪情况，考察应急响应，还是获得社会服务情况，它们都已成为规划管理的常规内容，为当选官员和公民提供他们所在社区的缩略图。目前，许多城市都通过网上互动来直接获取居民的反馈意见。

互联网增加了居民对"数据民主化"（即未被政府过滤过的信息）的需求。目前，居民可以更多地获得绩效指标和其他信息已给社区带来了显著成效。[10]

沟通和市场

当代的规划实践依赖于公众参与——规划实施的最终受益者。现在的规划经理必须创造并实施总体沟通计划，以支持长期的机构和社区目标，同时还必须推广专题规划及实施政策。虽然规划经理越来越倾向于使用大众媒介进行沟通，但他们也必须组织社区公众参与活动，直接面向居民和其他利益相关者。[11]

建立诚信文化

规划经理承担的责任日益增多，这使得他们必须以一种有效的方式来提倡道德行为。[12]建设诚信文化有其实际意义：如果规划经理的管理是有效率的，他们的员工也会对当选官员和居民展现出其公信力，居民与当选官员（即居民的政治代表）的观点可能是不同的。美国规划协会（APA）的规划伦理原则规定了行业道德标准，美国规划师认证学会（AICP）认证的规划师还必须遵守该机构制定的道德规范和职业操守（参阅本章"规划伦理"一节）。[13]

但是，建设诚信文化并不只是遵守道德规范，还意味着要建设道德防火墙，建立明确的指导方针，促进伦理价值观，培训官员，公开讨论道德规范，并强制执行道德准则。

● 建立道德防火墙。如果政治环境为敌对环境时，在当选官员和遵守本机构管理规则的员工之间，规划经理要建立一堵防火墙，从而创造安全的、高效的工作环境。好的规划经理会确保员工不会因为做了该做的工作却受到惩罚，或因为在工作中偷工减料反而受到奖励。

● 建立明确的指导方针。规划机构需要清晰、简洁的政策建立道德标准，比如禁止接受礼物，泄露实际或可能发生的利益冲突。在许多情况下，这些道德标准和组织战略规划原则是紧密联系在一起的。

● 促进伦理价值观。在规划机构当中，规划经理必须是首席道德官，负责沟通、促进和执行道德需求。一些规划经理看好经AICP认证的规划师，因为认证可以说明这些人符合一定的道德标准。在新泽西，AICP考试是联邦资格证书考试的基础，以确保考生的道德水准和实际能力。加利福尼亚圣莫妮卡的规划部门在其官方网站[14]上列出了援引APA的道德规范。

● 培训民选和任命的官员。肯塔基州、路易斯安那州、南卡罗来纳州和田纳西州都对规划专员实行强制性道德培训。加利福尼亚州规定所有民选和任命的官员都要接受此类培训。在肯塔基州，规划专员要在入职后120天内或者在入职当年合约签订前接受4小时的道德培训，这之后每两年要接受8小时的培训。这4个州及加利福尼亚州的法律都规定，规划师必须接受一定课时量的道德培训。[15]

● 公开讨论道德规范。在道德规范的问题上必须坦诚、公开。[16]在加利福尼亚州的规划年会上，规划圆桌会议对道德规范进行了公开讨论。他们每年至少举行一次关于规划领导力的讨论。通常这类讨论聚焦于年轻规划师的需求，因为他们仍在探讨如何处理那些既微妙又危险的错综复杂的政治和规划间的关系。

● 强制执行道德准则。清晰的记录调查和处理情况，以审慎的原则执行道德准则。现在许多城市都有道德行为规范，一些州还通过立法来规定如何调查和处理涉嫌违规的情况。AICP的成员如果被调查确实存在违反道德原则的行为，就会面临行业内的制裁。

管理创新与变革

管理者不仅要监督他人的工作，还要激励同事和下属去完成似乎不在他们掌控之内的事情。员工有时不愿意去开拓新的领域，因为他们会担心若方案失败，会面临审查。成功的规划经理会给员工提供同等的权利和义务。如果员工在不可预知的情况下失败了，他们会给员工提供评估和应对合理风险的方式，这也为员工提供了一张"安全网"。

富有创造力的领导者会鼓励员工创新，强调思考解决问题的灵活性和协作性，并且允许超越专业和组织的限制。在圣盖博、加利福尼亚，每年这些机构都会对所有的部门的管理者实行异地撤回，实施教育和休闲项目，以增强团队精神，降低组织沟通壁垒。此外，管理者们还定期举行非正式午餐，以讨论和解决问题。

提高领导能力

规划经理的一项核心职责就是提升员工能力，以便高效地完成规划任务。能力建设通常包括以下方面：

● 员工发展计划旨在提升员工技能。包括每月的"棕色袋子午餐"，可以讨论一个既定话题，或为大家提供一个非正式的交流场合以加强联系；举行定期的实地考察，来检查和评判团队工作的成果；和专家学者举行非正式座谈会；培训员工使用新技术、新方法和新实践。

● 为帮助员工提升工作能力，在预算、项目管理和人事管理方面，机构会为员工提供各种学习机会，包括由APA赞助的会议，由环保专家协会、纽约规划师协会以及一些大学推广项目组织的会议，但这些会议需要付费，并要求规划经理推广并持续赞助员工参加会议。

● 奖学金项目为年轻规划师提供奖学金，以鼓励他们在工作之余发展领导力。[17]

● 共享管理安排，允许员工正式或非正式地参与管理层工作。

● 为公司管理层提供培训项目，提高其领导力和道德水准，为管理层的决策者们提供和机构员工共同学习和讨论的机会。该培训项目有别于员工培训和民选或任命的官员培训。

吸引规划师进入公共服务部门

培养下一代领导人需要付出非常大的努力。国际城市管理协会（ICMA）在2007年做出的一份报告显示，多数地方政府管理者为婴儿潮一代，他们将很快面临退休。将中青年专业人才引入管理层会"因政治文化变得很复杂，因为目前的政治文化告诉年轻人，现在的政府服务是官僚的，是二流的工作"。[18]该报告建议，新生代规划师在性别和种族背景方面更多样化，他们不太可能在一个岗位上长期就业，更渴望收到立竿见影的效果，并且不太愿意考虑在地方政府就业。[19]为了吸引年轻一代进入规划行业，并且进入公共服务部门工作，规划机构尤其是地方政府规划部门需要创造更吸引人的工作机会。比如，在加利福尼亚州的伦秋—库卡蒙加，规划师已经到当地的学校，通过旅游、创意游戏或其他活动向年轻人教授有关规划的相关知识。

许多规划专业的毕业生更愿意到私人公司工作，因为他们认为私人公司会提供更多的就业机会和快速发展。公共部门为了和私人公司竞争，主动参加招聘会，并策划校园活动，抓住一切机会展示公共规划师这份工作具有重要意义（图8–1）。

为给人们展现一个稳重的形象，政府部门还有另一种有用的举措。如俄勒冈州波特兰市的一位规划师里克·史蒂芬斯（Ric Stephens），游历西部多年，在很多会议上向规划师们传递一个理念：办公室工作也可以有乐趣。自1993年开始，加利福尼亚州拉文市的社区发展部每年都要出版幽默刊物"年度行情"，这已成为他们的一个传统。

图8–1　当听到高中生在社区论坛上谈论到健康食品的需求时，盖尔·戈德贝格——洛杉矶市的规划主管，意识到对此问题规划师确实考虑不够。因此，她与高中生举行了会谈，专门探讨社区的食品环境

促进和支持多样性

多样性仍然是一个关键问题：美国规划协会（APA）2004年的年度报告显示，在美国规划协会（APA）所有成员中，少数民族成员不足10%，在管理层中这个比例就更小了。[20]然而，鉴于当今社会的多样性，规划经理需要员工具有多元化的文化背景，甚至在某些场合需要通晓多国语言。

为了实现多元化，规划经理必须在有色人种社区进行招聘，并和服务于不同人群的大专院校建立联系，创造具有升职空间的就业机会。作为多样性倡议项目的内容之一，美国规划协会（APA）在其官网（planning.org）公布了一系列资源名册，许多地方部门会和国家机构一同提供多元化项目。

美国规划协会（APA）的一项关于薪资的调查表明，女性规划师占37%，并且这个比例还在持续上升。工作时间少于5年的女性规划师和工作时间少于9年的男性规划师的平均工资几乎相同，而他们的工作经验几乎是相同的。然而，随着工作年限的增加和工作经验的积累，女性规划师的收入开始低于男性规划师。等到他们拥有20年或20年以上工作经验时，女性规划师要比男性规划师少赚大约14 000美元。虽然美国规划协会（APA）没有调查规划师的职位，在高级管理层中女性规划师也呈现出了较小的占比，但与过去相比，目前仍有更多的女性规划师进入到管理层当中。[21]

即使给予女性与男性相同的薪金和升职空间，因为要承担家庭责任，一些女性规划师仍然无法升迁。婴儿日托和就业担保计划等福利措施为女性和男性就业者提供了更大的灵活性。一些有远见的规划经理还制定了员工替代方案——包括工作分享，即允许两名专业人员同时兼职，共同享有一个职位和工作。在加利福尼亚州的一些社区，替代工作方案是周一或周五可放假，这个时间可以用来处理家庭事务或就医。此外，一些机构还采取了远程办公方式。

在男性占主导地位的机构里，女性很难发展或展示自身的领导能力。如果组织能够有意识地营造性别平等和安全的环境，女性规划师就可以更好地开展工作。

总　　结

作为规划经理必须知道如何：

- 创造符合内部和外部客户需求的组织结构；
- 为应对当前和未来的需求，鼓励员工和其他利益相关者投身到战略目标的制定中；
- 管理组织的预算，确保善用资源；
- 招聘、雇用和建设一支才华横溢的团队；
- 确保行政管理的有效性和高效率；
- 管理竞争需求；
- 监督绩效；
- 进行沟通和营销计划；
- 建立道德文化；
- 创造利于创新的工作环境；
- 培养多样性。

高效的规划经理会从内到外对规划工作进行支持，建立利益相关者之间的联系，帮助社区满足其规划需求。为此，他们必须具备专业知识、管理能力和领导力。更重要的是，他们要激发员工潜能，使其树立信心，发展组织能力。成功的规划经理要始终关注业内和国际的发展趋势，以随时应对美国社区内的规划挑战。

注 释

1. 加利福尼亚规划圆桌会议，千禧年的规划：改善加利福尼亚的土地使用决策（圣加百利，加州：2000，1），2，cproundtable.org/ media/uploads/ pub_fles/paem.pdf（2008 年 6 月 13 日）。

2. 关于管理和领导力之间的关系的论述在本章的其他文章中有更为全面的描述。

3. 美国规划协会（APA），美国规划协会 / 美国注册规划师协会（AICP）2008 规划者薪水调查，planning.org/salary/summary.htm（2008 年 6 月 13 日）。

4. 同上。

5. 美国住房和城市发展部，社区规划和发展办公室，hud.gov/offces/ cpd（2008 年 6 月 13 日）。

6. 南加利福尼亚州政府协会，关于我们：我们是谁，scag.ca.gov/ departments /exe.htm（2008 年 6 月 13 日）。

7. 田纳西州流域管理局，战略性规划 2007，4-5，tva.gov/ stratplan/tva_ strategic_ plan.pdf（2008 年 6 月 13 日）。

8. 美国规划协会（APA），美国规划协会 / 美国注册规划师协会（AICP）2008 规划师薪资调查。

9. 阿瓜卡连特乐队 Cahuilla 印第安人网站，规划与发展，aguacaliente.org/PlanningDevelopment/tabid/59/Default.aspx（网上刊登日期 2008 年 6 月 13 日）。

10. 美国规划协会，指标在促进社区合作性规划中的应用（研讨会论文集，美国规划协会，芝加哥，伊利诺伊州，10 月 29-30 日，1998），planning.org/ casey/pdf/proceed1.pdf（2008 年 6 月 13 日）。

11. 美国规划协会规划师，沟通指南：策略、案例与方法，指导规划经理如何建立和执行沟通规划，其中包括最基本的大众传播，推广及媒体发展（芝加哥：美国规划协会，2006），planning.org/communicationsguide/index.htm（2008 年 6 月 13 日）。

12. 参阅本章"规划职业道德"一节获取更多关于规划的讨论。

13. 美国规划协会，"规划中的道德原则"，1992 年 5 月，planning.org/ethics/ ethics.html（2008 年 6 月 13 日）；"美国注册规划师协会道德规范与职业操守"，2005，3，19 采用，2005，6.1 生效，planning.org/ethics/conduct.html（2008 年 6 月 13 日）。

14. 圣莫妮卡市，加利福尼亚，城市规划部，smgov.net/planning/planningcomm/ cityplanning.html（2008 年 6 月 13 日）。

15. 数据来源于美国规划协会网站，planning.org（网上刊登日期 2008 年 6 月 13 日），以及加利福尼亚城市联盟，cacities.org（2008 年 6 月 13 日）。

16. 关于培训方法可参考卡露·巴雷特"规划师的日常道德践行"（芝加哥：美国规划协会出版社，2002）。巴雷特女士，加州圣加百利市规划经理，在书中提供了来自真实案例的道德实践方法。

17. 例如，德菲基金会为那些非营利性的执行理事安排了带薪休假及奖学金，鼓励他们追求自身及职业发展（durfeee.org/）。科罗基金会帮助民间领导人在私人和公共部门获得经验，培养参与和壮大社区需求的技能和方法，参与专项社区与政治问题解决过程（coro.org/site/c.geJNIUOzErH/b.2083541）。韩裔美国领导人网是南加利福尼亚州大学亚太地区领导人的中心组织（sowkweb.usc.edu/global/asian-pacific.html）。该组织为年轻的韩裔美国人提供加入网络联系，发展领导力潜能及旅游的机会。

18. 国际城市管理协会（ICMA），"未来一代人的主动性是什么？"icma.org/ nextgen（2008 年 6 月 13 日）。

19. 同上。

20. 美国规划协会成员调查，2004；参阅由多元化小组委员会给董事会提交的报告，2006 年 4 月 23，planning.org/diversity/pdf/06DiversityReport.pdf（2008 年 6 月 13 日）。为了强调该职业人员组成的多元化，美国规划协会目前包括代表非裔美国规划师，部落规划师及同性规划师等部门。米切尔·西尔弗（Mitchell Silver）是美国规划协会多元化特别小组的主席,他在本章的"规划行业的多元化"一节中就这些问题进行了详细的讨论。

21. 美国规划协会（APA），美国规划协会 / 美国注册规划师协会（AICP）2008 规划师薪资调查。

规划师和政治

罗杰·S.沃尔登（Roger S.Waldon）

规划涉及很多事情，包括理论分析、统计分析、调研、法律适用、经济分析、科学分析、方法论、技术工具等。但是规划师所做的工作是要结合公共言论和管理体制，将一系列想法和理念付诸实践，使之成为现实，这也是规划师区别于其他专业人员的地方。为了出色地完成工作，规划师必须关注政治。

政治和规划的相互作用，对每位规划师来说都是至关重要的。事实上，我们的理念需要通过政治活动来实现，如果我们不关注政治，不鼓励从政者推进我们的观点，我们就无法实现我们的目标。

有些决策太重要了，不能由规划师来完成。虽然规划师有观点、事实、分析和方法，但如果没有政治决策来分配资源和设定优先级，一切都无从谈起。规划成功的关键因素是巧妙地、有目的地关注政治。简而言之，将政治因素纳入规划活动当中，将提高规划成功的概率，同时，广泛的参与政治以及对相关利益群体的认同都是在为规划能被人们所接受以及能够施行做准备。很多时候，规划师们关注政治的程度，决定了一个好的规划是被顺利实施还是被束之高阁。

规划和治理

代议制民主是一个有吸引力的、令人敬畏的、功能强大的管理体制，也是一个使普通公民对影响社区的重大政策负责的决策过程，确实行之有效。当选官员关注并效劳于推举他的公民，因为是这些公民让他们获得了当下的职位并且能有所作为。而且，由于当选官员代表了公民的意志和观念，他们的行为具有合法性，这是规划师的行为所不具备的性质。

规划的基础是"合理的方法"，即制定目标，确定备选方案，根据目标评估备选方案，决定行动方向，落实决策和评估结果。一直以来，这种合理的方法都是被规划师广泛采纳的工作框架。然而，在当今的规划环境下，只有融合政治因素，这种严谨的智慧模式才能获得成功。作为规划师，我们的目标是把构思从想象变成现实，为了完美地实现这一点，我们需要从单纯又安逸的技术严谨中迈步出来，投身到与政治握手言和的漩涡中。[1]

在竞选季当你听到关于规划理念的讨论时，你可以认为规划已经牵引了政治的走向。如果你听到一位竞选者宣扬集约型发展模式，或者谈论更好的公交服务，你可以断定有一位规划师成功地找到了自己的支持者。

寻找支持者

没有规划方案能凭借其自身实力获得实施，规划方案需要支持者。支持者是拿起电话，讨论倡议的人，是有能力让选民出来开会的人，是将规划方案安排进讨论议程，并公开拥护它的人。

规划师要有能力提出最好的规划方案，然后寻找支持者，有必要的时候也可以进行招募，从而找到真正能够认识到方案潜在价值，并愿意投入时间和精力通过政治渠道来推动方案实施的拥护者。虽然这些工作规划师也可以做一些，但是，规划师只能代表倡议本身，其影响力显然不如竞选台上能够代表众多社区居民的竞选者的影响力。其实每一个规划都有很多潜在的拥护者。总有社区公民对某些规划项目很有兴趣，想要参与其中，明智的规划师会花费时间挖掘这些人，并培养他们的热情。

作为政治资本的规划方案

规划可以帮助政治家们完成他们认为重要的事情。规划师需要努力建立外界对规划方案的支持，其中一种方法就是留意政治领导者的需求，并把这些需求用具体的规划方案呈现出来。当选领导者看到规划方案中的政治价值后，规划被积极推进实施的概率就会大大增加。这样的例子比比皆是。例如，如果一位市议会成员是从一个环保平台当选的，他就会寻找类似的项目进行支持和实施，作为其政绩；一位市长如果承诺了要改善社区环境，他就会积极寻找资金来进行房屋改建。同时，如果一个城市议会的目标是发展经济，它就会将资源向行销策略和设计标准上倾斜。因此，如果能够顺利实施与政治目标结为统一战线的规划方案，不仅会帮助政治家，也会为日后类似的规划项目获得更多的政治支持。

所有规划师需要完全接纳的一个关键前提是：只要你愿意将成就归功于他人，你所能完成的事情将是无限的。

尊重程序

文化、价值观和管理体制存在广泛的差异性。在一座大城市，如果市长想让规划师领导一个规划项目，或者成为项目的代言人，这就决定了规划师的角色。在一座小城市，由于专业规划资源较少，市民没有创新理念，规划师就必须要有前瞻性。如果一个群体有明确统一的目标，规划师只需要将一切落实。重点是，规划师要理解、尊重所处群体的决策方式。

有时规划师会因为规划委员会没有听取他们的建议而感到沮丧。但是，如果规划委员会不顾规划师的反对意见，支持开发或重新规划，这样就会削弱规划师的价值吗？答案是否定的。地方政府需要规划师，是因为规划师为公共政策的决议过程做出了巨大贡献。规划师的很大一部分价值在于使决策过程变得公平、公开、富于参与性，因而他们的价值是意义重大的、真实的。如果规划师出色地完成了工作，市民也积极地参与了规划，那么这个决策就会是合理的，并且反映了社区的价值和目标。无论个别问题的结果如何，从长远来看，政治家和市民都会认识到专业人员工作的价值以及规划师的努力。

把政治融入决策过程中

规划师如何保证规划方案考虑了政治因素？有几点能做，几点不能做：第一，规划师必须通过一种公平、公正的方式向所有利益相关者提供相关信息和建议（下文中的例子解释了如何做到这一点）。第二，规划师必须牢记，作为公共部门规划师，他是传声筒，这与为私人公司效力是不同的。另外，时机也非常关键，为了避免让利益相关者感觉不适，规划师必须在公共决策做出之前就提供足够的信息。

"你想让我做什么"

我在北卡罗来纳州教堂山小镇上担任规划经理的第一个星期里，我被叫到镇长的办公室。高昂的房价和社区会解决问题的承诺，使得无家可归成了公众关注的焦点。当时小镇上没有收容所，而要求必须建立一个收容所却是当下盛行的民意。教会联盟想填补这个空缺，他们已经为收容所选址，然而却遭到附近邻居的反对。

镇长告诉我他需要我做什么。我的第一项任务就是联系收容所建设的负责人，告诉他我的想法，帮助他在预期的选址上成功建立收容所。第二项任务就是要我打电话给反对此事的居民委员会负责人，告诉他我的想法，即如何将收容所和居民区相隔离。

我非常吃惊。但是镇长解释了他要我做这些的理由：双方都要完全、平等地参与决策制定过程，双方要有相同的机会来达到各自期望的结果。镇长认为规划经理是这个决策制定过程的管理者。他需要我提供专业意见，来判断已选定的地点是否适合建设收容所。更重要的是，他需要我负责与社区的对话。他的要求是：整个决策过程要保持公正。只有双方信息对等，并且有平等的机会参与讨论和影响最终结果，才能做出正确的决定（图8–2）。

图8–2　一个成功的规划师，在面对气愤的民众时，会认真聆听他们的顾虑，并帮助他们理解，他们应该如何做才能更加有效地代表邻里表达自己的倡议

资料来源：罗伯特·沃尔登（RobertWaldon）

资料来源：节选自《规划师和政治》，罗杰·S.沃尔登（Roger S.Waldon）（Chicago：APA Planners Press，2006），xv-xvi。

在一个新的规划措施开始时，主动思考政治是非常有用的。规划师首先应该判断哪些政治领导人将会是推进规划的关键人物，哪些政治领导人是潜在的规划支持者，并且想清楚促使这些领导人支持规划的真正原因是什么，换句话说，在与群众互动时，规划措施能为这些领导人带来什么帮助？规划师应该仔细思考近期政治领导人和市民交流过哪些与规划措施相关的话题，留意曾经的讨论和议题。规划师必须鉴别出哪些利益相关人员是规划的拥护者，从而让这些人从一开始就参与到规划中来。最后，规划师必须确保规划中所使用的技术能够利用现有组织的优势，例如现有网络和通讯机制。

如果规划中涉及建筑物，关键的第一步是联系重要的利益相关者，听取他们对于项目设计的意见，并且在设计中留有余地，以便市民对设计进行反馈。规划师应竭尽全力宣传公众参与的机会，并保证决策过程的易控性和透明性。如果这个过程一直是公平的、具有参与性的，那么最后规划师的任务就是完全接受最终决定。

关键是要对管理机制和社区政治下的决策制定过程有信心。只要过程是公正、公开的，所有人就都有机会表达自己的观点和立场；只要决策制定者和决策过程本身体现了社区的价值，决策就是公平的、合法的。

让公民中的专家参与进来

公众参与的方法总在不断演变。以前，规划师需要敲开市民的家门来解释为什么他们应该关注一项新的规划措施，而现在来自市民的大量咨询又导致公共资源紧缺。规划业从过去的设法让公众知晓，转变为说服公众参与，为他们提供投身到规划决策中来的机会，并且与他们争夺项目的控制权。

互联网，包括网站、通讯、邮件、博客和搜索引擎等，正在改变世界。公民中的专家只要动动鼠标就能获得规划项目的信息，并且开展研究。规划师需要接受这一趋势，并积极为公民提供参与机会，赞扬公民的参与和贡献（图8-3）。举个例子：市政府要调整历史街区的法规，为了扩大影响，召开听证会和讨论会。一位市民来到讲台上讲述了一个有前途的、创新的方案，并且这个方案已经在一个相隔很远的城市里推行实施。怎样对此做出积极回应呢？一个留心政治的规划师对市民最好的回应就是感谢市民，减缓工作进度，从而对市民提出的方案进行调查研究，并公开称赞市民在规划措施制定过程中的贡献。

保持个人诚信

根据以上分析，规划师需要在高压的政治环境下保持职业操守。关注政治和采取政治行动不是一回事：作为规划师，我们应当做前者，避免成为后者。举个例子，一位在中西部中等城市工作的规划师，为了实施自己的想法，在市议会里找到了一位支持

图8-3　2007年，善用媒体的民众抗议科尼岛再发展计划

资料来源：Robert GUSkind, Gowanus Lounge

自己规划方案的政府官员。于是，他开始和他的新盟友合作，只向这一位官员提供独家信息以帮助这位官员竖立论点。没过多久，议会里的其他政府官员便发现，与这位官员相比，他们得到的信息并不完整或相同。结果就是，这位规划师会受到谴责和阻挠，因为他对项目价值的渴望胜过了他应负有的公正义务。

　　成功的规划师会关注社区政治，理解当地价值观和文化，有目的地把握时机，甚至是培养支持者。但是在任何情况下，规划师都不能让政治因素凌驾于职业操守和道德诚信之上。

注　释

1. 罗杰·S.沃尔登，《规划师和政治》（芝加哥：美国规划师协会规划师出版社，2006），126–127。

规划师的职业道德

W.保罗·法梅尔（W. Paul Farmer）

　　一位兼任区县官员的地方政府规划师，接受了开发商的邀请去参加一个高尔夫球远足聚会，或者和私人咨询公司商谈一份可能的新工作；一个私营公司的规划师与社区医院签订了合同，因此对整个社区的规划更新有所顾虑；一位城市管理人员要求规划总监改变其关于规划用途的专业意见；规划委员毫不留情地拒绝了开发商提出的规划申请，即使开发商的律师是这位规划委员的丈夫的公司合伙人。

这些情节有可能发生在任何一个社区。当然，要根据每件事情的具体情况来判断这些行为是否关乎道德、牵系法律。美国的城市规划师，像其他专业人士一样，在面对这些情况时有专门的道德标准来指导他们的行为。美国规划师认证协会（AICP）的成员必须遵守AICP制定的"AICP道德规范和职业守则"。这部规范制定了标准，体现了行业价值，并引导成员行为。尤其值得注意的是，该规范还强烈声明了规划师在促进公共利益方面的作用。但是多年来，"公共利益"的定义在规划师中颇有争议。

"AICP道德规范和职业守则"分为三个独立部分：规划师追求的原则、行为准则和操作规程（前两者下面会进行介绍）。该规范还阐述了三种责任：对公众的责任，对客户和雇主的责任，对规划行业和同行的责任。行为准则包括了25个强制执行原则，覆盖范围非常广泛。如果违反了规范准则，一定会受到惩罚。对AICP成员而言，最严重的处罚是取消认证资格，包括永久性取消和暂时性取消。

AICP道德规范和职业守则

A.规划师遵守的原则

1.我们对公众的全部责任

我们的首要职责是为公众利益服务，因此，通过持续、公开地讨论而形成的公共利益的概念应是我们尽忠尽责的本源。在职业道德、工作能力和专业知识方面，我们都必须实现高标准。为了履行我们对公众的责任，我们需要遵守以下原则：

a）我们应始终知晓他人的权利。

b）我们应特别关注当前行为的长远结果。

c）我们应特别留意决策之间的相互联系。

d）我们应当及时、充分、清晰、准确地向所有受到规划影响的人以及政府决策者提供相关信息。

e）对于受到发展计划和规划项目影响的人们，要赋予他们公众参与的机会以使他们对规划产生深远的意义。可参与的公众范围应足够广泛，包括那些没有参加任何正式组织或缺乏影响力的人们。

---

f）我们应当通过为所有人提供更多的选择和机会来寻求社会正义，认识到为了满足弱势群体需求、促进种族和经济一体化的特殊规划职责。我们应当力图改变有悖于上述目标的政策、制度和决定。

g）我们将推动优秀的设计，努力保存、保护自然遗产和建筑环境的完整性。

h）我们应公平对待规划过程中的所有参与者。我们当中的政府官员或公职人员，也应该与规划过程中的所有参与者平等相处。

2. 我们对客户和雇主的责任

为了满足客户和雇主的利益，我们必须勤奋、创新、出色地完成本职工作。这些行为还必须永远和我们为公众利益服务保持一致。

a）我们应代表我们的客户和雇主做出独立的专业判断。

b）考虑到专业服务的目标和本质，我们应接受顾客和雇主的一切决定，除非他们的行为不合法，或者与我们对公共利益所负有的首要责任不一致。

c）我们应当避免利益冲突，或者从客户或雇主那里接受任务时就应当避免利益冲突的出现。

3. 我们对行业和同行的责任

我们应当提高专业知识和技能，让我们的工作与解决社区问题的方案相关联，增强公众对规划活动的理解，从而对规划行业的发展做出贡献，并尊重这个行业。

a）我们应保护并提高规划行业的诚信。

b）我们应教授公众关于规划的知识，并告诉他们规划与我们日常生活的联系。

c）我们应用公平、专业的方式描述和评判我们的工作以及其他行业的观点。

d）我们应分享经验和研究结果，为规划行业知识体系建设做出贡献。

e）我们应审查规划的理论、方法、研究、实践和标准是否适用于每种特定情况下的事实和分析，如果不适用于某种特定情况，则不能采用传统的解决方案。

f）我们应对学生、实习生、行业新手以及其他同事的职业发展贡献时间和资源。

g）我们应为地位较低的工作群体中的成员提供更多的机会，使他们成为职业规划师，并帮助他们在职业发展中不断前进。

h）我们应继续加强我们的专业教育与培训。

i）我们应系统地、批判性地分析规划实践中的伦理问题。

j）我们应为缺乏充分规划资源的团队和自愿开展的专业活动贡献时间和精力。

B. 我们的行为准则

　　我们应遵守以下行为准则，我们协会也将强制执行它们。如果违背这些准则，我们将接受惩罚，最严重的将会取消我们的认证资格。

　　1. 我们必须充分、及时、清晰、准确地提供有关规划问题的信息，不得故意或无意地违反这一点。

　　2. 当得知客户或雇主给我们的任务涉及违法行为或有悖本规范守则的行为时，我们应拒绝接受这些任务。

　　3. 当客户或雇主公开主张的规划立场与我们最近三年内服务过的其他客户或雇主所主张的规划立场完全相反时，我们不应接受他们给我们的任务。以下情况除外：(1)向其他资深专业人士咨询后，我们确信，立场改变并不会给我们以前的客户或雇主带来伤害。(2)我们以书面形式向现有客户或雇主陈述矛盾冲突，他们也以书面形式允许我们继续执行任务。

　　4. 作为受薪雇员，在没有以书面形式告知现有雇主并得到雇主书面许可的情况下，我们不应再接受其他规划部门或相关行业的聘用，无论是否是有偿的。除非雇主有明文规定，明确指出允许此类聘用的发生。

　　5. 作为政府官员或公职人员，除了我们的公共雇主以外，我们不应从其他任何人那里接受可能与我们的公职有关的赔偿、佣金、回扣或其他利益。

　　6. 如果客户或雇主安排给我们的规划工作可能为我们、我们的家人以及和我们住在一起的人带来直接的个人或经济利益，那我们就不能接受这样的工作，除非在我们向客户和雇主书面陈述事实后，客户和雇主也以书面的方式表示同意。

　　7. 我们不应为了个人私利或者未来客户和雇主的利益，利用现有工作关系中被要求不得侵犯的信息或可能因泄露而带来困难或伤害的机密。但以下这几种情况除外：(1)出于法律程序的需要，(2)为了阻止明显的违法行为，(3)为了防止对公众造成重大伤害。如果根据(2)和(3)的需要进行信息公开，必须首先对所涉及的事实和问题进行核实查证，还要竭尽全力地为重新考量该事件做出切实有效的努力，同时，我们还需要听取我们的客户或雇主所聘请的其他资深专家对于此事的独立意见。

　　8. 作为政府官员或公职人员，如果法律、机构规章、工作程序或既定习惯不允许，我们不得与规划过程中的其他参与人员就我们有权做出最终并具有约束力决定的相关事宜进行私下交流。

　　9. 我们不得用法律、机构规章、工作程序或既定习惯中所禁止的任何一种方式与规划过程中的决策者进行私下讨论。

10. 我们不得有意或无意地歪曲其他专业人员的资质、观点和成就。

11. 我们不得通过使用虚假或误导性的声明，利用骚扰或胁迫的手段招揽潜在客户或寻求工作机会。

12. 我们不得谎报任何与专业资格相关的事实，如我们的教育、经验、培训或其他经历。

13. 我们不应以不正当的方式明示或暗示我们对决策的影响力，从而出售或承诺出售我们的服务。

14. 我们不得使用任何职位权力寻求或获得无关公共知识或公众利益的特殊优势。

15. 我们不得接受超出我们专业能力的工作，客户或雇主需理解并同意这些工作由另外有能力胜任并被接受认可的专业人士来完成。

16. 当客户或任务本身要求我们快速完成工作而我们又无法达到这样的要求时，我们不得以赚钱或公益为目的，接受该项工作。

17. 我们不能用他人的劳动成果来寻求专业认可或故意误导别人认为我们是原创者从而获取赞美。

18. 我们不能命令或强迫其他专业人士做出不被现有证据支持的分析或结论。

19. 在规划过程中，我们既不要隐瞒客户或雇主的利益，也不要参与到客户或雇主隐瞒其真实利益的行为中去。

20. 我们不得非法歧视他人。

21. 如果因道德不端行为被起诉，我们不得隐瞒与AICP道德官员或AICP道德委员会的合作以及从他们那里获得的信息。

22. 如果因道德不端行为被起诉，我们不得报复、威胁控诉人、其他规划师或配合调查研究的道德官员。

23. 在与其他规划师共事时，我们不得以道德指控作为威胁来获得或试图获得利益。

24. 我们不得轻率地对其他规划师提出道德控诉。

25. 我们应避免一切有意或无意的、会对我们专业发展产生负面影响的错误行为，不论该行为是否是行为准则所规定的。

资料来源：美国规划协会，"美国规划师认证协会道德规范和职业守则"，2005年3月19日颁布，2005年6月1日生效，planning.org/ethics/conduct.html（2008年3月13日）。

当然，道德规范不仅约束认证规划师的行为，对广义的规划工作者也有指导意义。非协会认证的规划师以及其他从事规划工作的人都需要遵守AICP制定的规范。但是，在1992年，APA针对非AICP认证人员制定了《规划道德守则》。APA鼓励规划委员会、重建局、区划部门和其他公共机构采纳该原则作为他们规章制度或工作流程的一部分。

APA规划道德原则（摘抄）

规划过程中的参与者应当：

1. 作为顾问或决策者时，能够公平、诚实、独立地做出判断。

2. 作为顾问或决策者为规划服务或被要求提供规划服务时，要公开规划过程中所有与规划决策相关的"个人利益"。

3. 应从广义角度理解"个人利益"的概念，即规划师本人、配偶、家庭成员、共同居住者直接或间接地从规划决策中获得的一切现实或潜在利益。

4. 以顾问或决策者的身份直接或间接参与规划项目时，若能够或可能为自身带来利益，则应当完全退出该规划项目，除非你的自身利益已被公开记录，或经由雇主同意，或得到具备道德事件管理权的公职人员、公共机构和法院的明确授权，你才能参与该项目。

5. 不得收取礼物或获得好处，也不得通过提供礼物或好处等方式影响顾问或决策者在规划过程中的客观性。

6. 如果你曾经是某个规划项目的辩护人，你将不得作为顾问或决策者参与该规划项目。

7. 只有当客户的目标合法且符合公共利益时，你才能成为他的辩护人。

8. 如果曾经担任过某个规划项目的顾问或者决策者，则不应成为该项目的辩护人，除非能获得适用法律、机构规章或者道德准则的授权。同时还必须向相关的客户或雇主事先说明并得到他们的同意。任何情况下，只有在不担任顾问或决策者一年以后，才可以担任辩护人。

9. 不得利用在履行职责过程中获得的机密资料来进一步谋取个人利益。

10. 不要泄露在履行职责过程中获得的机密信息，除非因为法律需要或是为了阻止明显的违法行为及防止对第三方造成重大伤害。基于后两种情形的信息披露，必须审查规划过程所涉及的事实和问题，并咨询其他规划参与者，听取他们的独立意见。

11. 不得为实现预期结果而歪曲事实或信息。

12. 除非做好充足准备，并且有足够的能力提供完整、周到的服务，否则不要接受任何工作。

13. 根据公民权利及法律法规的保护条款，尊重所有人的权利，不得歧视或骚扰他人。

资料来源：节选自美国规划协会"规划道德原则"，1992年5月颁布，可在下列网址查看全文：planning.org/ethics/ethicalprinciples.htm（2008年3月13日）。

很多时候，虽然规划师之间早就知道了道德不端行为，但是这些行为只有在市民采取行动时才会暴露出来。社区的所有成员都有责任对道德不端行为采取措施，事实上这也是AICP和APA所要求的。

我可以亲自证明道德准则在我们规划行业的重要性。我在路易斯安那州长大，我们家族的祖祖辈辈都生活在那里。休伊·朗事件给我们留下了深刻的印象，随着丑闻在我们当地以及整个州内不断爆发，我的父亲，像大多数路易斯安那州的公民一样，对政府并不太尊重。11年级时，我接触到了城市规划，并兴奋地告诉了我的父亲。他很认真地听着，然后说："如果你从事城市规划工作，就意味着你得和政府官员共事。"我回答道："这有什么不好呢？当然没问题。"我父亲看着我，严肃地说："不许做。"

我没有听从父亲的话，一直在规划行业工作，并乐在其中。我和许多政治家一起工作过，他们当中的大多数人都尽职尽责，兢兢业业，并且诚实正直。只有屈指可数的极少数人因违背公众信任被宣判有罪，而这种公众信任正是我们民主生活的保障，不可侵犯。我猜测如果我父亲只看到这些极少数的违规官员，他一定会说："我早就告诉过你了。"但是如果他看到社区发展了，人们生活更好了，政府制度得到完善，他更有可能会赞扬我和我的同事们以及那些当政官员。这就是为什么规划师要有职业道德。这不仅仅是制定一套标准、将极少数违规者清除出规划行业那么简单。它的目的是要提高规划师的专业和实践素养，包括那些没有认证的民间规划师。道德行为不应该只依靠法律制度来约束。

规划师的领导力

保罗·朱克（Paul Zucker）

对于什么是"领导者"，并没有一个简明的定义。人们认为只有当看到领导者的时候，才知道什么是领导者。有时，人们认为领导者是天生的，而非后天练成的，因为能够让我们学习如何成为领导者的信息是非常有限的。在规划领域，丹尼尔·伯纳姆、埃德蒙·培根、爱德华·罗格是公认的三位改变社区的领导者。伯纳姆是芝加哥著名的建筑师和规划师，他设计了哥伦比亚芝加哥世界博览会（"白城"），并且编制了1909年"芝加哥规划"和其他社区规划。培根在1949年至1970年间担任费城规划委员会执行董事，被誉为"现代费城之父"。罗格是纽黑文和波士顿的重建总监，他设计了纽约的罗斯福岛和美国其他地方的许多项目。

管理和领导

专业管理的概念产生于1917[1]年亨利·法约尔所著《综合管理和工业管理》一书中。法约尔首次提出管理是可以，而且是必须学习的。他的思想以及其后许多学者的观点促成了1923年美国管理协会的成立。从此以后，管理需要学习的观点开始确立，如今已有成千上万本关于管理的书籍问世。其中很多书都对管理和领导进行了区分：

- 管理是保证列车正点运行，领导是决定列车轨道的铺设方向以及行车路线。
- 管理者负责管理执行，领导者负责改革创新。
- 管理者被赋予权力，领导者获得权力。
- 管理者常常依靠分析，领导者常常依靠直觉。
- 管理者在树上工作，领导者看到的是整个森林。

但是，目前人们也认为，管理和领导的界线开始变得模糊了。现在的管理者必须制定并阐明愿景和使命，创造和推动行动战略，激励和授权员工。他们凭借一些本属于领导者的技巧来完成这些事情。正如通用电气前首席执行官杰克·韦尔奇在《胜利》一书中提到的："有一天，你成了领导者。星期一，顺其自然，你享受着工作，经营项目，和同事笑谈生活和工作，说一些管理是如何愚蠢的闲话。到了星期二，你从事管理，成了老板。突然所有的事情都变得不同了——因为原本就不同。领导需要不一样的行为和态度。在你成为领导者之前，成功就是自我成长，当你成为领导者之后，成功就是帮助他人成长。"[2]

　　韦尔奇描述的是另外一组领导技能，是对之前所述的补充。对一个好的规划项目来说，管理和领导同样重要，但是规划总监作为一个个体，可能无法同时拥有这两方面的能力。在较大的司法管辖区内，规划总监是领导者，而助理总监是具体管理者。在另外一些社区，领导者来自于当选官员或社区领导人，他们专注于某项具体事务，而规划总监的任务是将大家的规划理念变成行动。在许多规划部门，规划经理必须同时身兼领导者和管理者两种职能。

　　规划总监，无论是作为领导者还是管理者，都需要部下。但是为什么一个人一定要听从另一个人呢？个人权力来源于权威、奖励、强迫、人格魅力和专业知识；而组织权力则建立在组织的愿景、使命和体制之上（见下文：权利的来源）。因此，有经验的规划总监会明智地运用7种权力，但如果能借助组织权力，则更容易获得成功，这是因为与个人权力相比，雇员对组织权力的回应会更积极。

个人和组织权力的来源

个人权力

权威

　　许多规划师把没有完成工作归咎于自己缺少正式的权利。但事实上，规划师无论是在组织结构中的哪个位置上，都可以领导工作，组织结构中的每个层级或者社区的每个部门，都有自己的领导者，这并不鲜见。例如，普通市民虽然有很多规划想法，但是却没有权力付诸实施。但是，普通市民所具有的创造力、使命感和坚持不懈的毅力却是规划师们可以利用的领导力技巧。

　　无论是规划师还是规划总监，成为领导者的关键是要有前瞻性，积极主动地参与正常职权范围以外的工作。因为就其本质而言，规划工作涉及政府、机构和社区事务的方方面面，这些都在规划师的职权范围内。

　　有时候，传统概念中的正式权力也是有用的，优秀的规划总监会借助正式权力来完成规划目标。

奖励

　　过去认为，金钱和其他外在奖励是激励人们工作的关键，但是后来大量研究表明，来自自身的内在动力比外部不断施加的更有用。规划总监可以通过为规划师树立目标感以及给予他们更多的权利来激发员工的内在动力。但是，聪明的规划总监也懂得如何使用外部奖励，比如确保工作薪酬合理，以业绩作为晋升标准，对优异表现提出表扬，每个人都有享受"特殊待遇"的机会(如参加会议)。

强迫

在管理过程中，以惩罚作为威胁是基本无效的。正面激励比负面强迫会产生更好的结果。有经验的管理者会花费大量时间来挖掘和发扬员工的优点。

人格魅力

人格魅力曾被认为是领导者的本质属性，对工作很有帮助。但是，科林在《从优秀到卓越》中提出了一个惊人的发现：几乎没有任何伟大的公司拥有具有人格魅力的领导人。事实上，科林发现"魅力是资产，也是累赘"，尤其当人们从人格力量势不可挡的领导人身上"过滤出残酷的事实"。虽然许多规划师是有人格魅力的，但科林的发现给那些不具备人格魅力的规划师带来了希望。当选官员或社区非正式领导者的人格魅力对开展工作是非常有用的。

专业知识

在注重高科技的时代，规划总监因其专业知识而受到尊重。但是，在规划流程、条例和技术方面，许多规划专业的技术人员会比总监懂得更多。一些成功的规划总监承认他们可能不是世界上最好的规划师，但是他们是专家型管理者和领导者，善于处理政治和人际关系。

组织权力

愿景和使命

事实上，每年都会出版上千本管理类书籍，几乎每本书都会强调明确愿景和确定任务的重要性。规划部门，甚至是规划行业似乎都难以认识到愿景和使命或者树立愿景和使命的重要性。如果一个清晰的愿景能转化为容易理解的使命，那么它的力量将比其他所有权力的集合还要大。

体制

许多规划师和规划总监并不理解体制的力量。体制是一系列做法和程序，引导和影响规划部门的所有事情，为组织、记录和控制日常管理活动提供了高效、规范的方法。最重要的是，精心设计、运作流畅的体制可以让工作人员专注于需要创新性解决方案的非常规活动上。成功的规划总监鼓励员工辩证地思考现有体制，鼓励他们创新和前进。

成为高效规划总监的关键

实践证明，高效的规划总监需要做好五件事：运用政治技巧、制定愿景和使命、管理员工、管理决策和自我管理。

运用政治技巧

规划部门要在社区政治结构中发挥作用，规划师要经常和政治家、政治事件打交道。成功的规划总监要与当选官员建立良好关系，并在社区政治框架内赢得尊重（规划总监的工作将在"规划总监的职责"一节中深入阐述）。

制定愿景和使命

规划部门的愿景（即我们的期望）和使命（即我们该如何做）要根据社区需要来制定。虽然没有大多数员工的参与就无法取得成功，但制定愿景和使命的权利不能旁落他人，必须由规划总监带头完成。

在制定愿景和使命时，规划部门的管理者和领导人要回答以下几个关键问题：

- 在审查和推动私人发展项目时，规划部门是否起到了调节或解决问题的作用？
- 规划部门是否定期评估旧的规划和条例，并且对那些阻碍社区发展的部分进行修订？
- 规划部门是否和开发商、市民以及其他部门合作开发更好的规划，提高生活质量？
- 规划部门是否可以产生能激发社区想象力并获得社区支持的"大创意"？
- 规划部门是否在做"真正的规划"，即是否应用新技术来创建市民需要的新型社区？

如果对组织没有明确的愿景和使命，规划总监就无法成为高效的领导者或管理者。例如，洛杉矶的一位总监基于四个战略要点提出了新的愿景和使命，这些战略要点成为改变城市规划部门的催化剂。

洛杉矶城市规划部门的使命、愿景和战略要点

使命：我们尊重我们的传统，并塑造我们的未来，我们要与所有洛杉矶人一起打造与众不同的、健康的、可持续发展的洛杉矶，让它成为一座多彩、繁盛的伟大城市。

愿景：我们以洛杉矶的规划发展为重点，努力建立一个行事高效、有所作为并可持续发展、值得信任的组织，为社会提供创新规划方案，与社区合作，培训专业人员，培养领导人。

战略要点：做真正的规划；建立高效、有效的部门；规划创新方案；投身社区建设。

管理员工

吉姆·科林在《从优秀到卓越》中提出了每个管理者都会面对的四个关键挑战[3]：

● 让对的人上车。规划经理不能依赖人力资源部门去寻找和筛选人才。有经验的规划经理会投入大量的时间去吸引、招聘和留住人才。

● 让错的人下车。和其他组织一样，规划部门也有表现糟糕的员工。好的规划总监知道，勉强接受员工的糟糕表现不但不利于部门的发展，对员工也是一种伤害。表现不佳的员工应被调离到能发挥其能力的位置上去，或者离开该组织（虽然，有时认为政府部门的职员是不能被解雇的，但是对于大多数社区来说是不存在这个问题的）。

● 安排对的人坐在对的座位上。一个在某个岗位表现不好的员工，有可能会在其他岗位上表现优异。好的管理者和领导者懂得如何做到人尽其才。

● 决定车往哪儿开。如果部门缺乏明确的愿景和使命，即使最有才华的员工也无法发挥潜能。

决策管理

在现代组织中，管理者不必每天都忙于做决策。很多时候，员工比管理者的知识更丰富。管理者授权员工在日常操作、特定项目和技术问题等方面做决定，并让他们对结果负责。而规划总监则集中精力处理政治事务，制定明确的愿景和使命，建设和维系优秀团队。

自我管理

成功的管理者和领导者都有很强的自我意识：他们能认识到自身的优势和局限，重视职责所需的专业技能的提升和训练。良好的自我管理是指：

● 进行日程管理，在处理政治事宜，建立、讨论和定期回顾组织使命，招聘、安置和激励员工等方面合理安排时间。

● 评估自身的优势和劣势，和他人合作以弥补自身不足。经常会出现这种情况，一些非常擅长"外部管理"即善于和当选官员、利益相关者、其他组织机构沟通合作的领导者，却不擅长"内部管理"。正如前面提到的，在大中型社区，规划总监主要负责组织外部事宜，总监助理或者其他副职则须负责内部管理。

● 学会授权。不太擅长分配权利是规划总监们的常见缺点。当规划总监亲自去处理本应该很容易就授权给下属去完成的工作时，规划总监就已经在那些不可移交的重要职责方面失职了。一个高效的规划总监不是事无巨细的管理者。

注 释

1. 亨利·法约尔，《综合管理和工业管理》（1917；伦敦：皮特曼出版公司，1949）。
2. 杰克·韦尔奇，《胜利》（纽约：哈珀柯林斯出版社，2005），61。
3. 吉姆·柯林斯，《从优秀到卓越》（纽约：哈珀商业出版社，2001），41。

规划总监的职责

费尔南多·科斯塔（Fernando Costa）

对于职业规划师而言，在城市、郡县或者地区担任规划总监是一项非常有挑战性和成就感的工作。这份工作需要大量的技术、管理和政治能力，而这些在专业的规划学校里是不可能学到的。成就感大部分则来自于改变社区生活后产生的满足感。

规划总监成功与否的关键是领导力：即通过其他人完成工作的能力。领导力表现在许多方面，但是最重要的衡量标准是要在社区产生积极、持久地变化。彼得·德鲁克在他的管理类代表作《有效管理者》一书中明确指出了高效管理者和有效管理者的区别：高效管理者是正确地完成某事，而有效管理者则是完成正确的事情。[1] 对于规划总监而言，像对所有的领导者一样，有效比高效更重要。规划师的价值在于他们要提交完整而准确的报告，及时地取得开发许可，控制预算，而那些被人铭记和尊重的规划师则是对社区形式、外观和活力产生持续影响，或参与了能够塑造社区成长和发展的决策制定过程的规划师。有效的规划领导者有如下几点表现：他们亲近当选官员和其他决策者；他们负责管理大创意；他们会根据情况调整自己的领导方式。

亲近决策者

要理解规划总监的工作，第一步是要认识到规划总监的工作很大程度上取决于规划总监的想法。当然，这也不会完全由规划总监决定。虽然情况因社区不同而有所差异，但是某些岗位职责是需要通过法律或组织结构来规定的。例如，很多规划机构在以下职能方面负有法律责任：维护总体规划；管理分区和分区法规；为获得联邦政府资助的运输和环境规划安置工作人员。这些法定义务必然会消耗规划总监的大部分时间。但是规划总监和大部分其他地方部门或机构的领导不一样，在定义工作目标和剩余工作范围方面有很大的自由裁量权。

规划总监需要自我激励，有意识地努力寻求和把握机遇去创造不同。无论市长、管理机构、地方政府管理者多么有能力，或者多么支持你，他们也不一定会赞同你对社区规划的意见。就因为你是规划总监，即使你在规划方面拥有非常可信的专业知识，地方官员仍然没必要听从你的建议。通过为规划问题提供及时、主动的指导，你可以帮助决策者意识到成长和发展的核心是规划问题。只有这样，这些领导者才会本能地向你寻求帮助。亲近决策者可能需要改变目前你们之间正式的汇报与被汇报关系，更多的是要融入当地政府乃至整个社会的非正式人际关系，时间长了，这些非正式人际关系就会帮助你完成正确的事情。

管理大创意

和其他政府部门管理者一样，比如警察局长或公共工程总监，规划总监也需要扎实的技术技能和管理能力。那么规划总监需要什么特殊技能呢？有效的规划总监要懂得如何创造、传播和实施大创意。

为了给社区带来积极、持久的改变，规划总监首先要构思正确的创意。这些创意必须眼界宽广、境界高远，同时在概念方面是有效成立的，适用于社区环境，并具有可实施性。有时候，规划师的想法会挑战社区传统的做事模式，比如预算优先、规范土地使用或者治理交通堵塞等。

当然，若规划总监无法说服其他人将想法付诸实践，再好的规划创意也不会带来改变。因此良好的沟通技能就显得尤为重要。规划总监需要具备良好的写作功底，文字陈述清晰简洁。同时，在公众演讲方面，不仅要做到告知，更要做到说服和动员。视觉沟通技巧也是一种可贵的能力，即能够通过简单而引人注目的示意图、图表和图解来达到沟通的目的。无论通过什么手段，规划总监都需要根据目标听众的不同而调整沟通技巧。

此外，只是创造和传播大创意是不够的，规划总监必须通过对规划部门的妥善管理来执行这些创意。成功的规划总监会在人力和财政资源分配、员工雇佣和晋升以及顾问选择上进行战略决策。有些管理决策看上去可能很容易，但是也要与政治环境保持一致。虽然规划总监要避免参与不正当的政治活动，但是他或她必须了解当地政治力量会对大创意的实施产生哪些影响。

掌握不同类型的领导方式

有效的规划总监会根据不同的社区情况采取不同的领导方式。他们必须熟练地在教育者、共识缔造者和发言人中转换角色。这些角色也许在规划经理的职责描述中并不突出，但却是成功的关键。

规划总监的一项重要工作就是向市民和当选官员普及规划知识。一位积极主动、见多识广的市民可以成为规划者力图施行规划的最佳盟友。虽然当选官员是规划师最重要的客户，但是他们往往更加积极地响应他们的选民，而不是技术专家。虽然有悖常理，但与试图直接影响当选官员相比，向公民提供信息，然后让公民将这些信息反映给官员从而对其产生影响通常要更有效果。

由于规划机构一般都没有凌驾于其他机构的正式权力，规划总监必须经常在社区利益相关者以及拥有不同需求和目标的内部部门之间，充当共识缔造者。有效的规划总监需要和兄弟部门的领导人建立、维持紧密的工作关系，以实现他们对社区未来的共同愿景。

作为机构发言人，规划总监必须与各种新闻媒体通力合作。与媒体代表互动的机会不是破坏而是推进大创意的好机会。规划总监需要在和媒体的关系中占据主导地位，并将提供真实信息的职责委托给下属。创意和想法需要提炼成简洁的语言通过电视和广播传播出去。无论记者问的问题是什么，规划经理都不能转移话题。如何管理新兴的博客、网络通信以及基于互联网的政府系统向规划总监提出了新的挑战。因此，规划总监需要好好了解这些机遇，并聘请媒体达人来帮助规划机构有效地利用各种传媒（图8-4、图8-5）。

图8-4 规划总监的一项重要工作是要为社区未来发展建立共同愿景

资料来源：费尔南多·科斯塔

图8-5 社区不同，工作职责也不同。图为马萨诸塞州劳伦斯市规划总监迈克尔·斯威尼（图中）和市长
迈克尔·沙利文（图右）、市长办公厅主任迈尔斯·伯克（图左）一起视察一个即将完工的老兵纪念体育场

资料来源：马克·威尔（《环球》杂志摄影师）

注 释

1. 彼得·德鲁克，《有效管理者》（纽约：哈珀和罗出版社，1967）。

规划职业的多样性

米切尔·J.西尔弗（Mitchell J. Silver）

到2050年，美国将会发生巨大改变：非西班牙裔白种人的人口比例会从72%下降到53%，西班牙裔人口比例会从13%上升到23%，黑人的人口比例会从11%上升到16%，亚太裔人口比例会从4%上升至10%。[1]

无论目前有关移民政策的国民讨论是如何自行解决的，美国的种族和民族构成都将持续多元化，美国社区最终也将经历翻天覆地的变化。人口结构变化和全球化的结合将会为与多样性做斗争的规划行业带来挑战。

规划、社会公平和少数民族代表

在19世纪，城市规划刚刚兴起的时候，规划的理念是"科学效率，城市美丽和社会公平"。[2]第一次城市规划与道路拥堵问题全国会议于1909年举行，这次会议是社会进步与变革的根源。然而，一百年后，实体规划和设计在行业中占据了主导地位，社会问题也成了进步规划师、社会学家和社区组织的工作范畴，但规划行业在少数民族规划师比例问题上却没有明显进步。2004年美国规划协会（APA）中的少数民族成员比例不足9%：大约有4%的成员为亚裔，4%的成员为黑人，2.2%的成员为西班牙裔，0.4%的成员为印第安原住民，0.2%的成员为多种族人。拥有规划专业证书的少数民族人口比例就更低了。[3]相比之下，2004年美国人口中有色人种的比例高达28%。这种巨大的差异突显了少数民族规划师数量的匮乏（表8-1）。

美国规划协会（APA）在1979年创立了"妇女与规划"分会，随后在1980年创立了"规划与黑人社区"分会，从而将社会平等纳入其战略规划与项目中。作为APA的分支机构，美国规划师认证协会（AICP）在其道德规范中同时强调了社会平等与少数民族规划师比例的问题：

我们应该通过向所有人提供选择和机会的方式来实现社会公正，意识到为弱势群体谋求规划发展以及推进种族与经济一体化的特殊职责。我们应该促使改变一切违背需

少数民族在美国规划协会（APA）、美国规划师认证协会（AICP）以及　　表8–1
美国总人口中的比例（以百分比计算）

	APA和AICP（%）	APA（%）	AICP（%）	美国人口（%）
白人（非西班牙裔）	79.4	73.6	85.3	62.7
黑人	2.8	3.9	1.7	12.3
西班牙裔	2.1	2.3	1.9	12.5
亚裔	3.1	3.6	2.7	3.6
美洲印第安人/阿拉斯加原住民	0.4	0.5	0.3	0.9
其他种族/混合种族	0.8	1.1	0.4	8.0
未知	11.4	15.0	7.7	-
总计	100.0	100.0	100.0	100.0

资料来源：2004年美国规划协会及美国人口普查

求的政策、制度和决定。

我们要为少数民族群体提供更多成为职业规划师的机会，并帮助他们在职业道路上前进。[4]

组织机构为促进多样性以及解决重点需求所做出的努力

1979—1980年间，美国规划协会（APA）先后分别创立了"妇女与规划"分会和"规划与黑人社区"分会，从而实现了他们对社会公正负责的承诺。1994年美国规划师认证协会（AICP）出版了《规划和社区公平手册》，同年晚些时候，因为受到洛杉矶暴动的影响，AICP通过了美国社区会议议程；1995年AICP创立了社区援助小组，为有需要的社区提供无偿服务。

1999年APA董事会指定了一个董事席位给少数民族成员。2000年APA的研究部门开发出西班牙语规划培训手册，并和中美洲、南美洲国家以及1998年被飓风米奇和飓风乔治摧残破坏的加勒比海地区展开合作。APA雇员和西班牙语规划顾问合作举办了9次培训研讨会，讨论区域和减灾规划。2001年APA为少数民族规划师和女性规划师设立了朱迪斯·麦克玛纳斯奖学金。

其他国家的规划组织也采取措施解决多样性和社会公平问题，包括加拿大规划师协会（CIP）、澳大利亚规划协会（PIA）、皇家城镇规划协会、英联邦规划师协会以及新成立的全球规划师联盟，该联盟是由联合国世界城市栖息地论坛暨2006温哥华世界

规划师大会设立的。CIP在特立尼达和多巴哥共和国实施了规划和培训项目，最近又在
2004年被飓风摧毁的格林纳达岛上帮助培训规划师。PIA也在2005年斯里兰卡经历毁灭
性海啸后帮助其开展规划项目。

资料来源：globalplannersnetwork.org/（2008年3月17日）

尽管做出了一系列努力，少数民族规划师参与规划项目的程度和少数民族规划师的
数量还是没有明显改善。20世纪90年代，多元文化论开始成为新的社会价值观。职场
内的民族多样化也随即出现。为了实现多样化目标，私人和公共部门雇主开始调整员
工，按照类别分配工作：黑人规划师负责黑人社区规划，拉丁美洲规划师负责拉丁美
洲社区规划。

一些少数民族规划师并不介意被强制分类，但他们认为，在需要解决所面对的社会
问题时，他们缺乏技术、工具以及来自部门的支持。许多规划师，尤其是刚入门的初级
规划师，无论他是什么民族，自身都没有足够的能力去满足分配给他们的贫困社区以及
少数民族社区的高强度工作需求。在一些落后社区，诸如环境公正、公共安全、住宅高
档化、搬迁和社会服务等主导公共需求的问题都需要在讨论土地使用问题前优先解决。
但是专业的规划学校只注重讲解规划和发展本身的规则，很少有涉及社会问题的课程。
还有其他一些少数民族规划师对这种根据民族来分配工作的做法感到失望，而且他们觉
得管理层没有重视和奖励在落后社区磨炼技能的规划师，反而那些在中心商务区或高档
社区工作的规划师更容易得到提拔。[5]

多样性的价值

多样性不只是种族和民族的多样性，也包括文化、年龄、收入、性别和性取向的多
样性，接纳多样性具有社会和道德两方面的价值。接受不同的观点能让我们用更加平
衡、包容、全面地体会这个世界。卡拉·克洛特对多样性开展了广泛地研究，他认为弱
势阶层存在的地方，也必须有特权阶层——即白人规划师的身影。至今，特权阶层还
是不能全面理解和看待多样性。克洛特认为"多样性仍然是一些白人规划师——即特权
阶层无法掌握的概念"。[6]举办关于多样性的会议、研讨会、开展相关项目常常能吸引有
色人种参加。但一些白人规划师会觉得这类活动不是针对他们的，他们很难理解这和
他们的工作有什么关系。

莱昂纳多·巴斯克斯已有力阐述了多样性的价值，他说："雇主出于市场营销和推广利益的考虑，接纳多样性。公共部门雇主为了响应社区号召，将有色人种规划师安置在一线工作岗位；而私人企业雇主发现安排少数民族规划师来面试是有利可图的。"[7]然而，真正的多样性不仅仅体现在招聘目标或者营销战略上。琼·曼宁·托马斯举了很多关于规划行业中少数民族问题的文章，列出了少数民族规划师会给组织带来的几项好处，如：为组织树立平易近人的形象，更容易接近以少数民族人口为主的社区；融入少数民族并与他们产生共鸣；更深刻地理解少数民族问题和他们的主张（图8-6）。[8]

图8-6　一个由多民族规划师组成的志愿小组和华盛顿的居民一起重新设计圣伊丽莎白医院

展望未来

为应对更加多元化的未来，我们需要更多的人参与进来。规划资格认证委员会和已认证的规划项目必须大力审查学校课程，确保学生可以学习到有关多样性问题、新兴社区动态和人口迁移的课程。如果少数民族学生希望致力于有色人种社区规划工作，学校应向他们提供应对挑战的方法类课程。规划学校应该扩大课程范围，纳入社会规划问题，如公共安全、环境正义和城市改建。

公共规划部门和私人规划公司都必须对初级规划师进行培训，对其他经验丰富的专业人员进行再培训，以使他们有效地服务于有色人种社区。将少数民族规划师派往少数民族社区本质上并不会促进多样性，真正的多样性是指在整个规划过程中自始至终包容不同的观点。规划部门必须开发除土地开发利用以外的专业，将科学效率、城市美丽、社会公平的规划理念重植于人心。

注　释

1. 詹妮弗·奇斯曼·戴，《美国人口档案：国家人口预测》（华盛顿特区：美国人口统计局，2008年2月）；网址：census.gov/population/www/pop-profile/natproj.html（2008年3月17日）。

2. 唐纳德·A.克鲁克伯格，《规划文化：美国规划史简介》（新泽西州新布伦瑞克市：罗格斯大学城市政策研究中心，1987年）第3页。

3. 美国规划协会成员调查，2004年。

4. 美国规划协会，美国规划协会道德规范和职业守则，2005年3月19日通过，2005年6月1日生效，planning.org/ethics/conduct.html（2008年3月17日）。

5. 米切尔·西尔弗，《谈谈规划行业的多样性》，《卡罗莱纳州规划》32，no. 1（Winter 2007）：43。

6. 卡拉·科罗特博士在宾夕法尼亚大学会议"不言而喻的边界——有关种族与设计"上的发言，2007年3月31日。

7. 莱昂纳多·巴斯克斯，《多样性与规划业》，《发展中的规划》（2002），网址 plannersnetwork.org/publications/2002_153_summer/vazquez.htm（2008年3月17日）。

8. 琼·曼宁·托马斯博士，《少数民族规划师》，《规划实践》5，no. 1 ，2007春），网址：planning.org/practicingplanner/ member/07spring/index.htm。

地理信息系统（GIS）及其相关技术

理查德·K.布瑞尔（Richard K.Brail）

地理信息系统是以计算机为基础，开发、整理、分析和显示空间参考数据的技术。[1]这项科技发展很快，目前GIS和一些相关技术已经广泛应用于城市和区域规划领域。[2]在美国规划协会2007年会上，召开了许多直接以GIS为主题或围绕GIS基础设施进行讨论的专题会议。[3]各种规模的司法管辖区都应用GIS完成地图制作或其他工作，比如跟踪新开发项目、划定敏感区域的环境界限等。越来越多的地方政府和州政府将GIS放到互联网上，市民可在线查看、下载，并在地图上执行操作，比如查询可用于开发的地块。

这篇文章不局限于讲解GIS的当前用途，对新兴的概念和空间分析工具也进行介绍。

人们期望在下列领域产生突破创新：当地政府的规划和运营；计划制订；公众参与规划；规划的重要问题。

当地政府规划和运营

虽然许多规划机构都使用GIS，但是使用情况却非常混乱。例如某州政府，三个不同的部门分别使用不同的软件包，严重阻碍了数据共享。为解决这个问题，软件开发商和政府部门集中力量整合信息系统：如果GIS跨部门工作，关键信息需要具有互通性和综合性，互通性就是利用空间分布信息系统实时交换数据。开放地理空间联盟有限责任公司是一家促进信息互通性的国际组织[4]，通过该公司和其他机构的努力，规划师可获得协作共享数据库。

当有新的数据添加到现有数据库时，各种新的信息就会传送给规划师。例如，虽然一些城市刚开始通过测绘方式记录土地信息，但是也会继续添加诸如交通事故地点这样的新数据，而这些新数据都非常有价值。这种在线数据扩充会带来很多好处，包括更好地整合基础设施规划和资产管理。例如，能够自动报告结构缺陷并实时监控交通拥堵的"智能"桥梁和高速公路，有望被大规模推广。[5]图8-7是一张基于网络的实时交通流量图。这就是一个信息与基础设施和规划数据库相连，以支持资本运转和操作改进的例子。

改善能源消耗和减少碳排放量将是公共部门运营的核心。一些社区已经利用GIS系统跟踪城市资源，比如跟踪车辆运行以及跟踪住宅或非住宅用地的能源效率。[6]美国绿色建筑委员会创立了LEED-ND（社区发展能源与环境设计领导体系），这是一种通过计分促进能源效率，以及将GIS捕捉到的空间信息连接至评估工具的体系。[7]

最后，GIS为应急管理规划提供两方面支持：为自然和人为灾害做准备，为事故后重建做规划。GIS通常被用来绘制危险场所的地形，如河漫滩。HAZUS是联邦应急管理署开发的风险评估模型，用来分析洪水、飓风和地震造成的潜在损失。[8]HAZUS以GIS为框架，本身带有基础数据库，同时与地方数据协作。图8-7、图8-8是两张由HAZUS生成的图形，一张显示肯塔基州路易斯维尔的居民将有可能面临高风险的地震，另一张描绘了飓风给佛罗里达州带来的洪水和建筑物损害。

规划制定

长期规划和短期规划都需要能够对未来土地利用和交通模式进行观测、预测和评估

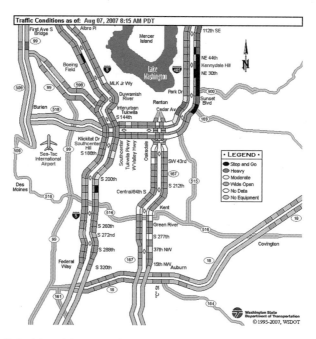

图8-7　基于网络的实时交通流量图。已在西雅图、华盛顿等城市应用，对交通管理以及基础设施规划
有很大帮助

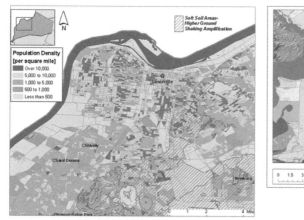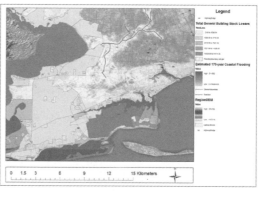

图8-8　左图显示肯塔基州路易斯维尔的居民将有可能面临高风险的地震；右图显示飓风伊万给佛罗里
达州埃斯坎比亚县带来的洪水和建筑物损害。两张图片都由HAZUS生成

的方法。用来预测、分析未来可能性的核心工具就是GIS。

在短期规划中，人们专注于开发项目的设计和评估，GIS被用来观测和评估社区设
计、以交通为导向的开发或者更小的分区开发。对于长期规划，GIS提供三种功能的数
据管理和地图绘制支持：为整个司法管辖区或区域范围制定总人口与经济规划；将这
些规划分配到辖属分区，计算不同土地用途的土地消耗数量，并在研究区域内按照空间

分配这些土地；评估政策和规划选择的影响。

　　早期用于规划的计算机分析和显示系统是需要专业人员在大型主机或高端工作站进行操控的专利设计。[9] 功能强大的个人电脑和图形用户界面的出现为开发人性化、普适性的决策工具创造了机会。例如，规划支持系统（PSS）是将GIS、预测、影响模型和可视化工具集成在人性化图形层下的一种软件应用。[10] 总体上有两类PSS：一类用于大型区域，如大城市和较大地区，另一类用于社区级别的较小区域范围。一些PSS软件包可以灵活适用，对大型区域或社区范围都能够提供解决方案。但是无论PSS软件包包含什么，GIS都是其核心内容。

　　下面的四项规划支持系统说明了现有的各种方法。为了发展地区长期规划即"远景2020"，普吉特海湾地区委员会使用PSS中的一种软件INDEX描绘了未来在不同发展和政策环境下的多种土地使用选择。[11] INDEX现在分为两类：一类是"规划制定者"，即根据一套指标来创建和评估土地利用规划[12]；另一类是"描绘城镇（地区）"，是一种用来探索未来多种选择场景和绘图规划的工具。[13] 普吉特海湾地区的市民应用"描绘城镇"，将未来发展分别以空间和表格两种不同的形式展现。佛罗里达的市民则应用"描绘城镇"，探索了人口在各个地区的分布情况。

　　如果利用GIS数据为未来土地利用、人口和就业模式准备方案会发生什么？[14] 这个数据包可以用来考虑多种政策选择，包括增长控制、基础设施扩建以及开放空间的保存。俄亥俄州的都柏林运用数据包设计了当前土地利用模式，以及农田保护计划下或非农田保护计划下的完全不同的土地利用模式。[15]

　　华盛顿大学开发的UrbanSim是一款功能强大的城市仿真模型，为规划群体免费提供开源代码。[16] 区域范围内，该模型为大都市负责土地利用以及交通规划的组织部门提供服务。UrbanSim依靠GIS整理和显示数据，功能复杂而强大，并且目前还处在不断地发展进步中。该模型在高度个性化层面上运作，依据市场中个体实体的行为模拟未来土地利用场景。UrbanSim在许多大城市地区试用，包括普吉特海湾、盐湖城、尤金—斯普林菲尔德、俄勒冈等。

　　UrbanSim是传统的大规模区域模型，而CommunityViz的设计则最接近于PSS的理想概念，即将数据和模型与可视化联系起来。在奥顿基金会的大力支持下，CommunityViz将二维（2D）地图和三维（3D）场景与土地利用规划、施工方案、指标评估结合起来。[17] 这套系统的独特之处在它包含一个"公式向导"，这是一个帮助用户设计绩效指标的强大工具。能将2D的GIS地图和3D可视场景紧密地联系在一起，并让它们并排显示，也是这套系统的一个特点。图8–9是一个典型的CommunityViz截图，设计了一个假想的布鲁克林社区。指标显示了该设计在对抗其他各种变化指标以满足项目范围内600个住宅单元的目标时表现得有多么出色。

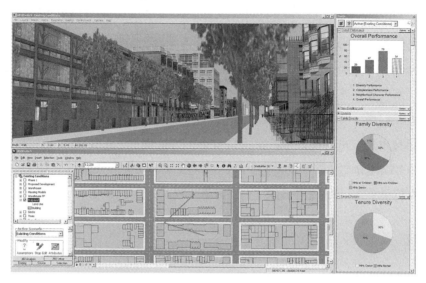

图8-9 这张CommunityViz截图显示了一个假想的布鲁克林社区设计。图片上方是3D窗口，图片下方是对应的2D地图

这四个规划支持系统显示了GIS应用的丰富性。尽管模型的使用过程很复杂，但是每个模型都努力做到人性化。此外，还有很多数据系统，未来还将出现更多。

规划中的公共参与

计算机软件、硬件的发展把复杂的远程中央设备搬进了办公室和家庭。这些创新也重塑了市民和专业规划师的关系。

GIS作为互联网服务的一个组成部分，它的迅速发展创造了地理网络，即"网络基础设施的地理空间维度"。[18] 随着"分散式智能"的成熟，也就是移动设备、网络设备的广泛使用，公民将以一种可推测的方式深化理解空间关系。一项统计显示：截至2008年2月，谷歌地图已被下载超过3亿5 000万次，并被翻译成13种语言[19]——这反映出人们对能够为规划带来深远影响的数字交互式绘图的兴趣。

将来市民会对他们所在地方的环境、人口和监管特点有更多的了解。这要感谢地方政府使规划更加透明，跨城市和跨区域间的公共信息越来越多。在网络上找到土地记录和区域信息是很常见的事情，例如北卡罗来纳州奥兰治市的土地记录/GIS系统就可以在网上查到。[20]

三维可视化技术将在城市设计中普遍存在。谷歌的SketchUp和ArcGlobe是当前主要的可视化工具。[21] ArcGlobe是一个GIS桌面应用系统，而SketchUp是一个设计工具，可以与GIS交互，但本身并不是一个GIS应用。特别令人印象深刻的是网络上日益增多的建筑物甚至整个城市中心的免费3D模型。从费城艺术博物馆到牙买加的现代住房，都可以在谷歌SketchUp 3D模型库中找到。[22] 波士顿重建局已经制作了精细的市中心全景3D模型，并提供免费下载。[23]

不仅市民们可以接触到越来越多的有关社区的空间数据信息，非政府组织（NGOs）也将应用新技术来推进各项议程，扩大自身影响力。例如，某个关注环境问题的NGO可以利用CITYgreen软件来分析雨水径流、空气质量、节能、减碳和树木生长，这是一个由美国森林协会[24]开发的基于GIS技术的分析工具。

规划的重要问题

GIS及其相关技术为一系列规划核心问题提供支持。例如，在经济发展领域非常常见的一种情况是，当新公司考虑迁入特定地点时，规划师使用基于GIS技术的"最佳选址"功能来帮助其分析最好的位置。此外，还应用GIS来判断不良的土地选址是否存在歧视，以及发现其他形式的空间歧视，如贷款歧视（红线）。[25] GIS可以帮助解决穷人、老人或残疾人的需求，例如在福利措施与工作措施中，GIS可根据客户的位置用来匹配交通设施。[26]

"聪明的暴民"

分散式智能和更广泛的公民参与，可能会对规划产生许多有趣的影响。Howard Rheingold创造了"聪明的暴民"一词来形容那些通过各种有线和无线方式进行虚拟接触，约定一起行动的人。从GIS到"聪明的暴民"似乎有很长的路，这是因为考虑到：对于公共举措，公众中既会有人支持，也会有人反对，可参考的网上信息（如规划和分区数据）会持续增加，相关利益团体的普遍联系使得聪明的暴民参与到规划中来成为可能。

资料来源：霍华德·莱茵戈德，聪明的暴民：下一场社会革命,（剑桥，马萨诸塞州：玻尔修斯图书集团，2002）。

总　　结

GIS和其相关技术进步将继续支持规划职能，同时对规划职能也是一种挑战。市民期望从公共部门得到更多的类似于私人承包商的在线体验：制定长期规划和方案时，规划师可以实时地建立、维护和展示空间数据（谷歌因其持续的信息更新，成了动态企业的典范）。书面规划正在让位给Adobe、GIS规划数据库、3D视觉化等在线技术。市民将接触到这些数据，并在新兴的地理网络上与其他人协作。

注　释

1. GIS 一词也是 "geographic information sciences"（地理信息科学）的简写。该学术研究领域涉及多种与空间数据相关的学科，如绘图学、遥感技术、测量学、地质学和地理学等。

2. GIS 在地方政府包括规划部门的基本应用可参阅约翰·奥龙尼，《超越地图：GIS 与地方政府决策制定》（雷兰德兹，加利福尼亚：环境体系研究所 [ESRI]，2000）；把 GIS 当作一项应用技术及一门科学进行探索可参阅保罗·龙利等，《地理信息系统与科学》（奇切斯特，英国：约翰·威利，2001）。GIS 基础知识详解可参阅尼古拉斯·克利斯曼，《探索地理信息系统》（奇切斯特，英国：约翰·威利，1997）。

3. 环境系统研究协会（ESRI）是 GIS 软件的主要经营商，并为每年的年会提供赞助；2006 年吸引了 14 000 名参会者，包括规划师和为规划工作提供支持的 GIS 专家。

4. 开放地理空间联盟，网址：opengeospatial.org/ogc（2008 年 7 月 1 日）。

5. 参见新墨西哥州关于智能桥梁的报道："智能桥梁"技术首次登陆新墨西哥，2004 年 7 月 20 日，innovations-report . com/ html/ reports/ information_technology/report-31413.html（2008 年 7 月 1 日）；还可参考西雅图交通实时监控系统，网址：seattle.gov/html/traffic.htm（2008 年 7 月 1 日）。

6. 艾略特·艾伦，《在城市设计中减少碳排放量》（美国规划协会年会：拉斯维加斯，内华达，2008 年 4 月 30 日）网址：crit.com/documents/coolspots.pdf（2008 年 7 月 1 日）。

7. 利什·惠特森、莱尔·T.比克内尔、琳妮·巴克，《LEED-ND 在西雅图的应用》，发表于美国规划协会年会，费城，宾夕法尼亚，2007 年 4 月 14-18 日；还可参阅西雅图城市规划与发展部，《西雅图市中心究竟有多"绿色"？》dpdinfo 5, no. 7（2007 年 7 月）：9，网址：seattle.gov/dpd/publications/info/info2007-07.pdf（2008 年 7 月 1 日）；以 GIS 为基础的应用工具对于 LEED-ND 分析非常有用，参阅规划师标准，一种确定土地符合 LEED-ND 标准的方法，（波特兰，奥勒冈，2006 年 11 月），crit.com/ documents/ leednd_ method.pdf（2008 年 7 月 1 日）。

8. 参见 HAZUS，网址：fema.gov/plan/prevent/hazus/（2008 年 7 月 1 日）。

9. 在第一代高速计算机的影响下，城市发展模型于 20 世纪 60 年代兴起，从而奠定了其悠久的历史。参阅迈克尔·韦格纳，《城市模型运作：最新技术水平》，《美国规划协会期刊》60, no. 1（1994）：

17-30，还可参考美国环境保护署，《土地使用规划的改变：评估社区发展与土地使用模式改变的影响的模型总结》，EPA/600/ R-00/098（华盛顿：开发与研究办公室，2000）。这些大规模的城市模型经常与交通研究结合起来，以规划未来的发展模式，并对现有的铁路或其他交通设施进行评估。

10. 下列三本书为规划支持系统提供了大量图片：理查德·K.布瑞尔，《城市与地区规划支持系统》（剑桥，马萨诸塞：林肯学院土地政策，2008）；理查德·K.布瑞尔、理查德·K.科洛斯特曼，《规划支持系统：综合地理信息系统、模型与可视化工具》（雷德兰兹，加利福尼亚：ESRI 出版社，2001）；斯坦·哥特曼、约翰·史迪威，柏林：Springer-Verlag 出版社，2003；除此之外，布里顿·哈里斯、迈克尔·巴蒂，《区位模式、地理信息与规划支持系统》，25-57，在布瑞尔、科洛斯特曼的 规划支持系统一文中提出了有关 GIS 与规划支持系统关系的经典概述。

11. 参见普吉特海湾地区委员会所提出的 "远景 2020+20"，区域视图（2005 年 12 月）；网址：psrc.org/publications/pubs/view/1205.pdf（2008 年 7 月 1 日）。

12. 参见 "规划师准则"，规划制定者索引：指标查询，（2006 年 11 月）；网址：crit.com/documents/planbuilder.pdf（accessed February 27, 2008）。"规划制定者"（Plan Builder）是 ArcGIS 应用系统的拓展。

13. 过程描述可参考芝加哥城市规划与规划师准则管理局所发布的《要点细化：芝加哥 2040 地区规划执行数字专家研讨会》（该研讨会于 2007 年 2 月 10 日在 "智能发展新合作者会议第六届年会" 上举办）；网址：rit.com/documents/turningdotstodetails .pdf（accessed February 28, 2008）。在佛罗里达州，社区事务管理部使用规划支持系统（PSS）工具向公民普及有关规划选址的知识；参见 "规划师准则" 中的《数字专家研讨会手册：PlanBuilder 实时使用索引》（2007 年 7 月由佛罗里达州社区事务管理部制定）。

14. 参见 What if 网站：what-if-pss.com（2008 年 7 月 1 日）；还可参见理查德·K.科洛斯特曼，What If? 规划支持系统出自布瑞尔与科洛斯特曼合著《规划支持系统》第 263-284 页。

15. 路易斯·D.霍普金、玛丽莎·A.萨帕塔，《思考未来》，出自《参与未来：预测、方案、规划与设计》，第 199-219 页（剑桥，马萨诸塞：林肯学院土地政策，2007。

16. 参见保罗·沃德尔，《UrbanSim：城市发展中的土地利用、交通与环境模型》，《美国规划师协会期刊》68，no. 2（2002）：297-314）；更加详细的解释可参见保罗·沃德尔与其他作者共同所著《城市发展与地区选择微模拟：UrbanSim 的设计与使用》，《网络与空间经济学》3，no. 1（2003）：43-67。

17. 参见 Community Viz 网址：communityviz.com/（accessed July 1, 2008）；还可参见《Community Viz：一种综合规划支持系统》（作者：Michael Kwartler 与 Robert N. Bernard；出自 Brail 与 Klosterman 合著《规划支持系统》第 285-308 页）；和 PlanBuilder 一样，CommunityViz 也是 ArcGIS 应用系统的拓展。

18. 参见《GIS 为理解提供了新方式》（作者：Jack Dangermond；Arc News Online；Winter 2006/2007）；网址：esri.com/news/arcnews/winter0607articles/gis-is-providing.html（2008 年 7 月 1 日）。

19. Chikai Ohazama，真正的全球化，Google Lat Long Blog，2008 年 2 月 11 日；网址：google-latlong.blogspot.com/2008/02/truly-global.html（2008 年 7 月 1 日）。

20. 参见奥兰治县，土地地图 /GIS，网址：co.orange.nc.us/gis/gisdisclaimer.asp（2008 年 7 月 1 日）。

21. ArcGlobe 是 ESRI 的一款产品，可参见网址：esri.com（2008 年 7 月 1 日）；Sketchup 是谷歌的一款产品，

可参见网址：sketchup.google.com（2008 年 7 月 1 日）。

22. Sketchup 3D 模型库可参见网址：sketchup.google.com/3dwarehouse（2008 年 7 月 1 日）。

23. 波士顿重建局，网址：ityofboston.gov/bra/ BRA_3D_Models/Index.html（2008 年 7 月 1 日）。

24. 美国森林协会，网址：americanforests.org/ productsandpubs/citygreen（2008 年 7 月 1 日）。

25. 环境公正工作小组，网址：ecojustice .net/document/ejlinks.htm（2008 年 7 月 1 日）；以纽约地区为例，社区经济发展支持计划（NEDAP）向受到贷款歧视（redlining）和其他形式空间歧视的社区提供 GIS 支持；可参见 NEDAP：《财务公正测绘计划》，网址：nedap.org/programs/mapping.html（2008 年 7 月 1 日）。

26. 多重系统股份有限公司，发展从福利到工作的交通服务指南，TCRP 报告 64；（华盛顿：交通运输董事会，国家学术出版社，2000），网址：online pubs.trb.org/Onlinepubs/tcrp/tcrp_rpt_64-a.pdf（2008 年 7 月 1 日）。

作为沟通者的规划师

米切尔·J.西尔弗（Mitchell J.Silver）、巴里·米勒（Barry Miller）

愿景的成功实施并不仅仅依靠愿景本身，更有赖于愿景缔造者将目标有效地传达给公众的能力。——埃德蒙·培根（Edmund Bacon），前费城规划委员会主任

规划师必须与当选官员、普通公众、机构工作人员、其他规划师，甚至是媒体进行清晰、敏锐地沟通。有效的沟通者要同时具备事后分析力、洞察力和预见力。他们需要树立愿景、确定信息并制定传递信息的策略。对于交流对象而言，愿景为他们提供了环境背景，而信息则是让他们对愿景产生共鸣的方式。有效的信息是简洁并绝对真实的：现在的公众既聪明又有怀疑精神，如果信息是炒作或没有数据支持的，人们很快便不会再关注。有效的沟通者是自信的、了解事实真相的，并且很清楚他们要向听众传达什么。亚历山大·加文（Alexander Garvin）认为，规划的主要职责是对人们的生活产生影响，而这一切的核心则是良好的沟通。

现在的政治文化受到媒体和信息的影响。作为沟通者，规划师必须与高调的新闻事件、三十秒原声录音以及为了公众消遣而包装或编造的信息竞争。他们必须向非专业人士传达复杂的（有时是无聊的）信息。还必须会使用新的沟通工具。演示板、35毫

米幻灯片、高射投影仪以及用彩色铅笔和潘通色卡描绘的二维图形都已经过时了。今天的规划师应该会使用电脑效果图、数字技术、动画软件、高科技演示工具和互联网。

规划师的公众形象也发生了变化。历史上，除了像爱德华·罗格（Edward Logue）和埃德蒙·培根（Edmund Bacon）这样的传奇人物以外，大多数规划师将与公众沟通的任务交给了当选官员。最近，一批来自于洛杉矶、费城、北卡罗来纳州罗利市、华盛顿和其他一些城市的新生代规划总监，正亲自将规划呈现给公众。

> 有效的沟通者是自信的、了解事实真相的，并且很清楚他们要向听众传达什么。

直到20世纪90年代，大多数规划学校还很少关注沟通的重要性。而今天，整个规划行业都对沟通产生了兴趣，认同沟通是规划的工具。杰奎琳·古泽塔（Jacqueline Guzzetta）和斯科特·鲍林斯（Scott Bollens）在南加利福尼亚州对600多名规划师进行了调查，想知道规划师对核心能力的看法是否有别于其他行业专业人员，结果他们发现，规划师对沟通能力的重视程度要远远高于他们对技术能力的重视程度。[1]

重塑北卡罗来纳州罗利市

2005年，北卡罗来纳州罗利市发起了一场打造城市形象的运动，旨在为该市设定发展方向。虽然罗利市经常在美国最适合居住的城市榜单中列居前位，但是高速发展也威胁着城市的传统特性。经过50年的扩张发展后，城市未开发土地已被消耗殆尽。建于1792年的罗利市中心古城区已经无法满足高速发展的需要。罗利市站在了选择的十字路口——是成为迷人的南加利福尼亚州城市，还是成为高科技、经济发达的大都会？规划部门发起了这场运动，为这个城市所面临的艰难抉择作准备。

作为重塑城市的一部分，规划总监提出：罗利市是"新兴的21世纪城市"，规划部门推出了系列讲座，邀请国家级专家研讨罗利市的定位以及在区域和国家环境中的潜力（图8-10）。每次讲座后都会举行早餐会，邀请重要的政府官员和房地产代表参加。与此同时，规划经理要求更新18年综合计划来重新定义罗利市的未来愿景，城市议会对此提议表示同意。

现在，市民、当选官员和媒体都拥护罗利市是"新兴的21世纪城市"这个概念。在城市重塑运动之前，也有人反对"大城市"理念，诸如建造高楼、发展公共交通等，即使是在市中心也不行。而如今，许多超过30层的建筑物已在规划中或已正在施工建设中，和无计划的城市扩张相比，市民们更喜欢这种有计划的前行。在综合计划的会议

图8–10　北卡罗来纳州罗利市，邀请Donald Shoup（如图）等国家级专家开展系列讲座，为重新思考城市综合规划提供跳跃式新思路

资料来源：罗利市城市规划部

上，市民开始讨论21世纪城市应该是什么样子的。虽然仍然有争议，但是辩论的激烈程度已经减弱。带来这一改变的沟通战略有三个核心要点：树立愿景、确定信息以及专注于传达信息的方式。

华盛顿的重建规划

1998年，随着一位强烈支持规划的市长当选和一位新规划总监的上任，华盛顿推出了一系列备受瞩目的规划措施，这些措施不仅改变了城市面貌，也改变了城市的政治面貌。1998年之前，公众认为规划就是政府官员执行例行区划，是管理者的职责。1998年以后，规划重建办公室成为城市的智囊团，发展和实施可以激励国家资本的项目。

为了振兴规划和改造部门形象，重塑城市和沟通交流成了新上任规划总监的核心工作。2002年，10条互补和复兴战略规划以"10号社区"的代号整合在一起。这些战略包括用创意的方式为措施命名，比如"reSTORE DC"（即振兴社区购物区），"Home Again"（即整修废弃联排房，将它们改造成廉价商品房和经济适用房）。广泛散发的彩色报纸上用醒目的配色和吸引人的图片向人们展示了这10条战略是如何紧密联系在一起的。

2007年10月31日，周三，改造罗利：2030年的城市愿景

This article in The Independent by Bob Geary explains how Raleigh Planning Director Mitchell Silver is breaking new ground in transforming development and transportation patterns in Raleigh to be more for pedestrians than the automobile.

[Read article]

图8-11 LivingStreets.com上的一则新闻：《北卡罗来纳州罗利市一篇关于生活运动的博文》，讲述了当地规划师把互联网当作一种与公众沟通交流的媒介

一度被认为单调而专业的规划设计工作突然间变得不再遥不可及并且十分重要。举个例子，社区商业规划指南用一本取名为《繁荣》的漂亮图画书表现出来。[2]城市走廊振兴项目是"伟大的街道规划措施"中的一部分，是1791年朗方计划的延续，而朗方计划曾使放射状的林荫大道成了该城市的特点。阿纳科斯海滨成为市长遗产项目。很大程度上要感谢包括电脑动画、视频和高质量的出版物在内的沟通策略，"10号社区"行动才能在各种各样的群体之间产生热烈反响，带给人们兴趣和期望。

与"10号社区"策略有关的重要信息通过简单而令人信服的动词传达：想象、改变、恢复、连接、赞赏、行动，等等。其中部分信息进入2006年实施的社区综合规划。该规划的主题是"发展成一个包容性城市"——这是对20世纪80年代和90年代时华盛顿发生的社会和经济分化的直接回应。"包容性城市"形象策略是让数千名居民参与计划更新过程的多层次沟通策略的一个方面。最大的挑战是向从"规划迷"（在博客上谈论规划的人）到社区居民（只关心他们城市未来的人）范围内的所有人传递关于未来城市的复杂信息。

注　释

1. 杰奎琳·D.古赛塔、斯科特·A.博伦思，《城市规划师的技巧与能力：我们和其他职业工作者一样吗？环境是否重要？我们是否在进步？》，《规划教育与研究期刊》23，no. 1（2003）：96–106。
2. 繁荣：哥伦比亚区商店门面设计指南（华盛顿：规划办公室，2002年9月）。

附录 译者及翻译内容

章	节	译者
第一章	规划的价值	周林洁
	从小城镇到大都市	
	为什么要规划社区	陈 超
	作为领导者的规划师	周林洁
	规划授权	
	产权、规划和公共利益	ICMA
	市场经济中的郊区规划	
	从城市复兴到再生	张佳丽
	再谈美国例外论	ICMA
第二章	地方规划的背景	陆进业
	一个地方的物质外观和内在灵魂	
	服务两个"主人":地方规划的法律背景	
	规划编制和社区背景	
	环境和环境主义	
	促进地方经济发展	
	房地产和地方规划背景	
	规划的社会背景	
	大都市区的未来	关兴良
第三章	当代规划关注的问题	余池明
	二十一世纪的规划	
	气候变化与规划	
	为了可持续性的规划	
	理性增长概要	
	场所的塑造	郭 崇
	找回城市的历史	
	健康的城市	

续表

章	节	译者
第三章	棕地再利用	郭 崇
	预防自然灾害的规划	王江波
	重焕老工业城市的活力	
	规划有创造性的地方	
	移民和城市发展	汪静如
	绅士化	
	繁荣郊区城市	
	十大规划理念	
第四章	谁来规划	胡林林
	规划师的角色	
	区域委员会和大都市规划机构	
	芝加哥的区域规划改革	
	亚特兰大的区域交通和发展	
	双城记	
	作为私人顾问的规划师	
	阻止城市蔓延的合作	
	打破常规的咨询顾问	
	商业改良区（BIDs）日益成熟	
	洛杉矶格兰大道管理局	
	"盛开"的里士满社区	
	社区发展公司（CDCs）和邻里干预	
	大学和城市	
第五章	制定规划	ICMA
	结合目标，制定恰当的规划	
	利益相关者视角下重叠规划问题的探讨	
	规划流程	张佳丽
	公众参与	周林洁
	奥马哈的城市设计	ICMA
	夏延（Cheyenne）规划	张佳丽
	香槟市规划系统	
	密西西比河上的圣保罗市发展体系	ICMA
	社区转型的战略规划	张佳丽
	重新打造华盛顿的邻里空间	周林洁

章	节	译者
第五章	斯泰普尔顿（Stapleton）的公私合作规划	ICMA
第六章	推动规划实施	刘歆婷
	将政策转化为现实	
	公司合作	
	区划法规：形式与功能	
	芝加哥的区划改革	
	旧金山的开发权转让	刘悦
	从区划到精明增长	刘帅
	调节绿地发展	
	保护农业用地	
	协商式开发	
	设计审查	曾永光
	土地征用权	张宁
	俄勒冈州（Oregon's）"37号条例"投票决议之后	
	公共基础设施融资	余池明
	影响评估	秦迪
第七章	城市系统的规划	周林洁
	城市系统	
	应对全球气候变化规划	陈超
	基础设施规划	王明珠
	为可达性而规划	周林洁
	改善交通的十二个理念	刘悦
	步行和自行车交通规划	
	公交优先的发展模式	王明珠
	促进大众住房的可负担性	
	巴西库里提巴：系统规划的先锋	
	城市流域	
	城市环境中的水系统	
	绿色廊道和绿色基础设施	
	公园和娱乐	秦迪
	智能城市，虚拟城市	王明珠
第八章	规划管理	王明珠
	规划经理	

续表

章	节	译者
第八章	规划师和政治	王明珠
	规划职业道德	
	规划师的领导力	
	规划总监的职责	
	规划职业的多样性	
	地理信息系统（GIS）及其相关技术	
	作为沟通者的规划师	

后 记

2013年12月，全国市长研修学院同国际城市管理协会（简称ICMA）本着提高中国城市管理水平的宗旨，签订了合作备忘录，双方合作开展相关教材的翻译、编写与出版。经双方多次协商和反复甄选，最终选择"Local Planning-Contemporary Principles and Practice"一书作为第一本合作书进行翻译，组织出版中文版本。

选定该书后，学院立即着手组织全院力量连同ICMA相关工作人员一同进行全书翻译工作。南京国际关系学院易川副教授，西安大学李宴萍老师，西安外国语大学陈爽老师，陕西师范大学邢媛园副教授，中国城市规划设计研究院白杨、王斌、梁庄、郝钰等老师，问答商务咨询（北京）有限责任公司郭宇峰总经理，香港大学建筑学院周江评教授，华南理工大学赵渺希教授，WATG资深规划师李欣，同济大学规划系卓健教授，重庆大学杨陪峰教授，重庆大学李荷博士，清华大学吕晓荷博士，美国得克萨斯农工大学许俊萍博士，同济大学徐素博士，西北大学陕西省地表系统与环境承载力重点实验室朱菁等参与了翻译后期的校对工作。罗丽君女士作为国际城市管理协会中国中心第一任执行主任，在其任内对此书翻译工作的组织、协调和沟通等倾注了大量时间和心血。本书也同时得到了现任国际城市管理协会中国中心执行主任、中国政法大学公共管理学院王冬芳教授的大力帮助，能源基金会（美国）对此书提供了经费和技术支持。在此向为这本书翻译、校对及出版工作做出努力的所有老师、ICMA及能源基金会方面表示衷心的感谢！

随着时代进步，知识体系的更新及地域文化差异等客观因素的存在，本书内容有不尽完善的地方，敬请指正。

宋友春